Light & Photosynthesis in Aquatic Ecosystems

水圏の生物生産と光合成

J. T. O. カーク 著　山本民次 訳

恒星社厚生閣

Light & Photosynthesis in Aquatic Ecosystems
by John T. O. Kirk
Copyright © Cambridge University Press 1983, 1994
Japanese translation rights arranged with Cambridge University Press
through Japan UNI Agency, Inc., Tokyo.
Published in Tokyo by Koseisha Koseikaku Co., Ltd. 2002

原著第二版に対する序文

　水中での光の振るまい，あるいは生産性を決めたり，水圏生態系内の生物の群集構造に影響を与えるという点での光の役割は，これまで一世紀以上もの間，引き続き重要な研究分野であり，この課題の物理と生物の両面を理解する必要性から，この「水圏の生物生産と光合成」が生まれた．この本は世間に十分に認識され，今や研究者だけでなく，大学の講義などでも良く利用されている．第一版が出版されて11年が経ち，この分野に関する関心は以前より格段に増した．例えば，地球の温暖化という点では，この本は地球上の炭素循環における海洋の役割の重要性，そして，海洋の一次生産の定量的評価と理解について見直す必要が生じてきている．加えて，海洋の一次生産のリモートセンシングの可能性には大きな期待がかかっている．その可能性は，ちょうど第一版が出されたときに，初期の CZCS 画像で明らかとなった．さらにそれに続く CZCS 画像は海洋植物プランクトン分布に関する理解を大きく深め，世界中の航空宇宙局からは新規に海洋観測向けスキャナーが続けて打ち上げられる旨の発表があり，海洋学においてこの分野を非常に活発で刺激的なものにした．

　しかし，衛星に搭載された輝度計が海洋から受けとる光のフラックスは，海水の組成に関する多くの情報を含んで海中から大気へ出てくる．従って，これらのデータを解釈するためには，水中の光の場やその特性が水中の何によって決まってくるのか，について理解する必要がある．

　水中光に関する興味は尽きるどころかさらに高まってきており，研究者のみならず，大学での教育用としての適切な教科書が望まれている．このため，第一版はすでに売り切れ，この度，ここに完全な改訂版を用意した．海洋の生物と光に関する分野は多く研究されてきており，膨大な文献を参考にせねばならなかったが，図を引用する場合には有用なもののみ選び，ほかの多くの論文等については省略せざるを得なかった．とは言っても，第一版に比べて，この第二版では約2倍の文献を引用した．

　SeaWiFS のスキャナーと機体の図を提供下さった Orbital Science Corporation の K. Lyon 氏に感謝する．また，この本を書くに当たり，助成金 N00014-91-J-1366 を戴いたアメリカ合衆国海軍研究所の海洋光学計画に感謝する．

水圏の生物生産と光合成　目　次

第1部　水中での光の挙動 ……………………………………………… 1

1. 水中光学の概念 ………………………………………………………… 1
- 1・1　はじめに (1)
- 1・2　光の性質 (1)
- 1・3　放射光の場を決める特性 (3)
- 1・4　固有の光学的特性 (8)
- 1・5　見かけ上および準固有光学特性 (13)
- 1・6　光学的深度 (15)
- 1・7　放射伝達理論 (15)

2. 太陽放射 ……………………………………………………………… 18
- 2・1　大気圏外の太陽放射 (18)
- 2・2　大気中における太陽光の伝達 (19)
- 2・3　日射量の日変化 (24)
- 2・4　緯度や季節による日射量の変化 (28)
- 2・5　空気－水境界面での透過 (29)

3. 水中内での光の吸収 ………………………………………………… 33
- 3・1　吸収のプロセス (33)
- 3・2　吸収光の測定 (35)
- 3・3　水圏の主要な吸光成分 (39)
- 3・4　天然水の光学的分類 (57)
- 3・5　PARの吸収に対する様々な水中成分の寄与 (59)

4. 水中内での光の散乱 ………………………………………………… 62
- 4・1　散乱過程 (62)
- 4・2　散乱の測定 (66)
- 4・3　自然水の散乱特性 (73)
- 4・4　植物プランクトンの散乱特性 (79)

5. 水中の光場の特徴 …………………………………………………… 81
- 5・1　放射照度 (81)
- 5・2　スカラー放射照度 (87)
- 5・3　放射照度のスペクトル分布 (89)
- 5・4　放射輝度分布 (90)
- 5・5　水中の光場のモデリング (91)

6. 水中での光の性質 …………………………………………………………… 94

- 6・1 下向き放射照度
　　　——単色の場合 (94)
- 6・2 下向き放射照度のスペクトル
　　　分布 (96)
- 6・3 下向き放射照度－PAR (98)
- 6・4 上向き放射照度 (103)
- 6・5 スカラー放射照度 (108)
- 6・6 水中光の角分布 (110)
- 6・7 水の光学的性質に対する光
　　　場の特性の影響 (114)
- 6・8 鉛直消散係数の構成要素 (120)

7. 水圏環境のリモート・センシング …………………………………… 122

- 7・1 上向きフラックスとその測定
　　　(122)
- 7・2 射出フラックス (132)
- 7・3 大気中の散乱と太陽高度に対する
　　　補正 (133)
- 7・4 リモート・センシングで観測
　　　された放射輝度と水の組成と
　　　の関係 (137)
- 7・5 水圏環境に対するリモート・セン
　　　シングの応用 (151)
- 7・6 今後の見通し (157)

第2部 水圏環境における光合成 …………………………………………… 159

8. 水生植物の光合成器官 …………………………………………………… 159

- 8・1 葉緑体 (159)
- 8・2 膜と粒子 (161)
- 8・3 光合成色素組成 (166)
- 8・4 反応中心とエネルギーの転送
　　　(180)
- 8・5 全光合成過程 (182)

9. 水生植物による光獲得能 ………………………………………………… 187

- 9・1 光合成系の吸収スペクトル (187)
- 9・2 パッケージ効果 (188)
- 9・3 細胞・群体の大きさと形の違い
　　　の影響 (191)
- 9・4 海洋植物による光吸収率 (194)
- 9・5 水中の光環境に対する水生植
　　　物の影響 (198)

10. 入射光の関数としての光合成 ………………………………………… 202

- 10・1 光合成と光強度 (203)
- 10・2 入射光エネルギーの利用効率
　　　(212)
- 10・3 光合成と入射光の波長 (226)

11. 水圏環境における光合成 ……………………………………………233
    11・1 鉛直循環と深度(233)　　11・2 水の光学的特性(238)
    11・3 他の制限要因(239)　　　11・4 光合成の時間的変動(255)
    11・5 単位面積当たりの光合成収量(261)

12. 生態学的戦略 ………………………………………………………269
    12・1 光の質に伴う水生植物の分布(269)　12・2 個体発生的適応－光強度(280)
    12・3 個体発生的適応－スペクトル特性　　12・4 個体発生的適応－深度(295)
         (287)   12・6 光合成系の急速な適応(312)
    12・5 光合成システムにおける個体発生　　12・7 高い生産力をもつ水圏の生態
         的適応の重要性(304)   系(322)

文　献 …………………………………………………………………325

索　引 …………………………………………………………………381

第1部 水中での光の挙動

1. 水中光学の概念

1・1 はじめに

　この本の前半部分の目的は，自然界の水中における光の挙動について述べ，説明することである．一般的に用いられる「光」という語は，人の目が感じる，電磁スペクトルのある部分の放射光（400〜700 nm）のことを指している．我々の第一の関心は視覚に関することではなく，光合成についてである．しかしながら，植物が光合成を行いうる波長と人間の視覚に関する波長とがおよそ一致するということから，我々が単に「光」と考えているものを，太陽放射光のうちの特定のものを指していってもよいであろう．

　光学は光を扱う物理学の一領域である．光は透過する媒体の性状に大きく影響されるため，異なった物理系を扱う違った分野の光学が存在する．基礎物理法則に対するこの領域の各分野と光学との関係を図1・1に概略的に示す．水中光学は水中における光の挙動に関係する学問である．また，淡水か海水かの違いで，陸水光学と海洋光学とに細分化されている．しかし，現在の水中光学は，海洋光学が中心となっている．

1・2 光の性質

　電磁波エネルギーは光量子や光子といった，分割不可能な単位である．すなわち，

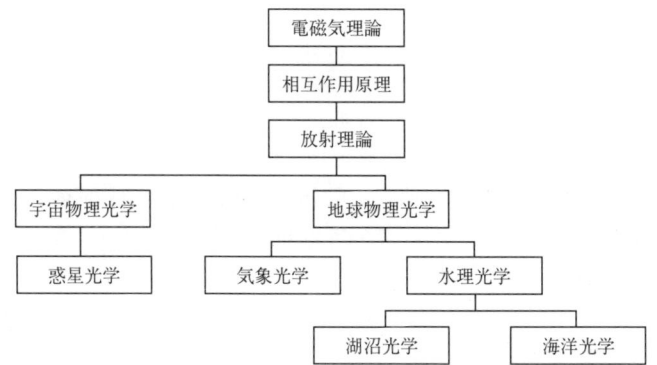

図1・1　水中光学と他の光学との関係（Preisendorfer, 1976 より）．

空気中の太陽光線は 3×10^8 m s^{-1} で進む光子の連続した流れである．含まれている光量子の実際の数は非常に多い．例えば，真夏には 1 m^2 の地表は可視光線として約 10^{21} quanta s^{-1} を受けとる．

電磁波放射は粒子の性質をもつにも関わらず，ある状態では波であるかのように振る舞う．全ての光子は波長 λ と周波数 ν をもっている．これらは以下の関係式で表される．

$$\lambda = c/\nu \qquad (1\cdot1)$$

ここで，c は光の速さである．c は媒体によって一定であるので，波長が長くなれば周波数は小さくなる．もし，c を m s^{-1}，ν を 回 s^{-1} で表すと，波長 λ は m で示される．しかし，波長は 10^{-9} m に相当するナノメートル (nm) で表すのが便利で一般的である．

光子のエネルギー ε は周波数によって変化し，波長とは逆比例の関係にある．

$$\varepsilon = h\nu = hc/\lambda \qquad (1\cdot2)$$

ここで，h はプランク定数であり，その値は 6.63×10^{-34} J s である．このため，光合成スペクトルの赤色末端の波長 700 nm の光子は，スペクトルの青色末端 400 nm の光子のわずか 57% のエネルギーしかない．波長 λ nm の光子の実際のエネルギーは以下の式によって与えられる．

$$\varepsilon = (1988/\lambda)\times10^{-19} \text{J} \qquad (1\cdot3)$$

quanta s^{-1} で表される単色放射フラックスは，この式から簡単に J s^{-1} に，すなわちワット (W) に換算できる．逆に，W で表される放射フラックス Φ は次の関係を用いて quanta s^{-1} に変換できる．

$$\text{quanta s}^{-1} = 5.03\,\Phi\,\lambda\times10^{15} \qquad (1\cdot4)$$

例えば光合成波長のような幅広いスペクトル帯をもつ放射の場合には，λ がスペクトル帯を通して変化するので，反対に quanta s^{-1} から W へという単純な変換は正確にはできない．もしスペクトルを通して quanta やエネルギーの分布が分かれば，対象とするスペクトル領域内の比較的狭い波長帯ごとに計算を行うことができ，全波長帯について合計すれば結果が得られる．あるいは，エネルギーのスペクトル分布を考慮した近似的変換係数が利用できる．水面上の 400～700 nm の太陽放射に関しては，Morel & Smith (1974) が天候に関わらず±数%の精度で W から quanta s^{-1} に変換するのに必要な係数 $(Q:W)$ が 2.77×10^{18} quanta s^{-1} W^{-1} であることを示している．

波長について後の章（6・2 節）で議論するように，水中での太陽光のスペクトル分布は深度によって著しく変化する．それにも関わらず，Morel & Smith はさまざまな海域に対して 2.5×10^{18} quanta s^{-1} W^{-1} を平均±10%未満の変動にとどまる $Q:W$ 値を見出した．式 4・1 から予想されるように，長波長の光（赤）の割合が増加するにつれて $Q:W$ 値も大きくなる．550～700 nm の領域の光が多い黄色っぽい陸水では

(6・2 節参照), Morel & Smith のデータを外挿して, 2.9×10^{18} quanta s^{-1} W^{-1} に近い $Q:W$ 値を得る.

どのような媒体においても,光は真空中よりも遅く進む.媒体中の光の速度は,真空中での光速を媒体の屈折率で割ったものに等しい.空気の屈折係数は 1.00028 で,我々の目的からすると真空の屈折率（定義としてちょうど 1.0）との差は問題ではない.したがって,ここでは空気中の光の速度は真空に等しいとして扱ってよい.水の屈折率は温度や塩分,光の波長によって幾分変化するが,十分妥当な精度で,全ての自然水について 1.33 であると見なせる.真空中での光の速さを 3×10^8 m s^{-1} とすると,水中での速さは 2.25×10^8 m s^{-1} である.放射光の周波数が変わらなければ,速度が遅くなるにつれて波長は短くなる.単色光に関しては,波長は真空の時のままであるとする. c と λ は並行して変化するので,式 1・2, 1・3, 1・4 は水中においても真空中と同じである.すなわち,式 1・3, 1・4 は真空中での波長の値であるが,水中の光について計算するときにも適用できる.

1・3 放射光の場を決める特性

もし我々が深度による光の場の変化について知りたいのであれば,変化が予想される光の場の本質的な属性について考えねばならない.その属性の定義は,海洋物理学に関する国際学会の作業委員会報告（1979）に従うが,この報告は Preisendorfer（1976）による基礎的な解析に大きく影響を受けている.水中光学で用いられる定義や概念の最近の研究は Mobley（1992）によるものである.

光の場の中での方向は一般的に,天頂角（zenith angle）θ（ある光束すなわち細い平行光線と鉛直上向きとの角度）と方位角（azimuth angle）ϕ（光束を含む鉛直平面と太陽を含む平面などそれ以外の特定の平面との成す角度）で

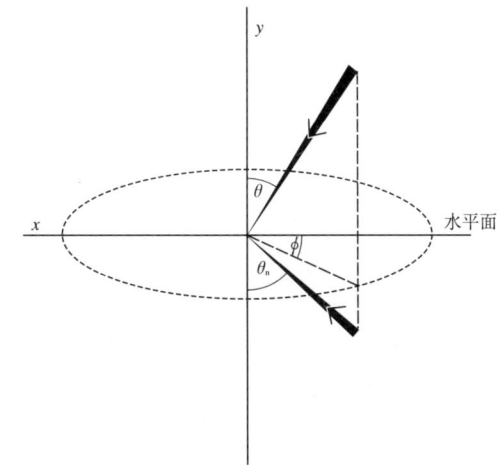

図1・2 光の場の中での角度.簡単のため,同じ面に下向きと上向きの光束を描いてある.下向きの光束が天頂角（zenith angle）θ, 上向きが天底角（nadir-angle）θ_n で, $\theta = (180 - \theta_n)$ である. xy 面を太陽に対して鉛直面とすると, ϕ は両光束に対して方位角（azimuth angle）となる.

表す．上向き放射の場合にはしばしば天底角（nadir-angle）θ_n（光束と鉛直下方との角度）で方向を表すのが都合よい．これらの角度の関係は図1・2に示してある．

放射フラックス（radiant flux）Φは放射エネルギーの流れの時間当たりの率であり，これはW（J s^{-1}）もしくはquanta s^{-1}で表される．

放射強度（radiant intensity）Iは特定の方向における単位立体角当たりの放射フラックスの大きさである．ある方向における光源の放射強度は，点源ないしは発散する光源の一部の要素，つまり立体角の要素によって分けられたその方向を含む微小円錐の放射フラックス，である．また，空間のある一点における放射強度についても次のようにいえる．この光の場の放射強度は立体角の要素によって分けられるある方向を含む微小円錐の特定の方向のある点における放射フラックスである．IはW（またはquanta s^{-1}）steradian^{-1}の単位である．

$$I = d\Phi / d\omega$$

放射フラックスを単位立体角当たりではなく，流れの向きに対して直角な面の単位面積当たりで考えれば，より使いやすい放射の概念Lとなる．空間のある点における放射は，伝達方向に直角な面の単位面積当たり単位立体角当たりのある方向の点における放射フラックスである．この光場の放射の意味は図1・3aと1・3bに示してある．面放射についても図1・3cに示した．面放射とは，面の単位投影面積当たり単位立体角当たりのある向きに発散する放射フラックスである．

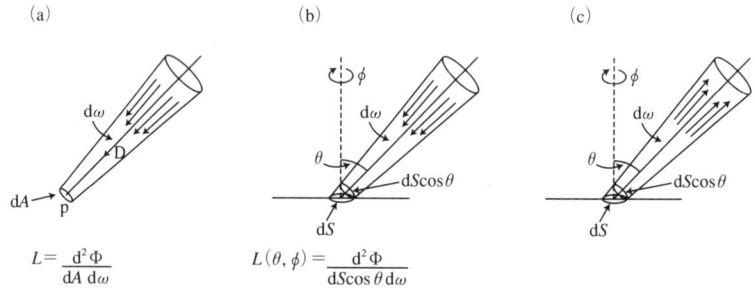

図1・3 放射強度の定義．(a) 空間のある点における現場放射強度．方向Dにおける点Pでの現場放射強度は，立体角と面の要素に分けられ，Dに対して直角な微小面dAを通過するDをとりまく小さな立体角における放射フラックスである．(b) ある面上のある点における現場放射強度．その面に対して特定の方向から，ある面のある点での放射強度を考える必要がある．dSは微小な面である．$L(\theta, \phi)$は天頂角θ（面に対する垂線からの角度）および方位角ϕにおけるdS上の放射強度である．その値はθとϕによって定義される線上にある小さな立体角$d\omega$内においてdSに向かう放射フラックスによって決まる．フラックスはdS$\cos\theta$を直角に横切ることが分かる．(c) 表面放射強度．ある面から放射が出ている場合には，ある面に対するのと同じように考えることができる．

― 4 ―

天頂角と方位角との関数であることを示すため，放射はふつう $L(\theta, \phi)$ を用いて示す．光の場の角度構造は θ や ϕ を使って放射の違いとして表される．放射の単位は W（または quanta s^{-1}）m^{-2} steradian^{-1} である．

$$L(\theta, \phi) = d^2\Phi / dS\cos\theta d\omega$$

（面のある一点における）放射照度 E は，その要素の面積によって分けられる，考えている点を含む表面の微小領域に入射してくる放射フラックスである．厳密ではないが，これは表面の単位面積当たりの放射フラックスとして定義される．単位は W m^{-2}，あるいは quanta（または photons）s^{-1} m^{-2}，ないし mol quanta (photons) s^{-1} m^{-2} であり，1.0 mol photons は 6.02×10^{23}（アボガドロ数）photons である．1 モルの photon はしばしば einstein ともいわれる．

$$E = d\Phi / dS$$

下向き放射照度 E_d と上向き放射照度 E_u はそれぞれ水平面の上面と下面における放射照度の値である．E_d は下向きの光による放射照度であり，E_u は上向きの光による放射照度である．

放射照度と放射との間にある関係は図 1・3b から理解できる．θ と ϕ によって決まる方向の放射は，ステラジアン（sr）当たり単位投影面積当たりの $L(\theta, \phi)$ W（または quanta s^{-1}）である．面の成分の投影面積は $dS\cos\theta$ であり，対応する立体角の要素は $d\omega$ である．したがって，立体角 $d\omega$ 内の面の要素に対する放射フラックスは $L(\theta, \phi) dS\cos\theta d\omega$ である．面の要素の面積は dS であり，要素が含まれる面のある点における放射照度は，$d\omega$ の中の放射フラックスということであり，$L(\theta, \phi) \cos\theta d\omega$ である．面のその点における全下向き放射照度は全天の立体角について積分することにより得られる．

$$E_d = \int_{2\pi} L(\theta, \phi) \cos\theta d\omega \tag{1・5}$$

全上向き放射照度は，$\cos\theta$ が θ の値が 90〜180° の間ではマイナスであるということを考慮しなければならないことを除けば，同様に放射と関係がある．

$$E_u = \int_{-2\pi} L(\theta, \phi) \cos\theta d\omega \tag{1・6}$$

天頂角の代わりに天底角 θ_n（図 1・2 参照）の余弦を用いて

$$E_u = \int_{-2\pi} L(\theta_n, \phi) \cos\theta_n d\omega \tag{1・7}$$

とも書ける．添え字 -2π は下半球において 2π sr 分の積分を意味する．

正味の下向き放射照度（$\bar{E}$）は下向き放射照度と上向き放射照度との差で，

$$\bar{E} = E_d - E_u \tag{1・8}$$

である．これはあらゆる方向の放射の $\cos\theta$ を積分した次式で放射との関係がわかる．

$$\bar{E} = \int_{4\pi} L(\theta, \phi) \cos\theta_n d\omega \tag{1・9}$$

$\cos\theta$ が 90〜180° の間でマイナスであるということで，式 1・8 に従えば上向き放射照度の寄与がマイナスとなることで理解できる．正味の下向き放射照度とは媒体中の

ある点における下方への正味のエネルギー移動率の大きさであり，後で述べるように，重要な結論に至るための概念である．

スカラー放射照度 E_0 はある点についてのあらゆる向きの放射分布の積分である．

$$E_0 = \int_{2\pi} L(\theta, \phi) \, d\omega \qquad (1\cdot10)$$

スカラー放射照度はその点における放射強度の大きさであり，あらゆる向きからの放射を平等に扱っている．一方，放射照度の場合には，放射の天頂角の余弦に比例して，異なった角度では放射フラックスの寄与が異なる．この現象は純粋に幾何学的関係に基づくもので（図 1・3，式 1・5），しばしば余弦の法則と呼ばれる．これはスカラー放射照度を上向きと下向きの成分に分けるのに有用である．下向きスカラー放射照度 E_{0d} は上半球の放射分布の積分である．

$$E_{0d} = \int_{2\pi} L(\theta, \phi) \, d\omega \qquad (1\cdot11)$$

上向きスカラー放射照度は E_{0u} 同様のやり方で下半球に対して定義される．

$$E_{0u} = \int_{-2\pi} L(\theta, \phi) \, d\omega \qquad (1\cdot12)$$

スカラー放射照度（合計，上向き，下向き）は放射照度と同じ単位である．

現実の放射の場では放射照度とスカラー放射照度は光合成波長を通して波長とともに著しく変化する．この変化は放射光が光合成に使われるという点で大きく関係している．これは単位スペクトル（波長または周波数のいずれか）当たりの放射照度もしくはスカラー放射照度の変化で表される．典型的な単位としては W（または quanta s^{-1}）m^{-2} nm^{-1} である．

媒体中のある点において，全ての角度の放射分布が分かれば，光の場の角構造を完全に説明できる．しかし，適当に狭い間隔で全ての天頂角と方位角をカバーする完全な放射光分布データは非常に膨大なものとなる．5°間隔のときには分布は 1,369 個の放射の値を含むことになる．単純であるが有益な光の場の角構造を特定する方法は，3 つの平均余弦（上向き，下向きおよび合計）や放射照度反射率である．

放射の場において，ある点での下向き光の平均余弦 $\bar{\mu}_d$ は，体積要素中の全下向き光子の天頂角の余弦の場のある点における微小要素当たりの平均値とみなせる．これは上半球を構成する全ての立体角の要素（dω）に対して，立体角の要素と余弦の積（つまり（θ, ϕ）$\cos\theta$）の値を総和（積分）し，その半球に由来する全放射で割ることで求められる．式 1・5 と 1・11 から，以下のようになる．

$$\bar{\mu}_d = E_u / E_{0d} \qquad (1\cdot13)$$

これは，すなわち下向きの光の平均余弦は，下向きスカラー放射照度で割った下向き放射照度に等しい．

上向き光の平均余弦 $\bar{\mu}_u$ は，光の場におけるある点での全ての上向き光子の天底角の余弦の平均値と見なしてもよい．先程述べたのと同じ理由で，上向き光の平均余弦 $\bar{\mu}_u$ は，上向きスカラー放射照度で割った上向き放射照度に等しいと結論することが

できる.

$$\bar{\mu}_u = E_u / E_{ou} \tag{1·14}$$

下向き光の場合，これは下向き余弦の平均値の逆数として扱うと都合がよく，Preisendorfer (1961) によれば，下向き光の分布関数 D_d（毎秒単位水平面当たりの光子の下向きフラックスが横切った鉛直距離 (m) 当たりの平均透過距離に等しいことが示されている）とされている[494]．ここで $D_d = 1 / \bar{\mu}_d$ である．もちろん，上向き光の流れについても $D_u = 1 / \bar{\mu}_u$ で示される同じような分布関数がある．

ある点における全ての光の余弦の平均値 $\bar{\mu}$ は，光の場のある点での微小体積要素において，体積要素内の全光子の天頂角の余弦の平均値とみなせる．これは全ての方向について放射と $\cos\theta$ との積を積分し，全ての方向からの全放射で割ることで見積もることができる．式 1·8, 1·9, 1·10 から全ての光に対する平均余弦はスカラー放射照度で割った正味の下向き放射照度に等しいといえる．

$$\bar{\mu} = \frac{\vec{E}}{E_0} = \frac{E_d - E_u}{E_0} \tag{1·15}$$

この $E_d - E_u$（$E_d + E_u$ ではなく）全ての上向き光子（$90° < \theta < 180°$）に対して天頂角の余弦が負となるということを意味する．したがって，$\theta = 45°$ の下向き光子の数と $\theta = 135°$ の上向き光子の数が等しい放射の場では $\bar{\mu} = 0$ となる．

光の場の角構造についての情報を与える残りのパラメータは放射照度反射率（しばしば放射照度比とも呼ばれる）R である．これは場のある点における下向き放射照度に対する上向き放射照度の比である．

$$R = E_d / E_u \tag{1·16}$$

海水や陸水のように吸収も散乱もする媒体においては，これらの光の場の特性は全て水深（以下 z とする）に伴って値が変化する．その変化は普通，放射照度の場合には減少であり，反射率の場合には増加である．このことは水深に伴うある特性の変化の割合を調べることにしばしば役立つ．単位面積当たりの放射フラックスという次元として扱ってきた全ての特性は後で見るように，深度とともに指数関数的に減少する．これらの特性は全ての深さにおいてほぼ同じように，深度とともに値が対数的に変化するので，その割合を特定するのに便利である．これにより，以下のものについて鉛直消散係数を決定することができる．

下向き放射照度では

$$K_d = -\frac{d \ln E_d}{dz} = -\frac{1}{E_d} \frac{d \ln E_d}{dz} \tag{1·17}$$

上向き放射照度では

$$K_u = -\frac{d \ln E_u}{dz} = -\frac{1}{E_u} \frac{dE_u}{dz} \tag{1·18}$$

正味の下向き放射照度では

$$K_\mathrm{E} = -\frac{\mathrm{d}\ln(E_\mathrm{d}-E_\mathrm{u})}{\mathrm{d}z} = -\frac{1}{(E_\mathrm{d}-E_\mathrm{u})}\frac{\mathrm{d}(E_\mathrm{d}-E_\mathrm{u})}{\mathrm{d}z} \qquad (1\cdot19)$$

スカラー放射照度では

$$K_0 = -\frac{\mathrm{d}\ln E_0}{\mathrm{d}z} = -\frac{1}{E_\mathrm{d}}\frac{\mathrm{d}E_0}{\mathrm{d}z} \qquad (1\cdot20)$$

放射では

$$K(\theta,\phi) = -\frac{\mathrm{d}\ln L(\theta,\phi)}{\mathrm{d}z} = -\frac{1}{L(\theta,\phi)}\frac{\mathrm{d}L(\theta,\phi)}{\mathrm{d}z} \qquad (1\cdot21)$$

これらの鉛直消散係数の値がある範囲において深度の関数であることを示すために，しばしば$K(z)$という形で表される場合がある．

1・4 固有の光学的特性

水の中で光子に起こることはたった2つだけであり，吸収されるか散乱されるかである．したがって，太陽放射が水中を透過するときに起こることを理解しようとするならば，水がどの程度光を吸収・散乱するかを示す物差しが必要である．ある波長の光に対する水の吸収と散乱の特性は吸収係数および散乱係数，体積散乱関数によって定義づけられる．これらを，Preisendorfer (1961) は固有光学特性と呼んでいる．なぜなら，これらの値の大きさは，その水を構成する物質にのみ依存し，水中に広がる光の場の幾何学的構造には依存しないからである．

無限に薄くて平らな水の層に単波長光を直角にあてる場合を想定して，それらを定義する（図1・4）．入射光のうち一部は薄い層で吸収される．また一部は散乱する－これは元の光の進路からの発散ということである．吸収された入射光フラックスを水の層の厚さで割った値が吸収係数aである．散乱した入射光フラックスを層の厚さで割ったものが散乱係数bである．

定量的に表現するために，吸光率Aと散乱率Bを用いる．Φ_0をある物理的な系において平行光線の形で入射する放射フラックス（単位時間当たりのエネルギーまたは光量子量）

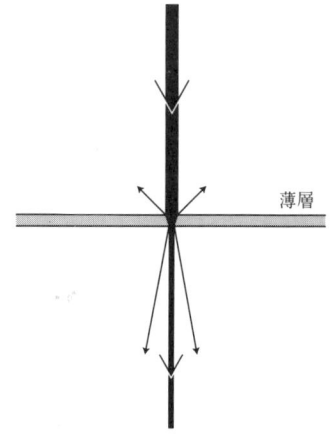

図1・4 水溶液の薄い層と光線の関係．光が吸収されない場合，ほとんどの光は元の進路からほぼはずれることなく透過し，わずかに散乱する．

とすると，Φ_a は放射フラックスの吸収分であり，Φ_b は放射フラックスの散乱分である．よって，

$$A = \Phi_a / \Phi_0 \tag{1·22}$$

また

$$B = \Phi_b / \Phi_0 \tag{1·23}$$

言い換えれば，吸収率と散乱率は，それぞれ吸収と散乱によって入射光線から失われた放射フラックスの部分である．吸収率と散乱率を合わせたものは減衰率 C と呼ばれ，入射光線から減少した放射フラックスの合計である．厚さ Δr の無限に薄い層の場合，吸収と散乱によって減少する入射フラックスの微小成分をそれぞれ ΔA，ΔB と表すと，

$$a = \Delta A / \Delta r \tag{1·24}$$

と

$$b = \Delta B / \Delta r \tag{1·25}$$

となる．

さらに固有光学特性の一つ，消散係数 c を定義しよう．これは以下の式によって与えられる．

$$c = a + b \tag{1·26}$$

またこれは，吸収，散乱された入射フラックスを層の厚さで割ったものである．吸収と散乱によって減少した入射フラックスの微小成分を ΔC（$\Delta C = \Delta A + \Delta B$）という記号で示すと，

$$c = \Delta C / \Delta r \tag{1·27}$$

吸収係数，散乱係数，消散係数は，全て長さの逆数を単位にもち，普通 m^{-1} で表される．

現実の世界では，無限に薄い層での測定は不可能であり，a，b，c の値を求めようとするならば，有限の厚みの層の吸光率，散乱率，減衰率に関する表現が必要である．放射フラックス Φ_0 の細い平行光線が直角に当たっている媒体を考えよう．光が媒体中を通過するにつれて，吸収・散乱により，その強さは弱くなる．そこで，光の放射フラックスが減少して，深さ r では Φ になるような媒体中で，厚さ Δr の無限に薄い層を考えてみよう．Δr を通過する間の放射フラックスの変化は $\Delta \Phi$ となる．この薄層における減衰率は，

$$\Delta C = -\Delta \Phi / \Phi \quad （\Delta \Phi は負の値となるためにマイナスの符号が必要）$$

$$\Delta \Phi / \Phi = -c \Delta r$$

0 から r まで積分すると，

$$\ln \frac{\Phi}{\Phi_0} = -cr \tag{1·28}$$

ないしは
$$\Phi = \Phi_0 e^{-cr} \quad (1\cdot29)$$
これは光が通過する距離に応じて放射フラックスが指数関数的に減少することを示している．また式 1・28 は次のように変形できる．
$$c = \frac{1}{r} \ln \frac{\Phi_0}{\Phi} \quad (1\cdot30)$$
あるいは
$$c = -\frac{1}{r} \ln(1-C) \quad (1\cdot31)$$
したがって，式 1・30，1・31 を用いると，光路長 r が分かっている媒体を通過する平行光線の光強度の減少を測定することで消散係数 c の値が得られる．

吸収係数と散乱係数の測定の理論的な基礎は簡単ではない．吸収はあるが散乱が無視できるような媒体では，以下の関係がある．
$$a = -\frac{1}{r} \ln(1-A) \quad (1\cdot32)$$
また，散乱はあるが吸収が無視できる媒体では以下のような関係がある．
$$b = -\frac{1}{r} \ln(1-B) \quad (1\cdot33)$$
しかし，吸収，散乱双方が無視できない媒体の場合には，いずれの式もあてはまらない．このことは，そのような媒体に対してこれらの式を適用してみると容易に理解できる．

式 1・33 の場合，測定される光のうちの一部は散乱する前に透過距離 r の間に吸収によって失われ，散乱した光の量 B は式を満たすのに必要な値よりも低い値となるであろう．同様に，測定される光のうちの一部は吸収される前に散乱によって取り除かれるので，A は式 1・32 を満たすには低い値となるであろう．

a と b を正確に測定するためには，このような問題を回避しなければならない．吸収係数の場合，同じ透過距離の媒体を通過する測定光から散乱する光の大部分について決定することができ，検出装置によって校正することができる．それ故，散乱の全減衰に対する寄与を非常に小さくできるので，式 1・32 が利用できる．散乱係数の場合，吸収による損失を避ける機械的な手段はないので，吸収を別に求めて，散乱のデータに適切な補正がなされる．a と b を測定する方法は後（3・2 節，4・2 節）でより詳しく述べることとする．

媒体中での光の透過による散乱は散乱係数の値だけでなく，初期の散乱過程による散乱フラックスの角分布にも影響する．この角分布は媒体ごとに特有の形状をもっており，体積散乱関数 $\beta(\theta)$ という言葉で定義される．これは単位体積当たり，体積

断面照射当たりの平行光線によって照らされた体積要素 dV からある方向への放射強度として定義される（図1・5a）．この定義は数学的に以下のように表される．

$$\beta(\theta) = dI(\theta)/EdV \tag{1・34}$$

よって，1・3節の定義より，

$$dI(\theta) = d\Phi(\theta)/d\omega$$

および

$$E = \Phi_0/dS$$

となる．ここで，$d\Phi(\theta)$は光に対して角度θに位置する立体角成分$d\omega$の放射フラックスであり，Φ_0は断面積dSのフラックスである．drを体積要素の厚さとすると，

$$dV = dS \cdot dr$$

なので，以下のようにも書ける．

$$\beta(\theta) = \frac{d\Phi(\theta)}{\Phi_0} \frac{1}{d\omega dr} \tag{1・35}$$

体積散乱関数の単位は$m^{-1} sr^{-1}$である．

平行光線が媒体の薄い層を通過する際に散乱する光は光線の周りに放射状に対称に拡がる．したがって，角θで散乱した光は光の束というより角度θの半分の円錐と考えるべきであろう（図1・5b）．

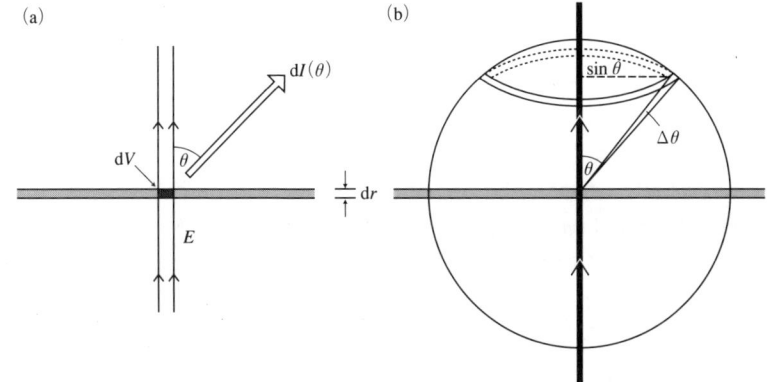

図1・5 体積散乱関数に関する幾何学的関係．(a) 放射照度 E の平行光線と薄い層 dr を通過する際の断面積 dA．照射される体積 dV．$dI(\theta)$ は角度 θ で散乱する光．(b) 溶媒の薄い層を光線が通る際の交点は球の中心にあると考える．θ と $\theta + \Delta\theta$ の間に散乱する光は半径 $\sin\theta$，幅 $\Delta\theta$ で，球表面をぐるっと取り巻いて帯状に照らす．その面積は $2\pi\sin\theta\,\Delta\theta$ で，角幅 $\Delta\theta$ に対応する立体角に等しい．

式1·35より，$\beta(\theta)$は入射フラックスの比で表された，媒体の単位透過距離当たり，θ方向に散乱した単位立体角当たりの放射フラックスであることが分かる．θから$\theta+\Delta\theta$の間の角度は立体角の要素$d\omega$に相当し，$2\pi\sin\theta\Delta\theta$に等しく（図1·5b），そのため，この角度の間で（単位透過距離当たりの）散乱した放射フラックスの割合は$\beta(\theta)2\pi\sin\theta\Delta\theta$となる．単位透過距離当たりの全方向に散乱したフラックスの強さの割合を求めるためには（定義として，散乱係数に等しい）$\theta=0°\sim180°$の範囲で積分しなければならない．

$$b = 2\pi \int_0^\pi \beta(\theta)\sin\theta\,d\theta = \int_{4\pi} \beta(\theta)\,d\omega \quad (1·36)$$

このように，散乱係数の別の定義は体積散乱関数の全方向についての積分である．

前方と後方の散乱とを区別すると都合がよい場合が多い．そこで，全散乱係数bを光線の前方への散乱光である前方散乱係数b_fと，光線の後方への散乱光である後方散乱係数b_bとに分ける．

$$b = b_b / b_f \quad (1·37)$$

また，次のようにも表される．

$$b_f = 2\pi \int_0^{\pi/2} B(\theta)\sin\theta\,d\theta \quad (1·38)$$

$$b_b = 2\pi \int_{\pi/2}^\pi B(\theta)\sin\theta\,d\theta \quad (1·39)$$

θに伴う$\beta(\theta)$の変化は，媒体中での単位透過距離当たりの，異なる角度の散乱の絶対量を示している．異なる媒体中での散乱の角分布の形状を散乱の絶対量から区別して別々に比較したいなら，標準散乱関数$\tilde{\beta}(\theta)$（しばしば散乱相関数（scattering phase function）と呼ばれる）を用いると便利であり，全散乱係数で体積散乱関数を割ることで得られる関数（単位，sr^{-1}）である．

$$\tilde{\beta}(\theta) = \beta(\theta)/b \quad (1·40)$$

全立体角に対する$\tilde{\beta}(\theta)$の積分は1に等しい．ある角度θまでの$\tilde{\beta}(\theta)$の積分は$0°\sim\theta$の値までの角度で起こる全散乱の割合である．標準化した前方散乱係数および後方散乱係数，$\tilde{b}_f$と，をそれぞれ前方と後方の全散乱の割合として定義することもできる．

$$\tilde{b}_f = b_f / b \quad (1·41)$$
$$\tilde{b}_b = b_b / b \quad (1·42)$$

一つのパラメータ－その平均余弦（$\bar{\mu}$）－で光の場の角構造を表すのは便利であり，また，散乱相関数の場合にその形状を示す一つのパラメータがあればさらに有効である．そのようなパラメータは散乱の平均余弦$\bar{\mu}_s$であり，一つの散乱光の平均余弦として考えてもよい．どのような体積散乱関数に対してもその値は以下の式から計算できる[494]．

$$\overline{\mu}_s = \frac{\int_{4\pi} \beta(\theta)\cos\theta\,\mathrm{d}\omega}{\int_{4\pi} \beta(\theta)\,\mathrm{d}\omega} \tag{1・43}$$

もしくは（式1・40 と $\beta(\theta)$ を 4π 分積分すれば 1 であるということから）以下の式より計算できる。

$$\overline{\mu}_s = \int_{4\pi} \widetilde{\beta}(\theta)\cos\theta\,\mathrm{d}\omega \tag{1・44}$$

1・5　見かけ上および準固有光学特性

輝度，放射照度，スカラー放射照度の鉛直消散係数は，いずれもそれらの放射光量が深さに対して指数関数となるという定義により，厳密にいえば放射の場の特性ということである．それにもかかわらず，これらの値は水媒体固有の光学的特性によって大きく決まり，太陽高度の変化のような放射の場の変化によってはあまり大きく変化することはないことが経験的に分かっている[36]．例えば，大きい K_d 値をもつある特種な水は，水の成分が同じである限り，その翌日でも翌週でも，あるいはその日の何時でも同じように高い K_d 値をもっていることが期待される．

よって，K_d のような鉛直消散係数が一般的に用いられ，海洋学者や陸水学者には，これらが水そのものの光学的な特性であり，深さによって次第に放射光量を減少させる水の能力を直接的に測定する物差しであると考えられている．その上，これらは a，b，c といった同じ単位（m^{-1}）の固有の光学的特性をもつ．これらがさまざまな K の関数として有用であるということから，Preisendorfer (1961) はこれらを「見かけの光学特性」（apparent optical properties）と呼ぶことを提唱しており，我々もここではそのように取り扱う．反射 R もよく水域の見かけの光学的特性として取り扱われる．

2つの基本的な固有光学特性－吸収係数と散乱係数－は，先ほど見たように，媒体の薄い層に入射する平行光線の振る舞いとして定義した．さまざまな角分布をもつ入射光に対しても同じような係数が定義づけられる．特に，これらの係数は，実際の水中で特定の水深における上向きと下向きに対応した入射光であると定義づけられる．これらを，ある深さでの上向きもしくは下向きの光に対する「拡散吸収係数」，「拡散散乱係数」，と呼ぶことにしよう．通常の係数と関連しているが，拡散係数の値は局所的な放射分布，つまりは深度の関数である．

深度 z における下向き光の拡散吸収係数 $a_d(z)$ は，その水深において無限に薄い水平な層によって吸収される下向き光を層の厚みで割ったものである．上向き光の拡散吸収係数 $a_u(z)$ も同様に定義される．薄い層での拡散光の吸収は光量子の透過距離がそれぞれ $1/\overline{\mu}_d$，$1/\overline{\mu}_u$ に比例するため，通常の入射平行光の吸収よりも大きくなる．つまり，拡散吸収係数は通常の吸収係数とは次のような関係にある．

$$a_d(z) = \frac{a}{\overline{\mu}_d(z)} \tag{1·45}$$

$$a_u(z) = \frac{a}{\overline{\mu}_u(z)} \tag{1·46}$$

ここで $\overline{\mu}_d(z)$, $\overline{\mu}_u(z)$ は水深 z における $\overline{\mu}_d$, $\overline{\mu}_u$ の値である.

上向きの光と下向きの光の散乱に関する限り, 後方散乱係数が主に重要となる. 水深 z における下向きの光に対する後方拡散散乱係数 $b_{bd}(z)$ は, その深さにおける無限に薄い水平な層によって後方 (すなわち上方) へ散乱した下向きの光を層の厚さ $b_{bu}(z)$ で割った入射光の割合である. 同様に上向きの光に対応する係数は下方へ散乱する光として定義される. 下向きの光と上向きの光に対する全拡散散乱係数 ($b_d(z)$, $b_u(z)$) と前方拡散散乱係数 ($b_{fd}(z)$, $b_{fu}(z)$) も同様にして決定され, 以下の式の通りである.

$$b_d(z) = b/\overline{\mu}_d(z), \qquad b_u(z) = b/\overline{\mu}_u(z)$$
$$b_d(z) = b_{fd}(z) + b_{bd}(z), \qquad b_u(z) = b_{fu}(z) + b_{bu}(z)$$

下向きの光と上向きの光に対する消散係数 $c_d(z)$, $c_u(z)$ も以下のように定義づけられる.

$$c_d(z) = a_d(z) + b_d(z), \qquad c_u(z) = a_u(z) + b_u(z)$$

後方拡散散乱係数と通常の後方散乱係数 b_b との関係は単純なものではないが, 水深 z における体積散乱関数と放射分布とから算出できる. 算出方法については後 (4·2節) で議論することとする.

Preisendorfer (1961) は拡散吸収係数, 拡散散乱係数, 拡散消散係数を, 固有光学特性と放射の場のある特性の両方から得られるという意味で, 複合光学特性として分類した. 私としては, これらの特性と固有光学特性との関係が近いことを明確に示すために,「準固有光学特性」(quasi-inherent optical properties) としたい. 両特性ともまさに同じ定義に基づいており, 媒体の薄い層に入射する光のフラックスの性質が異なっているだけである.

重要な準固有光学特性 $b_{bd}(z)$ は光学的特性の一つである $\kappa(z)$ を使って 2 つの見かけ上の光学的特性 K_d, R と関連付けられる. $\kappa(z)$ は深度 z で受けとる全ての上向き光量子の, 上向き散乱の平均鉛直消散係数である[492]. $\kappa(z)$ を上向き光の鉛直消散係数 $K_u(z)$ と混同してはならない. 実際 $\kappa(z)$ は $K_u(z)$ よりもかなり大きい. $\kappa(z)$ を用いて, 見かけの光学特性と準光学特性とを次のように関係づけることができる.

$$R(z) \simeq \frac{b_{bd}(z)}{K_d(z) + \kappa(z)} \tag{1·47}$$

漸近的照射分布となる水深 (6·6節を参照) においては, この関係がまさに成立する. 光学的な水型[492]の範囲に対する水面下の光場のモンテ・カルロモデルは, κ が K_d と

ほぼ直線的な関係にあることを示し，z m（表層の 10％照度深）における関係は次のようになる．

$$\kappa(Z_m) \simeq 2.5\, K_d(z_m) \tag{1・48}$$

1・6 光学的深度

すでに述べてきたように（後でより詳しく議論するが），下向き放射照度は，水深とともにほぼ指数関数的に減少してゆく．これは以下の式によって表される．

$$E_d(z) = E_d(0)\, e^{-K_d z} \tag{1・49}$$

ここで，$E_d(z)$，$E_d(0)$ はそれぞれ水深 z m と表面直下の下向き放射照度の値であり，K_d は水深 $0 \sim z$ m 間の鉛直消散係数の平均値である．ここで次の式から，光学的深度 ζ を定義しよう．

$$\zeta = K_d z \tag{1・50}$$

これは異なる物理的深度に対応した特定の光学的深度であるようだが，異なる特性の水では放射照度の全体の減少にも同じように対応している．高い K_d をもつ着色した混濁水の光学的深度は，低い K_d をもつ着色の少ない清澄な水よりもより浅い．ここで定義された光学的深度 ζ は減衰距離 τ（しばしば光学的深度もしくは光学的距離と呼ばれる）と区別され，光線消散係数（c）をかけた幾何学的透過距離である．

一次生産に関連して特に関心のある光学的深度は水面直下の下向き放射照度の 10％と 1％に減衰するところであり，これらの値はそれぞれ，$\zeta = 2.3$ と $\zeta = 4.6$ である．これらの光学的深度は光合成が起こる有光層の中間点と下限に対応している．

1・7 放射伝達理論

これまで光の場の特性や媒体の光学的特性を定義してきたので，ここで純粋に理論的基礎に基づいて，それらの間に何らかの関係があるかどうかについて考えることとしよう．ある入射光の場では，水中の光環境の特性は媒体の性質によって特異的に決定されるが，明確な解析による統合的関係，媒体の光学特性という点での場の特性の表現などはまだ行われていない．自然水での体積散乱関数の形状の複雑さを考えると，これは決して簡単なものではない．

しかし，正味の下向き放射照度に対する平均余弦と鉛直消散係数から求まる吸収係数に関係する有益な表現に至ることは可能である．そのうえ，関係式は光の場のある特性と拡散光学特性から導かれている．これらのさまざまな関係は全て放射に対する伝達の式を用いることによって導かれる．これは放射が媒体中のある点において透過距離に伴って変化する様子を示している．

鉛直的に成層している水塊（すなわち，ある水深における特性は水平方向には一定）を想定し，その表層に偏光のない短波長放射の連続的な入射があり，水中での蛍光の

発生を無視すると，式は以下のように書き表される．

$$\frac{dL(z, \theta, \phi)}{dr} = -c(z)L(z, \theta, \phi) + L^*(z, \theta, \phi) \quad (1\cdot51)$$

左辺は水深 z における天頂角 θ，方位角 ϕ によって特定される透過距離 r での放射の変化率である．正味の変化は 2 つの反する過程の結果である．すなわち，透過方向に沿った減衰による損失（$c(z)$ は水深 z における光線消散係数の値である），および他の方向（θ', ϕ'）から，（θ, ϕ）方向への光の散乱による増加である（図 1·6）．右辺第 2 項は水深 z における媒体の体積散乱関数 $\beta(z, \theta, \phi; \theta', \phi')$ と書いて θ, ϕ と θ', ϕ' の 2 つの間の散乱角度を示す）と放射の分布 $L(z, \theta', \phi')$ によって決定される．dr に沿った体積成分上に入射する放射照度 $L(z, \theta', \phi')$ $d\omega(\theta', \phi')$ のそれぞれの成分（ここで，$d\omega(\theta', \phi')$ は θ', ϕ' 方向を含む微小三角錐を構成する立体角の成分である）は，θ, ϕ 方向での散乱放射を引き起こす．このようにして得られる総放射は以下の式によって与えられる．

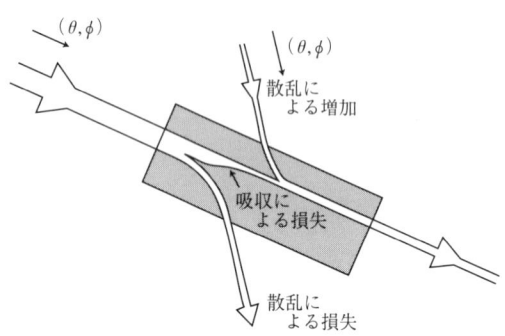

図 1·6 放射強度の変換の式に関わる過程．方向 θ, ϕ において，距離 dr を通過する光線はこの光路において散乱と吸収によって光子を失うが，別方向（θ', ϕ'）からくる光子を得る．

$$L^*(z, \theta, \phi) = \int_{2\pi} \beta(z, \theta, \phi; \theta', \phi') L(z, \theta', \phi') d\omega(\theta', \phi') \quad (1\cdot52)$$

もし，深さに関する関数として θ, ϕ 方向における放射の変化に関心があるのならば，$dr = dz/\cos\theta$ より，式 1·51 を以下のように変形することができる．

$$\cos\theta \frac{dL(z, \theta, \phi)}{dz} = -c(z)L(z, \theta, \phi) + L^*(z, \theta, \phi) \quad (1\cdot53)$$

両辺を全ての角度について積分すると，

$$\int_{4\pi} \cos\theta \frac{dL(z, \theta, \phi)}{dz} d\omega = -\int_{4\pi} c(z)L(z, \theta, \phi) d\omega + \int_{4\pi} L^*(z, \theta, \phi) d\omega$$

となり，Gershun (1936) によって導かれた以下の関係式を得る．

$$\frac{d\vec{E}}{dz} = -cE_0 + bE_0 = -aE_0 \quad (1\cdot54)$$

これは，

$$a = K_E \frac{\bar{E}}{E_0} \tag{1.55}$$

また，

$$a = K_E \bar{\mu} \tag{1.56}$$

である．

　以上，固有光学特性と場の2つの特性の間の関係式を得た．後で見るように（3・2節），式1・56は現場での放射照度とスカラー放射照度の測定から自然水の吸収係数を決定する最初の手順として用いることができる．

　Preisendorfer（1961）は，場のある特性と拡散吸収係数，拡散散乱係数間の関係を得るために伝達の式を用いた．これらのうちの一つ，下向き放射照度に対する鉛直消散係数の表現は，

$$K_d(z) = a_d(z) + b_{bd}(z) - b_{bu}(z)R(z) \tag{1.57}$$

で，後の節（6・7節）で深さにともなう放射照度の減少にひそむ異なった過程の相対的重要性を理解する上で助けとなるであろう．

2. 太陽放射

2・1 大気圏外の太陽放射

地球が受ける放射の強度やスペクトル分布は，太陽との距離および放射特性に依存している．エネルギーは太陽の内部で起こる核融合から生じる．太陽内部の温度が 20×10^6 K に達すると核は融合し，ヘリウム核，陽電子，エネルギーになる．このステップは次式で表せる．

$$4{}^1_1\text{H} \rightarrow {}^4_2\text{He} + 2e^0_{+1}\text{e} + 25.7\,\text{MeV}$$

エネルギーの放出は融合現象において質量のわずかな減少となる．表面に向かって太陽の温度は著しく低下し，表面ではわずか 5,800 K である．

黒体（完全放射体）の特性がどのようなものであっても，放射のスペクトル分布や表面の単位面積当たりに放射されるエネルギー総量は，温度によって決まる．単位面積当たりの放射フラックス*M は，絶対温度の 4 乗に比例し，ステファン-ボルツマンの法則で表される．

$$M = \sigma T^4$$

ここで σ は 5.67×10^{-8} W m^{-2} K^{-4} である．太陽は，完全放射体または黒体として振る舞い，直径 1.39×10^6 km と考えると，表面の単位体積当たりの放射フラックスは約 63.4×10^6 W で，この値は太陽光フラックスの総量 385×10^{24} W に相当する．地球の軌道距離（150×10^6 km）では，太陽に面した単位面積当たりの太陽光フラックス量は約 1,373 W m^{-2} である[366]．この地球の大気圏外の太陽放射総量は，太陽定数といわれる．

地球は，直径が 12,756 km であり，太陽に対する断面積は 1.278×10^8 km^2 である．地球全体への太陽光放射フラックスは約 $1,755\times10^{14}$ km で，太陽から受ける放射エネルギー総量は，年間約 5.53×10^{24} J である．

完全放射体においては，放射エネルギーのスペクトル分布は，より短い波長からピークに達するまでは急激に上昇し，より長い波長へゆっくり減少していく特徴がみられる．黒体の絶対温度 T の上昇に伴い，放射のピーク（λ_{max}）はウィーンの法則に従って，より短い波長へずれる．

$$\lambda_{max} = w/T$$

ここで，w（ウィーンの転換定数）は 2.8978×10^{-3} mK である．太陽の表面温度は 5,800 K であるが，ウィーンの法則に従い，図 2・1 に示した大気圏外の太陽スペクト

---

* この章では，放射フラックスと放射照度は quanta ではなくエネルギー単位で表す．

ル放射照度の曲線にみられるように，およそ 500 nm 付近で波長当たりのエネルギーは最大となる．6,000 K における完全放射体の理論的な曲線と比較して，太陽光フラックスのスペクトル分布は短い波長域で，形がやや不規則である．このカーブのくぼみは太陽の外気にある水素による吸収帯によるものである．光合成に利用可能な光（通常，PAR と略される）は 400～700 nm で地球外部の太陽光放射照度の 38% を占める．

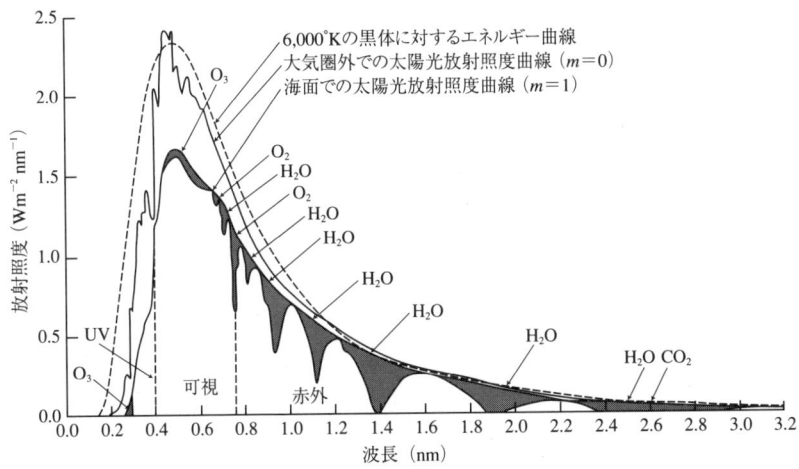

図 2・1　6,000 K の黒体と比べた場合の大気の外および海表面における太陽光放射強度のスペクトルエネルギー分布．(Handbook of Geophysics, U.S. Air Force, Macmillan, New York, 1960 の許可による)

2・2　大気中における太陽光の伝達

空がきれいなときでも，太陽光線は大気を通過する間に著しく減少する．この減少は，空気分子や塵による散乱，大気中の水蒸気，酸素，オゾン，二酸化炭素に吸収されることによる．太陽が真上から垂直に照ると，水平な海面への太陽放射は，大気圏に入る前の強さに比べて，乾燥してきれいな大気では 14% 減少，湿気があって埃っぽい大気では 40% 減少する[627]．太陽の位置が低くなると大気中での太陽光線の透過距離が長くなり，大気によって除去される入射フラックスの割合が増える．大気中での透過距離は，太陽高度のコセカントにおよそ比例している．たとえば，太陽が真上に比べて，30°の高度にある方が透過距離は 2 倍長い．

1）散乱の効果

空気分子は太陽光の波長よりかなり小さいので，光を散乱させる効果は，レイリーの法則に従い，$1/\lambda^4$ に比例する．従って，太陽光の散乱はスペクトルの短い波長域

で非常に大きく，大気によって散乱するほとんどの光は可視光線や紫外部領域である．
　太陽光線から散乱した光の一部は宇宙空間に放出され，一部は地球表面へ向かうものもある（図2・2，第4章）．純粋にレイリー散乱すると（塵の影響を無視し，空気分子による散乱のみ），前方へも後方と同程度の散乱がある．さまざまな方向への散乱の効果を無視すると，塵のない大気で太陽光線から散乱した光の半分は宇宙空間へと還り，もう半分は地球表面へ向かうであろう．雲も塵もない大気で散乱によって宇宙へ反射される太陽エネルギーはオゾンによる吸収を考慮すると約7％である[765]．

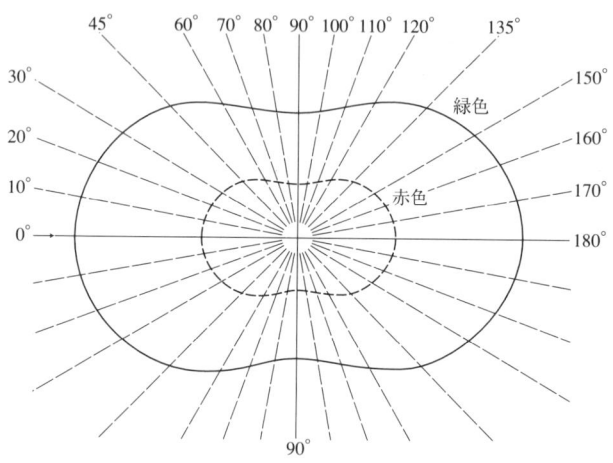

図2・2　微小粒子（半径0.025 μm）に対する散乱の関数としての光強度の極座標プロット．緑色光（波長0.5 μm）と赤色光（波長0.7 μm）の場合．（Solar Radiation, N. Robinson, Elsevier, Amsterdam, 1966の許可による）

　場所や時間によって異なるが，大気はかなりの量の塵を含んでいる．塵分子は光を散乱させるが，ほとんど太陽光の波長より大きいため，レイリーの法則には当てはまらない．その代わり，ミー散乱のタイプにあてはまる．ミー散乱の特徴は，前方に大きく分布し，波長への依存性は低いが，より短波長で散乱が強い．塵分子は主に前方に光を散乱させるが，後方への散乱もかなりある．さらに，前方に散乱する光のうち，散乱角が大きい場合には，太陽光線が垂直でなければ上へ向かう部分もある．きれいな空気より塵の多い空気の方が，空気分子の散乱に微粒子による散乱が加わるので，太陽エネルギーを多く宇宙空間へ反射する．
　大気で散乱され地球表面へ向かう太陽光フラックスが天空光である．空が青いのは可視スペクトルの短い波長から青色光がより多く散乱するからである．埃っぽい空気では，直射日光は減少するが，増加した散乱のために天空光も増加する．地球表面が

受ける日射の総量は，太陽の高度に伴う天空光の変化である．太陽高度の減少に伴って大気中での太陽光線の透過距離が増加すると，多くの太陽光が散乱する．その結果，直射日光は天空光より速く減少してしまう．

雲もなく非常に太陽高度が低いときには，地球表面での直射日光と，拡散フラックス（天空光）がほとんど同量である．太陽高度が上がると，直射日光による放射は急激に増加するが，天空光による放射は太陽高度が 30°以上になると横ばいになる．晴天下で太陽高度が高いと，天空光の放射照度は 15～25％で直射日光の放射照度は 75～85％である[624]．澄んで乾燥した空気では天空光は約 10％と低い．

2）地球表面における日射のスペクトル分布

大気圏で生じる散乱や吸収の過程は，光強度の減少だけでなく，直射日光のスペクトル分布の変化を引き起こす．図 2・1 の一番下の曲線は空が澄んで太陽が頂点にある時の海面における日射のスペクトル分布を示している．

斜線部は吸収された部分で，斜線部の上の線は，吸収がおこらず散乱だけ起こったときのスペクトル分布を示す．紫外部（0.2～0.4 μm）の日射フラックスの減少は主に散乱であり，オゾンの吸収による寄与もある．可視部の光合成利用波長 PAR（0.4～0.7 μm）での減少は主に散乱であり，オゾン，酸素，および赤色スペクトル域での水蒸気による吸収も含む．長く尾を引く赤外部での日射フラックス減少の主要因は散乱ではなく，水蒸気によるさまざまな吸収帯によるものである．

大気中の水蒸気量はさまざまに変化するので，大気を通過する際に太陽光線か

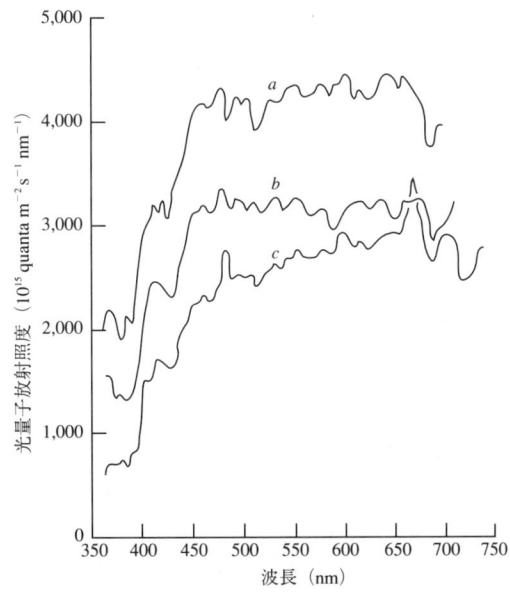

図 2・3　地球上 3ヶ所における太陽光放射照度のスペクトル分布（Tyler and Smith, 1970 のデータからプロット）．(a) クレーター湖，オレゴン，USA（42°56′N, 122°07′W）．高度 1,882 m．11:00-11:25，1966 年 8 月 5 日．(b) 湾流域，バハマ，大西洋（25°45′N, 79°30′W）．12:07-12:23，1967 年 7 月 3 日．(c) サン・ビセンテ貯水池，サンディエゴ，カリフォルニア，USA（32°58′N, 116°55′W）．09:37-09:58，1967 年 1 月 20 日．すべての測定は晴天の時に行った．

ら取り除かれる赤外線量も変化する．それにも拘らず，赤外部のほうが光合成波長より多く日射が除去されるのは確かである．結局，光合成利用波長（0.4～0.7μm）は大気圏外への放射より地球表面に達する日射の方がより多い．PAR は太陽高度が30°以上では，地球表面で直射日光の約45％のエネルギーに相当する [626]．天空光は散乱によるため主に短波長であり，可視部と光合成帯が優占する．

大気圏外の日射フラックスのスペクトル分布に関するデータを利用して，Baker & Frouin（1987）は，あらゆる大気の状態や太陽高度を考慮し，PAR（この場合350～700 nm）を晴天下海表面での総入射量に比例するものとして見積もるために，大気中の放射伝達量を計算した．彼らは太陽高度が 40°以上では E_d（350～700 nm）/E_d（total）がすべての大気で45～50％であることを見いだした．水蒸気の増加に伴って E_d（total）が減少するので，この比は増加した．オゾン量や海から出るエアロゾルの影響は受けなかった．太陽高度が 40°～90°の間ではほとんど影響を受けないが，太陽高度が40°から10°まで下がると1～3％値が下がる．

光合成器官が光エネルギーを捉える効率は波長によって異なるので，一次生産に対する日射の有効性は，異なる波長の光の場合，スペクトルの分布に左右される．図2・3 は，3 つの異なる地点で太陽が南中する 2，3 時間の晴天下での地球表面における日射スペクトル分布を示す．太陽高度の低下に伴って，大気中での光路長が長くなり短波長域の散乱が多くなるので，直射日光における長波長（赤色）に対する短波長（青色）の割合は減少する．一方，太陽高度が低下すると，総日射量に対する天空光の相対的な寄与が増加し，天空光は短波長が多くなる．このように，太陽高度と日射総量のスペクトル分布との関係は簡単なものではない．

3）雲の影響

大気を構成するガス状，粒子状の物質の影響に加えて，雲の大きさやタイプは，地球表面に到達する日射フラックスを決定する重要な要因である．ここでは，Monteith（1973）による説明について述べる．

晴天下ではいくつかの雲によって，地球表面への拡散フラックスは増加するが，太陽を全く覆い隠すのでなければ，直射日光には影響はない．このように，少量の雲は総日射フラックスを5～10％増加させる．しかし，切れ間のない雲は日射量を減少させる．薄い巻雲のもとでは，総日射量は晴天時の約70％になる．一方，厚い層雲のもとでは太陽放射の 10％程度しか届かず，70％は宇宙空間へ反射され，20％は吸収される．まだらに雲がある日は，地球表面のある場所における日射量は，太陽に雲がかかっていない100％の状態から，雲がかかっている場所の 20～50％の間で変動する [624]．

砂漠では地表での日射量に影響を与えるほどの雲はないが，湿潤な場所では年間に受ける平均日射量は雲によってかなり低下する．例えばヨーロッパの大部分では，夏

期の平均日射量（1日当たり1 m² 当たりに受ける全放射エネルギー）は，雲のないときの日射量の50〜80％である．

最近，地球を取り巻く雲の分布や光学的特性について，衛星リモート・センシングによって大量の情報が得られるようになった．国際衛星雲気象プロジェクト（ISCCP）は1983年半ばから静止衛星と極周回衛星のデータを集積してきた．Bishop & Rossow (1991) は，ISCCPのデータを用い，大気圏を通過する日射伝達をモデル化するとともに，地球上各地の日射量の空間的・時間的変動に対する雲の影響を見積もった．その結果，海洋は大陸よりもよく雲に覆われており，受ける日射量も少ない．例えば，1983年7月，陸地で雲に覆われた場所は0.3％にすぎなかったが，海洋では約9％が雲に覆われていた．

海洋の中でも顕著な差が見られる．北太平洋や南太平洋の海のほとんどはいつも雲に覆われているが，赤道付近の太平洋中央部（1°N, 140°W）はいつも晴天が広がっている．夏の北半球では，大西洋は太平洋よりも日射量が多いが，南半球においては二大洋の差はほとんどない．晴天時に対する割合として，海表面に降り注ぐ日射は，30°Sから60°Sにかけて半減する．これは60°Sには周極性の雲が並んでいるからである．しかし，南大西洋のアルゼンチン海盆やウエッデル海は大陸と近いため，他の周極域より雲が少なく，一次生産が盛んであることが知られている．Bishop & Rossowは，日射が栄養塩の豊富な南太平洋における植物プランクトンの一次生産を左右する主要因であることを示唆している．

4）異なる大気状況下での日射の角分布

地球表面への日射の一部，すなわち直達日光は太陽の天頂角に垂直な角度で入ってくる放射の平衡フラックスである．太陽からの放射は非常に強く，太陽の縁から少しずれると急激に弱くなる[624]．

晴天下での天空光の角分布は複雑で，図2・4に図式化してある．塵粒子によって，あるいは空気分子によるわずかな影響による前方への散乱が強いので，天空光は太陽の角度に近い角度で特に強くなる．天空からの放射は太陽との角距離が開くほど顕著に減少する．太陽から90°の天体半球で最小値を示し，水平線に向かって再び上昇する．

簡易な観察で示唆されるのとは逆に，非常に曇った空の下での日射分布は一定ではない．実際，天頂における放射は，地平線のそれの2〜2.5倍ある．このような状況（標準的曇天, Standard Overcast Sky）下での放射分布の近似値は次式のように，天頂角 θ の関数として表せる[625]．

$$L(\theta) = L(0)(1 + B\cos\theta)/(1+B) \qquad (2\cdot1)$$

ここで，B は1.1〜1.4の範囲である．まだら雲の状態では放射は角度によって様々に変化するため，一般化できる法則は導き出せない．

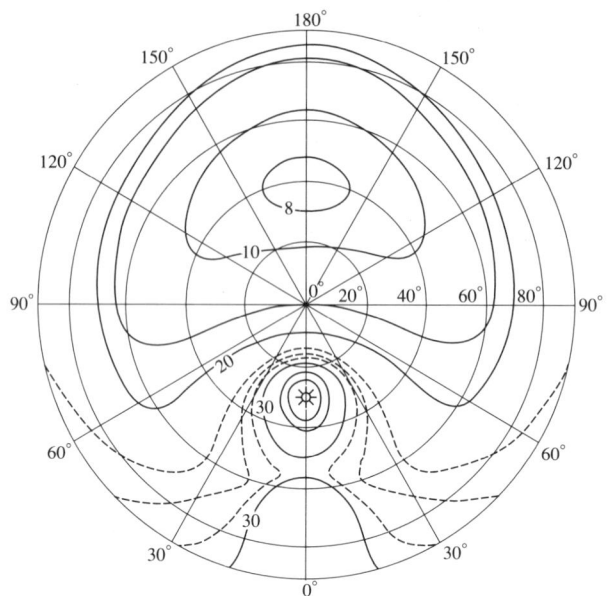

図2・4 晴天時の照度(luminance, 放射強度に比例)の角分布. (Solar Radiation, N. Robinson, Elsevier, Amsterdam, 1966 の許可による)

5) 大気の平均的伝達特性

宇宙空間から地球表面への日射の伝達に及ぼす大気の影響を, 特に北半球での放射フラックスの平均的振る舞いとして全般的に記述した優れた総説が Gates (1962) によって示されている. 1年間の入射量の34%が宇宙空間へ反射される. このうち, 25%は雲による反射, 9%は大気中の他の成分によって散乱されたものである. また他に入射の19%が大気に吸収される. このうち10%は雲に, 9%はその他の成分によるものである. 平均して残りの約47%が地球表面へ到達する. 47%のうち24%が直射日光であり, 23%は雲 (17%) や空気 (6%) から散乱された光である.
曇りが多く, 汚染されていて湿潤なロンドンでは, 年間日射の約1/3が散乱で宇宙へ戻され, もう1/3は大気中に吸収され, 残りが地球表面に到達する[624]. 吸収された1/3の内訳は, 13%が水蒸気, 9%が雲, 8%が塵や煙である.

2・3 日射量の日変化

ある大気条件において, 地球表面のいかなる場所においても, 日射は太陽高度 β に左右される. 夜明けにゼロ (北極と南極の夏ではそれらの最低値) から始まり, 正午

に最大値となり，対照的に日暮れにゼロとなる．1日の時間による正確なβの変化は緯度と，太陽の傾きδに依存している．δとは，半球（北あるいは南の）における太陽の傾きである（図2・5）．夏は正，冬は負，春分と秋分の日はゼロである．正も負も最大値は 23°27′ である．北半球における太陽傾斜角は年間のどの日でもわかるよ

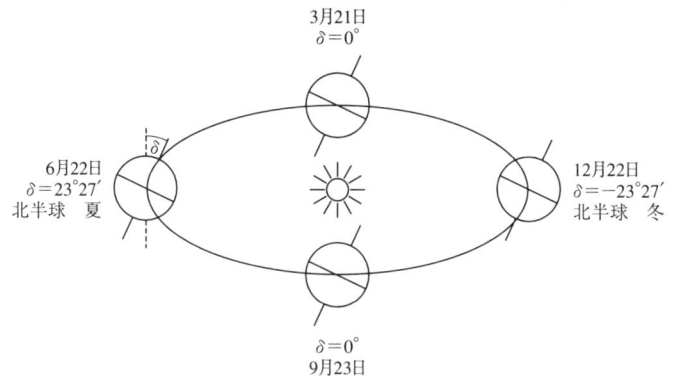

図2・5 1年を通しての太陽に対する傾きの変化．

うな表が公表されている．表に代わるものとして Spencer（1971）による関係式，

$$\delta = 0.39637 - 22.9133\cos\psi + 4.02543\sin\psi \\ - 0.3872\cos2\psi + 0.052\sin2\psi \quad (2\cdot2)$$

が用いられる．ここで，ψは角度で表される日にちである（1月1日から12月31日までdを日数として，$\psi = 360°\,d/365$）．またδとψはともに角である．ある日の南半球での傾斜角は，北半球のそれと値は同じであるが符号が反対である．

ある緯度γにおいて太陽高度は1日の時間で変化する．

$$\sin\beta = \sin\gamma\sin\delta - \cos\gamma\cos\delta\cos\tau \quad (2\cdot3)$$

ここで，τは 360° t/24（t は 00.00 h からの経過時間）である．これを簡単に書くと，

$$\sin\beta = c_1 - c_2\cos\tau \quad (2\cdot4)$$

となり，c_1，c_2は，特定の緯度と日にちに関する定数で（$c_1 = \sin\gamma\sin\delta$，$c_2 = \cos\gamma\cos\delta$），1日の時間に伴って$\sin\delta$が正弦曲線的に変化することは明らかである．図2・6は，オーストラリアのキャンベラ（35°S）における，最も日の長い夏の12月21日と，最も日の短い冬の6月21日のβと$\sin\beta$の24時間の変化を示したものである．夜中のβと$\sin\beta$も示してある．これらは負で，地平線より下の太陽の角度である．$\sin\beta$の変化は24時間単位でみると正弦曲線であるが，日中だけ見るとそうではない．

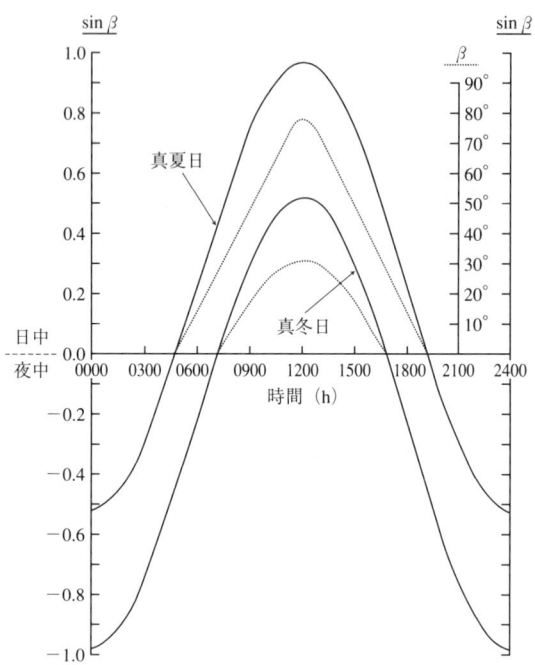

図2・6 緯度35°における夏至と冬至の1日の太陽高度 (β) と sin β の変化.

太陽高度 β の正弦は,天頂角 θ の余弦と同じである.地平面への直射日光による放射は,余弦の法則に従って $\cos\theta$ に比例する.雲がなく,夜中がゼロであることを除けば,地球表面への日射は $\sin\beta$ のように変化すると考えられる.例えば,太陽高度によって大気による影響が異なるので,放射照度と $\sin\beta$ の正確な関係は期待できない.低い太陽高度での直射日光の大きな減少は大気中での透過距離が長くなるためであり,天空光でバランスがとられているものの,早朝と日の入り間近には式 2・4 に基づく値以下に日射は減少する.確かに 00.00 h 以降の時間に対して $\sin\beta$ は正弦曲線であるが,日中についてもおおよその正弦曲線を描くのにこれは有用である.図 2・7 は,異なった大気条件下の異なる時間での日射総量の1日の変化を示した例である.

滑らかな曲線は,雲が1日中ないか,1日中ある場合に得られる.まだら雲の日は,正弦曲線状の変動に短時間の不規則性が重なったものとなる(図2・7).$E(t)$ が日の出後t時間の総日射量とすれば,$E(t)$ を時間で積分することで,1日の単位体積当たりの総日射エネルギーが求まる.これを日放射量といい,Q_s で表す.

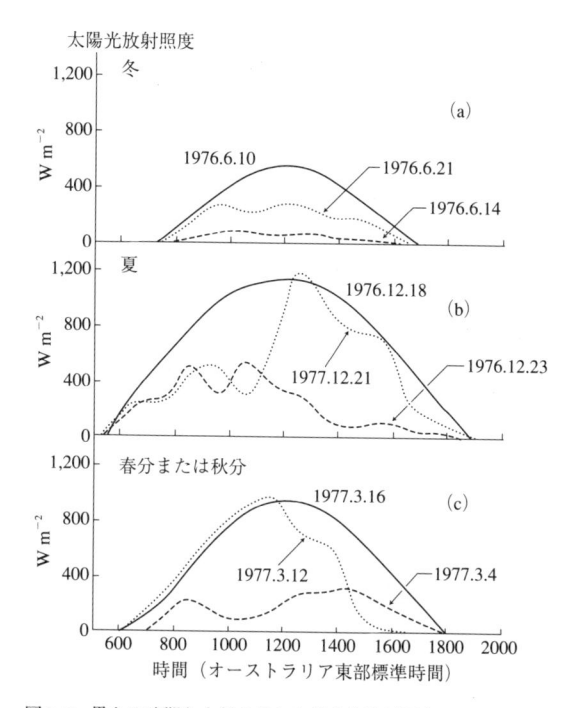

図2・7 異なる時期と大気条件における全放射照度の日変化．測定はKrawaree，ニューサウスウェールズ，オーストラリア（149°27′E, 35°49′S；海面上770 m）．(a) 冬至，(b) 夏至，(c) 秋分．（実線は晴天，点線はときどき曇り，波線は全天曇り）．データはMr F. X. Dunin, CSIROによる．

$$Q_s = \int_0^N E(t)\,dt \tag{2・5}$$

ここでNは昼間の時間である．$E(t)$の単位が$W\,m^{-2}$，Nがs（秒）とすると，Q_sは$J\,m^{-2}$の単位で表される．

雲が全くないか，または1日中ある日の$E(t)$の日変化は次式で表される．

$$E(t) = E_m \sin(\pi t/N) \tag{2・6}$$

ここで，E_mは南中時の日量である[624]．上の式を式2・5同様に積分すると，1日の日射量は最大日照量を用いて次のように表せる．

$$Q_s = 2NE_m/\pi \tag{2・7}$$

例えば，図2・7c（3月16日）では，12時間での最大放射量は940 $W\,m^{-2}$であり，受けとるエネルギー総量は26 MJとなる．

まだら雲の日は，雲のかかり方が時間によって変動するにもかかわらず，世界中のあらゆる場所で，1月の雲の量はおよそ一定である[947]．したがって月平均の総日射量

の日変化は，だいたい正弦曲線であり，式 2・6 に当てはまる．式 2・7 を用いれば，平均最大放射量から平均の日放射量が算出できる．

2・4 緯度や季節による日射量の変化

地球表面のどこでも，日の長さと太陽高度は夏に最大で，冬に最小になる．式 2・3 に代入すると，正午の太陽高度は緯度の関数として，最も長い夏の日（$\delta = 23°27'$）では，

$$\sin \beta = 0.39795 \sin \gamma + 0.91741 \cos \gamma \qquad (2 \cdot 8)$$

最も短い冬の日（$\beta = -23°27'$）では，

$$\sin \beta = -0.39795 \sin \gamma + 0.91741 \cos \gamma \qquad (2 \cdot 9)$$

となる．例えば，キャンベラの緯度（35°S）では，これらの太陽高度は 78.5°と 31.5°であり，ロンドン（51.5°N）では，62°と 15°である．

最大，最小の日長も式 2・3 から算出できる．日の出の時間を角度で表して τ_s とすると，日の出には $\sin \beta = 0$ なので 1 年中いつでも

$$\cos \tau_s = \tan \gamma \tan \delta \qquad (2 \cdot 10)$$

である．日長を角度で表すと（$360° - 2\tau_s$）であり，$2\cos^{-1}(-\tan \gamma \tan \delta)$ に等しい．日長を時間で表すと，

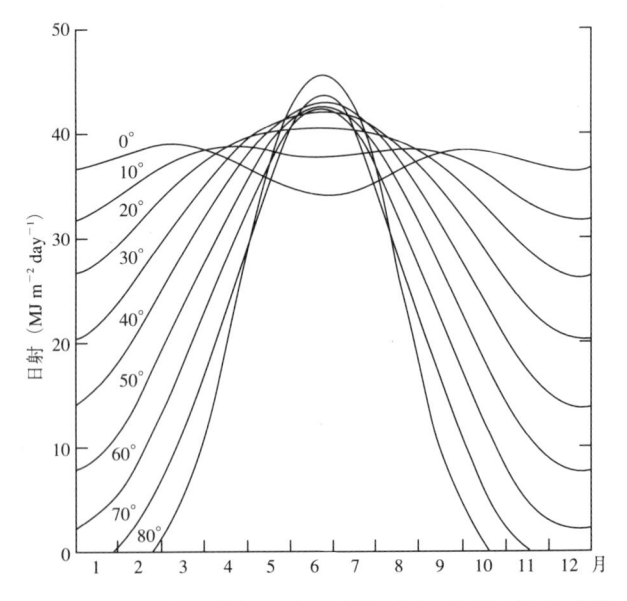

図 2・8　北半球の異なる緯度における日射量の変化．計算値（大気の影響は無視）．Kondratyev（1954）のデータからプロット．

$$N = 0.133\cos^{-1}(-\tan\gamma\tan\delta) \qquad (2\cdot11)$$

である．よって，最長の日は $0.133\cos^{-1}(-0.43377\tan\gamma)$ h，最短の日は $0.133\cos^{-1}(0.43377\tan\gamma)$ h となる．

　高緯度になると，正午の太陽高度や最大日射量（E_m）は式 2・7 にしたがい減少する．またそれによって，1 日の日射量は減少する．しかし夏には，緯度が高くなることに伴う日長（式 2・7 の N）の増加でこの効果は打ち消され，高緯度域では熱帯域より 1 日の日射量はわずかに多くなる．冬にはもちろん，高緯度域は太陽高度も低くなり，日も短くなり，その結果，1 日の日射量は低緯度域よりも少なくなる．年間のほとんどを通じて，経験則に基づくと高緯度域ほど 1 日の日射量は少ないということになる．図2・8 は，一定の範囲の緯度に対して大気による損失を無視した 1 日の日射量の周年変化を示したものである．図2・9 は，南半球のオーストラリア，キャンベラ付近における日射量の 3 年間の平均値を示している．図 2・8 とは異なり，これらのデータは雲や大気中の埃の影響も含まれている．

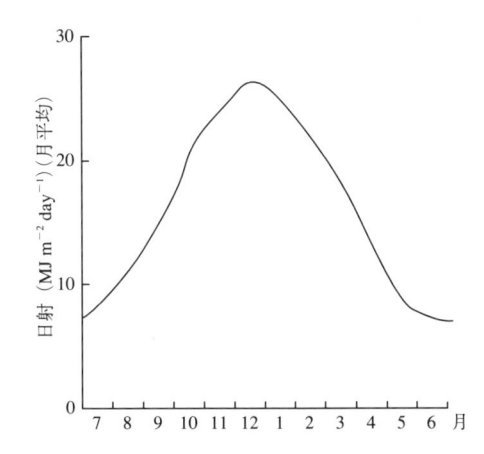

図 2・9　CSIRO Ginninderra 実験所（35°S, 149°E）における日射量の変化．曲線は 1978～80 年の各月の日平均値に相当．

2・5　空気―水境界面での透過

　水域生態系で光が利用されるようになるには，大気を通過した後，光が空気―水境界面でどのように振る舞うかを探らなければならない．日射の一部は大気中に反射される．平らな水面で反射する光量は，垂直に入ってくる場合の 2%から水面すれすれに入ってくる場合の 100%まで増加する．大気中の日射の天頂角（θ_a）と水中を透過する光の下向き垂直方向に対する角度（θ_w）に対する非偏光光の反射率 r の依存性は Fresnel の式で与えられる．

$$r = \frac{1}{2}\frac{\sin^2(\theta_a - \theta_w)}{\sin^2(\theta_a + \theta_w)} + \frac{1}{2}\frac{\tan^2(\theta_a - \theta_w)}{\tan^2(\theta_a + \theta_w)} \qquad (2\cdot12)$$

　水中での角度 θ_w は，θ_a と，後で述べる屈折率で決まる．平らな水表面での反射率は天頂角の関数として図 2・10 と表 2・1 に示した．反射率は，天頂角約 50°まで非

常にわずかに上昇するのみで，その後急激に増加することは注目すべきである．
　風による水面の凹凸が，高高度から入射する太陽光の反射率に影響することはほとんどない．一方，低い太陽高度では，反射率は風によって著しく低下し，これは概して表面の凹凸によって光の入射点での光の方向と水面との角度が大きくなるからであ

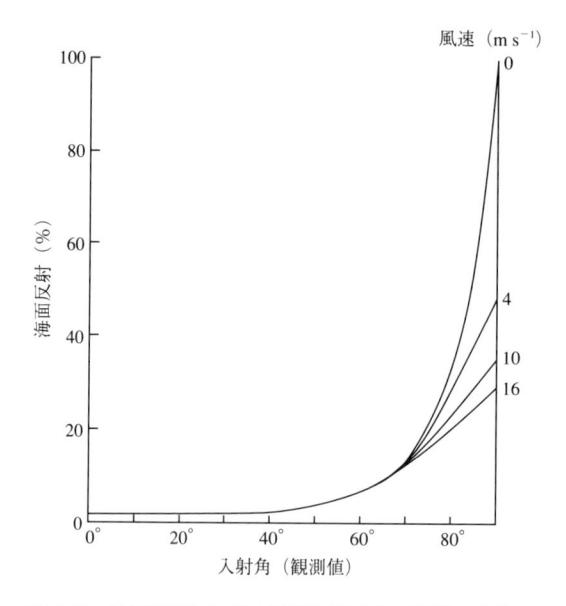

図2・10　異なる風速での光の天頂角（上からの入射）の関数としての水面での反射（Gordon, 1969；Austin, 1974aのデータ）．

表2・1　フラットな水面における偏光なしの光の反射．反射の値は水の屈折率1.33として，式2・12と2・15から計算した．

入射光の天頂角 θ_a（角度）	反射（％）	入射光の天頂角 θ_a（角度）	反射（％）
0.0	2.0	50.0	3.3
5.0	2.0	55.0	4.3
10.0	2.0	60.0	5.9
15.0	2.0	65.0	8.6
20.0	2.0	70.0	13.3
25.0	2.1	75.0	21.1
30.0	2.1	80.0	34.7
35.0	2.2	85.0	58.3
40.0	2.4	87.5	76.1
45.0	2.8	89.0	89.6

る．図 2・10 の下の 3 つの曲線は反射率に与える異なる風速の影響を示したものである [327, 26]．

風が強くなると，波が砕け白波が立ち始める．白波の立った海表面の割合 W は風速 U の関数で，指数関数で表される．

$$W(U) = AU^B \tag{2・13}$$

係数 A と指数 B は水温の関数であるが，ありうる水温の範囲でデータを集めて，Spillane & Doyle（1983）は最も適合する曲線として次のような関係を見出した．

$$W(U) = 2.692 \times 10^{-5} U^{2.625} \tag{2・14}$$

例えば，風速 10 m s^{-1} では海表面の白波は 1%，25 m s^{-1} では 13% であることが式 2・14 から推測できる．できたばかりの白波は泡が幾層にも重なり，反射率は約 55% である [994, 865]．しかしそれらは海水中では 10〜20 秒で消滅し，Koepke（1984）は，白波が消滅すると泡の層が薄くなることによって反射率が低下することを見出し，実質上の反射率はわずか約 22% であり，海洋の全反射率の中ではそれほど重要ではないとした．式 2・14 を用いて白波による反射率を計算すると，風速 10 m s^{-1} のときはわずか 0.25% にすぎず，25 m s^{-1} のときでも 3% 程度である．

天空光の角分布は複雑なため，水表面で反射する量を見積もることは難しい．すべての方向からくる放射が同じ強さだと仮定すると，穏やかな水面での反射率は約 6.6% である [422]．全天曇り空のもとで得られる入射光分布では，反射率は約 5.2% である [715]．風による海面の凹凸は，晴天でも曇天でも，拡散光の反射率を下げる．

反射しなかった光線が空気-水境界面を通過する際，（もし水面が平らならば同じ鉛直面で）屈折のため垂直に対して角度が変化する．屈折現象は，水と空気という 2 つの媒体内での光の速さが異なるため生じるものである．角度の変化（図 2・11）はスネルの法則に支配され，

$$\sin \theta_a / \sin \theta_w = n_w / n_a \tag{2・15}$$

であり，ここで，n_a と n_w はそれぞれ空気と水の屈折率である．空気の屈折率に対す

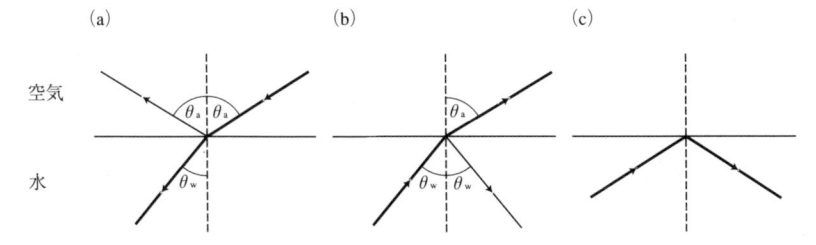

図 2・11 空気-水境界面における光の屈折と反射．(a) 上からの入射光は水中で屈折し，一部は水面で反射する．(b) 天底角 40°で下からくる光線は大気に出るときに屈折する．一部は反射する．(c) 天底角 49°以上の天底角では完全に反射する．

る水の屈折率の比は，温度，塩分，光の波長の関数である．我々の目的にとっては，$n_w/n_a = 1.33$ という値は光合成に使われるあらゆる波長の光に対して，通常の水温では海水でも淡水でも使えるものである．図 2・11 に示したように，屈折の効果とは空気中よりも水中において，光がより垂直方向に曲がることである．表面をかすめるように入射した光でさえ（θ_w がほとんど 90°），穏やかな水面では θ_w が 49°を超えることはないほど下向きに屈折するというのは注目に値する．水面が乱れると，一部の光が水面を通過後 49°を上回ることもある．しかし，下方に屈折する光の大半は 0°から 49°の値をとる．水面勾配の分布と風速の統計的関係は，Cox & Munk（1954）によって太陽のギラつきのパターンを撮った空中写真から導き出された．この関係を用いた計算によると，予想通り，風速が増すにつれて水面下の光はより拡散する[334]．

　スネルの法則では逆のこともいえる．水面内で下向き鉛直方向に対して θ_w で上向きの光線は，式 2・15 にしたがって天頂角に対して θ_a の角度で緩やかな水面を通過して大気へ出る．しかし，水から空気への透過と空気から水への透過の違いは，水から空気への透過の場合，完全に内部反射が起こるということである．水中での上向き光線の θ_w が 49°を上回る場合，光は全て水面で反射されて水中にもどる．風による水面の凹凸は $\theta_w = 0°〜49°$ の範囲内で上向き光の空気－水境界面の通過を減少させるが，すべての光が内部で反射するわけではなく，θ_w が 49°〜90°の範囲では通過量は増加する．

3. 水中内での光の吸収

 太陽光がどのように水面を通過するかはすでに述べたが，ここでは水中内で何が起こっているかを見てみよう．遅かれ速かれ，ほとんどの光子は吸収される．このことがどのように起こるのか，水中のどの物質が重要なのか，それがこの章の課題である．

3・1 吸収のプロセス
 分子のエネルギーは回転・振動・電気に分けることができると考えられる．分子はエネルギー値が断続的に異なる状態で存在する．分子の電子エネルギーの変化に伴うエネルギーの増加は大きく，振動エネルギーの変化に伴うエネルギーの増加は中位で，回転エネルギーの変化に伴う増加は小さい．これを図3・1に概略的に示した．液体や気体中で分子同士がぶつかるとき，または固体で分子がくっついているとき，分子間で回転や振動のエネルギーを伝達することができ，それは分子内で回転または振動エネルギーのあるレベルから別のレベルに変化することによって行われる．

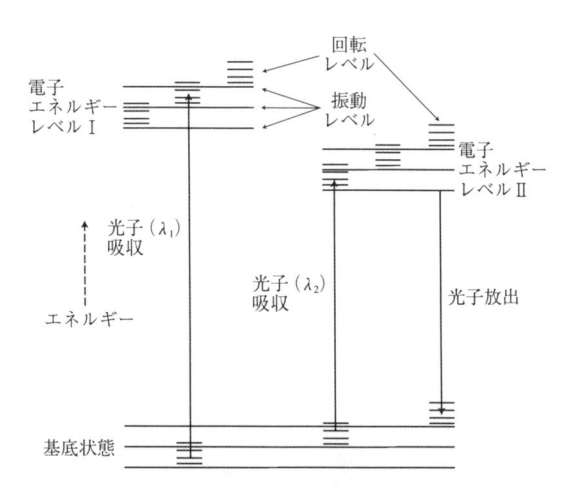

図3・1 光子の吸収は，光子の波長（つまりエネルギー）の違いにより，基底状態から2つの励起状態のいずれか1つに電子を上げる．波長λ_1とλ_2はそれぞれ分子の吸収スペクトルにおいて別々の吸収帯にある（$\lambda_1 > \lambda_2$）．

 分子は他の分子から伝達によってエネルギーを得るのと同様に，太陽放射からもエネルギーを得ることができる．一つの光子が分子の近くを通過するとき，その分子によって捕えられる，つまり吸収されるという可能性がある．光子が捕えられると，その分子のエネルギーは捕えた光子のエネルギー量分増加することになる．光子の波長が赤外線やマイクロ波よりも長い場合（$>20\mu m$），そのエネルギーは小さく，その光子の吸収は分子のエネルギーをある回転エネルギーレベルから別の回転エネルギー

レベルに変化させることしかできない．波長が赤外線ぐらいの長さなら（＜20μm），その吸収はある振動エネルギーから別の振動エネルギーレベルに変化させることができる．可視光線つまり光合成に使われる波長領域の光子は，吸収されたとき，分子をある電子エネルギーレベル（普通，基底状態という）から別の電子エネルギーレベルに変えるのに十分なエネルギーをもつ．したがって，水溶液による光の吸収でまず起こることは，水中内に存在する分子による光子の捕捉と，それと同時に起こる，その分子内の電子の基底状態から励起状態への転移である．

クロロフィルやその他の光合成色素のような化合物内では，普通考えられる以上の電子の転移が起こる．例えば図3・1では，電子エネルギーレベルがⅠまたはⅡに上げるような励起が生じている．正確には，励起はある電子エネルギーレベルの中の多くの振動・回転レベルの一つに対して起こる．ある電子エネルギーの転移は，その転移に必要なエネルギーに相当するエネルギーをもつ光子によって励起される．クロロフィルは，後で述べるように，主に赤と青の波長という2つの吸収帯をもっている．青色の光子の吸収は赤色の光子よりも高い電子エネルギーレベルの変化を引き起こす．振動・回転状態は多様なので，これら2つのエネルギー状態は重なると考えてよい．つまり，低い電子状態での最高の振動・回転レベルは，高い電子状態での最低の振動・回転レベルと同じくらいのエネルギーをもつということである（図3・1）．その結果，分子は青色の光子の吸収後すぐに様々な回転・振動レベル（隣接する分子への回転・振動エネルギーのわずかな増加を伴う）を通して低い電子エネルギー状態（1電子励起状態と呼ばれる）に到達するという急激な一連の変化をする．

光合成に使われるのは，この1電子励起状態のエネルギーである．そして，励起したクロロフィル分子は普通最終的にはこの状態に戻るので，吸収される全ての可視光の光量は等価，すなわち吸収されればたとえ赤や緑色の光でも青色の光と同様の光合成を引き起こす．これが一次生産という意味で，その放射光量の表現 $W\ m^{-2}$ よりも $quanta\ m^{-2}\ s^{-1}$ とした方がより意味があることの理由である．

水中の光合成系以外の光吸収分子の場合，それらのエネルギーは光合成の反応中心に転送されないので，酸素のような常磁性の分子との相互作用によってそのエネルギーに相当する1電子励起状態から3電子励起状態への変化が起こる．1電子状態では，分子内の電子ペアの2つはそれぞれ反対向きのスピンをもつので（＋1/2と－1/2），結果的にそのスピンはゼロである．3電子状態では，一対の電子が同じ向きのスピンをもつので結果的にスピンは1になる．3電子励起状態はエネルギーレベルが低く，1電子励起状態の分子より長時間持続でき，励起状態の分子の平均持続時間は前者の 10^{-5}〜$10^{-4}\ s$ に対して後者は 10^{-9}〜$10^{-8}\ s$ である．結局，酸素のような常磁性の分子との相互作用によって，励起状態の分子は逆回転して1電子状態に戻り，周囲の分子との振動・回転の作用によって基底状態の上の振動レベルの1つへ移行する．電子エ

エネルギーはこのようにして熱エネルギーとして消散する．

　励起エネルギーは，光合成器官中でも分子中でも，光の再放射によって失われる．電子が励起した分子は，放射なしで1電子励起状態へ変化した後，光子を再放射し基底状態の振動・回転レベルに変化する．この現象は蛍光といわれている．光合成を行っている藻類の生細胞は，吸収した光のわずか1％という非常に低い割合のエネルギーを蛍光により失う．吸収されたエネルギーのほとんどは，最初にクロロフィルやカロチノイド，ビリンタンパクなどのいずれかにとらえられて，共鳴によって生化学的変化が行われる反応中心（第8章）に転送される．例えばDCMU (dichlorophenyl-methylurea) によって光合成が阻害されると，蛍光は吸収した光の約3％に増加する．水中の光合成に関与しない光吸収物質も吸収したエネルギーを蛍光として再放出するが，蛍光収量（放射光量／吸収光量）はさらに小さい．励起分子の多くは，3電子励起状態（上記参照）や，またはそこから光子を放出する前の基底状態まで変化する．

　このように，水中生態系でのほとんどの光の吸収は，電子励起エネルギーという非常に短い期間の後，熱（生態系内の全ての分子に振動・回転エネルギーとして分配される），あるいはバイオマスを生産する光合成という化学的エネルギーとして使い尽くされる．ごくわずかな部分が蛍光として光に戻るが，それさえも生態系から逃れる前にほとんどが再吸収される．

3・2　吸収光の測定

　第1章において，水溶液中での吸収光の特性が吸収係数 a によりいかに特徴づけられるかを述べた．また，a は極めて薄い水の層を通して光が通過する場合の定義であるが，その値は散乱効果を無視できれば，有限の厚さの水の層で測定された吸光度 A より得られる．

　市販の装置（分光光度計）が光吸収の測定に用いられ，吸光度という光学的パラメータで測定される．我々は D で表すが，標準的な記号はない．吸光度は生化学的，化学的に最もよく頻繁に測定されるパラメータであるが，残念なことに明確な定義がない．共通するのは，系を通過する光強度 I に対して物理的に入射した光量 I_0 の比，I_0/I の底が10の log で定義される，ということである．

$$D = \log_{10} I_0 / I \tag{3・1}$$

「強度」という言葉の意味は一般的には与えられない．我々はそれを放射フラックス Φ に等しいものとする．入射光は一般的に並行（同方向）であると仮定される．「透過」という言葉の正確な意味もまた明言しにくい．もし単純に，いかなる方向であれ，系内から再びでてくる光を「透過」とするならば，I は吸収されたものや散乱したもの以外のすべての光を含むことになる．それゆえ I は入射フラックス－吸収フラックス $(\Phi_0 - \Phi_a)$ に等しく，Φ_0/Φ_a が吸光度 A であることから，次のようになる．

$$D = \log_{10} 1/(1-A) = -\log_{10}(1-A) \qquad (3\cdot 2)$$

もし，すべての散乱光が測定される I の値に含まれるならば，散乱は無視でき（系内の光路長が増加する場合を除く），式 1·32 が適用できると考えられる．よって，

$$D = 0.4343\, ar \qquad (3\cdot 3)$$

すなわち，吸光度は水の吸収係数 (a) と系の光路長 (r) の積に底 e を 10 の log に変換した係数を掛けたものに等しい．吸収係数は吸光度から

$$a = 2.303\, D/r \qquad (3\cdot 4)$$

として得られる．

典型的な分光光度計では，単色の光線が光路長がわかっている 2 つの透明なガラスまたは石英のセルを通過する．1 つ（サンプルセル）は溶液または色素の入った懸濁液を含み，もう一方（ブランクセル）は純溶液あるいは懸濁液を含む．各々のセルを通過した後の光強度は光電子倍増管のような光電子装置で測られる．ブランクセルとサンプルセルを通った光強度はそれぞれ I_0, I に相当し，これらの光強度の比の log がサンプルの吸光度になる．

しかしながら，標準モードで用いる場合（図 3·2a），分光光度計はわずか数度の集光角をもつ光センサーである．したがって，サンプルによっては，この角度より外へ散乱した光は検出されない．それゆえ，このような分光光度計では真の吸光度を測定していない．実際，集光角がかなり小さいならば，結局，減衰を測定することになる（吸収と散乱，1·4 節参照）．よくあることだが，サンプルが吸収光に対して，無視できるほどの散乱光をもつ透明な溶液の場合，散乱の損失は小さく，測定される吸光度は実際の値と有意な差はない．しかしながら，色素が粒状のものの場合，サンプルを透過するかなりの量が光電子倍増管の集光角外に散乱し，装置によって記録される I はずっと低く，表示される吸光度は実際よりもずっと高くなる．

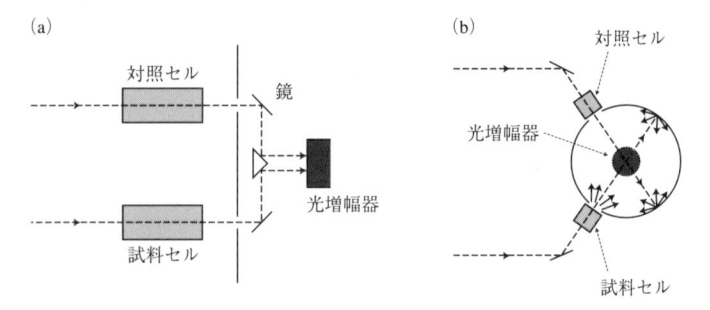

図 3·2 散乱のあるサンプルとないサンプルの吸収係数の測定原理．測器は回転する鏡で単一の波長の光線をサンプルとブランクセルに交互に当てて測定するダブルビームタイプ．(a) ほとんど散乱がないサンプルに対するノーマルモードでの分光光度計の使用．(b) 散乱があるサンプルに対する積分球の使用．

この問題は，ほとんどすべての散乱光を集め，光電子倍増管で測定できるように装置の形状を変えることにより解決されるかもしれない．最も単純な配置は散乱する光量子を幅広い角度で検出できるようにセルを光電子倍増管の近くに置くようにしたもので，これにより非常に広い角度で散乱する光子を検出できる．もっとよい解決法は図 3·2b のように積分球に光が入るようにセルを置くことである．これは球形の入れ物の内側を白色に塗って散乱反射するようにしたものである．何度も反射することにより，散乱してもしなくともそこに入るすべての光は球体中に捕捉される．別の窓の光電子倍増管はここからくるフラックスの一部を受けとり，これは光線がサンプルまたはブランクセルを通過するのと同じ I または I_0 に比例していると考えられる．このシステムでは実質的に前方に散乱するほとんど全ての散乱光を集められる．

別の方法は一般的な分光光度計で用いられているもので，ブランクとサンプルセルの後にオパールガラスのような散乱物質の層を置くことである[812]．これはブランクとサンプルを通った光線をセルを通過した後で大きく散乱させる．その結果，光電子倍増管はそのわずかな集光角にも関わらず，ブランクセルを透過した光とサンプルセルを透過した光を同じ割合で検知する．よって，記録される光強度の値は I と I_0 の真の値に実際に比例し，吸光度の値としておおよそ正しい値を与える．

これらの方法で粒状物の吸光度を測定する場合，懸濁液は濃縮させるべきではない．増加した散乱の結果，光量子がサンプルセルを通過する距離が有意に増加することになる．これは懸濁液の吸光度増加の影響であり，異常に高い吸収係数を見積もることになる．積分球を使っても，集光できないほど大きな角度で散乱するものもある．この誤差の補正の手順は記述されている[483]．

Yentsch（1960）により開発された別のアプローチは，十分に粒状物が濃縮されるまでフィルターで海水あるいは淡水を濾過し，再懸濁させないでフィルター上の物質のスペクトルを測定することである．この方法の問題点は粒子層内で増幅した内部反射の結果，吸収の極端な増加（6倍）があることである．海水や湖水中で懸濁している時の，実際の粒状物がもつ吸収係数を計算するためには，吸光の増幅因子をかなり正確に測定しなければならないが，これは容易ではなく，絶えず一定でもなく 2.5～6 にまで及ぶ．

これとは違う実験的アプローチが Iturriaga & Siegel（1989）により展開されてきており，個々の植物プランクトン細胞やその他の色素粒子の吸収スペクトルを測るのに顕微鏡をつなげたモノクロメーターを用いた．十分な数の粒子が測定され，水中の粒子数がわかっているなら，粒子による現場での真の吸収係数が計算できる．骨が折れるが，これは前の方法での増幅因子の見積もりに伴う不確定性は避けられる．

後で述べるように，水溶液中の異なる成分の吸収係数が別々に測定できる．ある波長での水溶液中の吸収係数の値は概して存在する全成分の個々の吸収係数の合計に等

しい．さらに，分子状態に変化がないならば，あるいは濃度の変化に伴って，物理的凝集が起こるのならば，ある1つの成分による吸収係数はその成分の濃度に比例する（Beerの法則）．

ある波長の天然水による全吸収係数は水体内での測定で求まる．この目的のために編み出された装置は吸光光度計として知られている．弱い吸収しかしない海水や内陸水で，それらの波長で正確な測定を行うには，光路長は非常に長いものが必要とされる（≧0.25 m）．簡潔な装置は，水中型で，直線性のよい光源，適度な距離，広い角度の受光器が必要である．光源から出て吸収されずに散乱した光のほとんどが検出される．それゆえ光源と検出器の間の放射フラックスの減少の大半は吸収によるものであり，吸収係数の値が求まる．

別のアプローチは，直線光線ではなく全方向に等しく放射される点光源を備えることである．検出器は特に広い角度の受容器である必要はない[47]．最初に検出器の方向に飛び，検出器から散乱する光量子に対して，平均的には最初に検出器の方に飛ばず検出器の方へ散乱する光量子もあるであろう．それゆえ，光源と検出器間の放射フラックスの減少は主に吸収によるものである．この原理に基づいた吸光計はロシアのバイカル湖水の吸収係数を測定するのに用いられてきた[63]．これと前のタイプの吸光計の問題点は，散乱が検出器に届く光量子を直接妨げることはないが，光量子の光路が伸び，吸収される確率が高くなるということである．すなわち，見かけ上高い吸収係数が得られる[269]．この誤差は水中での吸収に対する散乱の高い比率とともに重大である．

純水その他の標準液の読みとりとサンプルの読みとりの比較をせずにすませるため，2つ目の吸光光度計の改良型は点光源を用いるが光源から異なる距離に2つの検出器をもつものである．2つの検出器での放射フラックスの相違から吸収係数が得られる[269]．干渉フィルターを用いることで，この特別装置は400～800 nmの範囲を，50 nmの間隔で吸収係数を測定できる．

これら全ての吸光光度計で，光源が調節でき，調節された信号だけ測定できるよう設計すれば，検出器に対する放射フラックスのうち太陽光の影響は無視できる．

直線光線を用いた吸光光度計の場合，純粋に吸収によるシグナルの減少と検出器から単に散乱した光量子によるものとを区別する問題の一つの解決法は，内部で光が反射するようにした管に測定する水を入れて光を照射することである[149, 1019]．原理は，一方で散乱する光量子が再び反射し，もう一方で検出されるというものである．しかしながら，このような装置では銀メッキされた表面での無反射や後方散乱による光量子などのいくらかの損失があり，散乱係数に比例した補正項を適用する必要がある[495]．

以上のものとは完全に異なる原理に基づく装置は積分中空吸光光度計である．水サンプルは半透明で四方八方に反射する物質でできた中空に入れられる[222, 272, 273]．光量子は回りから均一に中空の中へ入り，内部では完全に拡散する光の場が作られ，光

強度が測られる．期待される有利な点はまず，光の場が既に十分に拡散しているので，散乱によるそれ以上の拡散はほとんど影響しないということ，次に光量子が内壁で何度も反射を繰り返し，装置内の実際の光路長が非常に長いということであり，それゆえ光路長の問題は解決される．初期の装置は充分に見込みのある結果を与えた[273]．

自然水サンプルの吸収係数も放射光とスカラー放射測定から現場で測定できる．このような測定のための装備については後の章で議論する（5・1 節）．吸収係数の決定は，

$$a = K_E \vec{E} / E_0$$

の関係を利用する（1・7 節）．ここで，E_0 はスカラー放射照度，$\vec{E}$ は正味の下向き放射照度（$E_d - E_u$），K_E は $\vec{E}$ に対する鉛直消散係数である．このように，a は 2 層または各層の水深で正味の下向き放射照度とスカラー放射照度の測定から得られる（K_E を与えるためには 1 層以上の測定が必要である）．これらの原理に基づいた吸光光度計が作られている[381, 864]．

3・3 水圏の主要な吸光成分

基本的に自然水中で起こる全光吸収は，水圏生態系の 4 つの構成成分に起因するものである．すなわち，水自身，溶存態黄色色素，光合成生物（そこに生息する植物プランクトン，大型藻類），非生物粒状物（トリプトン）である．ここでは，これらの物質のそれぞれのスペクトルの吸収特性と，これらの光合成有効放射の吸収に対する相対的な寄与を考察する．

1）水

純水，これを我々は日常生活の中では無色であるように扱っているが，実際は青色の液体なのである．青色であることは外洋水，あるいは貧栄養で河川からの負荷がほとんどない沿岸水において天気がよい時によくわかる．純水の色はスペクトルの青色と，緑色領域がほんのわずかにしか吸収されないという事実に基づいているが，その吸収は波長が 550 nm 以上で増加し始め，赤色領域ではかなり重要となってくる．純水 1 m の厚さの層は 680 nm の波長の入射光の 35% を吸収するであろう．

吸収が非常に弱いため，純水の青色，緑色スペクトル領域における吸収係数を測定するのは非常に困難であり，文献で報告されている通常の分光光度計で測定された値には大きなばらつきがある．Smith & Baker（1981）は自分達で測定した非常にきれいな外洋水における放射光の鉛直消散係数についての一連の測定値と（このような水中での K_d はわずかに a より大きい），Morel & Prieur（1977）が光合成領域（380〜700 nm）で測定した実験室での最適値に行き着いた．

生態学的に重要な UV-B（380〜700 nm）含む紫外線領域の光を純水がどの程度吸収するかということが論争となっている．液体の水は電子の軌道転移のため，147

nmに強い吸収帯をもっているが，理論的には200〜300 nmの領域では非常に低い値となって尾を引くと考えられる（Urbach則）．光量子エネルギーの減少に伴う吸光度の指数関数的な減少は，例えば，207 nmでは0.02 m^{-1}程度の吸収係数であり，更に高い波長ではより低い値となる．1928〜76年には200〜300 nmでこれより高い桁の吸収係数を測定した人もいたが，非常に高度な純水を用いた最近のQuickenden & Irvin (1980)やBoivin et al. (1986) による研究では，吸光度は実際，近紫外領域では非常に低いことを示している．以前に報告された高い吸収係数は，かなり強力に紫外線を吸収する溶存酸素（当然，海水，湖水いずれにも存在する）と微量有機物に起因する[734]．

表3・1 純水に対する吸収係数. 280〜320 nm (Quickenden & Irwin, 1980), 366 nm (Boivin et al., 1986), 380〜700 nm (Morel & Prieur, 1977), 700〜800 nm (Smith & Baker, 1981).

λ (nm)	a (m^{-1})	λ (nm)	a (m^{-1})
280	0.0239[ab]	560	0.071
290	0.0140[ab]	570	0.080
300	0.0085[ab]	580	0.108
310	0.0082[ab]	590	0.157
320	0.0077[ab]	600	0.245
366	0.0055[a]	610	0.290
380	0.023	620	0.310
390	0.020	630	0.320
400	0.018	640	0.330
410	0.017	650	0.350
420	0.016	660	0.410
430	0.015	670	0.430
440	0.015	680	0.450
450	0.015	690	0.500
460	0.016	700	0.650
470	0.016	710	0.839
480	0.018	720	1.169
490	0.020	730	1.799
500	0.026	740	2.38
510	0.036	750	2.47
520	0.048	760	2.55
530	0.051	770	2.51
540	0.056	780	2.36
550	0.064	790	2.16
		800	2.07

注： a 散乱係数の見積もり値[632, 832]を代入して得られた消散係数の公表値から導びかれた吸収係数．
　　b これらの値は脱酸素水で測定された．

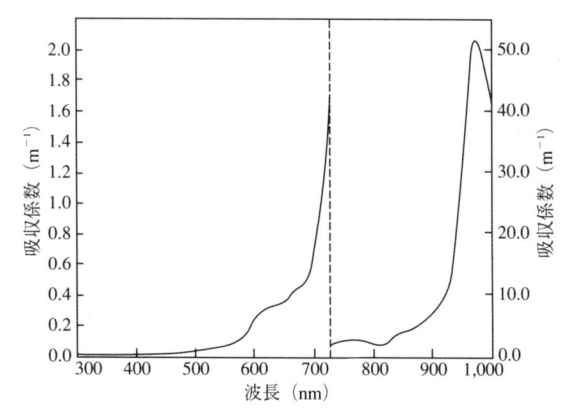

図3・3 純水の吸収スペクトル. 310〜790 nmの吸収係数は表 3・1 から, 790〜1,000 nm については Palmer & Williams (1974) のデータ.

280〜800 nm の範囲での純水の吸収係数の文献値を表 3・1 に掲げ, 図 3・3 は近紫外から光合成領域を通り, 近赤外までの純水の吸収スペクトルを示す.

可視スペクトルの赤色領域での水による吸光度は, 実際には赤外領域での非常に強い吸光帯が尾を引いたものである. 1,000 nm 以上のさらに強い吸収帯も存在する. 可視スペクトルでの 2 つの肩, つまり, より顕著な約 604 nm のものと弱い約 514 nm のものはそれぞれ液体である水の O-H 伸張振動の 5 番目と 6 番目の高調波に一致するとみなされ[905], もとは約 3μm の 3 番目と 4 番目のピークを赤外領域の約 960 nm と約 745 nm にもつ高調波に一致する. 純水による光吸収は温度に伴いわずかに増加する: da/dT は波長が 400〜600 nm の範囲で 10〜30℃の間で約 +0.003 m^{-1} ℃$^{-1}$ であり[386a], 750 nm では 5〜40℃の間で約 +0.009 m^{-1} ℃$^{-1}$ である[689a].

光量子の吸収による PAR の減衰に対する水自身の寄与は約 500 nm 以上でのみ重要である. 海水中に存在する塩類は可視／光合成領域での吸収に対して大きな影響はない[747, 832]. しかしながら, 硝酸塩, 臭化物は 250 nm 以下の吸収を著しく増加させる[97, 671].

2) ギルビン (黄色物質)

植物組織が土壌中, 水中で分解する際, 有機物質のほとんどは微生物作用で, 日, 週単位で破壊され, 最終的に, 二酸化炭素, 無機態の窒素, 硫黄, リンとなる. しかしながら, 分解過程において「腐植物質」といわれる複雑な一群の成分が形成される. 腐植物質の化学は Schnitzer (1978) によってまとめられている.

分解その他に関する研究は, これらの物質が柔軟なネットワークを形成する長鎖アルキル構造により結合した芳香族環を形成するポリマーであることを示している[802].

図3・4は腐植物質の酸化的化学分解で生成される多くの異なる構成物質を示す．アメリカ，ジョージア州のオケフェノキー湿地の水から採集された腐植物質のサンプルは平均的には$C_{74}H_{72}O_{46}N_{0.7}$の原子組成であることがわかった[909]．

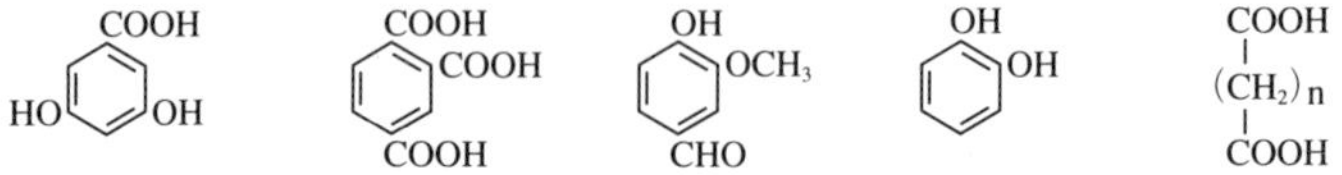

(a) 3,5-ジヒドロキシ安息酸　(b) 1,2,4-ベンゼントリカルボン酸　(c) バニリン　(d) カテュール　(e) 脂肪族カルボン酸, n=0～8

図3・4　フミン物質の化学分解でできるいくつかの物質の構造．

腐植物質のサイズはさまざまで容易に溶解する分子量100（相対的分子量）のものから不溶の大型分子の凝集した分子量10万～100万位のものまである．土壌研究者は腐植物質を溶解度で3つの画分に分ける．土壌はまず希アルカリで抽出する．溶解しない腐植物質はフミン（humin）と称される．アルカリ可溶画分のうち，一部は酸性下で沈殿する．これを腐植酸と呼ぶ．溶液中に残っている腐植物質をフルボ酸と呼ぶ．実際には，全ての3つの画分は化学的に非常に似ており，主に分子量が異なり，腐植酸の分子量はフルボ酸よりも大きい．これらは黄色から茶色で（黄褐色を呈するのは溶存物質），水和性で酸性である（カルボキシル基，フェノールグループの存在のため）．フルボ酸はカルボキシル基，水酸基のような酸素を含むグループをかなり含有している．フミン画分の不溶性は鉱物粒子に強く吸着すること，あるいは非常に大きい分子量によるものである．

腐植物質は植物組織の分解において存在するフェノール成分（特にリグニン）の直接的な酸化や重合により形成され，腐植菌には炭水化物で成長する際にフェノール性物質を大量に排出するものもあることや，これらのフェノール物質は腐植性物質を産生する酸化や重合をこうむっていることも事実である．それゆえ，腐植酸の芳香族には植物由来のものもあれば，新たに微生物活動中に発生したものもある[183]．河川水や湖水中の溶存態腐植物質リグニン由来の様々な芳香族の相対的分布は集水域で卓越する植物の組成を反映している．Ertel, Hedges & Perdue (1984)は2つのオレゴン水系が溶存態腐植酸のフェノール組成が全く異なり，それぞれの場合，水が運ばれてくる集水域の植生が木以外の被子植物と木の裸子植物が卓越するという，それぞれのリグニンのフェノール組成に密接に対応していることを明らかにした．両水系内の腐植画分は（酸化されることで）全炭素量に対し，フルボ酸画分よりもリグニンフェノールが4～6倍も大きかった．

海洋における腐植酸やフルボ酸における芳香族炭素の割合は淡水におけるそれよりも低い[585]．海洋のフルボ酸は実際，芳香族残査をわずかな割合でしか含んでおらず，

脂肪族が卓越している．Harvey et al.（1983，1984）は海水中のフルボ酸と腐植酸は主に生物由来のポリ不飽和脂肪酸の酸化的交差結合により形成されていると考えている[356, 585]．しかしながら，太平洋赤道域東部の溶存腐植物質はフェノール性残査由来のリグニンをかなり含んでいることから，これは総括的な説明ではなさそうである．

水界生態学の観点から，土壌腐植物質の重要性は，降水を起源として，土壌を抜け，河川や湖へ排水として入り，最終的に河口域や海へ流入する水の中にあることにあり，土壌から水可溶性腐植物質として抽出され，水を黄色に変え，光吸収に，特にスペクトルの青色末端に，重要な影響を与える．アメリカのJames & Birge（1938）とオーストリアのSauberer（1945）は様々な強度で黄色に着色した湖水の吸収スペクトルの定量的研究を精力的に行った[611]．

腐植酸の色は多くの二重結合があるためであり，多くは結合し，芳香族核の中にもある．腐植物質のサンプル中には膨大な種類の発色グループがあり，さまざまな電気励起レベルとなるので，結果的に重複して似たような紫外／可視吸収スペクトルを形成する．Visser（1984）はカナダのケベックの針葉樹林帯を背景とした湖水表層では，腐植酸単位量当たりの色の強度はフルボ酸の4倍近くあるが，その実際の濃度はフルボ酸の7分の1であり，これらの水中では全ての色の中で3分の1が腐植酸で3分の2がフルボ酸によるものであることを示した．光吸収と同様に，天然水中の溶存態腐植物質は青色領域に広い蛍光発光帯をもつ．

天然陸水中のこれらの溶存態腐植物質の光吸収特性は，濾過した（$0.2 \sim 0.4 \mu m$）水サンプルの吸収スペクトルを5 cm または10 cm の光路長セルを用いて結構容易に測定することができる[478]．図3・5はオーストラリアのいくつかの陸水中のこの物質の吸収スペクトルを示す．これらは可視スペクトルの赤色末端が非常に低い，もしくは吸収がなく，青色へと波長が短くなるにつれて次第に強くなり，紫外領域の吸収も高いという典型的な腐植物質吸収スペクトルである．

陸水中の溶存態黄色物質の存在はしばしば容易に肉眼で認められる．海水での存在（濃度はずっと低いが）はそれほどはっきりしたものではないが，実際には，これらの生態系においても重要であることがKalle（1937，1966）によって指摘されている．図3・5は河口域や沿岸域における溶存態黄色物質の吸収スペクトルも示している．

陸水中の溶存態黄色物質のほとんどは集水域の土壌から濾し出されてきた溶解性腐植物質のよるもので，それゆえ間接的に植生を反映している．水中の植物体の分解によっても腐植タイプの黄色物質が発生し，これは生産性の高い水域において重要である．河川水中の溶解性腐植物質の多くが海水に接した際に沈澱する[422, 817]．それにもかかわらず，沿岸水中に溶存態として残留する画分や黄色物質のほとんどは河川負荷よる陸由来の腐植物質によるものである．例えば，Monahan & Pybus（1978）は主要河川が注ぐアイルランド西岸海域では，塩分の増加に伴い，溶解性腐植物質の濃度が

直線的に減少することを発見した．この結果はこれらの北大西洋沿岸水中では基本的にすべて腐植物質は河川由来ということを示した．腐植酸の画分のほとんどは河口域で失われるので [232, 262]，海水中の黄色物質への河川流入の寄与は主にフルボ酸の画分である．海洋フルボ酸の比吸光度（440 nm での単位量当たり）は腐植酸よりずっと低いが [132]，これは一般にフルボ酸のかなり高い濃度により補われるので，2 つの形の溶存態腐植物質は海洋中での光吸収に対して同等の寄与をしている．

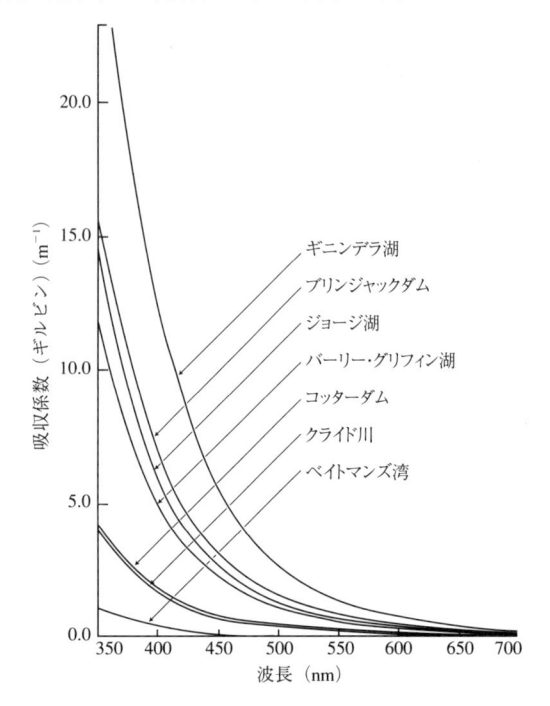

図3・5 オーストラリアのいくつかの水域における溶存黄色物質（ギルビン）の吸収スペクトル（Kirk, 1976b）．一番下の曲線は河口近くの沿岸水（Batemans Bay, NSW），次のものはエスチュアリー（Clyde River, NSW），残りはニューサウスウェールズの内陸水．縦軸は現場のギルビンによる吸収係数に対応．

淡水中のように，溶存態黄色物質の形成が海洋水中で起きている場合もある．例えば，褐藻は活発にフェノール性成分を排出しており，恐らく酸化や重合の結果，水中で腐植タイプの黄褐色物質を与える [818]．この現象は豊富な褐藻床付近の水中の溶存態黄色物質量に大きな寄与をしているようである．

沿岸域を離れた外洋水中で黄色物質（濃度は低いが光学的には重要）のどの程度が

陸由来の腐植物質なのか，あるいは植物プランクトンの分解によって海水中で生成したのは定かではない．Højerslev (1979) はバルト海，北大西洋での測定に基づき，黄色物質のかなりの量が海では形成されそうもなく，外洋域でさえ，河川負荷に起因すると考えた．Jerlov (1976) は，しかしながら，南アメリカ西側の湧昇域では実質的に陸からの淡水供給がないため，黄色物質の存在はそれが直接的な海洋起源であることを証明していると述べている．Bricaud, Morel & Prieur (1981) は様々な水の測定に基づき，河川負荷影響域から離れた外洋水中では黄色物質の濃度は長期の平均的な生物活動により決定されると推測している．Kopelevich & Burenkov (1977) は生産性の高い外洋水中で黄色物質の濃度と植物プランクトンのクロロフィルレベルに強い相関を見出した．彼らは，海洋性黄色物質は2種類あり，植物プランクトンが分解してすぐできる成分と，かなりの年月の間より安定した成分であると述べた．後者の「保存的」な成分は貧栄養水で卓越しており，Bricaud et al. と一致し，長期間の平均的な生物活動を反映している．

　外洋水中の腐植物質に対する陸域生物圏の寄与の新たな証拠は，外洋水の腐植物質の酸化物中に陸上植物にのみ存在するリグニンから派生した特異的なフェノールが検出されたことである．Meyers-Schulte & Hedges (1986) はアマゾン川の腐植物質を標準物質（すべて陸起源）として，リグニン特異的フェノールの測定に基づき，太平洋東部赤道域外洋水中の腐植物質の約10％が陸上由来のものであると結論している．これは全海洋の中で直接河川流入による影響が最も少ない海域であるので，他の外洋域では割合はさらに高いであろう．

　天然水中で結局最後は溶存態となる腐植物質は幅広い分子量で存在する．気体状態の浸透圧測定と小角度X線分散測定は，河川のフルボ酸は600～1,000，河川の腐植酸は1,500～5,000の分子量であることを明らかにしている[5, 585]．

　天然水中の溶存態黄色物質は，「黄色物質」，"gelbstoff"（同じ意味のドイツ語）「黄色有機酸」，"humolimnic acid"，「フルボ酸」，「腐植酸」など様々に称されている．異なる水塊の溶存態黄色物質は，分子サイズだけでなく化学的組成においても異なっている[452, 883, 884]．化学的性質に関わらず，スペクトルの青色領域を特異的に吸収するという光の減衰という観点で，すべて，またはこれらの成分のいくつかに適用できる一般的な名称をつけるのがよいであろう．「黄色物質」"gelbstoff"はそれほど特異的でなく，バターから塩化第二鉄までいかなるものにも適用可能である．私は"ギルビン"ということばが薄い黄色を意味するラテン語の形容詞 gilvus から派生した名詞であると考えた[478]．"ギルビン"はそれゆえ化学的構造はなんであれ，PARの減衰に大きく寄与するほど十分な濃度で淡水または海水などの天然水中に存在する溶解性黄色物質に適用される一般的な専門用語として定義されるであろう．私は'ギルビン'を天然水中の溶存態黄色物質として，これ以降扱っていく．

図3・5の吸収スペクトルが表すように，ギルビンの濃度は海水と淡水だけでなく，異なる内陸水の間でも著しく異なっている．ギルビンの濃度を示す便利なパラメータは，440 nmでの吸収係数である．これをg_{440}で示すことにする．この波長はほとんどの藻類がそれらの光合成活性スペクトル内でもつ青色波長帯のピークの中間点におおよそ一致するので選択された．

　多くの水域，明らかにほとんどの内陸水ではg_{440}でのギルビン吸収は50または100 mmの光路長セルを用いて，かなり正確に測定できるくらい十分に高い．ほとんどの海水のようにギルビン吸光が低い場合は，吸収係数は吸収の高い紫外領域付近（350～400 nm）で測定し，典型的なギルビン吸収スペクトルの比，あるいは次式の近似的関係を用いて，g_{440}を決定する[97]．

$$a(\lambda) = a(\lambda_0) e^{-S(\lambda - \lambda_0)} \qquad (3 \cdot 5)$$

ここで$a(\lambda)$と$a(\lambda_0)$はそれぞれ波長λとλ_0 nmでの吸収係数であり，Sは吸収曲線の指数関数的勾配を表す係数である．幅広い範囲をもつ海水の場合，表層Sの平均値は0.012～0.015 nm^{-1}域で約0.010から0.020 nm^{-1}までの範囲にある[97, 132, 515]．ニュージーランドの12ヶ所の湖では0.015から0.020 nm^{-1}までの範囲で，平均0.0187 nm^{-1}であり[177]，オーストラリアの22ヶ所の内陸水では0.012から0.018 nm^{-1}までで，平均0.016 nm^{-1}であった[495a]．

　表3・2は様々な地域における淡水および海水のg_{440}の値について公表されているデータを選んで示してある．このまとめの表は天然水中で期待される典型的なギルビン濃度についてそれなりの情報を提供するが，世界各地を陸水学的に特徴づけるほど多くの測定がなされているわけでないことは明らかである．天然水中での光透過測定においてギルビンは重要であり，光学的に濃度が容易に測定可能（ほとんどの内陸水）であるということから[478]，溶存する色の分光光度計を用いたアセスメントが陸水学的に一般的な手法となることが望まれる．

　表3・2のデータは海水が一般的に内陸水よりも溶存物質による着色がずっと少なく，陸からの距離が離れるにつれて，濃度が低くなることを示す．バルト海での高い濃度（海水として）は顕著であり，海水に対する河川水の割合が減少するにつれ，ボスニア湾南方から減少する．河口域における沖から上流に向けた濃度の増加はオーストラリアのクラリド川ーベイトマン湾とラトローブ川ーギップスランド湖のデータにみられる．

　ギルビンは化学的にむしろ安定しており，保存サンプル中の濃度は普通数週間でほんのわずかな変化を示すのみである．内陸水中の濃度は空間的にも時間的にもいろいろな場所の集水域の降水状況に応じて変化し，その結果，流入水中のギルビン濃度は変動する．表3・2のデータにはこの変動の程度を示しているものもある．例えば，バーレィ・グリフィン湖（オーストラリアのキャンベラ）ではg_{440}の値が5年間で7

倍変化した．とはいえ，いずれの水域でも，変動はある平均値の周りにある傾向があり，水域は一般にギルビン濃度が典型的に高，低，中に当てはまる．特有の湖，貯水池，滝などの区分は集水域の排水パターン，植生，土壌，気候により決定される．

表層水中のギルビン濃度を支配する因子はあまりよく理解されておらず，水界の一次生産に対してこの物質が多大な影響を及ぼすという観点でこれらは徹底的な研究を行うに値する．一般的にはギルビン濃度は湿地や沼地からの排水中で高い．このことは例えば北ヨーロッパの泥炭湿地中でよく見られ，イギリスの湿地湖，オーストラリアの南方高原台地の湿地から流出している河川での g_{440} の値で定量的にわかる（表3・2）．ギルビン濃度は表 3・2 にベネズエラの 2 水域の g_{440} 値を示すように，湿った熱帯林からの排水中でも高い[558]．永久的にあるいは頻繁にこのような地域の浸水した土壌中の貧酸素状態は一部分解された有機物を作り，ギルビンはこれの溶解性成分によるものである．逆に，石灰岩の豊富な集水域の排水はギルビンが低い傾向がある．水色と湖の水深との間の逆相関は北アメリカで観察されている[329]．ギルビン濃度に対する植生のタイプ，土壌無機成分，農地化，気候，その他の環境パラメータの影響はよくわかっていない．

表3・2 さまざまな自然水における溶存物質による色（g_{440}）と粒状物質による色（P_{440}）に基づく 440 nm での吸収係数．いくつかの測定を行ったところでは，平均値，標準偏差，範囲と測定期間などを示してある．いくつかの水域ではギルビンと粒状物に対する吸収係数のみ．L は湖，R は河川．

水域	g_{440} (m^{-1})	p_{440} (m^{-1})	参考文献
I．海域			
大西洋			
サルガッソー海	～0	0.01	534
バミューダ沖	0.01*	—	405
カリブ海	0.03 (g+p)		422
メキシコ湾	0.005		132
ロマンシェ海淵	0.05 (g+p)		422
モーリタニア湧昇域	0.034−0.075*	—	97
ギアナ湾	0.024−0.113*	—	97
太平洋			
ガラパゴス島	0.02*	—	121
ガラパゴス島	0.16 (g+p)		422
中部太平洋	0.04 (g+p)		422
ペルー沖	0.05*	—	121
インド洋			
貧栄養域	0.02	—	518
中栄養域	0.03	—	518
富栄養域	0.09	—	518
地中海			
西部	0.0−0.03*	—	386

水域	g_{440} (m^{-1})	p_{440} (m^{-1})	参考文献
II. 陸棚, 沿岸, エスチュアリー			
メキシコ湾			
ユカタン陸棚	0.006	—	132
カンペッシュ湾	0.022	—	132
サン・ブラス岬	0.054	—	132
ミシシッピー・プルーム(流出水)	0.028	—	132
北アメリカ, 大西洋岸			
ロード川エスチュアリー	0.72	8.4	282
チェサピーク湾(ロード川河口)	0.27	0.80	282
ジョージア塩性湿地	1.52	—	990
アラビア海			
インド, コチン, 3 km沖	0.24†	$(g+p)$	747
30 km沖	0.10†	$(g+p)$	747
ベンガル湾			
ニール・ガンジス河口	0.37*	—	515
黄海	0.20−0.23*	—	386
東部太平洋			
ペルー沿岸	0.29*	—	515
北太平洋/北海/バルト海			
西部グリーンランド	0.004*	—	386
北大西洋	0.02*	—	451
アイスランド	0.016*	—	386
オークニー〜シェトランド	0.016*	—	386
北海(フラデン・グランド)	0.03−0.06*	—	386
スカゲラク	0.05−0.12*	—	386
カテガット	0.12−0.27*	—	386
バルト海	0.36−0.42*	—	386
バルト海南部	0.26	—	422
ボスニア湾	0.41*	—	422
地中海			
ビルフランシュ湾	0.060−0.161*	—	97
マルセイユ排水口	0.073−0.646*	—	97
バル川河口	0.136*	—	97
ローン川河口	0.086−0.572*	—	97
ティレニア海			
ネイプル湾	0.02−0.20*	—	251
アドリア海北部			
サッカ・デ・ゴロ(ポー川河口)	0.32−3.43*	—	251
ベニス・ラグーン	0.44−0.73*	—	251
オーストラリア南東部			
(a) ジャービス湾3測点	0.09−0.14*	0.03−0.04	495a
(b) タスマン海/クライド川流系			
タスマン海	0.02*	—	479
ベイトマンズ湾	0.18	—	478
クライド川エスチュアリー	0.64	—	479
(c) ギップスランド(エスチュアリー)湖沼系			

水域	g_{440} (m^{-1})	p_{440} (m^{-1})	参考文献
キング湖	0.58	0.25	495a
ビクトリア湖	0.65	0.22	495a
ウェリントン湖	1.14	2.27	495a
ラトローブ川	1.89	2.78	495a
ニュージーランド			
9エスチュアリー, 北島河口地点, 干潮時データ	0.1－0.6	—	949
11陸棚測点, 南島	0.04－0.10 0.07（平均）	—	175
日本, 太平洋岸			
下田沖 17km	0.024	0.133	500
下田沖 5km	0.011	0.095	500
鍋田湾	0.054	0.140	500
Ⅲ．陸水			
ヨーロッパ			
ライン川	0.48－0.73*	—	386
ドナウ川, オーストリア	0.85－2.02	—	386
イブ川, オーストリア	0.16*	—	386
ニューシードラシー, オーストリア (8ヶ月)	～2.0±0.4* 1.4－2.8	—	193
ブラクスター湖（ボグ湖）, イギリス	9.65	—	604
カルメアン・クォーリー, アイルランド	0.23	—	429
キリア貯水池, アイルランド	0.5	—	429
ニー湖, 北アイルランド	1.9	—	429
フィー湖, アイルランド	4.7	—	429
エルネ湖, アイルランド	5.3	—	429
ナゲイ湖, アイルランド	6.4	—	429
ブラーデン湖, アイルランド	17.4	—	429
ナピースト湖, アイルランド	19.1	—	429
レーベン湖, スコットランド	1.2	—	900
アフリカ			
ジョージ湖, ウガンダ	3.7	—	900
北アメリカ			
クリスタル湖, ウィスコンシン, アメリカ	0.16	—	408
アデレード湖, ウィスコンシン, アメリカ	1.85	—	408
オティスコ, ニューヨーク, アメリカ	0.27	0.27	981
イロンデコイト湾, オンタリオ湖, アメリカ	0.90	0.65	980
ブラフ湖, ノバ・スコシア, カナダ	0.94	—	328
パンチ・ボウル, ノバ・スコシア, カナダ	6.22	—	328
南アメリカ			
グリ貯水池, ベネズエラ	4.84	—	558
キャラオ川, ベネズエラ	12.44	—	558
オーストラリア			
(a) 南部テーブルランド			
コッターダム	1.28－1.46	0.77	483,495a
コリンダム	1.19－1.61	0.11	483,495a
ギニンドラ湖	1.54±0.78	0.16－0.58	478,479,483,495a

水域	g_{440} (m^{-1})	p_{440} (m^{-1})	参考文献
（3年間の範囲）	0.67−2.81		
ジョージ湖	1.80±1.06	3.73−4.21	478,479,483,495a
（5年間の範囲）	0.69−3.04		
ブリンジャックダム	2.21±1.13	0.63−1.44	478,479,483,495a
（5年間の範囲）	0.81−3.87		
バーレイ・グリフィン湖	2.95±1.70	2.91−2.96	478,479,483,495a
（5年間の範囲）	0.99−7.00		
グーゴンダム	3.42	0.83	483
クィーンベアン川	2.42	—	495a
モロングロ川	0.44	—	495a
モロングロ川，クィーンベアン川，合流点下	1.84	—	495a
クリーク川沼地	11.61	—	495a
(b) マレー・ダーリン流系			
ムランビジー川，ゴゲルドリーダム（10ヶ月）	0.4−3.2	—	677
ウィアンガン湖	1.13	0.38	495a
グリフィス貯水池	1.34	3.73	495a
バレン・ボックス沼地	1.59	2.55	495a
メイン運河，MIA	1.11	5.35	495a
メイン河口，MIA	2.12	10.34	495a
マレイ川，ダーリン川合流点上	0.81−0.85	—	677
ダーリン川，マレイ川合流点上	0.7−2.5	—	677
(c) ノーザン・テリトリー（マジェラ川ビラボン）			
マジンベリー	1.11	1.13	498
グルングル	2.28	1.68	498
ジョージタウン	1.99	18.00	498
(d) タスマニア（湖）			
ペリー湖	0.06	—	90
レディース・タン湖	0.40	—	90
リスドン・ブルック湖	0.98	—	90
バリントン湖	3.05	—	90
ゴードン湖	8.29	—	90
(e) 南東クィーンズランド，沿岸砂丘湖			
ワビー湖	0.06	—	89
ベイスン湖	0.46	—	89
ブーマンジン湖	2.59	—	89
クールーメラ湖	14.22	—	89
(f) 南オーストラリア			
マウント・ボールド貯水池	5.40	2.25	286
<u>ニュージーランド</u>			
ワイカト川（330 km，タウポ湖〜海まで）			
タウポ湖（0 km）	0.070	0.033	174
オークリ（77 km）	0.22	0.32	174
カラピロ（178 km）	0.82	0.71	174
ハミルトン（213 km）	0.97	0.98	174
トゥアカウ（295 km）	1.37	1.67	174
湖（11ヶ月の平均）			

水域	g_{440} (m^{-1})	p_{440} (m^{-1})	参考文献
ロトカカヒ	0.09	—	177
ロトルア	0.23	—	177
オポウリ	0.86	—	177
ハカノア	1.84	—	177
D	4.87	—	177
日本			
木崎湖	0.30	0.71	500
深水池	0.85	3.11	500

注：* 波長 440 nm 以下で測定した値をギルビン吸収スペクトルに基づいて g_{440} に変換
† 散乱を補正した 440 nm での c に対する公表値

すでに示したように，ギルビンは化学的に非常に安定しているが，強い太陽光によって，表層中で光化学的な分解を受ける[466, 521]．Kieber, Xianling & Mopper（1990）はピルビン酸，ホルマリン，アセトアルデヒドのような低い分子量のカルボニル成分の分解産物を検出した．これらはまた，微生物よって利用される．作用スペクトルは太陽スペクトル（280～320 nm）の UV-B 領域であることがわかっている．これらの反応速度の測定に基づき，Kieber et al.（1991）は河川起源の溶存態腐植物質の半減期を見積もり，外洋混合層では 5～15 年であるとした．Mopper et al.（1991）は，この光化学的な反応経路が，実際に，生物学的に安定で長寿命の海洋溶存態有機炭素の分解の主要な経路であるとする証拠を示している．

3) トリプトン

天然水の非生物粒子，あるいはトリプトンは測定が非常に難しく，その光吸収特性についてもあまり注目されてこなかった．通常の濃度で，この物質は光をあまり吸収しないが，散乱が強く，そのためその吸収特性は光路長の長いセルをもつ通常の分光光度計では特徴付けられない．これらの問題を克服するため，天然水サンプル中の粒状物質をフィルターで集め，より少ない体積で再懸濁させるという方法が開発された[483]．つまり，濃縮された物質の吸収波長は積分球を用いた光路長の短いセルで測定し，その吸光値からもとの水の粒状物質の吸収係数を計算する，というやり方である．

全粒状物画分（陸水学的用語でセストンという）はもちろん，トリプトンと植物プランクトンを含む．しかしながら，植物プランクトンの濃度が低い場合は，粒状物画分のスペクトルはトリプトンによるものと考えてよい．図3・6 はオーストラリア内陸水の粒状物および溶存物質画分の吸収スペクトルを示している．(c) と (f) 以外は全て，粒状物画分によるスペクトルはほとんど全てトリプトンによるものである．ただし，(d) と (g) の 2 つでは約 670 nm のところに植物プランクトンクロロフィルによる小さい「肩」が見られる．

トリプトンの吸収スペクトルはみな全く同じ形をしている．スペクトルの赤色端で

は吸収は低いか全くなく，青色や紫外線の方に向け波長が短くなるにつれて吸収は次第に大きくなる．これは典型的な腐植物質の吸収スペクトルで，溶存黄色物質の吸収と全く同じ形をしている．その上，フィルターで集められた典型的なトリプトンの色は茶色である．考えられることは，黄褐色のトリプトンの色は鉱物粒子にくっついたものか，または腐植物質が粒子として存在しているか，のいずれかによるものである，ということである．内陸水においては，集水域の土壌から溶存腐植物質（ギルビン）と一緒になったものが起源になっていると思われる．一方，生産性の高い水域または

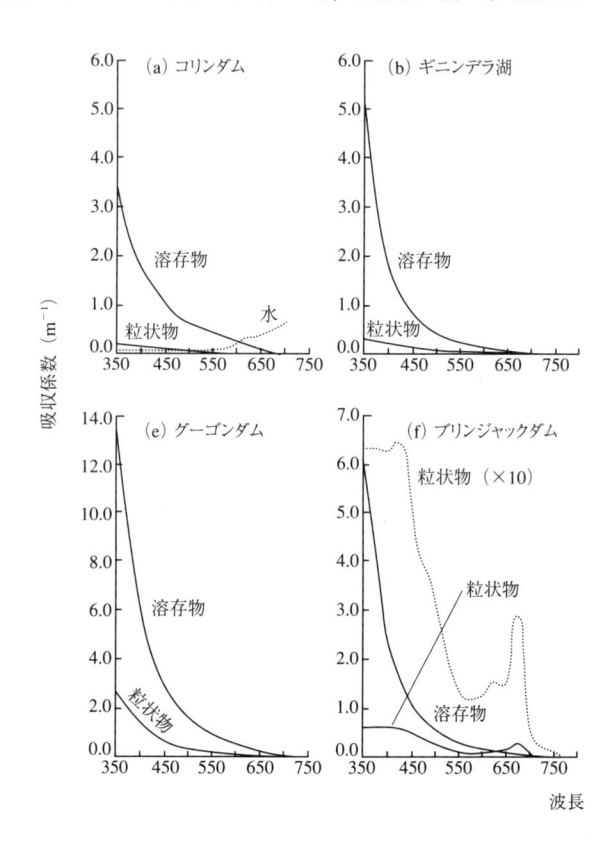

図3・6 オーストラリア，ニューサウスウェールズのさまざまな内純水の吸収スペクトルも比較のため (a) に示してある．植うである．(a) Corin ダム, 1979.6.8, $Ca=2.0$ mg m^{-3}, T_n $T_n=1.1$ NTU ; (c) Cotterダム, 1979.6.8, $Ca=9.0$ mg m^{-3}, $T_n=17.1$ NTU ; (e) Googong ダム, 1979.6.21, Ca 16.1 mg m^{-3}, $T_n=1.8$ NTU ; (g) George湖, 1979.11.28, および粒状物質による吸収係数に対応．(d), (e), (g) の

陸の排水から遠く離れた外洋域では，光吸収を行う非生物質は植物プランクトンの分解によるものである．海水中のデトライタス（非生物粒子）の画分もまた腐植タイプの吸収スペクトルをもつが（図 3・7），しばしば光合成色素の分解物による肩をもつ[99, 647, 769, 404]．

440 nm で測定した現場の粒状物質による吸収係数はあらゆる種類の水の粒状物質測定に一般的によく使われる．これは p_{440} と書き，溶存物質の色の測定として以前から定義されている g_{440} と同義である．表 3・2 には様々な天然水の p_{440} の測定値をあげ

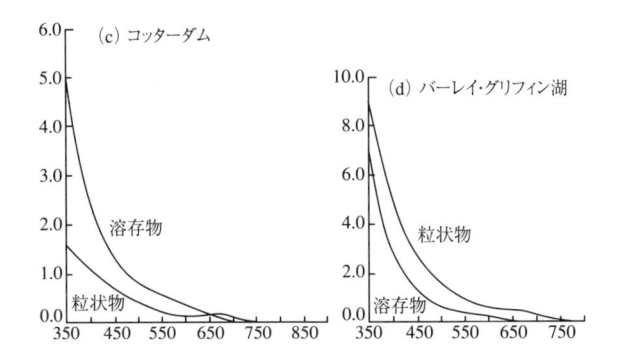

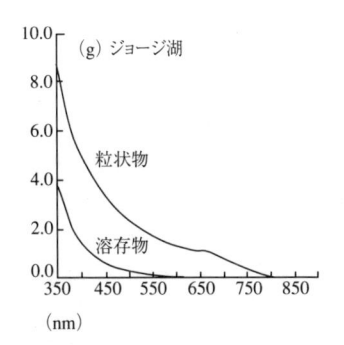

陸水における粒状物と溶存物質の吸収特性の比較 (Kirk, 1980b より)．物プランクトンのクロロフィル a 含有量 (Ca) と濁度 (T_n) は次のよ = 0.51 NTU；(b) Ginninderra湖，1979.6.6，Ca = 1.5 mg m^{-3}，m^{-3}，T_n = 1.6 NTU；(d) Burley Griffin湖，1979.6.6，Ca = 6.3 mg = 1.7 mg m^{-3}，T_n = 5.8 NTU；(f) Burrinjuckダム，1979.6.7，Ca = Ca = 10.9 mg m^{-3}，T_n = 49 NTU．縦軸のスケールは現場の溶存物質スケールは (a)，(b)，(c)，(f) のものと異なるので注意．

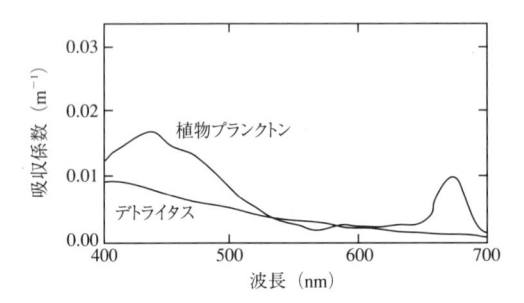

図3・7 サルガッソー海の中栄養測点でのデトライタスと植物プランクトン粒子の吸収スペクトル (Iturriaga & Siegel, 1989より).

てある. 集水域の土壌の浸食や（浅い水域の）風による沈降物の再懸濁などからくる大量の懸濁物を含む混濁水では, 非生物粒子の吸収が溶存物質による吸収をしのぐ場合がある. Murrumbidgee Irrigation Area（表3・2）はその1つ目の例で（図3・6dも参照）, ニューサウスウェールズの Lake George は2つ目の例である（図3・6g, 表3・2）. 河川はよく, 上流から河口域に向けて距離の増加に伴って濁りと着色が増す. このケースにはニュージーランド最長の Waikato 川がある. Davies-Colley（1987）は, Taupo 湖から海までの 330 km の距離を川が下るにつれて粒状物（p_{440}）と溶存物（g_{440}）の両方の色が急激に増加することを報告した（表3・2）. つまり貧栄養湖からの水は透明で青緑色をしているが, 最終的にタスマン海に注ぎ込むときは黄色く濁っている.

g_{440} が溶存物質の色を表すほど, p_{440} は粒状物の色を表すよい指針ではない, ということを念頭に置くべきである. ギルビンの波長はほとんど全て同じ形をしているが, 粒状物画分のスペクトルの形は水中の腐植物質や植物プランクトン（以下参照）の割合によって大きく変化する. それにも関わらず, 腐植粒子の入った（ごく一般的な）水では, p_{440} は有効なパラメータである.

4) 植物プランクトン

植物プランクトンの光合成色素（クロロフィル類, カロチノイド類, ビリンタンパク類）による光の吸収は PAR の水深による減衰に影響する. 実際, 生産性の高い水では, 藻類は自己遮光で自身の増殖を制限するほどの濃度で存在する場合もある.

室内培養で増殖している藻類細胞による光の吸収は, 基礎的な光合成研究の実験材料として用いられ, 注目されている. しかしながら, 培地中で自然群集と同一種を培養しても, それが実際の自然群集と同一の吸収スペクトルをもつとは考えられない上, 我々が必要なのは天然で発生する植物プランクトン個体群集の光吸収特性に関する情報である. 全色素濃度や各色素の相対量は水中の窒素濃度, 光強度, スペクトル分布などの環境要因によって影響を受ける. それゆえ, 自然植物プランクトン群集の吸収波長に関する多くの研究が必要である. つまり, 懸濁物による光の散乱の問題を克服する測定技術はもちろん使われるべきである. 最終的に求められることは, 吸収スペクトルの形だけではなく, むしろ現場水中の植物プランクトンによる実際の吸収係

数の値である．大半が種名の明らかな単一種から成る植物プランクトン群集のデータは特に貴重である．

近年の海洋植物プランクトン自然群集の吸収スペクトルに関するいくつかの研究は，ほぼ全ての場合（低密度で細胞が存在するので），すでに述べたような採水，測定，濾過などの方法を用いており[99, 469, 503, 557, 617, 647, 1009]，これらは値を見積もるに際して大きな倍率をかける．Iturriaga & Siegel (1989)はサルガッソー海の自然植物プランクトン群集に対するスペクトルの形と現場の吸収係数の両方を測定するために，個々の細胞ごとに測定できる微小分光光度計の技術を用いた（図3・7）．

生産性が高い海や淡水域の場合，懸濁している植物プランクトン群集の吸収波長を，必要ならば予備的な濃縮を行った後，積分球や石英ガラスを用いて測定し[335, 483, 597]，現場の吸収係数を直接算出することができる．図3・6fは，オーストラリア・ニューサウスウェールズ州の富栄養化したBurrinjuck ダムで *Melosira* sp.（珪藻の一種）と *Anacystis cyanea*（藍藻類の一種）の混合ブルームが起こっていた時の貯水の粒状物のスペクトル（積分球法）を示している．粒状物のほとんどは藻類のバイオマスから構成されており，そのためスペクトルは現場の植物プランクトンによる吸収係数を示す値である（わずかなトリプトンの存在で青色光の値が幾分高め）．図3・8はKing湖（オーストラリア Gippsland湖群）の河口域の粒状物画分のスペクトルを示しており，ここでも植物プランクトンが多い．

現場の植物プランクトンの吸収を測定する全く異なった方法がBidigare *et al.* (1987)と Smith *et al.* (1989)によってとられてきた．彼らは水柱内の分解されていない全ての光合成色素は生細胞に基づくものであると考え，HPLCを用いて全粒状物画分の完全な色素分析を行った．そして，色素タンパク化合物の波長特性に関する文献値を用い，植物プランクトンによる吸収係数を計算した．

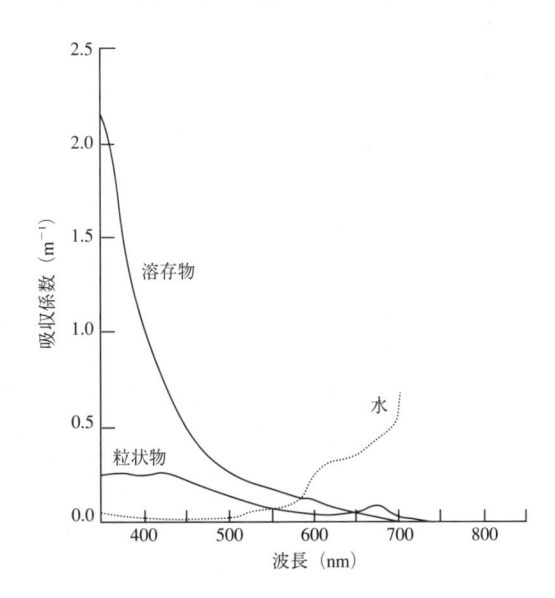

図3・8 南東オーストラリア，ビクトリア，King湖エスチュアリーでの各画分の吸収特性の比較．植物プランクトンは3.6 mg chl *a* m^{-3}，濁度は約1.0 NTU．

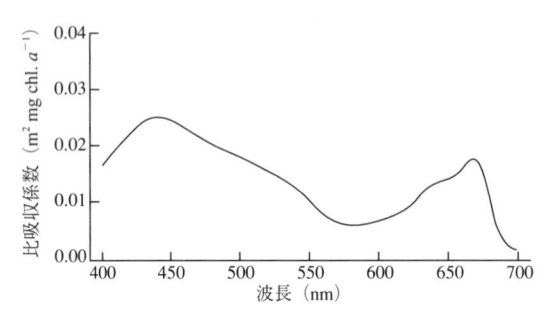

図3・9 外洋性植物プランクトン 1 mg chl a m^{-3} に対する現場での比吸収係数（Morel & Prieur, 1977 より）.

ある波長の光の鉛直消散係数から，その波長の光の水中での吸収係数を見積もることは可能である．消散係数はおおよそ同じだが植物プランクトン群集の組成が異なる2つの測点（アフリカ北西沖の大西洋）についてそのような計算を行い，Morel & Prieur (1977) は自然植物プランクトン群集の吸収スペクトルを明らかにすることができた．図3・9 にはクロロフィル a 1 mg m^{-3} の吸収係数を波長に対してプロットしてある．水中での植物プランクトンによる光の捕集量は全光合成色素現存量だけではなく，藻類細胞や色素のある群体の大きさや形に依存する．この課題については後（9・3節）で取り扱う．

5）全吸光スペクトル

いかなる波長においても，水は全吸収係数（ある波長における全光吸収物質の吸収係数の総和）をもつ．波長による全吸収係数の変動は，そのほとんどが水の吸収スペクトルである．いかなる水においても，それぞれの波長での全吸収係数はそれらの波長での純水の既知の吸収係数と，前述したように測定した溶存および粒状物の色による吸収係数を加えることにより得られる．図3・10 はオーストラリアの5つの水域（3つは陸水，1つは河口域，1つは海域）での全吸光スペクトルを示している．全吸光スペクトルをどのようにして求めたのかということを示すために，図3・11 は理想的な，かなり生産性の高い海水の，溶存物質

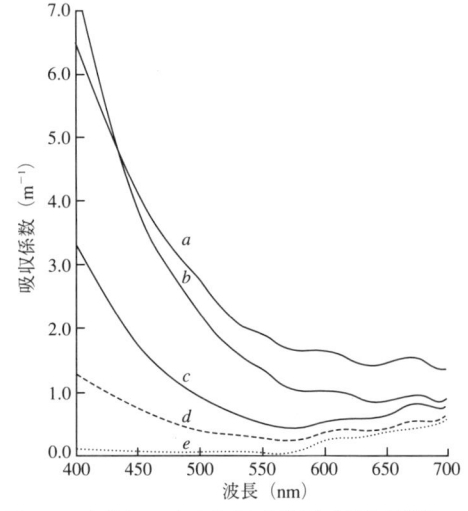

図3・10 南東オーストラリアの自然水における全吸収スペクトル（Kirk, 1981a および未発表データ）．(a) George 湖, (b) Burley Griffin 湖, (c) Burrinjuck ダム, (d) King 湖, (e) Jervis 湾. a, b, c は内陸水, d はエスチュアリー, e は海域（タスマン海）. a-d のクロロフィルと濁度は図3・6 と 3・8 に示した. e は 0.2 mg chl a m^{-3} で，光学的には Jerlov の外洋水タイプ I と III の中間.

の色（ギルビン），植物プランクトンと適当量のデトライタス，水自身，それに全ての4つの構成要素による水の全吸光スペクトルを示している．

3・4 天然水の光学的分類

天然水は太陽光を伝達する波長範囲において大きく変動し，このことは固有の光学特性を完全に明らかにしなくとも，水の光学特性をおよそ示すのに役に立つ．Jerlov (1951，1976) は波長に対して下向き放射の透過率曲線を基にして海水をいくつかのカテゴリーに分類している．彼は透過率の減少の順に，外洋水を基本的な3つのタイプに（I，II，III），沿岸水を9つのタイプ（1〜9）に分類した．いくつかのタイプの水における透過率のスペクトルの違いを図3・12に示す．

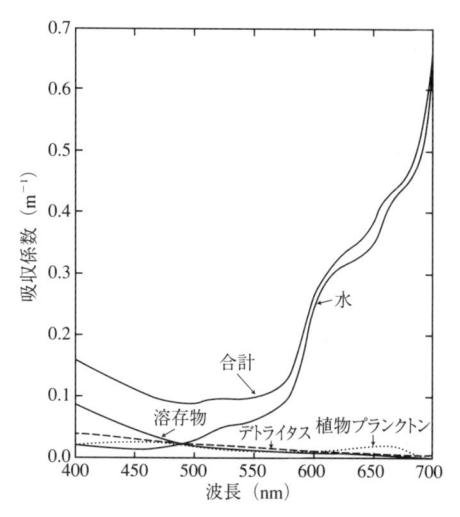

図3・11 理想的な生産性の高い（1 mg chl a m^{-3}）外洋水での吸収スペクトル．それぞれの吸収物質のスペクトルも示した．

しかしながら，Jerlovの先駆的な方法は幅広い色フィルターで行われ，最新の水中分光放射計で得られる曲線はいくつかの場合で彼の結果と一致しない[629]．Pelevin & Rutkovskaya (1977) はその方法に変わって，海水を波長550 nmでの鉛直消散係数

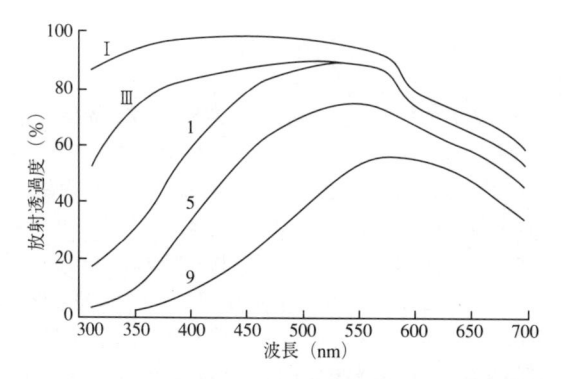

図3・12 下向き放射照度に対するさまざまな光学特性をもつ海水1 m当たりの透過率．Jerlovの外洋タイプIとIII，沿岸タイプ1，5，9（データはJerlov, 1979のTable XXVI）．

（常用対数）に100を乗じた値で分類することを提案している．K_d-λ曲線は海域の違いで系統的に変化するので，K_d 値（550 nm）はある水について多くの情報を与える．しかしながら，天然水に対して光学的特性の全ての定義を常用対数ではなく自然対数で標準化すれば[402]，Pelevin & Rutkovskaya のやり方の改善となり，水のタイプは 100 K_d（500 nm）によって特徴付けられる．ここで，K_d は自然対数であり，式1・17 の定義と一致する．これは得られた値が（もし消散係数が異常に大きくなければ）失われる下向き放射の割合とおよそ等しいという利点がある．例えば，Jerlov の外洋水 I と III は，光減衰率 2.7％ と 11％ に相当する 500 nm での光透過率はそれぞれ 97.3％ と 89％ であり，100 K_d 値（500 nm）は 2.7 と 11.6 である．

Smith & Baker（1978b）は様々な海域における放射光に対する鉛直消散係数（K_d）のスペクトルの違いに基づき，陸からの負荷の影響が小さい海域では，光の消散は（水によるものとは別に）主に植物プランクトンやそれに起因する様々に着色したデトライタスによるものと結論した．彼らはそのような外洋水ではクロロフィル様色素の総量は光学分類の基本的部分となりうるとしている．つまり，色素量に基づいて，波長に対する K_d 曲線が計算されるからである．

海洋のリモート・センシングで有用と思われる海水の分類は Morel & Prieur（1977）によって提案され，さらに Gordon & Morel（1983）によって改良された，ケース1とケース2の水である．ケース1の水は，植物プランクトンやその関連物質（動物プランクトンの捕食や藻類細胞の自然分解によって生じる有機質デトライタスや溶存物質の黄色）によるものである．ケース2の水は，光学的特性に大きな影響を与える大陸棚からの再懸濁堆積物や，川や都市・工業排水による粒状または溶存物質の色などからくるものである．ケース1の水は貧栄養から富栄養までの間で変化し，ケース2の水に特徴的な粒状あるいは着色物質が重要でない場合のみに相当する．ケース2の水では，植物プランクトンやその関連物質が影響を与えるほど存在する場合とそうでない場合がある．

主に陸水に適用できる大まかな光学特性はオーストラリアの水域の溶存・粒状物質の吸収スペクトル測定に基づき，Kirk（1980b）によって提案されている．G 型水では，溶存色（ギルビン）は光合成に可能な全スペクトルで，粒状物質よりも強く光を吸収する．例を図3・6 a, b, e に示す．GA 型水では，ギルビンはスペクトルのより短い波長の光を粒状物より強く吸収するが，粒状物の吸収係数は十分な量の藻類クロロフィルの存在により，赤色の波長では溶存物質の吸収係数を超える．図3・6c や f が例である．T 型水では，非生物（トリプトン）が大部分を占める粒状態画分は，全ての波長において溶存物質よりも光をよく吸収する．懸濁態シルト分の多い混濁水（図3・6d, g）は，この部類に入る．GT 型水では，溶存・粒状物質による吸収は光合成吸収波長域を通してだいたい同程度である．オーストラリアの熱帯地方のある小

沼の水はこの部類に入る．生産性の高い水域では，藻類のバイオマスによる吸収係数は溶存物質の色（および水自身）による吸収係数を超えるかもしれない．Talling (1970) による，スコットランドの Lock Leven の水の鉛直消散係数のスペクトルの変化に関する結果は，$Synechococcus$ sp. が優占する富栄養化した湖ではこの部類（タイプ A）に入ることを示している．Morel & Prieur (1975) によって研究された，西アフリカ沖の湧昇域の水はタイプ A のようである．ほとんどの外洋水およびいくつかの沿岸水（図 3·10e）は非生産的で，シルトや溶存物質の色がほとんどなく，水自身が光の主要な吸収物質である．それらはタイプ W の部類に入る．そのような水は陸には余りない．例としてはアメリカ，オレゴン州の Crater 湖がある [840]．いくつかの河口域やより着色の濃い沿岸水では，スペクトルの青色域でのギルビンによる吸収は赤色域での水による吸収とおよそ同等の大きさである．そのような水は，例えば図 3·8 に示すようなものであるが，WG 型と分類される．

水はある光学タイプから別のタイプに変わることがある．激しい雨による後背地の土壌浸食の結果，例えば G 型水（ギルビンが主体）が急激に T 型水（トリプトンが主体）に変化する．また，藻類のブルームの発達は GA 型水に変化させる．しかしながら，いくつかの水域ではほとんどいつでも同じ粒状物を含むタイプである．沼沢池はいつでも典型的な G 型である．浅く，緩やかな堆積物が風によって常に舞い上がるような湖は常に T 型水である．海水は，周年の植物プランクトンサイクル（熱帯域以外での）は別にして，一般的にそれらの光学特性は一定である．

Prieur & Sathyendranath (1981) は前述した淡水に関する分類と類似した海水の光学分類表を提案した．それは水以外の主要な 3 成分による吸収の相対的大きさに基づくものである．それらは藻類の色素，溶存黄色物質，植物プランクトン以外の粒状物質である．それぞれの成分による吸収係数の大きさの数値表示として，C'，Y'，P' が使われる．水によって，C' 型，Y' 型，P' 型，または C'Y' 型，C'P' 型，Y'P' 型のような混合タイプに分類される．これらの著者が研究してきたほとんどの海水は C' 型であった．

3·5　PAR の吸収に対する様々な水中成分の寄与

水の外へ散乱される少量の光は別にして，PAR の水中での減衰は吸収によるが，ある水深での吸収の範囲はその水深での光子の平均光路長を増加させる散乱によって大きく増幅されるかもしれない．ある波長でのこの吸収に対するシステムの異なる成分の相対的寄与はその波長での吸収係数に比例する．いかなる粒状組成での吸収係数や太陽放射の強度が光合成可能波長領域を通して波長とは無関係に変化しても，全 PAR の吸収に対する異なる組成物の寄与は一連の狭い波長幅で適切な計算を行い，結果を合計することによって評価できる．このようにして，光合成に利用されるはず

の吸収された光量子の何割が系の様々な光吸収物質によって捕捉されるかを計算することができる[478, 483]．表3・3 はオーストラリアの 12 の水域について，そのような計算をした結果を表している．

表3・3 オーストラリアのいくつかの水域における，粒状物，溶存物質および水それぞれによる光合成光量子の吸収割合．計算はそれぞれの水域の有光層に対して行った．Kirk（1980b），Kirk & Tyler（1986）および未発表データ．

水域	光学タイプ	吸収光量子量（%）		
		水によるもの	溶存物質によるもの[a]	粒状物質によるもの[b]
沿岸～外洋				
ジャービス湾[c]	W	68.1	23.9	8.0
エスチュアリー				
キング湖[d]	WG	41.9	40.4	17.7
内陸人工湖				
コリンダム[e]	G	34.8	60.0	5.2
ギニンデラ湖[e]	G	39.1	50.4	10.5
グーゴンダム[e]	G	22.0	60.4	17.6
コッターダム[e]	GA	26.2	49.8	24.0
ブリンジャックダム[e]	GA	28.2	45.5	26.3
バーリー・グリフィン湖[e]	T	19.4	22.2	58.4
内陸自然水				
ラトローブ川[d]	T	17.5	28.1	54.5
ジョージ湖[c]	T	12.4	8.3	79.3
グルングル・ビラボン[f]	GT	20.0	39.7	40.3
ジョージタウン・ビラボン[f]	T	5.9	7.5	86.6

注）[a]：ギルビン，[b]：トリプトン／植物プランクトン，[c]：ニューサウスウェールズ，[d]：ビクトリア，[e]：オーストラリア・キャピタル・テリトリー，[f]：ノーザンテリトリー．

水界中で光を吸収する成分が主要な 3 つに分類されることは明らかで，それらは水自身，溶存黄色物質（ギルビン），粒状物質（トリプトン，植物プランクトン）である．これらは全て実質的な光吸収物質である．W 型水では，ほとんどの光合成波長の光量子は水自身によって捕捉される．陸起源物質の影響を受けない外洋水（一般に W 型水）では，水により吸収されなかった光量子は，主に植物プランクトン生細胞あるいは死細胞の色素により主に捕捉される[830]．少量ではあるが相当量のギルビンを含む沿岸水では，植物プランクトンや溶存黄色物質の寄与は小さく，同程度である．King 湖（WG 型）のような溶存黄色物質のより多い河口域では，水とギルビンがほとんどの光合成波長の光量子を捕捉する．表3・3 に掲げた G 型内陸水（多量の溶存物質により着色しているが濁度は小さい）では，ギルビンがほとんどの光量子を捕捉し，水による吸収がそれに次ぐ．GA 型水（溶存物質に色が多く，濁度が低く，植物プランクトンが多い）では，ギルビンはやはり最も重要な成分であるが，粒状物の画

分は水と同程度に多くの光子を捕捉する．タイプ T 型水（トリプトンによって高濁度）では，光量子のほとんどは粒状物画分により吸収される．粒状物画分とギルビンは GT 型水（溶存物質による着色が強く，トリプトンによる高濁度水）のほとんどの光量子を捉える．生産性が高く植物プランクトンが優占する A 型水では，藻類が水中の他の成分よりも光合成波長の光量子を多く捕捉すると考えてよい．

4. 水中内での光の散乱

我々は水に入ったほとんどの太陽の光子が吸収されることを見てきた．これらの光子の多くは，ある水域ではほとんどが吸収される前に一度あるいはそれ以上散乱を経る．散乱はそれ自身光を減衰させるわけではない —— 散乱された光子は依然として光合成に利用可能である．散乱は光が垂直に透過するのを妨げる．この効果は光子を一つの散乱粒子から次の粒子へ跳飛させるようにジグザグの道をたどらせる．これは光子がある深さに到達するのに要する道程を増やし，そのため，水中の吸光成分に捕捉される確率を上げる．加えて，光子のいくつかは上方にも散乱する．このように散乱効果は光の鉛直方向の減衰を大きくする．

この章では，散乱過程の特性と自然水の散乱特性を考察していくことにしよう．

4・1 散乱過程

散乱とはどういう意味なのだろうか？私たちは，何らかの水中成分の影響によって光子が元々の道から発散するような状態を散乱といっている．散乱には2種類あると考えられている —— 密度変化散乱（density fluctuation scattering）と，粒子散乱（particle scattering）である．

1）密度変化散乱

液体中の密度変化散乱の原理を理解する上において，空気のような気体による分子散乱（レイリー散乱）から始めると分かりやすい．レイリー理論によれば，空気分子のようないかなる粒子でも，光の場では，双極子はその場の電気的なベクトルによって誘発される．双極子は励起光の振動数で振動するので，すべての方向に同じ振動数の光を放射する．これが散乱光といわれる光である．

散乱のレイリー理論は液体には当てはまらない．分子間が密であることによって，個々の分子ごとの放射の相互作用を考えにくい．しかしながら，いかなる液体中でも分子の絶え間ないランダムな動きが局所的な微小な密度変化を引き起こし，継続的な絶縁を局所的にしている．またアインシュタインースモルチョフスキー理論においては，個々の分子というよりもこのような不均質な光の場の相互作用（これらは双極子として見なすことができる）と考えられている．予想される散乱の角分布は気体に対するレイリー理論によって与えられるものと類似している．つまり，後方は全く同じである（図2・2, 4・8）．また，気体によるレイリー散乱のように，純粋な液体による散乱は，波長の4乗に逆比例して変化すると予想される．

2) 粒子散乱

レイリーおよびアインシュタイン-スモルチョフスキー散乱理論は，散乱中心が光の波長に対して相対的に小さい時にのみあてはまる．これは，気体分子の場合と，純粋な液体中のわずかな密度変化の場合に正しい．しかし，多くの自然水でさえも，光学的にいえば純粋ではなく，常に高濃度の粒子（陸や底泥起源の無機物粒子，植物プランクトン，バクテリア，死細胞や細胞のかけらなど）を含んでいて，それらは全て光を散乱させる．自然水中の粒子サイズは連続した分布を示し，およそ双曲線である[32]．すなわちDよりも大きい直径の粒子の数は$1/D^\gamma$に比例している．γはそれぞれの水塊で一定であるが，異なる水塊では0.7〜6と大きく変化する[422]．双曲線分布はより小さい粒子は大きなものよりたくさんあることを意味しているが，それにも関わらず，自然水中で光がでくわす粒子のほとんどは断面積$2\mu m$以上の粒子であり，可視光の波長に比べて大きい[422]．したがって，密度変化のタイプによって異なる散乱の仕方が予測される．より小さな粒子は多数あるが，散乱効果は小さい．

さまざまなサイズの球状粒子の光散乱作用を推測する理論的基礎は，Mie (1908) によって発展された．その理論の物理的な基礎は振動入射光の場で光を偏向させる物体に光が当たって振動し，これらの振動の結果としてその物体から光が再放射（すなわち散乱）されると考えている点でレイリーのそれに類似している．ミー理論では（レイリー理論のように）粒子を一つの双極子と同等に扱うことはしないで，粒子の中に電磁的多極子の連続的な分布を考えている．ミー理論の有利な点は全てが含まれることである――例えばごく小さい粒子に対してもレイリー理論と同じ予想を導く；不利な点は解析式が複雑であり，簡単な数値計算ではないことである．光の波長より大きい粒子では，ミー理論はほとんどの散乱が光軸方向前方の小さい角で起こると予想する（図4・1）．連続す

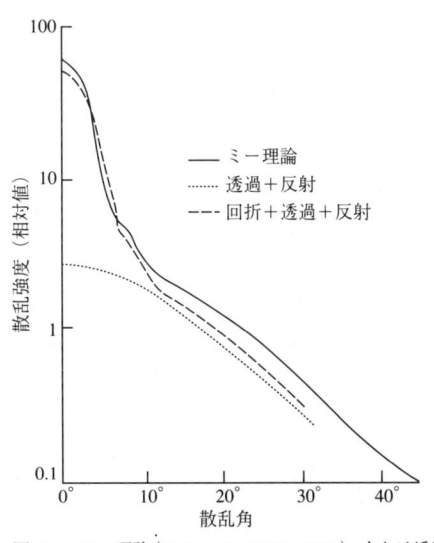

図4・1 ミー理論(Ashley & Cobb, 1958)，または透過と反射，あるいは回折，透過と屈折(Hodkinson & Greenleaves, 1963)から計算された透明球からの散乱強度の角分布．粒子は周りの溶媒に対して1.2の屈折率で，直径は光の波長の5〜12倍．Hodkinson & Greenleaves (1963)による．

る極大と極小値は散乱の角度が大きいところで見られるが，これらはさまざまなサイズの粒子が混在するとなくなる．

多少，光の波長より大きな粒子の場合は，電磁気理論に頼らずとも，散乱の機構は回折の基礎や幾何学光学によって合理的に理解できる．平坦なスペクトル分布の光で物体が照らされると，その後ろのスクリーンに映る物体の影は完全に正確には定義できない．ちょうどその外側には同心円の薄暗い帯が見られるであろう．そしてより明るい場所，そこには明らかにいくらかの光が当っており，幾何学的には影の領域の中にある．この現象──「回折」──は照らされている物体の縁の異なる点から来る波同士の干渉（暗い輪は相殺的干渉，明るい輪は増幅的干渉）に原因があり，位相が異なることを除いて（異なる距離を通過するため）スクリーン上のそれぞれの点には同時に到達している．丸い物体の場合には，丸い影に重なって中心に明るい点があり，暗い輪と明るい輪が交互に存在する．実際，粒子によって回折された光のほとんどは，光束のもともとの方向（前方）の小さい角の範囲に進み（明るい点を発生させる），光軸からの角距離が増加するとともに，回折された光は波高を次第に減らす極小と極大（暗い輪と明るい輪）となる．

幾何学光学をこれらのより大きな粒子に適用すると，反射あるいは光の一部は外部表面に反射され，一部は粒子を通り抜けて屈折するか内部で反射あるいは屈折することがわかる（図4・2）．全ての場合において光子は最初の方向とは違う方向へ進む．すなわち散乱する．これらの機構によって散乱した光の多くは前方に進む．散乱強度は角度が増すとともに次第に低下し，回折による散乱が見せるような小さい角度において同じ程度の濃度を示さない．大きさの異なる球状粒子が混在した懸濁液に対するHodkinson & Greenleavesによる計算では，小さい角度（10～15°まで）での散乱の多くは回折によるものであり，一方，大きい角度の散乱の多くは，外部表面の反射と屈折による伝達によることを示している（図4・1）．回折原理と幾何学光学によって計測された散乱の角度変化は，ミーの電磁気学理論によって得られたものに非常に近い．実際に存在するズレは，主に高い屈折率の溶媒を通って伝達された光線で引き起こされる相変化の結果であるが，回折された光と伝達された光の間にはもう一つの干渉作用というものがある[945]．この現象は変則的回折として知られている．

光束中にあるいかなる粒子も，光の一部を散乱させるであろうし，散乱された

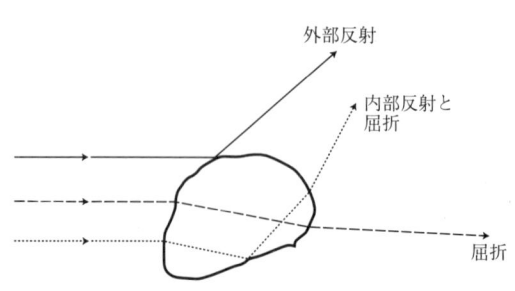

図4・2　粒子による光の散乱．反射と屈折の過程．

放射フラックスは，ある一定断面積における入射光と等価であろう．この面積は粒子の散乱断面積である．散乱効率（Q_{scat}）は，散乱断面積を粒子の幾何学的な断面積（半径 r の球状の粒子なら πr^2）で割ったものである．同様に吸光粒子の場合では，吸収された放射フラックスは，一定断面積の入射光と等価である．この面積は粒子の吸収断面積である．吸収効率（Q_{abs}）は吸収断面を粒子の幾何学断面で割ったものである．減衰効率（Q_{att}：吸収と散乱を合わせたもの）は以下のように与えられる．

$$Q_{att} = Q_{scat} + Q_{abs} \qquad (4\cdot1)$$

粒子の減衰効率は 1 よりも大きくなりうる．すなわち，粒子はその幾何学的な断面積によって遮られる以上に，入射光線の挙動に影響を与える．このことは吸収と散乱ともそうである．すなわち，粒子はその幾何学的な断面積が遮る以上の光を吸収もしくは散乱する．電磁気理論の点からは，粒子はそれ自身の物理的な限界を超えて，電磁気場を混乱させる，ということができる．ミー理論は，電磁気学を基礎としているのだが，粒子の吸収および散乱効率を計算することに使われてきた．van de Hulst（1957）のより簡略な変則的回折理論もまた，周囲の溶媒の倍までの屈折率をもつ粒子の散乱効率の計算に使われてきた．その関係は

$$Q_{att} = 2 - \frac{4}{\rho}\sin\rho + \frac{4}{\rho^2}(1-\cos\rho) \qquad (4\cdot2)$$

ここで $\rho = (4\pi a/\lambda)(m-1)$，$m$ は周囲の溶媒に対する粒子の屈折率で，a は粒子の半径である．吸収のない粒子では $Q_{scat} = Q_{att}$ である．図4·3 は水に対する相対的な屈折率が 1.17（天然水中の無機粒子の典型的な値）の，吸収のない球状粒子の緑色光の散乱率の変化を示している．これは粒子の大きさとともに変化する．散乱効率は非常に小さい粒子における非常に低い値から，直径 1.6 μm で約 3.2 まで急に上昇するのが見られる．直径が増大するにつれて，まず減少し，それから再び増大し，さらに非常に大きい粒子に対して Q_{scat} 値が 2.0 になるように変動の振幅は小さくなる．大きさに伴う Q_{scat} の一般的な変化の様式は，光合成に使われるはずの波長においても，自然水中にあるあらゆる散乱粒子のタイプにも見られる．

直径が散乱に最適な値より減少するにつれ（例えば図4·3 で 1.6 μm 以下），一つの粒子の散

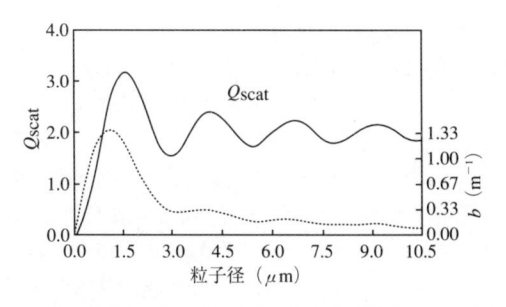

図4·3 光吸収のない球体粒子のサイズの関数としての散乱効率．粒子は水に対して屈折率1.17．波長 550 nm．実線は van de Hulst（1957）の式（本文参照）を用いて粒子一つに対して計算した Q_{scat}．破線はm^{-3} 当たり1gの粒子を懸濁させた場合．

乱効率は低下する．しかし，ある単位体積当たりの粒子の量に対する粒子の数は，粒子の大きさが小さくなるにつれて増えるはずである．したがって，ある一定濃度の懸濁液の散乱値が粒子の大きさに伴う重量によってどのように決定されるかは興味あるところである．図4・3には1 g m^{-3}の濃度の典型的な無機粘土の密度の粒子に対するそのような計算結果を示した．当然予期されるように，直径が減少するにつれて同時に粒子数が増えるために，b の値の項で表された，懸濁液による全散乱は，直径が最適値よりも減少するにつれて1個の粒子散乱効率で見られたようには急に減少しない．そして，懸濁液の散乱に最適な粒子径（約 1.1 μm）は1個の粒子散乱のそれ（約 1.6 μm）より小さい．粒子径が最適値を越えて増加すると，懸濁液による散乱は非常に低い値まで急激な減少を見せる．また，個々の粒子の Q_{scat} の振動と一致した非常に小さい振幅の振動を伴っている[489]．

4・2 散乱の測定
1) 光束透過率計

吸収がない場合，散乱係数は原理的には水中の既知の光路長を通る幅の狭い平行光線の強度の減少を測定することによって求められる．もし散乱と同時に吸収が起こるなら，計器によって観測された変数は実際には散乱係数というよりも消散係数 c である．もし適当な波長で水の吸収係数 a も測ることができるなら，散乱係数 b は $b = c-a$ として計算できる．

光束減衰率計（より一般には光束透過率計と呼ばれている）は，現場で c を測定するための水中光学の道具として長い間重宝されてきた．原理的に測定しなければならないのは吸収によって減衰した入射光の強度の割合 C，光路内での散乱 r，消散係数 $[\ln(1-C)]/r$（1・4 節）である．実際には正確に c を測定する器具を作るのは困難である．問題は，自然水による散乱のほとんどが小さい角度で起こることである．それゆえ，透過率計の受光器の受光角が非常に小さくない限り（<1°），散乱光のかなりの量は光束中に残り，減衰は過小評価されることになる．この問題を解決する一つの試みは，透過率計の受光角よりもさらに小さい角度で光の散乱を測定し，これから直射光に対する散乱の寄与を計算し，直射光の強度からそれを減じることである[355]．

光束透過率計の設計の原理と変数の誤差の大きさは Austin & Petzold（1977）によって論議されてきた．光学装置の一つを図4・4に模式的に示してある．市販商品として計器は手に入る．ほとんどの光束透過率計は単色*であるが，Borgerson *et al.*（1990）は分光型を開発した．現場測定用ではあるが，非常に小さい受光角度と長い光路長のセルのついた分光光度計の光束の消散係数を実験室内で測定することも可能

---

* （訳注）光学；1種類の色または非常に限られた範囲の波長の色についていう

である．Bochkov, Kopelevich & Kriman（1980）は，船上で250～600 nm の範囲で海水試料の c を測定できる装置を開発した．

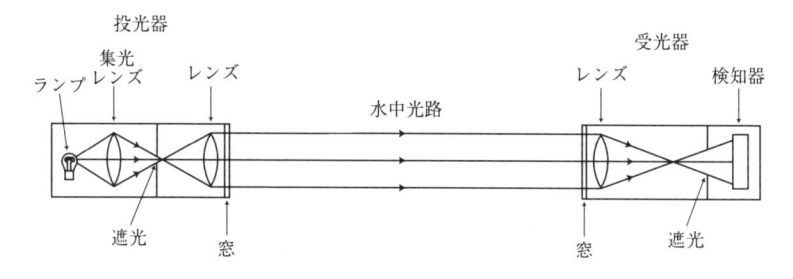

図4・4 透過率計の光学システム（Austin & Petzold, 1977 より）．狭いスペクトル周波帯を図るため，フィルターが受光器内の光路にいれてある．

もしいかなる水塊でも下向き放射の鉛直減衰率 K_d と光束減衰率が同じ分光波長で測られるなら，K_d, b, c の間[929]あるいは K_d, a, c の間[700]の経験的な関係を使えば，b を推定して a を決定できるし（$c = a+b$ より），または a を推定して b を決定することも可能である．Gordon（1991）は亜表層の c，K_d と反射（R）の測定から a, b と後方散乱係数 b_b の推定が可能であることから，算定の手順を述べた．この方法は他の方法と同様に，経験的に分かっているこれらの量の間の関係を使っているが，散乱相関数（scattering phase function）の形についての仮定がない点で劣っている．

2）可変角散乱計

自然水の散乱特性は，散乱光の直接測定で最もうまく決定される．一般的な原理では水中に平行光線を通過させ，様々な角度で一定の体積からの散乱を測定する．理想的には，体積散乱関数 $\beta(\theta)$ は0から180°で測定される．これはその水に対する散乱の角分布だけでなく，積分することで前方と後方の全散乱係数が求められる（1・4節）．このような測定を実際に行うことは難しく，通常この方法で自然水が完全に特徴づけられることはほとんどない．問題はほとんどの散乱が小さい角度（通常50％は0と2～6°の間にある）で起こることであり，近くを強烈に照らしている光束が比較的弱い散乱の信号の測定を困難にしている．まず現場型の散乱計から考えてみよう．

ごく小さい角度用に Petzold（1972）によって開発された測器は，非常に細く絞った光束を水中 0.5 m の光路長を透過させ，長焦点レンズによって集光する．散乱も吸収もしなかった光が測定される．散乱によって外れた光は，ある距離だけ（散乱角に比例して）異なる場所に到達する．絞りが焦点面に置かれ，これはある狭い（散乱）角度に対応した光のみを透過させる以外は光を通さないリングであり，透過した光だけが後ろの光電子倍増管に検知される．そのような絞りが3枚使われているが，それらはそれぞれ異なった半径のリングになっている．これらは 0.085, 0.17, 0.34°の

散乱角に対応する．入射光強度を測定するために，4番目の絞りは校正済みニュートラル・デンシティー・フィルターが中心に置かれている．

Kullenberg (1968) は1.3 m の光路長を細く絞って光束を通すのに He-Ne レーザーを使った．計器の受光側では，光束の中心部は光捕集器で遮り，円錐鏡（コニカルミラー）と環状絞りで1，2.5 または3.5°で散乱した光を分離する．

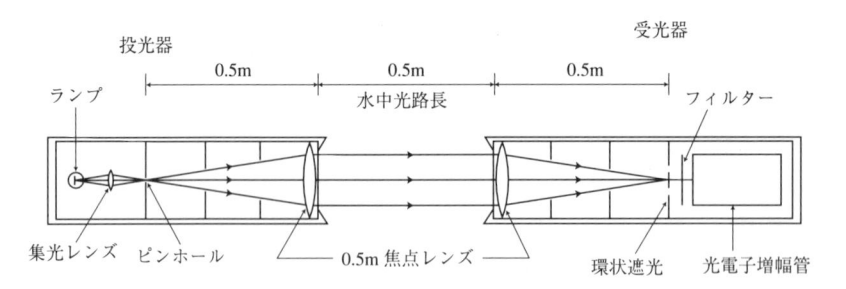

図4・5 低角散乱計の光学システム（Petzold, 1972より）．図の縦スケールは誇張されている．

Bauer & Morel (1967) は直線的な入射光束と1.5°までの角度の全ての散乱光を遮る絞りを使った．1.5 から14°の散乱光はレンズによって集められ，写真の感光板上に焦点がくるようにし，この範囲の角度の $\beta(\theta)$ は密度計によって決められる．

より大きい角度の散乱を測定する計器は，受光器も投光器も互いに回転して位置を変えることができるように作られている．一般的な原理を図4・6に示す．受光器は水中の直線光束の短い区間のみ「見て（にらんで）」おり，見る角度によってこの区間の長さは変わることがわかる．このタイプの計器は Tyler & Richardson (1958)(20～180°)，Jerlov (1961)(10～165°)，Petzold (1972)(10～170°)，Kullenberg (1984)(8～160°) によって開発された．

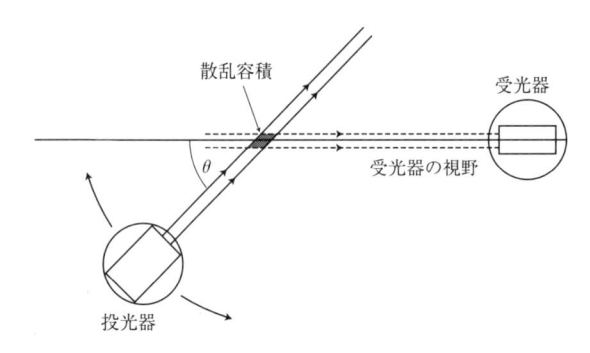

図4・6 標準角散乱計の光学システム（Petzold, 1972より）．

自然水での散乱特性は実験室で測定できるが，多くの海水のように少なくとも散乱値が低い場合では，散乱特性は試水の採取から測定の間に変化してしまうおそれがある．一般的に内陸，河口および一部の沿岸系などに見られるようなより濁った水の場合にはそのような変化はあまりないが，それでもサンプリングと測定の間の時間は最小限に抑えることが不可欠であるし，粒子を懸濁させておく手段を講じねばならない．市販の光散乱光度計は当初実験室内での巨大分子やポリマーの研究のために開発されたが，幾人かの研究者は自然水における $\beta(\theta)$ の測定に適用してきた [51, 859]．試水は直線光束が入射するガラスセルに入れる．光電子倍増管は校正されたターンテーブル上に置かれ，計器の測定範囲内（一般的には 20～135°）のいかなる角度の散乱光もすべて測定できるようになっている．実験室用のごく小さい角度用の散乱光度計は開発が進み [25, 862]，市販計器もある．

体積散乱関数の定義より（1・4 節），それぞれの角度で $\beta(\theta)$ の値を計算するためには，測定した角度での光の強さだけでなく，受光器が「見ている（にらんでいる）」散乱体積の値（これは見る角度で異なる）と散乱体積に当たっている光強度を知る必要がある．実験室用の散乱計の場合，水サンプルによる散乱は高純度のベンゼンのような標準散乱溶媒で補正されねばならない [630]．

いったん体積散乱関数を全ての角度で測定すれば，散乱係数の値は式 1・36 と同じ $2\pi\beta(\theta)\sin\theta$ の合計（積分）によって得られる．前方および後方の散乱係数 b_f, b_b はそれぞれ 0～90°および 90～180°の積分で得られる．

3）固定角散乱計

b を決定するために全体積散乱関数を測定する代わりにある固定角度で $\beta(\theta)$ を測定してもよいし，また研究対象となる水のタイプの体積散乱関数について合理的な仮定をすることによって（後述），おおよその b 値は比例関係で算出できる．例えば，海水においては全散乱係数に対する 45°における体積散乱関数の割合（$\beta(45°)/b$）は普通 0.021～0.035 sr^{-1} の範囲にある [422]．太平洋やインド洋，黒海における $\beta(\theta)$ の測定から，Kopelevich & Burenkov（1971）は $\beta(\theta)$ の単一角の測定から b を決定することの誤差は，15°以下の角度で小さく，4°が最適である，と結論づけた．一次回帰の形は，

$$\log b = c_1 \log \beta(\theta) + c_2 \qquad (4・3)$$

で，c_1, c_2 は定数であり，$b = $ 定数 $\times \beta(\theta)$ のような単純な比例関係から正確な b の値が得られる．ミー散乱の計算および海水の体積散乱関数の文献値の解析の両方に基づいて，Oishi（1990）は 120°における後方散乱係数と体積散乱関数との間にはおおよそ一定の比が存在し，b_b は以下の関係を用いて，120°での散乱の測定から算出できると結論した．

$$b_b \fallingdotseq 7B(120°) \qquad (4・4)$$

表4・2にある2つの体積散乱関数に対して,この研究は非常によく実証されている.
4) 濁度計
実験室用に作られた固定角散乱計は,比濁計である.「濁度」という言葉は,一般的には液体の透明度のなさの程度を示す語義として,つまり,人間の目で知覚する散乱光の強さとして使われてきた.最も一般的な測器では,光束は液体サンプルの入った円筒のガラスセルの軸に沿って向けられる.90°を中心としたかなり広い角度の散乱光は,セルの側面の光電子倍増管によって測定される(図4・7).比濁単位(NTU)で表されるサンプルの「濁度」(T_n)は,光散乱特性の再現可能な標準物質のそれとの関係で測定される.標準物質は定められた方法で作られた乳液粒子かポリマーの懸濁液である.現在ある濁度計は,水のいかなる基本的な散乱特性も直接測定できないし,NTUは事実上,任意の単位である.それにも関わらず,この方法で測定される濁度は90°を中心とした体積散乱関数の平均値と直接関係があり,それゆえ,光学的な型が既知の水に対しては(たとえば無機粒状物によってある程度以上混濁した水),散乱係数とおおよそ直線関係にある.濁度計の測定は簡単なので,様々な自然水域で比濁度と散乱係数の関係を比較検討する価値があるだろう.今のところ行われている間接測定では,濁った水に対しては $b/T_n=$ 約 $1\,\mathrm{m}^{-1}\,\mathrm{NTU}^{-1}$ であるという便利な関係が見られている(後述).しかしながら,濁度計は透明度が高く散乱が小さい外洋水の測定には向かない.

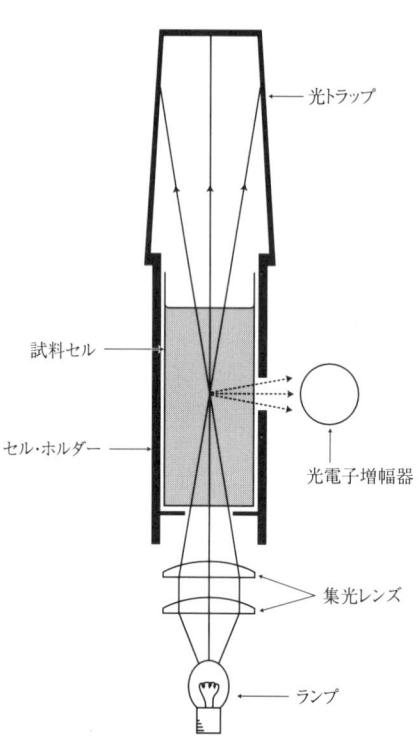

図4・7 濁度計の光学システム.

5) 散乱特性の間接推定
水に関係するほとんどの研究室では,自然水の基礎的散乱特性の測定を行っていないが,多くは通常,水中光量を測定している(5・1節).いかなる深さの光量も,その水の散乱特性によって一部は決まるので,散乱特性の情報は光量の測定値から得ら

れるという可能性がある．体積散乱関数とある角度の入射光量が既知の水に対して，ある光学的深度（1・6節に定義されている）における反射率 R と光の平均余弦 $\bar{\mu}$ は吸収係数に対する散乱係数の比 b/a のみの関数である．逆に，ある光学的深度における反射値が与えられていれば，$\bar{\mu}$ と b/a の値が決まり，理論上推定可能である．Kirk（1981 a, b）は，ある光学的深度における水に対する b/a と R との関係を推定するために，モンテ・カルロシミュレーション（5・5節および6・7節参照）を使ったが，これはサン・ディエゴ湾の混濁水に対して Petzold（1972）が採用したそれと同じ標準化した体積散乱関数の水を使っている．これらの関係は中程度以上混濁したほとんどの自然水に対しておおよそ妥当であろうと考えられた．コンピュータで得られた曲線を使って，光学的深度が明らかな，例えば $\zeta = 2.3$（水面直下の光量の10％）の反射率の測定値を与え，$\bar{\mu}$ と b/a の値を読みとることが可能である．光量の値は K_E および正味の下向き放射照度の鉛直消散係数（1・3節）を推定するのに使われ，a の値は $a = \mu K_E$ の関係（1・7節）から計算される．a と b/a の値が分かれば，b の値も得られる．

このやり方の妥当性のチェックとして，Weidemann & Bannister（1986）はオンタリオ湖の Irondequoit 湾に対して，上に示したような光量の測定から得た a の推定値と，ギルビン，粒状物および水による吸収係数の合計値を比較し，よく一致することを発見した．その上，$\bar{\mu} = f(R)$ 曲線から読みとった $\bar{\mu}$ の推定値は，正味の下向き放射のスカラーに対する比（式1・15）から得られたものと一致した．同様の発見は Oliver（1990）によってオーストラリアの Murray-Darling 盆地の河川および湖水でなされている．

オーストラリア南東部の様々な水域に対して，この方法で Kirk（1981b）によって得られた散乱係数値は，比濁濁度値（T_n；散乱係数に対して直線関係にあると考えられるパラメータ）に対して非常によい相関が見られ，T_n に対する b の比の平均は 0.92 m^{-1} NTU^{-1} であった．アメリカ，アイダホの Pend Oreille 湖の文献値を使って[717]，光の減衰および吸収係数から得られたものとわずか5％しか違わない b 値を得る方法が考案された．

いくつかの単純化した仮定を含む放射転移理論を使って，Di Toro（1978）は散乱係数と反射率と入射光量の鉛直消散係数の間に関係があることを見つけた．サン・フランシスコ湾の濁った水に対して，このようにして算出された b 値と比濁濁度との間によい直線関係が得られた．濁度に対する散乱係数の実際の比は 1.1 m^{-1} FTU^{-1} で，これは Kirk（1981b）によって得られた 0.92 m^{-1} NTU^{-1} と非常によく一致する（NTU と FTU は等価である）．他の多くの研究者[174, 286, 677, 949, 950, 980, 981]による類似の結果をまとめると，（少なくとも中程度以上濁った水では）散乱係数（m^{-1}）が比濁濁度（NTU）とおおよそ同じ数値である，という有益かつ便利な結論に到達する．

6）拡散散乱係数

　放射転移理論（1・7 節）の考察で見てきたように，水の半ば固有の光学的特性である拡散散乱係数は水中の光の場での理解に欠かせない存在である．これらの散乱係数はすでに示したように（1・5 節）薄い水の層に対して（通常の散乱係数の場合のように）直角入射する平行光線による後方・前方散乱光として定義されたが，ある水塊のある深さにおける水中の光の場における上向きもしくは下向き光と同じ放射分布をもつ．現在のところ，拡散散乱係数を直接測定する方法はない．しかしながら，もし水塊のある深さにおける放射分布と，その水の体積散乱関数が分かれば，拡散散乱係数を算出することができる[482]．

　例えば下向きフラックスに対する後方散乱係数を計算するためには，下向き放射分布は，例えば15°ずつの扱いやすい角度間隔で分布測定がされていなければならない．体積散乱関数を使って，水の薄い層によって上向きもしくは下向き散乱をある角度間隔ごとに入射フラックスに対する割合として計算される．散乱後の上向きフラックスの合計，すなわち，水層の厚さで割った下向きの全フラックスの割合は $b_{bd}(z)$ であり，ある水塊での深さ z mでの下向きフラックスに対する拡散後方散乱係数である．$b_{bd}(z)$ は一般に自然水塊においては b_b より 2 から 5 倍大きい[482]．そのような推定に必要な放射分布データは直接測定によって（5・1 節），あるいは固有の光学特性からコンピューターモデリングによって得られる（5・2 節）．

　拡散後方散乱係数のおよその推定は，水面下の入射光測定からより簡単に得られる．式 1・47 から

$$b_{bd}(z) = R(z)\,[K_d(z) + \kappa(z)] \qquad (4\cdot5)$$

が得られ，これと式 1・48 から以下のように書き換えられる．

$$b_{bd}(z_m) \fallingdotseq 3.5\,R(z_m)\,K_d(z_m) \qquad (4\cdot6)$$

ここで，z_m は下向き放射光が表面値の 10％になる深さである．$R(z_m)$ と $K_d(z_m)$ は放射光データから得られ，$b_{bd}(z_m)$ も計算される．

　この方法で得られた後方拡散散乱係数の値から，標準後方散乱係数および全散乱係数，b_b および b が得られる．Kirk（1989a）は $b/a = 0.5 \sim 30$ の範囲の光学的水型に対して，深さ z_m における反射に対してプロットされた標準後方散乱係数に対する拡散比を示すモンテ・カルロ曲線を示した．反射率の観測値から，$b_{bd}(z_m)/b_b$ の比が読みとれ，式 4・6 とともに b_b を与えるのに使われる．b を約 53 b_b と仮定すると（ほとんどの陸水および沿岸水に対して妥当な推定値である）全散乱係数が得られる．この方法によって計算された b 値は前節で述べた他の間接的方法による放射データから得られる結果とよく一致する．

4・3　自然水の散乱特性

純水の散乱特性は自然水の特性に対する適切な基準を与える．我々はMorel（1974）による純水および純海水の光学的特性に関する貴重な概説をここで使うこととしよう．散乱特性の測定に際しては，真空内で蒸留もしくは目の細かいフィルターによるろ過を繰り返すことによって精製された水を使わねばならない．通常の蒸留水には非常に多くの粒子が含まれている．純水による散乱は比重変動型で，そのため波長によって著しく変動する．実験的に，散乱は比重変動理論から予想されるλ^{-4}よりむしろ$\lambda^{-4.32}$にしたがって変動する．これは波長に伴う水の屈折率の違いによる結果である．純海水（塩分35～38‰）は純水よりも約30％散乱が強い．表4・1にはさまざまな波長における純水および純海水の散乱係数値を載せた．純水および純海水の体積散乱関数は比重変動理論で予想されるように，90°において最低で，それより大きい角度または小さい角度では対称的に増加する（図4・8）．

自然水の散乱係数は常に純水のそれよりも高い．表4・1に文献値の抜粋がある．最も低い値（Tyrrhenian海の深さ1,000 mの水に対する546 nmにおける0.016 m^{-1}）でさえ，同じ波長における純水での10倍の値である[631]．陸から遠い非生産的な外洋水は低い値をもつ．沿岸や閉鎖的な海域では再懸濁した堆積物（河川経由の陸起源無機粒子や植物プランクトン）の存在のためにより高い値をもつ．堆積物の再懸濁は波の動き，潮流や嵐によって起こる．高濃度の植物プランクトンは，アフリカ西岸沖のMauritanian湧昇域のような海域では散乱係数をかなり高くしている[635]．大陸の乾燥

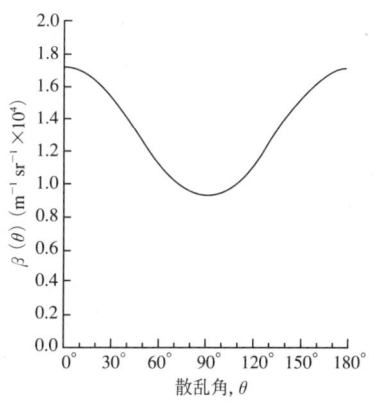

図4・8　波長550 nmの光に対する純水の体積散乱関数．値は$\beta(90°) = 0.93×10^{-4}$ m^{-4} sr^{-4}および$\beta(\theta) = \beta(90°)(1+0.835\cos2\theta)$を仮定し，密度変化散乱を基に計算した（Morel, 1974より）．

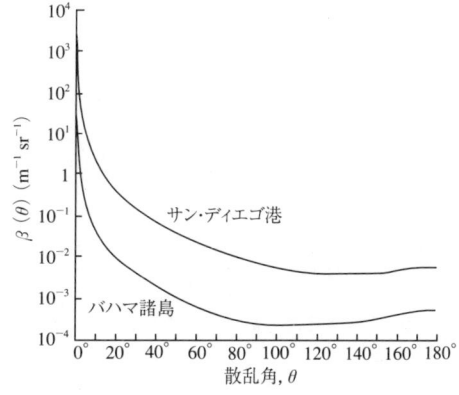

図4・9　透明および中程度の濁りがある自然水に対する体積散乱関数．透明な外洋水（$b = 0.037$ m^{-4}）はバハマ諸島のTongue-of-the-Ocean, 濁りのある水（$b = 0.037$ m^{-4}）はサン・ディエゴ港．Petzold（1972）より．

地域では，風によって大量のチリが大気中に巻き上げられ，隣接した海域に再降下し，水中の散乱を増加させる[516]．散乱係数値は平均的に陸水や河口域で外洋域より高い．実際に，混濁した陸水で見られるような非常に高い値（表4·1）は，海ではありえない．これは高いイオン力が無機コロイド粒子の凝集と沈殿を促進させるからである．風が引き起こす撹乱による堆積物の再懸濁は陸水（特に浅い水域で）の散乱を確実に増加させる[662]．ろ過摂食動物プランクトンは懸濁粒子をより急速に沈降する糞粒に固め，混濁した湖水の透明度を実質的に上昇させる[306]．

表4·1 さまざまな水域の散乱係数値．

水塊	波長（nm）	散乱係数, $b(m^{-1})$	参考文献
純水	400	0.058	632
	450	0.0035	632
	500	0.0022	632
	550	0.0015	632
	600	0.0011	632
純海水	450	0.0045	632
	500	0.0019	632
海水			
大西洋			
サルガッソー海	633	0.023	522
	440	0.04	422
カリブ海	655	0.06	422
外洋3測点	544	0.06−0.30	517
バハマ諸島	530	0.117	699
モーリタニア湧昇域[a]	550	0.4−1.7	635
モーリタニア沿岸域[b]	550	0.9−3.7	635
アイスランド沿岸	655	0.1−0.5	379
ロード川エスチュアリー（チェサピーク湾）	720	1.7−55.3	282
太平洋			
中央部（赤道域）	440	0.05	422
ガラパゴス島	655	0.07	422
	440	0.08	422
外洋126測点（平均）	544	0.18	517
南カリフォルニア沖	530	0.275	699
キエタ湾（ソロモン諸島）	544	0.54	517
タラワ環礁ラグーン（ギルバート島）	544	1.04	517
サン・ディエゴ港（カリフォルニア）	530	1.21−1.82	699
インド洋			
外洋164測点（平均）	544	0.18	517
タスマン海			
オーストラリア			
ジャービス湾，ニューサウスウェールズ			
入口，30 m深	450−650	0.25	700
内部，15 m深	450−600	0.4−0.6	700

水塊	波長 (nm)	散乱係数, $b(m^{-1})$	参考文献
ニュージーランド			
9エスチュアリー，北島口，干潮時	400－700	1.1－4.8	949
地中海			
ティレニア海（1,000 m 深）	546	0.016	631
地中海西部	655	0.04	380
ビルフランシェ湾	546	0.1	631
北海			
フラデン・グランド	655	0.07－0.13	382
英国海峡	546	0.65	631
バルト海			
カテガット	655	0.15	422
バルト海南部	655	0.20	422
ボスニア湾	655	0.28	422
黒海			
33測点（平均）	544	0.41	517
内陸水			
北アメリカ			
ペンド・オレイル湖	480	0.29	717
オンタリオ湖沿岸	530－550	1.5－2.5	115
イロンデコイト湾，オンタリオ湖	400－700	1.9－5.0	980
オティスコ湖，ニューヨーク	400－700	0.9－4.6	217, 981
オノンダガ湖，ニューヨーク	400－700	2.2－11.0	218
オワスコ湖，ニューヨーク	400－700	1.0－4.6	217
セネカ川，ニューヨーク	400－700	3.1－11.5	217
ウッズ湖，ニューヨーク	300－770	0.13－0.20	117
ダーツ湖，ニューヨーク	300－770	0.19－0.25	117
オーストラリア			
(a) 南テーブルランド			
コリンダム	400－700	1.5	485
ベリンジャックダム	400－700	2.0－5.5	485
ギニンデラ湖	400－700	4.4－21.6	485
バーリー・グリフィン湖	400－700	2.8－52.6	485
ジョージ湖	400－700	55.3, 59.8	485
(b) マレイーダーリン水系			
マランビジー川，ゴジェルドリーダム	400－700	9－58	677
マレイ川，ダーリン合流点上	400－700	13.0	677
ダーリン川，マレイ川合流点上	400－700	27.8－90.8	677
(c) ノーザン・テリトリー（マジェラ川ビラボン）			
マジンベリー	400－700	2.2	498
グルングル	400－700	5.7	498
ジョージタウン	400－700	64.3	498
(d) タスマニア（湖）			
ペリー	400－700	0.27	90
リスドン川	400－700	1.8－2.7	90
バリントン	400－700	1.1－1.4	90
ペダー	400－700	0.6－1.3	90

水塊	波長（nm）	散乱係数, $b(\text{m}^{-1})$	参考文献
ゴードン	400－700	1.0	90
(e) 南東クィーンズランド，沿岸砂丘湖			
ベイスン	400－700	0.6	89
ブーマンジン	400－700	1.1	89
ワビィー	400－700	1.5	89
(f) 南オーストラリア			
マウント・ボールド貯水池	400－700	5.7－6.8	286
ニュージーランド			
ワイカト川（330km，タウポ湖～海まで）			
タウポ湖（0km）	400－700	0.4	174
オークリ（77km）	400－700	1.0	174
カラピロ（178km）	400－700	1.2	174
ハミルトン（213km）	400－700	1.9	174
トゥアカウ（295km）	400－700	6.3	174
湖			
ロトカカヒ	400－700	1.5	950
ロトルア	400－700	2.1	950
D	400－700	3.1	950

注：[a]：植物プランクトン多い　[b]：懸濁物多い

　自然水に対する体積散乱関数は純水のそれとは著しく形状が異なる．それらは常に（最もきれいな水でさえも）前方の狭い角度に散乱が集中することで特徴づけられる．すでに見てきたように，これは直径が光の波長以上に大きい粒子による散乱の特徴であり，自然水の散乱は主としてそのような粒子に起因する．図4·9はきれいな外洋水と適度に濁った湾内水に対する体積散乱関数を示している．これらは形状は全く類似しているが，90°以上の角度で顕著な違いがある．つまり，外洋水による散乱は100°から180°の間で大きい傾向が見られる．つまり，これらのより大きい角度において，きれいな海水の場合は，密度変化散乱（この角度の範囲において，この種の変化を示すような；図4·8）が全体に対して主要な割合を示すようになるからであるが（下記参照），湾内水の場合は粒子散乱と比較して残りの部分はさして重要ではない．

　体積散乱関数の形状に関する知識は，水中の光の場の性質の計算に不可欠である．表4·2はTongue-of-the-Oceanとサン・ディエゴ湾における標準化した体積散乱関数（$\tilde{\beta}(\theta)=\beta(\theta)/b$），連続した$\theta$値における累積散乱（0°から$\theta$の間で，全体に対する割合）を示している[699]．後方散乱（$\theta>90°$）はきれいな海水の場合は全散乱の4.4％を占めるが，濁った湾内水では1.9％に過ぎないことは特筆すべきであろう．広い光学的タイプの水でもこれまで発表された測定値からは$\tilde{\beta}(\theta)$曲線はかなり形状の上で類似している．我々はそれゆえ，きれいな海水，中程度なあるいは高い濁度の水のそれぞれの典型的な値として，これらのデータセットを用いてもよい．全ての角度において粒子散乱が卓越するような，ある最低レベルの濁度を越えると，

$\tilde{\beta}(\theta)$ 曲線の形が粒子の濃度ではなく，粒子固有の散乱特性によって決められるため，濁度の増加とともにその形を変える標準散乱関数値は作れない．これはサン・ディエゴ湾のデータがより暗い水に見える原因である．まさに，表 4·2 (b) の $\tilde{\beta}(\theta)$ のデータは，非常に透明度の高い外洋水以外のほとんどの自然水にあてはまる．Timofeeva (1971) は $\tilde{\beta}(\theta)$ が事実上ほとんどの自然水で同じであることを明らかにした．しかしながら，湧昇海域や富栄養化した陸水の場合のような，低い屈折率の有機物粒子が卓越するような特殊な散乱状況では，多少異なる $\tilde{\beta}(\theta)$ のデータセットが適用される．

全散乱に対する密度変化散乱の寄与は，水塊のタイプだけでなく，対象とする散乱の角範囲と光の波長によっても変化する．陸水や河口域あるいは沿岸水域といったような中程度あるいはよく濁った水中では，全ての角度かつ全ての可視波長の散乱が存在する粒子に起因している．これに比べて，貧栄養のよく澄んだ海水中では，密度変

表 4·2　透明および濁りのある水に対する緑色光（530 nm）の体積散乱データ．
$\tilde{\beta}(\theta)$ は正規化された体積散乱関数 $(\tilde{\beta}(\theta)/b)$．積算散乱は $2\pi\int_0^\theta \tilde{\beta}(\theta)\sin\theta d\theta$．
データは Petzold (1972) の (a) 大西洋，バハマ諸島 ($b = 0.037 \text{ m}^{-1}$)，(b) カリフォルニア，サン・ディエゴ港 ($b = 0.037 \text{ m}^{-1}$) より．

	(a)		(b)	
角度 θ (°)	$\tilde{\beta}(\theta)$ (sr^{-1})	積算散乱 $0° \to \theta$	$\tilde{\beta}(\theta)$ (sr^{-1})	積算散乱 $0° \to \theta$
1.0	67.5	0.200	76.4	0.231
2.0	21.0	0.300	23.6	0.345
3.16	9.0	0.376	10.0	0.431
5.01	3.91	0.458	4.19	0.522
6.31	2.57	0.502	2.69	0.568
7.94	1.70	0.547	1.72	0.616
10.0	1.12	0.595	1.09	0.664
15.0	0.55	0.687	0.491	0.750
20.0	0.297	0.753	0.249	0.806
25.0	0.167	0.799	0.156	0.848
30.0	0.105	0.832	0.087	0.877
35.0	0.072	0.857	0.061	0.898
40.0	0.051	0.878	0.0434	0.916
50.0	0.0276	0.906	0.0234	0.940
60.0	0.0163	0.925	0.0136	0.956
75.0	0.0093	0.943	0.0073	0.971
90.0	0.0066	0.956	0.00457	0.981
105.0	0.0060	0.966	0.00323	0.987
120.0	0.0063	0.975	0.00276	0.992
135.0	0.0072	0.984	0.00250	0.995
150.0	0.0083	0.992	0.00259	0.997
165.0	0.0110	0.997	0.00323	0.999
180.0	0.0136	0.100	0.00392	1.000

化散乱は短波長において全散乱の重要な部分を占め，大きい散乱角においては主要部分を占める．例えば，Kullenberg (1968) は，サルガッソー海では密度変化散乱は665 nm では全散乱係数の3％を占め，460 nm では11％を占めることを見出した．しかしながら，60～75°から180°の散乱角では両波長における散乱のより大きな部分が密度変化散乱に起因していた．青い光（460 nm）の場合，1°の散乱ではわずかに0.3％しか占めないが，135°では89％も占めた．海水中の後方散乱の要素としての重要性として，密度変化散乱は上向きの光に対して非常に大きな寄与をする．Morel & Prieur (1977) は 0.29 m^{-1} の全散乱係数をもつ水でさえも（外洋の基準と比べてやや濁っている），密度変化散乱は全散乱係数のわずか1％しか占めないのに，後方散乱の約33％も寄与していることを指摘した．したがって，それほどきれいではない海水中でさえも，密度変化散乱は上向き光のフラックスにおいて相当の割合を占める．

密度変化散乱と比較して，粒子散乱は波長による違いは小さい．非常にきれいな海水でさえも密度変化散乱は全散乱に対して小さな割合しか占めないため，$\lambda^{-4.3}$ でのこの散乱の依存性は，波長の違いによって自然水に対するb値の著しい変化をもたらさない．しかしながら，粒子が多い自然水中ではb値はλ^{-1} に比例して変化するといういくつかの証拠がある．すなわち，より短い波長はより強く散乱される[631]．後方散乱だけを考えると，海水中ではすでに見たように，$\theta > 90°$ に対しては密度変化散乱が主に寄与し，波長に対して強い逆の関係があると予想される．

自然水におけるすべての光の散乱は個々の微粒子の寄与によって支配されるので，懸濁粒状物質の濃度にだいたい比例して増加する．例えばJones & Willis (1956) はカオリン（散乱はするが有意な光の吸収はない）の懸濁液を使って，緑色光 (550 nm) に対する消散係数（この系では散乱係数にだいたい等しい）と懸濁物濃度との間に直線的な関係があることを発見した．散乱係数と懸濁物濃度との間におよそ直線的な関係があることは，すでに他の研究者によって自然水中の粒状物で観察されてきた[70,877]．しかしながら比例定数は懸濁物の種類によって変わりうる[207]．屈折率と粒子のサイズ分布は両方ともbと沈殿物濃度との関係に影響する．

陸水や河口域あるいは一部の沿岸水において，粒状物濃度とそれによる散乱強度は，物理環境（気候，地形，土壌タイプ，その他）の性質によってだけでなく，その土地の用途によっても強く影響される．植生が地表を厚く覆っているほど，浸食は小さく，表層水に対する土壌粒子の流出が少ない．浸食は原生林で小さく，常に青々としている草原からも概して多くない．伐採の頻度と牧草地の牧草の刈りすぎはこれらの環境下でさえも深刻な浸食を起こしうる．休耕になった農耕地では作物に覆われるまで浸食に影響されやすい．地表のこれらの異なる系で浸食が起こる程度は，地表が植物に覆われている程度だけでなく，その土質（あるタイプでは他のタイプよりも浸食されやすい），平均勾配（勾配が強ければそれだけ浸食される），降雨の多さ（短時間

の豪雨の方が長時間の同じ降水量よりも浸食される）にもよる．ひとたび水圏に運ばれた土壌粒子の懸濁水中での平均寿命はかなり様々で，サイズ，無機化学的性質，水中のイオン組成によって変化する．例えばいくつかの細粒粘土粒子は，特に電解物含有量が低い水の中では光の減衰に多大な影響を与えながら長期にわたって懸濁液中に浮遊する．

水面下の光の場を理解するために，我々は水自体だけでなく，水圏の光学的特性に大きな影響を与える周囲の土壌タイプについても知らなければならない．

4・4 植物プランクトンの散乱特性

植物プランクトンの細胞とコロニーは光を吸収するとともに散乱もし，水中の全散乱に大きく寄与しうるが，種類によってその程度は異なる．これは Morel, Bricaud らのチームによって実験的，理論的，両面で詳細に研究されてきた[95, 98, 636, 640]．異なる種類の散乱傾向を比較するのに都合のよいパラメータは，1 mg chlorophyll a m^{-3} に相当する濃度に懸濁させたある種類の細胞によって表される種特異的な散乱係数 b_c である．これは，m^2 mg chl a^{-1} の単位をもつ．

表 4・3 には海水種や淡水種の室内培養やいくつかの自然個体群の植物プランクトン種で測定された b_c の値があげてある．全生物量のかなりの部分が鉱物質の細胞壁や殻から成る珪藻（$S.\ costatum$）や円石藻類（$E.\ huxleyi$）のような藻類は，例えば裸の鞭毛藻類（$I.\ galbana$）よりも単位クロロフィル量当たりより多くの光を散乱する．また，空胞をもつ藍藻類はこれらをもたないものよりも，さらに多くの光を散乱する[286]．

ほとんどの自然水で散乱の大部分を担う鉱物粒子やデトライタス粒子のように，藻類の細胞は前方に小さい角度で強いピークを示す散乱関数をもつが[879]，後方散乱比（b_b/b, 全散乱に占める後方散乱の割合，$\theta > 90°$）は鉱物やデトライタス（～0.019）よりも生細胞の方がはるかに小さい（0.0001～0.004）[98, 879]．これは無機粒子のそれ（1.15～1.20）[422] に比べて，生細胞の低い屈折率（1.015～1.075；水との比較）[3, 133, 636] の結果である[98]．後方散乱比は，より大きな真核細胞よりもシアノバクテリアのような小さな細胞（ピコプランクトン）でより大きい[879]．

海洋では，衛星リモート・センシングによって，円石藻類のブルームが強い反射率をもち，効率のよい上向きの，つまり（植物プランクトンの後方散乱は弱いという一般的な概念と矛盾するように見えるだろうが）後方散乱を示すことが示されている．しかしながら，これらのブルームからの強烈な上向きの散乱は，生細胞自身から起こるというよりも，多数のはがれた円石から起こると考えられている[388, 636]．

この 10 年で，個々の細胞からの散乱光を検知するフローサイトメトリーという強力な新技術が，植物プランクトン群集の研究に利用されてきた[3, 140, 560, 696, 850, 861, 1005]．

海水のような流体試料を，粒子を含まない液体に注入する．液体は一般に [488] もしくは514 nm の強力なアルゴンイオンレーザーが通過する細い管のフローチャンバーを通過する．フローチャンバーの面積や流量は，細胞が一つ一つレーザービームを通過するようになっており，その際，細胞は光を散乱し，また，光合成色素によって吸収された場合は蛍光を発する．前向き（1.5～19°の範囲）や90°の光の散乱，オレンジ（530～590 nm）や赤（> 630 nm）の波長帯での蛍光発光が測定される．植物プランクトンの異なるサイズと色素は，異なる散乱と蛍光性の信号の組み合わせをもつ．したがって，この技術は自然植物プランクトン群集の計数，同定など今後の発展につながるものと思われる．

表4・3 植物プランクトンに対する比散乱係数．

生物	濃度(nm)	b_c (m^2 mg chla^{-1})	参考文献
海水			
Tetraselmis maculata	590	0.178	640
Hymenomonas elongata	590	0.078	640
Emiliania huxleyi	590	0.587	640
Platymonas suecica	590	0.185	640
Skeletonema costatum	590	0.535	640
Pavlova lutheri	590	0.378	640
Prymnesium parvum	590	0.220	640
Chaetoceros curvisetum	590	0.262	640
Isochrysis galbana	590	0.066	640
Synechocystis sp.	590	0.230	636
淡水			
Scenedesmus bijuga	550	0.107	176
Chlamydomonas sp.	550	0.044	176
Nostoc sp.	550	0.113	176
Anabaena oscillarioides	550	0.139	176
自然（淡水）群集			
イロンデコイト湾（オンタリオ湖，アメリカ）			
平均的混合群集	400-700	0.08	980
シアノバクテリア赤潮	400-700	0.12	980
ヒューム湖（マレイ川，オーストラリア）			
Melosira granulata 優占	400-700	0.11	677
マルワラ湖（マレイ川，オーストラリア）			
M. granulata 優占	400-700	0.22	677

5. 水中の光場の特徴

水界生物圏に入射する光の特性と水中での光の影響について記述するため，先ず光の場の種類について考えてみよう．この章では，この光の場の特徴について研究する方法からみてみよう．これらの特徴の物理的な定義は第1章で与えられている．

5・1 放射照度

1) 放射照度計

最も頻繁に容易に測ることができる水中の光場の特性は放射照度である．このパラメータに関する知識は，どれくらい多くの光が光合成に利用できるかについての情報を与え，それは放射照度が水中で光を伝達させる原理において中心的な役割をしているという意味で重要である．放射照度計は，単位面積当たりの光のフラックスを測る機器であるので，角度に関わらずセンサーに当たる全ての光に対して等しく応答しなければならない．ある機器で平行光に対して角度を変えた場合にどうなるかを測定することによって検査されている．

センサーに対する放射フラックスの角度を変えると，その放射フラックスの方向にさらされているセンサーの面積が変わり，それに伴ってセンサーが受けるフラックスの割合が変わる（図5・1）．このように，平行光フラックス（センサーより広い）に対する放射照度計の応答は，センサーの表面に対する垂線とフラックスの方向との間の角度 θ の余弦に比例する．この基準を満たす放射照度センサーは，コサインセンサーとして知られている．

放射照度計のセンサーは普通，半透明で光分散性のプラスチック円盤でできているが，400 nm以下の測定が必要とされるときはオパールグラスが使われることもある[423]．円盤が囲りの枠の上にわずかにでている方がその縁を通って入ってくる光をつかまえるので，大きな θ の角度で入ってくる光に対してより忠実な余弦応答をすることが分かっている[827]．光分散性プラスチックの中に入ってきた光の一部は後方へ散乱し，その一部は光分散面を再び通過して出ていく．なぜならばプラスチックと水との間の屈折率がプラスチックと空気

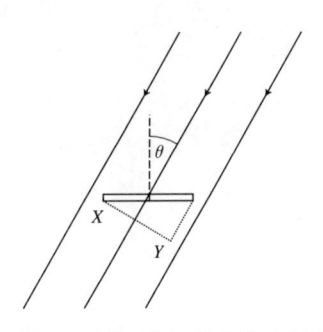

図5・1 光線に対する集光器の面積は XY，つまり $\cos\theta$ である．

との間の屈折率よりも小さく，センサー内部での光の反射はより小さく，それゆえセンサーが空中にあるときよりも水中に浸されているときの方が光の損失が大きいからである．これは浸水効果（immersion effect）として知られている．もし放射照度計を空気中で校正するならば，水中での読みは適切な係数をかけて補正されねばならない．この係数は，プラスチック性のセンサーの場合は普通1.3〜1.4の範囲にある．

放射照度センサーの中，すなわち光が入るプラスチックの円盤の下には光電子検出器がある．より古い機器ではこれはふつうセレンの光電流セルであった．最近では，より広いスペクトル応答をもつシリコンの光ダイオードが一般的に使われている．もし非常に狭い波長の光を測るならば，分光放射計（後述）で光増幅器を用いて必要な感度を得ることができる検出器とする必要がある．光検出器からの電気的信号はケーブルによって船上へ伝えられ，もし必要ならば増幅し，適当なメーターまたはデジタルで表示される．

全ての自然水中で，どの深さの光もそのほとんどが下の方へ伝わっているとはいえ，上向き放射フラックスの測定も重要である．その一つの理由として，ある水塊では上向きフラックスは全ての光エネルギーの中で重要な構成要素（大きい場合20％程度）であり，そうでなくとも下向きフラックスに対する上向きフラックスの比（反射，$R = E_u / E_d$）は，水の本来の光学的特性（4・2節，6・4節参照）についての情報を与え，上

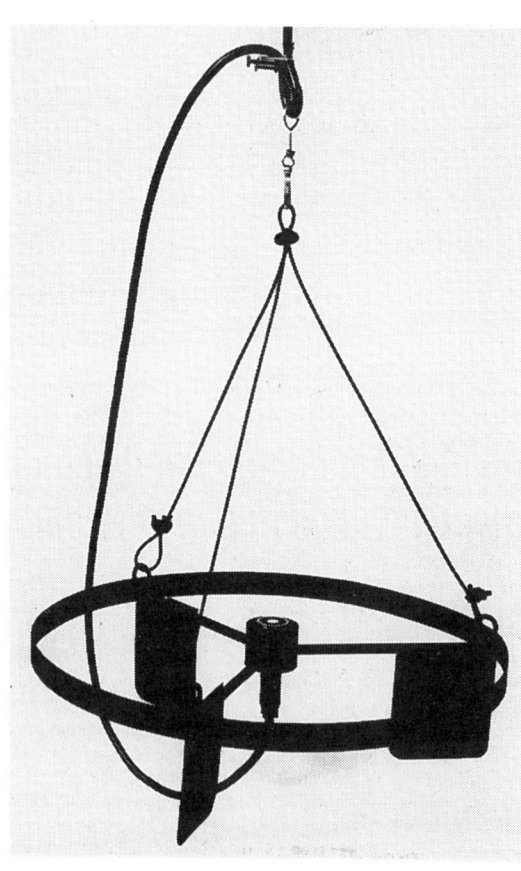

図5・2　フレームに取り付けて沈めるタイプの水中放射照度センサー（Li-Cor 192S水中光量子センサー，Li-Cor 社，Lincoln, Nebraska, USA）．センサーはフレームに上向きまたは下向きに取り付ける．

向きフラックスの特性は自然水の組成のリモート・センシングにとって中心的重要事項である。したがって，このフラックスについて多くのことが分かれば，水のその他の性質との関係についてもわかる．

センサーを水中に沈める際の容器は，下向き放射照度（E_d）を測るためには上向き，上向き放射照度（E_u）を測るためには下向きにセンサーが向くように作られていなければならない．陰の影響を最小限にするため，センサーは常にボートの日が当たる側に沈める．川での測定には，センサーは堅い支持フレームに固定されていなければならない．

スペクトルの違いによって感度が異なるため，補正されていない広域波長検出器での測定は信頼できない．深さに伴って放射照度が減少し，これは卓越する光の波長が検出器の感度が低いスペクトルにシフトすることに原因がある．それゆえセンサーに適当なフィルターをつけて波長帯のある部分だけを測定するようにすることが望ましい．狭域の干渉フィルターはこの目的にとって最適である．その代わりとして，光合成測定に際して最良の方法（放射照度の完全なスペクトル分布を測定することができない場合）は，波長に関わらず光合成に使われる光の波長の範囲内で全ての光量子に等しく応答し，この範囲外では光量子を感知しないように設計されているメーターを使うことである．このやり方で，全光合成利用放射照度（PAR）の測定ができる．

メーターは波長に関わらず放射エネルギー量に等しく応答するよりも波長に関わらず光量子量に等しく応答するように設計されている方がよい．なぜならば光合成にとっての有効性はエネルギーのフラックスよりも光量子のフラックスに密接に関係しているからである．最初に吸収される割合は波長で異なるが，いったん，光量子が細胞によって吸収されると，その波長に関わらず光合成に対して同じ作用をするからである（3・1節参照）．例えば，赤色の光量子は青色の光量子と比べてわずか3分の2ほどのエネルギーしかもっていないが，光合成にとっては同程度に有効である．

このように設計された放射照度計は，一般に光量子計といわれる．そのままで光合成有効波長の範囲を通して全ての光量子に等しく応答する光検出器はないので，異なるスペクトルでの相対的応答を調節する方法を考え出さなければならない．Jerlov & Nygard (1969) は光検出器（図5・3）の各部分を覆うように3色フィルターの組み合わせを使った．そのフィルターは，多くの小さな穴をあけた不透明なディスクで覆われ，それらの穴の数，大きさや位置でおのおののフィルターに達する光の量が決まる．フィルターの異なった吸収特性に伴う光の減衰の適切な組み合わせによって，光合成有効波長の光量子に対しておおよそ一定の感度を得ることが可能であった．いくつかのフィルターの組み合わせとシリコンの光ダイオードを用い，400〜700 nmの範囲の全光量子フラックスを測定する市販の測器が現在では売られている．

どの深さの光合成有効放射でも，現在では水中に沈める光量子計で簡単に測定でき

る．Smith（1968）は，PAR の下向き放射照度に対する鉛直消散係数は異なる水塊を特徴づける上で光合成に有効な光エネルギーという点で最も良い単一のパラメータであることを提案している．次の章でわかるように，PAR に対する K_d は，均質な水

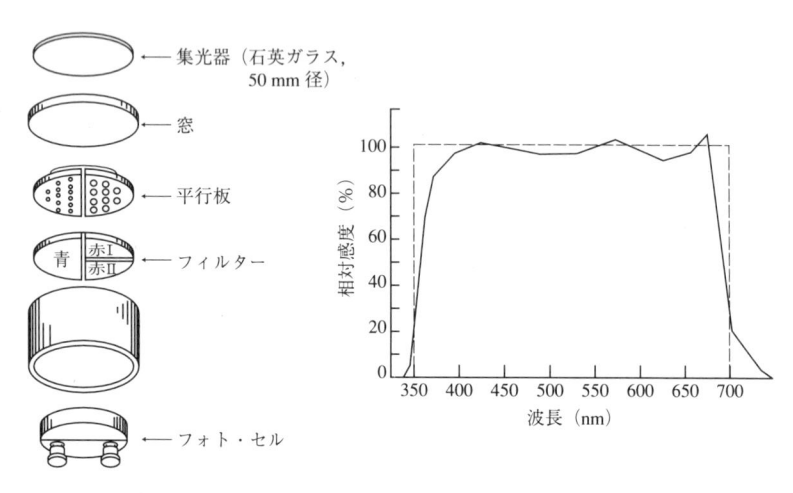

図5・3　光量子計の分解図と感度曲線（Jerlov & Nygard, 1969）．

塊中でさえも深さ方向に正確に一定なわけではない．変動は大きくないが，例えば有光層深度内といったある深度までの K_d（PAR）の平均値を知ることは大変有用である．それは，ある深さ間隔で下向き PAR を測定し，近似することで求まる（6・1 節，6・3 節参照）．

$$\ln E_d(z) = -K_d z + \ln E_d(0) \tag{5・1}$$

ここで，$E_d(z)$ と $E_d(0)$ は，それぞれ z m と表面直下における下向き放射照度の値である．深さに対して $\ln E_d(z)$ の一次回帰係数は K_d の値を与える．あるいは，やや不正確であるが，K_d は z_1 と z_2 というわずか2つの深度から求めることもできる．

$$K_d = \frac{1}{z_2 - z_1} \ln \frac{E_d(z_1)}{E_d(z_2)} \tag{5・2}$$

1）現場測定の問題

現場水中の放射照度の測定において誤差を生む3つの大きな原因がある．雲の動きによる表面入射フラックスの振動と変動，船による光の場の揺れである．海面の波の凸部は集光レンズとして働き，水中のある深さに入射光を集中させるであろう．波の動きにつれて，この集光域は移動する．これは晴れた日に水泳プールの底に見られる明るい筋の動きのパターンを作る現象と本質的に同じである．固定した上向き放射照度計は，波が頭上を移動する 1,000 分の数秒間隔の強いパルス状の放射にさらされて

いる．加えて波の凹部の光分散効果によって負の放射照度の変動もある．

放射照度計を沈めながら幾層もの深度で測定する際も，短期的な光強度の変化を受ける．Dera & Gordon (1968) は，ある表面の波の状態に対する放射照度の平均的微変動はある深さで最大になり，それ以深では減少することを示した．例えば，K_d (525 nm) が 0.59 m^{-1} の浅い沿岸域で，E_d (525 nm) の平均的な微変動は約 0.5 m の深さで 67％の最大値になり，急激に減少して約 3 m で 5％となる．きれいな水ほど，光の短期的変動が見られる深度は深くなる．逆に，上向き光の場は，この波による集光現象には全く影響されない．例えば，上述の場所では，E_u の平均的な微変動は，全水深においてわずか 5％程度であった．

鉛直消散係数のよい値を得るために，ある種のデータのスムージング操作を行わなければならない．メーターの読み出しをマニュアルで行う計器の場合には，操作者は測定する水深でのわずかな数値の変動に集中するというのが最も簡単なやり方である[179, 481]．代わりに，単純な電子減衰回路が変動をなめらかにするのに使われる．連続的に放射照度を記録する精巧な高速分析計の場合では，それを下降させながら波によるすべての速い変動を完全に収録した後[836]，さまざまな数学的スムージング手順を蓄積データに当てはめる[834]．

雲に起因する光の場の変動は，波に起因するそれらと異なり，第一にそれらが大変ゆっくりしているという点で，第二にそれらの影響が水柱全体に及び上向きと下向きの光に対して同様に影響を与えるという点である．この問題を克服するために使われる最も一般的な方法はデッキの上で対照として放射照度計で連続的に太陽入射フラックスをモニターすることで，データを多く含むものに適切とする同時に得られた水面下の放射照度の値を適切な値として補正する（鉛直消散係数または反射率を求めるために）のに用いる．Davies-Colley, Vant & Latimer (1984) は，もし対照用のメーターをできれば放射照度が海表面の値の 10～20％まで減少する水深に固定すれば，周囲の光の変化に対してより十分な，変動の小さい補正ができることを見つけた．

光の場のコンピューターモデルは[314]，三番目の問題，つまり，船による場の揺れを示しており，晴れた空の下で船の日の照る側での下向き放射照度の測定にはそれほど重要でないが，雲で覆われた状態の下での誤差は大きく，上向き放射照度の測定は晴れでも曇りでも船の存在によって強く影響される[977]．この問題を解決するため，船から離して計器を設置する技術が開発された．その問題の大きさは船の大きさによるため，陸水学者より海洋学者にとってより重要である．Gordon & Ding (1992) による計算は，上向き放射照度（または放射輝度）の測定において，計器自体の影は重大な誤差をもたらすことを示している．その誤差は，吸光度の大きい水において，垂直に太陽光がさす場合，計器の直径の増加とともに大きくなる．

上で議論した異なる性質の測定上の問題は，一定不変の海の場合のように対象とす

る範囲が非常に広いときに現実的な時間内で測定した値を得ることにある．この問題に関し，Aiken（1981，1985）と Aiken & Bellan（1990）は，船の後ろ 200～500 m に計器を載せたプラットホームを引っ張るという，Undulating Oceanographic Recorder を開発した．それは，水中で上下に波動するような軌道を動くように設計されており，例えば，4～6 m s^{-1}（8～12ノット）で引いたとき，表面と約70 m の間を約 1.6 km のピッチで動く．プラットホームは光合成有効波長の範囲で多くの波長の下向きと上向きの光を含む海洋学的パラメータを測定する一揃いのセンサーが取り付けてある．引っ張っている船から離すことで，船の影や航行による波の問題は除ける．データは例えば 10 秒間隔で 11 時間記録できるので，基本的には連続した情報を集めることができる．

2）セッキ深度

K_d を見積もるためのおおざっぱな視覚的方法の一つは，光電子計器が利用される前には一般的であり，まだ時々今日でも使われているセッキ板として知られている装置によるものである．直径 20～30 cm の白い円板を水中に沈め，それがちょうど視界から見えなくなった深さを書き留める．これは，セッキ板透明度，またはセッキ深度，Z_{sd}，といわれる．海水中での測定結果に基づいて，Poole & Atkins（1929）は，セッキ深度が下向き放射照度の鉛直消散係数に対しておおよそ逆比例するという経験的観察を示し，Z_{sd} がそれゆえ K_d を見積もるのに用いることができることを示唆した．得られた値は，人の目で見たスペクトルの感度カーブにおよそ一致したかなり広い波長帯に適用できるものである．K_d を計算するには，$K_d = 1.44 / Z_{sd}$ の関係を使ってもよい．

Duntley & Preisendorfer の対比透過度理論を使って，Tyler（1968）はセッキ深度の逆数が K_d のみよりも光線の減衰と鉛直消散係数を足した（$c+K_d$）に対して比例すると結論した．理論的な根拠において，Tyler は，$(c+K_d)=8.69 / Z_{sd}$ を得た．濁った沿岸海域での測定から，Holmes（1970）は，$(c+K_d) = 9.42 / Z_{sd}$ を得た．広い光学的特性をカバーする多くのニュージーランドの湖について，Vant & Davies-Colley（1984，1988）も，セッキ深度の逆数と（$c+K_d$）間におおよそ直線的な関係があることを見つけた．

自然水中で，c は普通 K_d より実質的に大きいので，セッキ深度は K_d より c で決まる．ある水域，例えば海域の多くでは，減衰と透明度の変動は，植物プランクトンといったような，系内のある構成要素の変化に大きく左右される．結局，K_d と c はともに変化し，ときどきそのような場合に観察されるおよそ一定の Z_{sd} と K_d の間の逆相関を説明できるであろう．しかしながら，セッキ板の使用は，しばしば非常に不正確な K_d の値を与えると以前から考えられている．もし例えば，粒子が増加した結果として，吸収以上に水中での光の散乱が多く増加すれば，c は K_d より多く増加して

$K_d=1.44/Z_{sd}$ の関係を用いたのでは K_d を過大評価するであろう．事実，K_dZ_{sd} は特に内陸水では一定ではありえないという現場での充分な証拠がある．それは，ニュージーランドの湖では5倍程度[178]，アラスカの湖では7倍程度変化することが分かっている[510]．原理にしたがって，セッキ深度は特に濁度に敏感である．

セッキ板法の物理的・生理的な総括的な説明が Preisendorfer（1986a, b）によってなされ，この問題は Højerslev（1986）によってもレビューされている．Preisendorfer は，セッキ板の基本的な機能とその唯一の合理的な存在理由は，Z_{sd} が水の見た目の清澄さに対する単純な指標を与えること，あるいは $(c+K_d)(\simeq 9/Z_{sd})$ で，対比消散係数といわれるもの[489, 951]を与えることであると結論した．同じように，Davies-Colley & Vant（1988）は，ニュージーランドの27の湖においてセッキ深度と他の光学的特性との間の関係を勢力的に調べた結果に基づいて，この装置が拡散した光の減衰と全く異なっていて，イメージ的な減衰を測定しているのであって，散乱光の減衰とは区別されるべきであると提案している．

5・2 スカラー放射照度

いくつかの多細胞水生植物は上方からの入射光を最大限に捕捉するように並んだ光合成組織をもっているが，不規則にどちらでも向く植物プランクトンの細胞にとってはどの方向からもくる全ての光に対して同様に有効である．前に見たように（1・3節）スカラー放射照度（E_0）は，その点に対して全ての方向についての放射分布の積分として定義づけられる．それは，水中のある点において全ての方向から入ってくる1 m^{2}当たりの全放射フラックスに等しい．光合成という意味において，スカラー放射照度の情報はそれゆえ放射照度のデータとして好ましい．

スカラー放射照度の測定技術は，本質的に集光器を除いて，本質的に放射照度のそれと同様である．全ての方向からの光に等しく応答しなければならないので，集光器は球形をしてなければならない．図5・4は，スカラー放射照度と下向きと上向きの成分を測定するために使われる集光器に関する原理を説明している．通常の放射照度計の集光器と同様に，球形の集光器は光を散乱するプラスチックやオパールガラスで作られており，その表面に入る角度に関わらず，等しい効率で全ての入射光量子を集める．球形の集光器を通過した光は球底にあるもう一つの平らな集光器を通して光検出器に伝えられるか[381]，または固体の散乱球の場合は球の中心から光ファイバーの束あるいは石英の光を伝える棒によって伝えられる[81]．スカラー放射照度計は，狭い波長帯の光を測定できるようなフィルターを使うことができ[381]，あるいは光合成有効波長全体（400～700 nm）をカバーする光量子計として設計することもできる[81, 863]．図5・5は，市販されている2つの光量子（PAR）スカラーセンサーを示している．

Højerslev（1975）は，おのおのの球の半分しか露出していない2つの球形集光器

のついた測定器について記述した．一つは半球を上に向け，もう一つは下に向けてある．上の半球が $1/2(E_0+\vec{E})$ に比例した放射フラックスを，下の半球が $1/2(E_0-\vec{E})$ に比例した放射フラックスを集める．ここで，$\vec{E}$ は下向きの正味のベクトル，(E_d-E_u) である．2つの集光器からの信号は別々に記録され，それらの測定値を足したり引いたりすることによって，スカラー放射照度と正味の下向き放射照度を求める．このメーターで得られる情報は，この計器の中に組み込まれた干渉フィルターによって

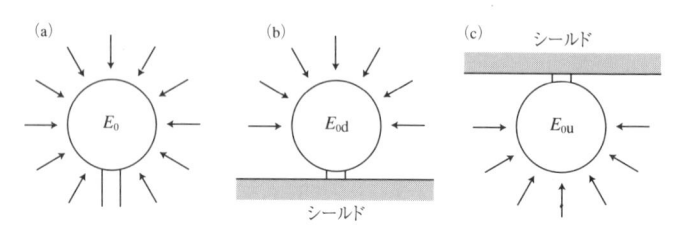

図5・4 (a) スカラー放射照度，(b) 下向きスカラー放射照度，および (c) 上向きスカラー放射照度の測定原理．下向きおよび上向きスカラー放射照度の場合，集光器はそれぞれ上向きと下向きの光を捉えることのないように十分に広いシールドをつける必要がある．

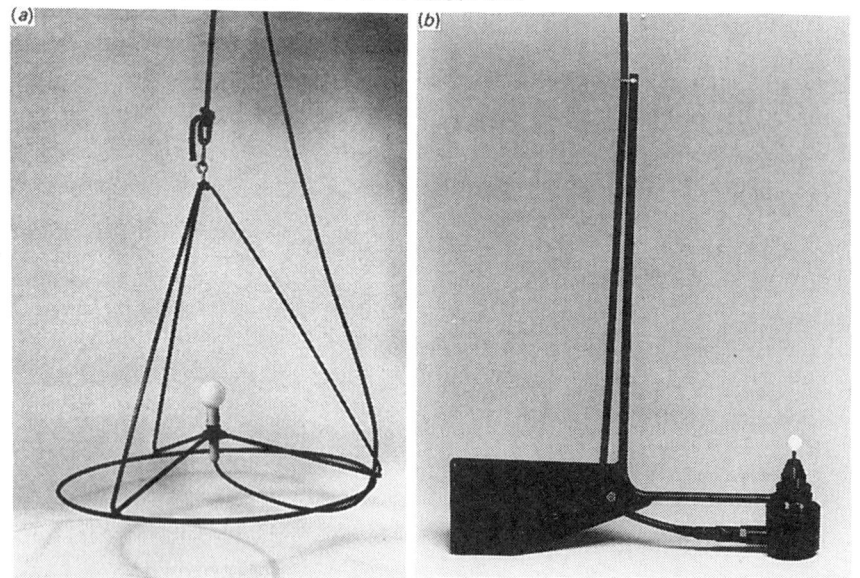

図5・5 フレームにつけた状態の水中スカラー放射照度センサー．(a) Li-Cor 球形光量子センサーLI-193SB (Li-Cor 社，Lincoln, Nebraska, USA)，(b) バイオスフェリカル光量子スカラー放射照度センサー QSP-200 (Biospherical Instruments 社，San Diego, California, USA の好意による)．

— 88 —

求まる波長における水中の吸収係数を求めるのに用いることができる．ある深さの上と下の $\bar{E}$ の測定から，正味の下向き放射に対する鉛直消散係数 K_E が得られる．吸収係数は，その深さでのと E_0 の値を使って $a = K_E \bar{E} / E_0$ （1・7節）から計算される．

Karelin & Pelevin（1970）は3つの集光器のついた測器を開発した．上向きと下向きの放射集光器と球形のスカラー放射照度用の集光器である．5枚の色フィルターのいずれか1枚は，リモートコントロールによって光検出器の前におくことができる．彼らは，水中の光の場を特徴づけるのと同様に，水の吸収係数を求めるのにそのデータを使った．

5・3 放射照度のスペクトル分布

400～700 nm の波長のいずれの光量子でも，原理的には光合成にとって利用される．しかしながら，ある光量子が水中で光合成生物によって捕捉される確率は，存在する光合成色素の吸収スペクトルに伴って著しく異なる．2つの異なる光の場は，PAR という点では全く同じ放射照度をもつことはあり得るが，それらのスペクトル分布の違いのために，特定の藻類に対するそれらの有効性が著しく異なることがある．このように，光合成に特有の光場の価値を明らかにするには，放射照度あるいはスカラー放射照度がスペクトルを通してどのように変化しているかを知ることができればよい．これを測定する計測器は，分光放射計として知られている．

スペクトル放射計は，可変モノクロメーターが集光器と光検出器との間に挿入された放射あるいはスカラー放射照度計である．ある市販のスペクトル放射計では，12個の別々のシリコン光ダイオードによって単色性（monochromaticity）が得られるようになっており，それぞれに干渉フィルターがついており，400～700 nm の範囲で10 nm づつ12の波長帯で放射照度を測定するようになっている[68]．それらは，電子的にスキャンされ，わずか6ミリ秒で1回のスキャンは終わる．もう一つのタイプの計器では，いくつかの波長帯の上向き放射輝度の同時測定もされる[68, 836]．

干渉フィルター（10～18 nm）でできる以上にスペクトル分解能の高いデータを得るには，光合成有効波長全体を通してスペクトル放射照度（約5 nm の分解能）の連続したスキャンを与える格子つきのモノクロメーターが用いられ[48, 501, 943]，このタイプの計器は市販されている[561]．格子つきモノクロメーターと一つの光検出器を使って全スペクトルを完全にスキャンするには数秒の時間を要し，変動する光の場では好ましいことではない．インド国立海洋研究所で開発された測器では[188]，格子で分散されたスペクトルは，一列に並べた光ダイオードアレイを通して電気的にスキャンされるというもので，この方法では高いスペクトル分解能（約3 nm）と非常に短いスキャン時間（12ミリ秒）を可能としている．

成層圏内のオゾンが世界中どこでも極めて少ないことと南極上空でのオゾンホール

の発達の結果として，現在では海中への紫外線の透過について非常に興味がもたれつつある．しかし，水面下でのUVのエネルギーレベルが低いことと，このスペクトル範囲では波長にともなって放射照度が大きく変化するため，測定することは困難である．この問題を明確に示すため，Smith et al. (1992) は250 nmから350 nmまでを0.2 nmの分解能，350 nmから700 nmまでを0.8 nmの分解能で放射照度を測定できる新しい水中分光放射計を開発した．

5·4 放射輝度分布

水面下の光の場を十分に理解するために，すべての深さでの放射フラックスの角分布の詳細な知識が必要である．現場における角分布構造に関するいくつかの情報は上で議論された放射照度の測定から得られる．放射照度反射率（$R = E_u / E_d$）は角分布構造の大まかな測定単位である．より多くの情報は3つの平均余弦値から得られる．つまり，光の場全体に対する$\bar{\mu}$，下向きに対する$\bar{\mu}_d$，そして上向きに対する$\bar{\mu}_u$であり，それらのすべては，放射照度とスカラー放射照度の値から導かれる．

$$\bar{\mu} = \bar{E} / E_0 \quad \bar{\mu} = E_d / E_{0d}, \quad \bar{\mu}_u = E_u / E_{0u}$$

しかしながら，完全に記述するには，すべての垂直および方位角における放射輝度の値，すなわち放射輝度分布が必要である．放射輝度は，その場のある一点における特定の方向の放射輝度（単位面積当たり）の測定単位であり，測定する際にはその方向にメーターを向け，理想的にはできる限り無限に小さい角度をもつメーターで計られるべきである．現実には，メーターが適度な正確さで測定するのに十分な光を集めるようにするため，特に深く暗い場所では4～7°の角度が用いられる．放射輝度計の最も単純なタイプは，1930年代に光の場の構造の理解に対して著しい貢献をしたロシアの物理学者Gershunにちなんで Gershun管光量子計として知られている．それは，角度を限定するために円筒の管を使い，光検出管はその前にフィルターがあり円筒管の底にある（図5·6）．必要な感度を達成するために，通常，光電子倍増管が検出器として使われている．

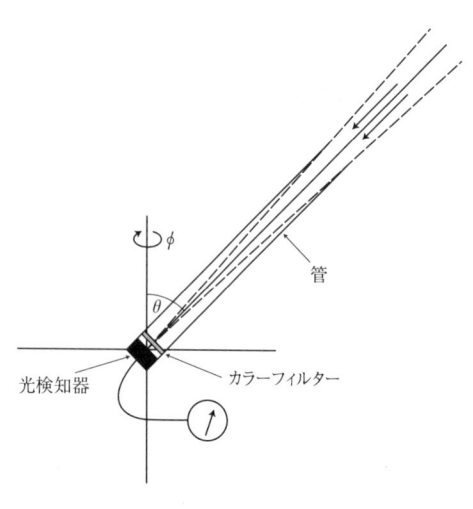

図5·6 放射輝度計の模式図．

水中放射輝度の測定における最

も難しい問題は，光量子計管の頂角と方位角を正確にコントロールすることであり，内蔵のコンパス，サーボメカニズム，および計器を回転するためのプロペラがついた，かなり複雑なシステムが必要とされる[422, 787, 937]．もう一つの問題は，放射輝度計で完全な放射輝度分布を得るにはかなり長い時間をとりそうであり，その間に太陽の位置が変化してしまうであろうということである．例えば，もし放射輝度が頂角（$0°$~$180°$）に対して$10°$間隔で，方位角（太陽の面について対称的な分布であれば$0°$~$180°$で十分）に対して$20°$で測定されたなら，190個の測定値が記録されるはずである．Smith, Austin & Tyler（1970）は，放射輝度分布データを素早く記録できる手段として写真の技術を用いた．彼らの装置は，背中合わせに置かれた2つのカメラから成り，おのおのは$180°$の広角レンズが付けられている．1つのカメラの写真は上向き，もう1つのカメラは下向きである．フィルムの粒子密度によって，解像度が何であれ，測定後にすべての頂角と方位角についての相対放射輝度がわかる．同じ原理をさらに進めて，Voss（1989）は，電気光学放射輝度分布カメラシステムを開発した．この装置では放射輝度分布はフィルムでなく260×253ピクセルの電気光学荷電入力装置で記録される．

5・5 水中の光場のモデリング

ある入射光による水中の光場の性質は，水そのものの固有の光学的特性によって決まる．したがって，原理的にはその固有の光の特性がわかれば，水中の光場の特性を計算することが可能である．例えば，そのような計算の手順は実際の測定よりも光の場の性質が固有の光学的特性に依存していることをより正確な方法で測定することが可能であろう．この方法は，環境の現場測定が難しい場所でその代用として使われる．これは，例えば水域に対する汚水の流出というような，人間活動によってもたらされる水の光学的特性の変化を予測するためにも使われる．

現実的に散乱と吸収が組み合わされた水中の光量子の複雑な動きは，その場の特性と水の特性との間の明確な解析的関係の確立を困難にしている．しかしながら，水中のあらゆる場所での光の振る舞いが水の散乱と吸収によって決まるということを物理的に現実的な仮定をおくことによって，コンピューターモデリングは水柱全体を通した光場の性質の計算を可能にした．

最も単純な計算手順であり最もよく使われているものは，モンテ・カルロ法である．海中における太陽光のふるまいに対して初めて応用したのは，Plass & Kattawar（1972）であり，Gordonとその協同研究者たちによってさらに価値ある研究が進められた[315-319]．その原理は，Kirk（1981a, c）に詳しく記述されている．ここで短い説明をしておこう．

散乱・吸収する水中での個々の光子の動きは，確率的な性質をもつ．ある光子の寿

命と幾何学上の軌道は，吸収分子または藻類細胞や散乱粒子とのランダムな遭遇によって決まる．水に固有な光学的特性，つまり吸収および散乱係数や体積散乱関数は，入射フラックスのうち吸収や散乱による割合や水の薄い層による深さ当たりの割合を示す（それらの定義と一致して）だけでなく，ある光子が，ある距離内で吸収・散乱されたり，ある角度で散乱されたりする確率に対して単純に関連している．

モンテ・カルロ法は光子の動きの統計的な性質を利用し，ある光学的特性をもった仮想的な水（願わくばある実際の水に対応した）の中に一度に入射する多数の光子の運命をコンピュータを使って追うことができる．乱数は水中でのそれぞれの相互作用が及ぶ距離を選んだり，相互関係が散乱または吸収によるものであるかどうか，あるいは散乱の角度を決めたりするために，適切な積算頻度分布（光の特性に基づいて）を得るために使われる．光子は，考えている光の状態（直射日光，雲で覆われている状態など）に対して，適切な角度で水面の上から導入される．表面での屈折も考慮される．もし，波を考慮に入れたいならば，Cox & Munk（1954）の水面の傾きと風の頻度分布データを使うことができる．各々の光子は吸収されるか，または表面を通って再び散乱されるまで，散乱後もその軌道は再計算され，追跡される．仮想的な水中では，一連の深さの印をつけてある．各々の光子一つ一つの軌道に対して，コンピュータはある水深をどの方向（上向きあるいは下向き）に，どれほどの角度で光子が通過したかを記録する．非常に多くの光子（10^6 程度）を処理する際には，コンピュータは蓄積されたデータから各照度やスカラー放射照度の水深（上向きと下向き），反射，平均余弦（下向き，上向き，合計）あるいは放射輝度分布（各方位角あるいは全方位角での平均として）を計算できる．このような方法で水中の光場の完全な記述が得られる．

光の場の完全な記述があまり必要とされない場合がある．例えば，光合成波長帯（K_d[PAR]）の放射に対する鉛直消散係数，あるいはある波長帯の亜表層での反射（$R[0, \lambda]$），あるいはセッキ深度（Z_{sd}）で表現される水の視覚的な清澄さなどである．そのような場合には，完全なコンピュータシュミレーションを実行するよりは，さまざまな光学的タイプ（6・7 節参照）の水における光の場のコンピュータシュミレーションから得られる K_d，R または Z_{SD} などで表されるある経験的関係を使うことでより簡単な計算が行える．

上で述べたように，水中の光場のモデリングの実際的応用の一つは，水域が受ける汚水の排出の影響予測である．汚水とそれが流入する水域の吸光度と散乱の実験室での測定は，予想される希釈率のデータとともに，汚水の排出の前後における水の a と b の値の計算を可能にする．この情報は，適切な散乱相関関数があれば，汚水が加わった場合と加わらない場合の水域の光場（ある標準的な気象状態で）をモンテ・カルロモデリングで計算することができる．代わりに，K_d[PAR]，$R[0, \lambda]$ あるいは

Z_{SD} のような光の場のある性質だけが必要な場合には，上で述べた経験的関係を用いてもよい．このように，工業用水使用者は排水を出す前に，例えばその排水が表層水の光学的水質の鍵となる指標に対していかなる影響を及ぼすかを評価することができる．

6. 水中での光の性質

前の章では，水圏生態系に降り注ぐ太陽光放射フラックスの性質や，いったん水中に入った光がどのように振る舞うかについて考察してきたが，ここでは水中の光の性質について述べよう．

6・1 下向き放射照度 —— 単色の場合

太陽光フラックスの吸収と散乱の結果，水中での下向き放射照度（E_d）は深度とともに減少する．図6・1は緑黄色光についてのE_dを表層直下の値に対する割合で表し，淡水貯水池の深度に対しプロットしたものである．放射照度は次式のようにおおよそ指数関数的に減少する．

$$E_d(z) = E_d(0)e^{-K_d z} \qquad (6\cdot1)$$

または，

$$\ln E_d(z) = -K_d z + \ln E_d(0) \qquad (6\cdot2)$$

ここで$E_d(z)$と$E_d(0)$はそれぞれ，z m と表面直下における下向き放射照度，K_dは下向き放射照度に関する鉛直消散係数である．

図6・2a〜dは，外洋1測点および陸水3測点における，赤，緑，青の光について，E_dの対数を深さに対してプロットしたものである．このグラフはほとんど直線的で，式6・2に適合するが，直線から大きく逸脱するところもいくつかのケースで見られる．例えば海水の場合，緑色および青色光は10 m 以深ではそれ以深より急激に減少することがわかる．このことは，下向きのフラックスの拡散が大きいほど，全方位分布の中では鉛直方向の拡散は小さく，その結果，減衰が増加する（6・6, 6・7節参照）．

異なった波長帯における相対的な減衰率は，水溶液の吸収スペクトルによってほぼ決定される．一般的に，

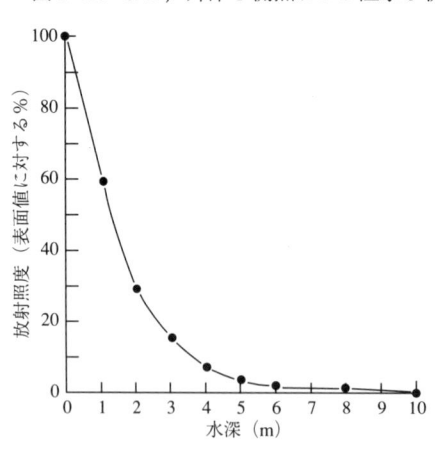

図6・1 淡水（Burrinjuckダム，ニューサウスウェールズ，オーストラリア，1977.12.8）での緑黄色（580 nm）の下向き放射照度の指数関数的減少（Kirk 未発表データ）．

太平洋熱帯域や（図6・2a），生産の低い海水では，水自身が主に光を吸収するが，青色，緑色光の両方がより深く同程度まで透過し，一方，水が多くを吸収する赤色光はより速く減衰する．外洋湧昇域の生産性の高い水では，青色光は植物プランクトン色素に吸収されて緑色光よりも速く減衰するが[635]，赤色光ほどではない．沿岸水では，

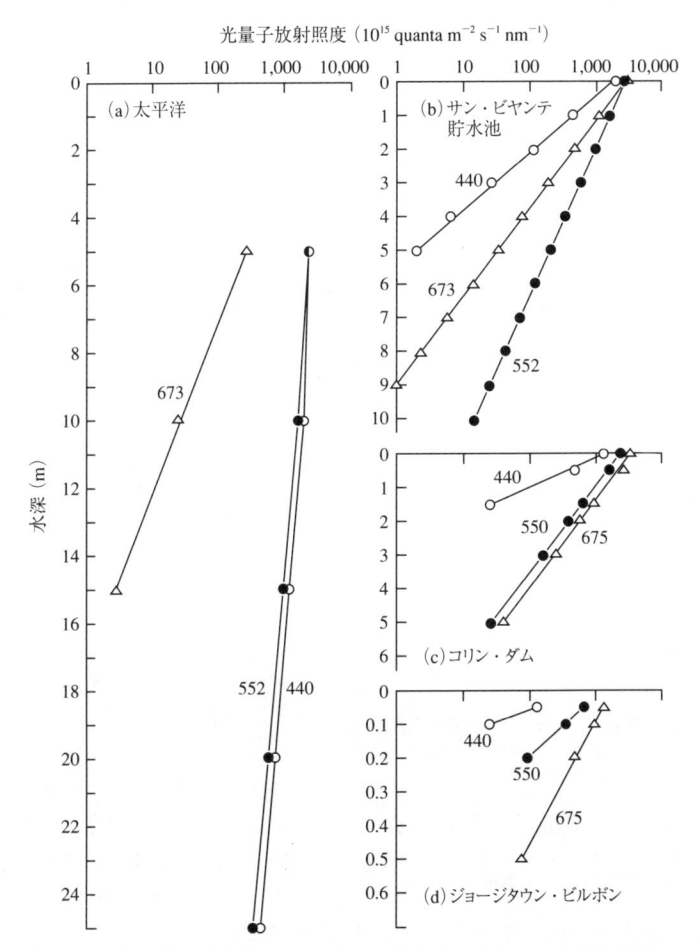

図6・2 熱帯海域および内陸水での青（○），緑（●），赤（△）の下向き放射照度の鉛直プロファイル．(a) 太平洋，メキシコ沿岸沖100 km（Tyler & Smith, 1970のデータより）．(b) San Vicente 貯水池，カリフォルニア，USA（Tyler and Smith, 1970）．(c) Corin ダム，オーストラリア（Kirk 未発表データ）．(d) Georgetown billabong，オーストラリア（P.A.Tyler の未発表データ）．すべての測定は晴天時に行われた．(d) の水深スケールは拡大してあるので注意．数値は測定波長を示す．

外洋水より多くの黄色物質(yellow substance)や植物プランクトンを含み,緑色光はここでも最も深くまで浸透する波長帯である.しかしながら,大河川の流出の影響を受けた最も着色した沿岸水だけは(Jerlov のタイプ 7〜9),青色光は赤色光と同程度減衰する.

海水とは対照的に,淡水では青色の波長帯が普通最も減衰する(図 6・2b〜d).これは陸水域で典型的に見られる高濃度の黄色物質のためである.緑色光が普通,陸水で最も浸透する波長帯で,次いで赤色光である(図 6・2b).しかしながら,黄色物質の濃度が高いときは,赤色光は緑色光と同程度透過し(図 6・2c),極端に黄色い水では赤色光が最も浸透する.

図 6・3 は生産性の低い海域,生産性の高い海域(湧昇域),陸域の貯水池における光合成利用波長域の放射照度の鉛直減衰率のスペクトルの違いを比較したものである.

太陽高度が低くなるにつれて,水中で太陽光線が散乱せずに透過する距離(メートル深当たり)は $\mathrm{cosec}\, \alpha$ に比例して増加する.ここで α は水面と太陽光の角度である.したがって,K_d は太陽高度の低下とともに増加すると考えてよい.そのような効果は実測できるが小さく[422],非常に澄んだ水の表層に限られる.Baker & Smith(1979)は,内陸の貯水池において,いくつかの波長で K_d は太陽高度が 80〜50°の間の時 5% 以下で変化し,80〜10°の時 18% 以下で変化することを見出した.

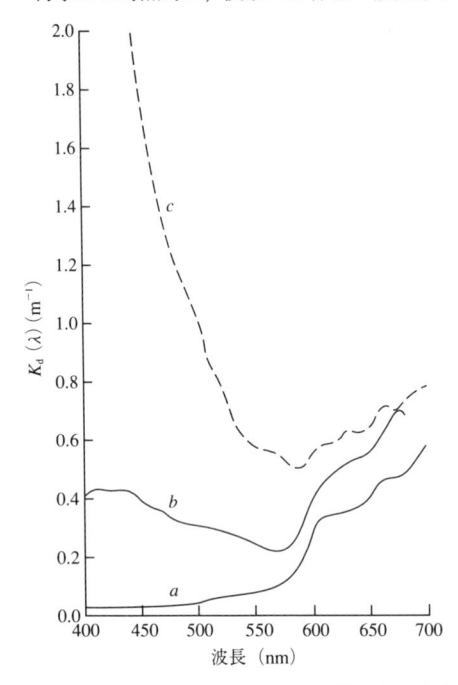

図 6・3 下向き放射照度に対する鉛直消散係数 $K_d(\lambda)$ のスペクトル変化.(a) バハマ諸島沖湾流域 (Tyler & Smith, 1970 のデータ).(b) アフリカ西岸沖モーリタニア湧昇域 (8.0〜9.9 mg chl a m^{-3})(Morel, 1982 のデータ).(c) Burrinjuck ダム,ニューサウスウェールズ,オーストラリア(Kirk, 1979 のデータ).

6・2 下向き放射照度のスペクトル分布

図 6・2 のデータは,光合成に利用される波長の太陽光の減衰がスペクトルが異なると,異なった割合で生じることを示している.その結果,下向きフラックスのスペク

トル組成は水深の増加とともにますます変化する．図 6・4a はメキシコ湾流の澄んだ外洋水における水深 25 m までの変化を示している．15 m 以下の水深の光のほとんどは，400〜550 nm の青緑色に限られ，波長のピークは 440〜490 nm の青色光である．オーストラリアのベイトマンズ湾の沿岸河口域では，黄色物質による青色光の減衰は，水によるスペクトルの赤色域の減衰と同程度であり，水深 4 m では光合成に使われる範囲の光のフラックスはまだ充分に存在し，分布のピークは 570 nm 付近にはっきりと見られる（図 6・4b）．ヨーロッパの沿岸水において，Halldal (1974) は，図 6・4b とかなり類似した 570 m 付近にピークをもつスペクトル分布を観測した．

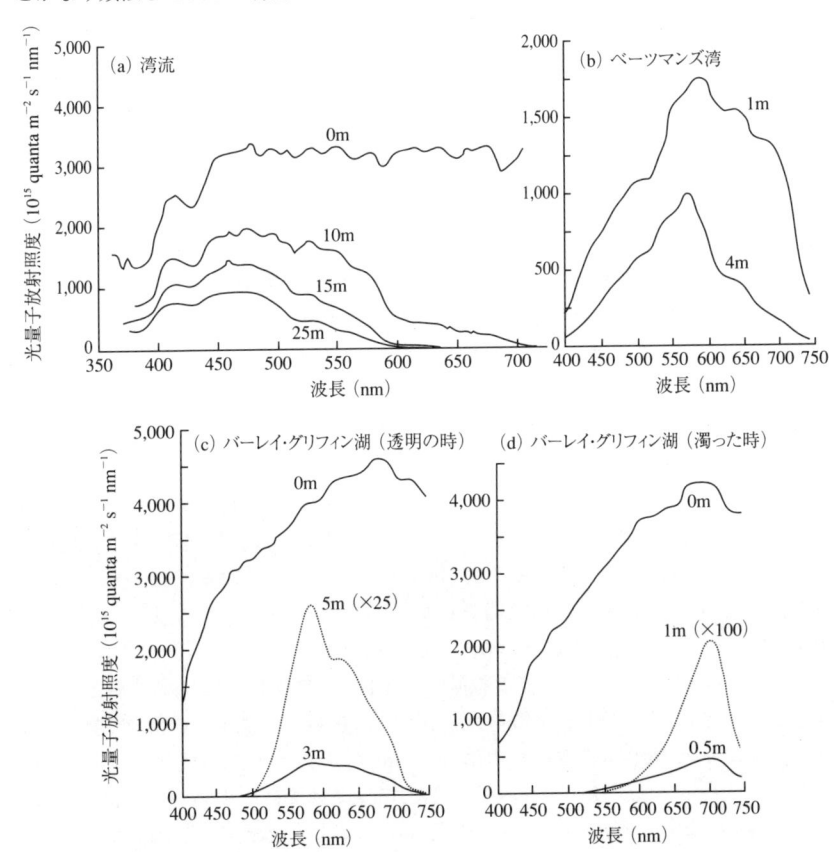

図 6・4 海域および陸水における下向き放射照度のスペクトル分布．(a) バハマ諸島沖湾流（Tyler & Smith, 1970 のデータからプロット）．(b) オーストラリア，ニューサウスウェールズ，Batemans 湾 (Kirk, 1979)．(c) オーストラリア，ACT，Burley Griffin 湖，1977.9.29，水は比較的清澄（濁度 3.7 NTU）．(d) Burley Griffin 湖，1978.4.6（濁度 69 NTU）(Kirk, 1979 より)．

通常，高濃度の黄色物質を含む陸水では，スペクトルの短波長域の急激な減衰は，実際には非常に浅い水深での青色光の完全な除去を意味している．例えば，オーストラリアのバーレイ・グリッフィン湖では，濁度が小さいときは水深2 m以下には青色光は全く透過しない．そのような水塊の有光層（次の節で定義する）の下半分では，光合成に利用可能なフラックスはたいてい緑から赤までの範囲の波長であり，しばしばピークは580 nmの黄色にある．そのような水塊の表層付近では，光合成に利用可能な青色光が充分に存在するが，有光層全体では光合成に利用可能な青色光の総量は非常に少ない．

溶存態と同様に粒状物として腐植物質を多く含むこれらの着色した高濁度水では，緑色光も急激に減衰し（図6・2d），結果として非常に浅い有光層の下半分の下向きフラックスはほとんどが赤橙色光（600～700 nm）から成る．混濁したバーレイ・グリッフィン湖のスペクトル分布は，図6・4dに示したように，ピークはスペクトルの赤色側の端にある．

6・3　下向き放射照度－PAR

水圏生態系において光合成に利用される光のおよその指標として，光合成に利用される全ての波長の透過に関する情報が重要である．太陽光が水中に透過する際に，海水がよく吸収する波長は減衰し，吸収されない波長は相対的に強くなる．そのため，光合成に利用可能な全放射光の減衰率は表層数 m において高く，水深の増加とともに低くなると考えられる．この深度に伴うPARの減衰率の変化は，ほとんどの海域およびよく澄んだ陸水で見られる．図6・5中のタスマン海と比較的きれいな湖についての2つの曲線は，水深の増加に伴う$\log E_d$曲線の傾きの増加を示している．この曲線は結果的に近似的に直線になり，下向きフラックスがほとんど同じ小さい減衰率をもつせまい波長帯にしぼられることを示している．外洋水においては，光は青緑が卓越し（図6・2a），一方，陸水では透過する波長は緑色光で（図6・2b），緑から赤（図6・2c），もしくは赤が卓越する場合もある（図6・2d）．

散乱によって下向きフラックスが拡散する結果，全ての波長において水深とともに減衰率が増加するという相補う傾向が見られる．スペクトル組成の変化の影響を打ち消すことにより，混濁した水における深度と$\log E_d$のグラフがなぜ直線的になるのか（図6・5，バーレイ・グリッフィン湖），また，澄んだ水ではなぜ二様相（biphasic）の特性が見られないのかが説明できるかもしれない．しかしながら，高濁度水では一般的にスペクトルの青色側における吸収の増加があるので（3・3節参照），そのような水では青色の波長帯はふつうよりも浅い深度で取り除かれ，曲線の傾きの変化はごく表層に見られ，容易に検出できない．

澄んだ水では，水深に対して描いた$\log E_d$のグラフが顕著な二様相を示したときで

さえ，傾きの変化は通常大きくなかった．このように，深度に伴う総 PAR の減衰量は常におよそ一定で，あるいは正確に，式 6·1 と 6·2 と一致し指数関数的である．ある水塊における PAR の減衰は，そのため，一般的に一つの K_d 値，あるいは傾きが変化する上と下の値の 2 つで特徴づけられる．PAR の下向き放射照度の鉛直減衰率は異なった水塊における光の減衰特性を比較する上で，便利かつ有益なパラメータとなる．表 6·1 は光合成波長帯における光のスペクトル分布データの総和として得られた値のいくつかを示している．外洋水はその低い吸収と散乱のため，最小の K_d（PAR）値をもつと考えられる．陸水域では，アメリカ，オレゴン州のクレーター湖のような例外を除いて K_d 値は高く，河口域と沿岸域がその間にくる．最高値は，光の散乱と吸収ともに多いトリプトンが懸濁した非常に濁った水（例として，オーストラリアのジョージ湖やジョージタウン潟）で見られる．高い値（>2.0 m^{-1}）はまた，藻類のブルーム（ガリリー海－$Peridinium$；ケニアのシンビ湖－$Spirulina$）や，散乱は少ないが多量の黄色物質の溶存（タスマニアのペダー湖），あるいは多くの溶存物質と散乱の組み合わせ（オーストラリアのバーレイ・グリッフィン湖）と関連がありそうである．浅い湖においては，風が引き起こす波の動きによる底泥の再懸濁が減衰率を数倍に増加させる．もし底泥が多くの泥粒子を含んでいる場合には，減衰率の増加は波が起きてから 1 週間程度続くであろう[365]．

近似的ではあるが，水圏生物学において有用な経験則は，植物プランクトンによる光合成が PAR の下向き放射照度が表面直下の 1% になる深度，z_{eu}，まででのみ起こ

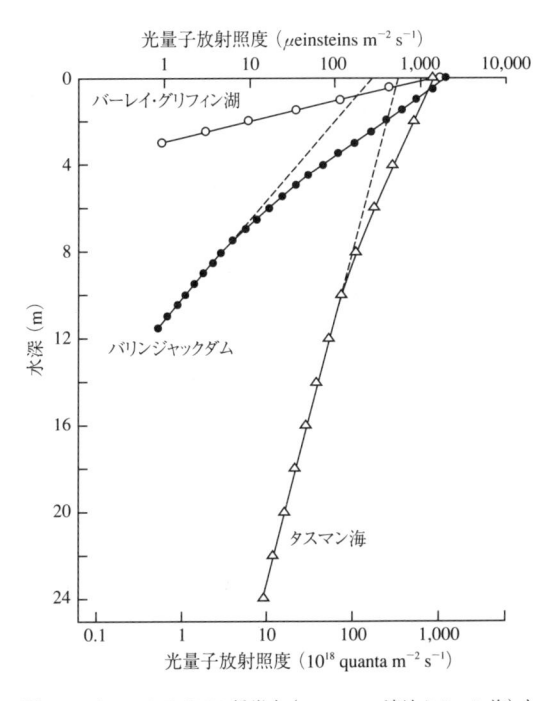

図6·5 オーストラリアの沿岸水（Batemans 湾沖タスマン海）と内陸水（Burley Griffin 湖と Burrinjuck ダム）における PAR の下向き放射照度の減衰（Kirk, 1977a および未発表データ）．Burrinjuck ダムの 7 m 以深での急激な減少は特徴的であり，スペクトル測定では 540～620 nm（緑から黄色）の光のみになっていた．

るというものである．E_d(PAR)が表面直下の値の1%まで下がるまでの層は有光層として知られている．K_d(PAR)が近似的に深度によって一定であると仮定すると，z_{eu}値は$4.6/K_d$で与えられる．これは，我々が今まで見てきたように，混濁した水ではもっともな仮定であり，したがって，多くの陸水域や沿岸域の有光層の深度について有効な概算値を与えるであろう．水深に対する$\log E_d$(PAR)の曲線の傾きが明らかに増加する澄んだ海水の場合，上層で決定したK_d(PAR)値は有光層深度を大きく過小評価する．

表6・1 海域および陸水における PAR の下向き放射照度の鉛直消散係数．繰り返し測定したところでは，平均値，標準偏差，範囲および測定期間を示した．

水域	K_d(PAR)(m^{-1})	参考文献
I．外洋水		
大西洋		
サルガッソー海	0.03	939
サルガッソー海		
5m	0.098	837
35m	0.073	837
75m	0.046	837
湾流，バハマ沖	0.08	943
東部熱帯大西洋		
ギニア・ドーム	0.08−0.096	635
モーリタニア湧昇域，沖合	0.16−0.38	635
モーリタニア湧昇域，沿岸	0.20−0.46	635
太平洋		
オアフ沖，ハワイ	0.032	66
メキシコ100 km沖	0.11	943
東部北太平洋（33°N, 142°W）	0.112−0.187	819
II．沿岸水，エスチュアリー		
ヨーロッパ		
北海		
オランダ沖	0.41	755
ドッガーバンク	0.06−0.15	755
エムズ−ドラド・エスチュアリー（オランダ／ドイツ）		
内側	～7	158
外側	～1	158
ビヨルナ・フィヨルド，ノルウェー	0.15	423
シャノン・エスチュアリー，アイルランド		
上	1.8−8.6	605
中	1.7−4.5	605
下	0.35−1.8	605
北アメリカ		
カリフォルニア湾	0.17	943
チェサピーク湾，ロード川河口	1.10−2.05	282
デラウェア川エスチュアリー	0.6−5.0	886
ハドソン川エスチュアリー，ニューヨーク		

水域	K_d (PAR) (m^{-1})	参考文献
10 測点平均, 7 月	2.02	882
サンフランシスコ湾		
浅海域, エスチュアリー奥部	10−13	152
エスチュアリー外部	～1	152
ジョージア湾		
セント・キャサリン入江	2.9	670
8 km 沖	1.8	670
30 km 沖	0.27	670
60 km 沖	0.09	670
フレーザー川, ジョージア海峡 (カナダ)		
河口	0.8	354
ポーリア・パス	0.27	354
オーストラリア/ニュージーランド		
タスマン海, ニューサウスウェールズ沿岸	0.18	479
ポート・ハッキング・エスチュアリー, ニューサウスウェールズ, オーストラリア	0.37	803
クライド川エスチュアリー, ニューサウスウェールズ, オーストラリア	0.71	479
オーストラリア, 沿岸海水湖, ニューサウスウェールズ		
マクワリー湖	0.55±0.09	804
トゥゲラー湖	1.25±0.18	804
ニュージーランド・エスチュアリー		
9 エスチュアリー, 北島, 湾口部, 干潮	0.3−1.1	949

Ⅲ. 内陸水

北アメリカ

水域	K_d (PAR) (m^{-1})	参考文献
五大湖		
スペリオル湖	0.1−0.5	425
ヒューロン湖	0.1−0.5	425
エリー湖	0.2−1.2	425, 866
オンタリオ湖	0.15−1.2	425
イロンデコイト湾 (オンタリオ湖)	1.03±0.11	980
フィンガー湖, ニューヨーク		
オティスコ	0.564±111	216
セネカ	0.468±0.075	216
スカニーテレス	0.238±0.029	216
クレーター湖, オレゴン	0.06	943
サン・ビセンテ貯水池, カリフォルニア	0.64	943
ミネトンカ湖, ミネアポリス	0.7−2.8	608
マコノーヒー貯水池, ネブラスカ	1.6 (平均)	768
ヤンキー・ヒル貯水池, ネブラスカ	2.5 (平均)	768
ポーニー貯水池, ネブラスカ	2.9 (平均)	768
アラスカ湖		
44の透明水, わずか着色	0.31±0.12	510
21の透明水, 黄色	0.70±0.07	510
23の濁水, わずかに着色	1.63±1.51	510

ヨーロッパ

水域	K_d (PAR) (m^{-1})	参考文献
チューリッヒ湖 (10ヶ月)	0.25−0.65	795
エスウェイト水, イギリス	0.8−1.6	352

水域	K_d(PAR)(m^{-1})	参考文献
クロイスポル湖, スコットランド	0.59	855
ウアナガン湖, スコットランド	2.35	855
フォレスト湖, フィンランド		
ニメトン	3.45	444
カークジャルビー	2.49	444
タビランピー	1.75	444
ガリリー海	0.5	205
ガリリー海（*Peridinium*赤潮）	3.3	205
アフリカ		
シンビー湖, ケニア	3.0－12.3	609
タンガニーカ湖	0.16±0.02	364
ビクトリア湖, カメルーン		
バロンビ・ムー	0.148	507
オク	0.178	507
ウム	0.305	507
ベメ	0.353	507
南アフリカ湖水		
ハートビースプールト	0.67	971
ラスト・デ・ウィンター	1.70	971
ブロンコールトスプルート	4.23	971
ヘンドリック・ベルウォールド	13.1	971
オーストラリア		
（a）南部テーブルランド		
コリンダム	0.87	495a
ギニンデラ湖	1.46±0.68	479, 495a
（3年間のレンジ）	0.84－2.74	
ブリンジャックダム	1.65±0.81	479, 495a
（6年間）	0.71－3.71	
バーリー・グリフィン湖	2.81±1.45	479, 495a
（6年間のレンジ）	0.86－6.93	
ジョージ湖	15.1±9.3	479, 495a
（5年間のレンジ）	5.7－24.9	
（b）マレイーダーリン水系		
マランビジー川, ゴジルドリーダム（10ヶ月）	1.4－8.0	677
マレイ川, ダーリン合流点上	1.85－2.16	677
ダーリン川, マレイ合流点上	2.78－8.6	677
（c）スノーウィ・マウンテン人工湖		
ブローワーリング	0.48	804
ユーカンビン	0.38	804
ジンダビン	0.49	804
タルビンゴ	0.46	804
（d）南東クィーンズランド沿岸砂丘湖		
ワビー	0.48	89
ブーマンジン	1.13	89
クールーメラ	3.15	89
（e）ノーザン・テリトリー（マジェラ川ビラボン）		

水域	$K_d(PAR)(m^{-1})$	参考文献
マジンベリー	1.24	498
グルングル	2.21	498
ジョージタウン	8.50	498
(f) タスマニア（湖）		
ペリー	0.21	90
レディース・ターン	0.41	90
バリントン	1.23	90
ゴードン	1.86	90
ペダー	2.39	90
ニュージーランド（湖）		
タウポ	0.14	179
ロトカカヒ	0.32	178
オークニー	0.40	178
ロトルア	0.90	178
D	2.30	178
ハカノア	12.1	178

　もう一つの有用な深度は z_m で，有光層の中間の点である．この定義は $1/2z_{eu}$ である．水深に伴う PAR の減衰が近似的に指数関数的特性を示すならば，$z_m ≒ 2.3/K_d$ であり，PAR の下向き放射が表面直下の値の 10% に減衰した深度に相当する．

6・4　上向き放射照度

　水中での散乱の結果として，下向きフラックスが存在する深度では同様に上向きフラックスも存在する．上向きフラックスは下向きフラックスよりも常に小さく，たいていの場合非常に小さいが，高い散乱／吸収比は光合成に利用可能な光として大きく寄与している．それだけではなく，表層に透過した光の上向きのフラックスはリモート・センシングによって感知できるので，光の上向きフラックスが水圏環境のリモート・センシングにとって非常に重要である（第7章）．

　ある深さにおける上向きのフラックスは，その水深より下で起きた上向きの散乱が吸収や下向きの散乱が起こらずにその水深まで上がってきた下向きフラックス起源のものであるとみなすことができる．そのため，上向きフラックスの光強度は下向きフラックスの光強度と密接に関連していると期待される．このことは様々な場合で見られる．図 6・6 は，オーストラリアのある湖において，PAR の上向きと下向き放射照度が深度とともに同様に減少していることを示している．太陽高度や雲の遮光による下向き放射照度の変化は，上向き放射の変化をも伴う．上向き放射が下向き放射に密接に依存しているとすれば，水の光学的性質は，上向きと下向き放射照度の比 E_u/E_d，すなわち反射率 R に与える影響という観点で上向きフラックスの影響を考慮すると便利である．

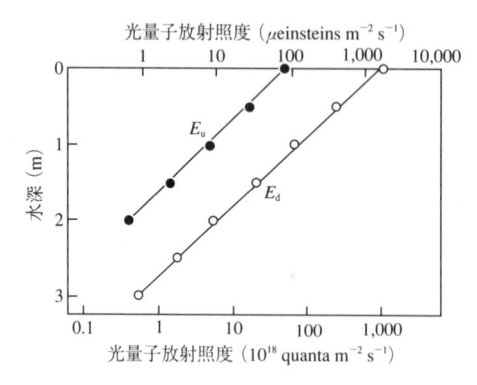

図6·6 オーストラリア，Burley Griffin 湖における PAR の上向き（●）と下向き（○）放射照度．両者が平衡して減少している（Kirk，1977a より）．

　角度を拡げると，上向きフラックスの一部は，垂線からある角距離をすでに透過した下向き光の前方散乱に起因している．太陽高度が低く，水中での太陽光線の向きが鉛直からずれるにつれて，前方散乱に起因した上向きフラックスの増加が見られる．散乱関数の形は後方散乱フラックスの割合の増加分が下方に向かうということで全体的には釣り合っていることを示す．この結果，放射照度反射率は太陽高度の低下とともに増加するが，その影響はあまり大きくない．インド洋では，水深 10 m における 450 nm の R は太陽高度が 80°から 31°に減少するにつれて 5.2％から 7.0％に増加した[422]．オーストラリアのバーレイ・グリッフィン湖では，全光合成有効波長（400～700 nm）の水面直下での放射照度反射率は，太陽高度が 75°から 27°に下がるにつれて，4.6％から 7.9％に増加した．しかしながら，このような混濁した水中では光は漸近線に近づくように減少するので（6·6節参照），水深 1 m では R は 7.4％から 8.6％に増加しただけであった[479]．

　今まで見てきたように，前方散乱による寄与はあるものの，上向きフラックスのほとんどは後方散乱に起因している．したがって，R は近似的にその水塊の後方散乱係数 b_b に比例すると思われる．上向きに散乱した光子が散乱した点から測定された点まで移動する場合，吸収されたり（あまり起こらないことではあるが），再び下向きへと後方散乱されるため，その数は減少する．そのため，反射率は水の吸収係数（a）と逆の変動をすると予想できる．また，後方散乱にともなって反射率が増加するという傾向は，上向きフラックスの減少に対して後方散乱の寄与がいくらか減少するためである．

　溶媒自体がもっている光学的特性によって反射率が変化するという実態は，水中の光場の数値モデルにより調べられている．放射伝達理論[211, 644]の単純化した説明では，$b_b \ll a$ のような溶媒（例えば水）では，R は $b_b/(a+b_b)$ に比例するという結論が導かれる．これは上で概説したような定性的よりどころを想像させる関係である．事実，b_b は一般的に a より遥かに小さいので，$R(0)$ は単純に b_b/a に比例するという確かな近似が得られる．さまざまな光学的性質をもつ水塊における光の状況の数値モデルは，モンテ・カルロや他の方法によって実際に示されており[319, 484, 729]，以下の

ように記述することができる.

$$R(0) = C(\mu_0) b_b/a \qquad (6\cdot3)$$

比例定数 $C(\mu_0)$ はそれ自体太陽高度の関数であり,表面直下の反射光の天頂角の余弦である μ_0 で表すことができる.いくつかの水塊において,太陽高度の低下につれて反射が増加する場合[316, 319, 488, 641],すなわち,μ_0 の減少とともに $C(\mu_0)$ が増加する場合,例えば実際に,$(1-\mu_0)$[488, 494],$1/\mu_0$[426],$[(1/\mu_0)-1]$[316] などの線形関数として以下のように表せる.

$$C(\mu_0) = M(1-\mu_0) + C(1.0) \qquad (6\cdot4)$$

ここで,$C(1.0)$ は太陽高度が最大の時 ($\mu_0=1.0$) の $C(\mu_0)$ 値,M は散乱過程の様式によって決まる係数である[316, 494].式 6·3 における比例定数,$C(1.0)$ が近似的に 0.33 になるのは,太陽高度が最大になるときであり[319, 484, 729],このことは広い範囲の散乱過程で水に対しては正しいということ意味する[494].

Morel & Prieur (1977) は,様々な外洋域や沿岸域で,光合成スペクトルの R の実測値と,式 6·3 を用いて計算した値を比較した.澄んだ青色の外洋水では,観測値と計算した R のスペクトル分布の曲線は一致した.植物プランクトンの多い湧昇域の海水や混濁した沿岸水では 400~600 nm では十分一致したが,より長い波長ではあまり一致しなかった.生産性の高い水での問題点は,上向きのフラックスに含まれる,685 nm にピークをもつクロロフィル蛍光 (7·5 節参照) であり,この海域での反射率の観測値を計算値よりも大きく増加させる原因となっている.

ほぼ鉛直上向きに出てくる表面直下の上向きフラックスは,リモート・センシングにとって特に重要である.亜表層の鉛直上向きの光を L_u とする.上向きのフラックスの角分布から分かるように,上向き放射輝度は 0~20°の角度ではあまり変化しない.そのため,この範囲で測定した $L_u(\theta)$,またはこの範囲の平均値は L_u の適切な概算値と見なすことができる.L_u は E_u のように,ある水塊内では K_u と呼応して変化し,L_u/K_u 比は放射輝度反射率と呼ばれる.

放射輝度反射率の値は,放射照度反射率と同様に,水が元々もっている光学的特性の関数である.E_u/E_d ともともとの光学的性質の関係を,式 6·3 に示されたようなものであるとし,もし E_u と L_u の比が分かれば,L_u/E_d と b_b,a を関連づけることができる.上向きフラックスの放射輝度分布がランバート反射板上のものと同一である (全ての角度において同じ光強度) という単純な仮定がよく行われる.もしそうならば,E_u は πL_u に等しい.実際は,放射輝度分布は Lambertian のようではなく (6·6 節および図 6·13 参照),ペンド・オレイル湖で太陽高度 57°[937] の時の測定値では,表層付近で E_u は $5.08 L_u$ に等しかった[27].モンテ・カルロ法を用いたモデル計算では (Kirk, 未発表),太陽高度 45°の時,b/a が 1.0 から 5.0 の範囲の水では表面直下の E_u/L_u は 4.9 となった.このように,中程度の太陽高度に対して,便宜的に $E_u/L_u \simeq 5$

とし，その比は他の太陽高度の時と大きく変化しないと考えてよい．b_b, a に対する L_u/E_u の関係式は比例定数 (C) を 5 で割ることで式 6・3 から導き出される．b/a 値が 1.0 から 5.0 の範囲の水に対し，太陽高度が 45°の時，モンテ・カルロ法による計算値は次のような関係を導き出す．

$$L_u/E_d \fallingdotseq 0.083\, b_b/a \qquad (6\cdot5)$$

上向きフラックスのスペクトル分布はある程度下向きフラックスの分布に依存しているが，式 6・3，6・5 が示すように，スペクトルを通して b_b と a の比の変化によっても大きく影響される．例えば澄んだ外洋水では，水の吸収は弱く後方散乱が比較的強い光合成スペクトルの青色光（400 nm）では（4・3 節参照），R は 10%程度と高く，水の吸収が強い赤色の波長（700 nm）では R はわずか 0.1%程度である [644]．図 6・7 は，澄んだ外洋水と内陸の貯水池における上向き放射照度と放射照度反射率のスペクトル分布を示している．外洋水の上向きフラックスは主に 400〜500 nm の青色光の波長から成る．植物プランクトンを多く含む生産性の高い外洋水では，光合成色素が上向きの青色光のほとんどを吸着するため，上向きフラックスのピークは緑色光の 565〜570 nm に移る．植物プランクトンのクロロフィルによる蛍光放射によって 685 nm にもピークが存在する．陸水では（図 6・7b），黄色物質と植物プランクトンが青色光のほとんどを吸収し，480〜650 nm の間の光量子が多く存在し，約 580 nm にピークをもつ，広い波長が観測された．また，680 nm におけるクロロフィルの蛍光放射も見られた．

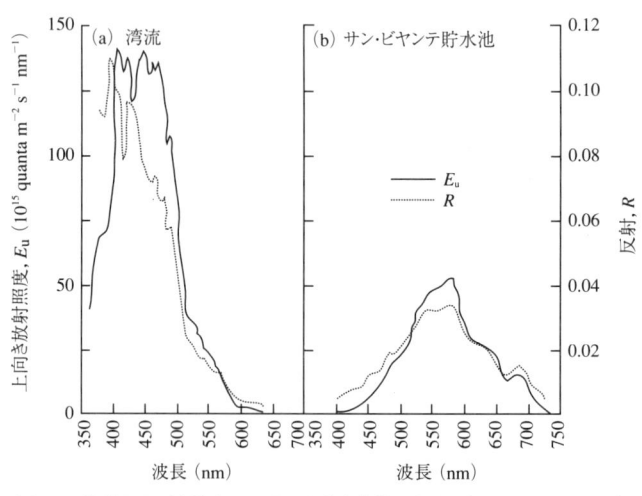

図 6・7 海域および内陸水における上向き放射照度と反射のスペクトル分布（Tyler & Smith, 1970 のデータをプロット）．(a) バハマ諸島沖湾流，5 m 深．(b) San Vicente 貯水池，サン・ディエゴ，カリフォルニア，USA，1 m 深．

表層に到達する上向き光のフラックスのうち，その約半分は再び下向きに反射され，残りは水と空気の境界面を通過する．これは射出フラックス（emergent flux）と呼ばれる（7・2 節）．このフラックスと表面で反射した入射光の割合の違いが，その水を見ている観測者の目に映る色を決め，その強度とスペクトル分布が感知される水塊の視覚的・美的特性を決める[181, 487, 491, 493]．図 6・8 はオーストラリアのある湖の亜表層における上向きフラックスのスペクトル分布を，澄んだ緑色の時と，混濁した茶色の時について示したものである．最初の場合では，スペクトルの分布は，ある程度の腐植物質による青色光の吸収や，水自身による赤色光の吸収により，575 nm の緑〜黄色の部分にピークをもった．後の場合では，土壌粒子の懸濁による強い散乱のために上向きフラックスは強い総照射量をもち，高濃度の溶存態，粒状態の腐植物質による青色と緑色光の強い吸収の結果，675〜700 nm 付近の赤色光にピークをもった．氷河に由来する河川は独特の乳白色あるいは灰色を呈する．これは鉱物粒子（glacial flour）が非常に多く，有機物がほとんど存在しないためである．

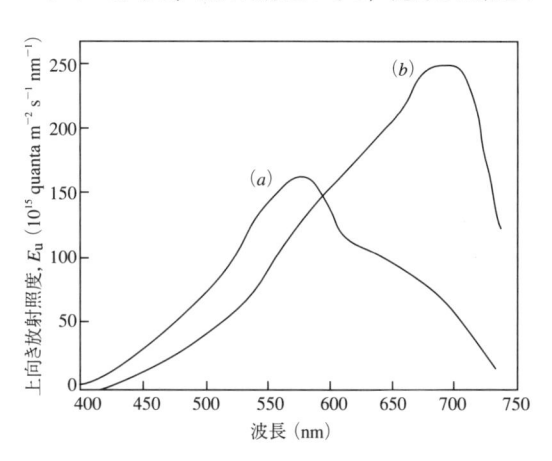

図 6・8 オーストラリア，Ginninderra 湖における亜表層上向き放射照度のスペクトル分布．(a) 1983.4.20. 見た目清澄，緑色，$b=3.2\ \mathrm{m}^{-1}$, $a_{440}=1.22\ \mathrm{m}^{-1}$. (b) 1984.8.15. 見た目濁り，茶色，$b=28.2\ \mathrm{m}^{-1}$, $a_{440}=23.1\ \mathrm{m}^{-1}$.

見た目の水塊の色は観測者が受けとるフラックスの色座標によって決定され，C.I.E 標準色調体系（詳しくは Jerlov, 1976 参照）を使ったスペクトル分布から計算できる．Davies-Colley et al.（1988）は，そのような上向きのスペクトル分布のデータを使った計算をニュージーランドの 14 の湖について行い，水資源の管理者にとって彼らの管理下にある水域の美的位置づけに関連し，この方法が有用であると助言した．人間がその水を使っているという意味での自然水域の色と透明度に関する総合的な考察は Davies-Colley, Vant & Smith（1994）の著書に示されている．

Tyler & Smith（1970）による外洋水の研究では，5 m 深での総 PAR に対する放射照度反射率は約 2〜5％で変化した．オーストラリア南東部の非常に混濁した陸水では，表面直下での PAR に対する放射照度反射率は通常 4〜10％の間であったが，2％という低い値や 19％という高い値も観測され，高い値は高い混濁に関連していた．

反射率は深さとともにいくぶん増加し（6・6 節参照），これまでの最高値は約 24％が観測されている [479, 482]．散乱が少なく，高濃度の溶存態黄色物質による強い着色がある陸水では，PAR に対する放射照度反射率は非常に小さい．タスマニアのこの種の湖では表面直下のPAR に対する放射照度反射率は約 1.2～0.14％の範囲であった [90]．

有孔虫（細胞が高い散乱能をもつ炭酸カルシウムの殻（コッコリス）に覆われているハプト藻）のブルームが起こると，海水の反射率は大きく増加する．メイン湾での有孔虫のブルームにおいて，Balch *et al.* (1991) は亜表層における青～緑色光の波長の反射率を，ある測点で 5～7％，別の測点で 22～39％と測定した．高い反射率は細胞自体が懸濁した水よりも大量に剥離したコッコリスが懸濁した水で見られた．

ほとんど呈色していない澄んだ外洋水では，青緑色が卓越する下向き光のラマン散乱は，長い波長へシフトすることにより（p.147 参照），520～700 nm の範囲で弱い拡散散乱を生じさせる [594a, 869a, 887a]．このことは植物プランクトンによる一次生産にとってあまり重要ではなく，下向き光全体の中で非常に小さい部分であるが，有光層下部では上向き光としての寄与は大きい．このことがおそらく，時々観測される深い水深での例外的な反射率の増加の原因であろう．

多くの光が海底に到達するのに十分なほど浅い水域においては，低層では非常に暗いにもかかわらず，海底による反射のため海底付近で E_u が増加する．

6・5 スカラー放射照度

さまざまな方向を向いた植物プランクトン細胞にとって，光子は入ってくる方向に関わらず，光合成にとって等しく有用である．したがって，スカラー放射照度 E_0 はある深度の光合成利用可能な光を測定する際，最良のものである．下向き放射照度と同様に，単色光の場合のスカラー放射照度は，Danish Sound における緑色光について $\log E_0$ が水深に対して直線的な関係を示したように（図 6・9），深度とともに（近似的に）指数関数的に減少するスカラー放射照度を，全ての光合成有効波長を測定できる光量子計で測定したとき，かなり澄んだ水域における $\log E_0$ の深度に対する変化は 2 様相を示し，減衰率は底層より表層の方が大きい．このことは図 6・9 の，オーストラリア，バリンジャック・ダムのデータで見られる．このことの説明は，下向き放射照度で観測された類似の現象（図 6・5）と同じである．すなわち，吸収されやすい波長が表層で取り除かれ，吸収されにくい波長が底層まで到達する．

スカラー放射照度は，光合成における光の利用を表すという点で最良のパラメータであるが，最も一般的に測定されるパラメータは下向き放射照度 E_d である．そしてこれら 2 つの関係を調べることは興味深いことである．スカラー放射照度が光の上向きと下向きの放射の両方を含み，全ての角分布を等しく示すことから予想できるように，水塊のどの点でも，スカラー放射照度の値は常に下向き放射照度よりも大きい．

(下向き放射照度が，余弦定理に従うのに対して，スカラー放射照度はそれほど太陽高度の増加に伴う光のフラックスに影響されない）

アメリカ合衆国，ペンド・オレイル湖の放射分布のデータから[717, 937]，有光層内のさまざまな深度における 480 nm の波長の E_0/E_d 比が 1.30～1.35 と計算できる．吸収に対する散乱の比率が高くなればなるほど，より下向き放射光は拡散され，E_0 と E_d の差は大きくなる．図6・10 は有光層の中間点（z m）において，吸収係数に対して散乱係数の比率が増加するにつれて，どのように E_0/E_d が増加するかを示している．つまり，E_0/E_d は b/a が 6, 10, 18 の時，それぞれ 1.5, 1.75, 2.0 である．自然界の水中における吸収係数は波長によって明らかに変化するので，下向き放射照度に対するスカラー放射照度の比はスペクトルを通して異なる．全光合成波長をとれば，澄んだ外洋水では，平均 b/a 比は E_0/E_d 値を約 1.2 に上げる程度の小さい値である．しかしながら，陸水や沿岸水では，b/a 値が 4～10，最も極端な場合は 20 や 30 になり，一般的に E_0/E_d は 1.4～1.8 の範囲とみなし，非常に混濁した水では 2.0～2.5 になると考えている．

このように，水中のある深度における光合成利用可能な光の絶対量を求める際，下

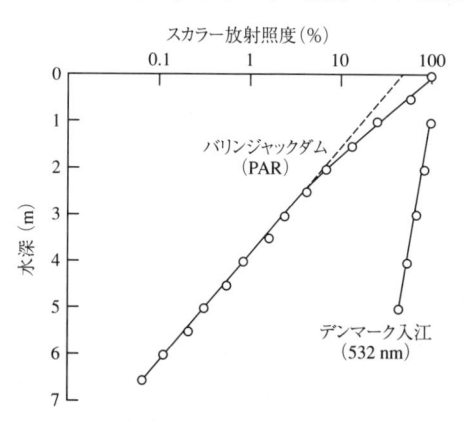

図6・9 スカラー放射照度の消散．Burrinjuck ダムのデータはスカラー光量子センサーで 400～700 nm を測定したもの（Kirk 未発表データ）．Danish 入り江（バルト海）は Højerslev (1975) が 532 nm を測定したもの．

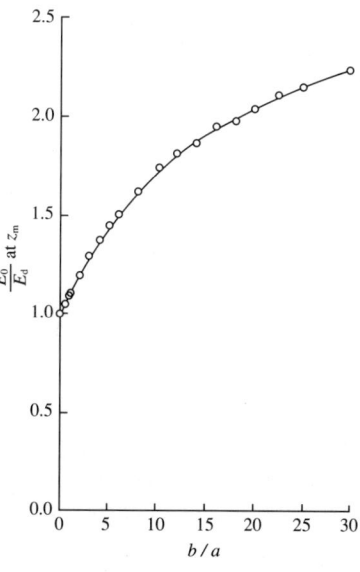

図6・10 有光層中層における下向き放射照度に対するスカラー放射照度（吸収係数に対する散乱係数）の比．データは Kirk (1981a, 1981c) の方法を用いて単色入射光に対してモンテカルロ計算をしたもの．

向き放射照度のみの測定は，特に混濁した水では非常に過小評価となる．一方，下向き放射照度の鉛直消散係数 K_d の値はスカラー放射照度の鉛直消散係数 K_0 の値に近い．モンテ・カルロ法での計算は（Kirk，未発表），b/a が 0.3〜30 の範囲の溶液では，K_d/K_0 は 1.01〜1.06 の間でしか変化しないことを示している．したがって，K_d の測定値は K_0 値の概算値と考えてよく，深度に伴うスカラー放射照度の減衰に用いられる．

このことは，ある水塊において，ある瞬間の 1 m² の水柱における光合成利用可能な光の総量の測定に有用である．我々はこのパラメータを Q_t という記号で示す．これは joules または quanta の単位である．K_0 が深度とともに変化せず，海底には光が到達しないと近似的に仮定すると，以下のように示すことができる．

$$Q_t = E_0(0) / cK_0 \tag{6.6}$$

ここで，$E_0(0)$ は表面直下のスカラー放射照度 c は溶液中の光の速度である．厳密にいえば，この式は単色の光（深度に伴う K_0 の変化が少ない）にのみ適用されるが，近似的に PAR にも適応するとみなすことができる．したがって，もしある水塊が他の水塊の 2 倍の K_0 値（または K_d，$K_0 \fallingdotseq K_d$ なので）をもっているならば，その水塊は光合成に利用可能な光の総量の半量を有することになる．

6・6 水中光の角分布

太陽の光が水中に入る場合，水面に入るとすぐ光子の散乱によって，光の角分布が変わり始める．つまり方向性がなくなり散乱が多くなる．また光が深く進むにつれ，より多くの光子が屈折するようになる．しかしながら，角分布の変化は単に散乱の関数だけではない．鉛直的に進む光子の量が少なくなれば，ある水深に到達するまでの行程も長くなり，その水深までに光子が吸収される確率も高くなる．このように，より多くの光子が斜め方向に進んで吸収されると，完全な等方性の場の形成は妨げられる．このように，角分布は吸収と散乱過程との相互作用によって決まる[210, 422, 717, 730, 928]．実際のところ，光強度の角分布は決まった形をとるようになる．それは，漸近放射輝度分布といわれ，鉛直軸に対して対称で，その形は吸収係数，散乱係数，体積散乱関数によって決まる．また，深い水深においてできる放射輝度分布の平衡は，アメリカの Whitney（1941）や，アイルランドの Poole（1945）らの独自の理論によって予測され，その存在の証明は，Preisendorfer（1959）によってなされた．Jerlov & Liljequist（1938）のバルト海での観測によると，放射輝度分布は，水深が深くなるほど対称的な形になることが示された．Tyler（1960）によるアメリカ合衆国のペンド・オレール湖での，水深 66 m までの非常に正確な観測では，漸近的になる深さになる付近では，放射輝度分布は予想される対称的な状態に近づくことが認められた．

海中光の角度構造が漸近的な状態に向かう傾向は，水深が大きくなるにつれて起こ

る放射輝度分布の変化から分かる．このことは，Tyler（1960）がペンド・オレール湖で測定した結果に基づいて描かれた，図6・11を見れば分かる．図6・11aは太陽を含む鉛直平面での異なる鉛直角における放射輝度を示している．表面に近いほど，太陽から入ってくる光のフラックスのほとんどで方向性が強い．水深が深くなるにつれ，放射輝度分布の極大は$\theta = 0$の方向に移るとともに裾野が広くなる．最終的に輝度分布は，天頂方向に対して対称的になる．ここで注目すべきことは，66 m でさえ最終的な状態には達しないことである．図6・11bは，太陽に対する角度がほぼ直角の時では，放射輝度分布は表層近くでさえ，ほとんど対称的な形をとることを示している．中間的な方位角では，放射輝度分布は図6・11のaとbの中間となる．

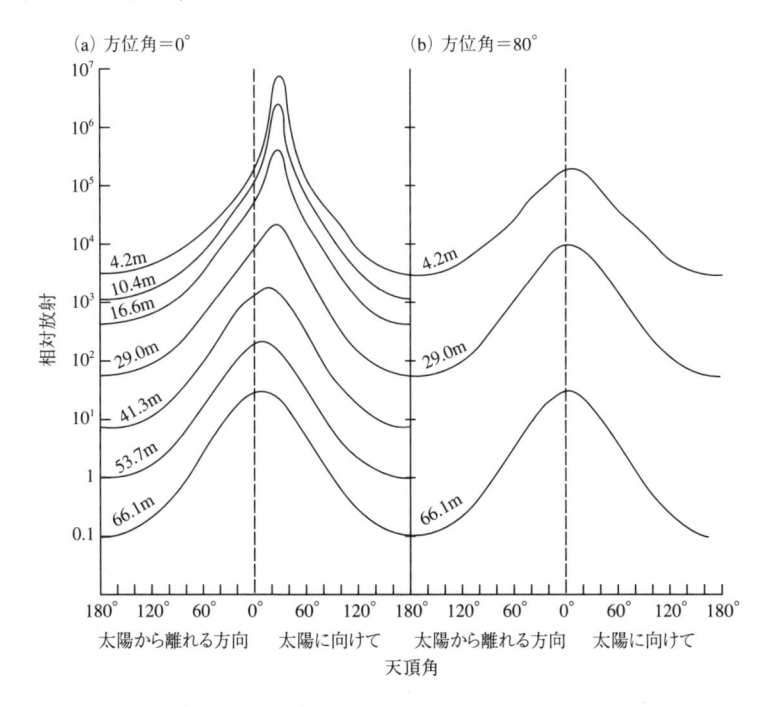

図6・11 異なる水深における放射輝度分布．Pend Oreille 湖，USA において Tyler (1960) が 480 nm を測定したもの．太陽高度 56.6°，散乱係数 0.285 m^{-1}，吸収係数 0.117 m^{-1}．(a) 太陽光線に平行な面での放射輝度分布．(b) 太陽にほぼ直角な面での放射輝度分布．

図6・12 はペンド・オレール湖において，漸近放射輝度分布を極座標で示したものである．自然水中で，吸収に対する散乱の比率が高い場合には，その形は円に近くなる傾向がある．しかし散乱が吸収に対して低い場合には，その形は幅が狭くなり，下

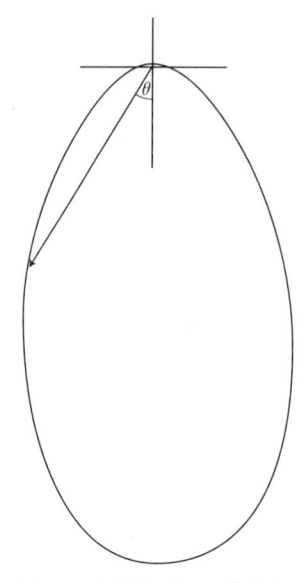

図6・12 極座標に描いた漸近放射輝度．アメリカ，Pend Oreille湖．データは図6・11bの下の曲線と同じ．

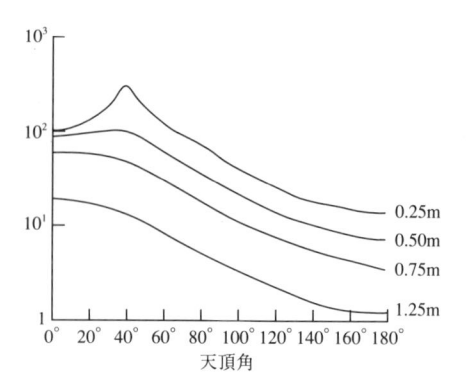

図6・13 濁った湖における全方位角に対して平均した光場の放射輝度分布．オーストラリア，Burley Griffin 湖．吸収と散乱の実測（吸収スペクトルは図3・9b；散乱係数 $15.0\ \text{m}^{-1}$；太陽高度 $32°$）を基にKirk (1981a, 1981c)の方法を用いてモンテ・カルロ計算を行った．

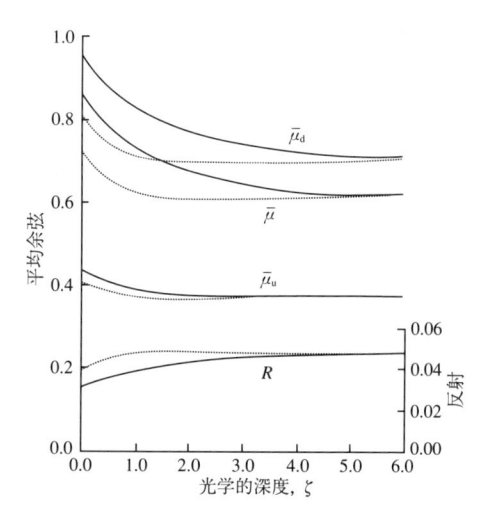

図6・14 下向き（$\bar{\mu}_d$），上向き（$\bar{\mu}_u$）および全（$\bar{\mu}$）フラックスと放射照度反射率（R）の平均余弦の変動．光学的深度（$\zeta = K_d z$），$b/a = 5$．モンテカルロ計算[484]．実線は鉛直方向入射光，破線は $45°$．

向きの筆のような形になる[716].

　光合成という点において放射輝度分布が重要な点は，深さとともに光強度が急激に減衰するということについてである．しかし，それぞれの鉛直角での放射輝度の方位角の分布は，このことには関係がない．そのことは既に認められており，簡略化するために，それぞれの鉛直角で全ての方位角で平均された輝度という点では，水中光の角分布を表現するには好都合である．図6・13 はオーストラリアのある湖の，PAR に対してモンテ・カルロ法によって算出し，深さに伴う一連の放射輝度分布を示している．この湖では究極の形である対称分布に非常に急速に近づいている．これは一つには，全ての方位角に対して平均をとっているためであり，またペンド・オレール湖に比べてこの湖では，吸収に対して散乱が増加しているためである．

　水中光の角分布を表す更に簡単な方法として，3 つの余弦の平均をとる方法 (1・3節) と，放射照度反射率を使うものがある．図 6・14 では，モンテ・カルロ法[484, 486] によって得られたこれらのパラメータの値を，$b/a = 5$ として光学的な深さ ($\zeta = K_d z$) に対してプロットしたものである．最初のうちは平均の余弦と平均の下向き光の余弦は急激に減少しているが，水中光の角分布が漸近放射輝度分布に近づくに連れて，横這いになってくる．放射照度が亜表層での 1% にまで減少する深さ (z_{eu}, $\zeta = 4.6$) 以深では，角分布に大きな変化は見られず，実際ほとんどの変化は z_m ($\zeta = 2.3$) までに起こっている．

　ここで注目すべきことは，鉛直的に入射した光 $\bar{\mu}_d$ が 1.0 に近いかなり大きな値から始まっていることである．これは表面直下の光が，そこを下に進む光子 ($\bar{\mu}_d = 1.0$) だけでなく，上に向かう光子が水面で反射されたものも含んでいるためである．この水面で反射される光子の $\bar{\mu}_d$ は 1.0 より遥かに小さく，その割合は全体のうちではかなり少ないだろうが，この光子の存在が平均値を 1.0 近くにまで上げていることは重要である．

　また，直角以外の角度の入射光にとっても，表面直下において低い値をとる $\bar{\mu}$ と $\bar{\mu}_d$ を除けば，鉛直入射光とほぼ同じように振る舞い，浅い水深で漸近的な状態に至る．このことは図 6・14 に示した $\theta = 0°$ と $\theta = 45°$ を比べれば分かる．鉛直に入射しない光の場合，全ての方位角で平均された角分布は z_{eu} でほぼ究極の形に落ちつくが，太陽光に対する鉛直面での下向き輝度分布では，まだ漸近的分布とはかなり異なっている．このことは図 6・11a の 29 m の曲線 ($z_{eu} \fallingdotseq 28$ m) に見られる．

　上向き光の角分布は，表面から非常に浅い深さで究極の形をとる．アメリカのペンド・オレール湖では，$\bar{\mu}_u$ は 4.2～66.1 m の間でわずか 0.37～0.34 の値でしか変動しなかった[940]．b/a が 0.1～20 の範囲に対してモンテ・カルロ法[484] は，$\bar{\mu}_u$ の有光層内での典型的な範囲は 0.35～0.42 であることを示した．このように，上に向かう光がこれらの特徴をもっているのは特に驚くべきことではない．それは卓越した後方散乱

光から成るからである．しかし後方散乱は角度によって大きな変化はせず，むしろそれは下向き放射輝度分布によって形成される上向き放射輝度分布に類似している．

ペンド・オレール湖の表層近くでの上向き放射輝度分布は，図6・15の極座標図形に示されている．もし反射され上に向かう光が，ランバートの反射板（全ての角度で同じ輝度）と同じような放射輝度分布をもつと仮定すれば（6・4節参照），図6・15のすべてのベクトルは同じ長さになるであろう．そのことは上向き放射輝度分布がランバートの値とかなり離れているというデータを見ても明らかである

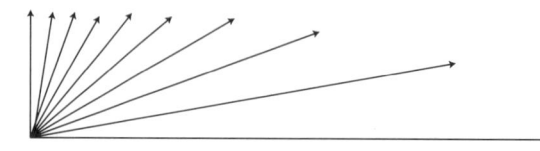

図6・15 Pend Oreille 湖，アメリカにおける 4.24 m での上向き光の放射輝度分布のベクトル．Tyler（1960）が測定した放射輝度について，すべての方位角を平均．放射輝度ベクトルは天底角10°ごと．

深さに伴う角分布の変化から予想されるように放射照度反射率も深さとともに増加するが，$\bar{\mu}$ や $\bar{\mu}_d$ の値が落ちつくのと一致して横ばい状態となる．天然水中で漸近放射輝度分布（全ての方位角についての平均）となる深さは，どれくらいの深さで反射率の増加が止まるのかを観測することにより知ることができる．

6・7 水の光学的性質に対する光場の特性の影響

深さに伴う光の減少は吸収と散乱によるものであり，また水中光の角分布は，吸収と散乱の相互作用によるものであることを先に述べた．この節では，水に固有の吸収と散乱や，水中における角分布構造と放射照度の鉛直的減少の量的関係を明らかにしていく．

1）角構造

体積散乱関数の形は，$\tilde{\beta}(\theta)$ によって表される．これは正規化されたものであり（1・4節），光の場の性質に対して大きな影響を与える．しかしながら，自然水中の大部分において粒子がある程度多い状態では，散乱 $\tilde{\beta}(\theta)$ 曲線はどこでもかなり類似している．まず始めは，$\tilde{\beta}(\theta)$ の変動による影響を考えないで，サン・ディエゴ港での Petzold による観測と同程度の，粒子が多い状態の体積散乱関数をもつ典型的な水域を考えよう．

できるだけ一般的な結論を与えるために，我々の分析は実際の深さよりもむしろ，光学的な深さ（$\zeta = K_d z$）で表すことにする．このことによって，私達の観測が散乱係数や，吸収係数の絶対値ではなく，それらの比である b/a に限らてしまうことはやむを得ない．b/a の変化による影響を研究するのに適切な深さは z_m，つまり $\zeta = 2.3$

となる有光層の中間点である．図6・16はモンテ・カルロ法[484]によって計算されたもので，b/a の関数として z_m での $\bar{\mu}$ と $\bar{\mu}_d$ と反射率を示している．吸収に対して散乱が増加するにつれて，$\bar{\mu}$ や $\bar{\mu}_d$ の減少に見られるように，水中での光は鉛直的でなくなり，より多く散乱するようになる．反射率は広い範囲で b/a の増加に伴ってほぼ直線的に増加するが，その曲線は全体としてわずかにS字型をしている．もし入射光の天頂角が0°から45°に変わっても反射率はほとんど変化せず，b/a の低いところを除けば平均余弦にも影響はない．光の場での角分布の b/a に対する，定量的依存性について正確に記述するのに加え，図6・16では，ある一つの有効な一般的結論を示している．つまり，ある $\bar{\beta}(\theta)$ の水

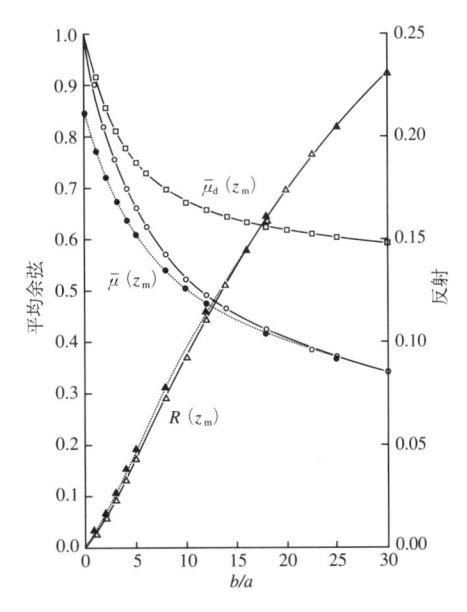

図6・16 有光層中層 (z_m) における平均余弦と放射照度反射．b/a の関数として．データはモンテカルロ計算[484]．実線は鉛直方向入射光，破線は45°．

に対して，ある特定の光学的深度における $\bar{\mu}$, $\bar{\mu}_d$, $\bar{\mu}_u$, R の関係，および b/a は，様々な入射光の角度によって一定であり，実際に入射光の角度には依存しない．$\bar{\mu}$, R, b/a が一定であるという性質は，水面内の放射のみを測定することで（4・2節），実際の水中での a と b の正確な値を見積もる際の根拠を与えてくれる．

2) 放射照度の鉛直的減衰

散乱がない時 ($b=0$) に下向きの放射に対する鉛直消散係数 K_d は，$K_d = a/\cos\theta$ という式で，水中での光の吸収係数と天頂角 θ によって決まる．散乱が大きい水中では，K_d は増加する．これは下向きの光の角分布が変わるためと，跳ね返りによる上向きの散乱のためである．深さに伴って大きく変化する角分布と一致して，K_d の値の増加は，漸近放射輝度分布となる光学的な深さに達すると横這いになる．図6・17は K_d を，b/a =5.0 の水中において鉛直入射光に対して，光学的深度の関数として示したものである．

光が平行に入射する場合には，K_d は深さとともに常に増加し続けるが，もし入射光が散乱する曇り空の時には逆のこともありうる．もし水中での b/a が低い場合には最終的な漸近放射輝度分布が，最初の分布より鉛直的になり，K_d の値が深さととも

に減少することになる。

　入射光や$\tilde{\beta}(\theta)$のある状態におけるK_dと吸収・散乱係数の関係は、b/aの関数としてK_d/aと表すことにより表現される。aやbやK_dの絶対値は、必ずしも必要でない。大事なのは比である。bのaに対するある一定の比は、係数の実際の値に関わらず、K_dのaに対する一定の比を生む。図6·18には鉛直的に入射した光に対してz_mでのK_d/aの計算値をb/aに対してプロットしてある。K_dの値は$b=0$の時、aに等しく、bが増加するにつれて急激に大きくなり、初めのうちは直線的であるが、bのaに対する比が大きくなると曲線になってくる。$b/a=30$までの範囲では[484]、$K_d(z_m)/a$の値は次の方程式によって表される曲線に非常によく合う。

$$\frac{K_d(z_m)}{a} = \left[1 + \frac{Gb}{a}\right]^{\frac{1}{2}} \quad (6·7)$$

あるいは

$$K_d(z_m) = (a^2 + Gab)^{\frac{1}{2}} \quad (6·8)$$

ここで、Gは鉛直的減衰あるいは放射照度に対する散乱の寄与を決めると思われる係数で、その値は散乱位相関数の形で決定される。サン・ディエゴ港の$\tilde{\beta}(\theta)$をもつ水中では、図6·18のようにGは0.256という値をとる。下向き放射照度が表面の1%に減少するまで、K_dの値の平均として$K_d(z_m)$を$K_d(\text{av})$と書いて、式6·7や6·8に類似した方程式で表すこともある。この場合、Gはわずかに違った値（0.231）をとる。$K_d(z_m)$は、K_dのより正確に定義した論理的にも満足のいく形であり、ここから先は、$K_d(\text{av})$に注目していく。それはこの形が、現場において最も一般的に測定さ

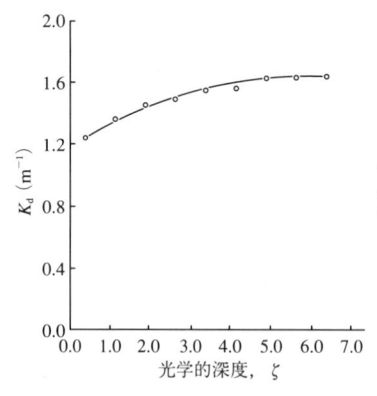

図6·17　下向き放射照度に対する鉛直消散係数。$b/a=5$, $a=1.0$ m^{-1} に対する光学的深度の関数として。データは鉛直方向入射光に対してモンテ・カルロ計算で得た[484]。

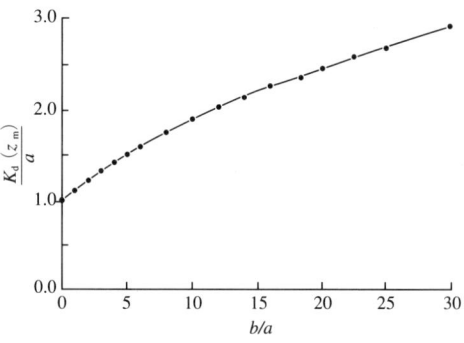

図6·18　有光層中層での下向き放射照度の吸収係数に対する鉛直方向消散係数の比。b/aの関数として。データは鉛直方向入射光に対してモンテ・カルロ計算で得た[484]。

れる K_d だからである．実際，$K_d(z_m)$ と $K_d(\text{av})$ はお互いに近い値であり，水に固有の光学的性質に対しても同様の依存性を示すからである．

太陽高度に伴う K_d の変動は，水面直下で屈折した太陽光線の余弦である μ_0 に依存した形で表すことができる．この依存関係は，$1/\mu_0$ に対する K_d をもたらす光子の通過距離当たりの角度に伴う変化だけでなく，係数 G が太陽の角度によっても変化するという事実は次式で表される．

$$G(\mu_0) = g_1\mu_0 - g_2 \tag{6・9}$$

ここで，g_1 と g_2 は特定の散乱位相関数に対する定数である[488, 494]．したがって，次のように書ける．

$$\frac{K_d}{a} = \frac{1}{\mu_0}\left\{1 + G(\mu_0)b/a\right\}^{\frac{1}{2}} \tag{6・10}$$

つまり，

$$K_d = \frac{1}{\mu_0}\left\{a^2 + G(\mu_0)ab\right\}^{\frac{1}{2}} \tag{6・11}$$

あるいは，$G(\mu_0)$ に式6・9を代入して，

$$K_d = \frac{1}{\mu_0}\left\{a^2 + (g_1\mu_0 - g_2)ab\right\}^{\frac{1}{2}} \tag{6・12}$$

を得る．サン・ディエゴの位相関数に対して $K_d(\text{av})$ に適用できる式6・12を使うと，定数は $g_1 = 0.425$，$g_2 = 0.19$ という値が得られる．$K_d(z_m)$ では，$g_1 = 0.437$，$g_2 = 0.218$ となる．これらの g_1 と g_2 の値を使うことによって，陸水学者や海洋学者が扱う μ_0，a，b から式6・12より K_d を計算することができる．この K_d は水界生態系の光学的性質に関連した重要な予測値を与える[491, 493]．

外洋のいろいろな場所では，散乱位相関数は沿岸や陸水の水とは形の点でかなり異なっている．しかしそれでも，式6・7～6・12はそれらに適用できる[494]．位相関数の形に伴って変化するのは係数 $G(\mu_0)$ の値だからである．散乱位相関数の形を知る上で有効な一つの測定値として $\bar{\mu}_s$ がある．これは散乱の余弦を平均したものであり（1・4節），位相関数の特徴において $G(\mu_0)$ の依存性を示すのに使える．$\bar{\mu}_s = 1.0$ は，全ての光子が方向の変化が全くなく，前方に散乱する

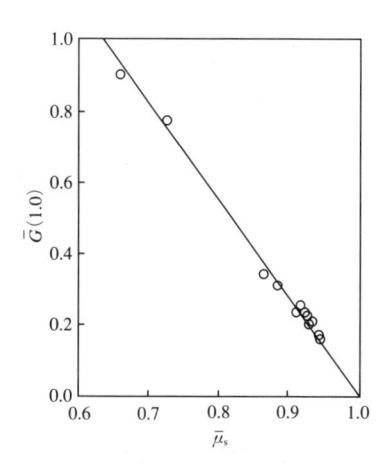

図6・19 水の拡散の平均余弦での $G(1.0)$ の変化．

場合であり，$\bar{\mu}_s$ がまた 1.0 からゼロに次第に減少するのは光子がどんどん大きな角度で散乱することを意味するということを覚えておくとよい．話を簡単にするため，鉛直入射光（$\bar{\mu}_0=1.0$）に対する値である $G(1.0)$ に限定しよう．広い範囲での光学的な水型[494]に対して，モンテ・カルロ法で計算した結果（図6・19）は予想したように，$G(1.0)$ によって表現された散乱おける鉛直的減衰の依存性は，前方の狭い範囲（$\bar{\mu}_s$ が 1.0 に向かって増加）では，散乱が増加するにつれて急激に減少し，μ_s が 1.0 になると，完全になくなる．回帰直線は，

$$G(1.0) = -2.401\,\bar{\mu}_s + 2.430 \qquad (6\cdot13)$$

であり，$r^2 = 0.997$ である．$G(1.0)$ はまた $\bar{\mu}_s$ の逆数の，正の直線関数として表すこともできる．

$$G(1.0) = 1.533\,(\bar{\mu}_s)^{-1} - 1.448 \qquad (6\cdot14)$$

$r^2 = 0.979$ である．

散乱が光の鉛直的減衰を大きくする範囲を示すものとして，図6・18 にあるように，b/a 比が 5 と 12 のとき，K_d はそれぞれ 50％から 100％になることに注目するとよい．これと似たようなことが実際の水中でも見られる．表6・2 には，オーストラリアのそれぞれ濁度の違う 4 つの内陸水での，光合成に利用される全波長の光の減衰に対する散乱の影響を示している．この表では，散乱がないと仮定した場合の全吸収スペクトルから計算された PAR に対する K_d の値と，実際の水中で PAR メーターによって測定された K_d を比較した．K_d の測定値に対する計算値の比は，散乱による光の減衰の程度を示すことになる．散乱による K_d（PAR）の増加は，バリンジャックダム（その時はかなり清澄だった）の 16％から，ジョージ湖の非常に高濁度の水まで 3 倍以上の違いがあった．

表6・2　南東オーストラリアの濁度の異なる 4 つの水域における PAR（400～700 nm）の放射照度に対する鉛直消散係数（K_d）に対する光拡散の影響．K_d は吸収スペクトルの実測値から計算されたもので，現場において光量子計で得たものと比較した．

水域	濁度（NTU）	K_d（計算値）(m^{-1})	K_d（観測値）(m^{-1})	散乱の影響 K_d（観測値）/K_d（計算値）
バリンジャックダム	1.8	0.775	0.90	1.16
ギニンデラ湖	4.6	0.547	0.90	1.65
バーレイ・グリフィン湖	17.4	1.333	2.43	1.82
ジョージ湖	49.0	1.742	5.67	3.25

散乱が減衰に及ぼす影響について，ここでは Preisendorfer (1961) による放射伝達理論から得られた式 1・57 が使える．その式では，散乱吸収と後方散乱係数の関数として，下向き放射照度に対する鉛直消散係数を示している．

$$K_d(z) = a_d(z) + b_{bd}(z) - b_{bu}(z)R(z)$$

この式は，散乱係数の測定が難しいため実用的ではないが，減衰過程における放射伝達機構の特性と相対的な重要性を理解する上で概念的に価値がある．このことから，下向き放射照度の減衰が上の方程式の右辺にある 3 つの項によって示されるように，3 つの異なる過程による結果であることが理解できる．下向き光の吸収は，$a/\bar{\mu}_d(z)$ と同じものである散乱吸収係数 $a_d(z)$ によって説明され，散乱が $\bar{\mu}_d$ の減少を引き起こすにつれて増加するに違いない．下向きの光の減衰は上向きの散乱によっても起こる．この過程は，下向きの光に対する後方散乱係数 $b_{bd}(z)$ で示されている．これら 2 つの過程に対して，上向きの光による下向きの散乱がある．これは下向きのフラックスを増加させている．このことは $-b_{bu}(z)R(z)$ という項で示され，ここで $b_{bu}(z)$ は上向きの光に対しての後方散乱係数で，$R(z)$ は反射率を表している．

あらゆる a, b に対して $\tilde{\beta}(\theta)$ や入射光の状況を限定し，もしモンテ・カルロ法やその他の方法で水深 z m での放射輝度分布を計算することができれば，その深さでの散乱の光学的特性を計算することができる[482]．このように式 1・57 の右辺のすべての項は，一連の a や b の値について決定でき，3 つの異なる過程の相対的重要性は，水型の違いを評価することに有用である．

図 6・20 には 3 つの項のそれぞれの値の変化が，0 から 30 まで増加する吸収・散乱係数の比として，z_m での K_d の値として示してある．b/a の値が 3 までの散乱の値が低い所では，光の減衰はほとんど吸収のみによって起こっていて，さらにそれ以上の所でも，散乱に基づく光の減衰の増加は下向きの光の角分布の変化による吸収の増加が主な原因になっている．下向きの光による上向きの散乱は光の減衰には僅かしか関与していない．

b/a の値が 7 まで上がると，下向きの光による上向きの散乱は減衰全体の 25％ を占め，下向きの光の吸収の増加と同様，減衰に大きく寄与することになる．b/a の値が 11 および 20 では，下向きの光による上向きの散乱は吸収の 0.5 倍および 1.0 倍であり，b/a の最大値では光の減衰をもたらす主な原因となって

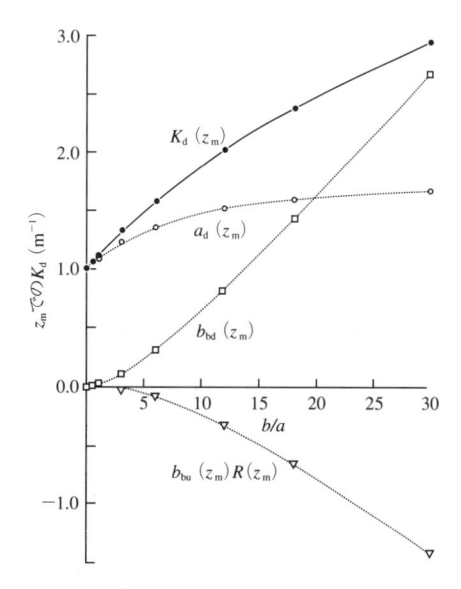

図 6・20 消散過程に関連した異なるコンポーネントの b/a の関数としての変化．式 1・57 の右辺の 3 つの項について，z_m での K_d に相当する計算値をプロットした（データは Kirk, 1981a）．

くる．上向きの光による下向きの散乱は，下向きの光の減衰を減らすように作用し，b/a の値が低いところではほとんど影響しないが，b/a が 6 以上では重要になり，b/a の値が 12〜30 においては他の 2 つの過程による光の減衰の大部分と釣り合うようになる．

6・8 鉛直消散係数の構成要素

いくつかの水では吸収や散乱は様々な要素を含んでおり，吸収や散乱係数（通常，拡散，前方，後方）などの異なる成分は加算的に寄与する．例えば，n 個の構成要素がある場合，

$$a_{\text{total}} = a_1 + a_2 + \cdots\cdots + a_n$$

となり，同様の関係は b，$a_d(z)$，$b_{bd}(z)$ などにも見られる．その結果，n 個の吸収・散乱要素をもつ水では，式 1・57 を次のように変形することができる．

$$K_d(z) = a_d(z)_1 + a_d(z)_2 + \cdots\cdots a_d(z)_n + b_{bd}(z)_1 + b_{bd}(z)_2 + \cdots\cdots$$
$$b_{bd}(z)_n - b_{bu}(z)_1 R - b_{bu}(z)_2 R - \cdots\cdots - b_{bu}(z)_n R$$

さらに変形し，

$$K_d(z) = \{a_d(z)_1 + b_{bd}(z)_1 - b_{bu}(z)_1 R\} + \{a_d(z)_2 + b_{bd}(z)_2 $$
$$- b_{bu}(z)_2 R\} + \cdots\cdots + \{a_d(z)_n + b_{bd}(z)_n - b_{bu}(z)_n R\}$$

これは次のように書ける．

$$K_d(z) = K_d(z)_1 + K_d(z)_2 + \cdots\cdots + K_d(z)_n \qquad (6\cdot15)$$

この式のように自然水域における下向き放射照度の鉛直消散係数は，それぞれは異なった要素に相当する一連の部分消散係数に分けることができる．i 番目の鉛直消散係数の構成要素は以下のように表される．

$$K_d(z)_i = a_d(z)_i + b_{bd}(z)_i - b_{bu}(z)_i R \qquad (6\cdot16)$$

水中の全放射照度減衰量に対するそれぞれの要素の寄与は，式 6・15 にしたがって単純につけ加えていくことができるが，減衰に対するそれらの寄与の特性は要素ごとに非常に異なっていることを覚えておくことは重要である．例えば j という要素が溶存の黄色物質であり，$j+1$ が懸濁鉱物粒子であり，散乱がかなり強いが本来の水の色をほとんどもっていない水を考えてみよう．j 番目の要素に対して，$K_d(z)_j$ は主に式 6・16 に示す吸収の項 $a_d(z)_j$ からなるが，$j+1$ の成分に対しては，$K_d(z)_j+1$ は主に後方散乱の項 $b_{bd}(z)_{j+1}$ から成るであろう．

$K_d(z)$ に対する i 番目の要素である $K_d(z)_i$ の値が，その要素の濃度の直線的な関数ではないことを覚えておくこともまた重要である．ある成分の濃度の変化に起因する水中の吸収および散乱の特性の実質的な変化は，必然的に z m での輝度分布に影響する．式 6・16 の右辺の散乱・吸収係数は，光学的に固有の特性というよりやや固有の部分もあるという程度のものであるが（1・5 節参照），問題の成分の濃度と同様，輝

度分布の関数となっている．したがって，それらの値は成分の濃度につれて増加するが，濃度に対して直線的ではない．さらに輝度分布の関数である R もまた，何らかの成分の濃度変化に伴って変化する．簡単にいえば，$K_d(z)_i$ と $K_d(z)$ は水中の成分が増加するにつれて増えて行くことになる．しかし，濃度の小さな増加を除いて，その増加は濃度の増加に直線的には比例しないであろう．

7. 水圏環境のリモート・センシング

　どのような水域においても，水中に入る光の一部は水中で散乱し，水面を通過して再び出てくる．この射出フラックス（emergent flux）の90％は，下向きの光の強さが水面直下の値の37％（$1/e$）に減少する水深（$1/K_d$ に等しい）に由来する[325]．この射出フラックスは，水中の光の場から得られる一つの情報と見なすことができ，それを水面上で適切な装置で観測することによって，その場についての光の情報，すなわち水中における主要な光学的成分について知ることができる．水面直上に多くの装置を置くことはできないので，以下のようなやり方がより有効である．もし，射出フラックスが，飛行機や人工衛星で，リモート・センシング装置によって観測できるならば，広い範囲の水中環境の情報を短時間に得ることができるという点で有利である．さらに，同じ水域で船舶を用いて現場観測を行えば，水圏生態系全体の情報を得ることができる．

　しかしながら，これに要する代償もあることはすぐにわかる．というのは，遠方からの射出フラックスの測定は，現場の測定と同じくらい多くの情報を得られるが，現場の測定よりも精度が高くない．ここでは，我々は測定の種類，補正方法，得られた情報の特性について考えてみよう．そして次に，これまで行われてきた研究のいくつかを見てみよう．

7・1　上向きフラックスとその測定

　海洋やその他の水域に対して，飛行機や衛星に下向きに取り付けられた測光器は，4つの異なる経路からの光を受信できる．つまりそれは水面下での散乱，水面での天空光の反射，水面で太陽光を直接反射した光，大気中での散乱によるものである（図7・1）．これら4つの光フラックスのうち，一つ目のみを射出フラックスと呼び，水中の光の場と光の成分についての情報を含んでいる．本質的な問題は，他の光フラックスの存在下で射出フラックスのみを定量化することである．

　水面上で光フラックスを測定するのに使用される測光器には，原理的にコサインコレクターを備え，180度からくる上向きの光を受信する放射照度計（irradiance meter），または受光角度の狭い放射輝度計（radiance meter）がある．しかし実際には放射輝度計の方が一般的に使用されており，その理由として，放射照度計は，水面で反射した光も含めて全ての上向き光を受信してしまうこと，また特定の水域のみを測定することができないという決定的な不便さがあるためである．

放射輝度計は，水面の反射光を受信しないように，サングリッタ（ぎらつき）を避けられる方向に向けることができる．より困難な問題は，大気中で散乱した放射輝度を放射輝度計が受信してしまうことにある．光の波長によっては，人工衛星に積んだ放射輝度計がサングリッタを避けて置かれたとしても，レイリー散乱（空気分子）やエアロゾル散乱（粒子）によって受信される放射輝度の80～100％が占められてしまう．このフラックスを補正する方法は後の節で述べる．この問題は，低空飛行航空機から観測すれば大部分解決する（図7・8a）．

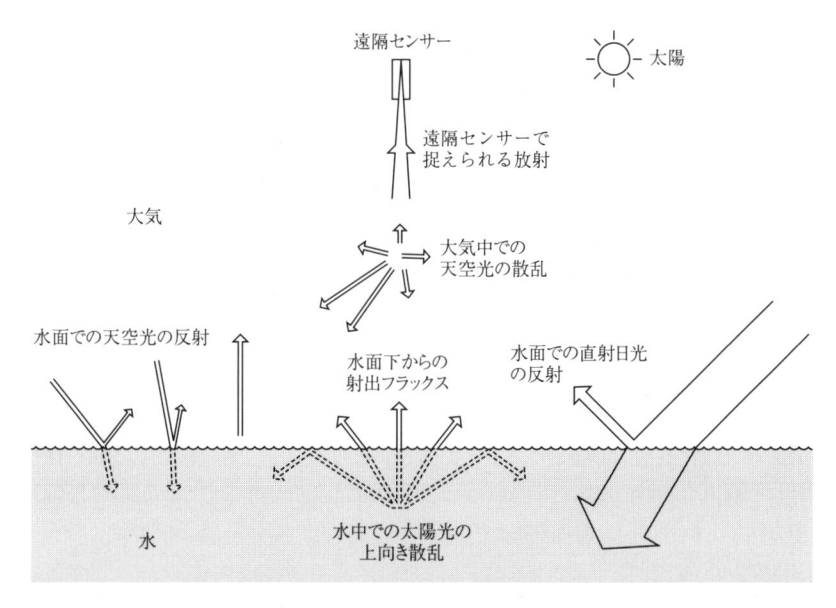

図7・1　水体の上方においてリモートセンサー測定される光の起源.

　天空光は大気中での太陽光の散乱に起因する．上向きフラックスに対する反射した天空光の影響の補正は，全大気散乱補正として一括して行うことができる[320]．もう一つのやり方は垂直に対して53°の角度で測定することである[148]．水面からこの角度（ブリュースターの角）で反射した光は偏光し，放射輝度計の開口部に，偏光の主軸に直角に偏光フィルターを置くことで除去できる．しかしながら，この角度で測定することによって，水中からでてきたフラックスが垂直に測定するときに比べて1.67倍の空気層を経ることになる[26]．このことは人工衛星や高高度飛行航空機の場合には重大な問題となるが，低空飛行航空機の場合には問題とはならない．

1）測定系（一般的なこと）

　低空で飛ぶ飛行機の場合，リモート・センシング用測光器は普通，観測方向を固定

して用いられる．その類の測光器は飛行航路に沿ったいくつかの点で上向きの放射輝度を測定する．二次元的にマッピングするためには，飛行機で対象海域を何度も横切らなければならない．各点での放射輝度のスペクトル分布は干渉フィルターか分光放射計を用いて測定される．

高度が増すにつれ，確かに測定範囲は増す．このことを利用して，人工衛星や高空で飛ぶ飛行機では，直下の狭い線的情報を集めるのではなく，地球表面から数 km～数百 km 幅の帯状の情報を集められる走査型測光器を用いる．この方法にはプッシュブルーム (pushbroom) 走査とウィスクブルーム (whiskbroom) 走査と呼ばれる 2 つの方法がある[822]．プッシュブルーム走査計では，測定器の光学系は swath に直角方向にある地球表面の細片 (strip) の画像を形成し，一列に並んだ光検出器に送る．このように，各々の光検出器は地表の一小海域からの放射を受信し，それらが swath を横切って並ぶ strip を形成する．

実際には，地表のそれぞれの一区画に対して要求されるものは，放射の全周波数帯のデータではなく，分光した周波数帯のセットのようなものである．地表の交差 strip からの放射はダイクロイック・ビーム・スプリッター（ある波長より長い波長の光だけを通し，ある波長以下の光を反射することで長波長の光エネルギーだけを通す，反射鏡のこと）によっていくつかの別々のフラックスに分けられ，そのフラックスの各々は，異なった分光フィルターを通って，一列に並んだ光検出器に運ばれる．より根本的な解決法は，放射フラックスをプリズムや格子を用いて分散させ，二次元配列をした光検出器上で像を作ることであり，その場合，一つの軸は swath を横切るそれぞれの要素の位置に対応し，もう一つの軸は波長に対応している（図 7・2a）．この方法で，原理的に，海域の各々の要素からのフラックスの完全なスペクトルを得ることができる．

ウィスクブルームタイプのリモート・センシング放射計は，回転または振動する鏡

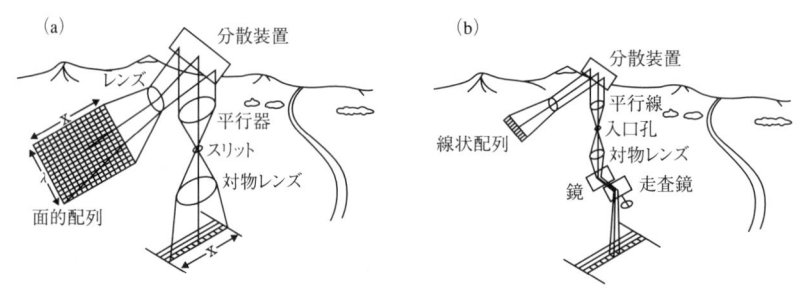

図7・2 リモートセンシングによる画像処理．(a) 二次元受光ができるプッシュブルーム (pushbroom) スキャナー．(b) 1 列づつの測定をするウィスクブルーム (whiskbroom) スキャナー．(HIRIS Instrument Panel Report, NASA, 1987 より)．

を用いて衛星や飛行機の軌道に直角に，swathの端から端まで連続的に観測する（図7・2b）．鏡に反射した場面は，受信範囲の非常に狭い（0.002～0.05°）望遠鏡を通して観測されるので，ある瞬間には地表の一小区域が観測されるだけである．望遠鏡で集められたフラックスはビーム・スプリッターとフィルターを用いて1セットのスペクトルバンドに分けられ，光検出器に入るか，一列に並んだ測定器に付いている格子やプリズムによって分光され，より完璧なスペクトルを作る．

プッシュブルーム，ウィスクブルームの何れの走査計を用いても，swathに直角に真っ直ぐに並んだ地表面の要素に対応して，重なることなく近接した一連の四角の画像が記録されていく．次の端から端までの走査が始まるまでに，衛星や飛行機は移動し，それによって次の走査映像が，前の映像と重ならずにつながる．蓄積された画像要素は，衛星や飛行機の軌道と横方向の最大測定角によって規定される地表のstripに相当するモザイクから成る．

各々の画像要素に対して，つまりそれぞれの海表面の要素に対して，測光器はスペクトルバンドの数に相当する1セットの放射輝度値を記録する．放射輝度値はデジタル化され，どのようなリモート・センシング機器を用いても何ビットでデジタル化が行われるかが重要である．すなわち，6ビットでは64の異なった放射輝度値をデジタル化でき，12ビットでは4,096の放射輝度値をデジタル化できる．衛星の場合，この情報は受信局で中継された後，テープに記録される．これらのデータは地表のあらゆる場所の地図を作るためにコンピュータ処理をした後で使用される．衛星がとらえた連続したswathはマッピングの目的のため，数百kmの長さに分断される．

地図上の各々の小要素，つまり画素（pixel），は測光器によって測定された地表の四角い要素に対応している．コンピュータ画面上に映し出される最終的な地図上でのそれぞれの画素の強度あるいはあるカラースケール上の色は，スペクトルバンドのいずれか1つの放射輝度値と関係があるか，または1つ以上の放射輝度値から計算によって得られるあるパラメータ（たとえばクロロフィル濃度）によって決定される．

2) **低高度（0～600 m）線的飛行法**

ここでは，同時に横方向の放射輝度を走査するのではなく，飛行ルートに沿ってのみ放射輝度を測定する方法について考えてみよう．

完璧を期すため，厳密な意味でリモート・センシングではないが，ここでは始めに水域の放射を船から放射計を用いて測定する方法について述べよう．海色の定量的な測定として，Jerlov（1974）は，水中における波長520 nmの緑色光に対する450 nmの青色光の比において，天底放射輝度（鉛直上向きフラックス，天底角$\theta_n = 0°$）の比を色指数（Colour Index）として定義し，それを測るために青色と緑色の干渉フィルターがそれぞれついた，下向きの一対のガーシュン（Gershun）チューブからなる色計測器を開発した．その計測器は船からどんな深さにも手動で降ろすことができ

る．Neuymin et al.（1982）は青と緑の少し異なる波長の対，すなわち 440 nm と 550 nm，を色指数に選んだ．その波長の比は特に植物色素に対して感度が高く，結果的に，その2つの波長を用いることは海洋の植物プランクトンのリモート・センシングに最適である．Neuymin et al. は偶然に，（上向きフラックスの）緑色の青色に対する比という，逆の色指数を定義した．したがって，彼らの指標は植物プランクトンの濃度に伴って増加するものである．彼らの装置は，船のシャフトに水深 5～6 m の深さに取り付けられており，船の轍に沿って色指数の連続記録をとることができる．

Bukata, Jerome & Bruton（1988）は 4.5 m の長さの竿を船首からのばし，水面から 4.5 m の高さにつり下げる方式の放射計を開発した．湖面からの天底放射輝度は，青，緑，赤，近赤外域の4つの広い周波数帯で測定され，それとともに同じ4つの周波数帯で，下向き放射照度も測定された．測定は 0.5 秒間隔で船を動かしながら，連続的に行われた．

Gitelson & Kondratyev（1991）は，ヘリコプターで海面上 10～15 m を飛ぶことによって，遠隔で高度も測定しながら放射測定を行い，水のサンプルも同時にとるという方法を考案した．上向きと下向きの放射輝度と放射照度を 430～750 nm の間で 10 nm 幅の9つのチャンネルを，1秒以内に測定できる手持ち放射測定器を用いて測定した．

分光放射計を飛行機に取り付けて測定する場合，定点間の射出フラックスの変化を最小にするため，走査をすばやく完了することが重要である．Clarke et al.（1970）は 400～700 nm を 12 秒で測定することができる，3°×0.5°の視野をもつ分光放射計を使用した．この装置は天空光を取り除くため偏光フィルターを用いるとともに，ブリュースターの角で測定することができる．Neville & Gower（1977）は回折格子で分けられたスペクトルが 256 個のシリコンダイオードに分配され，その各々のダイオードが連続的に狭い範囲の放射フラックスを検知する分光放射計を用いた[966]．これは 380～1,056 nm のスペクトルを2秒間隔で測定できる[85]．この装置もブリュースターの角で測定される．McKim, Merry & Layman（1984）は，400～1,100 nm の範囲を 500 チャンネルのスペクトルに分けて測定できる分光放射計を用い，これはビジコン管の内壁に並んだシリコンダイオード列に回折格子からのスペクトルが送られ，電子線として読みとられるというものである．全スペクトルは 320 ミリ秒ごとに記録される．600 m の高度で 200 km h^{-1} のスピードで測定すると，約 18 m 四方のデータが得られる．

全く別の方法でスペクトル的に有用な情報は，飛行機を用いたリモート・センシングで使用する周波数帯を厳選すれば，2～3 の周波数帯で得られる．Arvesen, Millard & Weaver（1973）は，443 nm と 525 nm の上向き放射輝度を同時に測定し，連続的にそれら2つを比較する（実際には，Jerlov の色指数を用いる）微分放射計を開発し

た．これは，入射光強度の変化または海面での波立ちの変化が2つの周波数帯のフラックスに同様の影響を与え，結果として自動的に補正するという利点がある．しかしながら，これら2つの周波数帯の上向きフラックスに特に影響を与えるであろう植物プランクトン濃度の変化（7・5節参照）は，確実にシグナルに現れる．

実用的な航空機搭載海色測定装置の需要に応えるため，NASA と NOAA は，海色データ獲得システム（ODAS）を開発した[343]．この装置は，460，490，520 nm を中心に 15 nm 幅の 3 つのバンドで天底放射輝度を測定し，この 3 バンドは植物プランクトンのリモート・センシングのためにすでに開発されているスペクトル曲線アルゴリズムを使用するために選択されたものである（後述）[129]．これら 3 つの放射輝度は 1 秒間に 10 回測定し，1 秒ごとに平均する．飛行機が $50~\mathrm{m~s^{-1}}$，高度 150 m で飛ぶと，測定範囲は 5×50 m である．位置はロラン-C ナビゲーションシステムを用いて 20 秒間隔で正確に測定される．

3) 中，高高度（2～20 km）面的走査法

NASA ゴダード航空宇宙センターは 18～20 km の高度で飛行する U-2 機から海色を面的に走査できる海色走査計（OCS）を開発した[396, 471]．これは 433～772 nm の範囲において 20 nm の幅で 10 のスペクトルバンドをもっている．この測光器は 45°で回転する鏡によって走査し，約 0.2°の視野をもつ望遠鏡を使用している．19.8 km の高度で飛ぶ U-2 に付けられる場合，海面での分解能は 75 m 角であり，25 km 幅をカバーする．

MSS マルチスペクトルスキャナーは中高度で測定するために作られた．この測定器は 380～1,060 nm の範囲において 40 nm の幅で 10 のスペクトルバンドをもつ．3 km 上空から測定する場合，海面での分解能は 8 m 角であり，測定幅は 8.5 km である[434]．NASA マルチチャンネル海色センター（MOCS）[129] は 400～700 nm の範囲において 15 nm 幅で連続した 20 の放射輝度を測定する．5 km の高度から測定した場合，分解能は 4×2 mrad つまり海面で 20×10 m，17.1°の視野は海面で約 1.5 km に相当する．Daedalus Airbone Thematic Mapper は 11 のチャンネルをもっており，420～690 nm の可視光の範囲に，5 つの幅の広い，かなり近接したバンドがあり，残りの 6 つのバンドは赤外にある[999]．これは特に広い視野（86°）をもっており，4 km の高度から測定した場合，分解能は 2.5 mrad で，海面では 10 m に相当する．NASA Airbone 可視・赤外画像分光計（AVIRIS）[654a] は 1987 年に測定を始めたが，最近使われているものの中では，もっとも進んだ飛行機用遠隔放射計である．その光学系を図 7・2b に示す．シリコンとインジウムアンチモン検知器列を使用し，$0.41 \sim 2.45~\mu\mathrm{m}$ の範囲で 224 の連続したスペクトルバンドをもち，分解能は約 10 nm である．これは ER-2 飛行機に付け，約 20 km の高高度を飛ぶようにできている．分解能は 1 mrad であり，一瞬にして測定する範囲は地上で 20 m，全体の測定範囲は 30°であり

幅11 kmに相当する.

4) 衛星によるリモート・センシング法

いくつかのランドサット衛星が軌道上に打ち上げられてきた[815]. それらの全てがMSS（マルチスペクトルスキャナー）という，4（500〜600 nm），5（600〜700 nm），6（700〜800 nm），7（800〜1,100 nm）の4つのスペクトルバンドをもっている．ランドサットの光学系はもともと陸域のリモート・センシングのために作られたものである．その感度は，地球の水域で生じるわずかな反射の変化を感知するのには不十分であり，特に重要である青色（400〜500 nm）のスペクトル域をもっていないことは致命的である．鏡が2.9°の角度で首を振ることにより測定を行っている．920 kmの高度から測定する場合，185 kmの範囲をカバーし，地上分解能は80 m角である．

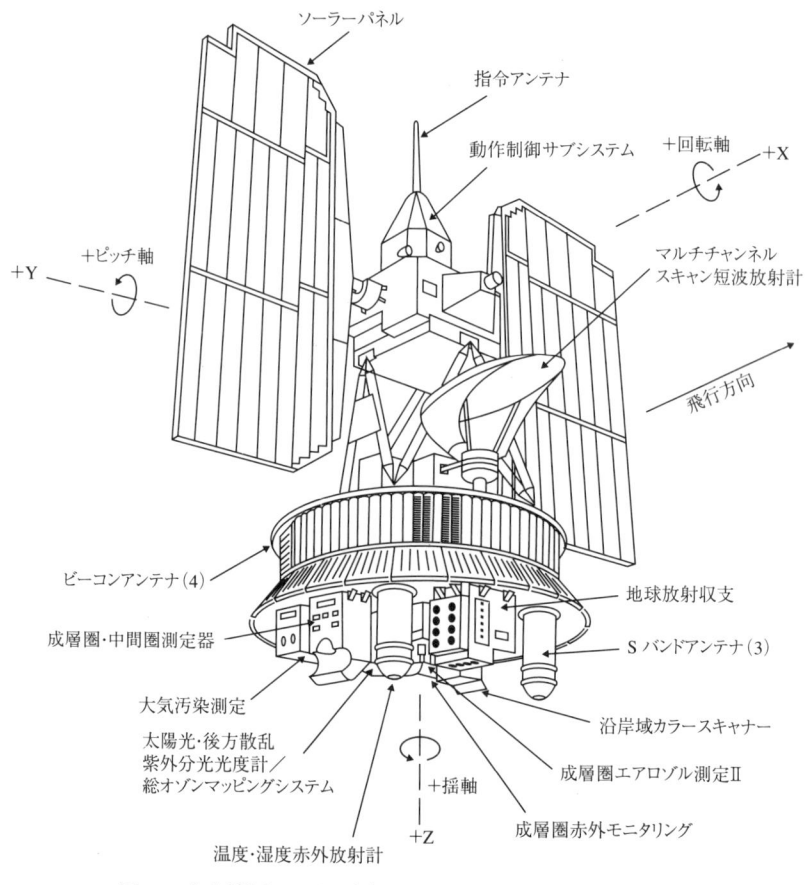

図7・3 さまざまなセンサーをもつNimbus-7衛星（NASAの写真から）．

ランドサット D（1982 年打ち上げ，高度 705 km）は，MSS スキャナーと，Thematic Mapper として知られる新しいスキャナーを積んでおり，青（450～520 nm），緑（520～600），赤（630～690 nm），近赤外（760～900 nm）と，それらに加えて 3 つの赤外バンドをもっている．地上での分解能は 30 m 角である．Thematic Mapper は作物生産を予測するために作られたものであるが，水圏環境のリモート・センシングに対しても価値があるといってよい．しかし，今のところこの目的で使用されることは多くはない．

水塊の色や性質を調べるために作成されたわけではないが，しばしばこの目的で使用される衛星センサーが他に 2 つあり，AVHRR (the Advanced Very High Resolution radiometer) と SPOT 衛星 (the System Probatoried'Observation de la Terre) に付いている HRV (the high resolution radiometer) である．NOAA TIROS-N 衛星に付いている AVHRR は赤（580～680 nm），近赤外（720～1,000 nm）と 4 つの近赤外バンド（海表面温度測定用）をもっている．AVHRR の分解能は 1 km であり，3,000 km の幅を有する．SPOT 衛星に付いている HRV は，緑（500～590 nm），赤（610～690 nm），近赤外（790～900 nm）のバンドをもち，60 km の幅で 20 m 角の高い地上分解能をもつことと，軌道方向と軌道に直角方向に±26°の角度でねらいを定めて測定できるなど，他のセンサーとは異なる．

1978 年 10 月に Nimbus-7 衛星（図 7・3）が打ち上げられ，この衛星には海洋環境をリモート・センシングするために特別に設計された CZCS (the Coastal Zone Colour Scanner) というセンサーが付けられた．その光学系を図 7・4 に示す．CZCS

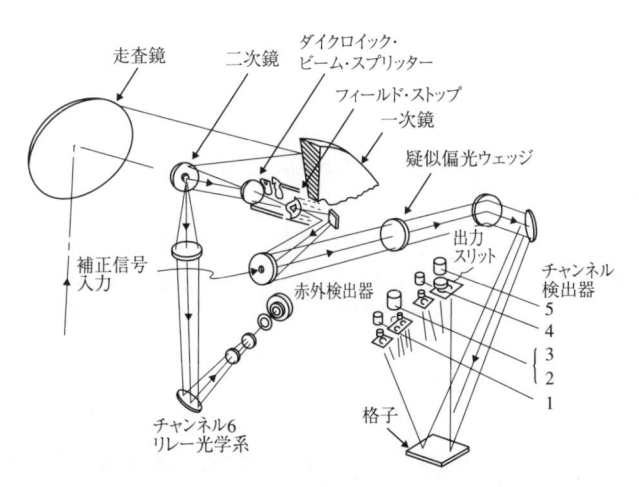

図 7・4　Nimbus-7 に搭載された Coastal Zone Colour Scanner の光学系（Hovis, 1978 の許可による）．

は可視光域に443，520，550，670 nm に中心をもつ20 nm 幅の4つの周波数帯をもち，近赤外（700～800 nm）に1つのバンドと温度を測るために赤外（10.5～12.5 m）に1つのバンドをもつ．サングリッタを避けるため，真下から進行方向または後ろ向きに20°センサーが傾いている．この放射測定器は，45°の角度で取り付けられた鏡が1秒間に8.1回転することで955 km の高度において865 rad（0.05°），つまり地上においては825 m 角の分解能を有する[395, 396]．全体の測定幅は1,636 km であり，マッピングの目的のために個々のセクションに分けられ，典型的には軌道に沿って700 km に分割される．CZCS の分光感度はランドサットについているMSS の60倍あり，8ビットである．700～800 nm のバンドで雲や地面からの強い反射を検知し，水域とを区別している．これを用いることによって，後で述べる大気補正法が適用される．

　CZCS は1986年にその機能を停止した．これのおかげでCZCS が機能している間に地球規模の海色分布に関する知識は革命的に塗り替えられ，より重要なのは海水の成分，特に海色に影響を与える植物プランクトンに関してである．CZCS が作動している間に蓄えられたデータは現在も研究されている．海洋生物圏をこのように全体的に見ることは，これまでの海洋生物系に対する理解，中でも海洋の一次生産が決定的な役割を果たしている地球上の炭素循環についての理解を書き加えた．また，CZCS の更新の必要性が急がれることは万人の認めるところである．本書を記す間にCZCS に匹敵する能力をもつセンサーはなかったが，現在作成中のものの中から2つを以下に簡潔に説明する．

　1つ目は，1994年に始動する予定のEOSAT とNASA の共同プロジェクトによるSeaWiFS（Sea-viewing-Wide-Field-of-view-Sensor）[229]である．そのスキャナーは回転望遠鏡をもつウィスクブルームタイプであり，測定はダイクロイック・ビーム・スプリッターと干渉フィルターを用いて分光された8つのバンドによって行われる．可視光域では412，443，490，510，555，670 nm に中心をもつ20 nm 幅の6つのバンドがあり，大気補正のために近赤外に745～785 nm（大気中の酸素による放射吸収帯による干渉を最小限にするため760 nm と770 nm の間は測定しないようにしている）と843～887 nm の2つの周波帯がある．その名が示す通り，SeaWiFS は進行方向両側に±58.3°という非常に広い測定幅をもち，705 km の高度から測定すると，測定幅は2,800 km になる．サングリッタを避けるために，測定器は進行方向に沿って，またはその後ろ方向に天底から20°の角度に向けることができる．水面上での分解能は1.13 km であり，放射輝度は10ビットでデジタル化される．図7・5にはSeaWiFS の図を，図7・6にはSeaStar 機に付けられた現在のところ唯一の測定器（Nimbus-7 におけるCZCS は別にして）が示されている．SeaStar は飛行機から比較的小型のPegasus ロケットによって軌道上に打ち上げられる．

　ヨーロッパ宇宙局は，1998年にヨーロッパ極衛星（POEM-1）に乗せる測定器の

一つとして中解像度分光計（MERIS）[234] を開発中である．6 つの独立したユニットをもち，400〜1,050 nm のスペクトル範囲をカバーするが，実際の測定は 15 のスペクトル周波数帯に限られる予定であり，その範囲内で地上からの命令で選択することが

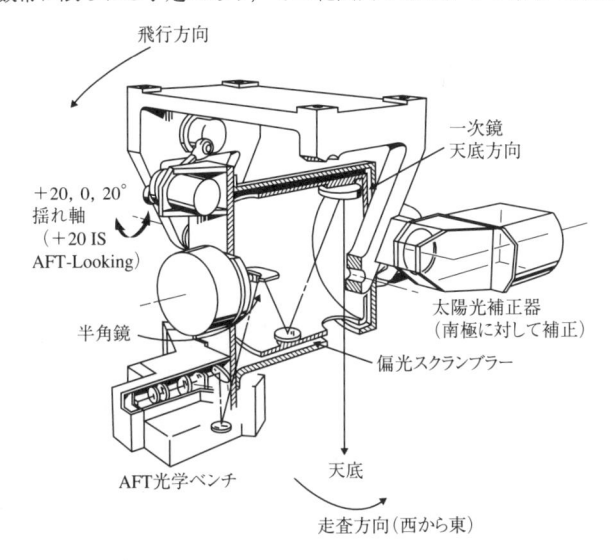

図7・5 SeaWiFS のデザイン．Orbital Sciences Corporation, USA の許可による．

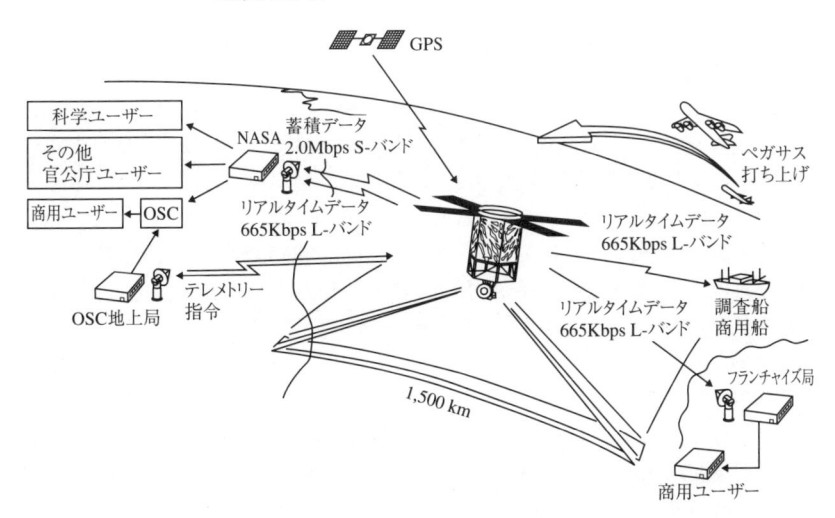

図7・6 SeaStar™ 機に搭載された SeaWiFS．Orbital Sciences Corporation, USA の許可による．

できる．現在，682.5 nm（クロロフィル蛍光のピーク）が5 nm幅で，それ以外は410，445，490，520，565，620，665，682.5 nmを中心として10 nm幅で8つのバンドが可視光域に設けられる予定である．近赤外（700〜1,050 nm）における7つのバンドのうち4つが，可視バンドで測定される放射に対する大気の影響を計算するために使用され（7・3節参照），残りは水蒸気の測定に用いられる．走査法はプッシュブルーム型であり，二次元的な光検出器列はシリコン基盤CCDs（電荷結合装置）であり，放射輝度は12ビットでデジタル化される．

MERISの視野は天底を中心として82°である．この広い視野は6つの独立した光学系によって測定されるようになっており，各々は14°づつ受けもっている．海面での分解能は最大分解モードで250 m（例えば沿岸域）であり，分解能を落としたときには1,000 m（例えば外洋）である．830 kmの高度から測定すると，測定幅は1,450 kmで，3日ごとに地球表面全域の測定が行われる．

7・2 射出フラックス

ここで，最も興味ある光フラックスは，水面下からの上向きフラックスである．しかしながら，このフラックスは十分な補正を経て感知される射出フラックスであり，海面を通過した上向きフラックスの一部である．これら二者はどのように関連づけられるのであろう．

全上向きフラックスの約半分が，水－空気境界面で再び下方へ反射するが，主に大きな角度のフラックスが反射するため，重大な減衰とはならない．リモート・センシングは普通，全上向き放射照度よりむしろある一定の角度の放射輝度を測定するものであり，その角度は天底から58°以上のものは含まない．このように，リモート・センシングは，通常，垂直に対して0〜40°の角度の水面下の上向きフラックスと関係しており，穏やかな時にはこれらのうちわずか2〜6％が水－空気境界で反射されるだけである．この角度の範囲での反射は，荒天時には幾分増加する．より小さな角度では減衰はわずかであるが，この範囲の上限では16〜27％にもなる[26]．

光が水－空気境界を通り抜けるとき，垂直に対して角度が増加するほど屈折するというスネルの法則（2・5節）に従う．屈折の結果，水面下の小さな立体角 $d\omega_u$ 内のフラックスが，水面を出るとより大きな立体角 $n^2 d\omega$（ここでは n は屈折率である）になる．この影響により，どんな角度においても，出てくる放射輝度の値は，もともとの水面下の放射輝度の約55％である．この影響と内部でのわずかな反射による影響とをまとめて，Austin (1980) は，水面直下の放射輝度 $L_u(\theta', \phi)$ に対する水面直上の放射輝度 $L_w(\theta', \phi)$ の割合として0.544を提案した．

$$L_w(\theta', \phi) = 0.544 L_u(\theta', \phi) \tag{7・1}$$

θ は水中の天底角で，θ' は水面での屈折後の空気中における角度である．

もし，$L_w(\theta', \phi)$ がリモート・センシングから得られれば，1.84 を乗じることで $L_u(\theta, \phi)$ が得られ，このようにして水中の光の場についての情報が得られる．約 30°までの天底角での水中の上向き放射輝度は，方位角（6・6 参照）によってほんのわずかに変わるだけである．このように，観測時の方位角が何であれ，観測時の天底角が約 42°より大きくなければ，水面下の放射輝度値 $L_u(\theta, \phi)$ は全ての方位角 $L_u(\theta)$ に対して水面下の天底角を平均した値として得られる．さらに，$L_u(\theta)$ は 0～30°の天底角の範囲ではあまり変わらないので，$L_u(\theta)$ の値は垂直上向きにおいて放射輝度 L_u の見積もり値として得られる．

7・3　大気中の散乱と太陽高度に対する補正

人工衛星の光度計もしくは非常に高い高度（約 20 km）の飛行機で測定された上向き放射輝度の少なくとも 80%が大気中の空気分子やエアロゾル粒子（ちり，微小な水滴，塩など）による太陽光線の散乱にもとづくものであることをすでに述べた．これは光路輝度（path radiance）として知られている．測定された放射輝度から L_w の値を求めるために，光路輝度を差し引き，さらに，混濁した大気を通ってセンサーまでの経路の間の射出フラックスの減衰も考慮に入れなければならない．

後の節で議論するように，それは水の光学的特性に直接的に関係する射出フラックスのみの絶対値というよりもむしろ入射する下向きフラックスに対する射出フラックスの比である．それゆえ，水面での下向き放射照度を見積もっておくことが望ましい．これは，太陽の高さ，大気中を通過する太陽光線の減衰によって決定されるので，それらの両方を考慮しなければならないであろう．

1) ランドサット

水圏に関してランドサットを用いて研究する場合，大気の影響を補正する一般的な方法はない．水中成分のリモート・センシングのためにこれまでランドサットが用いられてきたのは，懸濁粒子のいくつかのタイプの濃度の増加に対応した波長の放射輝度の増加との相関を見るためであり，これは後方散乱の増加による放射輝度の増加によるものである．いくつかの場合では，補正前の放射輝度とある成分の濃度との間の相関が使われてきた．そのような場合，大気の状態が変化すると，以前に得られた関係はもはや適用できないという，もう一つの問題を引き起こすことである．例えば，カナダのスペリオル湖における研究では，大気の状態の変化にともなって，濁度に対する放射輝度の曲線が，日によって上下したり，傾きが変化したりした[797]．

単純で大まかに大気の影響を軽減する手法は，暗画素補正法（Dark Pixel Correction Method）である[760, 761, 766]．これは画像に対してもっとも暗い画素を置いて，全ての他の画素に対する放射輝度値からその放射輝度値を差し引くというものである．その原理は，もっとも暗い画素は，他の全ての画素と同じだけ大気の寄与があ

るが，水中の散乱の影響はもっとも小さいということに基づく．他の全画素の放射輝度からもっとも暗い画素の放射輝度を差し引くのは，それらの大気の影響を取り除くためであり，残りは様々な水塊ともっとも暗い画素の部分との粒子の散乱による違いの関数である．しかしながら，この手法が使えるのは，少なくとも比較的低い粒子濃度の水域が画像のどこかに存在することが必要である．また，この手法は画像内で大気の状態が一定であることを想定しているので，湖の場合などに一般には適用される．

これまで，大気の上で測定された放射輝度を扱ってきたが，水の光学的特性と関連づけるためには，すでに述べたように，水塊の反射を扱うべきであり，これは水面での太陽放射照度に依存するものである．太陽の高度の変化による反射率の変化についての一次補正は，太陽の天頂角の余弦で放射輝度を割ることによって得られ，これはある基準となる下向き放射輝度に対して放射輝度の値を正規化する効果があり[2, 520, 648]，それらの関係がよくわかるが，正確にはまだ反射率に対してはほど遠い．

Verdin (1985) は，大気中の放射伝達を計算することで，ランドサットデータから水塊の真の反射率の値を出すことを試みた．その方法の基本的な条件は，清澄な貧栄養の水域を必ず画像内に含んでいることである．各々の波長に対して，この海域に対する反射率の値を文献データに基づいて想定する．まず，光路輝度の値が届くまでのプロセスとして，大気の濁度を考え，清澄な水域からのものであるかどうかを調べ，水塊の反射率を考慮して放射伝達計算を行う．計算は光路輝度に対して満足な値が得られるまで繰り返し，大気中の濁度を変える．そして，全画像を通して適用される放射伝達計算は，大気を通過する太陽放射輝度の透過率および水面から衛星へ戻ってくる放射輝度に対しても値を与える．このように，画像の画素ごとに対して，水からくる放射輝度 L_w と入射太陽放射照度の値が計算され，それらから反射率が決定される．

MacFarlane & Robinson (1984) も，イギリス沿岸水に対して，ランドサットデータから真の反射率値を求めようとした．彼らは，CZCS（以下参照）のために開発された方法に似た大気補正法を用い，太陽の方位角の余弦で割るというような最暗画素補正法のようなより単純な方法で優れた結果が得られることがわかった．

2) Nimbus-7

ランドサットでの水中成分のリモート・センシングは，さまざまな種類の浮遊粒子の濃度の増加に関係しており，放射輝度の観測値から光路輝度の大まかな見積もりを差し引くことによって有用な結果が得られる．これとは対照的に，Nimbus-7 衛星に搭載された Coastal Zone Colour Scanner (CZCS) はいくつかの波長の放射輝度の減少（いくつかは増加）を検知することを目的とし，放射輝度測定値に対して大気散乱の寄与についてよりよい見積もりを必要とする．このための方法について，以下に要点を述べる．

Gordon (1978) と Gordon & Clark (1981) による以前の研究に基づく Gordon *et* al. (1983) の補正法は，まずセンサーによって波長 λ で観測された全放射輝度 L^λ は水面から衛星までのレイリー散乱 (L^λ_R) によるもの，エアロゾル散乱 (L^λ_A) によるもの，大気透過率因子 t^λ によって減衰した海の外に後方散乱したもの (L^λ_W) の放射輝度の合計であるというものである．

$$L^\lambda = L^\lambda_R + L^\lambda_A + t^\lambda L^\lambda_W \tag{7・2}$$

L^λ_R は，太陽の直射光線から後方散乱されたもの以外にも，水面からセンサーに対して反射された天光のレイリー成分を含む．同様に，L^λ_A はエアロゾル粒子によって太陽光線からセンサーへ向けて散乱してきた光とともに，エアロゾルによって反射した天空光成分も含む．大気の透過因子は，センサーがある範囲の海域を検知しているとき，フラックスのいくらかは近くからきたものなので，直接透過してきたものというよりもむしろ散乱によるものである．この補正法は，水が赤色～近赤外域の光を強く吸収するという事実を利用したものであり，本質的にこのスペクトルの端の全放射輝度は，大気中での散乱によるものであるといえるからである [171]．普通，非常に清澄な海水に対して，670 nm の波長が使われる．しかしながら，陸水または沿岸水のように濁りの多い水では粒子濃度が非常に高いので，水の外への 670 nm の光の後方散乱は顕著であり [116]，このような場合には，より大きく吸収される近赤外の波長が適している．

670 nm の放射輝度に対しては $L_W^{670} \simeq 0$ なので，式7・2 は次のようになる．

$$L^{670} = L_R^{670} + L_A^{670} \tag{7・3}$$

空気分子による散乱への寄与が本質的に一定なので，レイリー散乱によるセンサーの検知角度での放射輝度は太陽高度と波長の関数であり，L_R^{670} と L^λ_R は計算でき，全ての画素に対して同じである．そこで，L_A^{670} の値は式 7・3 を使って測定された L^{670} から得られる．

L_A^{670} は大気中の濁度とともに画像ごとに異なるので，670 nm だけは異なるが，波長 λ でのエアロゾル散乱による放射輝度が少なくともそれに比例して変化する，という大まかな仮定ができる．そうすれば，L^λ_A はそれとともに変化することになる．L^λ_A / L_A^{670} の比は $S(\lambda, 670)$ とする．式7・2 に L^λ_A を代入して，並べ替えると，

$$L^\lambda_W = (1/t^\lambda)[L^\lambda - L^\lambda_R - S(\lambda, 670) L_A^{670}] \tag{7・4}$$

という，波長 λ における射出輝度 (emergent radiance) の式となり，t^λ と $S(\lambda, 670)$ は未知数のままである．

波長 λ，t^λ に対する大気の拡散透過率 (diffuse transmittance) は，オゾンによる吸収，空気分子によるレイリー散乱とエアロゾル粒子による散乱と吸収の関数である．これら最初の 2 つは計算することができ，全ての画素に対して同じである．Gordon et al. (1983) は，これが拡散透過率であり，ほとんどの前方散乱はセンサーに対して水域からきた放射輝度の影響が，この種のリモート・センシングでは全ての大気に

対して無視できるかもしれないとした．こうすることで，t^λ は全ての波長に対して計算できる．

式7・4の $S(\lambda, 670)$ の係数を決定するために，Gordon et al. は，プランクトンクロロフィル量が 1 m^3 当たり 0.25 mg より少ない清澄な外洋域での現場測定結果[321]，つまり，天気のよい状況下で水から出てくる 520, 550, 670 nm の放射輝度の値がかなり一定で，太陽高度から求められる関数を用いた．したがって，もしそのような水域が画像の中に見られたら，それらの波長における L_W の値はすでにわかっており，t^λ，L^λ_r，L^λ_R，L_A^{670} の適切な値とともに式7・4へ代入することで，$S(520, 670)$ と $S(550, 670)$ の値が得られる．今，係数 S は波長 670 nm におけるエアロゾル光路輝度に対する波長 λ でのそれの比であり，2つの異なった要素 $F'_0(\lambda)/F'_0(670)$ を関係づける．オゾンによる吸収を補正した地球外太陽放射照度の2つの波長の比と，単位入射放射照度当たりのエアロゾル光路輝度の2つの波長に対する比である $\varepsilon(\lambda, 670)$ は次のようになる．

$$S(\lambda, 670) = \varepsilon(\lambda, 670)[F'_0(\lambda)/F'_0(670)] \qquad (7 \cdot 5)$$

それゆえ，$F'_0(520)$，$F'_0(550)$，$F'_0(670)$ の適切な値を用いて清澄な水域での画素に対してすでに求めてある $S(520, 670)$ と $S(550, 670)$ の値から $\varepsilon(520, 670)$ と $\varepsilon(550, 670)$ の値が求まる．このことの意義は，もし（もちろん，濃度ではなく），エアロゾルのタイプが画像の中で一定ならば（しばしば外洋については当てはまる），ある波長の一対のエアロゾル光路輝度（単位入射放射照度当たり）の比は，その画像における全ての画素に適用できる．このように，全ての画素に対して，L_A^{670} が決まれば，L_A^{520} と L_A^{550} は計算できる．

各々の画素に対して L_A^{443} を決めるという問題が残っている．都合のよいことに，エアロゾルの散乱はおおよそ次の式に従って，波長とともに変化するという事実が利用できる．

$$\varepsilon(\lambda_1, \lambda_2) = (\lambda_1/\lambda_2)^{-a} \qquad (7 \cdot 6)$$

ここで，a はオングストローム指数として知られている．a の平均値は $\varepsilon(520, 670)$ と $\varepsilon(550, 670)$ から得られ，$\varepsilon(443, 670)$ を決めるのに使われる．$S(443, 670)$ は式7・5で計算され，L_A^{443} を得るのに使われる．

上記の手順によって，式7・4の右辺の全ての項が決定でき，波長 λ における射出輝度，L_W の値が人工衛星画像の全ての画素に対して得られる．もし望むなら 0.544（7・2節）で割ることで，L^λ_u に変換することができる．もし，光と幾何学的な眺めの変化の影響を除くためには，水面または水面下での反射率を求めることが望まれ，太陽の高さに対してレイリー散乱とオゾンによる吸収についての適当な仮定を置き，人工衛星自身の測定から得られた大気の透過情報を使って，これを計算できる[959, 96]．

すでに述べたように，Gordon et al. の大気補正法は，海洋からの射出フラックス

が 670 nm の波長において非常に低いので無視しうるということを仮定するものである．しかしながら，外洋水に対してさえ，これは常に満足な結果を与えるわけではない．そこで，Smith & Wilson (1980) と Bricaud & Morel (1987) は，実際に L_w^{670} を見積もることによって，この仮定が要らない大気補正法を開発した．彼らの計算方法はまず，L_w^{670} をゼロとし，基本的には Gordon *et al.* の方法に基づき，L_w^{550} と L_w^{443} の値を求めるものである．これまでに集められた海域のデータでの，それら2つの放射輝度と L_w^{670} の間の関係が，L_w^{670} の新しい値を求めるのに使われる．この新しいゼロではない値は，L_w^{550} と L_w^{443} の新しい値の計算の初期値として使われ，これらの値はさらに，次の L_w^{670} の値を求めるために使われる．この繰り返しを，L_w^{670} の値があらかじめ決めた大きさになるまで続ける．

大気中エアロゾル散乱の補正は，近赤外が水に非常によく吸収され，海からの射出フラックスがまさに無視できるので，その波長の放射輝度データを用いてなされる．これを行うには，新世代の海色センサーを用いて，そのような波長で測定を行う必要がある．SeaWiFS はそのような近赤外波長を2つもち，MERIS は4つもつ．

3) 高高度航空機

高高度飛行航空機を用いて行われた水の成分に関するいくつかのリモート・センシング研究においては，測定された放射輝度に対して大気散乱の寄与の補正は試みられてこなかった．それらは，さまざまな波長における全放射輝度と変化する水に成分のパラメータとの相関関係を見つけるための多重回帰分析をよりどころにしてきた[432,433]．

Kim, McClain & Hart (1979) は，19.8 km の高度で U-2 機からの海色スキャナーで得られたカリフォルニアの沿岸水に関するデータを補正するのに，上述した Nimbus-7 の測定で使われたものと類似した補正法を用い，彼らは，778 nm で測定された全放射輝度が大気の散乱によるものと考えた．778 nm の放射輝度から，数学モデルを用いて，彼らのスキャナーによって得られた他の全ての波長について，観測された放射輝度に対する大気の散乱の寄与を計算し，それらの値を観測値から差し引いた．

7・4　リモート・センシングで観測された放射輝度と水の組成との関係

上向き放射輝度の値それ自身に興味がある一方，その主な重要性はその値が水の光学特性，つまり光学的に重要な水中成分の濃度を我々に教えてくれることにある．そのような情報が得られる可能性のある手段は水中の光の場（6・4 節，式 6・3 と 6・5）の理論モデル，すなわち，それは放射輝度反射率（L_u/E_d）あるいは放射照度反射率（E_u/E_d）と吸収係数に対する後方散乱係数の比，に由来するおよその関係を利用することである．

どちらの関係を用いるにしても，表面直下の下向き放射照度 E_d の値が必要である．太陽高度が分かり，レイリー散乱とオゾン吸収についての適当な仮定をし，エアロゾル散乱について近似値（可能ならば，前に述べたようにリモートセンサーによる測定を基に）を割り当てるならば，大気透過率は計算できるであろうし[959]，表層における下向き放射照度も求まるであろう．このことから，表層での反射を考慮に入れれば，E_d の値が得られる．低空飛行航空機からのリモート・センシングの場合，下向き放射照度は航空機で測定でき，それは海面直上の放射照度と等しいとみなせる．

L_u は L_w に 1.84 を掛けることによって得られる（7・2 節参照）．E_u は L_u に 5，あるいは太陽高度によってわずかに異なる係数を掛けて得られる（6・4 節参照）．もし，低空からの測定のようにリモートセンサーが放射照度を測定する場合は，E_u の値は水―空気の境界での拡散上向き放射照度の約 48％反射率を与えるように，水面直上の上向き放射照度の観測値を 0.52 で割って得られる[26]．

b_b/a に対する L_u/E_d あるいは E_u/E_d の関係を示す適当な式を用いて，吸収係数に対する後方散乱係数の比を見積もることができる．もし他の情報をもとに b_b の近似値を選ぶことができれば，それから a の近似値が求まる．リモート・センシングによる遠赤～近赤外領域の反射率から b_b を直接見積もることについてはあとで述べる．もし観測が 3 波長領域で行われ，異なる吸収成分（水，植物プランクトン，非生物）に対する b_b と a の値が波長とともに変化することについて合理的な仮定が立てられるのであれば，植物プランクトン，非生物色素物質の実際の濃度を見積もることができる．これらの計算の理論的基礎は Morel (1980) によって与えられている．海面上の反射率測定から植物プランクトン濃度を計算する方法も Plevin (1978) と Kopelevich & Mezhericher (1979) によって記述されている．

水の成分に関する多くのリモート・センシング研究は，前に要約した演繹推論的な方法を用いるのではなく，特定波長帯でのリモート観測された放射輝度，あるいは 1 つまたはそれ以上の放射輝度または反射率の関数と，現場観測による植物プランクトンや懸濁物質のような特定成分の濃度などの間に見出される関係という経験的アプローチを用いてきた．そのような関係が分かれば，原理的にはそれらを用いてリモート・センシングデータだけから水域の光学的特性と水中の成分を決定することが可能なはずである．これは最近非常に活発な研究分野であり，いくつかの代表的な例を以下に述べる．

この点で便利な概念は経験変数（retrieval variable）の概念であり[909]，それは 1 つまたはそれ以上の波長帯における反射率（あるいは放射輝度）値の関数 $X[R(\lambda i)]$ であり，単純なアルゴリズムによって水中のある成分濃度と関連づけるように経験的に作られたものである．このようにリモート・センシングの問題は，通常最適な X の決定であり，興味ある成分濃度が X から計算されるように単純な式をたてることである．

1) 懸濁物質

この方法で最も広く研究されている水質パラメータの一つは全懸濁物質濃度（TSS）である．懸濁粒子量の増加は，粒子が強く吸収しない波長帯において，吸収係数よりも水の後方散乱係数を増加させ，式 6・3，6・5 にしたがって射出フラックスを増加させる．

ミシシッピーの溜池の場合，水面上で測定された放射照度反射率は 450 から 900 nm のすべての波長で懸濁した（無機）物質濃度とともに増加した（図 7・7）[762]．反射率と懸濁物質濃度間の最適な一次相関は 700 と 800 nm の間に見られた．特定波長帯における懸濁物質あるいは（懸濁物質に比例する）比濁度と放射輝度の相関はランドサット衛星によって得られている．Klemas, Borchardt & Treasure (1973) はデラウェア湾で MSS の 600～700 nm の放射輝度分布が水の表層 1 m における懸濁物負荷と最も一致することを発見した．500～600 nm の放射輝度は大気のもやの干渉を受けやすいが，700～800 nm の波長帯は水柱内に十分透過しない．同様に，ケニア沿岸水域のランドサット画像では 700～800 nm の波長帯は表層近くの高濃度懸濁物質のみを明らかにしたのに対して，600～700 nm と 500～600 nm の波長帯は水柱の下層の低濃度層に対しても感度が高かった[93]．カナダ，ノバスコティアのファンディー湾における懸濁物質の値は 500～600，600～700，700～800 nm の波長帯の上向き放射輝度のある関数と相関があったが，後の 2 つの波長帯は最も高い相関係数を与えた[648]．カナダ，オンタリ

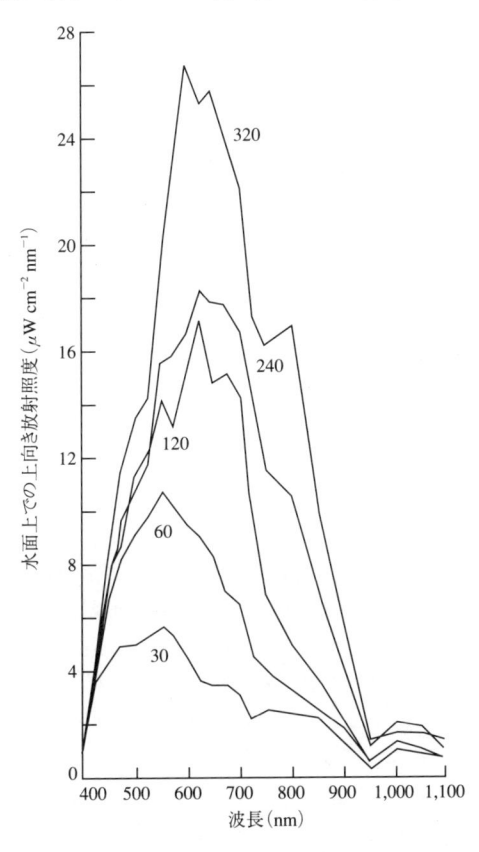

図7・7 さまざまな懸濁粒子レベルの淡水域表層上方 20～50 cm で測定された上向き放射のスペクトル分布と強度（Ritchie, Schiebe & McHenry, 1976より）．懸濁粒子の濃度は曲線の横に mg l^{-1} で表してある．

オ湖の場合，600～700 nm の波長帯の放射輝度反射率と実測濁度との間によい直線関係が見られた[113]．ミシシッピー川（アメリカ合衆国）の 2 つの濁った三日月湖，ムーン湖，チコット湖（アーカンソー）では，4 つのランドサット MSS バンドの中で，700～800 nm の波長帯が懸濁物負荷のモニタリングに最適であった[758, 761, 798]．

Munday & Alföldi（1979）はファンディー湾ではランドサット放射輝度の値は TSS のみよりも TSS の対数とよい相関があったことを見出した．懸濁物質に対するいくつかのアルゴリズムは 1 波長帯の放射輝度の値よりもランドサットの放射輝度の組み合わせを用いて開発されてきた[464, 758, 759, 931]．しかしながら，懸濁物質に関する普遍的なアルゴリズムの探求は[391, 759]，いかなる波長帯の組み合わせを用いても，成功しているようには思えない．その主な理由は単位重量当たりの懸濁粒子の散乱効率がサイズの関数であり（図 4・3），懸濁物質の平均粒子サイズは時と場所の両方によってきわめて変化しやすいからである．周りの水と粒子そのものの吸収特性に関係した他の理由もある．反射率は a に反比例して変化し，同時に b_b とともに増加するので，射出輝度と TSS との普遍的な線形関係は，懸濁物質濃度が変化するにもかかわらず，水媒体の全吸収係数が一定であるときにのみ期待できる．これは必ずしもそうではなく，場所，時間，研究対象としている水の吸収係数の変化は，経験的に得られた L_w と TSS の関係の再現性に影響を与え，リモート・センシングデータから決定される懸濁物濃度の精度に影響を与える．しかしながら，赤色と近赤外波長帯では，吸収は主に水自身によるので，吸収の変化は大きくないはずである．

懸濁非生物粒子による反射光のスペクトル分布は，その化学的性状による吸収特性にしたがって変化する．例えば，白粘土と赤シルトの懸濁液はかなり異なる反射スペクトルをもつ[666]．Sydor（1980）は，それぞれのタイプ（赤粘土，選鉱くず）の懸濁液からの上向き散乱光のスペクトル分布に関する彼の測定法をもとに，懸濁物質濃度同様，種類の同定がランドサットの 500～600，600～700，700～800 nm の波長帯を使ってできることは明らかであると結論づけた．

これまで話してきたこと，つまり TSS に関して行われてきた研究の多くはランドサットの MSS データを使用してきたが，他のセンサーを用いたいくつかの研究もある．Ritchie, Cooper & Schiebe（1990）は Thematic Mapper データが狭いスペクトル波長帯にもかかわらず，ムーン湖（ミシシッピー）の懸濁物質の見積もりにおいて MSS データ同様十分であることを見出した．彼らは懸濁物質研究に Thematic Mapper を利用することの主な正当性は，その高空間解像度（30 m）がより小さな湖をモニターできる点であると考えている．SPOT マルチスペクトルスキャナーは 20 m の地上分解能がある．ミシガン湖のグリーン湾の濁水に対して，Lathrop & Lillesand（1989）は 3 つの波長（緑，赤，近赤外）すべてでの大気圏外反射に対して，最もよい相関は懸濁物質の濃度の対数であることを見つけた．いくつかの改良が 3 つの反射

の組み合わせに対する TSS の対数を回帰することによって得られた．

　Stumpf & Pennock (1989) は AVHRR の赤と近赤外波長帯を用いて河口域の懸濁物質濃度測定法を開発した．彼らは CZCS データのために開発されたものと同様の大気の影響を除去するための補正処理を用い，反射率の計算値を取り上げた．

　沿岸域カラーセンサー自体は比較的透明な水の観測用にデザインされており，あるレベル以上の濁水による高い放射輝度値では波長帯が飽和するので，あまり懸濁物質をモニターするのには利用されてこなかった[13, 278]．Tassan & Sturm (1986) は，植物プランクトン色素の存在と大気補正の不確かさに対して感度が低い CZCS データを用い，沿岸水域の懸濁物の経験変数を工夫してきた．彼らは次の変数を提案している．

$$X_s = [R(550) - R(670)]^a [R(520)/R(550)]^b$$

ここで，$R(\lambda)$ の値は波長 λ の亜表層放射照度反射率であり，指数 a と b は $0.5 \leq a \leq 1.5$ と $-2.5 \leq b \leq -0.7$ の値をもつ．計算された経験変数は次のアルゴリズムに使用される．

$$\mathrm{Log\ TSS} = A + B \log X_s$$

ここで，係数 A, B は現場での反射率と懸濁物濃度に対する最適値として決められる．ベニス沖のアドリア海では，$a=1$, $b=-1$ を用いて，現場データは $A=2.166$ と $B=0.991$ を与えた．

　水中の懸濁物質濃度が増加すると，反射率のスペクトル分布の形は変化する．特に $R(\lambda)$ スペクトルの主ピークの両側における曲線の勾配は反射ピークが高くなるにつれて急になる．反射率のスペクトル曲線の変化はリモート・センシングによる植物プランクトン濃度に利用できることがすでに分かっている[129, 331]．Chen, Curran & Hanson (1992) は TSS のリモート・センシングに同様のアプローチが適用できることを実証している．$dR(\lambda)/d\lambda$ と懸濁物濃度間の高い相関は，可視，近赤外領域の多くのスペクトル領域で見られた．このアプローチの特別な利点は $R(\lambda)$ から単純に得られる TSS と比較して相関が荒れた海表面からの変化しやすい反射率によっても影響されにくいことである．しかしながら，その利用にはその波長域を通してスペクトルが連続しているか，一揃いの近接した狭い波長帯からなっているデータを必要とする．

2）植物プランクトン—反射率を増すもの

　植物プランクトンのリモート・センシングに対する一つの経験的アプローチとしては，それを懸濁物質の特別なケースとして扱い，生物量の増加に伴って近赤外線域で増加した反射率を利用することである．ランドサットの MSS の赤色帯 (600～700 nm) では，高濃度の藻類は，この波長域におけるクロロフィル吸収のため，放射輝度の減少を引き起こす．Strong (1974) はアメリカ合衆国，ユタ湖での藻類のブル

ームのランドサット画像において，赤色域から赤外域（700〜800 nm あるいは 800〜1,100 nm）への著しい逆転があることを見つけた．赤色画像の暗い領域は赤外画像のより暗い背景に対して明るく現れる．Bukata et al. (1974) はランドサットの 700〜800 nm の波長帯で反射した放射輝度が，カナダ，オンタリオ湖付近の富栄養水域におけるクロロフィル濃度の対数と相関がよいことを見出した．しかしながら，この方法の感度は比較的低く（>10 mg chl a m^{-3}），おそらくこれが藻類のブルームの発生する生産性の高い内陸水に最も適する方法である．懸濁無機粒子もまた 700〜800 nm 域の反射率を増加させる．600〜700 nm の波長帯の反射率（それは生物量より無機物の濁りとより高い相関をもつ）分布と 700〜800 nm 域のそれとの比較は，懸濁物が植物プランクトンであることを確かめるために必要である[112]．

Dekker, Malthus & Seyhan (1991) はオランダの富栄養湖上空 1,000 m から航空機でマルチスペクトルスキャナー（プログラム可能なマルチスペクトルイメージャー）を使って，植物プランクトンクロロフィルと赤色（673〜687 nm）と近赤外（708〜715 nm）放射輝度値の比の間に高い負の相関を見つけた．Mittenzwey et al. (1992) は水面上に設置した船上分光放射計を使って，ベルリン周辺の生産性の高い（3〜350 mg chl a m^{-3}）湖や川で植物プランクトンクロロフィル濃度と近赤外（705 nm）と赤色域（670 nm）の反射率の比に明確な正の相関関係（$r^2 = 0.98$）を見出した．これらの観測の根拠は近赤外域での高い生物量反射と赤色域でのクロロフィルピークによる吸収の組み合わせにあることは疑う余地はない．

緑色域の水の反射も植物プランクトンの濃度とともに増加する（次章参照）．Lathrop & Lillesand (1986) はミシガン湖に対する Thematic Mapper データを使って，中央の湖（貧栄養）とグリーン湾（富栄養）についてはクロロフィル濃度の対数と緑色帯（520〜600 nm）放射輝度の対数の間によい直線関係があることを見つけた．しかしながら，その関係は湖の 2 つの場所でかなり異なっており，中央の湖では湾よりも植物プランクトン濃度に対して緑色の反射が高く，おそらく，これは湾では緑色光をより吸収する黄色腐植物質が高レベルであるためであろう．明らかに緑色の反射に基づく植物プランクトンの普遍的なアルゴリズムは見つからないが，このように地域的に適応可能なアルゴリズムは，いくつか使用できるかもしれない．

3) 植物プランクトン—吸収を増すもの

植物プランクトンのリモート・センシングに対する最もよいアプローチは，間違いなく光合成色素によって引き起こされるスペクトルの青色末端での吸収の増加と，それに伴って減少する放射輝度反射である．Clarke et al. (1970) はクロロフィル濃度が 0.1〜3.0 mg m^{-3} の異なる北西大西洋のさまざまな海域において，低空飛行機から射出フラックスのスペクトル分布を測定した．一般的な傾向としては（図 7・8b），植物プランクトン濃度の上昇に伴い，青色域（400〜515 nm）の反射率が下がり，緑色

域（515～600 nm）の反射率が上がった．緑色域で増加した反射率は光を屈折させる粒子である植物プランクトンが全波長域での散乱を増加させ，このスペクトル領域では吸収が弱いことに起因する．リモート・センシングによって植物プランクトン濃度を見積もろうという経験的方法は，一般的に青色域での反射率の減少と緑色域での反射率の増加という点を利用し，これら2つの波長帯の比あるいは差で行われる．

Morel & Prieur（1977）はさまざまな外洋水における上向き，下向き光フラックスのスペクトル分布の測定をもとに，海中の 440 nm と 560 nm の放射照度反射率の比（水上のリモート・センシングによって見積られた反射率に関連して先に述べた方法）は，植物プランクトン色素含量が増加するにしたがって減少することを発見した．もし懸濁物による高い散乱係数をもつ水のデータを除けば，R_{440}/R_{560} の対数と 1 m^{-3} 当たり全色素 0.02～20 mg のレンジをもつクロロフィル＋フェオ色素（クロロフィル分解生成物）濃度を加えたものの対数の間におおよその直線関係が得られる[634]．

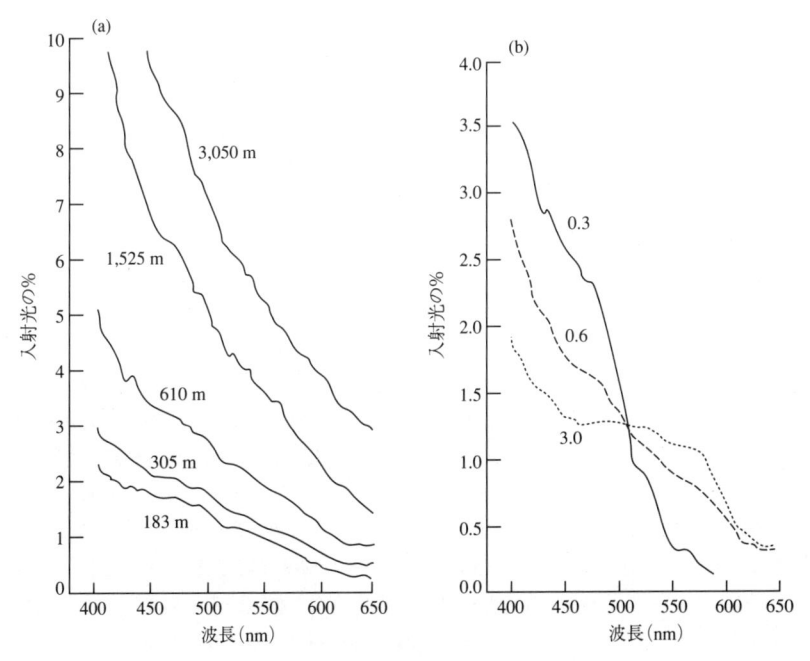

図7・8 アメリカ，ニューイングランド沖大西洋上での反射光のスペクトル分布（Clarke et al., 1970より）．測定は天頂角53°，天空光は偏光子（polarizer）で除いた．(a) 高度に対する反射光の依存性．測定は同じ場所（コッド岬の1°東）で異なる高度で行った．305 mより上で大気の散乱の影響が大きくなることが明らか．(b) 植物プランクトン含量に対する反射の依存性．測定は 305 m．植物プランクトンのクロロフィルレベル（mg chl a m^{-3}）をそれぞれの曲線の横に示した．3つの曲線はそれぞれ，湾流の北縁（0.3 mg chl a m^{-3}）大陸棚縁辺（0.6 mg chl a m^{-3}），Georges Shoals（3.0 mg chl a m^{-3}）．

Gordon et al.（1983）は Nimbus-7 衛星の CZCS から得られる L_w 値が植物プランクトンの色素濃度の計算に使うことができるということから，アルゴリズムを発展させるために，上向きフラックスのスペクトル分布に及ぼす植物プランクトンの影響を使った．彼らは 0.03〜78 mg m^{-3} のクロロフィル a（＋フェオ色素）濃度の海水中で，440, 520, 550 nm 波長帯の（これらは，前述したように，射出フラックスに直接に関連する）上向きの天底放射輝度を測定した．データは次の関係に非常によく一致した．

$$\text{Log}_{10}C = \log_{10} a + b \log_{10} R_i \qquad (7\cdot7)$$

ここで，C は単位 mg m^{-3} のクロロフィル（＋フェオ色素）濃度，R_i は放射輝度 440/550, 440/520 あるいは 520/550 の比である．例えば 440/550 nm の場合，Case 1 水では $\log_{10} a$ は 0.053，b は -1.71，すなわち植物プランクトン濃度が増加すると，550 nm に対する 440 nm の上向き放射輝度の比は減少する．上向き放射輝度の一組の値を式 7·7 代入すれば，クロロフィル（＋フェオ色素）濃度は計算できる．0.6 mg m^{-3} 以下のクロロフィル濃度に対しては 443 nm と 550 nm の放射輝度がもっとも有効である．しかしながら，より高濃度では L_w^{443} は CZCS による正確な測定には小さすぎ，代わりに 520 nm と 550 nm の放射輝度が使われる．メキシコ湾の距離約 100 km の航路にそっての表層サンプリングによるクロロフィル濃度の変動と CZCS データから計算されたものの間におおよその一致が見られた[323]．同様の結果は Atlantic Bight とサルガッソー海でも得られた[322]．

適当な $\log_{10}a$ と b の値を含む式 7·7 のようなアルゴリズムは Case 1 の外洋水すべてに適用できる．すなわち，光学特性が植物プランクトンとその破片や分解産物によってほとんどが決定される水について適用できる．Case 2 の水，つまり光学特性が基本的に河川由来の濁りや溶存黄色物質あるいは再懸濁物によって大きく影響を受ける水では，式 7·7 のような関係はまだ適用できるが[104, 326, 618]，2 つの定数の値は Case 1 の水とは異なる上，Case 2 同士でも異なるであろう．それゆえ普遍的な Case 2 のアルゴリズムはなく，地域特有のアルゴリズムがこれらの水に対して求められる．

大陸由来のギルビンが十分量含まれる Case 2 の水の場合は，その可溶性黄色物による青色域の反射率の低下を植物プランクトンによるものと区別することは CZCS データでは不可能である．SeaWiFS や MERIS のような海洋測定用の次世代地球軌道放射計はすべて，植物プランクトン吸収が（440 nm でのそれに比例して）幾分減少する可視スペクトルの端の約 410 nm で測定するように作られているが，ギルビン吸収は依然高い．この短波長帯の利用は，溶存黄色物から植物プランクトンを区別する可能性を高めると期待されている[131, 797]．

ランドサット Thematic Mapper は緑や赤同様に青色波長帯をもっている．これまで利用できた非常に限られた量のデータでは，貧栄養海水における低濃度の植物プラ

ンクトン測定には適さないようであるが，式7·7にあるように，青色－緑色アルゴリズム[215, 465, 473]によって沿岸域で起こる高濃度の植物プランクトンに有効なデータを与えるかもしれない．

植物プランクトンの見積もりにリモート・センシングの青と緑の放射輝度を用いることの不確かさは，主に非常に大きな大気補正の決定にある．この問題は低空飛行航空機を使えば避けられる．多量に懸濁物を含む水では，青－赤アルゴリズムはよい結果を生むかもしれない[220]．Borstad et al. (1980)は100 m上空を飛行することによって大気の影響を取り除き，走査分光器の口に偏光フィルターを付けて，ブリュースターの角（偏光角）での放射輝度を測定することにより大気反射を最小限にした．彼らは比較的富栄養なブリティッシュ・コロンビア沿岸水域において，$2 \sim 13$ mg m^{-3}にわたるクロロフィル a 濃度で，560 nm と 440 nm の放射輝度反射率の比と水面下3 mの間におおよその直線関係を得た．Viollier et al. (1980)は大西洋東部熱帯域と北海において，クロロフィルの測定と一緒に466 nmと525 nmの反射率の低空観測を行った．彼らは $(R_{525}-R_{466})$ と $0.2 \sim 3$ mg m^{-3} のクロロフィル濃度の対数値との間におおよその直線関係を得た．

4) 植物プランクトン－スペクトル曲線と傾きを変化させるもの

これまで述べてきた上向きの光フラックスの青，緑，赤，近赤外成分の主な変化と同様に，水中の植物プランクトン濃度の変化に伴い，十分なスペクトル解像度を備えた放射計で測定されるスペクトルの分布曲線にも部分的な変化が見られる．スペクトル分布の異なる海域でのスペクトルの曲線あるいは傾きは，広域の青／緑，赤／近赤外域の変化をもとにした経験変数に加えて，一揃いの植物プランクトンの経験変数を我々に与える．

このアプローチは初め Grew (1981) によってアメリカ合衆国東海岸海上で航空マルチチャンネル海色センサーを使って開発され，データを次の形のスペクトル曲線パラメータに適用した．

$$G(\lambda) = \frac{L(\lambda)^2}{L(\lambda - \Delta \lambda) L(\lambda + \Delta \lambda)} \tag{7·8}$$

ここで，$L(\lambda)$ は中央の波長での放射輝度で，他の2つの放射輝度は $\Delta \lambda$ 分だけ両側に離れた波長での放射輝度である．$\lambda = 490$ nm と $\Delta \lambda = 30$ nm で，$G(\lambda)$ が植物プランクトンに対してよい経験変数であることが分かった．これらの発見はさらに確かめられ，Campbell & Esaias (1983) によって植物プランクトンクロロフィルに対する次式のアルゴリズムを使って拡張された．

$$\log_{10} C = a - b \log_{10} G(490) \tag{7·9}$$

航行高度によるが，係数 a と b は太陽高度のような他の外部の影響を受け難い．Campbell & Esaias は $\log G(\lambda)$ は $\lambda + \Delta \lambda$ の範囲での $\log(\lambda)$ のグラフの曲線の尺

度であることを示し，植物プランクトンに対するこのアルゴリズムの感度の基礎は純水のスペクトル反射曲線が約 490 nm で急な負の傾きをもつこと，および植物プランクトン色素の増加に伴いこれが急激にゼロ方向に減少することであることを指摘した（図 7・8b 参照）．

Hoge & Swift (1986) は $\Delta\lambda=30$ nm で $G(\lambda)$ 経験変数を使って，レーザー誘因クロロフィル蛍光光度によって個々に測定されたクロロフィルレベルに対する結果を試験し，大陸棚水においては植物プランクトンクロロフィルに対するスペクトル曲線アルゴリズムが 460～510 nm（カロチノイドとクロロフィル Soret の吸収帯）だけでなく，赤色の 645～660 nm（クロロフィル長波長吸収ピーク）と 680～695 nm（クロロフィル蛍光）の 2 つのスペクトル域にも中央波長を設定することでよく機能することを発見した．

植物プランクトン濃度の変化に伴う水中からの放射輝度のスペクトル分布の形状変化も，適当なスペクトル領域での曲線の傾き（$dL/d\lambda$）の変化で特徴づけられる．これには短波長間隔（$\Delta L[\lambda]=L[\lambda+\Delta\lambda]-L[\lambda]$）での放射輝度値の差の測定が必要であろう．しかしながら，もし放射輝度の差ではなく比が測定されるならば，測定精度は低くてもよい．また，この理由から，傾きの他の測定値，すなわち近い 2 つの波長の放射輝度の比（$L[\lambda]/L[\lambda+\Delta\lambda]$）の測定が工学的な理由上，望ましい．Hoge, Wright & Swift (1987) はレーザー蛍光光度によってクロロフィルを測定するとともに，$\Delta\lambda=11.25$ nm で，沿岸，陸棚，外洋域にわたって低空（150 m）分光放射計を使い，この比を 410～770 nm の範囲の波長の関数として測定した．これらの近い放射輝度の比は青と緑色領域（カロチノイド，クロロフィル Soret 吸収）を通した広域スペクトル帯（430～560 nm）と赤色の，約 675 nm（クロロフィル吸収）と約 690 nm（クロロフィル蛍光）で植物プランクトンクロロフィルと顕著に高い相関が見られた．これらの実測放射輝度の比からクロロフィル値を求めるため，式 7・7 に基づく適当なアルゴリズムが使われる．

5）植物プランクトン―蛍光を発するもの

前述した植物プランクトンのリモート・センシングの方法は，藻類細胞がスペクトルのある領域の光を吸収するということを利用している．しかしながら，藻類細胞は光を放出もしている．光合成を行っている細胞による吸収の約 1% の光は約 685 nm にピークをもつ蛍光として再び放射されている．この蛍光は水中の下向き光で検出するには弱すぎるが，上向きスペクトル分布あるいは波長に対する見かけの反射曲線において顕著なピークとして現れる（図 6・7 参照）[644, 942]．

このピークは射出フラックスのスペクトル分布でも検出される．計算によると，水中でのクロロフィルの 1 mg m^{-3} 増加に伴う蛍光光度の増加は，水の上の上向き放射輝度を 0.03 Wm^{-2} sr^{-1} μm^{-1} 増加させる[253, 254]．Neville & Gower (1977) は低空飛

行航空機から偏光角で得られた生産性の高いブリティッシュ・コロンビア沿岸水域の放射輝度反射率（上向き放射輝度／下向き放射照度）スペクトルに 685 nm での明確なピークが存在し，そのピークの高さは表層数mのクロロフィル濃度に比例したことを示した．沿岸の入り江ではベースラインからの蛍光光度のピークの高さは（ボートからではなく，水上で測定された）1〜20 mg m^{-3} のクロロフィル a 濃度の加重平均（鉛直分布を考慮）と直線的な相関（r^2 =0.85）があった[330]．観測されたピークの高さによると，結果は約 1 mg chl a m^{-3} 以下では十分な精度があるようには思えない．前の節で述べたスペクトル曲線と放射輝度比のアルゴリズムも，植物プランクトンクロロフィルを見積るために蛍光ピークの領域における射出フラックスのスペクトル分布に適用される[376, 378]．

　植物プランクトンクロロフィルは太陽光よりも上空レーザーからの光によって励起された蛍光を使って見積ることができ，この方法はいくつかの利点をもつ．植物プランクトンバイオマスの指標としてリモート・センシングクロロフィル蛍光を利用する際の主な問題は，センサーへ到達する蛍光の割合が，藻類に到達する励起光（太陽あるいはレーザー）の割合同様，水の光学的特性に依存していることである．同量の植物プランクトンを含有するが異なる減衰特性をもつ2つの水塊は，まったく異なる蛍光シグナルを与える．水媒体による減衰の影響を補正するため，Hoge & Swift (1981)と Bristow et al. (1981) は水のレーザー・ラマン放射を用いた．

　水分子が光を散乱するとき，散乱光のおおくは波長の変化を受けない．しかしながら，散乱した光子の一部は散乱分子と相互作用して，分子内の振動あるいは回転エネルギーの変位に相当する少量のエネルギーを失うかあるいは得，散乱後に波長が変わる．これらは励起光バンド以外の波長の放射バンドとして散乱光の中に現われ，この現象を見つけたインドの物理学者にちなんで，ラマン放射線といわれている．液体の水の場合，特に強いラマン放射は O-H 振動伸長モードから生じる．これは励起波長の長波長側におよそ 100 nm の放射帯として現れる（図 7・9）．水中の水含有量は基本的に一定なので，このラマン放射の強度は，ある励起光光源で水面の上からリモート・センシングするとき，弱いラマンシグナルは強い減衰を示し，逆に強いラマンシグナルは弱い減衰を示す．

　このように，水の光学的特性の変動を補正するためには，いくつかの測点から得られたクロロフィル蛍光強度をその水のラマン放射強度で割る．上空から測定したクロロフィル蛍光値と，この方法で標準化したものは，水サンプルで測定されたクロロフィル含量と密接な相関があると思われてきた[100]．

　Bristow et al. (1981) は水面上方 300 m でヘリコプターから操作する，470 nm 放射光と 560 nm 励起ラマン放射を測定するポンプ式染料レーザーを使った（図7・10a）．水から返ってきた光は直径 30 cm の Frensel レンズをもつ望遠鏡で集められた．ビー

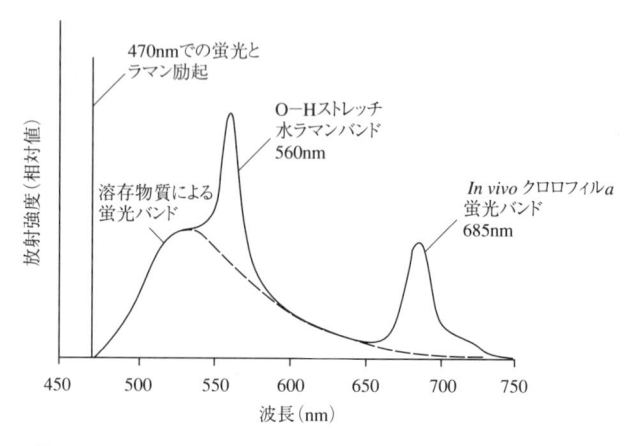

図7・9 470 nmのレーザー光で励起した場合の理想的放射光スペクトル (Bristow *et al*., 1981, *Applied Optics*. 20, 2889-2906 の許可による).

ム分光器，干渉フィルター，光量子増倍管（図 7・10b）がクロロフィル蛍光とラマン放射別々に検出するのに使われた．Hoge & Swift (1981) は，532 nm の光を放射し，645 nm で水を励起してラマン放射する，Nd：YAG レーザーを使った．装置は P-3A 航空機で水面上空 150 m を飛ばした．さらに改良して[373, 378]，このレーザーシステム（NASA 航空機搭載型海洋ライダー AOL）は，航空機の下に広がる海から太陽光による上向き放射フラックスのスペクトル分布を同時に測定する受動分光放射計を組み込んでいる．計器は 350 nm と 800 nm の間に 360 nm バンド幅を 32 の連続した 11.25 nm のスペクトルチャンネルをもち，前の節で述べたように，スペクトル曲線と放射輝度比の測定に使われる．レーザーパルスによるフラックスから後方散乱太陽フラックスによるシグナルの分離は電子的に行われる．

藍藻やクリプト藻をかなりの割合で含む植物プランクトン群集の水域では，レーザー蛍光スペクトルは約 580 nm にビリンタンパク光合成色素であるフィコエリスリンからの放射による明らかなピークが含まれる[236, 393]，というように，存在する藻のタイプについていくつかの情報を我々に与える．ギルビン，すなわち天然水の溶存黄色腐植成分もまた，レーザービームによって励起されると蛍光を発する．その放射スペクトルは約 530 nm に広いピークをもち，可視領域に広がる（図 7・9）．531 と 603 nm の組み合わせで[101]，沿岸水は 500 nm の放射で監視されてきた[799]．ラマンシグナルはそれだけで水の減衰特性のマッピングに使われることは特筆すべきことである．シグナルの逆数は中間物，K_d と C の間にある消散係数の値に比例する．

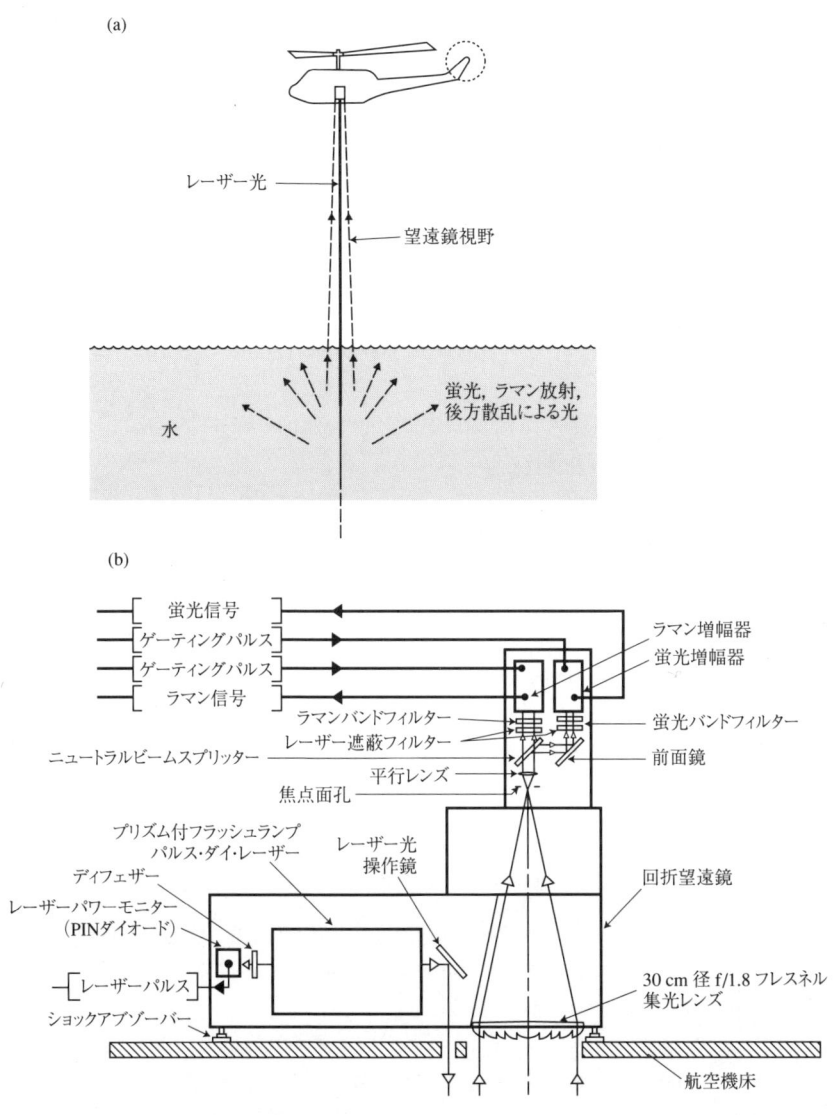

図7・10 クロロフィル蛍光と水のラマン放射を上空から検知するレーザーシステムの操作.
(a) 光フラックスの模式図. (b) レーザーと受光部光学系(Bristow et al., 1981, Applied Optics, 20, 2889-2906 の許可による).

6) 水の光学的タイプの認識

陸の影響から離れた海域では，水の光学的特性を決定するおもな要因は，水自体は

別とすると，植物プランクトンとそれらの分解物である．このことは，外洋水の反射スペクトルがおおまかには系統的に変化するということを意味する．主に植物プランクトン濃度によって決められる非常に変化に富んだ曲線群[29]が観測される．それゆえ，ある海水に対して，ある2波長の放射輝度あるいは放射輝度反射率の比の特定は，要するに全体の放射輝度反射率曲線を特定し，よって水の光学特性を特定する．Austin & Petzold (1981) は外洋のいくつかの異なる海域から得られた上向きフラックスのスペクトル分布の測定値を利用し，一対の波長の上向き放射輝度比と他の一対の波長比とよい相関があったことを見つけ（例えば，$\log [L_u(443)/L_u(550)]$ に対する $\log [L_u(443)/L_u(670)]$ のプロットは直線であった），上に述べたことと同じように，もし1つの比が分かればスペクトル放射輝度曲線の形は特定される，ということを示した．

スペクトル放射輝度曲線の系統的な変化に伴い，下向き放射照度 (K_d) の鉛直消散係数は波長の関数として非常に大きく変化する．2波長の上向き放射輝度の比の値の特定は，ある波長での K_d をおおよそ特定する．Austin & Petzold は $K_d(490)$ あるいは $K_d(520)$ がCZCSの443 nmと550 nmの放射輝度比から得られるという経験的関係を導き出した．490あるいは520 nmで計算された鉛直消散係数は，海水光学タイプの変化が衛星観測をもとに描くことができるという観点で定量的パラメータとして使われる．CZCS放射輝度データから見積もられた $K_d(490)$ 値と水の直接測定による値の一致は，メキシコ湾の2測点で見られた[31]．しかしながら，光学特性が植物プランクトン以外の成分によって大きく影響を受ける河口域や多くの沿岸域のような水では，この方法は満足に機能することは期待できない．

多量のフィールドデータを基づいて，Højerslev (1981) は前に言及した Jerlov 色指数 ($L_u[450]/L_u[520]$) と有光層 (z_{eu}) 深度間の経験的関係，

$$\frac{L_u(450)}{L_u(520)} = 0.00013 z_{eu}^2 + 0.017 z_{eu} + 0.14 \qquad (7 \cdot 10)$$

を確立し，彼はこれがたいていの海水に適用可能と考えた．色指数は原則的にリモート・センシングによって求まるので，それから Højerslev の関係は z_{eu} と $K_d(PAR)$ ($K_d[PAR] = 4.606/z_{eu}$) の分布を描くために使える．

デラウェア川河口・デラウェア湾において Stumpf & Pennock (1991) は赤色，近赤外バンドでリモート・センシングされたAVHRR放射輝度から計算された海面反射率と現場での $K_d(PAR)$ 値の間にかなり強い相関を見つけた．しかしながら，この濁った海域では，減衰率は明らかに再懸濁物質によって支配されており，反射率（直接懸濁物質に応答する）との密接な関係は驚くべきことではない．この関係は高濃度の植物プランクトンの存在で崩れる．河口・沿岸水域での $K_d(PAR)$ のリモート・センシングのアルゴリズムは地域特異的であり，川の流れの季節変化のような，時間とと

もに変化さえするようであり，腐植物と植物プランクトンの増殖が吸収と散乱の比を変え，反射と減衰の関連を邪魔する．我々は前に（6・4節），反射率が b_b/a に比例することを知った．もしリモート・センシングによって，吸収が水自体のためであると思われるスペクトル領域の遠赤あるいは近赤外のバンドで水中反射率が決定されるならば，現実的な a の値が決まり，b も計算され，後方散乱の分布は水中全体の散乱の合計によって分かる．もちろんこれは濁水の可能性だけであり，清澄な水（例えばほとんどの海水）では遠赤色，近赤外反射率はリモート・センシングで測定するには低すぎる．

後方散乱，全散乱に対して反射率が直接的に依存していることを考慮すると，多くの研究がランドサットによって観測された反射率と現場での濁度の値の間によい相関が示されていることは驚くべきことではない[136, 349, 464, 540, 562]．濁度との相関は実際に懸濁物質との相関よりよい．なぜなら我々が先に示したように，散乱の量に対応したTSSの濃度は粒子サイズの関数であるからである．

いくつかの研究では，リモート・センシングされたランドサット放射輝度，あるいは一つまたはいくつかのバンドの放射輝度の組み合わせとセッキ深度測定値の間の相関が見られており[349, 465, 540, 562, 563, 954]モニタリング光学特性の分布図を作成するのに使われてきた．いずれの波長の反射放射輝度も b_b/a の関数であり，セッキ深度は $1/(K_d+c)$ に比例し，その K_d と c は a と b のそれぞれ別の関数であるので，ある小海域においてはある関連性が観察されるが，一般的に適用できるアルゴリズムが期待できないということは驚くべきことではない．実際，ミシガン湖において，Lathrop & Lillesand (1986) はグリーン湾と，湖の中央域のきれいな場所では全く異なるアルゴリズムが適用されることを見つけている．

7・5 水圏環境に対するリモート・センシングの応用

この本での我々の関心は，光と水中の光合成に対する光の有効性であるが，我々は光学的特性や光合成生物量に関係した水圏環境の特性に関するリモート・センシングについて考えよう．

1）総懸濁物量と濁度

リモート・センシング，特にランドサットを用いたものは，内陸水や沿岸域における総懸濁物量の分布のマッピングのためにごく普通に使われてきた．2, 3 の例について見てみよう．

Klemas et al. (1974) は，デラウェア川河口域とデラウェア湾における TSS 分布を研究するために，600～700 nm の放射輝度値でランドサット MSS を，彼らがあらかじめ決定した経験的な比とともに使用した．約 5.6 ppm～211 ppm の範囲で，段階の濃度でマッピングされた．海域内の濁度は，海に向かうにつれて減少した．すなわ

ち，湾内の岸辺では高く，深い中央部で低かった（図7・11）．ランドサットの600〜700 nm の放射輝度値はまた，オンタリオ湖西部[112]，スペリオル湖[797]，ジョージア沿

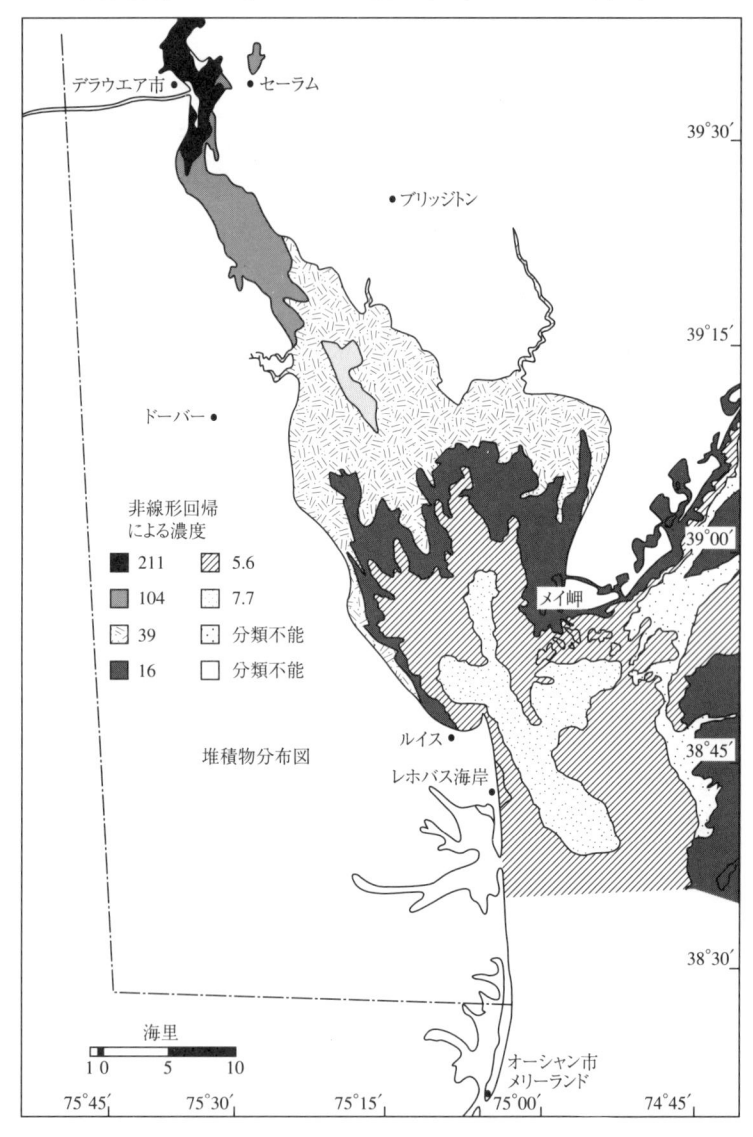

図7・11 ランドサットの 600〜700 nm放射輝度測定によって捉えられたデラウエア・エスチュアリーとデラウエア湾における懸濁粒子濃度の分布（Klemas *et al.*, 1974, *Remote Sensing of Environment*, **3**, 153-174 の許可による）．

岸沖[670]などの広い範囲にわたるTSS分布の指標として用いられてきた．

　Rouse & Coleman（1976）は，ランドサットの600～700 nmの放射輝度値を用いてルイジアナ入江に注ぐミシシッピー川からの濁度分布を研究した．彼らは，バンド5の放射輝度（彼らはその換算曲線でTSSに関連づけた）を，6段階の強度レベルでマッピングした．彼らは，流出プルームの大きさと形状が，淡水流出量だけでなく風速や風向とも相関関係にあることを示すことができた．Brakel（1984）は，東アフリカ沿岸流と季節的に変化するモンスーンによって決定されるタナ川，サバキ川からの堆積物流出の動態の変化を研究するのに，500～600，600～700，700～800 nmの波長域でケニア沿岸域のランドサット画像を用いた．ランドサット画像はまた，ニューヨーク入江（アメリカ大西洋沿岸）における海洋投棄の広がりをモニターするためにも用いられてきた[88]．

　巨大な人工湖であるナイジェリアのカインジ湖においては，発生時期の異なるソコト川からの「白の洪水」（'white flood'堆積物を含む水）とニジェール川からの「黒の洪水」（'black flood'澄んだ水）が交互に起きている．Abiodun & Adeniji（1978）は，1972～1974年の期間，その2種類の水の動態と混合を追跡するために，ランドサットの600～700 nmの放射輝度値を用いた．ランドサットの放射輝度データは，経験的な放射輝度／TSS比と組み合わせて，ファンディ湾における懸濁物分布のマッピングに使われてきた．ランドサットのバンド4，5，6における放射輝度値は，適切な経験的関係とともに，オーストラリアの人工湖における濁度分布のマッピングに使われてきた[136]．

　ランドサットのThematic Mapper Scannerはまた，濁度のマッピングにも使われてきた．例えば，シチリア島オーガスタ湾内および周辺の沿岸水[465]には緑色バンドの放射輝度が使われたのに対し，ミシガン湖のグリーン湾とその隣接域[540]には赤色バンドの放射輝度が使われた．グリーン湾[541]におけるより高解像の研究では，人工衛星SPOT-1のHRVセンサーの緑色・赤色・近赤外バンドの放射輝度が，フォックス川のプルームから流出する懸濁物分布のマッピングに使われた．

　CZCSのチャンネルは相当低い放射輝度値で飽和するため，懸濁した沿岸水にしばしば見られる高レベルの懸濁沈積物のマッピングのためにはあまり使われてこなかった．しかしながら，北海[387]，アイリッシュ海[979]，アドリア海北部[799]のような沿岸大陸棚上における懸濁物の分布や季節変化に関する興味深い情報を提供するのに使われてきた．

　航空機搭載のマルチスペクトルスキャナーは，スウォンジー湾やブリストル海峡（イギリス）[757]，ニューヨーク入江[433]の汚水泥放出口周辺における懸濁物分布のマッピングに使われてきた．

　懸濁物の中の特殊な種類は，「Whitings（白色化）」として知られる現象の原因とな

る．これは，炭酸カルシウム粒子の細かい雲状の沈降によって作られ，おそらく光合成を行う植物プランクトンによる CO_2 の取り込みに由来している．Strong（1978）は，五大湖における「Whitings」分布を観測するためにランドサットを用いた．「Whitings」は水面下数メートルに形成される．彼らは，より深く透過する緑色バンド（500～600 nm）においては放射輝度値の大きな増加がみられるが，非常によく吸収される赤色バンド（600～700 nm）はほとんど検出されないことを明らかにした．

2）植物プランクトン―航空機による研究

航空機からの植物プランクトンの検出は，一般に緑色の反射率に比較して減少する青色の反射率に基づいている．低空で行われる調査では，空間的にスキャンできないタイプの光度計が用いられてきたので，広い範囲にわたった分布というよりも，航空機の直線上の航跡に沿った分布が測定されてきた．Arvesen et al.（1973）は，サンフランシスコ湾内外とサンフランシスコ北の太平洋沿岸に沿った植物プランクトンの分布を見るために，高度150 mを飛ぶ航空機から443と525 nmを測定する微分放射計を使った．Clarke & Ewing（1974）は，航空機搭載の分光計を用いて測定した540と460 nmでの反射比（色比と呼ばれる）を，カリブ海とカリフォルニア湾域の植物プランクトン濃度と生産力の指標として用いた．

Viollier, Deschamps & Lecomte（1978）は，高度150 mから観測された緑色（525 nm）と青色（466 nm）の放射照度反射率の差を植物プランクトン濃度の近似的な指標として用い，ギニア湾（東大西洋熱帯域）における沿岸湧昇発達期の植物プランクトン分布の変化をマッピングした．Borstad et al.（1980）は，高度100 mで航空機からブリティッシュ・コロンビア沿岸に沿った植物プランクトンの分布をマッピングするために，560と440 nmの放射輝度反射率の比と，685 nmのクロロフィルの蛍光放射の両方を用いた．彼らは，航空機搭載のリモート・センシングが植物プランクトン現存量の探知と測定において有効で効果的な技術であり，しかも人工衛星に基づく測定と違い，曇った天候下においても使用できると結論づけた．

中高度から高高度における航空機調査では，数キロメートル幅の範囲で，植物プランクトンの分布を観測するために，空間的にスキャンできるマルチスペクトル光度計が用いられてきた．例えば，ヴァージニアのジェームズ川河口域[432]，ニューヨーク入江[432]，カリフォルニアのモンタレー湾[472]，サン・フランシスコ湾[463]，ガルフストリーム前線渦での珪藻による大規模パッチ[1013]，オランダの富栄養のルースドレビト湖[185]，（新AVIRIS走査型放射計を用いた）タホー湖（カリフォルニアとネバダの州境）[337]で，そのようなマッピングが行われてきた．ジェームズ川における研究のような，中高度（高度2.4 km）におけるスキャナーの使用は，より高い空間的解像度を提供するため，エスチュアリーのような複雑な形状を有する水域の研究により適している．

青色／緑色の反射率の比に代わる経験変数は，すでに見てきたように，水域からの

射出フラックスのスペクトル曲線である．Harding et al. (1992) は，高度 150 m で航空機からチェサピーク湾（アメリカ合衆国）の植物プランクトン群集の分布と季節変化を追跡するために，460，490，520 nm を測定する NASA ODAS 放射計と，スペクトル曲線のアルゴリズム（式 7・8）を用いた．

ジャーマン入江（北海）[374]，ガルフストリームの暖水リング[375]，ニューヨーク入江[377] での植物プランクトン分布のマッピングは，低高度の航空機から，NASA の航空機搭載型海洋ライダー（AOL）を用いたクロロフィル蛍光のレーザー励起が使われてきた．Bristow et al. (1985) は，スネーク川下流とコロンビア川（オレゴンとワシントンの州境，アメリカ合衆国）の 734 km の区域に沿って，クロロフィル，溶存態有機物，ビーム消散係数（ラマン放射の逆数からおおよそ見積もられる）の航路に沿った分布を測定するために，航空機搭載のレーザー蛍光光度計を用いた．Kondratyev & Pozdniakov (1990) は，多数のロシアの湖の植物プランクトン分布をマッピングするために，ヘリコプター搭載のレーザー蛍光光度計を用いた．リビンスク池では，このようにして数日にわたり，気象条件の変化に対応した植物プランクトン分布の主な変化を観測することができた．

航空機搭載のマルチスペクトルスキャナーが，フロリダのセント・ジョセフ湾[793] とベニス・ラグーン（イタリア）[1020] の底生大型水性植物（草類および大型藻類）の分布をマッピングするのに使われてきた．

3）植物プランクトン－人工衛星による研究

ランドサット MSS 光学システムは，先に述べたように，赤色バンド（600～700 nm）の増加はなく，近赤外バンド（700～800 nm）の増加を利用して，高密度の植物プランクトンを検出するのに使われる．Bukata & Bruton (1974) は，カナダのオンタリオ湖西部の植物プランクトン分布のおよその指標として 700～800 nm の波長域の放射輝度を用いた．Strong (1974) は，アメリカのユタ湖，エリー湖，続いてオンタリオ湖[881] でも藻類ブルームのマッピングに，ランドサットの放射輝度を用いた．Stumpf & Tyler (1988) は，アメリカのチェサピーク湾河口域中の植物プランクトンブルームをマッピングするために，AVHRR で測定された赤色と近赤外の反射率の差を用いた．

いくつかの予備的研究を除けば[215, 473]，ランドサット Thematic Mapper は，緑色・赤色領域と同様に青色のチャンネルをもつにもかかわらず，植物プランクトン分布を観察するために，これまでほとんど使われていないようである．

海洋生態系に関する理解を大きく前進させた，植物プランクトンのリモート・センシングにおける重大な進展は，すでに見てきたように，藻類密度の増加に伴う射出フラックスの青色／緑色光の比の減少を利用した人工衛星 Nimbus-7 の CZCS の出現であった．Nimbus-7 は，その運転期間の 1978～1986 年に，世界中のほとんどの海

洋をカバーするデータを蓄積した．植物プランクトン分布に関する多くのCZCSの調査結果が発表され，すべてが非常に公益性が高く価値のある情報を与えた．以下に，これらのうちのいくつかについて簡単に説明する．データは一般に443/550 nmか520/550 nmの放射輝度比のいずれを用いたかに基づいて，$<0.05 \sim >1.0$ mg（クロロフィル＋フィオフィグメント）m^{-3} または $0.1 \sim >10.0$ mg m^{-3} の範囲の濃度の多くをカバーした色コードで示される．

　Hovis et al.（1980）とGordon et al.（1980）はメキシコ湾の植物プランクトンの分布を特徴づけるためにCZCSデータを用いた．Smith & Baker（1982）は，CZCSの測定からカリフォルニア湾の植物プランクトン分布をマッピングすることができた．1979年3月のある日の図を図7・12に示した．中部大西洋入江やサルガッソー海の大陸棚や大陸斜面上の植物プランクトンが，Gordon et al.（1983）によってマッピングされた．Bricaud & Morel（1986）は，リヴィエラとコルシカの間の地中海域やポルトガル沖湧昇域の植物プランクトン分布のCZCS画像を示した．

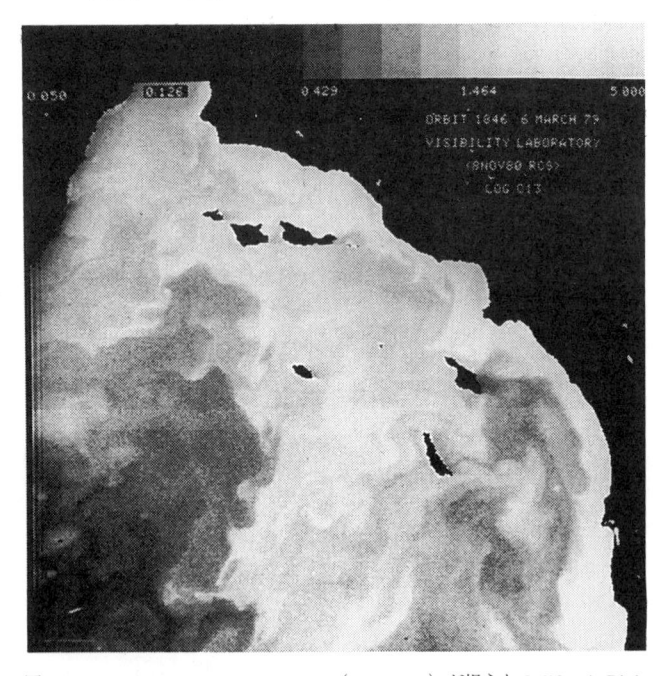

図7・12　Coastal Zone Colour Scanner（Nimbus-7）が捉えたCalifornia Bightの植物プランクトン分布．1979.3.6.（Smith & Baker, 1982, *Marine Biology*, 66, 269-279 の許可による）．クロロフィル濃度（mg m^{-3}）と画像の密度の関係は図の上部にスケールで表してある．

Brown et al. (1985) は，CZCS の情報と AVHRR からの海表面水温のデータを組み合わせることによって，アメリカ東海岸沖の西部大西洋における春季植物プランクトンブルームの空間的・時間的な消長を観測することができた．Pelaez & McGowan (1986) は，3 年間にわたって，カリフォルニア海流で毎年見られる植物プランクトンのパターンを観測することができた．特に興味深いことは，CZCS によって示された植物プランクトン分布と AVHRR によって示された海表面水温の間の非常によい対応関係であった．すなわち水温が低いほど，植物プランクトン密度が高かった．

　Holligan et al. (1989) は，1979～1986 年にわたる，北海の非常に広範囲にわたる CZCS の研究結果を発表した．CZCS の一連の画像は，とりわけ，毎年の円石藻のブルーム（550 nm の高い反射率によってたやすく検出できる），1980 年の北海東部および北西部における植物プランクトンの春季ブルームの発達，ジャーマン湾の何季かにわたる夏季植物プランクトンの分布，などである．Fiedler & Laurs (1990) は，コロンビア川（オレゴンとワシントンの州境）－東部大西洋へ流れ込む淡水の最大供給源－のプルームの季節変化と，それに伴う高濃度の植物プランクトンを，1979～1985 年の期間にわたり CZCS で検出することによって，追跡することができた．Sathyendranath et al. (1991) は，アラビア海においては，南西からのモンスーンによって引き起こされる湧昇によって植物プランクトン群集の大きな季節的増大を示すことに対して CZCS データを使用し，結果として植物プランクトンの分布が海表面水温の季節的変化に支配的影響を及ぼしていることを示すに到った．

　CZCS によって得られた情報は，これまで全く知られていなかった植物プランクトンの大スケールでの分布状況を示すことになる．生産性の高い沿岸水から，生産性の低い外洋水への移行領域明瞭に分かれ，外洋域では生産力の変動する渦や渦の複雑な配置がわかる．

7・6　今後の見通し

　植物プランクトンの分布をマッピングするための CZCS のようなリモート・センシングスキャナーの発展は，近年の水圏科学における最も重要な発展の一つである．それは，以前は決して見ることのできなかったスケールでの海洋の生産力について詳細で総観的な情報を間違いなく提供する．これまでで最も良好な成果が示されてきたのは外洋域であり，そこでは水自身を除けば，植物プランクトンが上向きの光フラックスに最も大きな影響を及ぼす．海洋生態系に手法を広げることは，川から流入する非常に高濃度の溶存黄色物質で縁どられている北部ヨーロッパのように，より難しくなっていくであろう．青色領域における上向きフラックスに対する植物プランクトンの影響を，ギルビンによるバックグラウンド吸収から分離することはできないであろう．より選択幅の広い他の周波帯が必要とされており，新世代の人工衛星搭載の放射

計ではそれらが利用できるようになるはずである.

　黄色物質によるバックグラウンド吸収は，内陸水での植物プランクトンのリモート・センシングにおいては，やはり大きな問題であることにはかわりない．懸濁堆積物による濁度も干渉する．内陸水は，一般的に海洋よりも生産性が高く，そのため探知できるだけの高い植物プランクトン密度が存在する．しかしながら，CZCS によって得られる 825×825 m よりも細かい空間解像力が内陸水には不可欠であり，新しい測器のいくつかでは利用可能になるであろう．

　植物プランクトンのシグナルがバックグラウンドから分離できなくても，リモート・センシングのデータは自然水についての有益な情報を提供する．ランドサットのデータからすでに，そのような濁度分布図が得られているのは興味深いことであり，青色域の放射輝度を測定することができる新世代のスキャナーによって，総黄色物質の分布のマッピングも可能になるであろう．

　しかしながら，地球上の炭素循環と気候変動における海洋の役割がどの程度かということに関連した大きな難題については，まず海洋植物プランクトン分布のマッピングを十分に行った上で，地球上の生態系に対応する一次生産の見積もりへと進むことになる．これは，後の章でもう一度振り返るトピックである．

第2部 水圏環境における光合成

8. 水生植物の光合成器官

第1部では水中の光の状態について論じた．異なるタイプの自然水域において光が示す様々な特徴や，水中での散乱と吸収のプロセス，またそのことが水中の光の場を作り出すように入射光に作用する機作などについてである．この第2部では，水生植物の光合成による水中の光の利用に注目する．この章では，どのような細胞内の構造で水生植物が水中の光の場から放射されたエネルギーを獲得し，またそれを化学エネルギーに変換させているかを，器官レベルから分子レベルにわたって問うことから始める．

8・1 葉緑体

真核植物では，光合成は葉緑体と呼ばれる器官で行われる．葉緑体は類縁関係にあって相互変換可能な大きな分類群である色素体として知られるものの一つである．これらの器官の詳しい説明は Kirk & Tilney-Bassett (1978) と Staehelin (1986) が行っているので，ここでは簡潔な記述にとどめることにする．

葉緑体は光を捉える色素と，吸収したエネルギーを使って $NADPH_2$ の形での還元力と ATP の形の生化学的エネルギーを生み出す電子伝達体，そして $NADPH_2$ と ATP を使って CO_2 と水を炭水化物に換える酵素，を含んでいる．色素と電子伝達体はチラコイドと呼ばれる特化した膜の中に含まれている．CO_2 固定酵素は通常，ストロマと呼ばれる葉緑体の残りの内部溶質部分全体に分布しているが，ある藻類の葉緑体ではいくつかの酵素はピレノイドと呼ばれる葉緑体中の特殊な構造の中にある．

葉緑体は液胞外側の細胞質部分においてかなりの割合を占めている．細胞に入射した光の多くが1個以上の葉緑体を通過できるように，通常，細胞当たり十分な量の葉緑体が存在する．しかし，あとの章で述べるように，細胞内の葉緑体の配列あるいは細胞断面における葉緑体の占める割合は光の強さによって変化する．

水生種を含む高等植物では，葉緑体は一般にレンズ状をしており，直径は $4～8\,\mu m$，中央部の厚さは約 $2\,\mu m$ である．ある程度，細胞のサイズにもよるが，成熟した葉の細胞1当たり普通 20～400 の葉緑体が存在する．陸上植物では葉緑体は主に葉の柵状細胞と葉肉細胞に存在し，通常，表皮細胞の色素体から葉緑体には分化しない．しかしながら，(この本の中で我々が取り扱う一種の水生植物は)，表皮細胞もよく分

化した葉緑体をもつ．いくつかの場合，葉の柵状層は全く発達せず，スポンジ上の柔組織に置き換わっている[399]．水中の葉では，気孔は滅多にないか欠失しており，CO_2 はおそらく表皮の細胞壁を通して直接取り込まれている．

真核藻類の間でも葉緑体のサイズ，数，形態には大きな違いがある．包括的な説明を Fritsch (1948)，Bold & Wynne (1978)，Raymont (1980) らが行っている．単細胞，多細胞いずれの藻類でも，葉緑体は1つの細胞につき，1つ，2つ，あるいは100程度，もしくはそれ以上存在する．多くの藻類で，葉緑体はピレノイドという直径1〜5μmの高密度の物質を含んでいる．それらはしばしば多糖が蓄積される場であり，またリブロース2リン酸カルボキシラーゼの顆粒状もしくは結晶状の凝集体とともに堅く詰まっている．

葉緑体は，レンズ状（*Euglena*，*Coscinodiscus*）や，らせん状（*Spirogyra*），星形（*Zygnema*），板状（*Pinnularia*），不規則な網目状（*Oedogonium*），あるいはその他様々な形をとる（図8・1）．葉緑体は1つだけの場合は一般的に大きく，例えば *Mougeotia* の葉緑体は平らでほぼ長方形をしており，長さは普通100〜150μmである．大量に存在する場合は一般的にレンズ状で高等植物と同じくらいのサイズである．

個々の藻類グループに目を向けると，いくつかの有用な一般化が可能である．付着性の植物と植物プランクトンの主要な構成員である緑藻類（*Chlorophyta*）の多くは1細胞当たり1つの葉緑体を含む．*Chlamydomonas* や *Chlorella* その他の単細胞浮遊種ではカップ型の構造をしていることもあり，大きい繊維状の細胞ではらせん状か平ら，その他の形をしている場合もある．

いくつかのチリモ（desmids）は1細胞当たり2つの葉緑体を含む．緑藻のおよそ15の目のうち，Caulerpales と Siphonocladales，Dasycladales の3つは多核細胞の

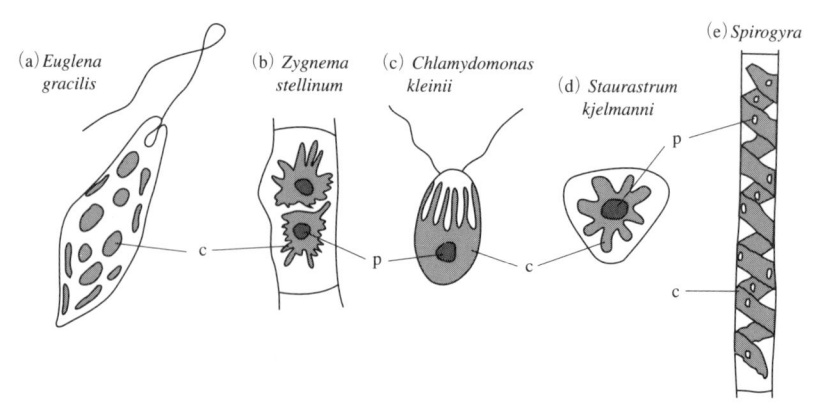

図8・1 いくつかの藻類の葉緑体．c＝葉緑体，p＝ピレノイド．(b)〜(e) は West, G. S. (1904)，The British freshwater algae, Cambridge University Press より．

構造をしている．一般的な構造の細胞と同様に，これらは隔壁のない管状の繊維をもっている．これらの管状構造は普通，レンズ状の多くの葉緑体を含んでいる．

褐藻類（Phaeophyta）は1細胞中に1つか2つ，もしくは多くの葉緑体を含むようである．沿岸の一次生産に特に重要なLaminarialesとFucalesの2つの目はどちらもその大きな葉体に1細胞当たり多くの葉緑体を含む．これら褐藻類の葉緑体の特徴は，これらがピレノイドを含む場合にはレンズ状の葉緑体から突き出て球根上の構造を形成することである．

我々はプランクトンの一次生産に大きな貢献をするという理由で，様々な門のうち，黄金色門（黄，黄緑もしくは黄褐色の単細胞生物）の6つの綱のうち2つについて考えてみよう．Prymnesiophyceae綱（旧Haptophyceae）は，特に暖水域において海洋植物プランクトンの主要な構成種である円石藻を含む．この綱の仲間は一般的に2つ，時に4つもしくはそれ以上のレンズ状の葉緑体をもつ．Bacillariophyceaeもしくは珪藻綱は海水や淡水中でしばしば，その植物プランクトンの主要構成者となる．中心目（円形）珪藻では葉緑体は普通小さく，レンズ状で多数存在する．羽状目（舟形）珪藻では少なく（2つだけの時もある），大きい（分厚いか，皿状の）葉緑体が存在する．Pyrrophyta門，もしくは渦鞭毛藻は，水圏，特に海洋での一次生産に大きく寄与しており，その重要性は珪藻に匹敵する．Pyrrophyta門は2つの綱から構成されており，そのうちDinophyceae綱は多数の小さくレンズ型の葉緑体を，Desmophyceae綱は少数の皿状の葉緑体をもつ．

池に普通に存在する単細胞鞭毛藻類であるユーグレナ藻の仲間は様々なタイプの葉緑体構造をもち，それは多数のレンズ型の色素体（図8・1）から少数の大きな皿状もしくはリボン状の形にまで及ぶ．もう一つの鞭毛藻類であり，時折，沿岸海水中の植物プランクトンの重要な構成員となるクリプト藻は，1細胞当たり普通に2つ，時々1つの葉緑体を含んでいる．

Rhodophytaもしくは紅藻類は葉状体の姿をしているものがほとんどで，主に海域に生息する．それらは沿岸域の底生植物（海底に付着し，成長する）の主要な構成員である．それらは2つのグループに分けられ，そのうちのBangiophycidaeは普通，星状の軸のような葉緑体をもち，Florideophycidaeは普通，細胞の表皮の周辺部に多くの小さなレンズ状の葉緑体を含んでいる．

8・2 膜と粒子

切片の電子顕微鏡写真では，葉緑体は2枚，いくつかの藻類においては3枚の膜の覆いで囲まれており，顆粒状のマトリックスで満たされていることが分かる．このマトリックスはストロマと呼ばれ，主に二酸化炭素の固定に使われる酵素からなるタンパク質の濃縮した溶液もしくはゲルで構成されている．ストロマの中にはチラコイド

という平らで膜に囲まれた嚢の列で埋まっている．これらは葉緑体の主平面とほぼ並行に並んでおり，その平面と直角に電子顕微鏡の切片を見ると，2つ一組の膜の姿で存在している．それぞれの葉緑体にはたくさんの数のチラコイドがある．藻類ではほとんどのチラコイドが葉緑体の一方の端からもう一方の端まで延びている．

藻類の異なる綱ではチラコイドの集まり方が異なる．最も簡単な配列は紅藻類で見

(a)

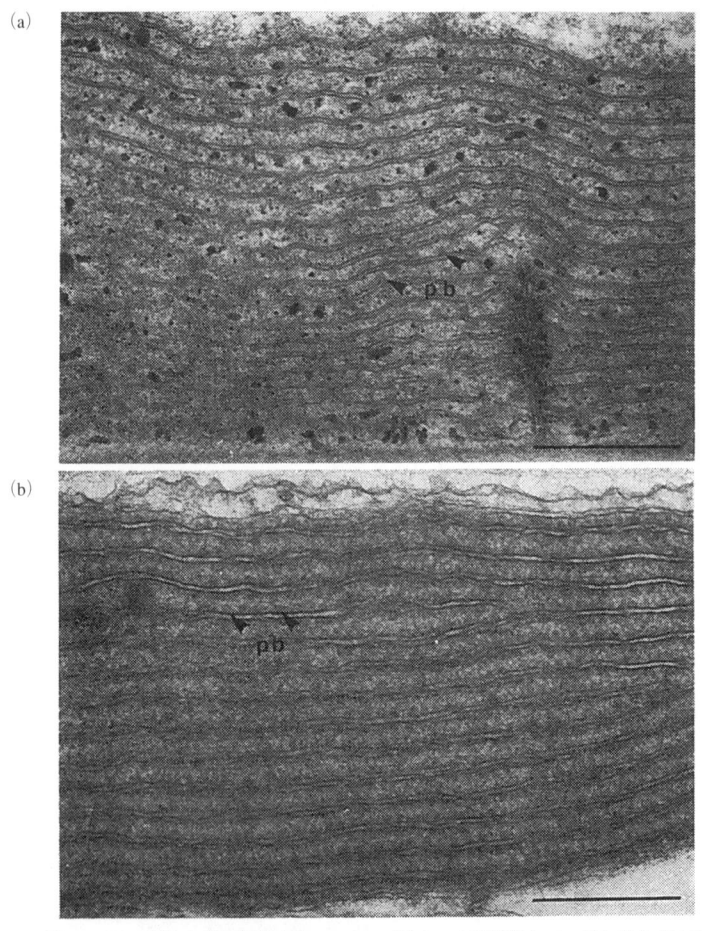

(b)

図8・2 ラン藻および紅藻類のもつフィコビリソームが付着して一層に並んだチラコイド（Dr M. Veskの好意による）．pb-フィコビリソーム．スケールは 0.5 μm．(a) ラン藻 Oscillatoria brevis の細胞質中ではチラコイドは単独で自由に並んでいる．(b) 紅藻 Haliptilon cuvieri の葉緑体の一部．チラコイドは規則的に間隔をあけて単独で位置している．

られる（図8・2b）．それらでは約20 nmの厚さのチラコイドが単独でストロマ中に離れて位置している．それぞれのチラコイドの外表面にはフィコビリソームという主にビリンタンパクからなる直径30～40 nmの粒子が付着し，整列している．

その次にシンプルなチラコイドの配列はクリプト藻で見られ，そのチラコイドは2つ一組で緩く結びついている（図8・3a）．それらは他の藻類のチラコイドより厚さが

(a)

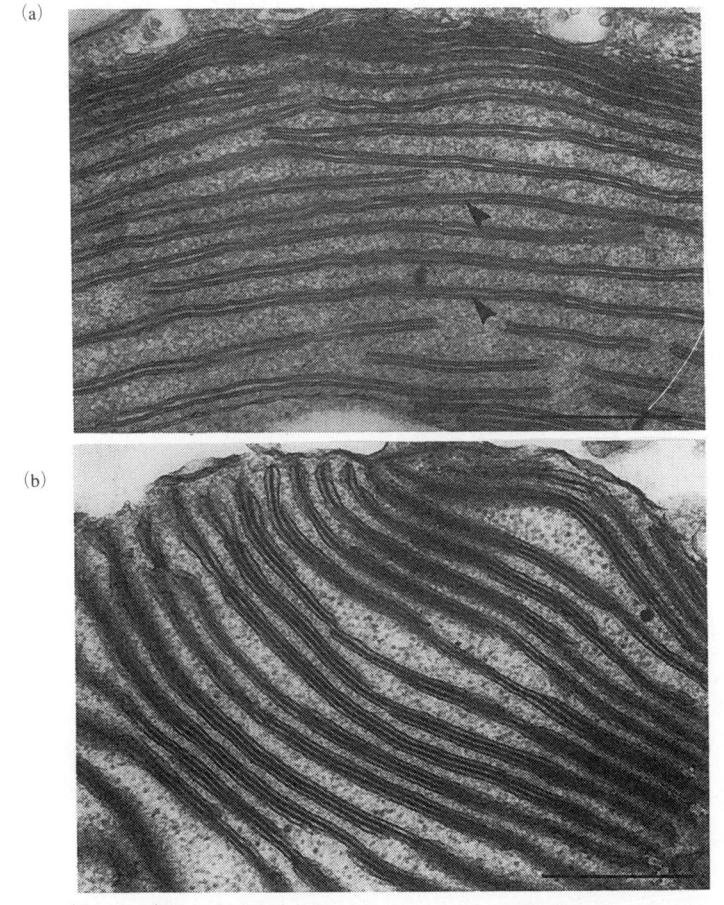

(b)

図8・3 2組および3組でまとまったチラコイドをもつ藻類の葉緑体（Dr M. Veskの好意による）．スケールは0.5μm．(a) クリプト藻 *Chroomonas* sp. の葉緑体の一部．二対のチラコイド（矢印）がフィコビリンタンパクのマトリックスで満たされている．(b) 渦鞭毛藻 *Gymnodinium splendens* の葉緑体の一部．緊密にくっついた3層のチラコイドからなる複合ラメラとなっている．

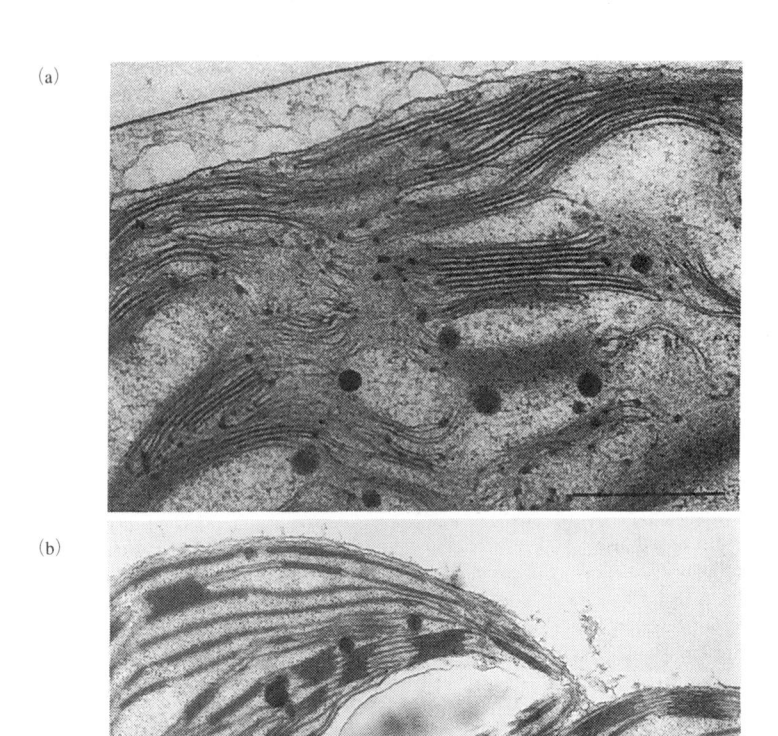

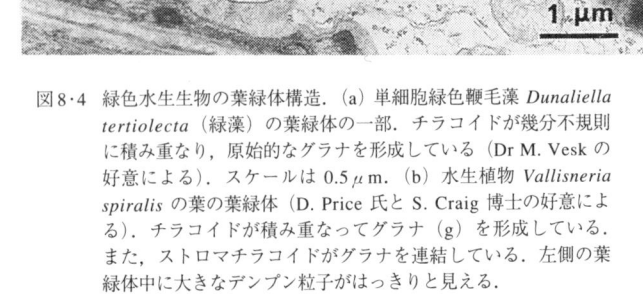

図8·4 緑色水生生物の葉緑体構造．(a) 単細胞緑色鞭毛藻 *Dunaliella tertiolecta*（緑藻）の葉緑体の一部．チラコイドが幾分不規則に積み重なり，原始的なグラナを形成している（Dr M. Vesk の好意による）．スケールは 0.5 μm．(b) 水生植物 *Vallisneria spiralis* の葉の葉緑体（D. Price 氏と S. Craig 博士の好意による）．チラコイドが積み重なってグラナ (g) を形成している．また，ストロマチラコイドがグラナを連結している．左側の葉緑体中に大きなデンプン粒子がはっきりと見える．

19～36 nm と厚く，それらの内部空間がビリンタンパク色素からなると考えられる高電子密度の微細な顆粒物質で満たされている.

緑藻のいくつかを除く他の全ての藻類綱では，チラコイドは3つ一組で集まり積み重なっている（図8・3b）．これらの積み重なったチラコイドは複合ラメラと呼ばれる．水生高等植物といくつかの緑藻類ではさらに複雑なチラコイドの配列が見られる．それらは一般に5～20のチラコイドからなるさらに何層かの積み重ねとなっているが，積み重ねの中の個々のチラコイドは藻類の典型的なチラコイドよりも直径がはるかに小さい．そのようなそれぞれの積み重なりをグラナと呼ぶ．一般的な葉緑体中には40～60個のグラナが存在する．それぞれのグラナや，積み重ねのチラコイド同士の間には多くの相互の結合が見られる（図8・4）．このタイプの葉緑体では，チラコイドは葉緑体の光合成膜システムを構成する部分を相互に連結した複雑に層を成す系の中の個々の区画であるとみなすのがよい．水生高等植物の葉緑体のチラコイドシステムを図8・4bに示す．

ラン藻類（Cyanophyta）は原核生物であり，そのため様々な機能は膜に囲まれた独立した細胞小器官によって仕切られていない．これらの藻類もチラコイドをもつが，それらは細胞質中に自由な状態で存在する（図8・2a）．それらのチラコイドは紅藻の葉緑体のチラコイドとタイプは同じで，表面にフィコビリソームの付着した単独のチラコイドである．ある海産ホヤに共生している原核藻類の一つである *Prochloron* はビリンタンパクを含んでおらず，そのためフィコビリソームが欠けている．Lewin (1976) により，これらの藻類は原核緑藻という新しい門の藻類として分類されるべきであるとの提案がなされたが，*Prochloron* のような藻類も含むことができるようにラン藻綱の定義の基準を拡大すべきであるという逆の提案も Antia (1977) からなされた．*Prochloron* の異なる単離株は細胞質中に単独，対，もしくは12個まで積み重なったチラコイドをもつ[918, 989]．現在では浮遊性の原核緑藻種の存在も知られている．湖では繊維状のものが見られ，海域では球型のものが多い[120, 142]．

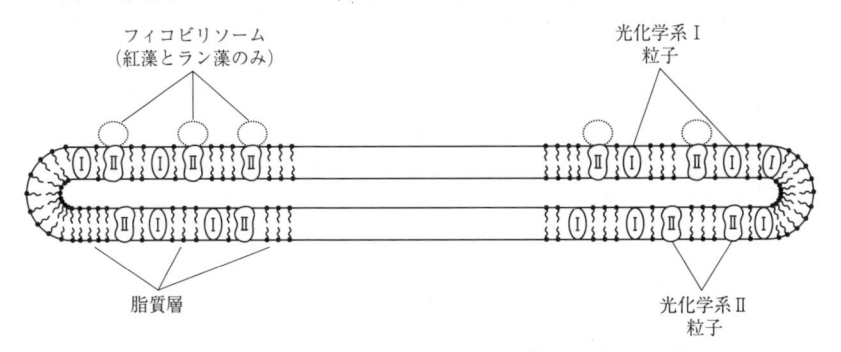

図8・5　藻類と水生高等植物のチラコイド膜組織によく見られる型.

全ての植物のチラコイド膜はタンパク粒子の埋まった脂質二重層からなる．高等植物の葉緑体のチラコイドは32％が無色の脂質，9％がクロロフィル，2％がカロチノイド，57％がタンパク質からできており，藻類のチラコイドの化学組成はだいたい同じである．二重層を構成している極性脂質の性質は藻類の綱によって異なる．

　光合成の光吸収—電子伝達系は光化学系Ⅰと光化学系Ⅱと呼ばれる2つのサブシステムから構成されている（8・5節参照）．それらはチラコイド膜の中に2つの異なるタイプの，しかし相互作用する粒子として存在すると考えられている．そして，それぞれの粒子は反応中心と光吸収色素タンパクを含み，それに関係した特定のタイプの電子伝達成分をもっていると考えられる．光合成膜の分子構造は藻類の綱によって著しく異なるようであり，様々なタイプの植物についての詳細は知られていない．しかし，組織の様式が図8・5に示すようなものであると考える根拠はある．

8・3　光合成色素組成

　水中の光の場からの光エネルギーの獲得は，400〜700 nm の範囲の光のどこかを効率的に吸収できる構造をもった分子である光合成色素によって行われている．光合成色素には，クロロフィル，カロチノイド，ビリンタンパクという，化学的に3つの異なるタイプがある．全ての光合成植物はクロロフィルとカロテチイドをもっており，紅藻，ラン藻，とクリプト藻はビリンタンパクももっている．藻類の光合成色素の総括的な説明はRowan（1989）によってなされている．

1）クロロフィル

　クロロフィルは中央にマグネシウム原子がキレートされた環状テトラピロール複合体である．クロロフィル a と b はジハイドロポルフィリンの誘導体である．その構造を図8・6aに示す．球形の海産原核緑藻である，$Prochlorococcus\ marinus$ では，クロロフィル a と b は環Ⅱのエチル基がビニル基に置換されて，ジビニルの形の a_2 と b_2 になっている[140, 308]．クロロフィル d は，紅藻のある種にわずかに見られ，環Ⅰのビニル基がアルデヒド基に置換されていることを除いてクロロフィル a のそれと類似している．クロロフィル a, b, d は環Ⅳにプロピオン酸残基がエステル結合したフィトールという，C_{20} のイソプレノイドアルコールの存在によって疎水性示す．クロロフィル c_1 と c_2 はジハイドロポルフィリンではなくポルフィリンであり，フィトールが欠けている．その構造を図8・6bに示す．

　全ての光合成植物はクロロフィル a（あるいは a_2）を有しており，ほとんどの植物種はこれに加えてクロロフィル b（あるいは b_2）か，もしくは一つまたはそれ以上のクロロフィル c，あるいは，まれにクロロフィル d を有している．異なる植物群間のクロロフィル（クロロフィル d のような光合成能のないもの以外）の分布を，表8・1にまとめた．クロロフィル a は，通常，全クロロフィルのほとんどを占めている．

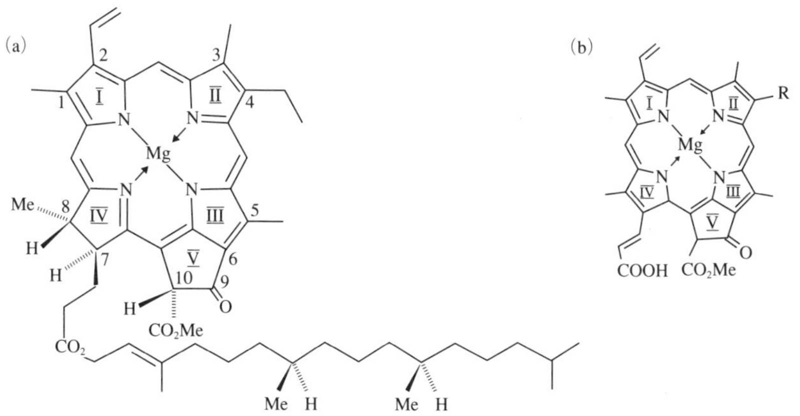

図8·6 クロロフィル．(a) a と b. クロロフィル b ではリング II の - CH_3 が - CHO に置き換わる．クロロフィル a_2 と b_2 ではリング II のエチルがビニルに換わる．(b) c_1 と c_2. c_2 では R は - CH = CH_2.

表8·1 さまざまな植物群におけるクロロフィルの分布
(Kirk & Tilney-Bassett, 1978 より).

植物群	クロロフィル			
	a	b	c_1	c_2
被子植物，裸子植物	+	+	−	−
シダ植物，コケ植物				
藻類				
緑藻	+	+	−	−
ユーグレナ藻	+	+	−	−
黄金色藻				
黄金色藻綱／ハプト藻綱	+	−	+	+
黄緑藻綱	+	−	−	−
ユースティグマト藻綱	+	−	−	−
珪藻綱	+	−	+	+
渦鞭毛藻	+	−	−(+)	+
褐藻	+	−	+	+
クリプト藻	+	−	−	+
紅藻	+	−	−	−
ラン藻	+	−	−	−
原核緑藻 [a]	+	+	−	−

注：主要なカロチノイドとしてペリディニンを含む渦鞭毛藻の多く（渦鞭毛藻）は唯一クロロフィル c_2 のみを含む．これらの渦鞭毛藻のペリディニンはフコキサンチンにとって代わっており，c_1 と c_2 を含む [415]．c_2 を含むいくつかの黄金色藻は新しく記載されたクロロフィル c_3 を含む [418, 869]．

[a]：いくつかの球形海産原核緑藻は通常のクロロフィル a, b ではなく，ジビニル型の a_2 と b_2 を含む [142, 308]．

藻類群間では，クロロフィルaの含有量は大きく異なる．Helgoland沖の多細胞海産藻類の主要3色素の含有量は，乾重量%で，紅藻は0.09〜0.44，褐藻は最も多く0.17〜0.55，緑藻は0.28〜1.53である[219]．葉状体の単位面積当たりの量（mg dm^{-2}）では，紅藻は0.5〜2.8，褐藻は最も多く4.3〜7.6，緑藻は0.5〜1.4である．自然海域の植物プランクトンに限れば，クロロフィルa含量は早い増殖が見られる栄養塩豊富な海域で最も高い．Steele & Baird (1965)は北部北極海において，植物プランクトン混合群集の炭素：クロロフィルaの比が，春に最も低い20：1で，夏の終わりには上昇して約100：1になったことを示した．植物プランクトンが炭素を37%含むと仮定し，珪藻の殻のシリカの存在を無視すると，これの比はそれぞれ乾重量の約1.8%と0.37%のクロロフィルa含有量に相当する．ペルー沖の湧昇域では，有光層内の植物プランクトンの平均炭素：クロロフィルa比が40（クロロフィルは二酸化ケイ素を除く乾重量の約0.9%）であり，この群集のほとんどは珪藻であった[570]．東太平洋のアメリカ・カリフォルニアLa Jolla沖では，植物プランクトンの炭素：クロロフィルa比の平均は，栄養塩が枯渇した表層では約90（クロロフィルは二酸化ケイ素を除く乾重量の約0.4%）で，栄養塩豊富な深層では約30（クロロフィルは二酸化ケイ素を除く乾重量の約1.2%）であった[230]．

低い光強度，高濃度の窒素を含む培地，という色素量が高くなる条件下で培養すると，藻類は通常の自然条件下で観察されるよりもクロロフィルレベルを高める．クロレラのような単細胞緑藻類は普通，乾重量当たり2〜5%の範囲のクロロフィル含有するが，このような条件下で生育させたると，*Euglena gracilis*では3.5%のクロロフィルを含むことが観察された．

クロロフィルbに対するクロロフィルaのモル比は，高等植物と淡水産緑藻では約3である．海産緑藻では，多細胞生物でも単細胞生物でも，1.0〜2.3の範囲の低いa/b比であることが特徴的である[411, 653, 1017]．緑藻以外では，クロロフィルbはユーグレナ藻と原核緑藻に存在する．*Euglena gracilis*ではa/bは普通約6で，原核緑藻では1〜12.0と報告されている[918, 120, 142]．

クロロフィルcを有する藻類では，この色素の（モルで）全クロロフィル量に対する比は緑藻と高等植物のもつクロロフィルbと同じくらいである．Jeffrey (1972, 1976)とJeffrey *et al.* (1975)の調査によると，c（ここでは$c = c_1 + c_2$）に対するaのモル比の値の範囲は，海産藻類ごとに，珪藻類では1.5〜4.0（平均3.0），ペリディニンを有する渦鞭毛藻では1.6〜4.4（平均2.3），フコキサンチンを有する渦鞭毛藻では2.6〜5.7（平均4.2），黄金色藻では1.7〜3.6（平均2.7），クリプト藻では2.5，褐藻では2.0〜5.5（平均3.6）であった．c_1とc_2の両方をもつ藻類の多くでそれらは，ほとんど同じ量で存在している．しかしながら，比（$c_1:c_2$）は2：1から1：5である．渦鞭毛藻と黄金色藻の大半は，クロロフィルc_1を欠くことが分かっている．そ

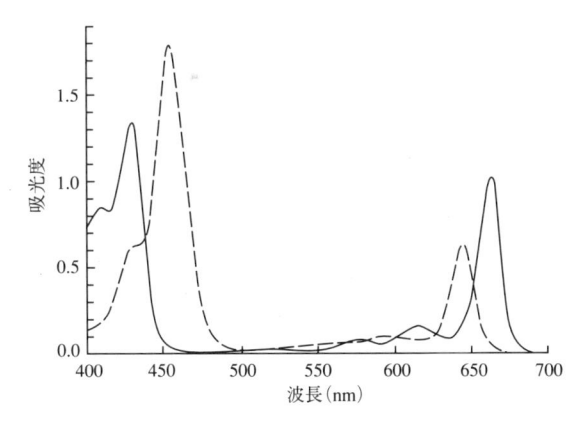

図 8·7 ジエチルエーテル中でのクロロフィル a と b の吸収スペクトル. 濃度 $10\mu\mathrm{g\,m}l^{-1}$, 光路長 1 cm. French (1960) のデータから計算. 実線はクロロフィル a, 破線はクロロフィル b.

して、新しく定義された藻類 Synurophyceae [14] は c_1 はもっているが、c_2 はもっていない。

有機溶媒中のクロロフィル a と b の吸収スペクトルを図 8·7 に示す. それぞれ赤色領域に強い吸収バンド (a) と、青色領域でもう一つの強力なバンド（ソレット帯）をもち、さらに二次的な多くのバンドをもつ。中央の緑色光領域の吸収はゼロではないが非常に低い。このことが、これらの色素が緑色であるという所以である。クロロフィル c_1 と c_2 は金属ジハイドロポルフィリンではなく、金属ポルフィリン構造をしているので、クロロフィル a と b に比べて、a バンドが弱く、ソレット帯がより強いというスペクトルを示す（図 8·8）。また、クロロフィル c の β バンド（約 580 nm）は α バンド（約 630 nm）の強さと比肩し得る。クロロフィル a は 450〜650 nm の間に弱い吸収があり、クロロフィル b と c が存在する場合には、長・短波長の端に、この範囲の吸収を増強させる

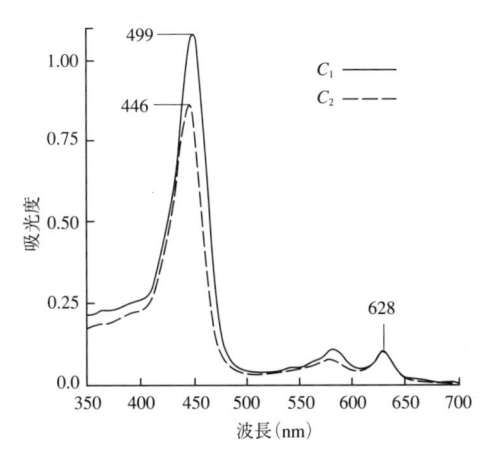

図 8·8 2% ピリジンを含むアセトン溶液中でのクロロフィル c_1 と c_2 の吸収スペクトル. 光路長 1 cm (Jeffrey, S. W. 未発表データ). 破線：クロロフィル c_1 ($2.68\mu\mathrm{g\,m}l^{-1}$), 実線：クロロフィル c_2 ($2.74\mu\mathrm{g\,m}l^{-1}$).

効果をもつことが図8·9と図8·8から分かる.

(a)

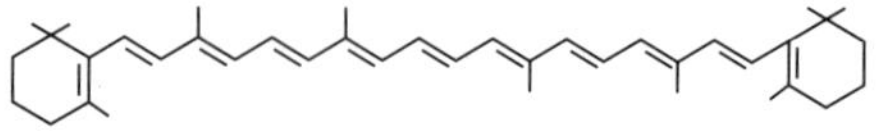

(b)

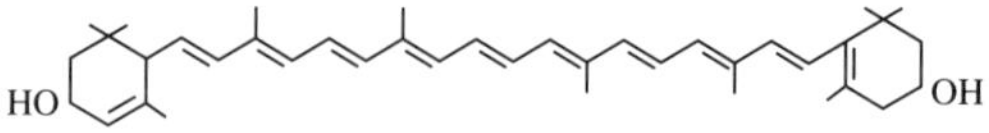

(c)

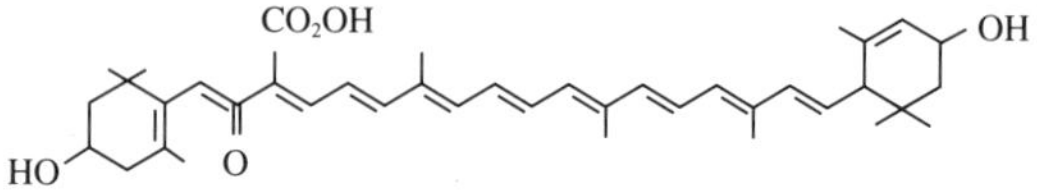

(d)

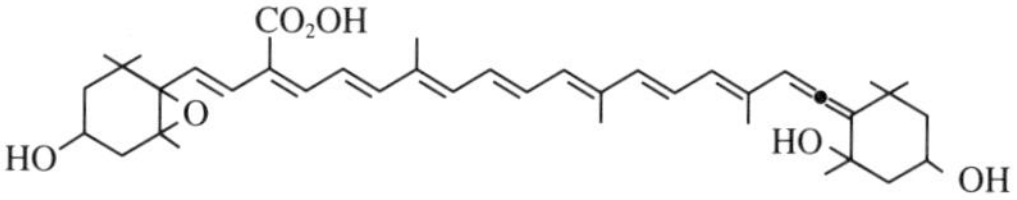

(e)

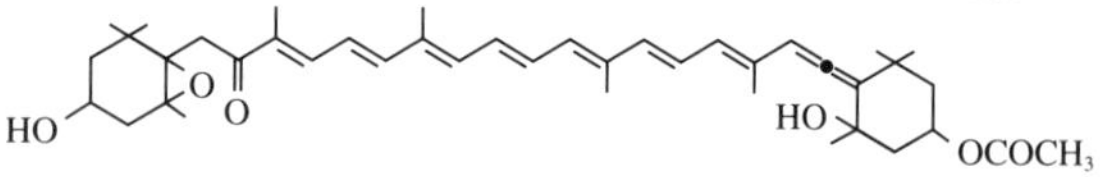

(f)

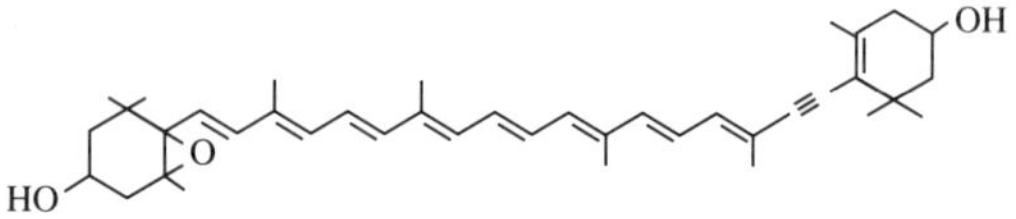

(g)

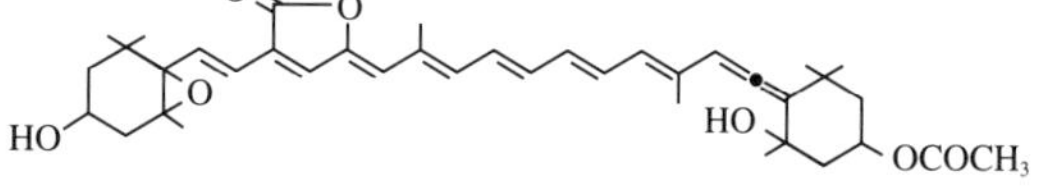

(h)

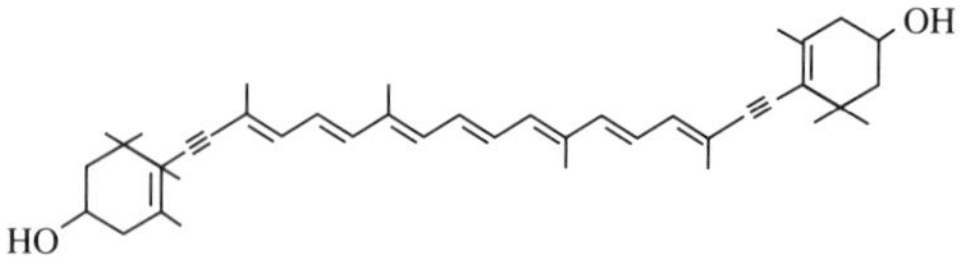

図8·9 葉緑体カロチノイドの構造. (a) βカロチン、(b) ルテイン, (c) シフォナキサンチン, (d) ボーチェリアキサンチン, (e) フコキサンチン, (f) ディアディノキサンチン, (g) ペリディニン, (h) アロキサンチン. (b)-(h) は少なくとも1つの藻類グループの主要カロチノイドである (表8·2 参照).

2) カロチノイド

カロチノイドは光合成色素の一種で,短波長の端で光吸収領域を拡大させている.化学的にそれらはクロロフィルとはまったく異なり,C_{40}のイソプレノイド複合体である.クロロフィルよりも,カロチノイドについてのことの方がよく知られている.異なる植物群間における,多様な葉緑体カロチノイドの分布を表8・2に示す.β-カロチンはクリプト藻を除いて,全てに存在している.集光を主にクロロフィルに依存している高等植物と緑藻では,カロチノイド:クロロフィル($a+b$)のモル比は約1:3である.他の藻類では,ビリンタンパクをもつものは別として,光を捉えるためにカロチノイドに大きく依存しており,このことは色素構成において明白である.

表8・2 さまざまな植物綱における主要な葉緑体カロチノイド (Kirk & Tilney-Bassett, 1978より).

カロチノイド	緑藻[a]	黄金色藻				緑色鞭毛藻	ユーグレナ藻	褐藻	焔色藻	クリプト藻	紅藻	ラン藻	原核緑藻
		黄緑藻綱	真正眼点藻綱	珪藻綱	黄金色藻[b]								
α-カロチン	+	−	−	−	+	−	−	−	−	+	+	−	+[g]
β-カロチン	+	+	+	+	+	+	+	+	−	+	+[c]	+	+[g]
エキネノン	−	−	−	−	−	−	−	−	−	−	−	+	−
ルテイン	+[c]	−	−	−	−	−	−	−	−	+[c]	−	−	−
ゼアキサンチン	+	−	−	−	−	−	−	−	−	−	+	+	+
ネオキサンチン	+	−	−	−	+	−	−	−	−	−	−	−	−
ボーチェリアキサンチン	−	+	+[cd]	−	−	−	−	−	−	−	−	−	−
ビオラキサンチン	+	+[c]	−	−	−	−	−	+	−	−	−	−	−
ヘテロキサンチン	−	+	−	−	−	−	−	−	−	−	−	−	−
フコキサンチン	−	−	−	+[c]	+[c]	−	+[c]	(+)[e]	−	−	−	−	−
ダイアトキサンチン	−	+	−	+	+	−	+	−	−	−	−	−	−
ディアディノキサンチン	−	+[c]	−	+	+	+[cd]	+[c]	−	+	−	−	−	−
ペリディニン	−	−	−	−	−	−	−	−	+[c]	−	−	−	−
アロキサンチン	−	−	−	−	−	−	−	−	−	+[c]	−	−	−
ミクソキサントフィル	−	−	−	−	−	−	−	−	−	−	−	+	−

注:

[a]: 緑藻に関するこれらのデータは高等植物にも当てはまる.潮下帯のこれらの緑藻は通常,シフォナキサンチンまたはシフォネインを有する.あるいは代わりにルテインを有する[676, 1016].プラシノ藻綱のいくつかの種は主なカロチノイドとしてプラシノキサンチンを含む[261, 775].

[b]: δ-カロチンがしばしば存在;プリムネシオ藻綱(ハプト藻綱)は黄金色藻と類似したカロチノイド組成である.

[c]: 優占カロチノイド

[d]: 多くはエステル結合している.

[e]: いくつかの渦鞭毛藻ではフコキサンチン(と,または19'-ヘキサノイルフコキサンチン)は主なカロチノイドとしてペリディニンと入れかわる[415].

[f]: キサントフィルの同定はいまだ疑わしい.

[g]: カロチンは,*Prochlorococcus*ではα,*Prochloron*と*Prochlorothrix*ではβが優占[120, 142, 308].

カロチノイド：クロロフィル $(a + c)$ のモル比は，珪藻の *Phaeodactylum* [333] では1：0.5，渦鞭毛藻の *Gyrodinium* [415] では1：1.4，褐藻では，*Hormosira* [480] で1：2，*Laminaria* [9] で1：0.5である．ビリンタンパクをもつ紅藻では，カロチノイド／クロロフィルモル比は1：2.6から1：1まで変化する[72]．

高等植物と藻類における，最も重要なカロチノイドのうちの幾つかの構造を図8・9に示す．それらの可視光の吸収能は，11にも及ぶ二重結合を有する構造のためである．それらは，可視光領域の短波長域を吸収し，そのため黄・オレンジ・赤などの色に見えるのが特徴である．β-カロチンの吸収スペクトルを図8・10に示す．

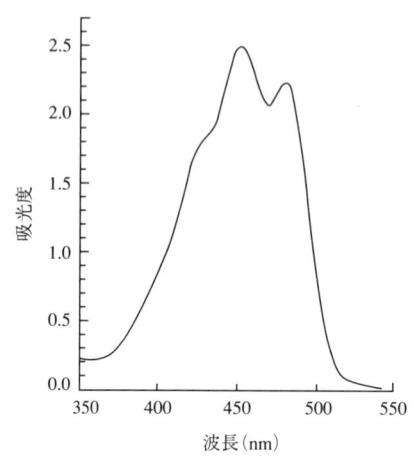

図8・10 ガソリンに $10 \mu \mathrm{g\ ml}^{-1}$ のβカロチンを溶解させたときの吸収スペクトル．光路長1 cm．

3) クロロフィル／カロチノイド―タンパク複合体

基本的に葉緑体内の全てのクロロフィルと，カロチノイドのほとんどは，タンパクと複合している．このことは，これらの色素がタンパクとの特異的な複合体の形をとったときのみ，光合成の機能を果たすことができると想定するよい理由である．これまで調べられてきた全ての光合成複合体はクロロフィル a をもっており，幾つかのもので，クロロフィル b または c ももっている．これらの複合体の多くは（全てではないが），クロロフィルと同様に一つまたはそれ以上のカロチノイドをもっている．通常，ポリペプチド当たり，幾つかのクロロフィル分子があり，これにカロチノイド分子1つまたは幾つかが一緒になってる．その複合体の幾つかは光合成反応中心の中にあり，光化学系Ⅰまたは光化学系Ⅱの光反応にあずかっているようである．しかしながら，クロロフィルとカロチノイドタンパクの大部分は様々な集光色素―タンパクを構成しており，その役割は広い空間から光を集め，吸収したエネルギーを反応中心に運ぶことである．

これらの色素―タンパク複合体の分子構造はあまりよく理解されていないが，クロロフィルやたぶんカロチノイドも，タンパクの表面にくっついているというよりも，タンパクの中に埋まっているように見える．色素とタンパクの結合は，非常に特異的であることは間違いないが，共有結合ではない．クロロフィル分子の幾つか（たぶん全部が）ポリペプチド鎖から中央のマグネシウム原子への配位子をもっているようである．ヒスチジンイミダゾールのようなアミノ酸側鎖は，配位子の供給源であると信

じられている．加えて，クロロフィル分子中の酸素含有環状置換基とポリペプチド鎖のある部分とは，フィチル鎖とタンパクの非極性部分との疎水結合と同様に，水素結合でつながっているに違いない．

カロチノイドの場合，カロチノイドの中央の炭化水素鎖領域とポリペプチドの非極性アミノ酸側鎖との間は，疎水結合でつながっているに違いない．カロチノイド分子の両端の極性グループは，たぶん，ポリペプチド内の極性部分と水素結合にあずかっている．極性のないβ-カロチンの場合，タンパクとの相互作用はたぶん疎水結合であろう．

色素とタンパクの間の相互作用において最も重要なことは，前者の吸収スペクトルが変化することである．吸収のピークは，程度の差はあるが，長波長側にシフトすることであり，クロロフィルの場合も同様である．生細胞または葉緑体中のクロロフィル a は約 676 nm の赤色にかなり広い吸収ピークをもっており，有機溶媒中での位置（661～667 nm）に比べて相対的に 9～15 nm ずれている．吸収曲線のコンピュータ解析では，そのピークは 662，670，677，684 nm のクロロフィル a の 4 つの主なピークと 692 と 703 nm の 2 つの小さなピークによってできている[266]．単離したクロロフィル－タンパク複合体も同様に複雑である．すなわち，吸収バンドの分離をまねくクロロフィル－タンパク複合体のクロロフィル分子と異なる形の全クロロフィル－タンパク結合の間の励起子相互作用によるものと思われる．

β-カロチンのような葉緑体中のカロチノイドの場合，生体内での吸収ピークは，有機溶媒中の位置と比較して，クロロフィルの時と同じくらい長波長側へシフトする．しかしながら，藻類における主要な集光カロチノイド（フコキサンチン，ペリディニン，シフォナキサンチン）では，有機溶媒中でのスペクトルに比べて，生体内では約 40 nm も長波長側へシフトする．これは，クロロフィルの青色と赤色のピーク間の緑色の領域での吸収の実質的な増加効果をもっている．例えば，珪藻と褐藻は，緑の波長域で明らかに，高い吸収をもっているため，これらは緑色というよりむしろ茶色である．吸収の長波長側へのシフトは，カロチノイドとタンパクの間の特異的な結合の結果である．つまり，もし熱変性などによってこの結合がはずれると，カロチノイドのスペクトルは *in vitro* 型に戻る．褐藻類の葉状体片を熱湯中に入れると，直ぐに緑に変わる．タンパクとカロチノイドの間の結合において，後者のポリエン鎖がねじれることが一つの可能性としてあげられる．明らかに，このことが長波長への吸収帯のシフトの説明としてあげられよう[111]．

フコキサンチンとペリディニンはカロチノイドをもつ藻類の中では最も主要なもので，*in vivo* でスペクトル 500～560 nm の領域に主な肩として現れる（図 9・3, 9・4b 参照）．シフォナキサンチンは，カロチノイドを有する藻類中で最も主要なものではないが *in vivo* スペクトルにおいて約 540 nm に二番目のピークを示す[1016]．

高等植物や藻類の様々なクロロフィル／カロチノイド－タンパクが近年明らかにされてきた．それらは通常埋め込まれているが，ほとんどの場合，洗剤を加えると，チラコイド膜から離れる．基本的色素－タンパクの変種が少しあるようなので，追々，これらを扱っていくことにしよう．Larkum & Barrett (1983), Thornber (1986), Anderson & Barrett (1986), Rowan (1989), Wilhelm (1990), Hiller, Anderson & Larkum (1991), Thornber et al. (1991) などによる総説は以後の説明によく利用するので，よく詳細を見ておくべきである．我々が使うこれらの色素－タンパクの命名法は，この分野の研究者が定めたものである[916]．

　全ての藻類と高等植物は，基本的なクロロフィルa／β-カロチンタンパクであるコア複合体Ⅰを有し，光化学系Ⅰで機能し，コア複合体Ⅰ内にあるP_{700}（8・4節参照）として知られる反応中心に吸収した光エネルギーを運ぶ．P_{700}は2つの84キロダルトン（kDa）のタンパクのサブユニットから成り，それぞれのサブユニットは20～45個のクロロフィルaと5～7個のβ-カロチン分子が結合したものと考えられている．

　コア複合体Ⅰはそれ自身で光を吸収するが（例として，大麦の葉緑体では総クロロフィル量の20%を含んでいる），付加エネルギーを供給するために，さらに集光色素－タンパク複合体と結合している．これは，集光複合体Ⅰ（LHCⅠ）と呼ばれている．高等植物では，クロロフィルaとb（a/bは約3.5）とキサントフィル（主にルテイン）をもち，少なくとも4つのタンパクサブユニット（24, 21, 17, 11 kDa）と結合している．大麦の葉緑体では，総クロロフィル量の18%を占めている．緑色鞭毛藻 Chlamydomonas reinhardtii は高等植物の複合体にかなり近いLHCⅠを有する[1002]．サイフォン緑藻 Codium は，クロロフィルaとbとシフォナキサンチンが主要なカロチノイドであるLHCⅠをもち[145]，Euglena gracilis では，ディアジノキサンチンを含むLHCⅠの存在が知られている[170]．コア複合体Ⅰに特異的に付加エネルギーを供給する集光色素－タンパクの存在は，他の藻類群においても存在しているようであり，今後明らかにされねばならない．

　藻類と高等植物はまた，コア複合体Ⅰというもう一つの基本的クロロフィルa／β-カロチンタンパク複合体をもち，これの光化学系Ⅱの中で機能し，吸収した光エネルギーを，P_{680}として知られる全複合体の部分を成す反応中心に運ぶことである．これは光化学系Ⅱの1ユニット当たり，約40のクロロフィルa分子と1つのP_{680}反応中心から成っている．クロロフィルの大半とβ-カロチンはくっついて存在し区別できないが，よく似たサイズ（アポタンパク43～50 kDa）の色素タンパクであり，それぞれは，大麦の場合，総チラコイドクロロフィルの約5%を占めている．実際の複合体の反応中心部分は，4～5個のクロロフィルaと，2個のフェオフィチンと，4個のポリペプチド（32, 30, 9, 4 kDa）が結合していることがすでに分かっている

1つのβ-カロチン分子から成る．すなわち，全チラコイドクロロフィルの約1％が，この反応中心の中に含まれることになる．

コア複合体Ｉと同様に，光を直接吸収し，結合した集光色素－タンパク複合体によって付加エネルギーの供給を受けているコア複合体ⅠⅠは，集光複合体ⅠⅠ（LHCⅠⅠ）と呼ばれている．高等植物のLHCⅠⅠは少なくとも4個の独立した色素タンパク（LHCⅠⅠa, b, c, d）からなり，それらは全てクロロフィルaとbと3個の葉緑体キサントロフィル，ルテイン，ビオラキサンチン，ネオキサンチンをもっている．LHCⅠⅠbは，葉緑体中のクロロフィル総量の40〜45％を占める主要構成要素であり，他の3種のLHCⅠⅠ色素タンパクは，総クロロフィルの10〜15％である．LHCⅠⅠのクロロフィルa/b率は約1.4で，LHCⅠⅠbでは約1.33である．

LHCⅠⅠbの純品は28，27，25kDaの3種のわずかに異なるアポタンパクをもっており，単ポリペプチドの変化したものである可能性が高い．それぞれのアポタンパク分子は約15個のクロロフィル分子（8個のaと6〜7個のb）と約3個のキサントフィル分子と結合していると考えられている．

色々な藻類群で，近年多くの異なる集光色素タンパクが見つかった．ほとんど（たぶん全て）は光反応系ⅠⅠにエネルギーを与えるLHCⅠⅠ型である．それらは全てクロロフィルaをもっており，ほとんどの場合，補助色素としてクロロフィルbかcをもっている．

加えて，それらは藻類に特徴的な主要な集光キサントフィルカロチノイドをもっている．それらは全て，クロロフィルがあるために赤色領域にスペクトルピークをもつが，主要な光吸収はカロチノイドとクロロフィルソレット帯の組み合わせにより，400〜550 nmの青色〜緑色の波長域である．表8・3はそれらの色素とポリペプチドの組成とともに，LHCⅠⅠの藻類タンパクの幾つかをリストアップしたものである．

Katoh & Ehara (1990) は，生体内でこれらの集光タンパクは，超分子集合体を構成しているという証拠を発表した．弱い洗剤であるオクチルしょ糖を用いると，それらを褐藻 *Petalonia fascia* と *Dictyota dichotoma* の葉緑体から単離でき，約700 kDaの分子量をもった色素タンパク複合体で，それぞれの複合体には，クロロフィルa約128分子，クロロフィルc 27分子，フコキサンチン69分子，ビオラキサンチン8分子をもっている．電子顕微鏡で見ると，それぞれの複合体は円盤型に見え，直径11.2 nm，厚さ10.2 nmで，円盤の中央に小さな穴がある．

4）ビリンタンパク

ビリンタンパク葉緑体色素はある特定の藻類（紅藻類，クリプト藻類，ラン藻類）だけに見られる．それらは赤色（フィコエリスリン，フィコエリスロシアニン）か青色（フィコシアニン，アロフィコシアニン）をしている．それらはBogorad (1975), Gantt (1975, 1977), O'Carra & O'h Eocha (1976), Glazer (1981, 1985), MacColl

表 8·3 藻類の光捕捉色素-タンパク複合体（推定 LHC IIs）．

藻類群	クロロフィルa 100 分子当りの色素分子数				アポタンパク分子量 (kDa)	参考文献
	chl a	chl b	chl c	カロチノイド		
緑藻						
緑藻綱						
Chlamydomonas	100	106	—	ルテイン12 ビオラキサンチン11 ネオキサンチン6 β-カロチン	29, 25	454
Bryopsis	100	116	—	シフォナキサンチン51 シフォネイン15 ネオキサンチン28		654
Codium	100	58	—		25〜19	145
ユーグレナ藻						
Euglena	100	49	—	ディアディノキサンチン31 ネオキサンチン9 β-カロチン1	26.5,28,26	170
黄金色藻						
黄金色藻綱						
Pleurochloris	100	—	22	ディアディノキサンチン26 ヘテロキサンチン15	23	998
ユースティグマト藻綱						
Nannochloropsis	100	—	—	ビオラキサンチン26〜44 ボーチェリアキサンチン22〜25 ネオキサンチン2 β-カロチン4	26	105,889
Polyedriella	100	—	—	ビオラキサンチン120（優占）	22	144
珪藻綱						
Phaeodactylum	100	—	40	フコキサンチン192	18	267
Nitzschia	100	—	—	フコキサンチン212	18.5	77
プリムネシウム藻						
Pavlova	100	—	21	フコキサンチン	21	369
焔色藻						
Amphidinium [a]	100	—	—	ペリディニン450	32	362
Amphidinium	100	—	57	ペリディニン171 ディアディノキサンチン29	19	370
褐藻						
Acrocarpia	100	—	50	フコキサンチン100		46
Fucus	100	—	16	フコキサンチン70（優占）	21.5,23	134, 135
クリプト藻						
Chroomonas	100	—	65	同定不能（アロキサンチン？）	20, 24	401
原核緑藻						
Prochloron	100	42	—		34	368
Prochlorothrix	100	25	—		30〜33	118

注：
[a]：水溶性ペリディニン―クロロフィル a 複合体

& Guard-Friar (1987), Rowan (1989) などによって総説されている.

　紅藻とラン藻のビリンタンパクは密接に関係しているのでそれらを一緒に考えよう. それらは吸収帯の位置により3つのクラスに分けられている. 波長の短い方からフィコエリスリン（及びフィコエリスロシアニン），フィコシアニン，アロフィコシアニンである. 主要な吸収ピークの位置を表8・4に，紅藻類のフィコエリスリンとフィコシアニンの吸収スペクトルを図8・11に示す.

　これらの色素の分布を決める一般的な要因は，すべての紅藻とラン藻種中に含まれるアロフィコシアニンとその他のフィコシアニンにあるようである. フィコエリスリン（あるいはいくつかのラン藻中ではフィコエリスロシアニン）が含まれていようがいまいがあまり影響はない. フィコエリスリンはほとんどの紅藻に含まれるが，ラン

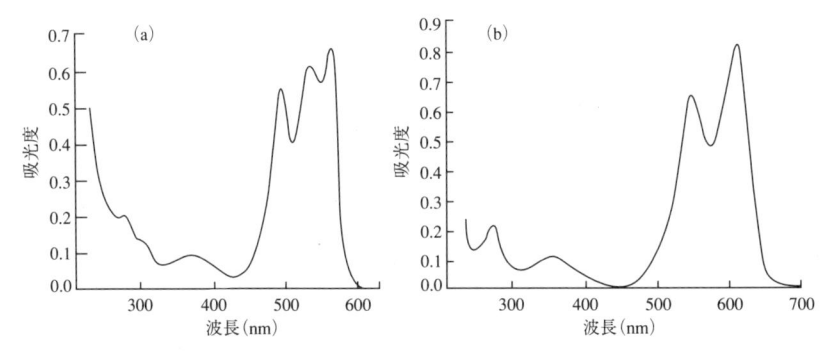

図8・11　ビリンタンパクの吸収スペクトル（O'h Eocha, 1965による）. (a) *Ceramium rubrum* のR-フィコエリスリン. (b) *Porphyra laciniata* のR-フィコエリスリン.

(a) フェコエリスロビリン
　　（システイン残渣）

(b) フィコシアノビリン
　　（システイン残渣）

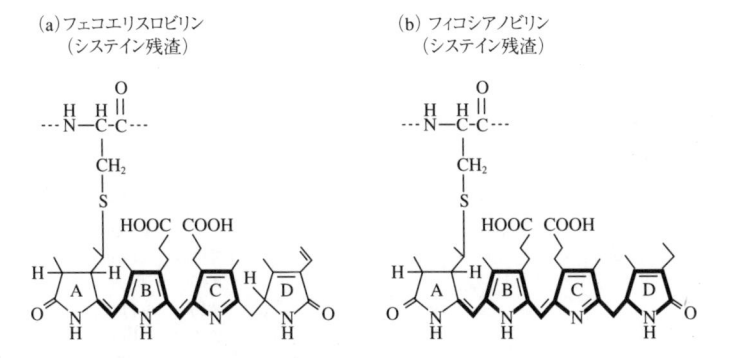

図8・12　藻類のビリンタンパクのフィコビリン・クロモフォアの構造とモード[301, 470]. クロモフォアのスペクトルの特徴から二重結合があると思われ，太線で示した. フィコロビリンはAとB，CとDをつなぐのにCHグループよりもむしろCH_2をもつと考えられる. タンパク・システインとの結合はリングDのビニル／エチルグループのところで起こると考えられる[301].

藻類には含まれない場合がある．ラン藻類ではフィコシアニンあるいは（あまり一般的ではないが）フィコエリスリン（またはフィコエリスロシアニン）が主な成分であるが，典型的な紅藻類ではほとんどのビリンタンパクにフィコエリスリンがある．アロフィコシアニンは成分としては少ない．

ビリンタンパクの色を決めるクロモフォア（chromophore，発色団；クロロフィルとタンパク質の複合体をピグメントと呼ぶのに対して，遊離したものをこのように呼ぶ）はフィコビリンとして知られるテトラピロール化合物である．フィコシアノビリン，フィコエリスロビリン，フィコウロビリンの3つの主なクロモフォアがある．クロロフィルやカロチノイドと違い，それらは共有結合でタンパク質と結合している．

表8·4 異なるビリンタンパクの分光光学的特徴とそれらのサブユニット内でのフィコビリン・クロモフォアの分布． 300, 302, 668, 673, 10, 680, 976, 301, 579, 580, 582

ビリンタンパク	藻類タイプ[a]	光合成範囲内の吸収極大[b] (nm)	αサブユニット[c]	βサブユニット[c]	γサブユニット[c]
紅藻・ラン藻					
アロフィコシアニン	R, B	650, (620)	1 PCB	1 PCB	—
アロフィコシアニンB	R, B	671, 618	1 PCB	1 PCB	—
C-フィコシアニン	R, B	620	1 PCB	2 PCB	—
R-フィコシアニン	R	618, 553	1 PCB	{ 1 PCB 1 PCB	—
フィコエリスロシアニン	B	(590), 568	1 CV	2 PCB	—
C-フィコエリスリン	B	562〜565	2 PEB	3 PEB	—
CU-フィコエリスリン	B	490〜500, 545〜560	2 PEB	{ 3 PEB 1 PUB	—
b-フィコエリスリン	R	(563), 545	2 PEB	4 PEB	—
B-フィコエリスリン	R	(565), 546, (498)	2 PEB	3 PEB	{ 2 PEB 2 PUB
R-フィコエリスリン	R	568, 540, 598	2 PEB	{ 2 PEB 1 PUB	{ 1 PEB 3 PUB
クリプト藻					
フィコシアニン-615		615, 585	1 PCB	{ 2 PCB 1 CV	—
フィコシアニン-630		630, 585	n.d.	n.d.	—
フィコシアニン-645		645, (620), 585	1 U	{ 2 PCB 1 CV	—
フィコエリスリン-544		(565), 544	{ 2 PEB 2 CV	PEB	—
フィコエリスリン-555		555	PEB	PEB	—
フィコエリスリン-568		568	PEB	PEB	—

注：
[a] R：紅藻，B：ラン藻． [b] 小ピークまたは肩をカッコで示す．
[c] PCB：フィコシアノビリン，PEB：フィコエリスロビリン，PUB：フィコウロビリン，CV：クリプトビオリン，U：697 mmにピークをもつ不明フィコビリンクロモフォア．数がないものはクロモフォアの数が不明なもの．n.d.：データなし．

それらの構造とアポタンパクとの結合様式を図8・12に示す.もう一つのフィコビリン・クロモフォア（仮にクリプトビオリン）はフィコエリスロシアニンに存在する.
　すべての藻類のビリンタンパクは等分子量の2種類のサブユニットαとβを含む（これらに加え，いくつかのフィコエリスリンは少量（αまたはβ6つに1つ）の第3のサブユニットγを含む）.α，βのサブユニットは17〜22 kDaの分子量をもつが，γサブユニットはそれより大きいかもしれない.ビリンタンパクに含まれるαとβそれぞれのサブユニットは少なくとも一つのフィコビリン・クロモフォアが一緒である.αサブユニットは1個または2個，βサブユニットは1, 2, 3個，γサブユニットは4個のクロモフォアをもち得る.異なるタンパクにおけるサブユニット間のクロモフォアの分布を表8・4に示す.この分布は不変ではないかもしれない.紅藻 *Callithamnion roseum* のフィコエリスリンではフィコエリスロビリンとフィコウロビリンの割合が生長時の光強度によって変化する[1018].タンパク中のいくつかの場所で，これら2つのクロモフォアのいずれかがくっつくのかもしれない.
　ビリンタンパクは基本的な$\alpha\beta$構造の集まりである.分離して溶存した状態では様々な大きさが見られ，ほとんどが六量体$\alpha_6\beta_6$と三量体$\alpha_3\beta_3$である.γサブユニットをもつこれらのフィコエリスリンは分離された状態では$\alpha_6\beta_6\gamma$集合体で存在する.生体内ではビリンタンパクはさらに大きな集合体フィコビリソームとなっており，粒子の直径30〜40 nmでチラコイドの表面にくっついている（図8・2）.これらはランダムな集合体ではなく，整然とした特徴的な構造をしており，藻体中では3つ程度の異なるビリンタンパクが無色のタンパクと一緒にすべて一つ一つのフィコビリソームの中に存在しているようである.後で示すように，アロフィコシアニンはフィコビリソームが捉えたエネルギーをクロロフィルに送る働きがあり，膜にくっついて粒子の基部を成していると考えられている.一方，多くのタンパクがアロフィコシアニンの周りに集まり，アロフィコシアニンの隣にフィコシアニンがあり，フィコエリスリンやフィコエリスロシアニンは粒子の周辺部に位置する.電子顕微鏡や生化学的研究によって図8・13のようなフィコビリソームの構造モデルが示されている.

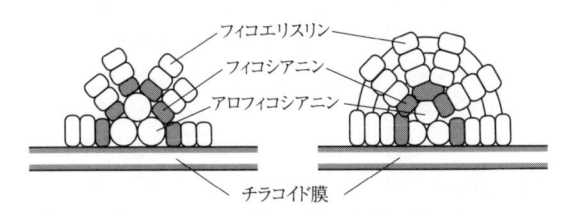

図8・13　フィコビリソームの構造の模式図（Glazer, 1985；Gantt, 1986；Glazer & Melis, 1987より）.

クリプト藻類に目を向けると，紅藻類やラン藻類との違いとともに，いくつかの類似性があることがわかる．クリプト藻類の色素は赤か青であり，フィコエリスリンかフィコシアニンに分類される．どのクリプト藻もわずか1つのビリンタンパクを含む．アロフィコシアニン様の色素は今のところこのグループには見つかっていない．主な吸収ピークはフィコシアニンの場合は612～645 nm，フィコエリスリンの場合は544～568 nmである．これらのタンパクの中で今まで見つかっているクロモフォアはフィコエリスロビリン，フィコシアノビリン，クリプトビオリンと，吸収ピークが（尿素中で）697 nmにあるまだよく分かっていないフィコビリンである[580]．

クリプト藻類のビリンタンパクは紅藻類やラン藻類のタンパクと同様，$\alpha\beta$のサブユニットで構成されていると思われる（分離した状態では$\alpha_2\beta_2$の二量体が多い）．しかし10および17.5 kDaのサブユニットは他の藻類のものより小さく，αサブユニットは2種類あり，二量体の組成は$\alpha\alpha'\beta_2$で表される[332]．他の藻類のタンパクと比べて際だって異なるところは光合成器官の位置である．チラコイドの表面にフィコビリソームとして存在するかわりに，クリプト藻類のビリンタンパクはチラコイド内部を満たす濃密な粒子状細胞間質として存在している（図8・3）．

8・4 反応中心とエネルギーの転送

光化学系Ⅰ・Ⅱの中の重要なステップは，吸収した光エネルギーを使って電子を供与体分子から受容体分子に移動させることである．2つの光化学系における特定の供与体分子・受容体分子は異なる．光化学系の中で，この反応が起こる場所は反応中心として知られており，1つの分子から電子を取り出して他へ運ぶのに励起エネルギーを使うという主要な役割は，それぞれの光化学系の中で特定のタンパク質と結合した特殊な形態のクロロフィルaによって行われている．反応中心クロロフィルが励起エネルギーを受けとると，励起電子状態となる．この状態で，（電子の移動によって）受容体分子を還元する．酸化されたクロロフィルは供与体分子から電子を受けとり，初期状態に戻る．電子の損失は反応中心クロロフィルの吸収スペクトルの赤色ピークの低下を伴う．スペクトルの変化は光化学系Ⅰで700 nm，光化学系Ⅱで680 nmで最も大きい．したがって，特殊な形態のクロロフィルはそれぞれP_{700}とP_{680}と呼ばれている．反応中心クロロフィルは全クロロフィルaのうち，非常にわずかな割合でしかなく（緑色植物では全クロロフィル500分子当たり1つのP_{700}とP_{680}），それらのスペクトルの変化は系の中での全吸収スペクトルからみると重要ではない．

反応中心クロロフィルの励起が，光子の吸収によって引き起こされることもある．しかしながら，P_{700}とP_{680}は全色素のうちのわずかな割合しか構成していないので，このことはめったに起こらない．実際，反応中心が受けとるほとんどすべての励起エネルギーは，光化学系内の非常に多くの光捕捉色素分子やアンテナ色素分子によって捉

えられたエネルギーが反応中心に運ばれたものである．ここで起こるメカニズムは，1947 年に理論化学者の T. Förster によって最初に提唱された誘導共鳴伝達（inductive resonance transfer）として知られている．

　1 つの分子による光子の吸収に続いて，振動によるエネルギーの逸散が起こり，励起した電子は最低励起状態になる．これは（始めは励起状態ではない）もう 1 つの分子が上位の振動レベルの励起状態に共鳴することである．エネルギーは最初の分子から 2 番目の分子に転送され（最初の分子は基底状態にもどり），2 番目の分子が励起状態になる．効率的な移動のためには供与体分子の蛍光発散ピークが受容体分子の吸収スペクトルと重なっていなければならない．どの分子の蛍光発散スペクトルもピークが長波長側にシフトして，長波長側では吸収スペクトルの鏡像になっているので，効率的なエネルギー転送のためには，供与体分子の吸収ピークが受容体分子のそれよりも短波長のはずである．さらに，分子同士は離れすぎてもいけない（効率的な移動は約 5 nm までの距離で起こる）．

　反応中心とは対照的に光捕捉色素分子は多くのクロロフィル a 分子，クロロフィル b，c_1，c_2，様々なカロチノイドやビリンタンパクからなる．これらすべて（カロチノイドを除く）は生体外でも活発に蛍光を発し，それらの間の共鳴でエネルギーの転送が起こっていると考えてよい．しかしながら，カロチノイドは生体外では測定できるほどの蛍光を発しないことから，カロチノイドから他の色素へのエネルギーの転送はしばしば何か他のメカニズムが関与していると見られてきた．しかし，そうではない．カロチノイドから検出できるほどの蛍光がないことは，単にそれらの励起エネルギーがすぐに減衰することを意味する．共鳴によるエネルギーの転送が非常に速いとはいえ，転送は可能である．ただし，カロチノイド分子が他の色素分子へ効率よくエネルギーを移動させるには，距離的に近いことが必要である．

　高等植物や緑藻類ではクロロフィル b に吸収されたエネルギーは約 100％の効率でクロロフィル a に転送される．カロチノイドに吸収されたエネルギーは最初クロロフィル b に移動し，それからクロロフィル a に転送される．クロロフィル c を含むすべての藻類では，カロチノイドに吸収されたエネルギーは効率よくクロロフィル a に転送される．主要な光捕捉カロチノイド（フコキサンチン，ペリディニン，シフォノキサンチン）を含む藻類は 500〜560 nm に大きな吸収があり，カロチノイドから直接クロロフィル a への効率的なエネルギーの転送を行う．紅藻類やラン藻類では全体の 80〜90％はフィコエリスリン（フィコエリスロシアニン）→ フィコシアニン → アロフィコシアニン → クロロフィル a という経路である．クリプト藻類ではビリンタンパクを通常 1 つだけ有し，この流れはありえない．ビリンタンパクからクロロフィル a への直接的なエネルギーの転送が起こっているものと思われ，フィコシアニンからの効率は高いが，フィコエリスリンからの効率は低い．

すべての場合において，最初に光を捉える色素が何であれ，吸収したエネルギーは常にクロロフィルaに到達する．前にも述べたように，クロロフィルaの長波長での吸収ピークは他の色素より長いので，このメカニズムによるエネルギーの移動は一番長い吸収波長の分子に向かう，と考えられる．クロロフィルa－タンパク複合体の中で，励起エネルギーは反応中心に届くまでランダムに動き，そこで即座に捕捉され，電子伝達に使われる．

8・5 全光合成過程

光合成過程は明反応と暗反応の2つに分けることができる．明反応はチラコイド膜システムで起こり，水から水素が取り込まれ，水素キャリアーによりNADPに運ばれる．これによりNADPH$_2$が形成され，酸素が放出される．水素(または電子)の移動によりADPと無機のリン酸塩がATPになる．おそらく2分子(もしくは平均して1〜2の間)のATPが輸送された2つの電子もしくはNADP分子の還元によって作られる．これらの化学変化はかなりの自由エネルギーの増加を伴う．これは葉緑体色素による光エネルギー吸収によって行われる．ここで明反応は次の式に要約される．

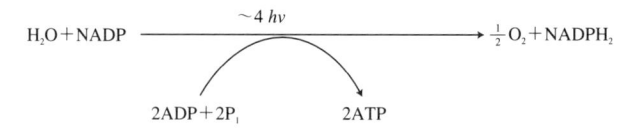

$$H_2O + NADP \xrightarrow{\sim 4 h\nu} \tfrac{1}{2}O_2 + NADPH_2$$
$$2ADP + 2P_i \longrightarrow 2ATP$$

暗反応は葉緑体のストロマで起こり，明反応で作られたNADPH$_2$がCO$_2$を還元して炭水化物に変えるのに使われる．これもまた自由エネルギーの増加を伴い，エネルギーは明反応で作られたATPの分解によって供給される．暗反応は次の式に要約される．

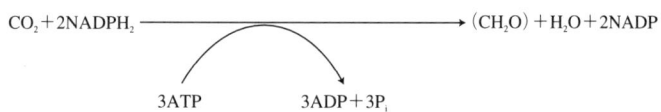

$$CO_2 + 2NADPH_2 \longrightarrow (CH_2O) + H_2O + 2NADP$$
$$3ATP \longrightarrow 3ADP + 3P_i$$

また，全体の光合成過程は次のように表現できる．

$$CO_2 + 2H_2O \xrightarrow{\sim 8 h\nu} (CH_2O) + H_2O + O_2$$

1) 明反応

一連の光合成反応の中で2つの光化学反応が起こっている，と今では一般的に考えられている．このことはStaehelin & Arntzen (1986) によって編集された著書のなかで多くの著者により包括的に解説されている．Mathis & Paillotin (1981) や最近ではParson (1991) なども参考になる．明反応1はNADPの還元を伴うものであり，明反応2は水からの酸素の放出をもたらす．それぞれの光化学反応は特化した光捕捉

色素—タンパクと電子伝達体を有する反応中心で起こる．明反応1における特殊な機能を果たす構成成分の集合体を「光化学系Ⅰ」と呼び，明反応2は「光化学系Ⅱ」と呼ばれる．一つの光化学系Ⅰと光化学系Ⅱを構成する機能的単位は一緒に稼働し，これに光捕捉色素—タンパクを加えて，一般に「光合成単位」と呼ぶ．

それぞれの光化学系は光を捕捉するクロロフィル a・カロチノイド—タンパクをもち，反応中心と密接に連動している．この色素—タンパクは他の色素—タンパクによって集められたすべての励起エネルギーが反応中心に行く際に通らねばならない漏斗となっている．すべての植物にあるコア複合体Ⅰ，コア複合体Ⅱクロロフィル a・β カロチン—タンパク（8・3節）が光化学系Ⅰと光化学系Ⅱそれぞれの役割を演じている．

藻類や高等植物に存在する他の光捕捉色素—タンパク（8・3節で述べた）がエネルギーをいずれの光化学系（あるいは両方）に転送しているのかは分かっていない．高等植物や緑藻類，紅藻類のビリンタンパクにある様々なクロロフィル・カロチノイドを含むLHCⅡのような主要な光捕捉色素—タンパクが，すべてではないがほとんどのエネルギーを最初に光化学系Ⅱに転送しているという証拠がいくつかある．このエ

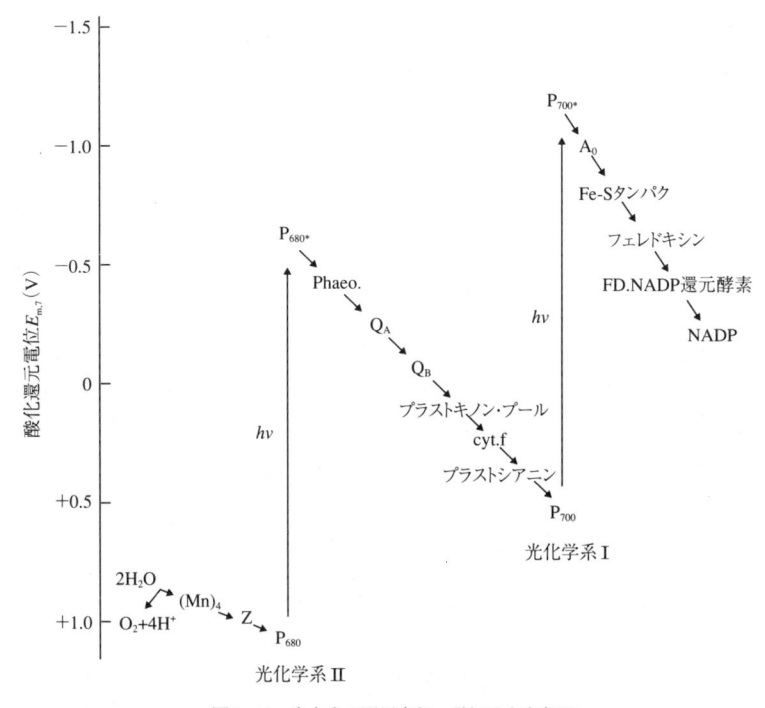

図8・14 光合成の明反応部．詳細は本文参照．

ネルギーの光化学系Ⅱから光化学系Ⅰへの輸送（'spillover'と呼ばれる）が起こり，2つの光化学反応が同じ速度で続くことになる．このことに関する議論は Butler (1978) の総説に詳細に述べられている．

光合成の明反応の段階で実際に起きていることに目を向けると，今の一連の反応は図 8・14 のように要約できる．光化学系Ⅰにおいて，反応中心クロロフィル P_{700} が励起エネルギーを獲得し，最初の受容体 A_0（別のクロロフィル a 分子）に電子を渡す．電子は最初の受容体からおそらく 1〜数個の他の電子がキャリアーを経由してフェレドキシンに，そしてそこからフラボタンパク・フェレドキシン— NADP 還元酵素を経由して，NADP に輸送される．酸化された反応中心クロロフィル P_{700}^+ は銅—タンパク，プラストシアニンからの電子で初期状態に維持され，次にチトクローム f によって還元される．

光化学系Ⅱの反応中心クロロフィル P_{680} が励起エネルギーを獲得するとき，最初にフェオフィチン分子に電子を渡し，結合型プラストキノン（Q_A）をすぐに還元する．この電子はもう1つの特殊なプラストキノン（Q_B）を経由してプラストキノンのプールに輸送され，光化学系Ⅰにより酸化されたチトクローム f を還元する．酸化された反応中心クロロフィル P_{680}^+ は供与体 Z（これは反応中心タンパクのチロシル残査かもしれない）からの電子の輸送により還元される．そして酸化型の Z（Mn を含む water-splitting complex に関連する）が水（酸素を放出）から電子を奪う．

すべてのこれらのプロセスを一緒に並べてみると，水から NADP への水素の輸送は，酸素と $NADPH_2$ を発生させて完結する．膜内の電子キャリアーが特定部位にあり，特定の反応が起こることにより，酸素分子が解放されるたびに 8 つの陽子がチラコイドの外から中に移動する．pH 勾配や電位が膜内の逆転 ATP 酵素に作用し，ATP の合成を行う，すなわち光リン酸化が行われる．

2）暗反応

葉緑体のストロマにおいて明反応で生成された $NADPH_2$ と ATP は CO_2 から炭水化物への変換に使われるという経路は，主に Calvin & Benson によって解明され，その概要を図 8・15 に示す．回路はかなり複雑で六員環を作るのにいくつかの順番がある．暗反応の全体を理解するために，6分子の CO_2 の行方を考えてみよう．これらは 6 分子のリブロース 2 リン酸（C_5）と反応し，12 分子のグリセロリン酸（C_3）を作る．グリセロリン酸は ATP と $NADPH_2$ によって 3 リン酸に還元される．単純には，これらを 6 分子の 6 リン酸（C_6）への転換とみなすことができる．これらの六員環の 1 つはデンプンもしくは他の貯蔵炭水化物を作るため使われ，5 分子の 6 リン酸を残す．これらはペントース・リン酸（C_5）6 分子を作るのに使われ，これはさらに ATP によってリブロース 2 リン酸 6 分子に変換される．このようにして 6 分子の CO_2 が 1 つの六員環に変換される回路が完結する．炭素原子に関する全体の過程を要約すると

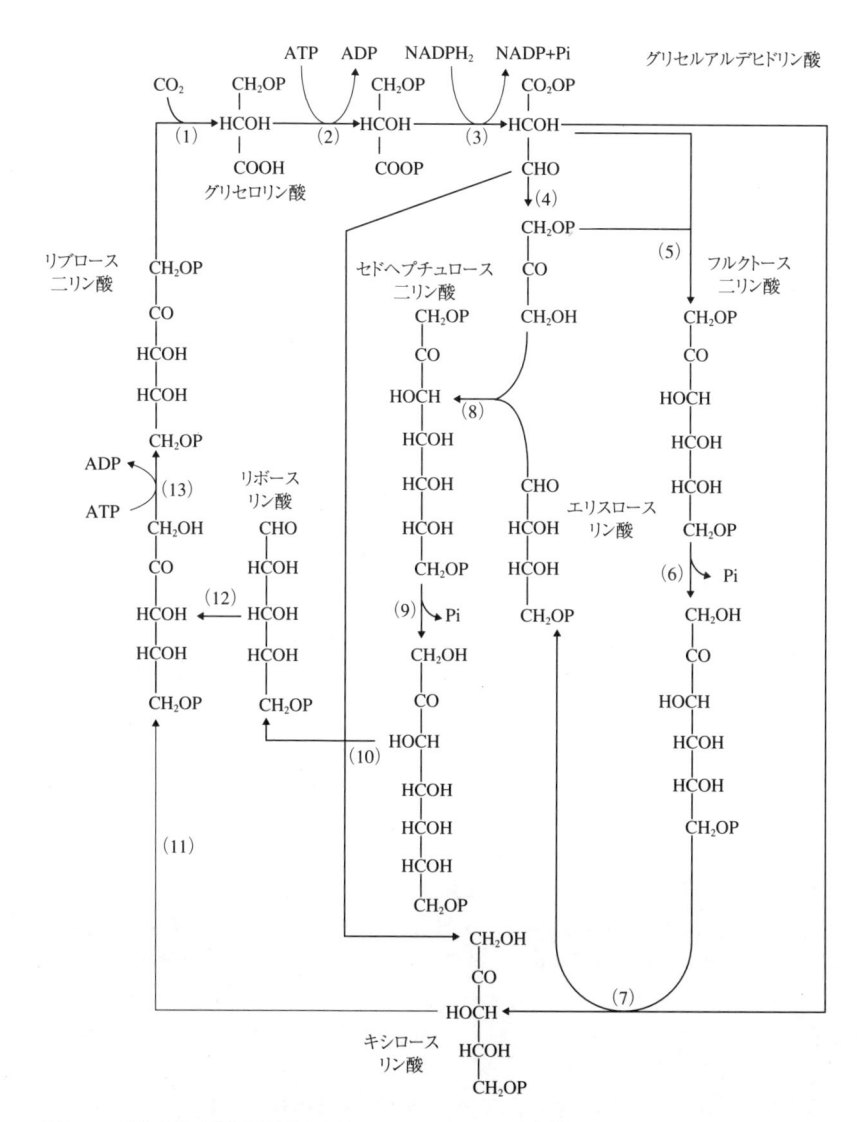

図8・15 光合成の二酸化炭素固定サイクル．P＝リン；Pi＝無機リン．それぞれのステップに含まれる酵素は，(1) Rubisco； (2) グリセロ 3-リン酸キナーゼ； (3) グリセロアルデヒド 3-リン酸デヒドロゲナーゼ； (4) トリオースリン酸イソメラーゼ； (5) フルクトース 2 リン酸アルドラーゼ； (6) フルクトース 1,6-ジフォスファターゼ； (7) トランスケトラーゼ； (8) アルドラーゼ； (9) セドヘプチュロース 1,7-ジフォスファターゼ； (10) トランスケトラーゼ； (11) キシロース-5-リン酸エピメラーゼ； (12) リボース-5-リン酸イソメラーゼ； (13) リブロース-5-リン酸キナーゼ．

下のようになる.

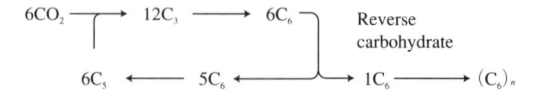

$$6CO_2 \longrightarrow 12C_3 \longrightarrow 6C_6 \longrightarrow \text{Reverse carbohydrate}$$
$$6C_5 \longleftarrow 5C_6 \longleftarrow 1C_6 \longrightarrow (C_6)_n$$

　C_4 植物として知られるいくつかの高等植物は異なった回路をもっており，CO_2 は最初にリンゴ酸のような C_4 酸の形で固定される．C_4 酸はそれから他の組織に運ばれ，再び CO_2 を放出し，通常のサイクルにより炭水化物に変換される．藻類にはこの C_4 経路はありそうになく，水生高等植物にもなさそうなので，水中での光合成に対する寄与は無視してよい．しかしながら，いくつかの水生高等植物は簡単な形の C_4 経路を有し，CO_2 固定のかなりの部分が C_4 酸に入り，さらにこの CO_2 が放出され，同じ細胞内で光合成に使われる [87, 461, 746]．これはリブロース2リン酸カルボキシラーゼへの CO_2 の供給を増加させるという効果があり，後の章（11・3節）で詳しく述べるように，水中の光合成における重要な制限要因となっている．

　よく晴れた日には，光合成によって呼吸や成長で消費するより早く炭水化物を生成する．したがって，植物は固定した炭素を後で利用するために何らかの形で貯蔵しなければならない．一般的には多糖である．藻類の貯蔵物質に関する化学は Craigie (1974) によって総説された．高等植物や緑藻類では，固定した炭素は葉緑体内部のストロマにデンプン粒として蓄積されるか，もしくはピレノイドをもつ藻類はその周りに皮膜を形成する．緑藻以外の藻類門では，光合成最終産物は葉緑体の外に蓄積される．ピレノイドがある場合には，通常は原形質内に見られるが，葉緑体のピレノイド部位に密着している．

　紅葉類のフロリダ・デンプンは α-D-$(1 \rightarrow 6)$ に分枝がある α-D-$(1 \rightarrow 4)$ 結合グルカンで，高等植物のデンプンの主要成分と同様，アミロペクチンと見なすことができる．クリプト藻類はアミロースとアミロペクチンを両方含む高等植物型のデンプンを蓄積する．焔色植物（Pyrrophyta）の仲間はデンプンと同じように染色される貯蔵多糖粒を蓄積する．褐藻類は多糖ラミナランや $\alpha\beta$-D-$(1 \rightarrow 3)$ 結合グルカン（1分子当たり 16～31 の残査と炭素鎖の還元端にマンニトールをもつ）を蓄積する．いくつかのラミナラン分子は分枝がなく，いくつかは β-D-$(1 \rightarrow 6)$ で2～3の分枝点をもつ．さらに，これらの藻類は大量の遊離マンニトールを蓄積する．ユーグレナ藻類では，光合成貯蔵物質はパラミロン粒（1分子当たり 50～150 の残査をもつ $\alpha\beta$-D-$(1 \rightarrow 3)$ グルカン）として貯蔵される．黄金色植物（Chrysophyceae）の光合成貯蔵物はクリソラミナラン（ロイコシンとしても知られる）であり，たぶん 34 残査分子につき2つの $1 \rightarrow 6$ 分枝点をもつ $\alpha\beta$-D-$(1 \rightarrow 3)$ 結合グルカンである．珪藻類もまたクリソラミナラン型の多糖類を含む．

9. 水生植物による光獲得能

　これまで見てきたように，水生植物の光合成における光エネルギーの獲得は光合成色素によって行われている．すでに，それぞれの異なる色素による光吸収能について述べてきた．ここでは，光合成系全体での光獲得特性を取り上げることにする．とりわけ，その特性が色素の特異的組み合わせに依存していることや，植物プランクトンの場合では細胞や連鎖群体の大きさ，あるいは形状に依存していることを見てゆく．

9・1　光合成系の吸収スペクトル

　植物プランクトンや多細胞藻類の葉状体の吸収スペクトルを測る場合，その目的は様々である．どのような色素があるのかを知りたい時もある．また，タンパクと結合することによって吸収特性がどの程度変化するかを調べるのに，分離した色素と生体内における吸収ピークの位置と形を比較したい時もある．また，藻類が生息する水中の光の場からどの程度効率的に光を獲得しているかを知りたい場合もある．

　吸収スペクトルは波長に伴う光合成系の吸光測定値の変動である．光吸収は吸光比 A，吸収率（$100A$），吸収係数 a，吸光度 D（$D=-\log_{10}(1-A)$），もしくは吸光度の導関数のような他の関数を用いて表される．選択する光吸収パラメータは吸収スペクトルの用途によって異なる．例えば，ある波長における水中の全吸収係数に対するプランクトン藻類の寄与率を見積ろうとすれば，波長の関数として，その藻類の既知の濃度の懸濁物の吸光度を測定し（吸光度は吸収係数に比例するので），問題とする波長における藻類の単位生物量もしくは単位色素量当たりの比吸収係数を計算する．一方，もし，ある入射光の場から藻類葉状体の光吸収率を知りたいなら，葉状体のスペクトル吸収比もしくは吸収率が不可欠である．

　藻類の吸光度スペクトルの話をする前に，少し詳細に吸収スペクトルについて考えてみよう．これらは要するに単純に比例関係にある吸収係数スペクトルである（3・2節を見よ）．この点で，生細胞は光を吸収すると同様に光を散乱させるので，どのような吸光パラメータを使おうとも，すべての計測は，3・2節で述べられているように，吸収スペクトルに対する散乱の影響を除去する手順を踏まねばならない．特に何も断らない限り，この章では，すべての吸収スペクトルは散乱の補正がなされていると見なしてよい．

　前章では，実際に水生植物では何が光吸収を行っているかを見てきた．つまり，基本的な光吸収系はチラコイドである．チラコイドの吸収スペクトルは，ある特定の種

類や量のクロロフィル／カロチノイド・タンパクの種類や量によって，あるいはビリンタンパク複合体が生体膜の中にあるか，付着しているかによって決まってくる．それゆえ，色素－タンパクが同じ配列であり，その結果として，チラコイドレベルで同じ吸光度スペクトルをもつ2種の植物プランクトンは同量の総色素濃度の細胞もしくは群体の懸濁液では同じ in vivo 吸光度スペクトルをもつはずであるが，そのようなことはあり得ない．そのような2種の藻類が確かに同じ位置に山や谷がある同じスペクトルをもっていても，山と谷の程度やある波長における単位色素当たりの比吸収係数は著しく2種間で異なることがある．後でわかるように，in vivo 吸光度スペクトルは色素構成によってもしかり，葉緑体や細胞もしくは群体の大きさや形によって決まってくるからである．

1つのチラコイドの吸光度スペクトルを決定するのは適当ではない．しかしながら，多くの場合，物理的に壊すか，洗剤を使って葉緑体を小粒子に細かくすれば，スペクトルの大きさや形の影響を除くことができ，スペクトルの特徴として非常に重要な色素－タンパクの相互関係は影響を受けない．そのように処理したスペクトルは現場での真のチラコイド吸光度スペクトルとみなしてよいかもしれない．図9・1は浮遊性緑藻 Euglena gracilis のチラコイド断片のスペクトルを示している．

9・2　パッケージ効果

1細胞あるいは群体の懸濁物（単細胞藻類の場合）や葉状体や葉の断片（多細胞水生植物の場合）の吸収スペクトルは細かくしたチラコイド断片のも

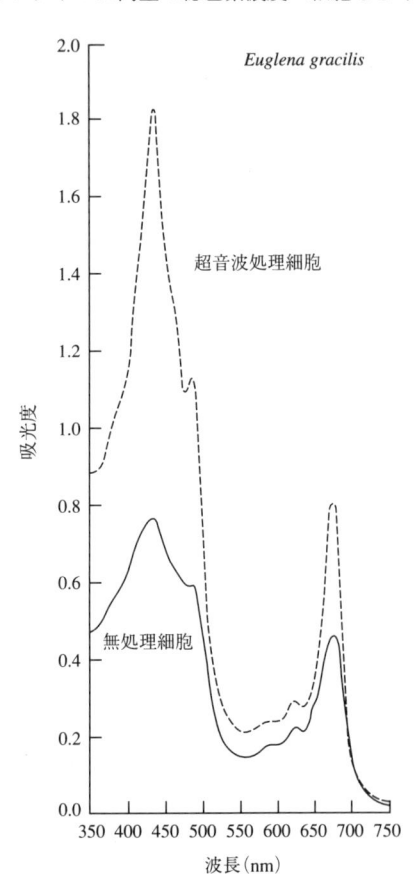

図9・1　チラコイド断片による吸光を示す破壊細胞の吸光度スペクトルと比較した Euglena gracilis の無処理細胞の吸光度スペクトル（Kirk, 未発表）．破壊されてない細胞のスペクトル（－），と超音波によって断片化した細胞のスペクトル（---）は散乱の補正をしてあり，両方とも $12\,\mu g$ chlorophyll $a\ ml^{-1}$，1 cm 光路長で測定したものである．

のとは際立って異なっていることがわかる．*in vivo* スペクトル（例えば，*Euglena*，図9・1）は，谷部に対してそれほどはっきりしないピークと，すべての波長で単位色素当たり，より低い比吸収がみられる．スペクトルにおけるこれらの変化はわれわれが「パッケージ効果」と呼ぶもので，ときに，「ふるい効果」(sieve effect) と呼ばれることもあるが適切ではない．色素分子は均一に分布しているどころか，実際のところ別々のパッケージに含まれている．つまり，葉緑体，細胞，群体などである．このことは直感的にわかるように，光が十分にあるところで光を集める効率を低くしてしまい，比吸光を低くしてしまう．吸収が最大のところでパッケージ効果が最大に作用するので，ピークを平らにならしてしまうという特徴がある．藻類懸濁物の吸収スペクトルに対するパッケージ効果の影響は，Duysens (1956) によって初めて，実験的，理論的に研究され，植物プランクトン群集による光吸収については，Kirk (1975a, b, 1976a) や Morel & Bricaud (1981) によって解析されてきた．

　パッケージ効果をさらに理解するため，色素を有する粒状懸濁物の吸光特性と，同一量の溶液に均一に分散させた色素の吸光特性を比較してみよう．簡単にするため，媒溶液による散乱と吸収を無視しよう．1立方メートル当たりの N 個の粒子を含む懸濁液を考え，1 m の光路長を通して，単色光の平行光線を当てる．他の粒子が存在しない場合は，光線内の j 番目の粒子は，単位面積当たりに $s_j A_j$ 分だけ吸収する．ここで，s_j は光線の方向に投影された面積 (m^2) であり，A_j は粒子吸光比，すなわち，光が当たる面積内での一部である．$s_j A_j$ は面積の次元をもち，その粒子の吸収断面である (4・1節を見よ)．したがって，j 番目の粒子による懸濁液の単位面積当たりの吸光比は $s_j A_j$（式1・32より），j 番目の粒子による懸濁液の吸収係数は $\ln 1/(1-s_j A_j)$ であり，そして $s_j A_j$ は小さいので，これは $s_j A_j$ とほとんど同じである．Beer の法則が粒子懸濁液に適用される，つまり，懸濁液の吸光度（もしくは吸収係数）がすべての粒子[214, 878]による吸光度（もしくは吸収係数）の合計と同じであると考えるならば，懸濁液の吸収係数は，

$$a_{sus} = \sum_{j=1}^{N} = s_j A_j = N\overline{sA} \qquad (9 \cdot 1)$$

であり，$\overline{sA}$ は懸濁液中のすべての粒子に対する投影面積と粒子吸光比の積の平均，すなわち，平均吸収断面である．1 m の光路長に対する懸濁液の吸光度（0.434 *ar*，3・2節参照）は，

$$D_{sus} = 0.434 N\overline{sA} \qquad (9 \cdot 2)$$

によって与えられる．

　もし粒子が $\overline{v}$ m^3 の平均容積をもっており，粒子中の色素濃度が C mg m^{-3} であり，溶媒液中で均一に懸濁しているとしたら，$NC\overline{v}$ mg m^{-3} の濃度である．今問題とする波長において，色素の比吸収係数（1 mg m^{-3} の濃度での色素による吸収係数）が γ m^2

mg^{-3} であれば，懸濁色素による吸収係数は，
$$a_{\text{sol}} = NC\bar{v}\gamma \qquad (9\cdot3)$$
と $D_{\text{sol}} = 0.434NC\bar{v}\gamma$ で与えられる．

パッケージ効果の程度は溶液の吸収係数または吸光度に対する懸濁液の吸収係数または吸光度の比として特徴づけられる．式 9・1 と 9・3 から，この比は
$$\frac{a_{\text{sus}}}{a_{\text{sol}}} = \frac{D_{\text{sus}}}{D_{\text{sol}}} = \frac{\overline{sA}}{C\bar{v}\gamma} \qquad (9\cdot4)$$
として与えられる．どのような粒子でも，$a_{\text{sus}}/a_{\text{sol}}$ は常に 1.0 以下であることが示されている[475]．しかしながら，もし個々の粒子が非常に弱い吸光，例えば粒子が小さかったり，粒子中の色素濃度が低い場合には，
$$\overline{sA} \doteqdot C\overline{vr}$$
であり，そのような粒子では $a_{\text{sus}} \doteqdot a_{\text{sol}}$ となることも示されている[477]．

今度は，もし粒子が非常に強く光吸収をする場合にはどうなるかを考えてみよう．簡単なため，粒子の大きさと形を変えない場合，すなわち，s と $\bar{v}$ が一定の場合を考えてみよう．C と γ の 2 つはそれぞれ，粒子中の色素濃度の増加に伴って，また，さらに強く吸収する波長に変わることによって増加する．このように，式 9・4 の分母は何倍もの値になる．C もしくは γ が増加すると分子の A も増加するが，これは粒子に吸収された入射光の一部であるので，決して 1.0 を超えることはなく，C や γ が増加するのに比例して増加することはない．A が非常に小さい時（弱い吸光粒子の時），C や γ の倍増は，A においてほぼ同程度の増加をもたらすが，A が 1.0 に近づけば近づくほど，C や γ の増加に対して，A の増加は伴わなくなる．これがパッケージ効果，すなわち粒状懸濁物のスペクトルとその溶液のスペクトルの間の不一致が粒子数の増加によって吸収が顕著になるというものである．このことはいい換えると，なぜスペクトルの谷以上にピークに影響が大きいかをよく説明している．端的にいえば，スペクトルを平坦にし，単位色素量当たりの比吸光度を低下させる懸濁液の吸光スペクトルの粒子当たりの部分吸光（粒子吸光比）に対する依存性である．この現象のより包括的な説明は他になされている[475, 476, 477]．たとえ懸濁液が濃く，光量子が透過する際に葉緑体に到達できない場合でも，吸収スペクトルに対するパッケージ効果があることに注意せねばならない．つまりこれがふるい効果といういい方が適切でない理由である．球形細胞あるいは群体の向きがどうであろうと，光に対して同じ断面積であるという特別な場合については，粒子吸光比についての明確な説明が Duysens (1956) によってなされている．

$$A = 1 - \frac{2\left[1 - (1 + \gamma Cd)e^{-\gamma Cd}\right]}{(\gamma Cd)^2}$$

ここで，d は粒子の直径である．Morel & Bricaud（1981）と Kirk（1975b）はこの関係をパッケージ効果の解析と，球形植物プランクトン細胞に対する光吸収の説明に用いた．

吸光度に影響を与えるパッケージ効果は単に個々の粒子の吸光特性によることが，式 9・4 から明らかである．それゆえ，吸収スペクトルの形と単位色素当たりの比吸光度は濃度に依存しないということが，溶媒に対してと同様，懸濁液にもまさにあてはまる．藻類細胞の懸濁液のスペクトルを測定すると，しばしばこの決まりに従わないかもしれない．たとえ，散乱によって検出器の反対の方向に逃げる吸光度を除いたとしても，濃厚な懸濁液では予想されるよりも高い吸光度となるであろう．これは機器分析では取り除くことのできない濃厚な懸濁物における散乱残査誤差によるものある．つまり，そのような懸濁物で起こり得る複合散乱の結果として，光量子の光路長の増加と，懸濁液中で吸収される光量子の数が増加するためである．

この章の初めに，パッケージ効果は多細胞光合成組織でもそれらの懸濁液の吸光度スペクトルでも同様に観察されることを記した．これは，組織中でも色素はパッケージ，つまり葉緑体に分かれているからである．しかしながら，葉緑体は空間的にランダムに分布しない上，多くの場合，葉緑体は光強度の変化に応じて細胞内での位置を変えるので，多細胞系の光吸収特性を簡単に数学的に取扱うことはできない．

9・3 細胞・群体の大きさと形の違いの影響

前節では，吸収係数とこれによる光合成色素の光獲得効率は，それぞれが均一に懸濁している場合よりもパッケージになっている時の方が低い，ということをみてきた．水域生物圏における光合成色素のパッケージの種類は，大きさ，形や含有色素濃度で大きく変わる．しかしながら，これらの異なる形態での光遮へい能をさらに理解するために，より普遍的な法則が必要である．

すでに我々は下記の2つの法則を知っている．

（ⅰ）$a_{sus} < a_{sol}$

（ⅱ）細胞・組織の大きさや形が一定（s_p が一定）で A_p が増加すると（細胞内の色素濃度が上がるか，波長の変化によって），a_{sus}/a_{sol} は減少する．

また以下のことも導かれる．

（ⅲ）系内の総色素量と生物量が一定で，s_p と A_p の両方が増加すると（数の減少，つまり，形を変えないで細胞や群体の大きさが増すことによって），a_{sus}/a_{sol} は減少する．

（ⅳ）系内の総色素量が一定で，生物量が増加すると（形を変えないで，細胞・群体の数もしくは体積が増加することによって），a_{sus}/a_{sol} は増加する．

（ⅴ）系内の総色素量と生物量が一定で，細胞・群体の体積が一定であれば，形

が伸びる，つまり長くなると，a_{sus}/a_{sol} は増加する．
　(iv)と(v)では，生物量に対する色素の希釈に伴う吸光比の減少，もしくは細胞・群体の引き延ばしは，投影面積の増加というよりも，全体として，吸光断面 $s_p A_p$ の増加をまねく．

　効果の現われ方を支配するメカニズムと一般法則を調べたので，次に，どれだけそれがプランクトン藻類の光獲得能に影響を与えるのかを定量的に考察することにしよう．調べるための便利なパラメータとしては，異なる大きさと形にパッケージされた藻類バイオマスのある量の吸光断面があげられる[477]．図9・2aでは様々な向きを向いた様々な幾何学的形態のラン藻類のモデルに対して，350～700 nm の波長における吸光断面を示している．つまり，バイオマスの体積はそれぞれ 100,000 μm^3 であり，色素濃度はクロロフィルで（乾燥重量の）2%である．光を吸収するのに最も効率が悪いのは，大きくて，球状の直径 58 μm の群体で見られる（最も下の曲線）．幾分，球が偏平，230×29 μm，に引き伸ばされると状況は改善される．はるかに効果的なのは，球が長く，薄く，棒状のフィラメント（長さ 3,500 μm，直径 6 μm）に変形した場合である．光獲得能の増加は，さらにフィラメントが約 900 の直径 6 μm の球に粉砕された場合にわずかながら見られる（最も上の曲線）．広がったパッケージの違いは弱い吸収波長より強い吸収波長でより明確である．例えば，大きい球状の吸光断面に対する細い円柱状のそれの比は，435 nm では 3.82 であるが，695 nm ではわずか 1.16 である．何らかの形の変化は，平均投影面積を増加させる以上に，吸光断面を（比例的に）増加させることはない．細胞による光の吸収が強まると（つまり，A_p が1に近づくと），吸光断面における何らかの幾何学的変化の影響は平均投影面積に対する影響と同じことになる．

　パッケージ効果を明確に定量的に示したものとして，図9・2bは球形細胞もしくは群体の懸濁液で mg クロロフィル a 当たりの比吸収係数が赤色のピークで細胞か群体の直径の増加とともにどのように減少するかを示している．

　パッケージ効果がまさに藻類細胞の光獲得能に対して重要な影響をもつことは，細胞の大きさや色素含有量の違う異なる植物プランクトン種間で比較したり，増殖時の放射照度の違いによってある幅をもった色素含有量の細胞を比較したりする多くの実験によって示されてきた[61, 176, 241, 335, 403, 639, 642, 657, 789, 850]．その分野での顕著な例は，Robarts & Zohary (1984) によって，優占種のラン藻 *Microcystis aeruginosa* の群体サイズが増加する場合には，効果的な光遮へい効果が少ないことから，有光層水深がそれにつれて増加するということが Hartbeespoort ダム（南アフリカ）で述べられてきた．南極半島沿岸域の植物プランクトン群集は温暖海域の群集より驚くほど大きなパッケージ効果をもつことが光合成スペクトルを通して各波長で計測された比クロロフィル鉛直消散係数に基づいて明らかにされている．Mitchell & Holm-Hansen

(1991a) は，これを栄養塩の豊富な水域では慢性的な低照度に適応した結果，高い細胞色素濃度をもつより大きな細胞の存在によるものとした．

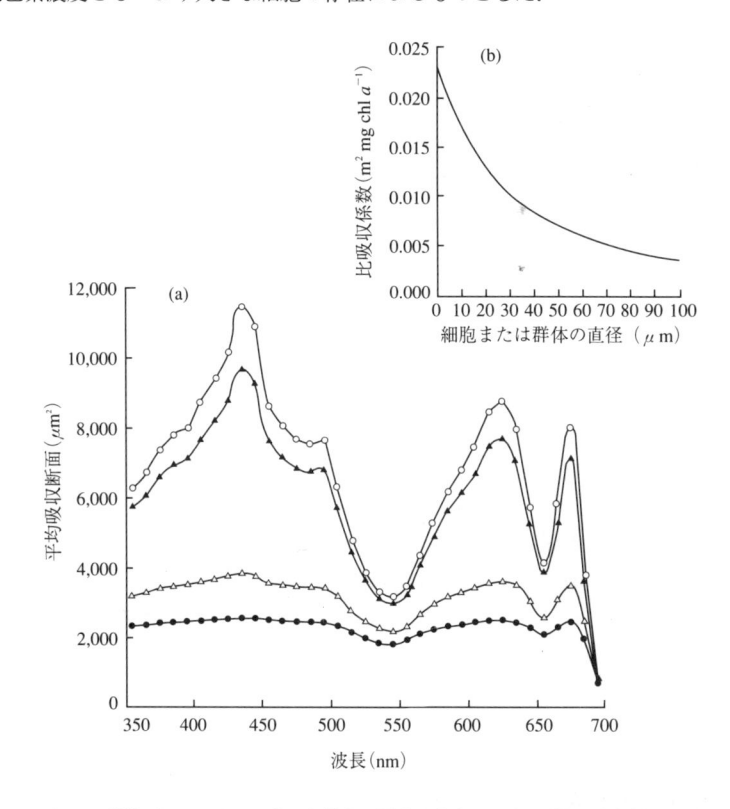

図9・2 植物プランクトンの光吸収特性に対する大きさと形の影響．(a) 様々な向き，形と大きさのラン藻群体の吸収断面スペクトル（乾燥重量に対して2％のクロロフィル a のを含む理想群体に対して，Kirk (1976a) が見積もったもの）．いずれの場合も，データは藻類体積 $100{,}000\,\mu\mathrm{m}^3$ に対応している．これは，$57.6\,\mu\mathrm{m}$ 直径の球（●），$230.4\times28.8\,\mu\mathrm{m}$ の偏平長球（△），$3{,}537\times6\,\mu\mathrm{m}$ 円柱（▲）についてはそれぞれ1粒子，そして $6\,\mu\mathrm{m}$ 直径の球（○）の場合には884個の粒子に相当する．(b) 細胞もしくは群体の大きさの関数としての赤色極大（670～680 nm）における植物プランクトンクロロフィルの比吸収係数（Kirk，未発表）．細胞または群体は乾燥重量の2％のクロロフィル a（約 $4\,\mu l^{-1}$ 細胞体積）を含み，例えばジエチルエーテルでは赤色ピークにおけるクロロフィル a の（自然対数）比吸収係数が約 $0.0233\ \mathrm{m^2\,mg^{-1}}$ であると仮定して，Duysens (1956) の式を使って計算した粒子吸光度値から得られた[265]．同様の計算は Morel & Bricaud (1981) によって行われている．

Geider & Osborne (1987) は培養した比較的小型の珪藻 *Thalassiosira*（約 $5\,\mu$m 直径）では，パッケージ効果は青色光の吸収極大（435 nm）では 50％まで，クロロフィルによる赤色光の吸収極大（670 nm）では 30％まで光吸収効率を減少させたが，吸収極小（600 nm）では有為な効果はなかったことを示した．すなわち，より大きな珪藻において大きなパッケージ効果を示すということである．外洋性の単細胞ラン藻や原核緑藻のようなピコプランクトン（＜$2\,\mu$m 直径）では，パッケージ効果はまったく有意ではないはずである[490]．

9・4　海洋植物による光吸収率

海洋植物による光合成速度は，高等植物の葉，多細胞藻類の葉状体，もしくは個々の植物プランクトン細胞や群体が海水面下の光の場から吸収する光の割合によって（いつも割合に比例しているとは限らないが），結局は制限されているに違いない．高等植物や藻類の葉状体の場合，組織表面のある部分において，ある角度で入射してきた光の波長の光量子の吸収割合は，その角度での放射照度，その部分の面積，その角度と波長での吸収率の積 $E = (\lambda, \theta, \phi)$ ． $\delta s.A (\lambda, \theta, \phi)$ に等しい．葉や葉状体全体によるその波長の光吸収の割合は，表面の各部分に対する入射光の角度と葉や葉状体全体のすべての部位を構成する全要素の積の合計である．

組織において光学的に非常に重要な特性は，吸収量よりむしろ吸収率（吸収された入射光の割合）である．組織を通過する際，葉や葉状体の全ての場所での吸収率は実際には光の入射角度で光路長が異なるためにいくらか変化する．全ての角度で入射したある波長の全ての光に対する葉のある部分での組織の有効吸収率は，光場の角度分布の関数であり，厳密にいえば，これは光の輝度分布とは独立な，ある波長の水中光に対する組織の吸収率によるものではない．吸収率は，実際には光合成組織の平面に直角に当たる光線を測ることで普通求められる．これは水中でその入射光に対して存在する組織の吸収率をおおよそ与えると考えられる．葉の厚さ，葉緑体の数，色素組成の相違によって，葉や葉状体の中の場所に

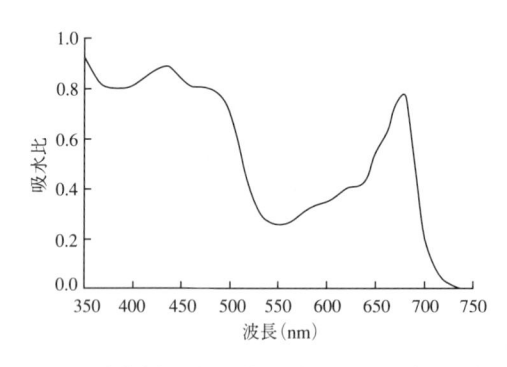

図9・3　淡水産大型藻類の葉の吸収スペクトル（Kirk，未発表）．スペクトルはオーストラリア Ginninderra 湖から採取した *Vallisneria spiralis*（セキショウモ，トチカガミ科）の葉の一部の細胞を光電子倍増管に近づけて測定した．藻類の付着はない．スペクトルは散乱を補正した．

よる吸収率に相違があるはずである．これは特に長い葉状体の場合に顕著で，場所が違えば異なる光環境にさらされており，例えば下の方は陰になっている．組織内で起こる多様な散乱による光長路の増加は多細胞植物における吸収率を高めている．

　図 9・3 は水生高等植物の 90°での吸収スペクトルを示しており，これは図 10・6a，b，c に示した様々な種類の多細胞藻類のスペクトルに相当する．スペクトル間の違いは一つには単位面積当たりの葉緑体の濃度の違いによるもので，これはもちろん分類群ごとに異なる上，同じ分数群の中でも著しく変化する．しかしながら，スペクトルの形状の違いは異なるタイプの色素の存在にも関係している．緑藻や高等植物に比べて，褐藻類では 500～560 nm の領域で相対的に大きい吸収があり，これは褐藻類にフコキサンチンが存在しているためである．紅藻類における 520～570 nm というスペクトルの広いピークはビリンタンパクであるフィコエリスリンの存在によるものである．

　植物プランクトンの場合，ある方向からくる，ある波長の光量子に対する個々の細胞もしくは群体による光吸収率は，その方向での放射照度，細胞や群体のその光の方向での断面積と光に対する特定の向きでの粒子の吸光度，の積 $E(\lambda, \theta, \phi)$．$S_\mathrm{p}(\theta, \phi)$．$A_\mathrm{p}(\theta, \phi)$ に等しい．細胞や群体はランダムな方向を向いているので，特定の方向からくる光に対して，それぞれは異なる投影面積と吸光度をもつ．粒子当たりの吸光度の平均は $E(\lambda, \theta, \phi)$．$\overline{S_\mathrm{p} A_\mathrm{p}}$．である．$\overline{S_\mathrm{p} A_\mathrm{p}}$ は粒子平均吸収断面と呼ばれている（9・2 節）．細胞や群体がランダムな方向を向いていることから，全ての方向の光に対して同じ平均吸収断面をもっている．水中の光場の角度分布を考えなければ，平均吸収断面を植物プランクトンバイオマスによるものであるとすることができる．実際には平均吸光度は植物プランクトン群集の個々の粒子によるものであるが，取り扱う上で有用とはいえない．なぜなら，特定の光の流れからの，光量子の捕集率を決める吸光度だけではなく，吸光度と断面積（方向によって変化する）の積であるからである．

　ここで，植物プランクトン群集について知りたいことは，光合成が起こる波長全体における群集を構成する細胞や群体の平均吸収断面である．個々の細胞もしくは群体について測定することも可能かもしれないが，技術的にも難しく，高い精度の結果は得られない．したがって，植物プランクトンの懸濁液については，分光測定に頼らなければならない．通常の植物プランクトンの濃度では低すぎて正確な吸収測定はできない．そこで，ろ過や遠心分離を行い，さらに小さい体積の懸濁液として濃縮されたものを用意しなければならない．

　植物プランクトンの適度な濃縮で平均吸収断面の測定のようなことができるのであろうか．吸収断面における個々の細胞や群体の吸収の重要性にもかかわらず，懸濁液中の個々の粒子の吸収特性については懸濁液全体の吸光比の測定はほとんど意味がな

い．懸濁液の吸光比スペクトルは植物プランクトン濃度の変化とともに形を変え，非常に高い濃度ではスペクトルを通して $A_{sus} \fallingdotseq 1.0$（光の全ての波長における全吸収）の直線になる傾向がある．しかしながら，懸濁液の吸光比スペクトルはある理由で我々が懸濁液全体による光吸収率を知る必要がある場合（例えば光合成効率の室内実験）には関係してくる．

　懸濁液中の細胞や群体などの浮遊性粒子当たりの平均断面を求めるために実際に我々が測定するのは，懸濁液の吸光度 D_{sus} である．図 9・4 は 3 種の浮遊藻類；*Chlorella*（緑藻），*Navicula*（珪藻），*Synechocystis*（ラン藻）の懸濁液の吸光度ス

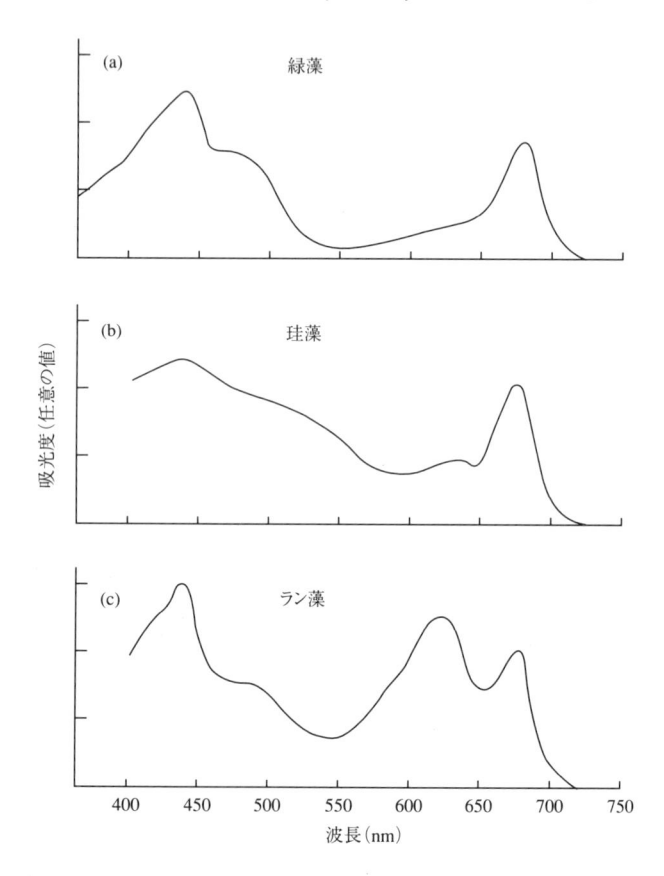

図9・4　積分球を用いて測定した植物プランクトン 3 種の培養細胞の吸光スペクトル（Latimer & Rabinowitch, 1959）．(a) *Chlorella pyrenoidosa*（緑藻）(b) *Navicula minima*（珪藻）(c) *Synechocystis* sp.（ラン藻）．

ペクトルを示している．1 cm の光路長での懸濁粒子の吸光度は，前に見たように（式9・2, 9・2章）0.434 $n\overline{S_pA_p}$ である．ここで，n は 1 ml 当たりの粒子の数であり，は 1 粒子当たりの平均吸収断面である．このように我々は適度に濃縮した懸濁液を準備して400〜700 nm の波長で吸収スペクトルや n を測定し，次の関係を用いて，

$$\overline{S_pA_p} = \frac{D_{sus}}{0.434n} \qquad (9\cdot5)$$

植物プランクトン群集の光合成の範囲を通して値を得る．光路長が 1 cm の時には 1 ml 当たりの細胞数 n は測定光線中の cm^2 当たりの粒子数に相当する．このように，もし断面が吸収断面（$\overline{S_pA_p}$）の単位で表されているならば，式9・2 や 9・5 における N もしくは n は単位面積当たりの粒子数を意味する．つまり，単位面積当たりの粒子の数では，いかなる光路長に細胞が分布していても吸光度は同じである．

水深 z m での個々の細胞や群体当たりの波長 λ の平均光吸収率は $E_0(\lambda, z)\overline{S_pA_p}(\lambda)$ であり，$E_0(\lambda, z)$ はある水深でのその波長の光のスカラー放射照度であり，$\overline{S_pA_p}(\lambda)$ は m^2 内の平均吸収断面である．水深 z m における厚さ Δz m の薄い層内での全植物プランクトンによる平面 m^2 当たりの光吸収率（W，もしくはquanta s^{-1}）は

$$E_p = E_0(\lambda, z) \overline{S_pA_p}(\lambda) \Delta z N \qquad (9\cdot6)$$

で与えられる．この時の N は m^3 当たりの植物プランクトンの細胞数もしくは群体数である．

海洋の一次生産の分野では，植物プランクトン濃度は細胞数もしくはコロニー数 m^{-3} より mg chl a m^{-3} で表されるのがより一般的である．式9・1 から，

$$N\overline{S_pA_p}(\lambda) = a_p(\lambda)$$

であり，ここで $a_p(\lambda)$ は植物プランクトンによる吸収係数なので，

$$E_p = E_0(\lambda, z) . a_p(\lambda) . \Delta z \qquad (9\cdot7)$$

および

$$E_p = E_0(\lambda, z) . \text{Chl } a_c(\lambda) . \Delta z \qquad (9\cdot8)$$

と表される．ここで chl は m^{-3} 当たりの mg で表した植物プランクトンのクロロフィル a 濃度であり，$a_c(\lambda)$ は mg クロロフィル a m^{-3} 当たりの植物プランクトンの比吸収係数である．$a_c(\lambda)$ は m^2 クロロフィル a^{-1} という単位である．あらゆる周波帯において，水中の全成分による全吸収係数が $a_T(\lambda)$ とすれば，植物プランクトンによって捉えられた全吸収エネルギーの割合は $a_p(\lambda) / a_T(\lambda)$ となる．光合成のスペクトル領域における海産植物プランクトンの比吸収係数に対する値は図 3・9 に示してある（第3章）．

植物プランクトンによる光の獲得を考えるときの有効な概念は，その水深での光環境におけるその水深に生息する植物プランクトン群集の全光合成スペクトルの有効吸収係数である[633]．これは今問題とする水深での PAR の実際のスペクトルを考慮した

PARに対する植物プランクトンの重みつき平均吸収係数と考えられ，

$$\bar{a}_{\mathrm{p}}(z) = \frac{\int_{400}^{700} a_{\mathrm{p}}(\lambda) E_0(\lambda, z) d\lambda}{\int_{400}^{700} E_0(\lambda, z) d\lambda} \tag{9・9}$$

で定義される．ここで，$E_0(\lambda, z)$ は波長 λ と水深 z m での単位バンド幅 (nm^{-1}) 当たりのスカラー放射照度である．植物プランクトンの PAR に対する比有効吸収係数 $\bar{a}_{\mathrm{c}}(z)$ を 1 mg chl a m^{-3} での植物プランクトンに対して m^2 mg chl a^{-1} の単位を用いた $\bar{a}_{\mathrm{p}}(z)$ の値として定義してもよい．

植物プランクトンの濃度と特性が同じままでも，PAR に対する比有効吸収係数は PAR のスペクトル分布の変化に伴い深度とともに変化する．外洋では溶存の黄色物質は一般にほとんどなく，水深が深くなるにしたがって光環境は青〜緑 (400〜500 nm) のスペクトル領域に限定されてくる (図 6・4)．これは植物プランクトンがもつ主要な吸収ピークのあるところであり (図 3・9)，そのような水域においては，水深に伴い $\bar{a}_{\mathrm{c}}(z)$ 値は有光層内で 50〜100 ％にまで上昇する[502, 633]．日本南東の太平洋において，Kishino et al. (1986) は $\bar{a}_{\mathrm{c}}(z)$ 値が表層で 0.022 m^2 mg chl a^{-1} から水深 30 m では 0.044 m^2 mg chl a^{-1} に急激に増加することを示した．生産性の高い湧昇域の緑色がかった水では，$\bar{a}_{\mathrm{c}}(z)$ 値は水深に伴って減少することがある[633]．

9・5 水中の光環境に対する水生植物の影響

この章ではこれまで，水中の光環境を有効に利用する植物プランクトンや大型藻類の能力について述べてきた．環境から光を獲得することによって，水生植物は水柱内でそれらの下方に位置する他の植物に対する光環境を変化させる．ケルプ林，海草床，あるいは淡水産水生高等植物のような水生大型藻類が実際に生えているところでは PAR 強度は著しく減少する．植物プランクトンも水深に伴う急激な光の減衰を引き起こし，生産性の高い水域では，ある場所では自己遮光することによって自身の個体群の増加を制限する要因になる．したがって，PAR の鉛直的な減衰に対する植物プランクトンの影響について，水圏の一次生産を制限する光の利用ということを考えるときには常に考慮しなければならない．

6・8 節において，ある水深での単色光放射照度の全鉛直消散係数が水中の異なるそれぞれの成分に対応する部分消散係数の合計とみなすことができることを見てきた．このことは厳密にいうと，有光層を通した平均鉛直消散係数ではなく，全光合成周波帯 400〜700 nm を考えたものである．にもかかわらず，有光層の平均 K_{d} (PAR) が分離できるというこの仮定は，近似的であるにもかかわらず非常に有効であり，通常，次のような式で与えられる．

$$K_{\mathrm{d}}(\mathrm{PAR}) = K_{\mathrm{W}} + K_{\mathrm{G}} + K_{\mathrm{TR}} + K_{\mathrm{PH}} \tag{9・10}$$

ここで K_W, K_G, K_{TR}, K_{PH} はそれぞれ，水，ギルビン，セストン，植物プランクトンによる部分消散係数（PAR）である．したがって，PAR の鉛直減衰に対する植物プランクトンの寄与は式 9・10 の K_d(PAR) の値に対する K_{PH} の寄与として表される．

K_d(PAR) に対する植物プランクトンの寄与を定量的に見積もるためには，K_{PH} を測定しなければならない．これを行うためには 6・7 節で見たような一般的によく行われる仮定をさらに立てなければならない．それはすなわち，その成分の濃度に対して K_d(PAR) に対する各成分の寄与が直線的な関係にあるというおおよその仮定である．これを植物プランクトンに適用すると，

$$K_{PH} = B_c k_c \qquad (9\cdot11)$$

となる．ここで B_c は植物プランクトンのバイオマスを chlorophyll a m^{-3} で表し（単位は mg chl a m^{-3}），k_c は単位植物プランクトン濃度当たりの比鉛直消散係数である（単位は m^2 mg chl a^{-1}）．そこで，

$$K_d(\mathrm{PAR}) = K_W + K_G + K_{TR} + B_c k_c \qquad (9\cdot12)$$

と書ける．もしある水域に対して比消散係数 k_c が分かっているならば，植物プランクトン濃度 B_c を測定することで K_{PH} の値を得ることができる．

k_c 値はラン藻の群体 4 種それぞれについて図 9・2 のデータを適用することで計算されている．つまり，k_c は 58 μm の球体に対して 0.0063 m^2 mg^{-1}，230×29 μm の楕円球に対して 0.0084 m^2 mg^{-1}，3,500×6 μm の円柱に対して 0.0133 m^2 mg^{-1}，6 μm の球に対して 0.0142 m^2 mg^{-1} である[477]．異なるタイプの藻類間での k_c 値の違いは，植物プランクトンの光獲得におけるパッケージ効果の重要性を強く示すものである．これらの値は全て理想的な藻類に対する計算で求められたものである．k_c は藻類群集が増加したり減少したりするような自然海水の PAR に対する K_d 値を測定し，植物プランクトンのクロロフィル a 濃度に対して K_d の直線性を決定することによって実際の植物プランクトン群集に対して実験的に決定することができる．光合成の周波帯全域にわたって k_c 値が多く測定されているわけではないのが現実である．しかし，特に 400～700 nm 内のある特定のスペクトルバンドの K_d 値に対する植物プランクトン濃度の変化の影響に関するデータが，広域バンドフィルターで放射照度計を用いて得られている．Talling (1957b) は様々な天然海水に対して，K_d(PAR) 値は水域の K_d(λ) の最小値（普通，内陸水には緑色光波長）に 1.33 をかけて得られることを示した．北アイルランドにある Neagh 湖では 1.15 がより適していることが報告されている[428]．これらいくつかの関係を使って，光合成領域の周波帯の K_d 値の測定から k_c 値を見積もることができる．表 9・1 は様々な天然海水において全 PAR もしくは特定の周波帯に対する放射照度の測定値から得られた k_c 値をあげたものである．k_c 値は藻類の違いや，水域によって最小値から最大値の間には 4 倍の違いがあることが分かる．

表9·1 放射照度の現場測定によって得られた植物プランクトンの mg クロロフィルa 当たりの PAR に対する比鉛直消散係数の値.

水域	植物プランクトンタイプ	k_c (m²mg⁻¹)	参考文献
ウィンダーメア湖, イギリス	*Asterionella*（珪藻）	0.027[a]	899
エスウェイト湖, イギリス	*Ceratium*（大型渦鞭毛藻）	約 0.01[a]	901
ジョージ湖, ウガンダ	*Microcystis*（ラン藻）	0.016〜0.021[a]	283
レーベン湖, スコットランド	*Synechococcus*（ラン藻）	0.011[a]	67
ボムスジョン湖, スウェーデン	*Microcystis*（ラン藻）	0.021[a]	293
ニー湖, アイルランド	*Melosira*（珪藻）	0.014[b]	428
	Stephanodiscus（珪藻）	0.008[b]	
	Oscillatoria（ラン藻）	0.012〜0.013[b]	
ミネトンカ湖, ミネアポリス, USA	混合ラン藻群集(*Aphanizomenon*など)	0.022[c]	608
タホー湖, カリフォルニアーネバダ, USA	小型珪藻類（主に *Cyclotella*）	0.029	923
イロンデコイト湾, オンタリオ湖, USA	混合ラン藻群集	0.019	980
コンスタンス湖, ドイツ	混合群集	0.015[c]	921
チューリッヒ湖（0〜5m）, スイス	混合群集	0.012	795
ガレリー海, イスラエル	*Peridinium*（大型渦鞭毛藻）	0.0067	205
様々な外洋水および沿岸水	混合群集	0.016	829

注：[a] $K_d(\lambda)_{min}$ に 1.33 をかけて求めた．
　　[b] $K_d(\lambda)_{min}$ に 1.15 をかけて求めた．
　　[c] PAR の下向き放射照度ではなく，スカラーの測定による．

この変動についての理由はいくつかある．一つは細胞サイズと幾何学的な影響である．我々は自然界で起こりうる範囲で，パッケージ効果によって，ラン藻の同じ色素組成においてさえも 2 倍以上 k_c 値を変化させうることを上で触れた．表 9·1 の中で，大型渦鞭毛藻類の低い k_c 値は，大きな色素粒子によって光の捕集効率が低いためであると考えられる．パッケージ効果は先（9·2 節）に概要を説明したように，（一定のサイズと形では）粒子の吸収が大きくなればなるほど大きくなる．このように，同じくらいのサイズ，形，色素タイプの藻類でも k_c 値は全色素含有量が増加するほど減少する．さらに k_c 値は単位クロロフィル a 当たりで表されるので，存在する他のタイプの光合成色素や，それらのクロロフィル a に対する比の違いから，藻類ごとの比消散係数には大きな違いがでる．同じ量のクロロフィル a を含有する標準的細胞について計算すると，珪藻の k_c 値はフコキサンチンによる 500〜560 nm の吸収の増加によって，緑藻のそれに比べて約 70% も高い値となる．ラン藻類の k_c 値は 500〜650 nm 領域の吸収が大きいビリンタンパクフィコシアニンによって，実際には珪藻の約 2 倍である[477]．

細胞が懸濁している水の色も k_c の値に影響を与え得る．例えば緑藻細胞は青色域の吸収が強い（図 9·4a）．しかしながら，黄色物質のレベルが高い典型的な内陸水では水中の光の場に対する青色スペクトルの寄与が著しく小さく，そのような水では緑

色細胞は低い k_c 値を示す[476]．我々がこれまで考えてきた k_c 値はある光学的深度の平均値であり，すなわち，表層の光量が非常に小さくなるまでの深度についてである．実際に，深度に伴って光のスペクトル分布は大きく変化するので，深度が少し違えば k_c 値も変化する[23]．ラン藻類の場合はビリンタンパクが十分存在するため，青や赤の領域だけでなく緑色も強く吸収し，k_c 値はどんなタイプの水でも深度とともに著しく変化することはない．しかしながら，内陸水において，色の吸収が強い緑藻の場合は，Atlas & Bannister (1980) による計算では，k_c は表層の 0.012 $m^2\ mg^{-1}$ から有光層下部の 0.005 $m^2\ mg^{-1}$ に低下することを示している．外洋では，比有効吸収係数 $\bar{a}_c(z)$ に見られるような，深度に伴う k_c 値の同様の変化が期待される（前節参照）．

ある種類の植物プランクトンとの他の種類との k_c 値の違いのもう一つの原因は，光の散乱の違いである．散乱は前に見たように（6・7 節），放射照度の鉛直的な減衰に様々な影響を与える．濃密な藻類のブルームでは，全散乱に対する藻類群集の寄与は k_c 値の顕著な増加であろう．散乱の大きさは，特に単位クロロフィル a 当たりでは，種ごとに大きくことなる（表 4・2 を参照）．例えば円石藻や珪藻類などは，屈折の少ない外皮に包まれた藻類よりも光を強く散乱する．

水面下の光環境に対する大型藻類の影響については一般的な理論的説明は困難であるが，植物の生育様式や葉あるいは葉状体の形態によって大きく異なる．Westlake (1980c) によれば，mg クロロフィル当たりの比鉛直消散係数は植物プランクトンより大型藻類の方が小さい．密集状態で水面に現れているものや，浮かんでいる大型藻類は，実質的に全水柱を無光層にする．水中の海藻床では，放射照度のスペクトル分布は緑色が優占している[988]．

10. 入射光の関数としての光合成

　植物プランクトンや水生大型藻類による光合成速度は光の場からの光量子の捕捉率に依存する．これは光合成生物の光吸収特性によって決まり，これまである程度詳しく述べてきたところであり，場のスペクトルの強度と質による．しかしながら，光合成速度は単純に光子の捕捉率に比例するというものではない．光合成器官が CO_2 を固定するために吸収したエネルギーの利用効率は植物細胞の一つ一つで異なり，1つの細胞内でも生理状態によって変わる．色素による光量子の捕捉は，電子伝達や酵素がそれらを利用する速度よりも速い．特に強い光のもとでは，余分に吸収されたエネルギーは光合成系を傷つけることになる．光合成速度と入射光の関係は，このように簡単なものではない．この章では，このことについて述べる．

　光合成に対する光強度とスペクトルの質を研究するためには，単位バイオマス当たりの光合成速度を決める適切な定量的手法を用いなければならない．現場や実験室内で用いる方法に関する詳細な記述は他でなされているので[786, 962]，ここでは簡単に述べる．光合成は二酸化炭素の同化，または酸素の放出のいずれかで測定される．光合成過程全体の化学量論から（8・5節），CO_2 1分子の固定に対しておよそ1つの O_2 分子が放出される．ただし，植物には炭水化物だけでなく，タンパク質，脂質，核酸などが含まれるので，バイオマスの平均的組成は CH_2O とは幾分異なり，O_2/CO_2 比（光合成商 photosynthetic quotient）は 1.0 ではなく通常 1.1〜1.2 の範囲にある．活性の高い光合成系の場合には，化学分析，酸素電極またはマノメーターを用いて O_2 放出量を測定した方が便利である．植物プランクトンの光合成を現場で測定する場合には，生産性が高い水域を除いて，より感度の高い $^{14}CO_2$ の固定法が用いられる．この方法は Steemann Nielsen によって 1952 年に導入された．植物プランクトン自然群集を含む水サンプルの入った瓶にわずかな量の [^{14}C] 重炭酸塩を加え，有光層内のいくつかの深度に通常，日中数時間吊す．細胞に固定された放射能の強さを，フィルターろ過後，酸処理して測定する．

　あるいは，[^{14}C]-HCO_3 で処理した植物プランクトンサンプルの培養を，異なる深度に対応した光条件を設定して，現場と同じ温度で室内で行ってもよい．海産植物プランクトンに対しては，Jitts (1963) が現場のスペクトル分布をまねるのにいくつかの青色ガラスフィルターを用いる室内培養法を示した．実験室では実際の水深におけるスペクトル分布を再現するのが難しいので，一次生産の見積もりにかなりの誤差を生む原因になっている[543]．

光合成速度は総量（gross）または正味の量（net）として表される．総光合成量は固定された二酸化炭素の総量であり，このうちの一部は同時に呼吸によって消費されているが，それを差し引いていない．正味の，つまり純光合成量は総光合成量から呼吸によって失われる CO_2 を差し引いたものである．植物プランクトンを含む瓶の中での酸素濃度の増加が純光合成生産である．総光合成生産は同時に測定した暗瓶中での呼吸による酸素消費量を加えることで求まる．$^{14}CO_2$ 固定法が純生産と総生産のいずれを示すものなのか，ということはいまだに議論の対象となっている．短時間の培養で，生産性の高い水域では，$^{14}CO_2$ 固定を総光合成生産を示すものとして考えてよい．

光合成速度は，総光合成および純光合成のいずれの場合も，単位バイオマス当たり（比光合成速度）あるいは水塊の単位面積当たりや単位体積当たりで示される．植物プランクトンに対する典型的な比光合成速度（P）は μ moles CO_2 または O_2，あるいは mg C mg chl a^{-1} hr^{-1} である．用いた単位に合わせて $P(CO_2)$，$P(O_2)$，$P(C)$ のように表すのが便利である．水量 m^3 当たりの速度（P_V）を表面から有光層の底まで 1 m ごとに足し合わすと，面積当たり光合成速度 P_A が得られる．単位は μ moles CO_2 または O_2，あるいは g（または mg）C m^{-2} である．

$$P_A = \int_{z_{eu}}^{surface} P_V \, dz$$

用いる単位に合わせて面積当たり光合成速度を $P_A(CO_2)$，$P_A(O_2)$ または $P_A(C)$ と表すとよい．底生微小藻類の光合成速度は g 乾重当たり，またはそれらが成長している基質の面積当たりで表される．

10・1 光合成と光強度

入射光強度に伴う植物プランクトンの光合成速度の変化は各水深に吊り下げた瓶のデータから分かる．この場合，水深に伴う光の減衰は放射照度の値を決めることになる．代わりに，実験室内で人工光のもとで測定を行うこともできる．

1) P-E_d 曲線

暗条件では，当然のことながら光合成は起こらず，水生植物は呼吸のため O_2 を消費し，CO_2 を放出する．光強度がゼロから次第に増加するにつれ，O_2 の放出と CO_2 の消費が起こるが，光強度が弱すぎると O_2 の放出は消費を下回る．酸素の放出が酸素消費とつり合う放射照度（E_c）を光補償点（light compensation point）という．この点を超えると放出が消費を上回り，純光合成が行われる．これ以上では，E_d の上昇に伴って P があるレベルまで増加するというのが典型的なパターンである．その後，グラフは曲線を描いて水平になる．E_d が増加しても P が増加しない放射照度範囲のことを光合成の光飽和といい，P は P_m，つまり最大比光合成速度（しばしば光合成

容量 photosynthetic capacity とも）となる．図10・1は典型的な P-E_d 曲線を示し，1つは海産植物プランクトン[778]，もう1つは淡水珪藻の混合群集である[56]．大型藻類の P-E_d 曲線も形は似ているが，最大太陽光でも強光阻害はない．図10・2は4種の淡水産大型藻類における P-E_d 曲線と[946]，海産の緑藻，褐藻および紅藻である[474]．

E_d の増加に伴い飽和はゆっくりと生じるので，どこで実際に飽和しているのかを点として示すのは難しい．光飽和の始点を特徴づけるという点でより簡単に測定できるパラメータは[898]，P が E_d の増加につれて直線的に増加し続けるとした時の P_m と交わる点の放射照度（E_k）である．これは図10・3 に模式的に描いた P-E_d 曲線で示してある．直線部分の傾き α は P_m / E_k であり，α は単位入射放射照度当たり

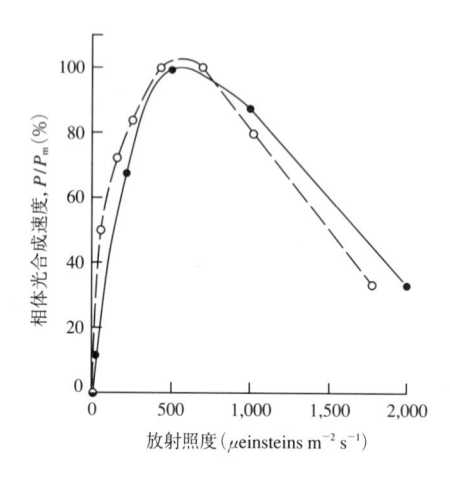

図10・1 放射照度（E_d）の関数としての植物プランクトンの相対比光合成速度（P / P_m）．●：サルガッソー海中央部の海産植物プランクトン（Ryther & Menzel, 1959）．○：イギリス，ウィンダーメア湖の淡水産珪藻（主に Asterionella formosa と Fragilaria crotonensis；Belay, 1981）．各著者の原記載に対して変換係数を用いて描き直したもの．

単位バイオマス当たりの光合成速度であり，低い光強度で CO_2 を固定する際の光利用効率の尺度でもある．

　光合成の飽和に必要な光強度や補償点は種によって大きく異なる．さらに，後述するように，これらのパラメータは CO_2 濃度や温度にも依存している．したがって，もし光の関数として光合成の測定が生態学的に意味をもつ場合には，水圏生態系を模した条件で測定されねばならない．植物プランクトンの場合に，瓶を静置させた場合にしばしば起こる強光阻害の影響は，光飽和および最大光合成速度に必要な照射照度の両方の過小評価につながる[594]．このように，植物プランクトンについては，比較的短時間で P-E_d データを得ることが望ましい．とくに生産性の低い外洋水で長い時間をかける場合には不確定要素が入り込むことは避けられない．植物プランクトンを含む水生植物のある光強度での光利用能は成長期間中にさらされた光環境に大きく依存する．したがって，生態学的解釈を目的とする場合には，実験室で培養した植物を用いるのではなく，自然群衆を用いて P-E_d 曲線を描くのが望ましい．表10・1は自然界のさまざまな水生植物を用いて測定された光補償点や飽和に関する放射照度のデータを集めたものである．光飽和値の違いという点では藻類の分類グループごとの違い

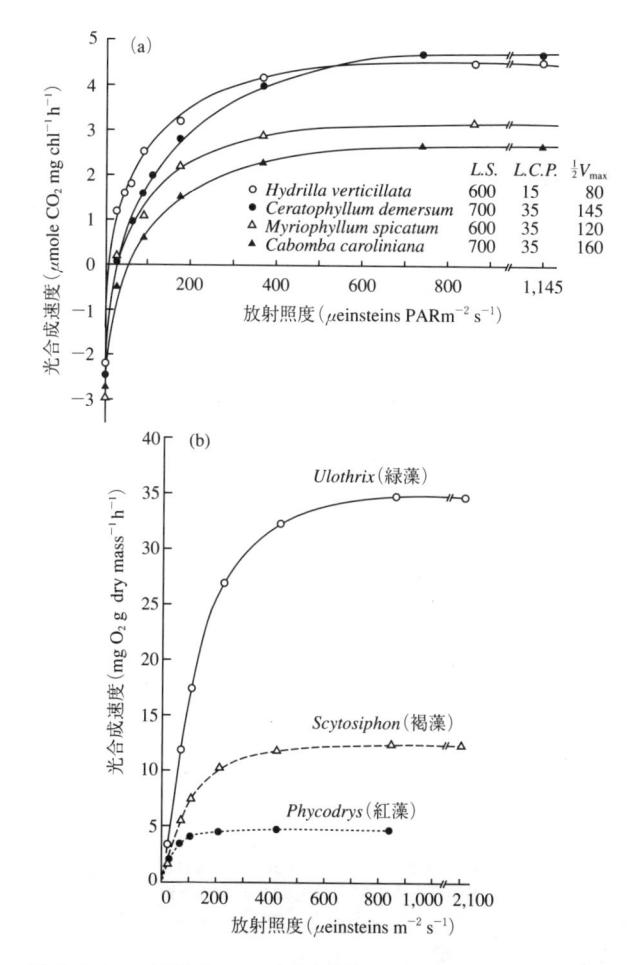

図10・2 PARの関数としての水生大型藻類の光合成速度．(a) アメリカ，フロリダの湖の淡水産大型藻類（Van, Haller & Bowes (1976) *Plant Physiology*, **58**, 761-768の許可による）．ここでは典型的に低いCO_2濃度（0.42 mg l^{-1}）によって速度が制限されている．水温は30℃．L.S.：光飽和に必要な光量．L.C.P.：光補償点の放射照度，$1/2\ V_{max}$：最大光合成速度の1/2の時の放射照度．(b) バルト海西部の緑藻，褐藻，紅藻（King & Schramm, 1976より）．*Ulothrix speciosa*（真性沿岸性緑藻），*Scytosiphon lomentaria*（真性沿岸性褐藻），*Phycodrys rubens*（半沿岸性紅藻）は春に採取され，測定は10℃で行われた．

表10・1 さまざまな水生植物における光合成飽和および補償光量に必要となる放射照度．データは自生しているものに対して得られたもの，あるいは十分に自然と思われるもののみを集めた．単位は適切な係数を用いて統一した．

種または植物タイプ	場所，季節	放射照度, μeinstein (PAR) m^{-2}s^{-1}				参考文献
		温度(℃)	飽和	飽和の始め (E_k)	補償点	
淡水産藻類						
珪藻						
Asterionella formosa	ウィンダーメア湖, イギリス, 春	5	—	28	—	897
		10	—	50	—	897
Melosira italica	ウィンダーメア湖, イギリス, 冬	5	—	16	—	897
ラン藻						
Microcystis etc.	ジョージ湖, ウガンダ	27−34	—	135−323	—	284
Oscillatoria sp.	ニー湖, 北アイルランド					
	春	9	145	49	—	427
	夏	15	203	64	—	427
緑藻						
Cladophora glomerrata	グリーン湾, ミシガン湖, USA, 7-8月	25−27	345−1125	—	44−104	546
淡水産大型植物						
Hydrilla verticillata	湖水, フロリダ, USA	30	600	—	15	946
Ceratophyllum demersum	湖水, フロリダ, USA	30	700	—	35	946
Myriophyllum spicatum	湖水, フロリダ, USA	30	600	—	35	946
Cabomba caroliniana	湖水, フロリダ, USA	30	700	—	55	946
Myriophyllum brasiliense	オレンジ湖, フロリダ, USA	30	250−300	—	42−45	783
Vallisneria americana	湖, ウィスコンシン, USA, 夏	25	140	—	—	930
Nuphar japonicum	日本					
浮遊葉		20	400−600	—	3	400
浸水葉		21	75	—	3	400
海産小型藻類						
外洋植物プランクトン(0m)	太平洋 (3°S)	20−25	600	—	—	431
外洋植物プランクトン(10m)	太平洋日本沖, 夏	23	>700	240	—	896
外洋植物プランクトン(80m)	太平洋日本沖, 夏	23	～140	50	—	896
外洋植物プランクトン	サンゴ海 10−11月					
外洋植物プランクトン(10m)		～27	—	344−818	—	277
外洋植物プランクトン(100m)			—	72−245	—	277
大陸棚植物プランクトン	ブランズフィールド海峡, 南極, 12-3月	0−1	50	18	0.5−1.0	389,616
沿岸植物プランクトン(1−10m)	ノバ・スコシア, カナダ, 年間	0−15	～300	105 (av.)	4 (av.)	707
沿岸植物プランクトン(0m)	バルト海, デンマーク					
2月3日		1	400	200	—	875
7月15日		17	1200	500	—	875
10月31日		12	800	300	—	875

種または植物タイプ	場所, 季節	温度(℃)	飽和	飽和の始め (E_k)	補償点	参考文献
L. solidungula	アラスカ北極海, 夏	2	—	38−46	—	212
Scytosiphon lomentaria	西部バルト海, 春	10	700	—	8	474
Ectocarpus confervoides	西部バルト海, 春	10	200	—	5	474
Dictyosiphon foeniculaceus	北部バルト海	14	300	—	18	970
Pilayella littoralis	北部バルト海	14	200	—	20	970
		4	100	—	—	970
Macrocystis integrifolia	バンクーバー島, ブリティッシュ・コロンビア, カナダ, 9月	13	80	50	—	844
M. pyrifera	南カリフォルニア, USA, 3−8月	16−21	300	140−300	—	294
Nereocystis luetkeana	バンクーバー島, ブリティッシュ・コロンビア, カナダ, 2月	9.5	—	22	—	993
	9月	14	—	64	—	993
紅藻類						
Dumontia incrassata	西部バルト海					
	冬	5	100	—	5	474
	春	10	500	—	8	474
Phycodrys rubens	西部バルト海					
	春	10	200	—	5	474
	夏	20	200	—	14	474
Polysiphonia nigrescens	西部バルト海					
	春	10	400	—	7	474
	秋	15	300	—	24	474
Ceramium tenuicorne	北部バルト海	11	100	—	—	970
Rhodomela confervoides	北部バルト海	4, 10	40	—	—	970
Chondrus crispus	ウッズホール, マサチューセッツ, USA, 夏	23	120	60	—	738
Porphyra umbilicalis	ウッズホール, マサチューセッツ, USA, 夏	23	250	90	—	738
サンゴ礁						
Stylophora pistillata	シナイ, エジプト					
高照度型		28	600−2000	—	350	240
低照度型		28	200	—	40	240
サンゴ礁藻群落	バージン島, カリブ海, 7,10,11,12月	28	1400−1800	780−1060	60−105	138

放射照度, μ einstein (PAR) m^{-2}s^{-1}

の一般化は難しそうである．これは一つには，P-E_d 曲線において飽和光量を決定するのが非常に難しいことによる．光飽和の始点に相当する E_k の比較の方が簡単であれば，比較してもよいであろう．一般化できるのは，ある特定の種に対する光補償点が夏や秋よりも冬や春に低いということである．これは単純に水温の違いであるかもしれないし，他の要因であるかもしれない[474]．同じ種では，深いところから採ったサンプルでは，飽和光合成は低い光量で起こる[738]．このことは，植物プランクトンでも大型藻類でも同様である[874]．異なる光環境に対する適応については第 12 章で詳

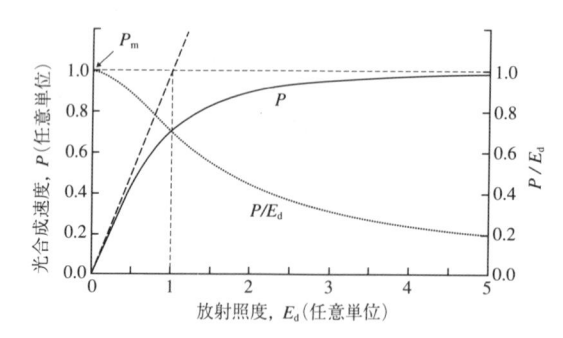

図10・3 最大光合成速度 P_m と飽和開始パラメータ E_k を示す, 放射照度 (E_d) の関数として比光合成速度 (P) を示した模式図. 放射照度に伴う P/E_d (入射光の利用効率の尺度) の変動を点線で示してある.

しく述べる. 植物プランクトンの中では, 渦鞭毛藻類は珪藻類に比べて高い呼吸速度を有し, そのため補償点も高いことが明らかとなっている[244, 845]. これは前者では運動性を維持するためにエネルギーを必要とするためであろう.

P-E_d 曲線にもっとも適した経験的曲線を当てはめようと, 定式化のためのさまざまな試みがなされてきた. ある植物プランクトン対して, 曲線の初期勾配と最大値 (漸近的に) はかなり首尾よく決めることができるので, それらの関係から, E_d 同様に α と P_m の関数として P の値を予測できる. すなわち, この関係は $P = f(\alpha, P_m, E_d)$ ということであり, E_d がゼロに近づくと $P = \alpha E_d$ であり, E_d が無限大の場合 $P = P_m$ である. Jassby & Platt (1976) はノバ・スコシアの沿岸水域の植物プランクトンに対して測定した 188 の P-E_d 曲線に対して, それまで提案されてきた 8 種の異なる式をテストした. 最もフィットした2つは, Smith (1936) が提案した (多少オリジナルとは異なるが)

$$P = \frac{P_m \alpha E_d}{(P_m^2 + \alpha^2 E_d^2)^{\frac{1}{2}}} \tag{10・1}$$

と, Jassby & Platt (1976) が提案した

$$P = P_m \tanh(\alpha E_d / P_m) \tag{10・2}$$

であり, 後者の適合がよりよかった.

これらの式は単純に観測値に対する適合性に基づいて選ばれたものであり, 光合成のメカニズムに基づくものではない. 3つ目としては, Webb, Newton & Starr (1974) による次のような同様に単純な式がある.

$$P = P_m \left[1 - e^{-\frac{\alpha E_d}{P_m}}\right] \tag{10・3}$$

これは樹木の *Alnus rubra* について記述したものであり, Peterson et al. (1987) はこれが光合成のメカニズムを考慮したものであり, 幅広く植物プランクトンにも当てはまるとしている. 単位時間 t (ここで t は回転時間) 当たり光合成単位当たりの光子捕捉を簡単なポアッソン分布に当てはめ, 過剰の光子は光合成に使われないと仮定すると, 光合成速度は $(1-e^{-m})$ に比例する[698]. ここで, m は時間 t の間に光合成単位

が捕捉した平均光子数である．m は入射フラックス E_d に比例するので，式10・3 は明白であり，$P_m/\alpha = E_k$ なので単純な機械論的モデルとして次のように書いてもよい．

$$P = P_m \left[1 - e^{-\frac{E_d}{E_k}}\right] \qquad (10\cdot4)$$

式 10・1～10・4 は飽和するまでの E_d に対する P の変動を記述しているだけであり，E_d が高いときの P の低下を示してはいない．Platt, Gallegos & Harrison (1980) は初期勾配から強光阻害までを含む光強度の連続した関数として植物プランクトンの光合成速度を記述する経験式を得た．

2）強光阻害

晴れた日の自然水域の表層では，光強度は通常，光合成阻害を起こすくらい強いので，生態学的な研究では光合成の阻害を考慮しなければならない．確かに，内陸水や海域で植物プランクトンの光合成活性の鉛直プロファイルを培養瓶をつるす方法で測定すると，必ずではないが共通して，比光合成速度や単位水量当たりの光合成速度の目立った減少が，表層付近で見られる．図 10・4 は，沿岸水と内陸水の表層に起こる光合成阻害の例を示している．水深が増すとともに光強度の低下に伴って強光阻害がなくなり，光合成速度が光飽和となる．さらに水深が増して光量が低下するにつれて，ほぼ指数関数的に光合成速度は低下し光制限となる．

全てではないが多くの大型水生植物も，晴天で光強度の高い時には，光合成の阻害を起こす．植物プランクトンが水の動きとともに広い深度範囲にわたって上下移動するのに対して，大型水生植物は適応した光強度の深度で一般によく成長するので（第12章），生態学的に強光阻害はあまり重大ではない．潮間帯の海産大型藻類は，間欠的に非常に強い光量にさらされる．晴天の光強度で阻害を受けない種類もあるが，あるものは阻害を受ける[474]．

強い光によって光合成の阻害が表れるまでには時間を要する．カナダのオンタリオ湖の植物プランクトンの場合，光合

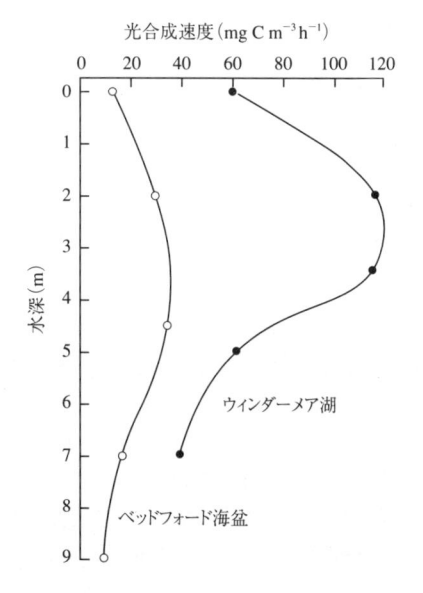

図10・4 単位水量当たりの植物プランクトン光合成速度の鉛直プロファイル．曲線は内陸水（イギリス，Windermere 湖）と沿岸域（カナダ，ノバ・スコシア，Bedford Basin, Marra, 1978 のデータによる）

成活性の低下は約 10 分後に始まった[353]．Welsh 湖の表層に吊るした培養瓶内の珪藻 *Asterionella* 群集の光合成の時間変化では，強光阻害の影響は，はじめの 1 時間は小さかったが，次の 1 時間で大きくなった[56]．ある一定の光強度では，温度が高ければ高いほど阻害が早く起こる．18℃で $200\,\mu$ einsteins m^{-2} s^{-1} で *Asterionella* の培養実験を行い，18℃と 25℃で 1 時間，$2000\,\mu$ einsteins m^{-2} s^{-1} の光（晴天時の光量に相当）を当てたときの光合成速度は，それぞれ 10％と 50％減少した[57]．

低い光強度に移すと，植物プランクトンは強光阻害の影響から回復する．強光の照射時間が長ければ長いほど，回復に時間がかかる[309]．Welsh 湖の *Asterionella* 群集では，強い太陽光に 2 時間さらした場合，弱光での回復には 4 時間を要し，6 時間さらした場合には 70％まで光合成速度が低下し，回復するのに 20 時間かかった[56]．

強光阻害のメカニズムは，高等植物について詳しく研究されてきた．Jones & Kok (1966) は，ホウレンソウの葉緑体における電子伝達の強光阻害の作用スペクトルを測定した．そのスペクトルは 250〜260 nm（UV）にピークをもつ紫外域で主に作用した．強光阻害は可視域でも起こるが，光量子捕捉効率は非常に低い．400〜700 nm の間では，作用スペクトルは 670〜680 nm に明らかなクロロフィルピークをもつ葉緑体色素の吸収スペクトルに伴う．強光阻害は光化学系Ⅱの反応中心を傷めることで，主に光合成の明反応に影響を与えるようである[164, 165, 143]．

UV 域での作用スペクトルの形状は，反応中心で機能しているプラストキノンもしくは他のキノンが紫外線阻害に対して敏感な分子であることを示している．可視域における作用スペクトルの形状は，非常に光量の強い場合に，光合成色素に吸収されたエネルギーの一部が，敏感な部分（必ずしも紫外線により影響を受ける場所とは限らない）に運ばれ，これが傷害の原因になっていることを示している．

藻類の光合成における強光阻害に関する詳しい研究は行われていないが，そのメカニズムは高等植物と同じであると考えるのがよいであろう．海産植物プランクトンの強光阻害については，Jones & Kok の作用スペクトルを用いて計算した日間照射量と直線的な関係にあることがわかっている[835]．透明度の高い外洋表層では，強光阻害のうち 50％は 390 nm 以下の波長で起こる[831]．中程度に生産性のある海域の 10 m 層では強光阻害の 50％は 430 nm 以下の波長で起こる．このように，外洋水では紫外域の強光阻害が 50％，可視域の強光阻害が 50％と考えてよい．Smith *et al.* (1992) による 1990 年の南半球の春の Bellingshausen 海における現場観測によると，南極周辺氷河域の一次生産は，オゾンの減少による UV の増加によって，6〜12％阻害されていた．

水中の黄色物質は UV をよく吸収する．したがって，より着色の大きい水域では強光阻害はあまり起こらないと期待できる[509]．このことは，ギルビン濃度が高く生産性の高い熱帯外洋水で観測されてきた．同じ理由で，非常に着色の強い水（ほとんどの

内陸水)での強光阻害は,主に太陽光の可視域(400〜700 nm)で起こると思われる.

図10・4のようなボトル吊下法による植物プランクトンの強光阻害の鉛直プロファイルは,一次生産者を低下させる強光阻害の程度を過大評価する傾向がある[353, 594].自然界においては,植物プランクトンが長い間,同じ深度に留まることはない.鞭毛藻やラン藻類のようなものは,適切な光量の深度に移動することができる(12・6節).しかしながら,運動性のない藻類は,水塊が緩やかな状態では同じ水深に長い間留まるであろう.水面を吹く風は,初めてそれを研究した優れた物理化学者 Irving Langmuir にちなんでラングミュアー・セルとして知られる循環流を引き起こす[536].ラングミュアー・セルは水平方向に回転する水の筒のようになっており,それらの回転軸は風の吹く方向とほぼ平行に並ぶ(図10・5).隣り合った筒は反対方向に回転し,同時に様々な直径の筒が存在する.これらの回転する水流の発生には風と波の両方が必要であるが[247],小さい波の上に微かな風が吹いても発生する[536].セルは,2, 3センチから数百メートルの直径があり,風速 $5\ m\ s^{-1}$ では典型的なセルは 10 mの直径で,$1.5\ cm\ s^{-1}$ の表層流をもつ[235].南カリフォルニア沿岸に漂流させた観測塔 FLIP での Weller et al. (1985) による測定では,中程度の風速 ($1〜8\ m\ s^{-1}$) で,$0.05〜0.1\ m\ s^{-1}$ の沈降流の発生が見られた.季節水温躍層より上の混合層はその時約50 mの水深であり,最も強い沈降流は混合層の真ん中の 10〜35 m で観測された.この層の上下では,沈降流は $0.05\ m\ s^{-1}$ 以下であり,季節水温躍層内あるいはそれ以深では沈降流は見られなかった.

このように,植物プランクトンは光強度の強い表層に留まるのではなく,ゆっくりと混合層を循環しているのが普通である.Harris & Piccinin (1977) は,北アメリカ五大湖の冬季と夏

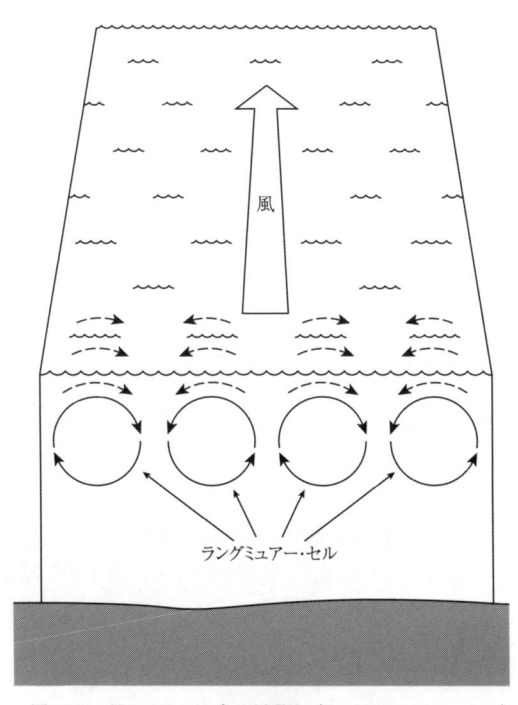

図10・5 風によってできる循環流(ラングミュアー・セル).

季のほとんどの月の平均風速がラングミュアー・セルを発生させるのに十分であり，そのような状況では植物プランクトン細胞の表層滞留時間は強光阻害を与えるほど長くないであろうと指摘した．いずれの月でもラングミュアー循環を起こすのに十分な平均風速であったが，循環が起こらない穏やかな期間もある．冬に Vineyard Sound の水域で採取された植物プランクトンでは，表層の光条件では強光阻害が見られたが，実際には，混合層内の平均光強度によく適応していた[305]．

　強光阻害は，風が弱く，同時に強い日射があたる場合によく起きる．これにより表層に浅い温度（密度）躍層ができ，混合が妨げられることで，強光域に長時間，植物プランクトンが留めさせられることによると思われる．標高 3,803 m で低緯度（16°S）のチチカカ湖はよい例である．Vincent, Neale & Richerson (1984) は，表層近くの温度躍層が朝に形成され，日中維持され，夕方から夜間に風による混合と冷却で対流して消滅するというのが典型的なパターンであることを示した．表層に躍層が形成されている間は，上層の植物プランクトンの光合成は大きく阻害された．これは培養瓶中の植物プランクトンが移動できないという人為的影響からくるものではないということが，同じ水から採取した植物プランクトンサンプルの細胞蛍光度（光化学系Ⅱ複合体の数に依存すると考えられる）が大幅に減少したことからわかった．Neale (1987) はチチカカ湖における水柱内全光合成量の減少は少なくとも 20% であると見積もった．Elser & Kimmel (1985) も，温帯域（アメリカ南東部）の貯水池の強光阻害が風のない晴れた状態で起こることを示すのに，細胞蛍光度の値を用いた．

　結局，表層における光合成の強光阻害は確かにあるが，以前考えられていたほど頻繁に起こる現象ではないと結論づけてよいであろう．晴れた日には水域の光合成量は強光阻害によって時に低下する可能性があるが，風があるときでもその影響は小さく，それほど問題ではないと思われる．培養瓶を吊して行う実験での一次生産量の過小評価は，富栄養水域よりも，長い培養時間を要する貧栄養水域でより重大であると思われる．しかしながら，鉛直循環が必ずしも一次生産を増加させるわけではないことに注意しなければならない．次の章では，循環流によって深層に細胞が運ばれ，光合成できないほどの低い光量の場所に長い時間留まることによって総光合成量が減少するということを詳しく説明する．

10・2　入射光エネルギーの利用効率

　水面に入射する光エネルギーのうち，わずかな部分しか水生植物のバイオマス形成の化学エネルギーに変換されない．ここでは，なぜそのようになるのかを考察しよう．

　エネルギー損失の手始めは水面での反射である．しかしながら前に見たように（2・5 節　表 2・1），その損失はわずかである．水圏で一次生産が行われる太陽光の角度の範囲では，わずか 2～6% の入射光が表面の反射で失われるだけである．そのため，

光利用効率が悪いのは主に水面下での問題である．

浅い水域（着色するか濁っている浅い水域や澄んでいても浅い水域）では，光は水底に到達している．底質の光学的特性に応じて一部は吸収され，一部は反射する．水底では反射した光のうち一部が再び水中を通り，水面から抜け出る．したがって，浅い水域では，海面での損失に続いて，底での吸収と反射は，光合成における光利用を妨げるメカニズムである．光の損失は微量なものから，例えば非常に浅くて澄んだ，底が白い砂の場合は100%近くにまでなる．しかし，ここで我々が取り扱うのは，入射光の一部が水底に到達する量が無視できるような，光学上深い水域である．そのような水域では，水面を通過した光のほとんどが水中で吸収される．しかし，光の一部は（通常わずかであるが），水中上方に後方散乱し（6・4節参照），そのうちのいくらかは水面を通過して外へ出る．上向きフラックスの約半分が水－大気境界で再び反射されるということと水面下における光の反射率のデータを併せて考えると[26]，入射したPARの損失は外洋水で1～2.5%，淡水では1～10%，着色はひどくても散乱が小さい水では0.1～0.6%程度であると結論できる．

1) 植物プランクトンに捉えられる入射光の割合

植物プランクトンによる太陽エネルギーから化学エネルギーへの変換を制限する主な要因は，Clarke (1939) によって指摘されているように，水中の全ての非生物成分との放射エネルギーに対する競合である．第3章において，水体内の異なる成分－水，溶存態着色物質，トリプトン，植物プランクトン－のそれぞれが水塊による全光吸収の要素を構成しているとことを示した．また，それぞれの成分ごとのPAR吸収量の正確な数値を算出するためには，まず狭い波長幅ごとに計算を行い，光合成スペクトル全体を合計するという計算を行わねばならないことも見てきた．しかしながら，有効な近似はまず総PARを考え，次に式9・10にしたがって，PARの下向き放射の全鉛直消散係数に対して個々の要因の寄与が光の相対的な吸収率に比例すると考え，

$$K_d(\text{PAR}) = K_W + K_G + K_{TR} + K_{PH}$$

とすることである．陸水学者や海洋生物学者が関わっている多くの（多分ほとんどの）水域では，この仮定は事実からかけ離れたものではなく，散乱よりむしろ吸収の方が式9・10の右辺における部分消散係数に大きく寄与していることが前提となる．これはK_W（水），K_G（ギルビン），K_{PH}（植物プランクトン）に対して正しく，トリプトンの着色が非常に大きいときには（例えば不溶性フミン物質），K_{TR} に対しても当てはまる．しかしながら，トリプトンの濃度が高い場合には，K_{TR} が高くなるが，実際の着色に対する無機粒子の寄与は低いので，K_{TR} が散乱の主要因となり（6・8節，式6・16参照），そのため相対吸収率が部分鉛直消散係数と比例するという仮定は大きく違ったものとなってくる．

それにも関わらず，今述べた以外の種類の水については，植物プランクトンによっ

て捕捉される総吸収光量は，この近似処理により，次のように与えられる．

$$\frac{K_{PH}}{K_d(PAR)} = \frac{B_c k_c}{K_d(PAR)} = \frac{B_c k_c}{K_w + K_G + K_{TR} + B_c k_c} = \frac{B_c k_c}{K_{NP} + B_c k_c} \quad (10\cdot 5)$$

ここで，$K_{NP}(= K_W + K_G + K_{TR})$ は植物プランクトン以外の全ての成分による鉛直消散係数，B_c は植物プランクトン濃度（mg chl a m^{-3}），k_c は単位植物プランクトン濃度当たりの比鉛直消散係数である．このように，利用可能な光量子量に対して水中の他の構成成分と競合して植物プランクトンが獲得する光量は $B_c k_c$ と K_{NP} の相対的な大きさに依存する．可能性の範囲は無限であるが，いくつかの特徴的な例について考えてみよう．k_c の典型的な中間値として 0.014 m^2 mg^{-1} とする（表 9・1 参照）．表 10・2 には，非常に澄んだ外洋水（ただし，純水の $K_w = 0.03 \sim 0.06$ m^{-1} よりは小さい）から，非常に生産性が高く，着色の強い陸水までの広い範囲にわたる仮想（ではあるが典型的な）水塊中の植物プランクトンによって吸収される PAR の割合をあげてある．これらの計算は非常に大まかなものではあるが，生産性の低い水域での数%から高生産の水域での 50%強まで変化することを示している．また，バックグラウンド吸収が小さい場合には，非常に低濃度の個体群密度の藻類は実際には多くの割合の光量を獲得することが明らかである．

この類の計算は実際の水塊で行われてきた．Dubinsky & Berman（1981）は富栄養の Kinneret 湖（Galilee 海）において，植物プランクトン（主に渦鞭毛藻 *Ceratium*）

表 10・2 異なる理想的水体において植物プランクトンによって捕捉される PAR の割合．式 10・5 を用い，$k_c = 0.014$ m^2 mg chl a^{-1} と仮定して計算．K_{NP} は植物プランクトン以外のすべての物質による消散係数．

水域のタイプ	K_{NP} (m^{-1})	植物プランクトン (mg chl a m^{-3})	植物プランクトンにより捕捉されたPARのうち吸収された割合(%)	植物プランクトン以外の粒子に捕捉されたPARのうち吸収された割合(%)
清澄な外洋水	0.08	0.2	3.4	96.6
		0.5	8.0	92.0
沿岸水	0.15	1.0	8.5	91.5
		2.0	15.7	84.3
		4.0	27.2	72.8
清澄な湖水，石灰石流入	0.4	4.0	12.3	87.7
		8.0	21.9	78.1
		12.0	29.6	70.4
生産性の高い湖水，着色	1.0	8.0	10.1	89.9
		16.0	18.3	81.7
		32.0	30.9	69.1
		64.0	47.3	52.7
貧栄養な湖水，着色	2.0	1.0	0.7	99.3
		2.0	1.4	98.6
		4.0	2.7	97.3

が得る吸収光量の割合が，藻類の濃度が 5 から 100 mg chl a m^{-3} に上がるにつれ，4 から 60％まで変化すると見積もった．富栄養でシアノバクテリアが優占するアメリカの Minnetonka 湖の Halsted 湾で Megard et al. (1979) は，藻類によって吸収される PAR の割合がプランクトン濃度が 3 から 100 mg chl a m^{-3} と増加するにつれ，8 から 80％に上昇すると計算した．Talling (1960) のデータから，これらの研究者はイギリスの Windermere (*Asterionella* 優占) ではバックグラウンド吸収が相対的に低く，植物プランクトンによって吸収される PAR の割合はプランクトン濃度が 1 から 7 mg chl a m^{-3} の範囲で約 5 から 25％に上昇すると見積もった．アイルランドの富栄養で浅い (ゆえに濁っている) Neagh 湖について，Jewson (1977) は個体群密度が最も低いところ (26.5 mg chl a m^{-3}) で植物プランクトンによる光吸収は約 20％，個体群密度が最も高いところ (92 mg chl a m^{-3}) で約 50％と見積もった．ドイツの中栄養な Constance 湖においては，Tilzer (1983) が 2 年間の植物プランクトンの光吸収の割合を求めたところ，クロロフィル a 量が 1 から 30 mg m^{-3} へ変化する間に 4 から 70％に変化した (図 11・8).

先の章で見たように，深く，通常，溶存黄色物質がほとんどない外洋では，深さが増すにつれて光は次第に青〜緑 (400〜550 nm) の領域になり，PAR に対する植物プランクトンの有効比吸収係数 $\bar{a}_c(z)$ (以下に定義) も水深とともに増加する．海洋の場合，有光層の下部付近に植物プランクトン濃度が増加する層 (深部クロロフィル極大，11・1 節) があり，色素濃度の増加と光獲得効率の向上の両方によって植物プランクトンによる総光吸収量の割合を大きく増大させている．日本の南東沖の太平洋において，Kishino et al. (1986) は植物プランクトンによる光吸収の割合が，水面の 1.7％から 75 m の深部クロロフィル極大のところで 40％となることを示した．

今，議論したように，光合成に対する光の場の有効性は単に PAR の全強度の関数ではなく，PAR のスペクトル分布が植物プランクトンや他の水生植物の吸収スペクトルとどれだけよく一致するかによって大きく決まってくる．Morel (1978, 1991) は光合成利用可能放射 (PUR) の概念を導入した．これは植物プランクトンによる吸収能に対してスペクトルを通して実際の PAR に重みをかけることによって得られるもので，PAR の改良値と考えてよい．これはそれぞれの狭い波長帯の PAR ごとにその波長帯における植物プランクトンによる吸収に比例したある無次元の量をかけてスペクトル全体で合計することで得られる．Morel は実際に最大の吸収係数 (一般に約 440 nm で最も高い) に対する各波長帯における植物プランクトンの吸収係数の比を選んだ．PUR は次のように定義される．

$$\mathrm{PAR}(z) = \int_{400}^{700} E_0(\lambda, z) \frac{a_p(\lambda, z)}{a_p(\lambda_{\max}, z)} d\lambda \qquad (10 \cdot 6)$$

ここで $a_p(\lambda, z)$ と $a_p(\lambda_{\max}, z)$ は，それぞれ水深 z m における植物プランクトン群

集の波長 λ と λ_{max}（植物プランクトンによる吸収極大）における吸収係数，$E_0(\lambda, z)$ は波長 λ，水深 z m における帯域幅当たり（nm^{-1}）のスカラー放射照度，である．PAR 波長帯に対する植物プランクトンの有効吸収係数 $a_p(z)$ の定義（式 10・9，以下参照）から次のようにも書ける．

$$\text{PAR}(z) = \text{PAR}(z) \frac{\bar{a}_p(z)}{a_p(\lambda_{max}, z)} \tag{10・7}$$

3）吸収光の変換効率

植物プランクトンや大型水生植物の葉緑体色素によって吸収された光エネルギーは，光合成による CO_2 の固定により，炭水化物生成における有用な化学エネルギーを生産するために用いられる．ここでは，励起エネルギーから化学エネルギーへの変換効率について考察してみよう．

この効率の上限は光合成を行う物理的・化学的過程の性質による．第 8 章では，水から NADP への電子伝達におけるそれぞれの水素原子の輸送には，それぞれが別の光化学過程を駆動する 2 つの光量子を必要とすることを示した．1 モルの CO_2 から炭水化物への還元では 4 つの水素原子（2×NADPH$_2$）を使うので，8 つの光量子を必要とする．別のいい方をすれば，1 モルの CO_2 が炭水化物当量へ変換されるためには（デンプンに生合成されるグルコースの 1/6 モル），ちょうど 8 モル当量の光，つまり 8 einstein が必要である．1 einstein はアボガドロ数約 6×10^{23} の光量子である．1 光量子当たりのエネルギーは波長によって異なるので（$E = hc/\lambda$），Morel & Smith (1974) が様々な水系の観測から示した平均値，水中 PAR の 2.5×10^{18} の光量子 = 1 J を 10％以上の精度をもって利用するとよい．こうして典型的な水中光は 1 einstein 当たり 0.24 MJ（メガジュール）のエネルギーを含むと考えることができ，8 einstein は 1.92 MJ となる．1 モルの CO_2 が光合成によってデンプンへ変換される際の化学エネルギーの増加は 0.472 MJ となる．よって，吸収されて反応中心へ運ばれる光エネルギーのうち，約 25％が炭水化物として化学エネルギーに変換され，これが最大可能な効率である．

植物のバイオマスを炭水化物量で考えることは単純化しすぎである．すなわち，水生植物はタンパク質や脂質，核酸も含有し，全てを CH_2O で表せられるものではないからである．これらの物質の生合成は NADPH$_2$ や ATP の形の光合成で付加的に生じる還元力や化学エネルギーを必要とし，取り込まれた CO_2 当たり余分に光量子が必要となる．細胞が成長するために最小限必要な CO_2 当たりの最低光量子量は，恐らく 8 ではなく約 10～12 であり[737]，これは最大効率の 16～20％である．このように，新しい水生植物のバイオマス形成において，吸収された光エネルギーから化学エネルギーへの変換効率は約 18％である．

ある植物プランクトンや大型水生植物による実際の変換効率，あるいは生産量は，

植物の光吸収特性の情報が得られれば，光合成速度と放射照度の測定から決定できる．400～700 nm の吸収スペクトルを用いることで，連続する周波帯での光吸収率を計算して合計する．例えば，水深 z m での単位体積当たりの植物プランクトンによる PAR の吸収率は，

$$\frac{d\Phi_p(z)}{dv} = \int_{400}^{700} a_p(\lambda, z) E_0(\lambda, z) d\lambda \qquad (10 \cdot 8)$$

となり，ここで $a_p(\lambda, z)$ は水深 z m に存在する植物プランクトンの波長 λ での吸収係数，$E_0(\lambda, z)$ は波長 λ，水深 z m でのバンド幅当たり（nm^{-1}）のスカラー放射照度である．

ここでの有用な概念は，PAR 波長全体への植物プランクトンの有効吸収係数である．これは次のように定義され，

$$\bar{a}_p(z) = \frac{\int_{400}^{700} a_p(\lambda, z) E_0(\lambda, z)}{\int_{400}^{700} E_0(\lambda, z)} d\lambda \qquad (10 \cdot 9)$$

式 10・8 の代わりとして，

$$\frac{d\Phi_p(z)}{dv} = \bar{a}_p(z) E_0(\text{PAR}, z) \qquad (10 \cdot 10)$$

となる．PAR に対する植物プランクトンの比吸収係数 $\bar{a}_c(z)$ は，式 10・9 で $a_c(\lambda, z)$ を $a_p(\lambda, z)$ に代入し，また $\bar{a}_p(z) = B_c \bar{a}_c(z)$ とすることによって得られる．

$$\frac{d\Phi_p(z)}{dv} = B_c \bar{a}_c(z) E_0(\text{PAR}, z) \qquad (10 \cdot 11)$$

式 10・11 で $\bar{a}_c(z)$ の値を用いて植物プランクトンによるエネルギー吸収率（あるいは光量子収量—以下参照）を計算する際には，先に見たように，実際のところ，PAR に対する植物プランクトンの有効比吸収係数が深さに伴って著しく変化するということを考慮しなければならない．

スカラー量の放射ではなく，下向き放射で考えた方がしばしば便利であるが，E_0 はある深さでの光の場の角構造に依存して E_d（6・5 節，図 6・10 参照）より常に大きい．Morel（1991）に従い，重力による幾何学的補正係数を g で表すことにする．この補正はばかにならない．光合成に重要な波長 400～570 nm で植物プランクトンの濃度 0.1～1.0 mg chl a m^{-3} の範囲では，Morel（1991）は係数 g を 1.1～1.5 と計算している．幾何学的補正係数を用いて水深 z m での単位体積当たりの植物プランクトンによる PAR 吸収率を別の表現で書くことができる．すなわち，

$$\frac{d\Phi_p(z)}{dv} = \int_{400}^{700} a_p(\lambda, z) E_d(\lambda, z) g(\lambda, z) d\lambda \qquad (10 \cdot 12)$$

ここで $E_d(\lambda, z)$ は波長 λ, 水深 z m での帯域幅当たり (nm^{-1}) の下向き放射照度である.

別の表現では, 水深 z m での単位体積当たりの放射エネルギーの吸収率は次式により与えられる.

$$\frac{d\Phi_p(z)}{dv} = K_E \vec{E}(z) \qquad (10\cdot 13)$$

ここで, $\vec{E}_d(z)$ は z m での純下向き放射照度で, K_E は純下向き放射照度の鉛直消散係数である. これからすぐに次式が示される.

$$\frac{d\Phi_p(z)}{dv} = K_d E_d(z)\left[1 - R(z)\left(\frac{K_u}{K_d}\right)\right] \fallingdotseq K_d E_d(z)\left[1 - R(z)\right] \qquad (10\cdot 14)$$

ここで K_u は上向き放射照度の鉛直消散係数で通常 $K_u \fallingdotseq K_d$ であり, $R(z)$ は放射照度反射率 ($E_u[z]/E_d[z]$) である. もし上向きフラックスの寄与を無視すればほとんどの海水においてはわずか数%の反射率なので正当な近似といえるが, 混濁した水ではそうではない.

$$\frac{d\Phi(z)}{dv} \fallingdotseq K_d E_d(z) \qquad (10\cdot 15)$$

これは, 下向き放射照度の関数として単位体積当たりの総エネルギー吸収率である. 植物プランクトンによるエネルギー吸収率を計算するには, ある波長において, 全体の吸収係数に対する植物プランクトンによる吸収係数の割合, すなわち $a_p(\lambda, z)/a_T(\lambda, z)$ が, その波長での植物プランクトンによる吸収エネルギーであるということを用いる. 単位体積当たりの植物プランクトンによる PAR の吸収率は, 下向き放射照度の関数として次式によって与えられる.

$$\frac{d\Phi_p(z)}{dv} = \int_{400}^{700}\left[\frac{a_p(\lambda, z)}{a_T(\lambda, z)}\right] K_d(\lambda, z) E_d(\lambda, z) d\lambda \qquad (10\cdot 16)$$

ここで $K_d(\lambda, z)$ は波長 λ, 水深 z m での下向き放射照度の鉛直消散係数である. 式 10·8, 10·9, 10·12 において, $a_P(\lambda, z)$ を水深 z m で植物プランクトン濃度 (mg chl a m^{-3}) と波長 λ での比吸収係数 (m^2 mg chl a^{-1}), $B_c(z) a_c(\lambda, z)$ に置き換えることももちろん可能である.

光合成効率の正確な測定を成功させるには, 上に示した線に沿って, 光の場やバイオマスによる吸収の両者のスペクトルの変化を考慮すべきであり, 近年ではこれを行う研究者が増えている[65, 151, 238, 500, 502, 543, 633, 801]. しかしながら, 有用な情報は広域の放射照度測定と一緒に行った光合成の測定から得られる. すでに見てきたように, 植物プランクトンによって捉えられる吸収 PAR 総量は近似的に $B_c k_c / K_d$ (PAR) であるので, 式 10·15 から次のように書ける.

$$\frac{d\Phi_P(z)}{dv} = B_c k_c E_d (\text{PAR}, z) \qquad (10\cdot17)$$

これは水深 z m での単位体積当たりの植物プランクトンによる光エネルギーの吸収率である．式 $10\cdot17$ で得られる植物プランクトンによる吸収エネルギーの概算（とそれによる量子収量—以下参照）は，もし，植物プランクトンの種類，海水のバックグラウンド色や，水深（$\bar{a}_c[z]$ と同じように $k_c[z]$ も水深とともに変化）を計算に入れなかった場合には著しく不正確となる．

ある水深における単位体積当たりの植物プランクトンによる PAR 吸収率に対して固有の記号を決めると便利がよい．ここに記号 χ を導入し，次式によって定義する．

$$\chi(z) = d\Phi_P(z)/dv \qquad (10\cdot18)$$

ここで $\chi(z)$ は W m^{-3}，あるいは MJ m^{-3} h^{-1}，または quanta（μE, μmole photons）m^{-3} s^{-1} である．加えて，$\chi_c(z)$ は水深 z m での単位体積当たりの植物プランクトンによる PAR の比吸収率と定義され，植物プランクトン濃度当たりの率で，mg chl a m^{-3} で表される．よって，$\chi(z) = B_c \chi_c(z)$ であり，$\chi_c(z)$ は W mg chl a^{-1} あるいは quanta（μE, μmole photons）s^{-1} mg chl a^{-1} の単位をもつ．ある水系に対して $\chi(z)$ は式 $10\cdot8$, $10\cdot10$, $10\cdot16$ や $10\cdot17$ の一つ，またはいくつかを用いるなどの手順で求まる．

ある水深でのエネルギー変換効率を求めるには，その水深での単位体積当たりの化学エネルギーの蓄積率を単位体積当たりの植物プランクトンによる光エネルギー吸収率で割る．比光合成速度を $P(\text{CO}_2)$ モル CO_2 mg chl a^{-1} h^{-1} とし，CO_2 1 モルの固定に化学エネルギー 0.472 MJ の増加があるとすると，単位体積当たりの化学エネルギーの蓄積率は $0.472 B_c P(\text{CO}_2)$ MJ m^{-3} h^{-1} となる．$\chi(z)$ で割ると変換効率が得られる．

$$\varepsilon_c = \frac{0.472 B_c P(\text{CO}_2)}{\chi(z)} = \frac{0.472 P(\text{CO}_2)}{\chi_c(z)} \qquad (10\cdot19)$$

$\chi(z)$ は MJ m^{-3} h^{-1}（2.5×10^{24} quanta は 1 MJ に相当）で表される．もし，P を mg C mg chl a^{-1} h^{-1} で表すなら，1 mg C の固定に伴って 3.93×10^{-5} MJ の化学エネルギーの増加があるので，変換効率は次式によって与えられる．

$$\varepsilon_c = \frac{3.93\times10^{-5} B_c P(\text{C})}{\chi(z)} = \frac{3.93\times10^{-5} P(\text{C})}{\chi_c(z)} \qquad (10\cdot20)$$

水生植物によって吸収された光エネルギーの化学エネルギーへの変換効率のもう一つの表し方は量子収量 ϕ である．これは植物によって吸収された光量子当たり，バイオマス中で固定された CO_2 分子の数と定義されている．光合成の仕組みによって生じる CO_2 固定量当たりの必要光量子量を考えると，量子収量が 0.125 より決して大きくならず，活発に生長している細胞に対して理想的な条件でも約 0.1 を越えること

はありそうにない．量子収量と変換効率パーセントはもちろん比例関係にある．CO_2 固定量当たりの化学エネルギーを 0.472 MJ，水中の PAR の einstein 当たり 0.24 MJ とすると次式が得られる．

$$\varepsilon_c = 1.97\,\phi \qquad (10\cdot21)$$

式 10・19 と 10・20 に対応する式は $\chi(z)$ あるいは $\chi_c(z)$ と比光合成速度からの光量子量の計算について次のように書ける．

$$\phi = \frac{B_c P(CO_2)}{\chi(z)} = \frac{P(CO_2)}{\chi_c(z)} \qquad (10\cdot22)$$

$$\phi = \frac{B_c P(C)}{12000.\,\chi(z)} = \frac{P(C)}{12000.\,\chi_c(z)} \qquad (10\cdot23)$$

これらの式の $\chi(z)$ は einsteins $m^{-3}\,h^{-1}$ の単位である．

　水生植物による量子収量は，それがさらされる光強度の関数である．このことは照射による比光合成速度の変動から明白である（図10・3）．光強度に伴う葉緑体の形態や位置の変化を無視すると，光量子の吸収率は入射照射量に比例していると考えてよい．よって，光合成と照射の曲線上のいずれの点においても P/E_d の値（図10・3 参照）は量子収量に比例する．

　植物にとって，ある割合で吸収された光量子を効率的に利用するためには，チコライド膜内の電子伝達部分やストロマ内の二酸化炭素固定酵素の活性が両者とも十分高く，光獲得色素の作用によって集められた励起エネルギーが反応中心にできるだけはやく到達して利用されねばならない．もしこのような状況ならば，光強度の適切な増加は光量子吸収率を比例的に増加させ，その分，比光合成速度を増加させることになる．P 対 E_d 曲線の始めの直線部分では，このことが起こっている．光強度がこの範囲を越えると，P/E_d は一定で最高値となり，植物が最も高い変換効率と量子収量に達していることがわかる．もし植物の吸収特性がわかっていれば P/E_d の最大値を最大量子収量 ϕ_m の計算に使うことができる．

　入射光強度がさらに増加すると，励起エネルギーが電子伝達系や二酸化炭素固定酵素に使われるよりも早く反応中心に達し始めるようになるまで，光量子吸収率が高まる．この状態では，吸収された光量子の一部（系が処理できる量）は光合成に利用されるが，残りは利用されず，結局，熱となって消滅する．このことから，このような光強度の範囲では，P の増加は E_d の増加に比例して起こらない，つまり曲線の傾きは徐々に減少し，ついには $\Delta P/\Delta E_d$ はゼロになる．この光飽和状態で，電子伝達と二酸化炭素固定酵素（とくに後者で）は最速で反応し，それ以上余分に吸収された光量子は光合成には全く利用されない．直線の終わりから光飽和の領域では，光合成速度は光の照射量に比例して増加しないので（P/E_d は確実に低下する，図10・3），量子収量と変換効率は必然的に急激な低下を被る．より高い光強度において光合成阻

害が生じる場合，このことはさらに強調される．

今までみてきたように，E_d に対する P の変化の特徴は，いくつかの数式で表される（式 10・1，10・2，10・3）．量子収量と P/E_d は直線的な関係にあり，$P = f(E_d)$ なので，量子収量は E_d の関数，つまり $\phi = $ 一定，$E_d^{-1} f(E_d)$ となる．双曲正接の式（式 10・2）を用いて，Bidigare, Prézelin & Smith (1992) は次の式を導き出した．

$$\phi = \phi_m \frac{E_k}{E(\text{PAR}, z)} \tanh \left[\frac{E(\text{PAR}, z)}{E_k} \right] \qquad (10 \cdot 24)$$

また，指数関数式（式 10・3）を用いて次のような式を得る．

$$\phi = \phi_m \frac{E_k}{E(\text{PAR}, z)} \left[1 - e^{\frac{-E_d(\text{PAR}, z)}{E_k}} \right] \qquad (10 \cdot 25)$$

自然水中における光強度の増加に伴う量子収量の減少は，水深に伴う量子収量と変換効率の著しい変化，つまり一般的な傾向として，水深とともに ϕ と ε_c が増加することによるものと期待される[204, 633]．真昼の表層における量子収量は P/E_d 曲線の直線の範囲を越えており，通常，ϕ_m の値を下回る．

Morel (1978) は，非常に貧栄養なサルガッソー海から生産性の高いモーリタニア湧昇域にいたる様々な海域において，$^{14}CO_2$ 固定，クロロフィル，光のデータから，量子収量を水深ごとに計算した．多くの場合，ϕ は水深とともに増加した．すなわち，ϕ は放射照度の減少とともに増加した．平均的には，ϕ の値は青色の貧栄養水よりも緑色の富栄養水で高いことが観察された．表層での ϕ 値は主に 0.003〜0.012 の範囲であった（ε_c 当量としては 0.6〜2.4%）．Kishino et al. (1986) は，日本南東の太平洋で，光合成の量子収量が表層では 0.005〜0.013，光合成速度が最大になる表層混合層（10〜20 m）では 0.013〜0.033 であり，深部クロロフィル極大（約 70 m）では 0.033〜0.094 であることを報告した．これらの著者が示しているように，スカラー量ではなく実測の放射照度をもとに，補正係数として約 20% 減じると，量子収量はそれぞれ，0.004〜0.01，0.01〜0.026，0.026〜0.075 となる．

貧栄養のスペリオル湖において，Fahnenstiel et al. (1984) は，量子収量が表層では非常に低く 0.003 程度であり，深くなるほど増加し，15〜25 m で 0.031〜0.052（スカラー量に対して補正してある）の最大値をとることを報告した．Dubinsky & Berman (1981) は，Kinneret 湖（Galilee 海）における Peridinium の春季ブルーム期に ε_c が表層で 5% であり，水深 3 m で 8.5% に上昇することを示した．また晩夏には，非常に低密度の異なる（緑）藻類群集で，ε_c の値は表層で 2.5%，水深 5〜7 m では 12% まで増加した．

植物プランクトン個体群あるいは大型水生植物の最大量子収量 ϕ_m は，理論的にも生態学的にも興味のあるパラメータである．P/E 曲線の直線部分において細胞が最大効率になるという仮定（先述）にもとづいて，曲線のこの部分の，通常 α と呼ばれ

る傾きから ϕ_m の値が求まる。ϕ の式から，ϕ_m は α と正比例するはずである。例えば，E が E_0 の場合，式10·22，10·18，10·11から，$\phi_m = \alpha/\bar{a}_c$ となる。E が E_d の場合には，式10·22，10·18，10·17より，$\phi_m = \alpha/k_c$ となる。すべての光合成系に対して，その基本的な性質から ϕ_m は最大約0.1 となる。丹念な文献調査により，Bannister & Weidemann（1984）は，今まで発表された現場の ϕ_m で0.1 を超えるものは誤りであるとした。いかなる植物でも ϕ_m が約0.1 となること，また α は ϕ_m と直線関係にある（$\alpha = \bar{a}_c \phi_m$ あるいは $k_c \phi_m$ なので）という事実は，異なる環境に生息する種，あるいは様々な種の間で α が著しくは変化しないことを示している。しかしながら，そのような期待は，比例係数 $\bar{a}_c$ や k_c が変動しうることについては無視している。我々は前に（第9章），$\bar{a}_c$ が細胞や群体の大きさや形によっていかに著しく変化するか，例えば，光吸収器官がより大きくなったり，非常に色素密度が高くなったりすることを見てきた。Taguchi（1976）は7種の海産珪藻について研究し，予想通り，細胞が大きくなると α が小さくなることを示した。また，$\bar{a}_c$ と k_c は単位クロロフィル a 当たりで表現されるので，光合成補助色素の種類やクロロフィル a に対するそれらの比の変化に伴って（9·5節），値は著しく変化する。それに伴う吸収スペクトルの変化は，通常 α を決めるときに用いられる白色光の場からのエネルギー捕捉率に大きな影響を与えることになる。Welschmeyer & Lorenzen（1981）は，同じ環境下で指数関数的に増殖している6種の海産植物プランクトンの比較において，ϕ には顕著な違いはなく，α に有意な違いがあることを見出した。彼らは，この違いは単位クロロフィル a 当たりの光吸収効率の違いであるとした。

α の値を決めるときのもう一つの問題は，特に文献引用によって異なったデータの比較を行うときに，その測定光源について一般的な基準がないことである。ある研究者は自然の太陽光を利用し，またある研究者はタングステン－ハロゲンランプを使い，さらに，青色のフィルターをランプにつける者もいる。これら3つの方法では，入射光のスペクトル分布は全く異なり，その結果，同一の植物プランクトン群集における同じ吸収スペクトルでも，光源の違いによって α が異なることになる。これは，入射するPARに対する吸収係数 $\bar{a}_c$ の値がそれぞれの光源によって異なるためである。

ϕ_m が種や環境によって劇的に変化しなかったとしても，$\bar{a}_c$ や k_c が変化するので，α は一定であると考えない方がよいであろう。残念ながら，$\bar{a}_c$ や k_c の変動幅は定まっておらず，それらの値はよく分からない部分が多いため，α から自然群集の ϕ_m を求めることは難しい。最もよい方法は，間違いなく，植物プランクトンの吸収と海水中の光の場に関する全スペクトルデータにもとづいて，式10·8，10·12，あるいは10·16から求められる $\chi(z)$ の値を式10·22に代入することである。

自然植物プランクトン群集の典型的な α 値は，mg C mg chl a^{-1} h^{-1} (μ einsteins m^{-2} s^{-1})$^{-1}$ の単位で示すと，ノバ・スコシア沿岸水では0.05（0.007～0.15の範囲）[707]，

アメリカのハドソン川河口のナノプランクトン（22μm以下）では0.06 [589]，ケルト海のピコプランクトンでは0.033〜0.056 [435]，北アイルランドのNeagh湖の珪藻では0.024，シアノバクテリアでは0.034 [427]という値が得られている．

なぜかはよくわかっていないが，植物プランクトン群集の最大量子収量は極めて変化に富む．例えば，Prézelin et al. (1991) は，南カリフォルニア入江の水理学的に変化のある200 kmにわたる観測線において，試料採取点が異なった水塊に及んだことと，各測点でも水深の違いによって，ϕ_mの値が約0.01〜0.06の範囲で変動を示したことを報告している．これらの空間的な変動は，一つには遺伝的なものによるもの，つまり分類学的に異なる植物プランクトン群集の存在によるものであろう．例えば珪藻が主体の南カリフォルニア入江において，ϕ_mの値はシアノバクテリアピコプランクトン群集主体の深部クロロフィル極大に比べると2倍であった [801]．また一部は生理的なことも原因となっているかもしれない．つまり，栄養状態やそれまでに受けていた光の前歴が群集によって異なるためである．Cleveland et al. (1989) は，サルガッソー海の植物プランクトンの光合成について，ϕ_m（0.033から0.102の値をとった）と栄養塩躍層からの距離に反比例の関係があることを見つけた．メイン湾におけるKolber, Wyman & Falkowski (1990) の研究でも同様の結果が得られおり，この2つの論文とも，量子収量は窒素フラックスに関係していると結論づけている．空間的な変化と同様に，海洋のどこでもϕ_mは日周変化を示す．つまり，かならずしもそうではないが，午後になるとしばしば減少する．Tilzer (1984) はドイツのConstance湖において，真昼の最大量子収量が年間を通して，0.022〜0.092の範囲で変化するが，ϕ_mは1日の内でもその3倍以上の変化を示し，午後にはやはり減少する傾向が見られることを示した．

3）面積効率と体積効率

水圏生態系における一次生産による入射光の利用効率が，主に2つの因子で決まることを見てきた．一つは，水生植物が水中の光環境において，他の植物群と光量子をめぐる競合に勝ち残るかどうかということであり，もう一つは，吸収された光エネルギーが化学エネルギーに変換される効率がどうかということである．以下では，2つの因子を同時に扱い，それらの総合効率について考えてみよう．

総合効率を表現する，もっとも一般的で幅広く用いられている簡便な方法は，海表面1 m^{2}当たりの入射光エネルギー（400〜700 nm）のうち何割が光合成に用いられ，水柱内の植物バイオマスに化学エネルギーとして蓄えられるか，ということである．ここで，面積効率ε_Aについて考えてみよう．ε_Aは，単位時間当たり（時間あるいは日）1 m^{2}当たりのエネルギー単位（MJと等価の光合成同化量）で表した面積（積分）光合成速度を，その時の水面1 m^{2}当たりの総PAR（MJ単位）入射量で割って得られる．

$$\varepsilon_A = 0.472 P_A \,(CO_2) / E_d \,(\text{水面}) \qquad (10\cdot 26)$$

外洋水では，生産性の低いところと高いところでは，ε_A の値は 100～300 倍の違いがある．Koblents-Mishke (1979) はロシアおよび世界中から報告されている海洋の ε_A を再検討し，0.02～5％の値をとることを示した．Morel (1978) の報告によると，ε_A の値 (1 日分に基づいた計算) は，極度に貧栄養のサルガッソー海では 0.02％，貧栄養のカリブ海では 0.02～0.07％，中緯度の生産力をもつ東赤道太平洋では 0.06～0.25％，富栄養な東部熱帯大西洋のモーリタニア湧昇流域では 0.4～1.66％である．Smith *et al.* (1987) が，南カリフォルニア入江の沿岸フロントを横断して一次生産を調べたところ，ε_A の値はプランクトン密度が高い (約 2.5 mg chl *a* m^{-3} 以下) 冷水域側では 1.57％，プランクトン密度の非常に低い (0.1～0.5 mg chl *a* m^{-3}) 暖水域側では 0.11％であった．

Brylinsky (1980) は世界中の湖沼について集められた「国際生物プログラム」データを解析した．計算された ε_A の値は，植物プランクトンが成長する季節では 0.002～1.0％であり，そのほとんどの値は 0.1～1.0％の範囲であった．Talling *et al.* (1973) は，シアノバクテリアが優占する生産性の高いエチオピアの 2 つの炭酸湖で効率が高いことを報告した．強い入射光で 30 分間培養したところ ε_A は Kilotes 湖で 0.5～1.6％であり，Aranguadi 湖では 1.2～3.3％であった．Dubinsky & Berman (1981) が Galilee 海 (Kinneret 湖) で調べたところ，ε_A (9:00～12:00 の間に計測した) は，植物プランクトン群集が小型の緑藻主体となる 8 月の 0.3％から，*Peridinium* (渦鞭毛藻) ブルームの 4 月の最大 4％まで変動した．

Tilzer, Goldman & DeAmezaga (1975) が，緯度と栄養状態が大きく異なる 8 つの湖の文献データを用いて ε_A を求めたところ，非常に貧栄養で標高の高いアメリカ・カリフォルニアの Tahoe 湖における 0.035％から，スコットランドにある富栄養の Levin 湖の 1.76％まで変動した．面積効率は，単位体積当たりの藻類バイオマスと強い相関があり，Tilzer *et al.* は，これらの湖の ε_A を変化させる鍵は，全体の入射光のうち，どの程度が植物プランクトンに捉えられるかであると考えた．水面への入射が増加すると，面積効率は減少する傾向がある[610, 728]．

水柱内で水深に伴う光利用の総合効率を表現する一つの方法は，体積効率 ε_v を用いることである．我々は ε_v を，ある体積の水塊の表面に入ってくる入射光 (400～700 nm) のうち，光合成に用いられ植物バイオマス中に化学エネルギーとして貯えられるものの割合，と定義する．さらに包括的な ε_v の定義は，単位体積に対して，すべての方向からの入射光を考慮に入れるというものである．つまり，下方放射 E_d ではなく，スカラー放射 E_0 と考える．しかし，E_d にもとづく定義の方が便利であり，十分に目的に沿う．ε_v は次式で与えられる．

$$\varepsilon_v = \frac{0.472\, B_c P\,(\mathrm{CO_2})}{E_d\,(z)} \quad\quad (10\cdot 27)$$

$P\,(\mathrm{CO_2})$ はモル $\mathrm{CO_2}$ mg chl a^{-1} h^{-1} で，$E_d\,(z)$ は MJ m^{-2} である．ε_c や ε_A とは異なり，ε_v は無次元ではなく，m^{-2} の単位をもつ．Platt（1969）は，ある深さにおける体積効率は，入射光に対する鉛直消散係数と同様に m^{-1} の次元をもつとした．事実，光合成によって化学エネルギーへ変換されて除かれるため，下向き放射照度に対する全鉛直消散係数の一部である．

$$K_d\,(\mathrm{total}) = K_d\,(\mathrm{photosynthetic}) + K_d\,(\mathrm{physical})$$

$K_d\,(\mathrm{physical})$ は，光合成として化学エネルギーに変換される部分を除いた鉛直消散係数であり，植物プランクトンに吸収されたものの，光合成に用いられなかったものも含む．

$K_d\,(\mathrm{photosynthetic})$ は ε_v と等価である．Platt による，カナダの Nova Scotia の St Margaret's 湾のデータでは，ε_v が深度とともに増加するという一般的な傾向が示された（ε_v の平均は，水深 1 m で 0.07％ m^{-1}，水深 10 m では 0.21％ m^{-1}）．これは，すでに書いたように，変換効率 ε_c は深度とともに増加し，$\varepsilon_v = B_c K_c \varepsilon_c$ であることから予想されることである．

$K_d\,(\mathrm{photosynthetic})$ と ε_v は等価であると述べたが，ここで，もう一つの効率についてのパラメータを定義できる．つまり，単位体積の水塊に吸収された光のうち，光合成によって化学エネルギーとして蓄えられた光エネルギーの割合である．これは，$K_d\,(\mathrm{photosynthetic}) / K_d\,(\mathrm{total})$ であり，Morel（1978）によれば放射利用効率であり，ε で示すことにする．

$$\varepsilon = \varepsilon_v / K_d \quad\quad (10\cdot 28)$$

ε_c や ε_v の定義から，次のようになる．

$$\varepsilon = \frac{B_c k_c}{K_d}\varepsilon_c \quad\quad (10\cdot 29)$$

つまり ε（無次元）は，吸収された光のうち植物プランクトンに捉えられたものと，植物プランクトンのエネルギー変換効率の積である．それゆえ ε は，水圏生態系が光合成に利用する入射光エネルギーの効率を直接決める2つの因子の組み合わせである．ε の値は深度とともに変化し，有光層内での積分 $\varepsilon\,(z)$ は，面積効率 ε_A を与える．

変換効率 ε_c が深度とともに増加する傾向を示すならば，ε も深度とともに増加することが予想され，一般的にはそのようである[633]．しかし，ε の深度による変化は，スペクトル分布の変化からくる深度による k_c の変化にも依存している．水塊の違いに対して ε は，植物プランクトンバイオマスの増加（式 10・29 の B_c）に伴って増加するが，溶存物質の色によるバックグラウンドの減衰が大きくなると（式 10・29 の k_d），減少する．Morel（1978）は貧栄養のサルガッソー海とカリブ海において，ε が深度

とともに0.01から0.1%に増加することを示した．やや生産性の高い東赤道太平洋では，表層付近の0.01%から低光量の1%までの範囲であった．生産性の高いモーリタニア湧昇域では，εは表層付近の0.1〜0.4%から，有光層下部付近の2〜7%まで増加した．Dubinsky & Berman（1981）によると，Kinneret湖（Galilee海）では *Peridinium* のブルーム（428 mg chl a m^{-2}）の間，εは表層の1%以下から，3 mの6.5%まで上昇した．ブルームの後，低いバイオマス（50 mg chl a m^{-2}，緑藻）となり，εは表層で約0.3%，10 mでは2%であった．

10・3　光合成と入射光の波長

　ある水塊において，水中に入り込む光のスペクトル組成は深さによって著しく変化し，いかなる深さにおいても，その水塊の光学的特性によって変化する（第6章）．したがって，種類の異なる水生植物による光合成にとって水面下の光条件が適正であるかどうかを評価するためには，様々な植物がさらされている光の波長で，どのような光合成速度を示すかを知る必要がある．光合成の作用スペクトルから必要な情報を得ることができる．これは，光合成が行われる範囲の波長における光の入射光放射照度（quanta m^{-2}s^{-1}）当たりの植物の光合成反応をプロットすることによって得られる曲線である．作用スペクトルは通常，入射光放射照度に反応が比例する低い光強度下で測定される．つまり，P-E_d曲線が直線関係にある範囲で測定される．これらの条件下の光合成速度は，どの波長においても光量子吸収率と量子収量ϕの積に等しくなる．大型水生植物の葉状体や葉の場合では，ある波長における光吸収率はその波長の吸光度に比例する．したがって，その作用スペクトルは，波長による量子収量の違いで少し変わるが，吸光度スペクトルによく似た形となる（下記参照）．

　大型水生植物の作用スペクトルは，普通1枚の葉またはその一部を用いて測定され，現場において異なる波長の光を利用している本来の植物の能力を代表しているものとして取り扱われる．しかしながら，植物プランクトンの場合，現実問題として，作用スペクトルは多くの細胞や群体が含まれる懸濁液を用いて測定される．場合によっては，ある程度の速度を得るために濃縮した懸濁液を用いる必要がある．懸濁液を用いて測定した作用スペクトルは，私たちが求めたい作用スペクトル，つまり個々の細胞または群体のそれとどのような関係があるのであろうか．一つの細胞または群体の作用スペクトルは，例によって量子収量における変化で少し修正された，光量子の吸収率におけるスペクトルの変化と全く同じになるであろう．光線から1細胞または群体が光量子を吸収する平均速度は，放射照度と細胞または群体当たりの平均吸光断面の積（$\overline{S_pA_p}$）である（9・4節）．したがって，1細胞または群体の作用スペクトルは，$\overline{S_pA_p}$におけるスペクトルの変化と同じ形状（ϕの変化を考慮して）になり，これは1細胞または群体の吸光特性によってのみ測定される不変のものである．

これとは異なり，実験室内で測定された植物プランクトン懸濁液の作用スペクトルは，懸濁液全体の吸収スペクトルと同じ形状（ϕの変化を考慮して）になる．このスペクトルの形状は一定ではなく，照射光線の面積当たりの細胞数・群体数によって変わる．吸光度は1.0に近づくが，それを上回ることはなく，吸収の弱い波長（例えば緑藻類・珪藻などの場合，緑）における吸光度は，細胞または群体の密度が増加するにつれて，次第に吸収の強い波長（例えばクロロフィルの赤色ピーク）における吸光度に次第に近づいてくる．

　その定義から（3・2 節），懸濁液の吸光度 D_{sus} は $-0.434 \ln(1-A_{sus})$ と同じであることがわかる．A_{sus} は懸濁液の吸光度である．この結果，次に（$x \ll 1$ のとき $\ln(1+x) \fallingdotseq x$ なので）A_{sus} の低い値に対しては，$D_{sus} \fallingdotseq 0.434\,A_{sus}$ となる．$D_{sus} = 0.434\,n\overline{S_p A_p}$ であり，それゆえに A_{sus} の値が低いとき，$A_{sus} \fallingdotseq n\overline{S_p A_p}$ となることはすでに9・2 節で述べた．ここで，n は 1 ml 当たりの細胞または群体数である．1 細胞または群体当たりの実際の作用スペクトルは，（ϕ の変化を考慮に入れて）$\overline{S_p A_p}$（上記）のスペクトル変化にしたがう．したがって，懸濁液の作用スペクトルは，低い吸光度で懸濁液を測定したときの，個々の細胞または群体の作用スペクトルとほとんど同じ形状になると考えられる．その誤差は A_{sus} がそれぞれ 0.1, 0.2, 0.3 のときに，約 5, 11, 19％である．この誤差の一般的な影響としては，実際の細胞または群体の作用スペクトルと比較して懸濁液の作用スペクトルが平坦（すなわち谷に対してピークが低い）になることである．

　光合成作用スペクトルは，Engelmann（1884）によって初めて測定された．彼は藻類の組織片に光を当てて，酸素要求性バクテリアが違う場所へ移動するのを観察した．彼は，組織の違う場所に集まったバクテリアの濃度を異なる色の光の相対的有効性の指標として用いることで，O_2 の放出をわかりやすくした．この方法は大ざっぱなものではあったが，その結果は，クロロフィルに加えて他の色素も光合成に関係していることを示していた．現在では，作用スペクトルの室内測定には，光源として高強度のモノクロメーターを用い，酸素放出速度の測定には白金電極を用いることによって，もっとも一般的に行われている[361] マノメトリー（検圧法）[224, 225] も $^{14}CO_2$ 固定量[406, 556] の測定に使われてきた．

　一連の異なった波長で速度を測定することによって作用スペクトルを測る場合には，単位放射照度当たりの光合成速度曲線は一般的に，組織または細胞懸濁液の 吸収率曲線とやや似ているが，全く同じではない．図 10・6 は，多細胞の緑藻，褐藻，紅藻類について測定した作用スペクトルおよび 吸収率 スペクトル[361] と，海産珪藻 Skeletonema の作用スペクトル[406] を示している．

　作用スペクトルは，あるスペクトル領域で吸収スペクトル以下に落ち込むことがわかる．これは，吸収される光当たりの光合成量がより低い，つまり他の波長に比べて

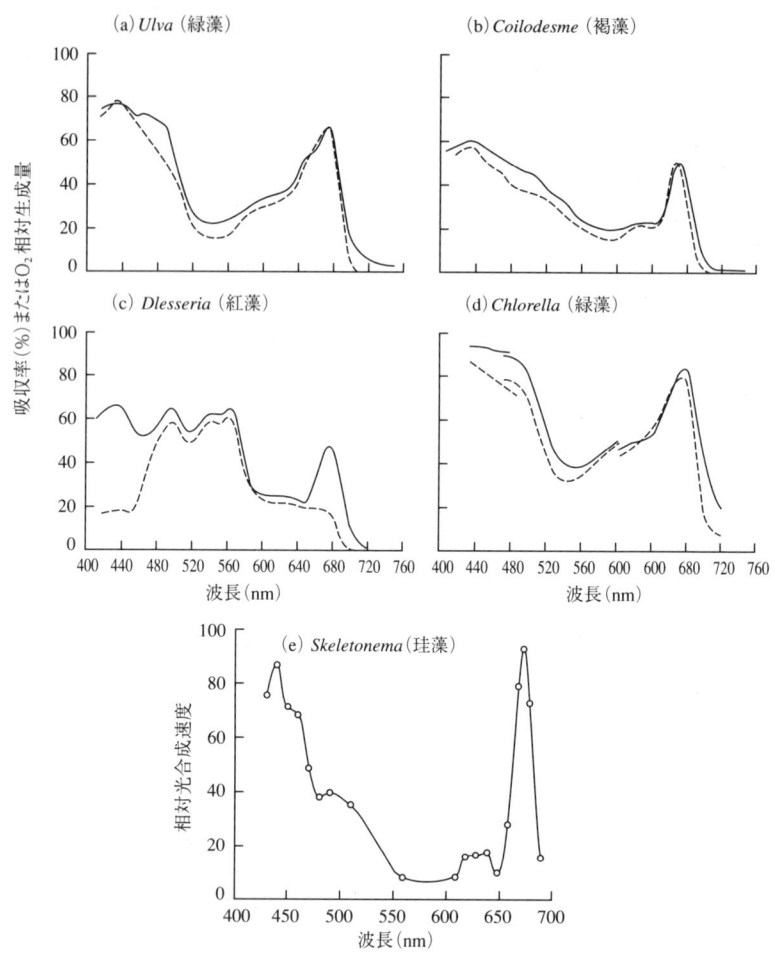

図10・6 多細胞藻類と単細胞藻類における光合成の作用スペクトル．(a)〜(d) では作用スペクトル（入射照度当たりの光合成速度）を表している．これは適度な波長における吸収率スペクトルと一致している．(a), (b), (c) は白金電極法 (Haxo & Blinks, 1950)．(d) は圧力計をもちいる方法 (Emerson & Lewis, 1943) で，この場合のスペクトルは濃い懸濁液を用いて測定されたため，個々の細胞の吸収・作用スペクトルと正確には一致しない（本文参照）．(e) は $^{14}CO_2$ 法 (Iverson & Curl, 1973 のデータを引用)．(a) *Ulva taeniata*（多細胞緑藻）．(b) *Coilodesme californica*（陰になった生息環境の多細胞褐藻）．(c) *Delesseria decipiens*（多細胞紅藻，日陰環境）．(d) *Chlorella pyrenoidosa*（単細胞，淡水産緑藻）．(e) *Skeletonema costatum*（海産珪藻）

これらの波長において量子収量がより低いことを意味している．図10·7 はラン藻 *Chroococcus*，緑藻 *Chlorella*，珪藻 *Navicula* での波長の関数としての量子収量を示している [224, 225, 907]．量子収量における落ち込みはクロロフィル *a* の赤色吸収ピークである長波長側（680〜710 nm）と，カロチノイドによる吸収（440〜520 nm）の範囲で観察され，特に，後者の落ち込みはラン藻において著しく，緑藻においてもかなりあるが，珪藻ではわずかである．これらの観察結果は，珪藻類におけるカロチノイドのフコキサンチンによる光吸収が光合成に効果的に用いられる一方，ラン藻類や緑藻類でのカロチノイドによる光吸収は効率が悪いということを示している．確かに，異なる色素によって吸収された光が光合成に使われるという点で，多少の違いはあるが，現在ではこのことが量子収量の落ち込みの主な要因ではないと考えられている．さらに，この説明は初め，赤色部における φ の減少を示唆していたが ― すなわち赤色部の光量子は光合成を引き起こすのにはエネルギーが不十分であるということ ― ，これも間違いである．

波長による量子収量の違いは，現在では主に，光合成によるエネルギー供給を行っている光反応に 2 種類あり，藻類の種類が異なると，違う吸収スペクトルを示す光捕捉色素の配列をもっていることが要因であると考えられている．したがって，作用スペクトルを測定する際に使用した単色光の波長が一つの光化学系に強く吸収されるが，もう一方の光化学系での吸収が弱いときには，2 つの光反応は同じ速度では行われないため，光合成効率は低くなる．例えば，680〜710 nm の光は光化学系 I によって非常によく吸収されるが，光化学系 II ではほとんど吸収されない．結果的に，細胞が赤色光で照射される場合には，光化学系 II が光化学系 I について行けないために，光合成速度は低くなる．

Emerson（1958）は，赤色光で照射されている *Chlorella* 細胞が同時にクロロフィル *b*（これがほとんど，ことによるとすべて光化学系 II へエネルギーを運ぶ）が吸収する光に同時にさらされると，量子収量はこの 2 種類の光を単独で与えてそれらを合計した以上の量子収量の増加が期待されることを示した．この現象は，2 つの波長帯

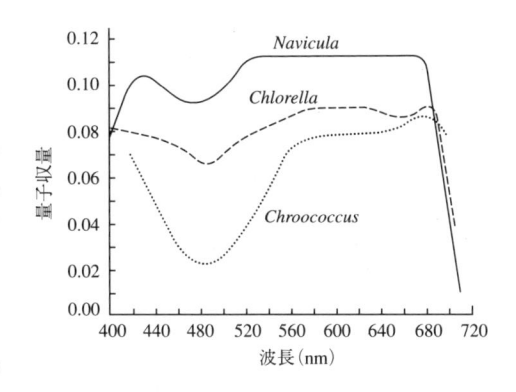

図10·7 3種の単細胞藻類における波長の関数としての量子収量．（── *Navicula minima*, 珪藻（Tanada, 1951）； ---- *Chlorella pyrenoidosa*, 緑藻（Emerson & Lewis, 1943）； …… *Chroococcus* sp., ラン藻（Emerson & Lewis, 1942）．

の共働作用効果で「エマーソン効果」と呼ばれ，2つの光化学系の存在という点からうまく説明される．しかしながら，波長に対する量子収量の依存性を説明するのに光化学系をもちだすと，すぐさまそれ自身の問題が生じる．560〜680 nm の間での ϕ の一定で高い値は（図 10・7），実際には両方の光化学系がこの波長内で同じ速度で働いており，2つの光化学系で異なった色素が補いあっているという，驚くべき結果を示している．この現象の一般に認められた説明は，もともと Myers & Graham (1963) が提案したものであり，光化学系IIが光化学系Iよりも速く光を吸収している時，励起エネルギーの一部が光化学系Iに移動し，その結果，両方のシステムが同じ速度で進行するというものである．これは「過剰効果（spillover）」として知られており，現在その信憑性についてもっともらしい証拠がある[123]．つまり，光化学系Iから光化学系IIへのエネルギーの移動は起こっていないらしいのである．簡単にいうと，光化学系IIによって吸収された光は両方の光反応を動かすために用いられ，光化学系Iによって吸収された光は光反応Iのみを動かしている．したがって，スペクトルのある部分における量子収量の低下は，それらのスペクトル範囲で吸収がおもに光化学系Iの色素によってなされているということを示すものと考えてよいかもしれない．

　これらすべてのことから，単色光で測定された作用スペクトルは，光化学系IIの吸収スペクトルの方へ形がかなり偏っているため，植物が水中に常にある様々な波長が混じった光（時にはあるスペクトルの範囲で高い場合もあるが）を利用できるということのよい説明にはならない．さらに重要な作用スペクトルは，生態学的な目的で，同時に2つの光源を使った測定によって得られることもある．一つは光合成全体をカバーするように変化する波長，もう一つは光化学系IIによって吸収される固定波長である．この方法では，変化する光源が光化学系Iによる吸収スペクトル領域にあってもなくても，片方の固定波長によって光化学系IIが作用し続けることを保証している．図10・8 は紅藻に対して測定されたもので[260]，作用スペクトル間での違いは，フィコエリスリンによって吸収される緑色の光（546 nm）があるときとないときを示す．フィコエリスリンはそのエネルギーを直接光化学系IIに供給することが知られている．光化学系IIがこの方法でエネルギーを得ると，400〜480 nm と 600〜700 nm の領域で光合成反応が大きく増加する．この藻類の場合，ほとんどのクロロフィル a（400〜450 nm と 650〜700 nm）とカロチノイド（400〜500 nm）が光化学系Iに存在するようである．光化学系IIに使われる光を当てたものとそうでないものについて測定された作用スペクトルの不一致は，ビリンタンパクを含む藻類において特に大きい．なぜなら，クロロフィル a がそのエネルギーのほとんどを光化学系Iに送っているのに対して，そのような藻類においては，スペクトルとしては光吸収機構の一部であるがビリンタンパクが主な構成要素となっており，それらのエネルギーを直接光化

学系Ⅱにすべて送っているからである．珪藻，褐藻，緑藻のような藻類においては，2つの光化学系の色素配列はそれほど異なっておらず，光化学系Ⅱに使われる光がある場合とない場合の作用スペクトルの違いはそれほど大きくない．

　光化学系Ⅱに使われる光の存在下で測定された作用スペクトルは，葉状体の吸収率スペクトルにかなり近いということが図 10・8 からわかる．他の紅藻類でもよく似た測定結果が得られている[754]．光化学系Ⅱに使われる光の存在下で測定された作用スペクトルがない場合，その吸収率スペクトルは，違う波長の光を獲得するだけでなく，使うという水生植物の能力の説明として使ってもよい．水生植物の吸収率スペクトルと光化学系Ⅱに付随する作用スペクトルの間の不一致はやはり大きく，興味深い．多くの紅藻類にその現象が見られ[260, 754]，図 10・8 からは，緑色を付加した作用スペクトルは 400〜520 nm の範囲で吸収スペクトルよりもかなり落ち込み，この範囲で吸収を示す色素分子のいくつかが，励起エネルギーを効果的に反応中心に移動させているということがわかる．問題の分子はおそらくカロチノイドであろう．紅藻類中のカロチノイドに全く活性がないということではなさそうである．つまり，もしそれらが不活性ならば，450〜500 nm 間の緑色を付加した際の作用スペクトルがかなり落ち込むことが予想できるからである．ラン藻類 *Anacystis* の光化学系Ⅱにおける作用スペクトルも，カロチノイドが光合成を行うための励起エネルギーに関与しているということを示している[439]．光合成活性のないカロチノイドは，いくつかの場合において主にゼアキサンチンで構成されているようである．これは光合成システムを過剰な光から保護するという役割をもっていることがわかっている．

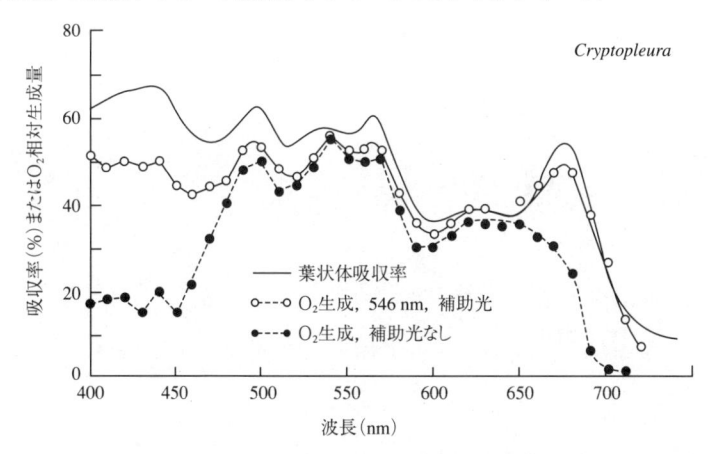

図 10・8　緑色光 (546 nm) の存在下と非存在下で測定された紅藻 *Cryptopleura crispa* の光合成作用スペクトルと吸収スペクトル (Fork, 1963)．*Photosynthetic mechanisms in green plants*, National Academy Press, Washington DC, 1963 から転用．

このように，紅藻，ラン藻，あるいは緑藻や，キサントフィルをもつ藻類[307]では，吸収スペクトルはおそらく，不活性なキサントフィル分子の存在によって，青色スペクトルの光利用能を，幾分か過大評価しているようである．しかしながら，特別なカロチノイド（フコキサンチン，ペリディニン，シフォナキサンチン）に依存している藻類グループ（珪藻，褐藻類，渦鞭毛藻類，ギボシラン藻類）では，主なカロテノイドがクロロフィルと同じくらい効率よく吸収エネルギーを反応中心へ運んでいる．これらの藻類においては，たとえ円石藻類 *Emiliania huxleyi* [360] のディアディノキサンチンのように希なカロテノイドが存在し，それらが光合成において全く役割を果たしていない場合でさえ，吸収スペクトル（適切な吸収率または吸収断面）が光合成スペクトルのすべての範囲の光を利用できる細胞の能力を正確に示す指標である，とみなしても間違いではないであろう．

11. 水圏環境における光合成

　強度とスペクトルが異なる光に対する水生植物の光合成の応答を考えるために，利用可能な光が水圏生態系の光合成に対して，どこで，いつ，どれくらい影響を与えるか，また，光以外の環境パラメータが光合成をどの程度制限しているかを調べてみよう．水圏生産生態系は非常に大きな広がりをもつので，すべてに包括的な説明を適用するのは困難である．むしろ，光とその他のパラメータを支配している大枠の原理は，例を示すことによって説明されるべきものであろう．より詳細な説明と広範な引用文献は Reynolds（1984），Harris（1986）や Fogg & Thake（1987）の植物プランクトンに関する成書や，Platt & Li（1986）や Falkowski & Woodhead（1992）が編集したシンポジウム報告にある．Fogg（1991）による随筆「The phytoplanktonic way of life」は植物プランクトンと環境の間の様々な相互作用について貴重な概説を与えてくれている．

11・1　鉛直循環と深度

　前章において，風も波も全くない静かな状態を除けば，常に水域の上層において水の鉛直循環があることを見てきた．このことはまた，植物プランクトンにとって長時間，表面直下の強光にさらされない（強光阻害を避ける）という意味で有利であるに違いないことも説明した．しかしながら，鉛直循環によって植物プランクトンが混合層の底の方に達し，光強度が弱い場合には正の純光合成を達成するのに不利であることも確かである．植物プランクトンが循環する混合層の深さが増すにつれ，細胞がさらされる平均光強度が減少し，結果として水柱全体の植物プランクトン群集による光合成速度が低下する．一方，植物プランクトン群集による呼吸速度は混合層の深度に関わらず一定である．したがって，Braarud & Klem（1931）によって初めて指摘されたように，混合層の深さには臨界深度（z_c）—これを越えると群集全体の呼吸による炭素の損失が光合成による炭素の獲得を上回り，その結果，正味の植物プランクトンの成長が起こらない深さ—が存在する．臨界深度を越えないときでさえ，混合層深度の増加は光合成総量を減少させることになる．

　循環が起こる深さは水深（水底の深さ）あるいは浅い躍層の存在（温帯域の春から秋と，熱帯域の1年を通して）により制限される．したがって，水圏において光合成がどこで起きるかという質問に対する一つの答えは，浅瀬または鉛直循環が温度躍層によって浅いところに制限される水域であるといってよい．その逆では，植物プラン

クトンが大水深まで循環して，正味の光合成がほとんどあるいは全く起こらなくなってしまう．日本において広い範囲にわたるさまざまな湖で，Sakamoto（1966）は，深い湖は浅い湖よりも一般的に生産力が低い傾向にあることを見出した．栄養塩の供給が異なる場合でも，深さによる抑制効果は見られた．Grobbelaar（1989）は光学的，化学的な特徴がよく似た南アフリカのダム湖において，浅い Wuras ダム（$z_{max}=3.4$ m）の方が深い Hendrik Verwoerd ダム（$z_{max}>60$ m）に比べて，生産性が8倍高いことを報告した．海洋でも同様に，浅い沿岸海域の方が深い沖合域に比べて，浅いにもかかわらず，一部では栄養塩の状態の違いも重なって，より高い生産力を有するようである．Faroe 島の西にある Faroebank（水深 100 m）のような隔離された浅い海域でも，周りの海域より生産性が高い[873]．サン・フランシスコ湾エスチュアリーの濁りの多い水域では，植物プランクトンのバイオマスは一般的に海峡部より両岸の浅瀬の方が高い[154]．

　浅海域の高い生産性は底生生物相にも当てはまる．水域の有光層内のいかなる場所でも，通常，生産性の高い植物群集を支えていることが分かっている．このことはケルプの海中林やアマモ場，水中の岩に付着している褐藻や紅藻のような目に見える大型植物に当てはまるだけでなく，見た目はただの砂や泥に見えても，その粒子の間に潜んでいる濃密な微細藻類にも当てはまる．この微細藻類には，温帯域の泥質の干潟や砂の中に生息するように特化した底生藻，あるいは熱帯のラグーンの砂の中に生息する有孔虫に共生する藻類などがある[852]．沖に向かって深さは増すので，光強度の低下により単位体積当たりの一次生産は大型藻類と微細藻類いずれの植物の生長を支えるにも低すぎる値にまで低下し，単位面積当たりのバイオマスも低下する．ケルプといわれる大型褐藻の重要なグループにとっては海面を透過した下向き放射照度の $0.7 \sim 1.4\%$ が下限である．この深度限界は Helgoland（北海）の周りの濁った水域においては 8 m ほどであり，地中海の非常に清澄な水では 95 m 程度である[574]．珊瑚質の殻をもつ紅藻（最も深い場所に生息する藻類）の深度限界は水面直下の光量の $0.01 \sim 0.1\%$ の値であり，これは Helgoland 沖では水深約 15 m に相当し，カリブ海では 175 m にもなる[574]．バハマの東の極度に澄んだ水域で，Litter et al.（1986）は潜水艇を用いて海上の水深 189〜268 m に甲殻質の紅藻類を発見した．Lüning & Dring（1979）は，Helgoland 沖の浅海域における 400〜700 nm の年間総受光量は，ケルプの限界（8 m）では 15 MJ m^{-2} もしくは 70 einsteins m^{-2} であり，紅藻の限界（15 m）では 1 MJ m^{-2} もしくは 6 einsteins m^{-2} であると報告している．これらの値はそれらの藻類の生長にとって年間要求 PAR の下限とみなしてよいかもしれない．いくつかの淡水大型植物の年間要求光はさらに大きいことが Sand-Jensen & Madsen（1991）によって見積もられている．車軸藻の *Nittela* と *Chara* では 40〜200，コケ植物の *Fontinalis antipyretica* では[416]，被子植物の *Isoetes lacustris* では[455]，沿岸被子植物

の *Littorella uniflora* では 1,760 である.

　大型水生植物の深度別分布は多くの環境要因によって支配されているが，水面下の光環境がしばしば第一要因となる [854]. あらゆる水域における重要な生態学的パラメータは z_{col}（大型水生植物が定着する最大深度）であり，これはその水域における PAR に対する鉛直消散係数の逆数におおよそ比例する傾向がある.しかしながら比例定数は緯度の関数のようでもある [952]. 南緯約 38°の北ニュージーランドの9つの湖において Vanta et al.（1986）は大型水生植物の下限が $z_{col} = 4.34/\overline{K}_d$（ここで $\overline{K}_d$ は年間平均 PAR に対する湖の鉛直消散係数）となり，水の減衰特性によって変化することを見出した.スコットランドとイングランド（54°N〜57°N）の湖において，Spence（1976）はおよそ $z_{col} = 1.7/K_d$（PAR）の関係を見出した.アマモでは Duarte（1991）が文献データの調査から $z_{col} = 1.86/K_d$ の関係を導き出した.

　どういう状況で混合層深度が臨界深度を越えて植物プランクトンの一次生産を妨げるかを考えることは有益である.積分光合成量（11・5節）を見積もるための Talling (1957b) のモデルを使って臨界深度に対する近似式を導くことができる.

$$z_c = \frac{N}{24 K_d \rho} \ln\left(\frac{\overline{E}_d(0)}{0.5 E_k}\right) \tag{11・1}$$

ここで，ρ は植物プランクトンの光飽和光合成速度に対する呼吸速度の比，K_d は PAR の下向き放射照度に対する鉛直消散係数，N は日長（時間）（式 2・11 から容易に計算される），$\overline{E}_d(0)$ は日中の表面直下の下向き放射照度の平均値，E_k は光飽和が始まる放射照度の値である.式 11・1 から呼吸速度（光合成に対して相対的に），水による減衰あるいは光飽和パラメータが増すことにより混合層深度が臨界深度を超えやすくなることが分かる.

　一方，入射照度や日長の増加は逆の影響をもつ.減衰率が比較的小さい温帯の湖の例として，イギリスの Windermere 湖を選び，Talling（1957a）のデータを用いてみよう.晩春の 1 日（1953 年 5 月 1 日）に，$\overline{E}_d(0) \fallingdotseq 170$ W m^{-2}，日長 $\fallingdotseq 15$ h，$K_d \fallingdotseq 0.43$ m^{-1}，植物プランクトン（優占種は珪藻の *Asterionella*）$E_k = 6.3$ W m^{-2}，$\rho = 0.333$ の場合，臨界深度はおよそ 177 m と見積もられる.湖の最大水深は 63 m ほどなので，全体的に純一次生産が妨げられる可能性がないのは明白である.たとえさらに湖が深いとしても，いったん春から夏にかけて温度躍層が形成されると，表層混合層が比較的浅くなるので（ふつう 5〜20 m），臨界深度が深くなることを妨げるであろう.一方，真冬における Windermere 湖は 1 日の入射光が夏の値より大きく下がり，湖の最深部まで循環がゆきとどくので，Talling（1971）は植物プランクトンの増殖は不可能であると見積もった.それに対して，さらに浅い Esthwaite 水域（$z_{max} \fallingdotseq 15$ m）では，植物プランクトンの増殖は年中可能であると結論した.

浅い水域においても，減衰がすこぶる大きいと混合層深度が臨界深度を上回ることがある．Jewson (1976) は，平均水深 8.6 m で K_d がおよそ 1.5～3.5 m^{-1} の濁った Neagh 湖（北アイルランド）では，臨界深度が冬に大きくなるために生長が妨げられると考えた．春には，成層しないにも関わらず，照度の増加が大きいため，混合層深度は臨界深度を越えなかった．

減衰が大きく，飽和に対する強い光強度を必要とする場合，臨界深度は非常に浅くなるはずである．赤道直下の George 湖（ウガンダ）において，Ganf (1975) は 1968 年 4 月 12 日の平均入射照度（$\overline{E_d}(0)$）が 360 W m^{-2} の時に，K_d 値が約 9 m^{-1}，ラン藻群集が 55 W m^{-2} の E_k（光飽和が始まる点）であることを観察した．ρ を 0.1，日長を 12 h とすると，式 11・1 により 1.4 m の臨界深度を得る．このように，この熱帯の湖は，強い入射にもかかわらず，混合層深度が臨界深度をしばしば超えることがある．このような生産性の高い湖では，減衰の大部分は植物プランクトン自体によって起こり，その状況はあたかも自己調整機能をもっているかのようである．つまり，生長の停止後，藻類の分解が起こり，減衰は小さくなり，光合成と生長が再開される．

海洋環境において，混合層深度と臨界深度の関係は特に重要であり，実際この関係を量的に特徴づける最初の試みがノルウェー海で Sverdrup (1953) によって行われた．中緯度や高緯度においては，混合層は冬の終わりに深いが（66°N, 2°E で 3 月には 100～400 m），春には温度躍層のために浅い（25～100 m）．Sverdrup が 66°N のステーションで研究した結果，4 月の最後の週まで混合層深度は臨界深度を上回り，植物プランクトンの増殖を妨げたが，5 月中旬以降，混合層深度は臨界深度より浅くなり，増殖が可能になった．英国海峡西部の Brittany 沿岸（フランス）のように潮汐によって常によく混合している浅い沿岸海域においては，成層の形成による春季ブルームは起こらず，有光層深度が海底に達しているので，植物プランクトン群集は夏季にのみ極大に達する[1001]．

密度成層は太陽熱よりむしろ塩分の鉛直的変化によって引き起こされ，このことがまた植物プランクトンのブルームを引き起こす．この現象はエスチュアリーや沿岸域において淡水流入による上層の低塩分化[153, 693, 933]，南極大陸周辺の氷河の溶解[616, 846]，相対的に低塩分な沿岸水の下へ大陸斜面水が進入する場合，に観察されてきた[933]．

混合層深度と臨界深度の間の様々な相互作用は，厳密にいえば珪藻のような運動性のない生物に当てはまる．渦鞭毛藻のような運動性がある藻類は，循環によって下に移動させられる場合でも，より照射の強い上層にある程度逃れることができる．それでも，植物プランクトン群集全体にとって混合層内の海水の循環は一次生産に影響を及ぼす主要な要因であり，生産が起こるかどうかをしばしば決定することは明らかである．

海洋の混合層内の温度躍層（中緯度から高緯度にかけての春から秋と，熱帯では年

間を通して）は，20〜100 m 深に形成される．躍層内やそのすぐ下では海水の循環は比較的弱い．有光層がしばしば混合層より深いので（K_d が 0.03, 0.05, 0.11, 0.16 m^{-1}（表 6·1）の海水に対して，z_{eu} ≒ 153, 92, 42, 29 m である），外洋から沿岸までの広い海域にわたり安定した水柱とともに光合成を支える十分な光強度が得られる層が存在する．

　成層した海域において植物プランクトンクロロフィルの鉛直分布を測定すると，通常，顕著なクロロフィルのピークが有光層の底部付近に見られる．これはしばしば深部クロロフィル極大と呼ばれ，太平洋北東部の例を図 11·1 に示す．クロロフィル分布のピークは E_d が水面直下の値の 1% の深さのすぐ上かすぐ下のいずれかである（図 11·1）．この層では光合成活性の上昇により藻類細胞は活発であり，決して活性が低いわけではないことに注目すべきである．この深部植物プランクトン層はおよそ 10 m の厚さがあり，世界中の海洋，例えば，太平洋全域でも広く見られる[816]．ただし，密度躍層によって水柱が安定した海域にのみに見られる[15, 953]．この深層におけるクロロフィル濃度の増加は，植物プランクトン群集の増加とともに細胞内のクロロフィル含有量の増加によるものと思われる[15, 167, 468, 681]．Kiefer, Olson & Holm-Hansen (1976) は，この深部植物プランクトン層における単位バイオマス当たりのクロロフィル量は表層の 2 倍であることを報告している．

　深部クロロフィル極大の形成メカニズムは，（暗順応は別にして）まだ分かっていない．一般的には栄養塩の分布に関係しているといわれている．照度が十分にある混合層では春季に植物プランクトンが栄養塩を急速に消費し，群集は減少する．温度躍層の下では栄養塩濃度は高い．さらに，下層から栄養塩が上方へ拡散する．この層における栄養塩の継続的な利用は，植物プランクトンがこの栄養塩豊富な層に達すると沈降速度の低下が起こることと関連して，植物プランクトン層の形成と維持を説明できる[15, 407, 871]．深部植物プランクトン層は，それが形成される海域の全一次生産量に

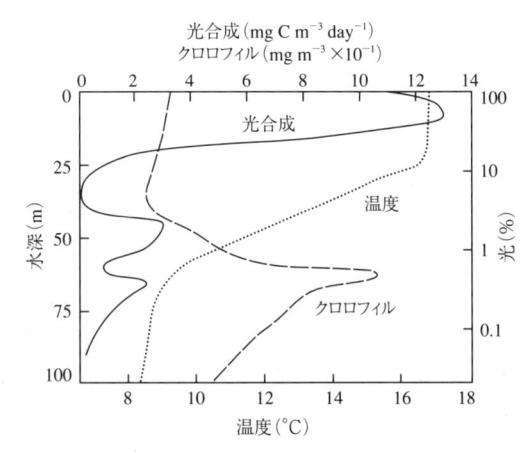

図 11·1　北東太平洋における深部クロロフィル極大（Anderson, 1969 による）．水温分布は混合層が 25 m 深にあることを示している．

大きく寄与している.

　大部分の内陸水においては，有光層深度は混合層より浅い．その結果，深部クロロフィル極大の形成は起こらない．しかしながら，Fee（1976）は北西オンタリオ（カナダ）の一連の湖において，躍層およびその下部において植物プランクトンのクロロフィル量が非常に高い薄い層を発見した．この層は 4〜10 m にあり（それぞれの湖で異なるが）放射照度は表面直下の 0.3〜3.5% であった．この層における植物プランクトンは *Dinobryon*, *Synura*, *Uroglena*, *Chrysosphaerella* などの大きな群体をなす黄金色藻であり，どの湖でもただ一種が深部クロロフィル極大で優占していた．黄金色藻植物プランクトンの興味深い特徴は，光合成を行うとともに，バクテリアを捕食することによってかなりの量の炭素を得ていることである[69]．非常に透明度の高い Crater 湖と Tahoe 湖では光学上は海水と同等であるが，深部クロロフィル極大が夏に 75 m の深さに発達する[539, 924]．ミシガン湖では季節成層形成後に温度躍層の下に深部クロロフィル極大が発達する．これはその層内での増殖だけでなく，他にも沈降や暗順応が関係していると思われる[1237]．

11・2　水の光学的特性

　前の章では，水圏生態系における入射光利用効率を制限する主要な要因は，水自体が光エネルギーの多くを吸収してしまうことであることを見てきた．このことは，水中の植物プランクトン以外の物質によって PAR の減衰が大きいことを意味する（表 10・1 参照）．したがって，例えばギルビン濃度が高い茶色の水の湖は，低いバックグラウンドをもつ湖に比べて生産性が平均して低いことが予想される．広範囲な調査はまだ行われていないが，報告によるとこのことは確かなようである．しかしながら，自然水の吸収特性を測定する最近の分光光度計の技術をもってすれば，生産性とバックグラウンドの海色との関係は様々なタイプの水域において定量的に研究できると期待される．全鉛直消散係数が高いことが必ずしも低生産ということではないことに注意すべきである．なぜなら高い消散係数は高い植物プランクトン濃度のためかもしれないからである．藻類以外の物質による減衰が大きい場合には低い生産性が期待される．海草や淡水産大型植物に関する限りでは，生息水深は PAR に対する鉛直消散係数に反比例することを見てきたが（11・1 節），これは減衰が大きいほど水中の大型植物の生産性が低いことを示している．

　エスチュアリーでは光をよく吸収，散乱する沈降性懸濁粒子や河川流入水中の溶存態フミン物質の色のために大きな減衰がある．濁りとそれに伴う光の減衰はエスチュアリーの長軸方向に変化が見られ，いわゆる「濁度極大」が存在し，その位置は潮汐とともに移動し，沖に向かって濁度は低下する．エスチュアリーにおける植物プランクトンの生産性は減衰と濁りに反比例することが分かっている[152, 156, 344, 436, 586, 693]．

Cole & Cloern（1984，1987）は多くのエスチュアリーで，植物プランクトンの日生産量が $B_c E_d$ $(0, +) / K_d$ (PAR)（または $B_c E_d$ $[0, +]$ z_{eu}）の線形関数で表されることを見つけた．このことの説明として，光学的に深い水においては日表面入射光 E_d $(0, +)$ が，（表面の反射や後方散乱がわずかにあることを除いて）水柱内で吸収され，この光の量に比例して植物プランクトンに吸収される光の割合が a_p / a_T となること（9・4 節），に注目すべきである．a_p（植物プランクトンの吸収係数）が植物プランクトン濃度 B_c と直線関係にあり，K_d (PAR) が，a_T（ここではエスチュアリーにおける深さとスペクトルを平均した全吸収係数）にほぼ比例しているとすれば，$B_c E_d$ $(0, +) / K_d$ (PAR) を植物プランクトン群集による日間光吸収量のおよその尺度としてよいことが分かる．

濁り自身が，ほとんど色がない多量の鉱物粒子によるもので，溶存物質による色もほとんどない場合というのは非常に希である．この場合，強い散乱のために全鉛直消散係数 K_d (PAR) が大きく，その結果，有光層は浅くなる．この場合だけは，植物プランクトンが光合成で利用しうる水の容積を縮小させることで生産が制限される．それにもかかわらず，水中の他の構成物質と比較すると，他の物質は散乱が大きいにも関わらず光を多く吸収することはないので，有光層内における植物プランクトンの相対的集光能力（a_p / a_T）は大きく，光量子をよく利用する立場にある．このタイプの水質に対して，植物プランクトンによって捉えられ吸収された相対的な光の量と，他の物質によって吸収された光の量が $B_c K_c$ と K_{NP} に比例するという式 10・5 の仮定は使えない．10・2 節において，この仮定は鉛直的減衰が吸収によって支配されている水塊においてのみ妥当であることを確認した．

我々が直面するある種のメカニズム，すなわち浅い有光層内の光量子を植物プランクトンが有効に利用することは，無機物による強い濁りをもった水域の驚くべき高い生産性を説明するかもしれない[670]．そのような浅い水域では（濁りはしばしば堆積物の再懸濁によるものであるが），細胞が循環することで無光層に長時間とどまらないことが生産力を高めているのであろう．加えて下向き放射に対するスカラー放射照度の割合が，吸収に対する散乱の割合が大きい濁った水（図 6・10 参照）において高く，その結果，下向きの放射のみで表される光の量よりも光合成を行うのに十分な光があることを示している．

11・3　他の制限要因

一次生産を制限する光の有効性を十分に理解するためには，他の環境要因によって同時に起こる制限についても知る必要がある．例えば図 10・1 に示された約 400μ einsteins m^{-1} s^{-1} の飽和光強度の湖水中のある珪藻群集の光合成について見てみよう．光強度のわずかな上昇は光合成速度に変化を及ぼさないが，大きな上昇は強光阻

害を誘発する．光合成の明反応によるNADPH₂やATPなどの細胞内での形成速度は速く，NADPH₂やATPに関する限り，暗反応の酵素反応系は飽和されている．定常状態の中での光強度の増加によるそれらの濃度の増加はCO_2固定速度の上昇を伴わない．しかしながら，これはそのシステムが必ずしも最大可能速度で稼働していることを意味しているのではない．CO_2濃度が低すぎて最初の酵素であるリブロース2リン酸カルボキシラーゼ（Rubisco）が暗反応経路では飽和できず，それで最大の能力が発揮できないと思われる．もう一点付け加えると，温度が低すぎても最大の能力は発揮されない．温度が高いとすべての暗反応系の酵素はより迅速に機能し，より速い速度でNADPH₂やATPを消費する．

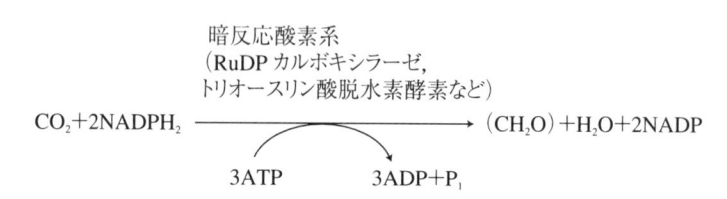

$$CO_2 + 2NADPH_2 \xrightarrow[3ATP \quad 3ADP+P_i]{\text{暗反応酸素系（RuDPカルボキシラーゼ，トリオースリン酸脱水素酵素など）}} (CH_2O) + H_2O + 2NADP$$

1）二酸化炭素

まず，全体の速度を決めるCO_2利用の程度について考えてみよう．CO_2がある酵素（系）で使われる基質であると考えると，いかなる光強度における光合成速度でも，CO_2濃度に伴って，酵素の動態についてよく知られたミカエリスーメンテンの式におよそしたがうものと想像できる．

$$v = \frac{V_s}{K_m + s}$$

ここでvは基質濃度sでの酵素反応速度で，Vは飽和基質濃度で得られる最大速度，K_mは酵素－基質系の解離定数であり，これは最大反応速度の半分の基質濃度に等しい．光合成についてこの方程式を書くと次のようになる．

$$P = \frac{P_m [CO_2]}{K_m (CO_2) + [CO_2]} \qquad (11 \cdot 2)$$

図11・2は，基質濃度に対する酵素反応速度を表す典型的な曲線であるミカエリスーメンテン式を表している．水生植物についてCO_2濃度と光合成速度の曲線を見るとほぼこのタイプになり，この曲線からK_mの値が得られることで，現場のCO_2濃度が自然水中でどの程度光合成を制限しているのかという評価が可能となる．

単離された状態では，水生植物のRubiscoはCO_2に対して30〜70μMのK_m値をもつ[1011]．しかし，生きている植物の$K_m (CO_2)$値は，植物体に入ってくる時にCO_2の拡散制限があるために大きくなるか，または能動的なCO_2の取り込みによって低くなることもある．原理的に無機態炭素の全てがCO_2（もしくは水和物のH_2CO_3）と

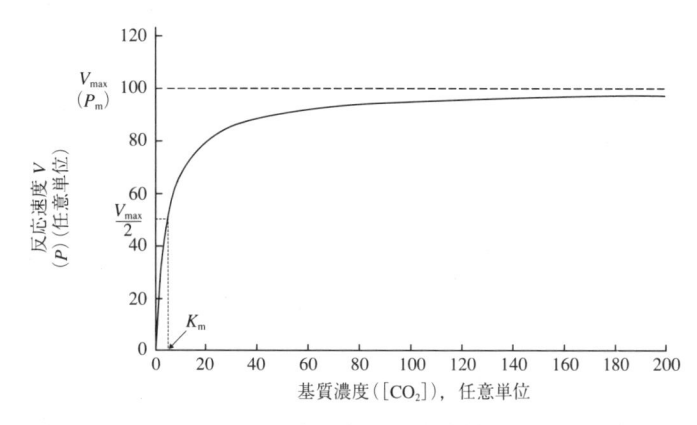

図11・2 ミカエリス—メンテンの式から得られた基質濃度に対する酵素反応速度の理想曲線.

して存在する低い pH（<6）における植物プランクトンと大型植物の K_m（CO_2）値を表 11・1 に示した．それらは 4～185 μM の範囲にある．15℃で大気（約 0.034 vol% CO_2）と平衡状態にある淡水は，およそ 14 μM の CO_2 を含む．26℃の海水ではガス態の CO_2 濃度はおよそ 12 μM となる[84]．このことから自然水界における水生植物の光合成は CO_2 濃度に関しては飽和していないことが推測され，CO_2 濃度の上昇に伴い光合成速度も上昇すると考えられる．これは飽和状態の光強度においてのみ当ては

表11・1 植物プランクトンと大型植物のいくつかの種での CO_2 に対する K_m 値.

植物種	K_m (CO_2) (μM)	参考文献
植物プランクトン		
Pediastrum boryanum（クロロコックム目）	40	Allen & Spence（1981）
Cosmarium botrytis（ツヅミモ）	170	
Anabaena cylindrica	60	
大型藻類		
Nitella flexilis	100	
Eurhynchium rusciforme	80	
Fontinalis antipyretica	170	
Elodea canadensis	30	
Potamogeton crispus	20	
Hydrilla verticillata	170	
Myriophyllum spicatum	150	Van, Haller & Bowes（1976）
Ceratophyllum demersum	165	
海産大型藻類		
Ulva sp.	30	Beer & Eshel（1983）
Ulva lactuca	185	Drechsler & Beer（1991）
海産植物プランクトン		
Stichococcus bacillaris（クロロコックム目）	4	Muñoz & Merrett（1988）

まることではない．光合成速度がミカエリス-メンテンの式で表されるように，低照度でも CO_2 濃度の増加に伴って上昇するものであると仮定するならば，$12 \sim 14 \mu M$ より上では光合成速度は上昇することになる．このことは，飽和していない光強度下では，光と CO_2 両方によって水生植物の光合成が同時に制限されていることを意味する．水生のコケ *Fontinalis antipyretica* と水生の高等植物 *Cabomba caroliniana* はいずれも $10 \sim 25 \mu M$ の範囲で，光強度が飽和か否かに関わらず，CO_2 濃度の上昇に伴って光合成速度が上昇した[340, 824]．図 11・3 は Smith（1938）の *Cabomba* のデータを示している．

海水とほとんどの陸水は CO_2 の形よりも，重炭酸イオン HCO_3^- の形で無機態炭素を含んでいる．無機態炭素の形態は次のように相互変換し得る．

$$H_2O + CO_2 \rightleftharpoons H_2CO_3 \rightleftharpoons H^+ + HCO_3^- \rightleftharpoons 2H^+ + CO_3^{2-}$$

pH が高くなればなるほど平衡は右側に移り，pH $6.2 \sim 9.3$ では全体の 50% 以上が HCO_3^- の形で存在し，pH $6.7 \sim 8.8$ の間では 80% 以上となる．これまで見てきたように，CO_2 が適正濃度を下回っている場合には光合成の炭素源として重炭酸を利用できる水生植物が有利であり，全てではないが多くの種が重炭酸を利用できる．このことは Raven *et al.*（1985），Prins & Elzenga（1989）や Madsen & Sand-Jensen（1991）によって解説されている．カルボキシラーゼによって利用される無機炭素は常に CO_2 である．重炭酸を利用できる植物では，HCO_3^- イオンが細胞内に運ばれ，HCO_3^- イオンが上の炭酸平衡の式の左 2 つの形態に変換されることによって CO_2 になる．H_2CO_3 から CO_2 への逆脱水素はクロロプラスト酵素である炭酸脱水素酵素によって触媒される．遊離した CO_2 はそこで光合成に用いられる．HCO_3^- イオンと H^+ の結合で H_2CO_3 が作られることで OH^- イオンが同時に蓄積され（$H_2O \rightarrow H^+ + OH^-$），細胞外に放出されることで HCO_3^- の取り込みと平衡を保つ．

海洋生態系に関していえば，光合成における重炭酸の利用は緑藻，褐藻，紅藻などの海藻のほとんどで見られる

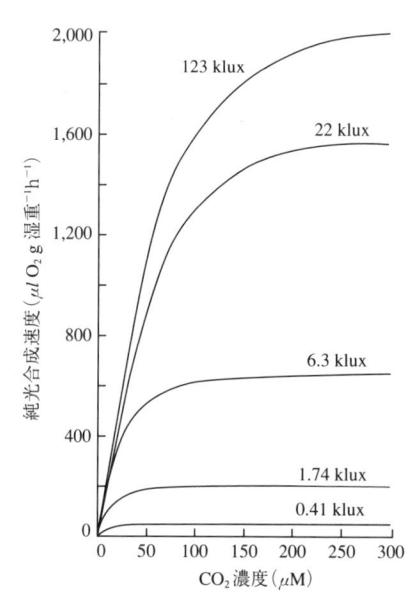

図 11・3　さまざまな光強度下での，CO_2 濃度に対する水生高等植物 *Cabomba caroliniana* の光合成速度．（Rabinowitch, 1951, Smith, 1938 のデータを基に作成）

ことが確認されてきたが，普遍的に存在するわけではない．Maberley (1990) は 35 種の海藻のうち，すべての紅藻 6 種がHCO_3^-を利用できず，うち 5 種が大型の褐藻が覆う光の少ない環境で光合成を行っていることを発見した．彼は，光の少ない深い所に生息する種のほとんどは HCO_3^- を利用できないと述べている．大型紅藻 *Chondrus crispus* は重炭酸を直接取り込むことができないが，細胞外炭酸脱水素酵素で HCO_3^- を CO_2 に変えることによって，豊富な無機態炭素を得ている[842, 843]．重炭酸の利用は海草類のいくつかの種で発見されたが[53, 584, 732]，全てではない[1]．アオサのように重炭酸を利用できる大型藻類でも，明るい光条件での光合成は，時に海水中の無機態炭素の量によって制限される[547]．海産植物プランクトンの中では，HCO_3^- の利用は円石藻 *Coccolithus huxleyi*[682]，珪藻 *Phaeodactylum tricornutum*[191]，多細胞紅藻 *Porphyridium cruentum*[159]，ラン藻類 *Synechococcus*[33]で見られるが，緑藻プランクトン *Stichococcus bacillaris* は CO_2 に対して親和性が高く（表 11・1），重炭酸にはあまり親和性が高くなく[649]，海産珪藻類の多くは重炭酸を利用できない[184, 753]．

Hutchinson (1975) の総説によると，淡水域ではほとんどの水生高等植物が光合成に重炭酸を使う．重炭酸を利用できないいくつかの種は，重炭酸濃度の低い軟水に典型的に存在する．水生コケ類は一般的に HCO_3^- を利用する能力に欠けているようである．車軸藻のほとんど（軟水のものを除いて）は *Cladophora* のような底生糸状藻類のように HCO_3^- を使うことができる．淡水産植物プランクトンでは，光合成に HCO_3^- を利用する能力はさまざまである．*Chlorella emersonii*, *Scenedesmus quadricauda*, *Chlamydomonas reinhardtii*（緑藻），*Ceratium hirundinella*（渦鞭毛藻），*Fragilaria crotonensis*（珪藻），*Microcysis aeruginosa* と *Anabaena cylindrica*（ラン藻）は全て効率的に HCO_3^- を利用することができるが，*Chlorella pyrenoidosa*（緑藻），*Asterionella formosa*, *Melosira italica*（珪藻）は利用できない[11, 577, 745, 902, 935]．

水生植物界で重炭酸利用能力が広く見受けられるにも関わらず，アルカリ性の水域に適応した種では，利用可能な限り CO_2 が炭素源としてより有効に利用される．例えば，淡水産の大型植物 *Myriophyllum spicatum* は重炭酸を利用できるが，HCO_3^- の最適濃度の時よりも，CO_2 の最適濃度での方が高い光合成速度が得られる[874]．Steemann Nielsen (1975) は HCO_3^- の利用が効率的でない理由の一つとして，CO_2 が自由に拡散するのに対し，HCO_3^- は植物体内に能動的に輸送するためにエネルギーを使わなければならないということをあげた．表 11・1 の Allen & Spence (1981) の淡水産大型植物のデータを見ると，重炭酸を利用できる *Elodea canadensis* と *Potamogeton crispus* を含めた全ての場合で，HCO_3^- の K_m 値は CO_2 の K_m 値より 50 ～100 倍高い値を示している（つまり，親和性が低いことを示している）．さらに，ある CO_2 濃度（pH 5.5）での光合成速度を得るためには 52 から 132 倍の HCO_3^- 濃

度 (pH 8.8) が必要である．一方，アルカリ性富栄養水域でよく発生するラン藻 *Anabaena cylindrica* の場合，CO_2 と HCO_3^- の K_m 値はほぼ同じであり，CO_2 と HCO_3^- 濃度が同じ場合，光合成速度もほぼ同じである．

Allen & Spence は彼らの研究に基づいて，淡水産植物のほとんどに重炭酸利用能があるにもかかわらず，実際は pH が 9.0 を越えるまで HCO_3^- から炭素を得ないので，このような高い pH では光合成速度は大きく低下すると結論した．Allen & Spence は，淡水産大型植物といくつかの植物プランクトンの自然状態での光合成速度は，主に CO_2（HCO_3^- ではなく）濃度の関数であると述べた．しかしこの説は，*Myriophyllum spicatum* のような重炭酸をより有効に使う大型植物には当てはまらない．Adams, Guilizzoni & Adams (1978) は，ややアルカリ性（pH 7.5〜8.8）で，リンの供給が十分なイタリアのいくつかの湖で，*M. spicatum* の光合成速度がミカエリス-メンテンの式で表されるように溶存態無機炭素濃度に依存して変化することを発見した（図 11・4）．様々な形の無機態炭素の存在量の計算から，光合成速度は基本的に CO_2 濃度よりも HCO_3^- 濃度に関係していることが明らかになった．

Anabaena cylindrica のような藻類は pH 9.0 付近で最大光合成を示し，重炭酸を非常に有効に使う．プランクトン種や大型植物の中でもより効率よく重炭酸を利用する種にとって，（炭素供給に関する限りでの）自然状態での光合成速度は HCO_3^- と CO_2 の合計濃度の関数であると見なすことができる．*Anabaena, Microcysis, Spirulina* のようなラン藻は，高い pH の水中で CO_2 濃度がゼロの状態でも効率よく光合成を続けることができ，そのような能力が晩夏の富栄養湖に頻発したり，アフリカのソーダレークのような高アルカリ水域でも優占できる理由であるに違いない．

Rattray, Howard-Williams

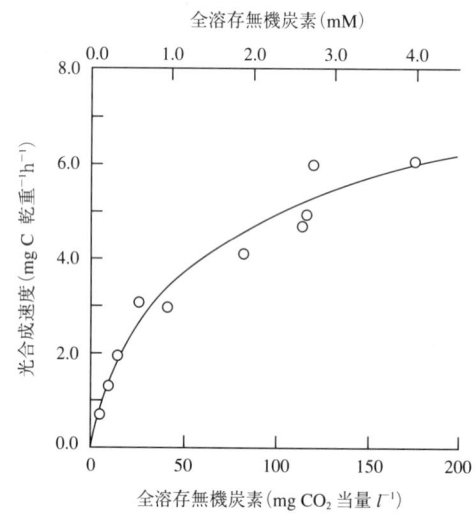

図11・4 いくつかのイタリアの湖における *Myriophyllum spicatum* の全溶存無機炭素濃度に対する光合成速度の変化（Adams *et al.*, 1978 のデータを基に作図）．ほとんどの場合で，光量はほぼ飽和していた．Adams *et al.* はミカエリス-メンテンの式に回帰曲線をあてはめて，全溶存態無機炭素濃度の K_m 値 1.06 mM（4.65 mg CO_2 equivalents l^{-1}）（半飽和定数）と P_m 値 7.24 mg C g^{-1} dry mass h^{-1} を算出した．

& Brown (1991) は *Lagarosiphon major* と*Myriophyllum triphyllum* の 2 つの定着性淡水大型藻類が, 窒素やリンの豊富な富栄養の Rotorua 湖 (ニュージーランド) より貧栄養の Taupo 湖で 2 倍の速さで生長することを見出した. Rattray *et al.* は, これを貧栄養水に富栄養水の 2 倍の CO_2 が存在するためであるとした. 軟水貧栄養湖はしばしば水ニラ (isoetid) が生長することで特徴づけられる. 水ニラは短い茎と葉にロゼットをもつ小さな植物である[399]. 水ニラが, 無機塩が少なく, 無機態炭素濃度が低い水域ではびこる問題は, それらが根を通して有機物の分解による CO_2 を堆積物から吸収しているということで解決した[86, 584, 746]. CO_2 は茎の中の中空の管を経由して根から葉へ拡散し, 時には事実上すべての光合成固定炭素を供給することもある.

大気と平衡した水には $12 \sim 14 \mu M$ の遊離 CO_2 が含まれることを前述した. この濃度は普通, 海洋の表層, もしくは生産性のほとんどない陸水や冬季の陸水の値である. しかし生産性の高い水塊では CO_2 に関する限り大気と平衡状態にあることはない. 常に遊離 CO_2 濃度は平衡値とは異なり, 消費 (光合成) と生産 (呼吸や分解) 過程に応じて時間や水深とともに変化する. 細胞に対する CO_2 の拡散速度を計算したモデルと, CO_2 濃度の関数として生長速度を測定した室内実験測定に基づいて, Riebesell, Wolf-Gladrow & Smetacek (1993) は, 海洋での植物プランクトンブルームの形成期間には, 表層で CO_2 濃度が急激に減少し, 海産珪藻の生長は細胞表面への CO_2 供給量によって制限されると結論した.

遊離 CO_2 は光合成による pH の変化の影響をより受けやすい. Talling (1976, 1979) はイギリスの富栄養湖 Esthwaite Water における 1971 年 4〜7 月の遊離 CO_2 濃度の変動を調べたデータを発表した. 4 月 19 日は温度成層が形成される前で, CO_2 濃度は表層から水深 10 m まで一定であった. 植物プランクトン群集が増殖し始める 5 月 3 日までは, いくらか表層に暖かい水の層ができ, CO_2 濃度は上層 4 m でおよそ 33％まで下り, 6〜10 m の層では逆に上がっていた. 7 月の間は, はっきりとした温度成層が形成され, 温度躍層より上で植物プランクトン群集が増殖し, 表層水中の遊離 CO_2 濃度は事実上ゼロとなったが, 躍層より下の 6〜10 m 層では以前よりも高い値になった. 無機態炭素の量は, 表層の全無機態炭素のおよそ 50％に相当する量が光合成によって除かれた. 遊離 CO_2 の 1,000 倍の炭素の減少は, 濃密な植物プランクトン群集の光合成活性によって pH が約 7.0 から 9.0 以上になることによって起こった. 同様の変化は生産性の高い水塊について当てはまる. 植物プランクトン種, 珪藻 *Asterionella formosa* (重炭酸を利用できない) について, Talling (1979) は 7 月 12 日の表層での光合成速度は CO_2 の欠乏のため事実上ゼロであり, 2〜3 m では結構高い放射照度と CO_2 の増加によって光合成速度は上昇し, それ以深では放射照度の減少によって光合成が減少していたとした. このように水深の増加に伴って, 光合成は始めは CO_2 の供給量に制限され, 次に CO_2 と光量に同時に制限され, それ以

深では主に光量のみによって制限される．しかしながら，水深に伴うこれらの変化は全植物プランクトン群集の光合成に当てはまるわけではない．なぜならば，pH が上昇して CO_2 濃度が低下すると，Asterionella は重炭酸を利用できる Ceratium や Microcystis によってとって代わられるからである．

CO_2 の取り込みが制限されると，珪藻細胞の沈降速度は大きくなる．夏の成層に伴う CO_2 の枯渇が珪藻の沈降速度を高め，これがたびたび生産性の高い湖で夏季に観察される珪藻類の減少に貢献しているようである[410]．

水生植物の外部表面には拡散に支配される乱れのない層があり，CO_2 や HCO_3^- イオンはここを通って細胞内に入り，光合成に使われる．もし擾乱や攪拌に植物がさらされると，この層の厚さは減少するが，完全になくなることはない．よくかき混ぜられた状況では，Chlorella のような小さな細胞の周りでは，この層はおよそ $5\,\mu m$ の厚さがあるが，Chara のような大型植物の表面では $30〜150\,\mu m$ である[745, 825]．動きのない，もしくはゆっくりとした動きの水の中では $150\,\mu m$ 以上の厚さになることもある．このことについて，Raven（1970）と Smith & Walker（1980）は，この乱れのない層を横切る CO_2（それとおそらく HCO_3^-）の拡散は，水生植物の光合成速度の重要な制限要因となると結論している．河川に生息する植物の光合成速度の上昇は，事実，水の流速の増加に伴って起こることが Westlake（1967）によって明らかにされてきた．Wheeler（1980b）は大型コンブ Macrocystis pyrifera の葉の光合成速度が，光飽和条件下では，流速を 0 から $5\,cm\,s^{-1}$ に上げることで約 4 倍上昇することを認めた．しかし，弱い光強度の下ではおよそ 50% しか上昇しなかった．体積に対する表面積の割合を大きくするという形態学的適応は拡散の問題を克服し，多くの水生大型植物は切れ込みの深い葉に進化することでこれを行ってきた[399]．切れ込みがより深くなるにつれ，乱流が生じて光合成を高める[297]．細胞の周りに存在する乱れのない層の存在が，本当に植物プランクトンの光合成を制限しているかどうかはいまだによく分かっていない．

C_4 回路を欠く陸上高等植物の多くでは，Rubisco 活性の高い局部での O_2 と CO_2 の直接的な競合の結果として，光合成は通常の大気中 O_2 濃度（21%）で抑制される．Rubisco のオキシゲナーゼ反応では，酸素はリブロース 2 リン酸と反応し，グリコール酸リン酸とグリセリン酸リン酸を産生する．これは光呼吸として知られる代謝経路の最初のステップである．水生の高等植物や藻類の光合成は，これに比較すると，ほとんどの場合，酸素によって制限されることはない．これは水生植物のメカニズムの一つとして，細胞内の Rubisco 分子に近いところの CO_2 濃度を増加させ，CO_2/O_2 比を大きく保つことができるからであると思われる．

CO_2 の能動輸送の証がある．いくつかの場合には，HCO_3^- でも同じであり，シアノバクテリアや多細胞緑藻類[33, 34, 649, 853, 936]，淡水産珪藻 Navicula pelliculosa[770]，海産

大型緑藻 Ulva fasciata [54] は外界濃度の何倍も高い内部濃度を維持できる．また，褐藻類での生物物理学的 CO_2 濃縮メカニズムも解明され[890]，Ravan et al. (1985) によると，多くの淡水産維管束植物やほとんどの海産維管束植物，大多数の海藻でもそうであるとされている．しかしながら，無機態炭素の能動輸送は水生植物には普通は見られない．Patel & Merrett (1986) は海産珪藻 Phaeodactylum tricornutum には見られないことを，Smith & Bidwell (1989) は海産大型紅藻 Chondrus crispus にもそのような証拠がないことを示した．

　生物物理学のやり方と同様に，内部の CO_2 濃度上昇の問題を解く生化学的解決法がある．水中に完全に浸からない水生植物は陸上の C_4 植物と同じような種があることが知られており，葉肉細胞で CO_2 をリンゴ酸のような C_4 化合物に固定する．この酸は特殊な鞘状細胞に運ばれて，CO_2 を離し，通常の光合成炭素還元（PCR）サイクルで炭水化物に固定される．しかし，C_4 回路を機能的に短縮するとみなされる淡水産大型藻 Hydrilla verticillata が Salvucci & Bowes (1983) によって発見された．この種では，全ての連続する生化学的過程が同じ細胞内で起こることが分かった．

　最初の CO_2 結合のほとんどは，細胞質中のフォスフォエノールピルビン酸（PEP）炭酸脱水素酵素によって行われる．作られたオキザロ酢酸はリンゴ酸に還元される．これは葉緑体に運ばれ，そこで NADP リンゴ酸酵素によって脱炭酸され，CO_2 は PCR サイクルで固定されて炭水化物になる[87]．このタイプの C_4 回路の証拠は，海草 Cymodocea nodosa の一種で見つかっているが，他の 10 種では見つかっていない[55]．カルボキシル化する酵素として PEP カルボキシキナーゼを使う海産大型緑藻 Udotea flabellum にも，この C_4 回路がある[749]．

　もう一つの生化学的な CO_2 濃縮メカニズムにベンケイソウ型有機酸代謝（CAM）というものがあり，貧酸素湖の水ニラのいくつか（すべてではないが）に見られる[86, 461, 746]．これらの水中 CAM 植物は，夜間に水生生物の呼吸によって作られた高濃度の CO_2 を利用し，リンゴ酸のような有機酸の形で PEP カルボキシラーゼにより CO_2 を固定し，液胞に蓄える．光がある日中は，他の植物による光合成のために水中の CO_2 レベルが低下し，CO_2 は C_4 酸の脱炭酸により放出され，PCR サイクルにより炭水化物に固定される．

2) 温　度

　水中の光合成に対する温度の影響を考える場合，温度の変化に続く短時間での影響と，植物が 1 日～数日間かけて新たな温度に順応してゆく場合の影響とに区別する必要がある．まず温度変化の直後の影響を考えてみると，植物プランクトンや海産や淡水産の大型藻類の光合成速度が飽和光のもとで凍結ぎりぎりから生命維持に好ましくない温度，つまり 5～40℃ の範囲において測定される場合，単位バイオマス当たりの光合成速度は，まず温度に伴って増加してピークをむかえ，それ以上では再び減少す

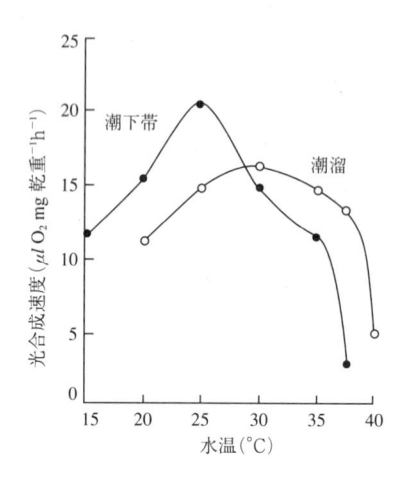

図11・5 潮下帯および潮間帯から採取された海産底生緑藻 *Ulva pertusa* の温度の関数として表した光合成速度（Mizusawa et al., 1978より）.

るという，いわゆる至適温度が存在することがわかる．研究室で測定される至適温度は，水生種の自然の生息温度とよく一致する．例えば，夏季に高い温度にさらされる潮だまりの底生海産藻類は，潮間帯の少し下から採取された同じ種よりも光合成の至適温度は幾分高い[620]．図11・5は，これら2つの生息場所から単離した緑藻 *Ulva pertusa* に対して，光合成速度の温度依存性を比較したものである．潮間帯の試料の至適温度は，潮だまりのものの至適温度よりも約5℃低い．Yokohama (1973) は，日本の伊豆半島 (34°40′N) の海岸で，緑藻，褐藻，紅藻をいくつか採取し，その至適温度が，冬に採取したサンプルよりも夏に採取したサンプルの方が5〜10℃高いということを発見した．至適条件より高い温度で光合成速度が低下する理由はよくわかっていない．酵素の変性，呼吸の増加，熱による別の形での傷害が影響を与えているように思われる．

光の関数である光合成が各温度段階で測定される（至適条件を越えない）場合，光飽和光合成速度の最大値は温度に伴って増加するということがわかる．このことは海産珪藻 *Skeletonema costatum* と浅海沿岸域に生息する紅藻 *Gigartina stellata* について図11・6に示してある．しかしながら，このたぐいの（すなわち，どの藻類にも温度に順応する時間が与えられていない）実験において，一般的に P-E_d 曲線の直線部分の低い光強度において温度の変化がほとんど光合成速度に影響を与えない（立ち上がりの傾き α は，生理的な温度範囲を通して基本的に一定である）ということがわかる．温度の低下に伴う光飽和光合成速度 (P_m) の低下は，暗反応のカルボキシル化システムの酵素反応速度が温度の低下で遅くなるためであると考えてよい．放射照度 E_k は，光飽和が始まるところの値であり，温度の低下とともに減少する．$E_k = P_m / \alpha$ なので，α は温度によって影響されないので，E_k は P_m と平行して減少するはずである．低温のために光合成の暗反応速度が遅い場合，暗反応を飽和させるのに十分な $NADPH_2$ と ATP を作るためにわずかな光が必要である．光合成速度が低照度下で温度に対してあまり反応しないのは，光化学過程が温度に対して敏感ではなく，曲線の光律速部分の速度を決定しているのが主に明反応であることを示している．しかしながら，呼吸は温度に伴って増加する．光律速での光合成速度の応答がないことは，温

度の上昇とともに呼吸と同量の光合成を行うための光強度が必要であり，光補償点も上昇するということを意味する．

いずれの水生植物や植物プランクトン群集のサンプルの光合成速度でも，短時間の

(a) *Skeletonema*

光合成速度 (mg C 10^9 cells^{-1} h^{-1})

$E_k \sim 90$　　20°C
$E_k \sim 34$　　7°C
$E_k \sim 16$　　2°C

放射照度 (10^{18} quanta PAR m^{-2} s^{-1})

(b) *Gigartina*

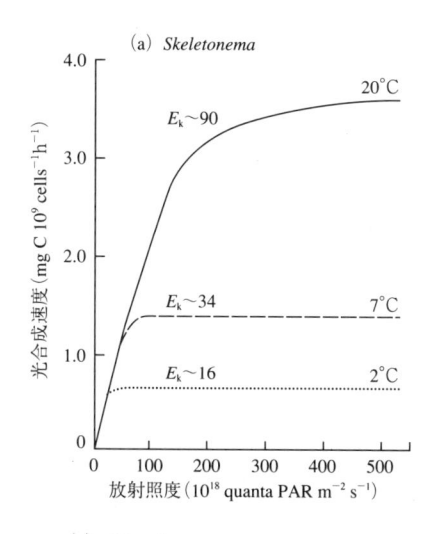

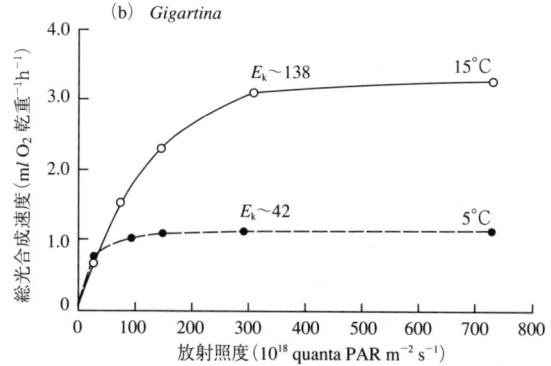

総光合成速度 (ml O$_2$ 乾重$^{-1}$ h^{-1})

$E_k \sim 138$　　15°C
$E_k \sim 42$　　5°C

放射照度 (10^{18} quanta PAR m^{-2} s^{-1})

図 11·6　異なる温度において光の関数として表した光合成速度．(a) 海産珪藻 *Skeletonema costatum*（Steemann Nielsen & Jørgensen, 1968，および Steemann Nielsen, 1975 より）．細胞は 75×10^{18} quanta m^{-2} s^{-1} の条件下で培養され，測定が行われる前に 30 分間，実験温度にさらした．(b) 多細胞紅藻 *Gigartina stellata*（Mathieson & Burns, 1971 のデータより）．藻類はアメリカ，ニューハンプシャーの沿岸域から採取したもの．もともとの光の値（単位：foot-candles）を光量子単位に変換した．

実験においては確かに温度(至適条件まで)と正の相関があるが,ゆっくりとした季節的温度変化を受ける自然水圏生態系の場合,あらゆる種の生理的適応に対しても,優占種の変化にとっても十分な時間がある.このように,一次生産と温度との関係は,生態系レベルにおいてはそれほど単純ではないように思える.まず適応について考えると,仮に植物プランクトン群集のサンプルが,P-E$_d$ 曲線をその温度で測定する前に何日間か新しい温度にさらされると,ある種の場合には細胞が適応して,異なる温度での光飽和光合成速度の違いはかなり小さくなるであろう.例えば Steemann Nielsen & Jørgensen (1968) は,20℃で培養した珪藻 *Skeletonema costatum* の細胞を8℃に移した場合,光飽和光合成速度は約3分の2に減少したが,8℃で培養・測定した場合には,20℃で培養して測定した光飽和速度をわずか10%下回っただけであることを報告している.

急速な温度の低下による光飽和光合成速度の低下が暗反応酵素系の比活性の低下によるものとすれば,この酵素系の細胞内での増加によって低い温度での適応がなされると期待できる[874].Jørgensen (1968) は,*S. costatum* の細胞当たりのタンパク質含量が,7℃で培養された細胞には20℃で培養されたものの2倍含まれているということを発見した.Morris & Farrell (1971) は,増殖温度が低下するにつれて *Dunaliella* の光合成酵素が増加することを認めた.

Skeletonema costatum は,自然において広い温度範囲にわたってよく増殖し,至る所に存在する珪藻類である.したがって,この種の際だった適応能力が実験的に立証できても,それほど驚くべきことではない.しかしながら,Yentsch (1974) は,ほとんどの植物プランクトン種がこのような能力をもっているかどうかについては疑いをもっている.世界のあらゆる海洋での測定において,プランクトンの単位クロロフィル当たりの光合成速度は,水温に対して系統だった変化を示さない[1007].全温度領域において,総一次生産の速い場合と遅い場合があることがわかった[874].これは適応のためとも考えられるが,最近の研究では,自然界のほとんどの海産植物プランクトン種には温度に対する適応性がほとんどないのではないかと推測されており,海洋における温度に対する光合成速度の明らかな依存性の欠如は,異なる温度条件を好む種の優占による(おそらく遺伝的な適応)ものであるのかもしれないと指摘されている[1007].

海洋において光合成に対する温度の系統だった明らかな影響がないにも関わらず,生産性の高い浅海沿岸域や内陸水では,現場における光合成能(単位植物プランクトンあるいは大型藻類の最大比光合成速度)と光合成速度の積分値(面積)は,その場所の温度と正の相関がある.例えば,Platt & Jassby (1976) は,カナダのノバ・スコシアの沿岸水において,1973年7月から1975年3月の間(温度範囲0〜15℃),植物プランクトンの光合成能が周囲の温度に対して直線的な依存性があり,0.53 mg

C mg chl a^{-1} h^{-1} ℃$^{-1}$ の傾きをもつことを見出した．ハドソン川のエスチュアリーとニューヨーク入江の水域について，Malone（1977a, b）は，ネットプランクトンとナノプランクトンの両方について11ヶ月間，光合成能がそれぞれ 8〜20℃ と 8〜24℃ の周囲の温度の指数関数であることを示した．その Q_{10} 値（温度10℃の上昇に対する速度の増加割合）は，ナノプランクトンでは 2.0〜2.6，ネットプランクトンでは 4.0 であった．8℃以下では，両画分の速度は温度に対して指数関数的依存性から期待される以上に高かった．20℃以上では，ネットプランクトンの光合成能は，温度に伴って低下した．温帯域の多くの富栄養湖ではラン藻類が優占しており，その光合成能は一年を通して温度に対して指数関数的な関係が見られ，Q_{10} は 4〜20℃ の範囲で約 2 であった[67, 293, 427]．我々の考えている沿岸域や内陸水における変化は，温度自体だけでなく，植物プランクトンの特性（種組成，生理的適応）の変化を含む季節的変化であるということを念頭に置くべきであり，これがニューヨーク入江で Malone（1977b）によって観測された 4.0 という非常に高い Q_{10} の説明となるかもしれない．もし植物プランクトン群集をある温度段階に置くとしたら（すなわち適応や種の遷移に要する時間は与えられない），光合成能は Q_{10} が約 2.3 で温度に対して指数的に変化するであろう[897]．

ある植物プランクトン群集または大型藻類を異なる温度に置くと，光飽和が始まる放射照度値 E_k が温度の上昇とともに増加するということを先に述べた（図11・6）．このことはまた，季節変化にも当てはまる（すなわち植物プランクトンがこうむる様々な変化を含めて）．北アイルランドの Neagh 湖において，Jewson（1976）は，2 年間を通して冬季（水温 3〜4℃）と夏季（18.5℃）では温度の変化につれて現場の E_k が 2.5 から 4.5 倍になることを認めた．この E_k の上昇は，別々の現象ではなく，温度に伴う光合成能の上昇の現れであると見なせる．仮に最大比光合成速度がカルボキシル化システム機能の速度増加によるものであるとすると，それは単に暗反応システムを飽和するのに十分な $NADPH_2$ と ATP を産生するためにより多くの光が必要となることを意味する．

要するに，沿岸域や内陸水では，水温が光合成能に影響を及ぼすことで，光合成の主要制限因子となっているということは疑う余地がない．簡単にいうと，光合成の至適条件より温度が低く光が弱い水域では，単位体積当たりの光合成は有光層下部では光によって，有光層上部では温度によって，そして全体としては CO_2 によって制限されているといえるかもしれない．浅い場所では十分な光が底まで透過し，温度（CO_2 はともかく）が全体の光合成を支配する主要因となりうる．強い光の透過があるカナダのオンタリオ州の多くの湖において，Dale（1986）は，大型藻類が繁茂する水深は温度によって制限されていると結論した．アメリカ，ノースカロライナ州のボーフォート海峡－平均水深 1 m の浅いエスチュアリーにおいて，Williams &

Murdoch (1966) は，日射とは関係がなく，水温の周期に追従して起こる植物プランクトンの一次生産の顕著な季節変動を観察した．彼らは，そのような水温変化が駆動する海産植物プランクトンの生産力の年間周期は，温帯域における浅い湾の特徴であると指摘している．

3）間接的要因

光以外に，植物のバイオマスに影響を与える光合成総量（すなわち生態系における一次生産）に対して重要な影響を与える環境要因として CO_2 と温度がある．ここでの我々の関心は光合成に直接影響を与える要因にあるので，これらの間接的な要因については少しだけ触れるにとどめよう．

無機栄養塩－特に鍵となる要素であるリンや窒素の濃度－は，最も重要な間接的要因である．もし栄養塩濃度が低いと，たとえ植物プランクトンの単位バイオマス当たりの光合成速度が大きくても，それらはバイオマスを増やせないし，体積当たりあるいは面積当たりの光合成速度は低いままである．内陸水における農場からの排出や下水の流入，沿岸域における降雨の増加による河川水の流出，大陸西岸沖の季節的湧昇，海や湖における成層が崩れることによる下層からの新たな栄養塩の供給，などによって栄養塩レベルが上昇すると，植物プランクトン群集と総光合成量の両方とも増加する．

植物プランクトン群集がある必須栄養塩を使い果たせば，光合成によるバイオマスの増加は止まる．しかしながら窒素の枯渇の場合，あるフィラメント状のラン藻類では分子状窒素を固定する能力をもっているため，その成長は妨げられない．この能力は，陸水では *Anabaena* や *Aphanizomenon* のような，よくブルームを形成する種類に見られる．海洋では，全ピコプランクトンの大半を占める単細胞のシアノバクテリア *Synechococcus* は窒素を固定できないが[976]，熱帯の海洋水中でしばしば群集の大半を占めるフィラメント状のシアノバクテリア *Trichodesmium* は窒素を固定できる．Carpenter & Romans (1991) は，北大西洋熱帯域では *Trichodesmium* が最も重要な一次生産者であり，その窒素固定量は 30 mg N m^{-2} d^{-1} あり，この値は温度躍層下からの硝酸塩の上向きフラックスを上回るものであると述べた．

シリカでできた外部骨格（殻）をもつ珪藻類にとって，ケイ素は必須成分である．ケイ素の枯渇は淡水中で珪藻類のブルームを終わらせるが[750]，生産性の高い沿岸湧昇域をのぞいて，海洋では一般的に珪藻類の増殖の制限要素ではないようである[748]．

バイオマスを制限することによって，ひいては植物プランクトンの光合成総量を制限する他の主な環境要因は，水中の動物による摂食である．植物プランクトンの春季ブルームに続いて，植物プランクトン細胞を摂食する動物プランクトンのブルームが起こる．動物プランクトンによる摂食は植物プランクトン群集に大きな影響を与え，時にブルーム後の植物プランクトン数の減少の原因であるということは歴然とした事

実である．しかしながら，その関係は複雑で，植物プランクトン群集の変動が動物プランクトンの摂食によって常に簡単に説明できるわけではない．このことは内陸水については Hutchinson（1967）と Reynolds（1984）によって，海洋については Raymont（1980）と Frost（1980）によって詳細に論じられている．ペルー沖の湧昇によって引き起こされるような植物プランクトンの大規模な群集の場合は，アンチョビーのような植食魚類によって直接摂食されることもある[777]．

貝類のようなろ過摂食性の底生動物もまた，浅い沿岸域やエスチュアリーにおいては，植物プランクトン群集に対してかなりの摂食圧をもつ．Asmus & Asmus（1991）は，ドイツの Wadden 海（北海の東部）の潮間帯のムール貝床（*Mytilus edulis*）が上げ潮と下げ潮の間に植物プランクトンのバイオマスを約37％減少させるということを認めた．しかしながら，植物プランクトンの取り込みと平行して，ムール貝床からはアンモニアの形で窒素の実質的な放出があるので，貝類は植物プランクトンの現存量を減少させるとともに，植物プランクトンの一次生産を促進させている．つまり言い方を変えると，ムール貝床は植物プランクトンの回転率を加速している，とこれらの筆者は提案している．

およそ世界のほとんどの海域は植物プランクトンバイオマスが主要な栄養塩の量によって制限されているようであるが，南大洋，太平洋の赤道域と，太平洋北東部では，表層水中にリン酸塩や硝酸塩が十分にある．この理由はまだよく分かっていない．主要な栄養塩が十分に存在するこれらの海域における植物プランクトンの増殖制限を説明する多くの仮説が提案されてきた．例えば，これらの水中においては植物プランクトンの増殖が鉄の欠乏によって制限されているという，Martin らの提案は注目される[596]．他の提案としては，特に太平洋赤道域においては，植物プランクトン現存量は動物プランクトンの摂食によって制御されているというものがある[169, 974]．南大洋の南極周極流において，Mitchell *et al.*（1991）は，強い風，弱い太陽放射（永続的な曇り），そして弱い成層と深い混合が植物プランクトンの増殖の光制限となり，利用可能な栄養塩のわずかな部分しか利用できないことになっていると論じた．南大洋に対する他の可能性は，植物プランクトンによる硝酸塩の取り込みにおける永続的な低温による抑制効果である[209]．「外洋の栄養塩豊富な海域において，何が植物プランクトンの生産を制御しているのか？」というこれらの議論や他の詳細な議論は，このタイトルで，Chisholm & Morel（1991）によって編集された Limnology and Oceanography の特集号で見られる．

植物プランクトン現存量に対する動物プランクトンの摂食の影響は，動物プランクトン自身がより大型の動物による捕食にどれだけ影響を受けているかによる．ミネソタのある池にプランクトン食性魚を投入したところ，植物プランクトンバイオマスは大きく増加した[575]．すでに生息していた藻類の増加に加えて，新たな種も出現した．

植物プランクトンの1グループである渦鞭毛藻に対する制限要因は，小規模な擾乱である．適度な風による水中の擾乱でも縦鞭毛が損失する場合がある．細胞の分裂と増殖もまた抑制される [59, 915]．擾乱の抑制効果は，なぜ渦鞭毛藻による赤潮が穏やかな天候でしか発生しないかを説明すると思われる．

　淡水域において，特に富栄養化した湖においては，寄生菌が植物プランクトン群集に感染し，細胞数を減少させ，ブルームを終了させる場合もある [108, 398, 750]．海水中においては，病原性のウイルスが珪藻類，クリプト藻類，プラシノ藻類そしてシアノバクテリアを含む広い植物プランクトン群に感染しているということが知られている [733, 891]．わずかな事実しか知られていないが，ウイルスによる殺藻は，海洋における植物プランクトン群集とその一次生産を制限するもう一つの重要な要因となりうる．

　植物プランクトンの増殖は，それ自体が底生植物相の一次生産を制限しうる．富栄養化した水中における，濃密な植物プランクトン群集による光の遮断は，底生大型藻類の成長を阻害しうる [446]．イギリスのNorfolk BroadsのPhillips, Eminson & Moss (1978) の研究では，水中の富栄養化の進行によって付着藻類と糸状藻類が葉を覆ってしまい，光が得られなくなって，濃密な植物プランクトン群が発生することもなく大型藻類が減少したことを報告している．付着藻類の繁茂は，西オーストラリアの富栄養化したCockburn入江における海草の減少でも見られている [127]．

　底生植物相の密度や光合成速度もまた，無脊椎動物や脊椎動物による摂食の影響を受ける．大型藻類の場合，淡水と海水の両方において，巻き貝や他の腹足動物は大型藻類の光合成組織を食べるだけでなく，付着藻類も食べる．海洋では，カサガイやウニが主要な無脊椎動物摂食者であり，一方，淡水では昆虫の幼生が主要な消費者である．淡水における中国のソウギョや，海草を摂食するブダイのような特殊な草食魚類は大型藻類を摂食する．ウミガメやジュゴン，アヒルやガチョウのような高等水生草食動物もまた，大型藻類を摂食する．内陸水では，無脊椎動物や魚類，鳥類による摂食は，大型藻類群集のバイオマスや光合成を制限する重要な要因である [987]．スコットランドのLeven湖で，水鳥の摂食から*Potamogeton filiformis*を守ることで，成長期にそのバイオマスは相当量増加した [446]．淡水大型藻類を摂食する動物は，Lodge (1991) によってまとめられている．浅海沿岸域では，ウニによる摂食はケルプや他の海草の生長を限定する主要な要因となり，ウミガメによる摂食は海草床に大きな影響を与える．生物の関係は複雑である．下干潮帯のある場所が褐藻で覆われるかどうか，また，その密度は，カニやロブスター，ラッコ（ウニを捕食する）などの動物の数によって決まり，これらの動物の数は，人間活動によって影響を受けている．

　イギリスのマン島のある場所での*Laminaria hyperborea*の最低密度は，1平方メートルに5個体という密度のウニ*Echinus esculentus*によって制限されていることが明らかとなった [448]．カナダのノバ・スコシアの研究において，Breen & Mann (1976)

は，ウニの主な捕食者であるロブスター *Homarus americanus* が14年間で50％近く減少していることを認めた．この期間の後半6年で，ウニ *Strongylocentrotus* はコンブ床の70％を破壊した．ウニの摂食をまぬがれた岩礁地帯は，すぐにコンブ類によって覆われた．同じように，カリフォルニア沖では，沖合のケルプ林での病気によるウニ群集の大量死は，4種の褐藻の急速な沖への拡大を引き起こした[689]．アリューシャン列島の考古学的発見において，Simenstad, Estes & Kenyon (1978) は，アリュート族がこの地域に入植し，ラッコを狩猟し始めたため，ラッコの数の減少がウニを爆発的に増加させ，その海域の多量のケルプ床の破壊が続いて起った，と結論した．アリューシャン列島での毛皮を狙った狩りは1911年に終わったので，ラッコと大量のケルプ床の両方とも回復した．フィジーでは，ジュゴンの絶滅とウミガメの減少が，海草が迷惑なほど繁茂する原因となっている[606]．

11・4 光合成の時間的変動

我々がこれまでに議論してきた「水圏で光合成がいつ行われるのか？」という問いに対する短い答えとしては，様々な制限がいつ，そしてどの程度起きるかということと関連している．したがって，光合成の時間変動を理解するためには，それらの制限要因が時間とともにどのように変化するかを知る必要がある．

まず毎日の変化では，当然，光合成は夜間には行われない．光合成は夜明けとともに始まり，夕暮れに終わる．水柱全体の総光合成量は，日中の太陽放射の変化におおよそ従う[350, 442, 901]．水面が静かな状況下では，光合成阻害により，単位体積当たりの光合成速度が減少する場合もある．また，渦鞭毛藻が優占している場所では，それらが光強度の低い下層へ移動することにより，日中でも表面近くで単位体積当たりの光合成率速度が低下する[920]．植物プランクトンや底生藻類の日中における最大光合成能（水域から得たサンプルを飽和光にさらした際の光合成）の変動について多くの報告がなされてきた（例えば，Sournia (1974)，Raymont (1980)，Harris (1980) による総説を参照）．このことについては後で論じる（12・6節）．

温帯や北極・南極圏では，水中の光合成量には明らかな季節変動が見られる．これにほぼ従う形で（これが主な要因であると思われるが），植物の生物量も季節変動する．海産植物プランクトンについての詳細な説明はRaymont (1980) が行っている．冬に植物プランクトンのバイオマスも光合成量もともに非常に低いのは，太陽放射の低下が一因ではあるが[776]，それ以上に温度と冬の季節風が起因して成層が崩れ，植物プランクトンが循環する混合層が純光合成を生む臨界深度を超えて深くなるためである（11・1節参照）．春には，日々の日照量増加の結果生じる表層の熱量の増加で温度成層が起こり，臨界深度以深での循環が妨げられ，これにPARの増加と水中での栄養塩の増加が伴って，クロロフィルで測定すると通常20倍程度の植物プランクト

—255—

ンバイオマスの大幅な増加を引き起こす．Riley（1942）はジョージスバンク（メイン湾）沖の幾つかの測点において，春季ブルームの期間（3月末〜4月中旬）は植物プランクトンの増加率が混合層深度にほぼ反比例することを見つけた．彼は，鉛直混合と春季の太陽放射の増加とのバランスが春季ブルームの開始を決定付けると結論した（同じく11・1節を参照）．風による鉛直混合がなかったり弱かったりすると，春季植物プランクトンブルームは温度成層が形成される以前に始まることもある[932]．

典型的には，春季ブルームに続いて夏季にはバイオマスと光合成の低下が起こる．これは，動物プランクトンによる摂食と，それに続いて動物プランクトンの糞粒が温度躍層以深に沈降することによって混合層内の栄養塩の消失が引き起こされることによる．秋には，温度の低下と風が強くなることにより，温度成層を間欠的に崩壊し，その結果，栄養塩が温度躍層の下から上がってくる．このように，中緯度と高緯度の外洋域と大陸棚域では，秋季に第二の植物プランクトンのブルームとそれに伴う光合成量の増加がある．そして，温度躍層の崩壊により成層が消えるため，臨界深度の下まで循環が起こり，生産力は冬の値にまで落ちる．図11・7は，北太平洋での年間を通した光合成速度の変動を表わしており，春の大きなピークと秋の小さなピークが見てとれる[508]．おおざっぱにいうと，緯度が高くなるほど増殖可能な期間が飛躍的に短くなっていき，春と秋の植物プランクトンピークは一つになってしまう．

上記の時間変動パターンは決して普遍ではない．つまり，場所的に大きく変わり得る．Kattegat（バルト海）においては，上層の低塩分（低密度）が年間を通じて成層を維持し，そのため太陽光強度が減少する冬に幾分減少する以外，生産は一年中維持される[874]．沿岸域は浅いので混合層深度はめったにあるいは決して臨界深度を超えることはなく，生産性も年間を通じて高い．一次生産の季節変動は，浅くて光制限がない場合には，温度の変動に従うようである[1000]．

サン・フランシスコ湾の濁りの多いエスチュアリーにおいて，Cloern（1991）は，毎年の春季の植物プランクトンブルームが季節的にエスチュアリーに負荷される淡水流入量の増加による密度成層と関連していることを認めた．より短い時間スケールでは，小潮（弱い潮汐エネルギー，弱い鉛直混合）で急速な植物プランクトンの増殖があり，大潮（強い潮汐エネルギー，強い鉛直混合）では群集が衰退する．

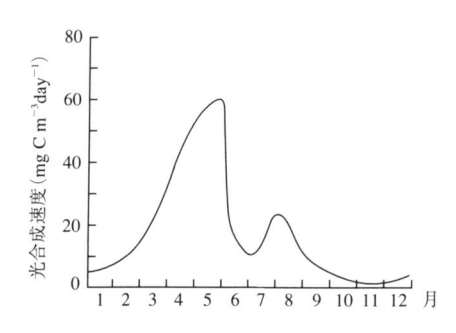

図11・7 北太平洋沿岸水における1年間の体積当たり光合成速度の変動（Koblents-Mishke, 1965による）．

水理学的に季節変動がない熱帯外洋域では，植物プランクトンバイオマスと光合成生産にはっきりした変動がない．アフリカ西海岸のように，季節的に深層から栄養塩豊富な湧昇がある海域では，それに伴い植物プランクトンと光合成生産の著しい増加がある．また，河川水流出の季節変動もまた，熱帯沿岸域の一次生産の季節変動を引き起こす．

中緯度や高緯度の内陸水では，バイオマスと光合成生産量に明瞭な季節変動が見られる．双方とも冬において放射照度（時に氷や雪が被うこともある）と温度の低下，そして深層では，臨界深度より深く植物プランクトンが循環するために低い．春には照度と温度の増加，さらには利用できる栄養塩量の増加と温度成層の形成により，植物プランクトンブルームと光合成の増加が起きる．他の季節の状況は複雑であり，かつかなり変動が大きい．生産は終始変わらず高いままかもしれないし，或いは動物プラ

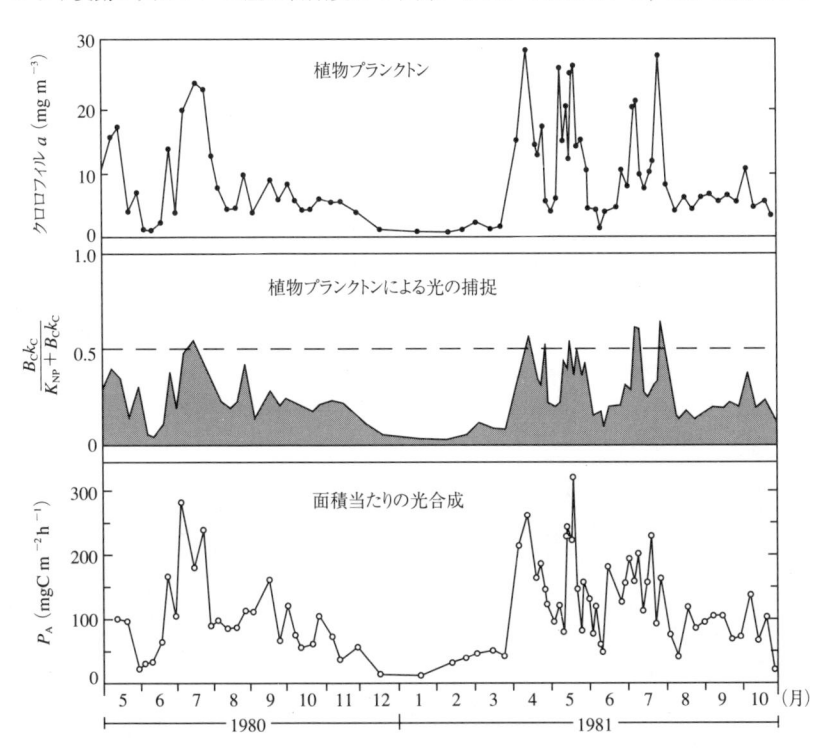

図11・8 植物プランクトンバイオマスと光合成生産の季節変動．中栄養湖 Constance 湖における Tilzer（1983）のデータを書き直したもの．真ん中の曲線は植物プランクトンが利用する入射光 PAR の割合．1日のうち正午を挟んだ4時間について平均した面積（積算）平均光合成速度．

ンクトンの摂食や，一時的な風による浅い温度躍層の崩壊で深層からの栄養塩の加入による栄養塩組成の変動，或いは水質が季節的に変化するために起こる種組成の変化（例えば，夏の終わりの高 pH 環境は珪藻よりもラン藻の方が好む）などがありうる．

春と秋のブルームは湖で観察されるが [398, 750]，この時間的変動パターンは貧栄養水域よりも富栄養水域でよく見られる [595]．図 11・8 は，中栄養型の Constance 湖（ドイツ，オーストリア，スイスにまたがる）における植物プランクトンバイオマスと日光合成量の 1 年半にわたる変動を示したものである．

ウガンダの George 湖のような幾つかの熱帯の湖では，一次生産も植物プランクトンバイオマスも季節変化がなく，年間を通じて高いままである [284]．一方，Chad 湖（チャド，アフリカ）の場合には，乾季と雨季が交互にあり，気温，日射そして水位には季節変化があり，それに伴った光合成の変動が見られる [548]．

定着性の底生植物は，植物プランクトンとは異なり，季節的な温度成層の形成と消失の影響を直接受けない．しかしながら，放射照度と気温の年周期に応答した光合成生産の季節変動が見られる．図 11・9 は 12 ヶ月を通してノバ・スコシア（カナダ）の沿岸水における，沿岸性褐藻 Laminaria longicruris（マコンブ）の純光合成速度（単位葉状体面積当たり）と，その藻が成長する海底（10 m 深）での日 PAR 値と温度を表している [358]．光合成速度は夏に最も高く，秋に低くなり，11〜12 月ではほぼゼロになる．そして冬の終わりから春にもう一つ山があり，初夏に急激に上昇する．光合成の時間変動は，放射照度の変動とおおよそ一致する．Hatcher, Chapman &

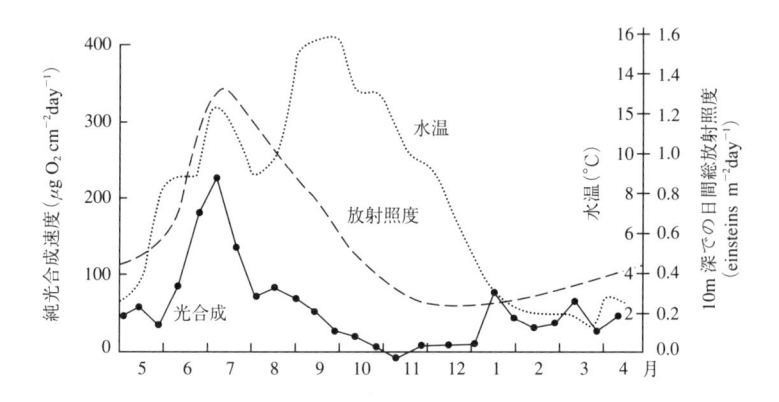

図 11・9 カナダ，ノバ・スコシア沿岸域（St Margaret's 湾）における 10 m 深でのケルプ Laminaria longicruris の光合成速度，日間放射照度（PAR），および水温の季節変化．Hatcher et al. (1977) のデータ．光合成の測定は現場で行ったもの．1 日の放射照度は Hatcher et al. のデータをスムースにしたもの．

Mann (1977) は重回帰分析によって, 日光合成量の変動の 61%が放射照度で説明できるとした. 温度の変動 (1.5〜13℃) は日光合成量の変動を十分に説明しなかった. 温度は光飽和光合成速度の観測値 (実験室に持ち帰り, 現場温度で測定) 変動の56%を説明したが, 多くの時間, 現場の植物の光合成は飽和状態にはない状況で行われているため, 飽和状態での光合成速度に対する温度の影響はなかった.

Kirkman & Reid (1979) は, オーストラリアの Hacking 港 (34°S) において, 浅いところ (低潮位から3 m までの深度) に生息する海草 *Posidonia australis* の研究を行った. 図 11·10 は 12ヶ月間の相対成長速度 (mg C g^{-1} day^{-1}, 光合成速度に密接に関係している) と, 水温の変動を示している. 成長速度は水温と強い相関関係にある ($r = 0.79$) のが見てとれる. メキシコ湾北部の浅い海草床においても, 優占種である *Thalassia testudinum* の季節的な成長サイクルは, 太陽照射よりも水温に対して密接な相関関係がある[578]. このように, 充分な放射照度がある浅い環境では, 光強度は飽和か飽和に近いので, 水温が制限要因になっている.

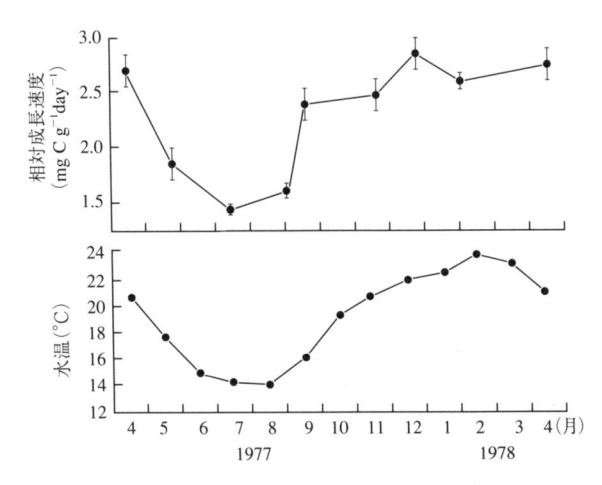

図11·10 オーストラリア, Port Hacking における海草 *Posidonia australis* の相対成長速度と表層水温の季節変化 (Kirkman & Reid, 1979, *Aquatic Botany*, 7, 173-183 の許可による).

Hanisak (1979) は, アメリカ合衆国の北東部沿岸域 (41°N) の浅海 (平均低潮線以深の平均 1.5〜2.3 m) で成長する緑藻 *Codium fragile* の成長パターンの研究を現場と研究室の両方で行った. 主な成長期 (重量の増加, つまり光合成と密接に関係する) は春の終わり (4〜5 月) から秋の初めにかけてであり, 最大速度は 7 月に見られた. 4月から 8, 9月にかけて, 日放射照度レベルは成長に必要な飽和量を上回っているので, 温度が主な制限要因であったが, 秋は温度が引き続き高いので, 光

レベルの減少が成長を制限した．

Puget Sound（アメリカ，ワシントン州）における，2年にわたる底生海草藻類群集の季節変化の研究で，Tom & Albright（1990）は，水温は植物現存量と全体的に相関があるが，太陽放射の変化は春のバイオマス増加の引き金となるとともに，秋の枯死と関係していることを認めた．光と温度のいずれも制限となっていない期間は，海中の硝酸塩レベルが成長の制限要因となった．

冬には，幾つかの沿岸域では，太陽高度が低くなるのと日が短くなることに加え，風によって堆積物が巻き上がることによる濁度の増加で，水中内で利用可能な光量は減少する．Banyuls-sur-Mer（西部地中海）では，K_d 値は夏に最小値の約 0.075 m^{-1} から冬の最大値約 0.19 m^{-1} に上昇し [982]，そしてヘルゴランド（北海）沖でも，水の透明度は他の月と比べて 10〜3 月に低い [574]．

これらのデータは，海産水生植物の一次生産は，深い所では年中光によって制限されているが，浅い所では冬に光制限となる高緯度を除いて通常は温度によって制限されており，一般的に，一次生産の時間変動はこれら2つの物理的なパラメータの季節的変動の関数であることを示している．加えて，水生植物の光合成（深い所以外で）はいつでもどこでも CO_2 によって制限されるが，季節に伴う変化はない．成長と光合成はまた，栄養塩，特に硝酸塩の量によって決まり，高緯度では冬に高く，春の植物プランクトンブルーム時に大幅に減少する．栄養塩は植物プランクトンにとっては重要な制限要因であるが，多くの水生植物にとってはそれほど重要ではない．例えば，根のある海草は，それらが成長している場所の堆積物から栄養塩を摂ることができる．夏に，海中の硝酸塩濃度が低くてもケルプ（褐藻類）は，冬に光合成を引き続き行うために炭水化物の蓄積を行う [358]．熱帯では，河川水の流出による水理学的な季節的変化があるのを除くと，植物の光合成の季節変動はほとんどないと思われる．

海産大型植物の光合成は内部からも外部からも影響を受けており，変化はよく分からない．King & Schramm（1976）は，バルト海における多くの緑藻，褐藻，紅藻類の研究の中で，例えば，光の補償点は一年の中で冬が最も低く，光飽和光合成速度（乾燥重量当たり）は幾つかの種（しかし全ての種で同様ではないが）で明らかに季節にしたがって変動していることを見つけた．しかしながら，彼らの測定法は，全ての場合において現場の水温（もちろん年間で変わる）について行われたので，季節的適応が温度変化に直接関係しているのか，あるいは他の要因が含まれているのか，結論を出せなかった．細胞生理学的変化による光合成の季節変化の例は，海草 *Posidonia oceanica* によって出されている．Drew（1978, 1979）はマルタ沖で成長するこの種の植物において，近くで成育している他の海草種 *Cymodocea nodosa* の光合成速度が高いままなのに，この種の光合成速度（葉の単位面積当たり）は明らかに春よりも夏に低下することを発見した．*Posidonia oceanica* の光合成の低下は

日照時間の変化による老化であると考えられた（葉に含まれるクロロフィル量は明らかに夏に減少した）．

淡水域では，温帯域における底生大型植物の一次生産の典型的パターンは，バイオマスの蓄積が冬には起きず，春に太陽照射と温度の上昇の結果増加し，初夏に最大値になる（1日当たり海底の単位面積当たりの g C あるいは乾重量），というものである．大型植物が優占する Gryde River（デンマーク）において，Kelly, Thyssen & Moeslund（1983）は全植物群集の日間一次生産量が年間を通じて，太陽光照射と密接な関係があることを見出した．多分，光飽和の結果，ある日の生産効率はその日の放射照度の増加に伴って低下するという明瞭な傾向があった．淡水産水生植物の光合成の季節的変化を決定する光と温度の相対的重要性はまだよく分かっていない．理論的には深度に大きく関係し，温度は浅いところで，光は深いところで重要であると考えてよいであろう．夏の終わりと秋には，バイオマスの蓄積は，病気や摂食によるダメージと高い温度など一般に植物の活性を低下させる幾つかの原因によって減少する[987]．植物プランクトンの活発な光合成による夏の終わりの pH 上昇はまた，幾つかの水生植物にとって有害である．大型植物は成長している場所の堆積物から栄養塩を取り込むことができるので，それらの生産性は海中のリンや硝酸塩のレベルの季節変動に左右されないようである．図 11・11 はカナダのある湖における大型植物混合群集の一次生産速度の季節変化を表している[571]．外部の変化と同様に内部の変化も光合成の季節変動に影響を与えているようである[986]．つまり，淡水大型植物の光合成能は典型的には冬に低く，春に高い．光合成能の変動は，光の飽和した浅い所で成長する植物の光合成速度に影響を与えるが，光飽和していない深い所の植物の成長には何ら影響を与えない．

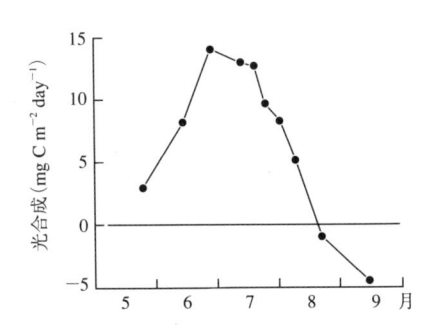

図 11・11　カナダ，West Blue 湖における混合大型海藻群集（*Chara vulgaris*, *Potamogeton richardsonii*, *Myriophyllum alterniflorum* が主体）の光合成速度の季節変化（Love & Robinson, 1977 による）．

11・5　単位面積当たりの光合成収量

水中の光合成がいつどこで起こるかという点で，他より非常に生産性が高い生態系があることに注目してきた．このような生産性の変動，特に光の役割についてさらに詳しく検討し，水圏生態系の一次生産速度について公表されているデータのいくつかについて考察することにしよう．

1）積分光合成速度

　異なる水域の植物プランクトン生産量の比較は，単位面積当たりの全植物プランクトン生産量，すなわち，表面積 1 m^2 の水柱について積分した面積光合成速度（P_A）で行うのが最良である．これは，先に見てきたように，ある場所での単位面積当たりの光合成の鉛直プロファイルを求め，有光層内で積分することで求まる．しかしながら，この作業は時間がかかり，海洋の広い範囲にわたる短時間での分布図を描くには向いていない．したがって，少ないデータまたは簡単な測定要素から積分光合成速度を評価する方法を見つけるための様々な試みが，長年多くなされてきた[249, 776, 898, 963]．最近では，地球上の炭素循環と温室効果における海洋の植物プランクトンの役割を理解する必要性とリモート・センシングによって得られる世界中の植物プランクトンの分布に関する豊富なデータが刺激となっている．

　ここで，積分生産速度の求め方として提案されている多くのアプローチの幾つかについて見てみよう．一つの有用な方法は，面積生産を（$B_c P_m / K_d$）の項で表してしまうやり方である．生産力が植物プランクトンの濃度や水柱内の植物プランクトンの光合成能と比例することは予想されることである．$1/K_d$ との比例は，水柱内の全光量が $1/K_d$ に比例することを思い起こせば難なく理解される（6・5 節参照）．

　最も初期の 2 つの計算法は，Ryther（1956）と Talling（1957b）らのものであり，両方とも鉛直方向に植物プランクトン群集が均一にあると想定するものであった．Ryther は，14 種の培養植物プランクトンで測定した光合成－光曲線に基づいて，海洋の植物プランクトン群集の平均光反応曲線（放射照度の関数としての，最大光合成速度に対する光合成速度の比）とした．この曲線を使い，Ryther は，日間積分光合成が日々の日射でどのように変化するかを表す無次元のパラメータ R_s を計算し，次式を得た．

$$P_A = R_s \frac{P_{sat}}{K_d} \qquad (11 \cdot 3)$$

ここで，P_{sat} は単位体積当たりの群集の光飽和光合成速度（mg C m^{-3} hr^{-1}）であり，K_d は PAR の下向き放射照度に対する鉛直消散係数である．P_{sat} は植物プランクトン濃度と最大比光合成速度の積で置き換えてもよい．

$$P_A = R_s \frac{B_c P_m}{K_d} \qquad (11 \cdot 4)$$

もし，最大比光合成速度または光合成指数 P_m（assimilation number：mg C mg chl a^{-1} hr^{-1}）が特定水域の植物プランクトンに対して想定され，K_d が植物プランクトン濃度（B_c）の関数として見積もられるなら，日間積分生産は日間日照量（Ryther 曲線では R_s として与えられる）と植物プランクトン濃度から簡単に見積もられる．Ryther & Yentsch（1957）は自身らの論文とデータから，3.7 mg C mg chl a^{-1} hr^{-1}

が光合成指数の適値であることを提唱し，式 11・4 を用いることで，現場の実測値ともよく一致することを報告した．しかしながら，Falkowski（1981）は 1957 年に得られたものよりはるかに多い海洋の生産量に関する情報により，光合成指数が栄養状態，温度，細胞サイズ，光に関する前歴などによって影響され，実際には 2~10 mg chl a^{-1} mg hr^{-1} の間で変化すると結論した．

Ryther（1956）が相対的な標準光曲線を採用することにより，海洋の植物プランクトンの光飽和が始まるところの値 E_k を想定したことは注目される．これとは対照的に，Talling（1957b）の面積生産量の計算法では，E_k は各測定で選択されるパラメータの一つとして含まれている．植物プランクトンの光合成が，Smith（1936）の式（式 10・1）にしたがって光強度とともに変化すること，PAR の放射照度が強光阻害を考えなければ深さとともに指数関数的に減少すること，に基づいて，Talling は深さの相関として単位体積当たりの光合成速度の標準曲線を算出した．曲線の下の面積を測定して，系の様々なパラメータと関連づけることにより，彼は次の関係がおおよそ適用できることを示した．

$$P_A = \frac{B_c P_m}{K_d} \ln\left[\frac{E_d(0)}{0.5 E_k}\right] \qquad (11\cdot 5)$$

ここで，$E_d(0)$ は水面直下の PAR の下向き放射照度である．Talling は，式 11・5 は広範囲の $E_d(0)/E_k$ 値で P_A の正確な値を与えるが，水面光強度が低いと（$E_d[0] < E_k$）大きくずれることを示した．単位面積当たり日光合成量を得るために，Talling は次の関係を見出した．

$$1\text{日当たりの面積光合成} = \frac{B_c P_m}{K_d}\left[0.9 N \ln\left(\frac{\overline{E_d(0)}}{0.5 E_k}\right)\right] \qquad (11\cdot 6)$$

ここで $\overline{E_d(0)}$ は日中の水面下の下向き放射照度の平均値であり，N は日長（時間），0.9 は経験的な補正係数である．カッコ内の式は Ryther の式 11・4 の R_s に相当する．Ryther の式とともに，Talling の式は，飽和の始まる値 E_k に適値を与えることで，日射量と植物プランクトン濃度から日間積分生産量を見積もるのに使える．Platt, Sathyendranath & Ravindran（1990）は数学的に精巧なやり方で，水柱内で鉛直的に均一な植物プランクトンによる日間積分光合成量の正確かつ複雑な解析解を得た．

概念的に，リモート・センシングデータから海洋の一次生産を見積もる最も簡単な方法の一つは，1 m^2 の水柱内の純積分日間光合成量であるパラメータ ψ を使うことであり，これは水柱の全植物プランクトンクロロフィル a 量（g chl a m^{-2}）をその日の水面 1 m^2 へ入射する PAR のアインシュタイン（モル光量子）（einstein m^{-2} day^{-1}）で割ったものである[239]．もし，世界中で ψ（単位 g C [g chl]$^{-1}$ [einstein m^{-2}]$^{-1}$）がだいたい同じならば，海洋の一次生産量は植物プランクトンのクロロフィルと水面

入射光強度のリモート・センシング値から見積もることができる.

これまでに報告された文献データに基づいて, Platt (1986) は, ψ がわずか 0.31～0.66 g C (g chl)$^{-1}$ (einstein m^{-2})$^{-1}$ 程度変化するだけである, という有望な結論に達した. しかし, 最近のデータでは, ψ はもっと変化することを示している. 例えば, Campbell & O'Reilly (1988) は海洋学的に多様な北西大西洋の大陸棚の広範な研究で, ψ が 0.1 から 10 の約 100 倍変化し, 更にその平均値は Platt のものよりかなり高い 1.47 g C (g chl)$^{-1}$ (einstein m^{-2})$^{-1}$ であることを見出した.

たとえ本来期待された「生物地球化学的定数」[637] でないとしても, ψ はやはり有用な統一概念であり, 実際になぜそのように変化するのかについての研究は有益である. Platt (1986) は鉛直的に均質な水では $\psi = \alpha / 4.6$ であることを示した. ここで α は植物プランクトン群集における光合成-光曲線 (10・1 節) の初期勾配である. Platt et al. (1992) は西部北大西洋の航海で, α 値が時間と場所で 12 倍ほど変化することを見つけた. 春季ブルーム中の同一水域の測定で, 硝酸塩レベルの減少とともに α も明らかに減少した.

リモート・センシングデータから計算される積分一次生産の地球規模的な分布の精度を上げる方法が, 多くのセンターで精力的に研究されている. 見積もりに必要なパラメータは何かを議論するために, 積分生産が次のような式で表されることを思い出す必要があろう.

$$P_A = \frac{B_c P_m}{K_d} f[E_d(0, +)] \qquad (11 \cdot 7)$$

ここで $f[E_d(0, +)]$ は水面入射光強度のある関数である. B_c 値はリモート・センシングで得られるが, 表層にしか適用できない. 海洋において, 植物プランクトン濃度は深さとともに大きく変化する. Morel & Berthon (1989) は, 光学的深度の相関としてのクロロフィルのプロファイルは, 富栄養域でのほぼ均一なものから貧栄養域での深層クロロフィル極大をもったものまで, 系統的に変わることを示した. したがって, その水域の栄養レベルが表層のクロロフィル濃度から明らかにされれば, もっともらしい鉛直プロファイルが得られる. 代わりに, 有光層内の全クロロフィル量は, 経験的に導かれた関係を使って, 表層のクロロフィルから得てもよい [638, 829]. Balch, Eppley & Abbott (1989) は蓄積されたデータを基に, 相対的クロロフィル濃度と光学的深度の 2 つの標準的プロファイル (沿岸域と沖合域) を用いた.

植物プランクトンクロロフィルが見積もられれば, 経験的関係を用いておよその K_d (PAR) 値を決定できる [39]. しかし, 非常に包括的な Morel (1991) の計算法の場合, クロロフィル値は標準の植物プランクトン吸収スペクトルにおいて, 400～700 nm の間隔で 5 nm づつの周波帯の実際の吸収係数を与えるために使われる.

日間水面入射光強度 $E_d(0, +)$ は日時, 緯度, 大気の状態で決定される. 放射照度

のはじめの2つに対する依存性はすぐに計算できるが，3つ目は非常に多くの変化を与える原因，特に雲に覆われること，の影響がある．Kuring et al. (1990)は，リモート・センシング画像から雲の覆う割合を見積もり，これらの値から海面放射照度を得る手順を開発した．

今，P_m値を見つける問題が残っており，海洋生産力のリモート・センシングの主な不確かさがここにある．これまで見てきたように，植物プランクトン群集の光合成特性が時と場所でかなり変化し，その理由がいまだによく分かっていない．変化の原因の一つが温度である．光飽和最大光合成速度P_mは温度とともに増加する（図11・6）．Balch, Abbott & Eppley (1989)は，南カリフォルニア入江のデータを使い，表面水温の関数として，水温に対するP_mの依存性を表す経験式と，混合層深度の経験式，その下層の温度勾配率を得た．彼らのPTL（色素，温度，光）法は，クロロフィル計算値とP_mの鉛直プロファイルを取り込んで，有光層内の深度の相関として光合成を計算するものである[37, 38, 39]．Morel (1991)の計算法は，温度も取り入れている．この手法のように温度を取り込んだ計算法の意義としては，海面温度分布が得られるということである．

P_mは最大量子収量ϕ_mの直線相関であり（$P_m = \overline{a}_c E_k \phi_m$なので），$\phi_m$は硝酸塩のフラックスに強く関係していることが分かっている[151, 512]（10・3節参照）．先に示した西部北大西洋の春季ブルームにおいて，硝酸塩濃度の低下につれてαの低下が見られたのは，ϕ_mの低下によるものかもしれない（$\alpha = \overline{a}_c \phi_m$なので）．したがって，窒素利用度の違いによる$\phi_m$の変化は$P_m$の変化を説明するもう一つの可能性として残るが，不幸にも硝酸塩濃度あるいは硝酸塩躍層深度は，リモート・センシングで測定できない．P_mにおけるϕ_mの変動のもう一つの主要な原因は群集組成であり，それは，ある同じ場所でも季節的に異なり，沿岸域で水理学的に水塊が異なると測線に沿って変化しうる[64, 839]．

P_mはまた，植物プランクトンのクロロフィル比吸収係数$\overline{a}_c$と直線的な関係があり，これは栄養状態の違いで同じ植物プランクトン種で変化するだけでなく，すでに見たように，時間と場所で大きく変化する植物プランクトン群集の分類学的組成でも明らかに変化するであろう．

このように，P_mが海洋の場所によって大きく変化し，予想困難な量であることを覚悟せねばならない十分な理由がある．したがって，海洋の生産力の分布図を作成するよい方法は，海洋をいくつかの海域に分けることかもしれない．その海域の中でならば，適切な生理的パラメータの現実的な見積もりを行えるであろう[710]．

我々が議論してきた積分一次生産量は，全一次生産量である．生産される植物量の大部分（通常，ほとんど）は，摂食，菌・ウイルスの感染などの結果として有光層内で再利用され，その結果，微生物によって無機化されるが，動物プランクトンの糞

粒やブルームの終わりに凝集したり枯死したりした植物プランクトンの形で、ある割合は温度躍層を通して深層へと運ばれる。このような有光層からの有機物の下方フラックスは、しばしば「輸出生産」(export production) と呼ばれる。これは大気から深海への正味の炭素輸送であり、海洋の光合成が地球の炭素循環で重要である理由である。

バイオマスの下方輸送は、(大気中の CO_2 から絶えず補充される) 炭素だけでなく、必須無機栄養塩、特に窒素で行われ、もし、有光層の植物プランクトン生態系の生産性が維持されるならば、これらの栄養塩類は同量だけ戻されねばならない。事実、栄養塩は多くの経路で供給される。季節的または一時的な風による成層の破壊によって深層から、あるいは、大気や窒素固定によって、または河川からと様々である。そのような考えが、Dugdale & Goering (1967) の「新生産」の概念である。これは有光層内で再利用される栄養塩による一次生産に対して、有光層の外部からの栄養塩負荷による一次生産である。継続的な輸出生産は新生産の存在を明確に裏付けており、量的に両者は釣り合っている。Eppley & Peterson (1979) は、ある場所での全一次生産に対する新生産の比として f 比を定義し、場所によってこれが変化することを示した。f 比は全生産量が増加すると増加するが、ペルー湧昇域のような最も生産性の高い海域では約 0.5 に落ちつくとした。海洋生態系全体の f 比を彼らは 0.18～0.20 とした。

もし f 比の値が与えられるなら、リモート・センシングによる全一次生産量の見積もりにおいて、我々が討議した手法によって、新生産あるいは輸出生産についての間接的情報を提供するはずであり、地球規模の炭素循環における海洋の役割を理解するための潜在的価値は大きい。もし、ある海域の f 比に関するいくつかの情報がリモート・センシングで得られたなら有益であろう。Sathyendranath et al. (1991) は、硝酸塩濃度が温度と負の相関を示し、f 比が硝酸塩濃度と正の相関を示すという事実を利用した。彼らは、アメリカ、コッド岬の東のジョージスバンクの周りで、全一次生産量だけでなく f 比と新生産を見積もるために、CZCS による植物プランクトンの見積もり値と AVHRR の海表面温度測定値を併用した[7,9,0]。この方法はもちろん、硝酸塩濃度と温度について、多くの現場データの集積がある場所でしか利用できない。

2) 光合成収量の地理的変動

式 11・4 や 11・6、あるいは Platt et al. (1990) によって導かれたより複雑な式は、系内の重要なパラメータ、つまり濃度 (B_c) と植物プランクトンの光合成特性 (P_m, E_k) と水中での光の透過 (K_d) と入射照度 ($E_d(0)$, N) などに対して、1 日当たりの生態系の単位面積当たりの総植物プランクトン光合成を予測するものである。これらのパラメータすべてが、年間を通してだけでなく、深度や日射量、栄養塩濃度、温度、水の光学的性質、水柱の安定度などの系内の物理化学的パラメータを支配する平均値の相違によっても、年間を通して地理的に変化する。年間の光合成収量の地理的変化

は水域生態系の光合成により1年間に1 m^{2}当たりで固定される全炭素量で表される．海洋の様々な場所での植物プランクトンの一次生産のデータを表11・2に記載してある．海洋の様々な場所での生産力に関する詳しい論議は，Raymont (1980)，Cushig (1988) や Berger, Smetacek & Wefer (1989) が編集した"Productivity of the ocean；Present and past" というワークショップの報告に見られる．

表11・2 海洋の植物プランクトンの年間一次生産量．
(a) Platt & Subba Rao (1975)，(b) Sakshaug & Holm-Hansen (1984)，(c) Koblents-Mishke (1965)，(d) Walsh (1981)，(e) Sherman et al. (1988)，(f) Zijlstra (1988)，(g) Dragesund & Gjøsaeter (1988)，(h) Boynton, Kemp & Keefe (1982).

	光合成 (g C m^{-2}yr^{-1})		参考文献
	大陸棚	外洋	
海洋			
インド洋	259	84	a
大西洋	150	102	a
太平洋	190	55	a
南極海	25－130	16	b
北極海	50－250	25－55	b
太平洋			
熱帯外洋		28	c
熱帯／温帯移行域		49	c
温帯外洋		91	c
大陸棚，温帯	102		c
内湾，温帯・熱帯	237		c
ペルー湧昇域	1350－1570		d
沿岸域・エスチュアリー			
北東アメリカ沿岸	260－505		e
北海	100－300		f
バレンツ海	60－80		g
45のエスチュアリー	190		h

生産性の最も低い海域は熱帯地方の深海である．この海域では永久温度躍層があり，沈降した植物プランクトンと動物プランクトンの糞粒の無機化による栄養塩の回帰を大きく妨げている．温帯海域では，温度躍層が壊れる冬に，上層の栄養塩レベルは元に戻る．熱帯域の強い日射と温度が深層からの湧昇水の栄養塩と結びつくと，最大生産速度が達成される．ペルー沖湧昇域はおそらく最も生産性の高い海域である．植物プランクトンの生産性は，熱帯地方でも，深海より大陸棚上の浅海域や沿岸域で高い．潮汐混合や陸域から供給される栄養塩は重要な要因であると考えられる．岸に近いところでは，海底からの栄養塩の回帰と，植物プランクトンが深層（臨界深度以深）にまで循環しないことが，生産を高めるのに寄与している．

内陸水の場合，オーストラリアの塩水湖 Red Rock Tarn では年間生産量が 2,200 g

$C\ m^{-2}$ と報告されているが[338]，富栄養湖では通常 $75\sim700\ g\ C\ m^{-2}\ yr^{-1}$ であるのに対し，貧栄養湖では植物プランクトンの一次生産は $4\sim25\ g\ C\ m^{-2}\ yr^{-1}$ である[338, 767]．Hammer は，1980 年の IBP 報告の中で内陸水の膨大な生産力データの編集を行っている[544]．IBP 報告での世界中の湖についての Brylinsky の調査は，植物プランクトンの生産性が緯度と負の相関があることを示した．このことは，緯度が高くなるとともに年間太陽光放射量が減少することで合理的に説明できる．

12. 生態学的戦略

　水圏生態系における一次生産速度を制限する要因－光，栄養塩，二酸化炭素，温度－の中で最も大きな変化を示すのは光である．第6章で見たように，光合成に障害を与えるほどの強度から維持できないほどのレベルにまで放射照度は深さとともに減少し，光のスペクトル分布も著しく変化する．また，ある深さにおいても，水の光学的な性質により光の強度とスペクトルの特性が著しく変化することも見てきた．さらに，他の制限要因よりも広い範囲で光の利用度は時間とともに変化する．一日のなかでも，夜中から真昼，あるいは雲が太陽を遮ったり一年の中でも季節とともに変化する．
　この章では水生植物が，これらの光環境の変化に適応する方法について考察する．

12・1　光の質に伴う水生植物の分布
　第8, 9章で見たように，含有光合成色素の種類，つまりは吸収スペクトルの違いにより，水生植物の分類学上の区分が行われている．水圏環境において，光の強度とスペクトルの質が分かれば，水域のある場所で，卓越する特定の光をよく利用できる種と，他のそうでない種を推定することができる．このように，光合成色素の組成は，水生植物がどこで育つかということを決定する主要な要因である．
　沿岸の底生藻類の場合，異なる主要な海藻グループがランダムに混じり合うことはないということが分かっている．海底環境でいずれかのグループが完全に優占することはないが，ある場所では褐藻が，他では紅藻あるいは緑藻が優占するということがある．さらには，水深の勾配に沿って異なる藻類グループの割合が連続的に変化する様子がしばしば認められる．前世紀以来，海洋生物学では，藻類の分布を決定する最も重要な要因は，水深に伴う光環境の変化であるということが共通認識となっている．この理論は，補い合うというよりむしろ対立する2つの形をとってきた．Engelmann (1883) の補色適応理論によれば，海藻の分布を決定するのは，水深に伴って変化する光の色（スペクトル分布）である．すなわち，選択的吸収により卓越する色が変化するので，残存する光のスペクトル分布に最も適合する吸収帯をもった藻類が最も効率的に光合成を行い，その結果，優占するというものである．一方，Berthold (1882) と Oltmanns (1892) は，異なった藻類の分布を決定するのは，深さとともに変化する光の強度であるとしている．
　実際には光の色と強度は，深さとともに同時に変化し，植物は双方に適応しなけれ

ばならない．例えば，有光層下部付近で成育するどんな植物も，限られたスペクトル分布だけでなく，非常に低い放射照度も利用できなければならない．低い放射照度に対する一つの可能な適応の形は呼吸速度を低下させるというものであり，もう一つは，光合成色素全ての割合を変化させずに濃度を増加させることである．Harder（1923）は，色と強度の両方の適応があるのであって，2 つのことを切り離して考えることは難しいと述べた．にもかかわらず，藻類グループの分布の決定には色に対する適応が重要な役割を果たしているという説得力のありそうな証拠がある．

この証拠を調べる前に，系統発生的または個体発生的色彩適応の区別を明確にしておかなければならない[735]．系統発生的適応とは，系統発生の間，すなわち種の進化の間に起こるものであり，遺伝的に決定される違いである．水生植物の異なる分類グループ間の色素組成の特性は決まっているが，成長と発達，つまり個体発生の間に条件によっては吸収特性に対する影響により色素の割合は変化しうる．これが個体発生的色彩適応である．ここでは両方の色彩適合について考察しよう．

1）底生植物の系統発生的色彩適応の証拠

水深に伴う水生植物の色素の種類は，海中で著しく変化するが，淡水中では明確ではないので，ここでは海洋生態系について考えることにしよう．全ての海水中で海表面付近の全波長帯において光が十分ある状況から始めよう．その場合，その海域で異なる海藻グループが相対的によく繁茂するということについて示してくれるはずの色彩適応理論からは何も期待できない．例えば潮下帯上部に生息する生物の場合，波に対する影響や，時折大気にさらされることはかなり重要な要因であろう．

いかなる水においても全放射照度は深さとともに指数関数的に減衰するが，水深に伴うスペクトルの変化は水の吸収特性によって異なる．全ての水では，水自身による吸収によって赤色帯の放射照度は急激に減衰する．非常にきれいな無色の水では，青色帯での減衰が最も少なく，まず深さとともに青緑色が多くなり，最後には青色が卓越する（図6・4a）．黄色物質の多い水中では，赤色と同様に青色も著しい減衰があり，深くなるにつれ光は緑色に限定される（図6・4b）．それゆえ，違うタイプの水では，色彩適応に基づいて藻類分布にいくらかの違いが期待でき，実際にもそのような状況となっている．

3 種類の主要な真核藻類グループの深さ方向の分布は，それぞれのグループのバイオマスまたは種数によって表される．いずれの情報も興味あるものであるが，前者の方が多分，一次生産者の中で異なるグループのいずれが競争の中で成功しているかを考える上で直接的である．これに対して，種数はある深さで緑藻，褐藻，紅藻のいずれが成育するかという問題，あるいはある深さでそれらの藻類が見られるという遺伝的情報の尺度とみなせる．いずれのタイプも定量的分布データはかなり少なく，特にバイオマスについては残念ながらこれは非常に少ない．

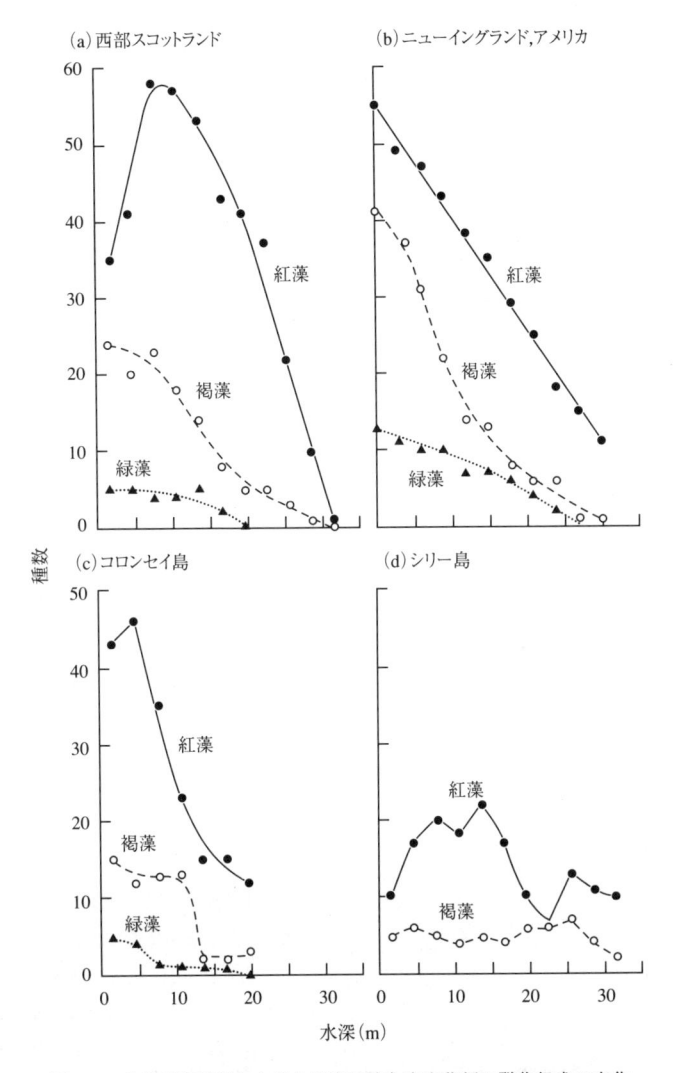

図12·1 北半球温帯域における深度に伴う底生藻類の群集組成の変化. (a) スコットランドの西 (Argyll と Ayrshire, 56-57°N). McAllister, Norton & Conway (1967) のデータによる. (b) ニューイングランド, USA (メインとニューハンプシャー, 42-43°N). Mathieson (1979) のデータからプロット. (c) Isle of Colonsay, Inner Hebrides, スコットランド (56°N), Norton et al. (1969) による. 曲線は紅藻 (●), 褐藻 (○), 緑藻 (▲) を示す.

まず，北半球の温帯域の水について考えてみよう．スウェーデンの西海岸（バルト海の入口），Levring (1959) は（定量的データは示していないが）緑藻の多くが潮間帯と潮下帯の上部，褐藻が主に潮間帯から潮下帯中層部（約15 m まで），そして紅藻が有光層全体とした潮下帯下部（15～30 m）では卓越することを報告した．他の北半球温帯域での分布は概してこれに似ているが，明瞭な帯状分布は見られない．図12・1 には，イギリス諸島の3 測点と北部，北アメリカの1 測点における3 種類の海藻グループの深度に伴う種数の変化を示す．緑藻と褐藻の種数は深度とともに減少した．数点においては紅藻の種数が最初，深さとともに増加したが，次第に減少した．全ての測点で緑藻の種類は他の2 つの藻類群より少なく，褐藻は紅藻より少なかった．緑藻が見られた3 測点では（緑藻はシリー諸島では全くないか，とるに足らないかである），それらは潮下帯の中層部以深まで分布したが，褐藻はより深部に，紅藻もさらに深部に分布した．全ての測点において，紅藻は潮下帯の最深部で優占した．Norton, Hiscock & Kitching (1977) は南東アイルランドの岬における海藻優占種のバイオマスの深度分布について測定した．彼らのデータを図12・2 にプロットしてある．緑藻は，この場所では明らかに量的に重要ではなかった．潮下帯のほとんどで水中バイオマスのほとんど全部を褐藻が占めていることがわかる．褐藻のバイオマスのほとんどは大きなケルプ *Laminaria hyperborea* から成り，6～10 m の間でピークとなり，急激に減少して，それ以深では18 m で実質上バイオマスはゼロとなる．18 m 以深では植物相は主に紅藻が比較的まばらに存在している．メイン湾（USA）における深層の岩の尖塔では，24 m（尖塔の頂上）～33 m までケルプ（主に *Laminaria* 属）が優占していることを Vadas & Steneck (1988) は観察した．葉状の紅藻がケルプ帯全体およびそれ以深まで広がっており，それらは37 m 水深で優占し，50 m では極大に達している．被覆性（crustose）紅藻は37 m 付近で重要な位置を占め，最下層では優占藻であり，多肉質の外皮は55 m ま

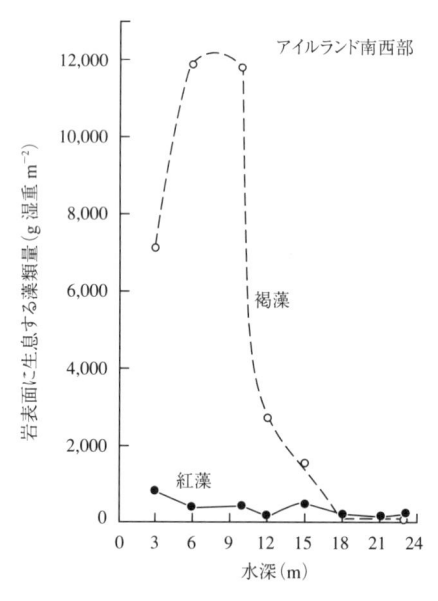

図12・2 北半球温帯域における褐藻と紅藻の面積当たりバイオマスの深度分布（Carrigathorna, Lough Ine, 南西アイルランド，51°N）．Norton, Hiscock & Kitching (1977) より．

で広がり，珊瑚質の外皮は 63 m まで広がっている．緑藻は石の尖塔には見当たらないようであった．

　北ヨーロッパ海域の水は十分高濃度のギルビンを含み，水中は緑色が卓越する[336, 422]．北東アメリカの沿岸水でも同様らしい．そのような水域での藻類による同化速度は，緑色（500～600 nm）でどれほど吸収があるかどうかに依存する．このスペクトル域で比較的低い吸収を示す緑藻は最も不利で，海藻群集に対する種数とバイオマスの両方においてわずかな寄与しかしていないことの説明となっている．そして緑藻が最も浅いところにしか生息していないことの証拠でもある．褐藻はフコキサンチンの存在によって 500～560 nm 域でかなりの吸収を示し，潮下帯有光層で最も多い．有光層下部ではスペクトル分布はかなり狭くなっており，緑色域に吸収のあるビリンタンパク色素をもつ紅藻が利用可能な光りに対して有利であり，優占するようになる．

　ここで，着色のほとんどない沿岸水域に見られる全く異なる藻類分布について考えてみよう．Taylor（1959）は，カリブ海では紅藻，褐藻，緑藻の全てが浅海に出現するが，3 グループとも水深とともに種数が著しく減少することを観察した（図 12・3）．ただし，この減少は緑藻で最も少なく，潮下帯の下層 75％では緑藻が紅藻と褐藻のいずれよりも多かった．同様の分布は太平洋でも観測されている．ハワイ沿岸では，緑藻種が数では全体的に少ないけれども，紅藻種と同じ位深くまで分布し，褐藻より深くまで分布した[194]．エニウェトク環礁で，Gilmartin（1960）は，緑藻と紅藻種数は 65 m 深まで同等であったが（双方とも褐藻の種数を大幅に上回る），緑藻は（目視観測に基づくと）全ての測点で放射照度が海表面の 2～4％の深度まではバイオマスの点で優占していることを観察している．

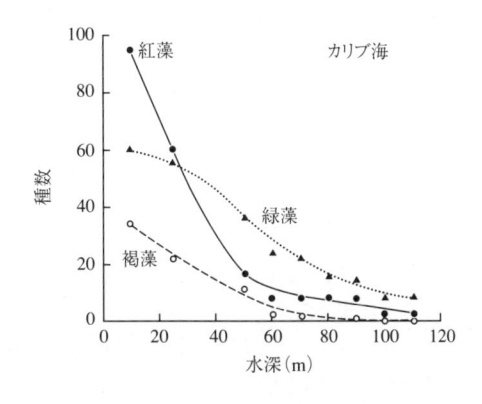

図12・3　熱帯海域における底生藻類の群集組成の変化．Taylor（1959）のデータより．

　地中海の海藻分布にもいくぶん同様な特徴が見られる．コルシカ島の岬で，Molinier（1960）は緑藻が 80 m まで分布し，それ以深ではとって変わられていることを見出している．マルタ島沖の鉛直にそそり立った岩の表面における藻類バイオマスの深度分布についての非常に貴重な定量的研究が Larkum, Drew & Crossett（1967）によって行われた．彼らは 3 つの分類グループの崖面における単位面積当たりの海藻バイオマス乾重量を深度別に測った．その結果を図 12・4 に示してある．10 m までは褐藻が優占するが，

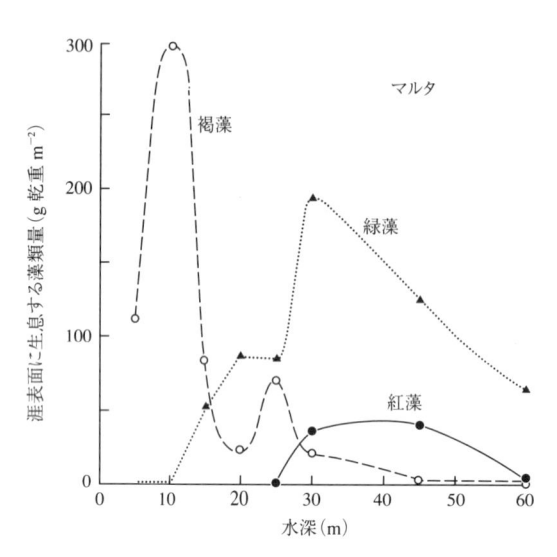

図12・4 地中海(マルタ,36°N)における緑藻,褐藻,紅藻の深度分布の変化(Crossett, Drew & Larkum, 1965のデータからプロット).

バイオマス全体に対する寄与はそれ以深で著しく低下する.緑藻は約15 mで顕著となり,20〜60 m(観測された最深層)では主要構成群であった.紅藻は30 m深でのみ顕著で,45 m以下では絶対量としても減少した.

Littler et al. (1985, 1986) は,潜水艦を用いて,サンサルバトル島(バハマ)の北6.5 kmにある海面下およそ80 mで頂上が約1 km² 程の平坦になっているサンサルバトル海山上での海藻の深度分布の詳細な調査を行った.海堆や海山の頂上および側面は90 m深まで,緑藻,褐藻,紅藻がさまざま存在し,主に褐藻 Lobophora variegata が優占していた.90 m深から約130 mまでは,緑藻と紅藻が存在するが,緑藻が優占し,石灰質の Halimeda 4 種,中でも H. copiosa から成っていた.130〜189 mまでは群集は被覆性紅藻 Peyssonelia が優占したが,2つの葉状体をもつ緑藻も豊富であった(少なくとも157 m以浅では).189〜268 mでは優占種は被覆性サンゴ質紅藻であるが,210 m以浅では緑藻 Ostreobium がわずかに現れた.

これらのさまざまな研究から,無色とわずかに黄色の沿岸水との最も大きな違いは,海藻分布に関する限りでは,前者で緑藻が大きく繁茂していることである.このことは,まさに色彩適応の理論から期待されることである.すでに見てきたように,そのような水塊における水中の光環境は緑藻がそのほとんどを利用する青色波長が多くなる.最深部を除き,青色光と同様に緑色光が高い比率で存在する.緑藻の数種はシフォナキサンチンというカロチノイドを含むことにより(生体内でタンパクと結合している時には500〜550 nm 域の吸収)緑色光の吸収能力を高めている.Yokohama et al. (1977) と Yokohama (1981) は,日本近海の緑藻の調査において,3目(Ulvales, Cladophorales, Siphonocladales)で,シフォナキサンチンが深層の種では含まれるが,浅いところで成長した種では欠けていることを見つけた.これは色彩適応のもっ

ともらしい例である．他のある種（Codiales, Derbesiales, Caulerpales）ではシフォナキサンチンは全ての種で存在し，浅いところのものでも含有している．後者において，Yokohama はシフォナキサンチンの存在は深層の先祖種からの進化上の名残であるかもしれないと述べている．O'Kelly (1982) は，海産の Chaetophoraceae（緑藻）14 種の中でルテイン（高等植物と緑藻に最も多いキサントフィル）を含みシフォナキサンチンのないもの 5 種，シフォナキサンチンがあってルテインがないもの 4 種，そしてどちらもあるものの 5 種を見つけた．ルテインのみもつ種は潮間帯の中層から上層でのみ見られ，シフォナキサンチンのみをもつものは潮下帯に限定され，それらの両方の色素をもつものはちょうど中間で広く分布した．

　色彩適応理論を支持する直接的な実験的証拠が Lerving (1966, 1968) によって得られている．彼はスウェーデン沖とノースカロライナ沿岸の濁った沿岸海域（緑色が最も透過），およびガルフストリームのきれいな外洋水（青が最も透過）において，各層から得た緑藻，褐藻，紅藻の懸濁サンプルの光合成速度を測定した．深度に伴って変化する光合成と放射照度を比較するため，放射照度の鉛直消散係数と光合成速度の鉛直消散係数の比であるパラメータ q を用いた．もし深さの増加に伴う光のスペクトル分布に対して特定のタイプの藻類が適応していないならば，q は 1 より大きいであろう（すなわち光合成が放射照度より早く低下する）．もし海藻がある深度のスペクトル分布によく対応していれば，q は 1 より小さいであろう．10 m 以深では緑藻の q は濁って着色した水では 1.2～1.3 であり，無色の水では約 0.8 である．このことはそれらが無色の水の深層環境に光合成が適応していることを示している．紅藻の場合，q は濁って着色した水では約 0.8 であり，深さに伴って適応に変化があることを示しており，無色の水では約 1.0 で，深さに伴う適応の変化がほとんどないことを示している．

　植物プランクトンの場合にも，かなりそれらしい系統発生的な色彩適応の証拠がいくつかある[679, 820]．成層した貧栄養の青い外洋水では緑藻と原核緑藻の存在を示すクロロフィル b が，有光層の底近くの青緑色が卓越する深度に集中している．表層付近の硝酸塩の豊富な水では珪藻が優占する．それらの主要な補助色素であるフコキサンチンは有効に緑色光を捕捉するが，これが浅い水深に豊富に存在する．Pick (1991) は，光学的にも栄養レベルにおいても様々な 38 の湖において，ピコシアノバクテリアの異なる色素型の分布について研究した．あるシアノバクテリアピコプランクトン株はフィコシアニンとアロフィコシアニン・ビリンタンパク色素をもち，それぞれ約 620 と 650 nm に吸収のピークをもつが，フィコエリスリンを含む別の株では 550 nm の緑における吸収を示す．Pick は，これらの湖の中で光の減衰が増すにつれ，水中では緑から赤へのスペクトル分布の移行に付随して，フィコエリスリンを含むピコシアノバクテリアの割合が著しく減少する傾向があることを見出した．

2）色彩適応に反する証拠

上で述べた水の光学的タイプと藻類の分布との関係に基づくと，青色光を最もよく透過させるいかなる透明な沿岸水でも，潮下帯の中層から下層では緑藻が確実に優占し，藻類バイオマスの構成要素中でも多分優占することが予想される．Great Australian Bight や Gulf of St. Vincent の南オーストラリア沿岸を洗う海水は，透明な色のないタイプである．この地域は乾燥しており，流れ込む川はわずかしかない．したがって，上で述べたカリブ海，中部太平洋や地中海に似た底生藻類の深度分布が予想される．実際には，Shepherd & Womersley（1970, 1971, 1976）や Shepherd & Sprigg（1976）らが行った一連の研究では，そうではないということが明らかになっている．分布は潮下帯中層で大型褐藻種が優占し，下層では濃密な紅藻で覆われている北ヨーロッパ沿岸で見られるものと似ている．穏やかな海では褐藻が潮下帯上層でも優占しているのに対して，荒れた海ではそれらは多分波に対する抵抗力があるサンゴ質の短い芝状の紅藻 Corallina に置き換わる[1003]．バイオマスの点では，緑藻類はすべての深度で藻類群集内では一般に少数派である．しかしながら，海水が非常に清澄で透明な（外洋水タイプⅠA）1 点（Great Australian Bight の Pearson 島）では，緑藻（主に Caulerpa sp.）が 20〜35 m の藻類群集内で大きな割合を構成していた（図12・5）．けれども，ここでも水中植物相で緑藻が支配的であったマルタやエニウェトク環礁ほどではなかった．これらの水域で緑藻が少ないことについて，光学的説明では無理がある．

藻類の地理的分布の主要な決定要因として知られている水温が一つの可能性としてあげられる．Lüning（1990）の「海藻－その環境，生物地理および生態生理」という本によると，「…世界中の海藻の分布様式は主に温度勾配によって決定されている．高緯度になる

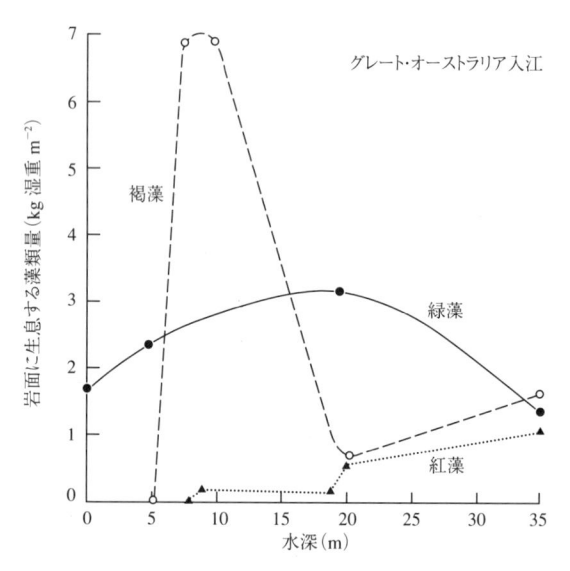

図12・5 清澄で無色な南半球の温帯域（南緯 34 度，Great Australian Bight の Pearson 島）における，岩に付着した緑藻，褐藻，紅藻それぞれの深度ごとのバイオマスの変化．Shepherd & Womersley（1971）のデータよりプロット．

ほど地質学的な地球の冷却と加熱のサイクルを反映するように，進化の上で獲得した巧妙な温度要求性が藻類の種を分化させている」．

南オーストラリアの海水は比較的冷たく，夏場の表面で 18～20℃になる．Larkumらによって調べられたマルタでの海表面水温は約 27℃であった[166]．つまり，主に熱帯を起源とするシフォナキサンチンを含む緑藻は褐藻や紅藻よりもその成長により高い温度を必要とするのかもしれない．

色彩適応に対する我々の考えを，これまで，色素の吸収バンドが，ある深さで優占する光の波長帯に含まれるのかどうかという質的な点について述べてきた．Dring (1981) は，様々な光学タイプの水中で，藻類の違いにより深さによって単位放射照度当たりの光合成量がどれくらいであるかを計算する理論の定量的テストを行った．個々の藻類について，藻類ごとに測定された光合成の作用スペクトルと，ある 1 つの水のタイプについて深度が増すごとに変化する一連の放射照度のスペクトル分布を Jerlov (1976) のスペクトル透過データを利用して計算した．結果として計算されたことは，利用可能な光のスペクトル分布に対して活性を示す色素組成がどの程度一致するかということである．つまり，色彩適応は，深度の増加に伴う光利用効率の増減や，別の藻類タイプと比較した場合の競合能力の大小の結果であるということである．この計算結果を，藻類の深度分布観察データと比較することで，理論的予測が観察と一致するかどうかの確認ができる．

実際にはさまざまな結果が混在する．いくつかの予測は観察とよく一致する．例えば，タイプ 3 と 9 の沿岸水（どちらも黄色で，青色光の減衰が大きい）については，計算予測では深度が増すにつれて *Ulva* sp. のような緑藻の光合成効率は低下し，ケルプ（褐藻）*Laminaria saccharina* ではあまり変化がなく，主にビリンタンパクのフィコエリスリンをもつ紅藻では上昇する．これは藻類が生息する最大深度が紅藻でもっとも深く，以下，褐藻，緑藻となる，北ヨーロッパ沿岸海域での藻類分布によく一致する．

一方，これらの計算や Larkum *et al*. (1967) の初期の研究では，深くまで光の届く無色の海水において，藻類の生息限界深度で，フィコエリスリンをもつ紅藻と同じかそれ以上に緑藻や薄い葉の褐藻が繁殖することを示している．我々は実際に，少なくとも温かい外洋域では緑藻が確かに深いところまで生息し，潮下帯のほぼ全体に渡って優占することを知っている．にもかかわらず，そのような海域の深層では，緑藻は紅藻にとって代わられる．これらの計算の問題点は，結果の妥当性が藻類への作用スペクトルの確度に大きく依存していることである．データは 1 回につき 1 つの波長で測定した作用スペクトルを用いた．前の章（10・3節）で見たように，そのような作用スペクトルは誤りである．なぜなら，それぞれの単独の光は，同じ強さで両方の光学系を励起することが不可能だからである．このやり方で生じる間違いは緑藻や褐

藻ではあまり問題ではないが，光化学系ⅠとⅡが異なった作用スペクトルをもつ紅藻の場合に大きな問題となり得る．もし紅藻の作用スペクトルを（光化学系Ⅱを働かせるように）緑色光を補助的に当てて測定したならば，青色領域において相対的にさらに高い活性が得られる[260]．紅藻の正しい作用スペクトルで再計算をすれば，外洋域の有光層下部における青緑色の光環境において青色光で増大した紅藻の活性が緑藻を凌駕するのに十分であるかもしれない．

色彩適応理論のもう一つの欠点は，緑藻，褐藻，紅藻であるに関わらず，ある特定の色素の組み合わせで葉状体の単位面積当たりの密度が増すと，すべての波長の光を吸収して藻類が真っ黒になってしまうという事実にある．クロロフィルによる緑色波長の吸収は，かなり弱いが皆無ではなく，クロロフィルが高密度になると意味をもつようになってくる．$60\,\mu\mathrm{g\,cm^{-2}}$ のクロロフィルを含む成熟した蔦の葉は，赤色光をほぼ100%吸収するだけでなく，緑色光（550 nm）を約70%吸収する[496]．Ramus et al.（1976）は，もし Codium fragile（緑藻）や Chondrus crispus（紅藻）のように，海藻が光学的に厚ければ，どんな色でも問題ではなく，紅藻は緑色に対してと同様，深いところで周囲の光を利用するように系統発生的にうまく適応しているにすぎないと結論付けている．光学的に厚い藻は，それらの色素の能力が確かに同じようにある場合には，だいたい同程度の光吸収能力（全波長で100%に近づく）を有する．しかし，心に留めておかなくてはならないことは，もし藻類が緑色光の豊富なところで光を吸収する場合，クロロフィルでは少ししか吸収できない波長に吸収のピークをもつフィコエリスリンのような色素に細胞が生化学的な順応を示すということである．クロロフィルのような緑色に高い吸収をもつタンパク質の代価（クロロフィルは色素タンパクのうちの1つであることを思い出せ）は，フィコエリスリンよりも高くなるであろう．3つの藻類グループそれぞれに，厚みのある深い着色の葉状体になるなどの戦略をとるものが存在することは事実で，このことはつまり，入射光の全波長のほとんどを吸収し，色彩適応をしていないというふうにもいえる．Ramus et al. が指摘するように，藻類がどのような組み合わせの色素を含んでいるかということは問題ではない．ほとんどの海産藻類では吸収は完璧ではなく，スペクトルの一部であり，現場のスペクトル特性にそれらのスペクトル吸収がどれくらい合致しているかということが，入射光の効率的な利用に大きく影響している．

3）系統発生的色彩適応の意義

これまで見てきたことから，色彩適応が3種類の海産藻類の深度分布に影響を与える主要な要因であると結論できるが，この1つの要因だけでなく，ある場合には他の要因も重要となる．緑や青緑色の光が卓越する深度で成長する藻類は，そのようなスペクトル領域の吸収を強めるフィコキサンチン，シフォナサンチンのようなカロチノイド色素や R-フィコエリスリンのようなビリンタンパクをもつという事実は私の考

えには入っていない．藻類は海で進化してきた．このことは主に青緑色の光が卓越する光環境において進化してきたということである．光エネルギー捕集効率に吸収スペクトルが大きく関係しているのなら，進化してきた色素のタイプが，卓越する光のスペクトル特性に影響されないとか，関係していないということは信じ難い．特化した藻類の色素系が，単に弱い光に適応しているだけである，という議論は私には受け入れられない．藻類が制限となるくらいの弱い光レベルに適応しているということは疑問のないところであるが，もし弱光がスペクトル的に不均一な分布をしているとすれば，薄暗い光をよく利用するための吸収バンドをもつ色素を作ることは，細胞資源の有効利用という点で優れている．単位面積当たりの色素濃度が十分あれば，表層に生息する緑藻に見られる緑色色素が，あらゆる深度においても必要とする光を獲得することは原理的に可能である．藻類がその機能をほとんどもってないという事実は，弱光に適応することが生化学的に高価であることを示している．しかし，実際に存在する光のスペクトル域を利用するように色素が進化したことは，弱光に適応したということではなく，特定の波長の弱光に適応していることを示している．

このように，有光層下部での紅藻の優占は，明らかにフィコエリスリンをもっていることによる．つまり，それらの深さで卓越する青緑色の光を最も効率よく捕集する方法（投資した単位タンパク当たりに集める光量子量という点で）であるからである．シフォナキサンチンを欠く緑藻が深層まで分布を拡大できなかったのは，深層水中の光環境において吸収能力が低かった結果であると考えられる．シフォナキサンチンを含む緑藻や，500〜550 nm に強い吸収能力を有すると思われる褐藻は特化したカロチノイドによるものと思われる．

色彩適応はもちろん完全な理論ではない．我々は表面付近における様々な藻類の相対的成功の理由は何もないことに早くから気づいていた．表層に生息するシノフォナキサンチンをもたない緑藻は色彩適応の例ではないが，それらが深くまで分布しないことは，そのような例といえる．南オーストラリアの波の荒い場所の表面近くで優占する石灰質の紅藻は，波に抵抗するすべを有するとともに，その色素構成は変化させていない．南オーストラリアの Pearson 島の清澄な海域の深度 20〜35 m での緑藻の顕著な存在を（図12・5），我々は色彩適応と考えるかもしれないが，光学的に同じような地中海や中部太平洋水に比べて全体的に適応性が低かったことは，藻類の深度分布を決定する要因としてはもっと別の，例えば温度などが影響していることを示している．深層の紅藻が繁茂する場所での肉質の大型紅藻から被覆性石灰質紅藻への移行[805]は，色素の違いによる説明からは明らかではない．そのように利用できる光が非常に少ない深層では，生産速度は非常に小さく，摂食や呼吸による損失が非常に大きい．被覆性石灰質紅藻は肉質の紅藻より摂食を受けにくく，小さい呼吸速度をもつかもしれない．清澄で無色な海水，例えば南オーストラリア St Vincent 湾[807] の 35 m

あるいは紅海[564]の50 mといった砂質底での大水深までの海草の卓越は，藻類よりも色彩適応をしているからではなく（とはいえ，そのような場所の青みがかった光への適応はあるはずである），不安定な基質で増えるための根と地下茎などの能力によるものである．

要するに，生化学的な色彩適応は水中の植物群の鉛直分布に関係する唯一の要因ではない．それでも分布を最終的に決定する要因の中では重要な要因の一つであるとみなすべきであろう．

12・2 個体発生的適応―光強度

光の特性（強度，またはスペクトル分布）の変化に対する植物種の光合成器官の適応は，細胞中の全色素量やさまざまな色素の割合，またはそれら両方の変化として現われる．

1) クロロフィルとその他の色素

単細胞，多細胞によらず，藻類では（いくつかの例外はあるが），成長する間に，光強度が低下すると（スペクトル分布の変化がなくとも），一般的に光合成色素含有量は増加する．普通，2～5 倍の増加が観察される．これまで広い藻類種にわたって，多くの研究が行われ，総説がRichardson, Beardall & Raven (1983) やFalkowski & LaRoche (1991) によって書かれている．この現象を表現するのに便利なパラメータは，細胞内炭素：クロロフィルa比である（C：chl a）．8 種の珪藻，2 種の緑藻，1 種のユーグレナ藻と2 種のシアノバクテリアについての文献データを解析して，Geider (1987) は，C：chl a は一定温度では光の増加に伴って，直線的に増加するが（すなわち，色素含量は減少），一定の光レベルでは，温度の上昇に伴い指数的に減少する（すなわち，色素は増加）と結論した．

成育時の光強度が低下すると，光合成補助色素も増加し，実際，クロロフィルaより多く増加するのが一般的である[202]．高等植物と緑藻では，クロロフィルa に対するクロロフィルb の比は，光強度の低下に伴って上昇する．たとえば，緑色鞭毛藻 *Dunaliella tertiolecta* では，成育時の放射照度が400 から20 μ einsteins m^{-2} s^{-1} に低下したとき，クロロフィルa 含量の2.6 倍の上昇と同時にa/b比は5.6 から2.3 に低下した[245]．海産渦鞭毛藻 *Glenodinium* では，成育中の光強度が30 から2.5 W m^{-2} に低下したとき，細胞当たりのクロロフィルa 含量は約80％まで急激に上昇したが，光捕捉色素であるペリディニン－クロロフィルa タンパクの細胞内濃度は7 倍上昇した[721]．クリプト藻 *Chroomonas*[248] と *Cryptomonas*[913]，シアノバクテリア *Anacystis*[956], *Oscillatoria*[264] と *Synechococcus*[455]，単細胞紅藻 *Porphyridium*[103, 192, 552] と大型紅藻 *Griffithsia*[965] の培養では，光強度の低下に伴い，クロロフィルa に対するビリンタンパク色素の比が約7 倍増加することが示されている．

現場においても同様の変化が観察されている．深度3〜4mで太陽光が十分に届く場所で成長している *Chondrus crispus* のクロロフィルに対するフィコエリスリンの比は，冬の間は高いままであったが，晩春から初夏には60%減少した．日陰の植物では，夏の間も比は高いままであった[752]．8月に付着珪藻の増殖によって陽性の植物が日陰になると，植物はフィコエリスリンの大部分を回復した．アドリア海の潮下帯の紅藻 *Gracilaria compressa* では，直接，光の照射を受けている葉状体の先端部分の色は黄緑で，0.065%（乾燥重量）のクロロフィルとわずかのフィコエリスリンを含んでいた．日陰になった基部は紫がかった赤で，0.085%のクロロフィルと0.82%のフィコエリスリンを含んでいた[125]．

成育時の光レベルが低下すると，クロロフィル a より補助色素が増加するという法則の明らかな例外はフコキサンチンである．褐藻の *Sphacelaria*, *Laminaria* と珪藻の *Nitzschia*, *Phaeodactylum* では，光強度の減少に対してフコキサンチンがクロロフィル a の増加より少ないことが観察された[107, 201, 813]．

太陽光の全放射強度は非常に強いので植物にとっては致命的になることもあり，強光阻害を引き起こすこと以外にも，いくつかの植物がクロロフィルや他の色素によって非常に高いエネルギーの透過を安全に扱うことができず，細胞成分の光酸化を引き起こすこともある．しかしながら，カロチノイドは，いろいろな方法で，そのような光酸化に対する保護効果を示す[150]．強い光強度に対する藻類のもう1つの適応反応は，われわれが論議してきた光合成の光捕集色素のレベルを減らすこととともに，光保護カロチノイドの細胞内濃度を増加させることである．塩性池に発生する高塩性の単細胞緑藻 *Dunaliella salina* は，十分な太陽光のもとで成長するときには非常に多くの光保護 β-カロチンを作るので，細胞が赤くなる．この余分な β-カロチンは光合成系には関係なく，実際のところ色フィルターとして作用し，青色光スペクトル領域の光合成活性を大きく低下させている[569]．

Paerl, Tucker & Bland (1983) はラン藻 *Microcystis aeruginosa* の表層ブルームにおいて，クロロフィルに対するカロチノイドの比が，夏の間は非常に大きい値になることを発見し，これが保護機能をもつカロチノイドに起因するものと考えた．最も濃度が高くなるカロチノイドはゼアキサンチンであったが，単純な光遮断のメカニズム以外で，植物において重要な光保護機能を行っているのは，現在，一般的にキサントフィルであると考えられている[143]．海産のシアノバクテリア *Synechococcus* で，Kana *et al.* (1988) は成育中の光強度が30から2,000 μ einsteins m^{-2} s^{-1} に変化したとき，細胞内の β-カロチンとクロロフィル a の含有量は数分の1に減少したが，ゼアキサンチンの濃度は同じままであることを見出した．これらの著者は，β-カロチンの場合では完全に光合成システムの一部であるのに対し，ゼアキサンチンは対照的に完全に光保護機能をもっているということを提唱した．

3）光合成単位

成育中の光強度が低下するときに起こる藻類の光合成色素含有量の増加は，光合成単位の数や平均の大きさ（吸収断面として），または，両方の増加（細胞当たり，または単位バイオマス当たり）による[243]．被子植物同様，藻類などほとんどの緑色の植物では，日陰へ適応する際のクロロフィル含量の増加は，主に光合成単位の数の増加に起因する．このことは，高等植物[75]や単細胞緑藻の *Scenedesmus obliquus*[256] や *Dunaliella tertiolecta*[245]，多細胞緑藻 *Ulva lactuca*[613] で示されてきた．*Chlorella pyrenoidosa* では，弱光へ適応する際にクロロフィルが5倍の増加を示し，これは主に光合成単位の数の増加によるものであったが，構成単位当たりのクロロフィル分子の数も50％増加した[652]．*Chlamydomonas reinhardtii* で，Neale & Melis (1986) は，成育中の光強度が変化するにつれて，光化学系Ⅰと光化学系Ⅱの反応中心の割合が実際に変化することを見つけた．低照度で成育した細胞の半分のクロロフィル含量しかない高照度で成育した細胞は，光化学系Ⅰの反応中心クロロフィルを半分以下しか含んでいなかったが，光化学系Ⅱの反応中心クロロフィルはほとんど同程度含んでいた．光化学系Ⅱ／光化学系Ⅰの比は，低照度の細胞の1から高照度の細胞の2以上に変化した．

珪藻の *Skeletonema costatum*[245] と *Chaetoceros danicus*[697] では，弱光へ適応する際の細胞内クロロフィルの増加は，主に光合成単位当たりのクロロフィル a 分子の数の増加に起因するようであり，黄金色植物の *Isochrysis galbana*[697] についても同様のようである．一方，珪藻の *Paeodactylum tricornutum* は，光合成単位を大きくするのではなく，細胞当たりの光合成単位の数を増やすことによって弱い光に適応している[268]．

海産の渦鞭毛藻 *Glenodinium* は，成育時の放射照度が1/12に減少した結果として起こったペリディニン－クロロフィル a の細胞内レベルでの増加（7倍）は[721]，特にクロロフィルのある程度の増加（80％）と比べると，光合成単位当たりのこれらの色素－タンパク分子の数のかなりの増加と関係しているようである．珊瑚に共生する渦鞭毛藻（zooxanthellae）の弱光への適応は，一見したところ，細胞当たりの光合成単位の数ではなく，サイズによる増加に起因しているようである[240, 242]．しかし，エスチュアリーの渦鞭毛藻 *Prorocentrum mariae-lebouriae* の弱光適応は，光合成単位のサイズと数の両方の増加に関係しているようである[155]．

単細胞紅藻 *Porphyridium cruentum* で，Levy & Gantt (1988) は，弱い光強度への順応においてはビリンタンパク含量の2倍以上の増加を伴うが，光合成単位の数やクロロフィル量の変化はほとんどないことを見出した．彼らは，光レベルの変化に対するこの藻類の適応が，ほとんど光化学系Ⅰへの影響はなく，光化学系Ⅱのアンテナサイズの変化に関係していると結論した．上で述べたアドリア海の *Gracilaria* のよ

うな場合では，大型紅藻の陰になることでフィコエリスリン含量の大きな増加をもたらし，これは光合成単位の平均光捕集能の上昇をもたらすに違いない．弱い光で培養したクリプト藻 Cryptomonas では，(強い光での培養と比較して) クロロフィル a と c のわずか2倍の増加に比べて，フィコエリスリンでは6倍の増加を示すことから，同じことがいえよう[913]．

シアノバクテリア Anacystis nidulans の弱光への適応では，$10\,\mu$ einsteins m^{-2} s^{-1} で増殖した細胞と $100\,\mu$ einsteins m^{-2} s^{-1} で増殖した細胞を比較すると，細胞当たりの光合成単位の数が倍増していたが，光合成単位当たりのクロロフィル分子の数の変化はなく，細胞当たりのフィコシアニン分子の数は3倍になった[956]．よくブルームを形成するシアノバクテリア Microcystis aeruginosa の培養では，弱光への適応は細胞当たりの光合成単位の数を2.5倍増加させたが，光合成単位当たりのクロロフィル分子の数はほとんど変化がなかった[743]．Raps et al. (1985) は弱光下 ($40\,\mu$ einsteins m^{-1}s^{-1}) の細胞は，強光下 ($270\,\mu$ einsteins m^{-1}s^{-1}) の細胞よりフィコビリゾームの濃度が2.6倍高いことを発見した．フィコビリゾームの構造と組成 (フィコシアニンとアロフィコシアニン) は，2段階の光強度で同じであった．これとは対照的に，海産 Synechococcus の株で，Kana & Glibert (1987a) は，成育時の放射照度の変化に伴って，フィコビリゾームの組成にかなりの変化が見られることを発見した．700 と $30\,\mu$ einsteins m^{-2}s^{-1} の間で，フィコエリスリン／フィコシアニン比は3から14に上昇した．これは主に光合成単位の平均吸収断面の増加を示すものである．この範囲でクロロフィル含量はわずか2倍の増加であったが，細胞のフィコエリスリン含量は20倍以上増加した．

4) 電子伝達とカルボキシラーゼの変化

弱光条件に適応できる高等植物の種では，弱光へ適応する際の色素の増加は光合成の電子伝達成分 (チトクローム，フェレドキシン，プラストキノン) の含量の増加を伴わない．単位重量当たり，これらのレベルはほぼ同じままか，多少減少するかもしれない[75, 997]．弱光に適応した植物では，葉の単位重量当たりのレベルは際立って低かった[607]．これらの変化は適応によるものであるといえる．すなわち，弱い光強度では植物は電子伝達とカルボキシル化を高速で行うことができないので，光合成単位の数と色素含量の増加とともに，カルボキシラーゼと電子伝達成分含量の増加または減少を同時にやめてしまうことによって，生合成の節約をすることになる．このように，弱光に適応した高等植物では，電子伝達のプールに色素群の比の増加が見られ，カルボキシラーゼに対する色素群の比はさらに大きく増加する．

いくつかの単細胞藻類においても，弱光への適応に伴う同様の変化が見られる．緑藻 Scenedesmus obliquus では，(強い光で生育した細胞と比較して，弱い光で生育した細胞では) g 湿重量当たりのクロロフィルの含量は64%増加したが，チトクロー

ム f 含有量は33％まで減少し，カルボキシラーゼ活性も低下した[256, 806]．弱光に適応している *Chlamydomonas reinhardtii* では，細胞内クロロフィル含量は2倍になったが，チトクローム f のレベルはほとんど同じままであった[656]．もう一種の緑藻 *Tetraedron minimum* では，放射照度が500から50 μ einsteins m^{-2}s^{-1} に低下することで細胞内クロロフィルと光合成単位の数を5倍に増加をさせたが，細胞当たりのRubiscoの量は同じままであった[255]．上記のいくつかのこととは一部対照的に，海産緑藻 *Dunaliella tertiolecta* では，弱光への適応に際して，クロロフィルと光合成単位の数に比例して細胞内のチトクローム f 濃度が7倍に増加したが，この場合，細胞当たりのRubisco含量はほとんど同じままであった[888]．連続培養で増殖させた海産珪藻 *Phaeodactylum tricornutum* では，光強度が12から0.5 kluxへの減少にともない，クロロフィルとカロチノイドの含量は約100％も急激に上昇したが，細胞当たりのRubisco活性は強い光で成長した細胞における値の25％以下まで低下した[50]．このように，弱い光のレベルに適応する方法を選んだ藻類では，カルボキシラーゼ合成の増加を伴わない（あるいは実際には減少），色素群（光合成単位）のサイズや数（あるいは両方）の増加が見られるようである．

5）強光－弱光適応の光合成への影響

これらの生化学的変化の生理的影響は，光強度に依存した光合成のふるまいの変化として表される．もし，単位クロロフィル当たりの光合成速度を放射照度の関数として測定する場合，いくつかの場合では，弱光または強光に適応した細胞や組織が示す速度は弱い放射照度下の時と同じであるが，弱い光に適応した植物ではすぐに光飽和に達する．図12・6に *S. obliquus* について示すように，強光に適応した植物の場合では，一般的に光飽和光合成速度を得るためにはより強い光強度が必要である．この緑藻の E_k 値は，弱光と強光に適応した細胞では，それぞれ約40と110 W mm^{-2} であった．強光へ適応する際の E_c の増加は，様々な藻類タイプで共通して観察された．

S. obliquus の場合では，おそらく，電子伝達成分とカルボキシラーゼの高い細胞内含量を反映し，強光に適応した細胞も単位細胞バイオマス（細胞体積）当たり高い光飽和光合成速度に達する．これはすべての種で観察されるわけではない．渦鞭毛藻の *Glenodinium* [721] や緑藻の *Chlamydomonas reinhardtii* [656] のように，強光に適応した状態では，mgクロロフィル当たり高い光飽和速度に達するが，単位細胞バイオマス当たりでは弱光に適応した状態とほぼ同じ光飽和速度である．この種ではカルボキシラーゼ含量は光適応の際に変化しないようである．

S. obliquus や他の藻類では，強光に適応したものと弱光に適応したものの両方が，弱い光強度において mgクロロフィル当たり同程度の光合成速度を有することが理解できた．P-E$_d$ 曲線は，光制限の領域では両方の細胞のタイプでほぼ同じ勾配をもつ．これは，そのような光強度では，電子伝達とカルボキシル化の容量が十分にあるから

である．光合成速度は光量子の捕捉率によって決まるので，色素の存在量によって決まるともいえる．厳密にいえば，弱い光のもとで両方のタイプの細胞で同じであると期待するのは，単位クロロフィル当たりよりむしろ単位吸収率当たりの光合成速度であり，クロロフィルに対する吸収率の比は変化しうる．光制限領域での $P\text{-}E_d$ 曲線の勾配 α は，$\bar{a}_c \phi_m$ に等しい．$\bar{a}_c$ は PAR に対する比吸収係数（mg クロロフィル当たり）で，ϕ_m は藻類細胞の最大光量子収量である（10・2 節）．弱光適応の際に ϕ_m が変化するということは考えられない．しかしながら，$\bar{a}_c$ は細胞のサイズと形と同様に，細胞内の色素濃度の関数であるということを前に示した（9・5 節）．細胞内に色素が蓄積すればするほど，それらの光捕集効率は下がり，$\bar{a}_c$ の値は低くなる．したがって，弱光適応の際に起こる色素含有量の増加は，（色素の存在比に変化はないと仮定すると）$\bar{a}_c$，ひいては α を幾分減少させるようである．実際，ある珪藻種では，弱光適応の際に，α のある程度の減少が観察されている[697]．弱光適応の際，クロロフィルに対する何か他の光捕集色素の比にかなりの増加があり，光吸収に比例してクロロフィルの寄与率が低下する藻類では，弱い放射照度では弱光適応した細胞の方が強い光強度で生育した細胞より単位クロロフィル当たりの光合成速度が高いと期待されるかもしれない．実際にそのような効果が，例えばシアノバクテリアや紅藻の種において，弱光適応の際にビリンタンパク／クロロフィル比が増加することから分かっている[263, 264, 743, 456, 552]．

低い放射照度で弱光適応した細胞は，強い光で成育した細胞と同程度の単位色素当たり光合成速度に達するが，単位細胞バイオマス当たり多くの色素を含んでいるので，結果として，これらの条件下では強い光で成育した細胞より単位バイオマス当たり大きい光合成速度をもつ．このことは，図 12・6 の *Scenedesmus obliquus* で分かる．色素

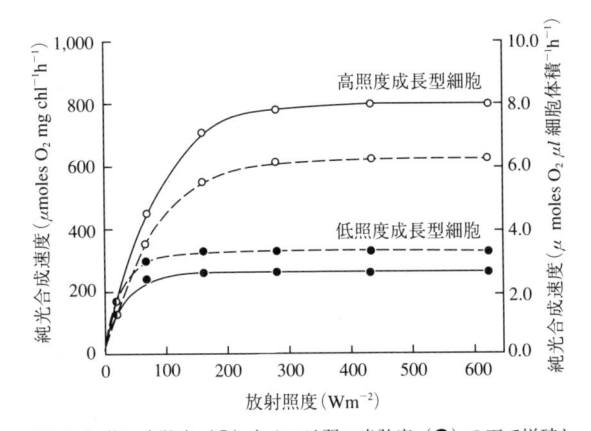

図 12・6 強い光強度（○）あるいは弱い光強度（●）の下で増殖した *Scenedesmus obliquus*（緑藻）細胞の光合成特性（$P\text{-}E_d$）比光合成速度は mg クロロフィル当たり（―），あるいは単位細胞バイオマス当たり（細胞の体積，- - -）で表してある．細胞は強い放射照度（28 W m^{-2}），または弱い放射照度（5 W m^{-2}）の下で連続培養し，それぞれ，細胞の容積 1 ml 当たり 7.8 および 12.8 mg のクロロフィルを含んでいた．Senger & Fleischhacker（1978）のデータからプロット．

含量の増加に伴って，この相違はさらに顕著になり，例えば *Chlorella vulgaris* の場合では特に大きい[874]．励起エネルギーの供給が制限要因のときには，低照度で成育した細胞の高い光捕集色素濃度は，強い光で成育した細胞より有利である．

6) 水生被子植物の弱光適応

これまで検討してきた適応的変化は，生化学的組成と光合成器官の機能についてである．他の個体発生的適応もあり，特に，多細胞の種では，光強度の変化にうまく対処している．高等植物では，水生，陸生とも弱光適応するため，クロロフィル含有量（乾燥重量％）を増加させるのと同時に，多くの光を得るために葉の面積を大きくしたり，葉を薄くしたりしている．比葉面積（葉の単位乾燥重量当たりの面積）の増加による単位面積当たりのクロロフィル含量は，弱光適応する際には単位重量当たりの含量の増加より少ないか同じ程度であり，時に減少する場合もある．ある淡水産被子植物では，クロロフィル含有量（g 湿重量当たり）は弱光ばかりでなく，成育する温度でも増加することがわかっている[45]．

Spence & Chrystal（1970）は，スコットランドにおける湖の淡水産被子植物 *Potamogeton* 属のある種における光強度への適応を研究した．浅いところに生息する（水面から 0.6 m の深さに出現する）*P. polygonifolius* の陰性株（最大太陽光強度の 6％で成育する）では十分な日光で成長した株の 3 倍もの比葉面積をもっていた．また，陰性株の葉は 0.04 mm，陽性株の葉は 0.12 mm の厚さがあった．陰性株の葉のクロロフィル含有量は，陽性株の葉より乾燥重量で約 3 分の 1 多かった．しかしながら，面積の増加によって，陰性株の葉の単位面積当たりのクロロフィル量は陽性株の葉の約半分にすぎなかった．また，単位面積当たりの暗呼吸速度は，陰性の葉では 27％低かった．これは葉の厚さが 3 分の 2 減少したことによるのかもしれない．おそらく，呼吸速度低下の結果，陰性株の葉の光補償点はほぼ同じくらい低下していると思われる．

深いところ（深さ 0.5〜3.0 m の範囲）に生息する種である *P. obtusifolius* は，光強度に対応して比葉面積を変化させることができないようであり，最大太陽光強度の 100％と 6％で成育した植物の間には，この点ではほとんど差がなかった．単位重量あるいは葉面積当たりのクロロフィル含量においてもほとんど変化がなかった．しかし，*P. obtusifolius* の比葉面積（約 2 $cm^2 mg^{-1}$）は *P. polygonifolius* の比葉面積（陽性葉は 0.48 $cm^2 mg^{-1}$ で，陰性葉は 1.43 $cm^2 mg^{-1}$）より十分に大きい．このことから，深所への系統発生的適応の一部として，*P. obtusifolius* はすでに進化のステップを踏んでおり，これ以上の比葉面積の増加は不可能であると考えてよいかもしれない．単位葉面積当たりの *P. obtusifolius* の呼吸速度は，陽性葉でさえ 3 分の 1 くらい低く，さらに *P. polygonifolius* の陰性葉の約半分である光補償点は，弱い光への *P. obtusifolius* の系統発生的適応が優れたものであることの証拠である．しかしながら，

この種は，他にも個体発生的適応能力をもっており，光補償点が90％まで低下するほど日陰になった葉は太陽に照らされた葉より非常に低い呼吸速度を有している．

濁った汽水域であるチェサピーク湾に生息する大型水生植物種 *Potamogeton perfoliatus* は，周囲の光の減少にクロロフィル濃度を増加することによって対応している．Goldsborough & Kemp (1988) は，周囲の光強度が11％のところに生育した植物では，3日で葉面積当たりのクロロフィルa (chl a cm^{-2}) は20％増加し，17日後には50％増加したことを見出した．また，植物を通常の光強度に戻すと，クロロフィル含量は約3日で通常に戻った．色素含有量の増加は低い光強度における新芽乾燥重量g当たりの光合成速度を著しく増加させ，結果として光補償点を低下させた．飽和光でのP_{max}は，弱光条件においては変化しなかった．弱光は比葉面積の増加と茎の著しい伸長を伴った．

P. perfoliatus は環境の光の減少に適応できるようであるが，多くの水生大型植物はそのようにうまく対処することができない．例えば，透明で比較的無色の水で典型的に見られる水生植物は，ドレッジや汚水の排水などの人間活動の結果である水の濁りの増加に対して特に敏感である[606, 660]．

12・3 個体発生的適応－スペクトル特性

水面下の環境中における光のスペクトル組成は，水深による水の吸収スペクトルの違いに伴って同一水塊中でも水塊ごとにも大きく変化する．前章で見てきたように，光強度の変化だけでも水生植物の色素組成，光合成の特徴や形態学に変化をもたらすことを室内実験は示している．室内実験はまた，光強度のみでなく，入射光のスペクトルの違いも，ある種の植物にとっては特別な役割を果たすということも示している．

1) ラン藻における色彩適応

もっともわかりやすい例はラン藻に見ることができ，まさに個体発生上の色彩適応がはじめて記述されたのはラン藻であった．Gaidukov (1902) は *Oscillatoria rubescens* が緑色光で育つと赤くなり，橙色光で育つと藍色になることを見つけた．彼はこれらの色の変化は合成される色素の種類の違いにあるとした．Boresch (1921) は，その色彩の変化が藻類が合成するビリンタンパクの型の変化によるものであることを示した．赤色細胞は主にフィコエリスリン，藍色細胞は主にフィコシアニンを含んでいる．この現象は Engelmann & Gaidukov (1902) によって補色適応の例と考えられ，特異的な波長によって誘導される色素は1つであり（フィコエリスリンとフィコシアニンの吸収のピークはそれぞれ緑色光約565 nmと赤色光約620 nmである），色素は自身を誘導する光の色の補色をもつので，「補色的」というわけである．

すべてのラン藻類が色彩適応を見せるのではなく，そうするものの中にも適応がとる形においてバリエーションがある．Tandeau de Marsac (1977) はシアノバクテリ

アを3つのグループに分類した．グループI株においては，ビリンタンパク合成はその成育環境の光のスペクトル特性には影響されない．すなわちそれらは色彩適応をしない．グループII株では，細胞のフィコエリスリン含有量のみが光の特性の影響を受け，赤色光中では非常に低く，緑色光中では高くなる．また，細胞中のフィコシアニン含有量はいずれの種類の光で育っても高く維持される．グループIII株では，これらの主要なビリンタンパクの合成は両方とも光のスペクトル組成に影響される．つまり，グループIIのように，それらのフィコエリスリン含有量は緑色光中では高く赤色光中では低いが，それらのフィコシアニン含有量は緑色光中では最低限の量あるが，赤色光中においては1.6から3.7倍高い．調査した69株のうち，25がグループI，13がグループII，31がグループIIIであった[109, 908]．

グループIとグループIIの株で作られるフィコシアニンはαとβという2つのポリペプチドのサブユニットをもっている．Bryant（1981）はグループIIIの31株のうちの24株において，緑色光で作られたフィコシアニンもまさに2つのサブユニットを含むが，赤色光で育った細胞のフィコシアニンはα_1，α_2，β_1，β_2という4つのサブユニットを含んでいることを発見した．緑色光で育った細胞に存在するフィコシアニン特異的なサブユニットはα_2とβ_1であった．常に存在するこれらをBryantはconstitutive（本来備わっているもの）とし，赤色光中で作られるα_1とβ_2をinducible（誘導されるもの）であるとした．このように，これら24株において，赤色光中で誘導されて増加したフィコシアニンの形成は異なる種類のフィコシアニンサブユニットから成っているようであった．$(\alpha_1\beta_2)_n$という別のフィコシアニン種を形成する新しいフィコシアニンサブユニットなのか，α_2とβ_1という2つのconstitutiveサブユニットが結合して混合フィコシアニンを構成しているのかをデータから明らかにするのは不可能であった．グループIII株の残りの7株においては，赤色光で育った細胞中にα_1とβ_2フィコシアニンサブユニットは認められなかった．これらの場合，余分のフィコシアニンは付加的にα_2とβ_1サブユニットを構成しているだけなのかもしれない．*Tolypothrix tenuis*では，Ohki *et al.*（1985）が緑色光における色彩適応はフィコエリスリンがフィコシアニンに対して1対1の置換を生じるので，フィコビリゾームの量は一定であることを見出した．

グループIII株の1つである*Calothrix* 7101（以前は*Tolypothrix tenuis*）を用いてFujita & Hattori（1960, 1962a, b）とDiakoff & Scheibe（1973）によってビリンタンパク組成の変化をもたらす光処理の特性が研究された．*Calothrix* 7101を最初に窒素なしの状態で24時間強光にさらして細胞内のビリンタンパクを枯渇させ，望みのスペクトルの光を短時間照射し，そして細胞に窒素を与えて暗所に置くと，ビリンタンパク合成が起こるというやり方が便利であることがわかった．赤色光を充分量照射すると，その後の暗所における培養では細胞はフィコシアニンを合成するが，フィ

コエリスリンは合成しない．緑色光を充分量照射すると，フィコシアニンを作り続けるが，今度はフィコエリスリンも作る．もし，赤色光と，緑色光処理を交互に与えると，ビリンタンパク合成のパターンは最後の光処理の色によって決定される．すなわち，緑色あるいは赤色光はお互いにもう一方の効果を打ち消してしまう[276]．

フィコエリスリン合成増進の作用スペクトルは緑色の約 550 nm にピークをもち，UV の約 350 nm にも小さなピークをもつ（図 12·7）．フィコエリスリン合成を抑制する作用スペクトルは赤色の約 660 nm にピークをもち，これも UV の約 350 nm に副次的なピークをもつ[190, 275]．これらの作用スペクトルの形は自然状態でのビリンタンパクそれ自身の光受容色素系と一致する．Bogorad（1975）はビリンタンパク合成の制御をつかさどる光受容色素すべてに 'adaptochrome' という語を提案している．

Scheibe（1972）は，この制御色素はフィトクロームに類似しており，2 つの互換性のある型をもつと述べている．1 つ（P_G）はその吸収極大が緑色帯にあり，緑色光の照射により吸収極大が赤色帯にあるもう一方（P_R）に光転換する．赤色光の照射では，P_R は P_G に光転換する．

$$P_G \xrightleftharpoons[\text{赤色 } h\nu]{\text{緑色 } h\nu} P_R$$

両色素型は生物学的に活性であり，P_G はフィコシアニンを，P_R はフィコエリスリン生成を促進する．もし片方だけが活性化している場合には，それがあるかないかが 2 つの異なる経路のうちどちらになるかを決定すると Scheibe は指摘している．Oelmüller et al.（1988）は Fremyella diplosiphon が緑色光でフィコエリスリンメッセンジャーRNA を，赤色光でフィコシアニン mRNA を誘導することを示している．

光を当てて育った細胞では光のスペクトル特性がビリンタンパク合成のパターンに

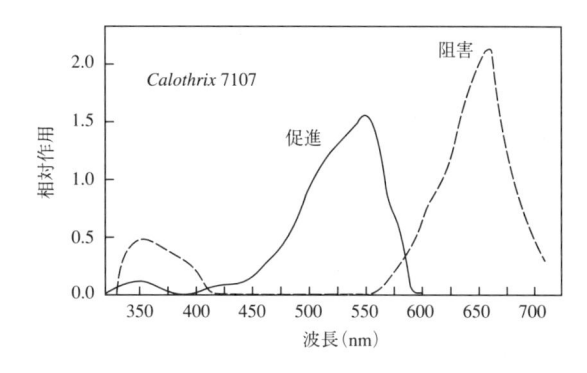

図 12·7　ラン藻 Calothrix 7101（Tolypothrix tenuis）におけるフィコエリスリン合成の促進と阻害の作用スペクトル（Diakoff & Scheibe, 1973 による）．光処理後（500 あるいは 680 nm に標準化した後），暗所で合成されたフィコエリスリンの量（総ビリンタンパクの割合として）を 25% 増加（促進）あるいは減少（阻害）させるのに必要となる熱量（J cm^{-2}）の逆数として（500 または 680 nm に対して正規化して）波長に対してプロットしてある．

影響を与えるが，光はこれらの色素の合成を起こすのに必須ではない．通性従属栄養シアノバクテリアを暗所において炭水化物の培地で成長させると，ビリンタンパクを作り続ける．グループⅢの株を暗所で育てると，それらのビリンタンパク合成は赤色光で育った細胞のものと似て，フィコシアニンが多く，フィコエリスリンは少ない[908]．Bryant (1981) は暗所で *Calothrix* 株7101 と 7601 が生成するフィコシアニンは，赤色で育った細胞では見られるが緑色では見られない inducible サブユニット α_1 と β_2 を含んでいることを発見した．これは使用した接種材料が赤色あるいは緑色光で培養されたものかどうかという場合であった．Bryant は，赤色光にさらすからではなく，緑色光を当てないことが inducible フィコシアニンサブユニットの合成につながったと結論づけた．ビリンタンパク合成の制御において光転換色素が本当にあるならば，おそらく暗所で成長した細胞により合成される P_G 型である．

2) 真核藻類の色彩適応

紅藻はそれらが成育する光のスペクトル特性の変化に応じて色素組成を変化させる．しかしながら，色素の変化の程度は定量的には把握困難で，光の強度に依存しているようである．Brody & Emerson (1959) は緑色光中（546 nm—主にフィコエリスリンによる吸収）あるいは青色光（436 nm—主にクロロフィルによる吸収），弱光（約 0.1 W m^{-2}）あるいは強光（25〜62 W m^{-2}）で成育させた単細胞紅藻 *Porphyridium cruentum* のフィコエリスリン／クロロフィル比を決定した．低照度では緑色光で成育した細胞のフィコエリスリン／クロロフィル比は青色光で成育した細胞の 2 倍以上であった．西太平洋の深層クロロフィル層から分離した *Cryptomonas* 種を用いて，Kamiya & Miyachi (1984) は青または赤色光で成長した細胞より，同じ低照度（0.8 W m^{-2}）の緑色光中で成育した細胞のフィコエリスリン／クロロフィル比がかなり高くなることを見出した．これらの色素の変化は補色適応と見なしてよい．細胞はそれらがさらされている光を最もよく吸収する色素の割合を増加させる．

しかしながら，強い単色光の照射で成育させた *Porphyridium* の細胞では，その状況は逆転する．緑色光で成育させた細胞のフィコエリスリン／クロロフィル比は青色光で成育した細胞の 50％以下であった．同様に，Ley & Butler (1980) は強い赤色光（112 μeinsteins m^{-2} s^{-1}）あるいは青色光（50 μeinsteins m^{-2} s^{-1}）で成育させた *Porphyridium cruentum* の細胞は強い緑色光（99 μeinsteins m^{-2} s^{-1}）で成育させた細胞の約 2 倍のフィコエリスリン／クロロフィル比をもつことを発見した（図 12・8）．強い青色光（436 nm，24 W m^{-2}）に 10 日間さらした多細胞紅藻 *Porphyra* は，強い緑色光（546 nm，17.5 W m^{-2}）に同じ時間さらしたものよりも多くのフィコエリスリンと少ないクロロフィルを含むことを Yocum & Blinks (1958) は発見した．

強い単色光の照射によって引き起こされるこれらの色素組成の変化は，植物の光合成特性の変化も伴う．Yocum & Blinks (1958) は採集したばかり，あるいは緑色光

中に 10 日間置いた海産紅藻は，クロロフィル赤色吸収帯では低い光合成効率を示し，作用スペクトルは 650 と 700 nm 間の吸収スペクトルを下回ることを発見した．しかしながら，青色光中に 10 日間置いたものは赤色域で効率が高く（青色においても同様に多少増加を示す），作用スペクトルと吸収スペクトルは 650 と 700 nm 間でほとんど同じである．明らかに，青色光（それ自身クロロフィルに吸収される）の照射は，クロロフィルによって吸収される光の利用効率の増加であった．

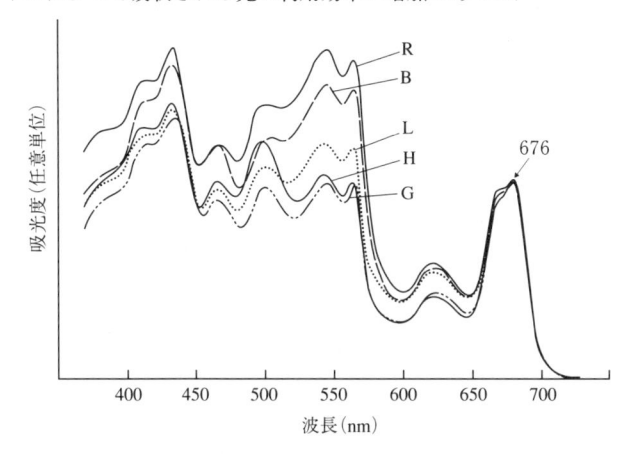

図 12・8　単細胞紅藻 *Porphyridium cruentum* の成育中における光合成色素組成に対するスペクトル特性の影響（Ley & Butler (1980), *Plant Physiology*, 65, 714-22 より許可転載）．スペクトルは 676 nm における吸収値に対して正規化してある．それぞれのスペクトルに付けられている文字は細胞が成育した光を示している：R＝赤色，B＝青色，L＝白色弱光，H＝白色強光，G＝緑色．

これらの様々な中～高強度下で選択されたスペクトル光の種類によって光合成システムに起こる適応変化の特性は，Ley & Butler (1980) の *Porphyridium cruentum* を用いた詳細な研究によって明らかにされている．吸収スペクトルと蛍光に関する詳細な分析により様々なスペクトル組成の光の中で育った細胞内の 2 つの光化学系の吸収特性と相互のエネルギー転送について，彼らは結論に到達した．紅藻類では，クロロフィル a は光化学系 I において主な光吸収色素であり，フィコエリスリンは光化学系 II における主な色素である．赤または青色光で成育する細胞はフィコエリスリンよりもクロロフィルでより多くの励起エネルギーを受けとり，このことは光合成システムが幅広い波長に適応することを意味し，光化学系 II より光化学系 I により多くのエネルギーを導くことを意味する．光合成システムをバランスよく作用させるために，細胞は光化学系 I に比べて光化学系 II 吸収断面を大きくせねばならない．これはフィコエリスリン／クロロフィル比を大きくすることによって少しは達成されるが，光化学

系Ⅱのクロロフィルの割合をより大きくすることによっても可能である．加えて，Ley & Butler は，これらの赤あるいは青色光で成育した細胞は，光化学系Ⅱから光化学系Ⅰへのエネルギー転送を低下させ，これが光化学系Ⅱの励起エネルギーの保持に一役買っていることを発見した．長時間の青色光の照射後に，Porphyra が赤色光を有効に使うという Yocum & Blinks の観察は，今では光化学系Ⅱにおけるクロロフィルの割合の増加と，それによって赤色光で光化学系の機能がよりバランスのとれたものとなるということで説明されるであろう．緑色光中で成長する細胞は，もしそれらが最初，様々な混合波長に順応している場合には，光化学系ⅠよりもⅡにおいてかなり多くの励起エネルギーを受けとるであろう．それらの適応応答はフィコエリスリン／クロロフィル比を下げることと，光化学系Ⅰにクロロフィルのほとんどすべてを含むことによって光化学系Ⅰに比べて光化学系Ⅱの吸収断面を小さくすることである．PSⅠクロロフィル／PSⅡクロロフィルは，赤または青色光で成長した細胞では約 1.5 であるのに対して，緑色光中で成長した細胞では約 20 である[559]．加えて，緑色光中で成育した細胞は，赤または青色光中で成育した細胞より光化学系ⅡからⅠへのエネルギー転送の確率が高い．

　赤または青色光で成長した細胞は緑色光で成長した細胞より 1 細胞当たりより多くのフィコエリスリンを含有しており，クロロフィルに対する割合も同様に高い．光化学系Ⅱ中により多くのクロロフィルを含むようになることは理解できるが，赤色光中でより多量のフィコエリスリンを作ることは，このビリンタンパクが 600 nm 以上においてほとんど吸収がなく，したがって赤色の光量子を集められないので，有利な適応応答とはいえない，という議論があるかもしれない．しかしながら，細胞が「検出」するのは入射光のスペクトル特性ではなく，単純に光化学系Ⅰが光化学系Ⅱよりもより多くのエネルギーを受けとっている事実であり，したがって光化学系Ⅱの補助色素の一般的な増加につながるということである．赤色が優占する光の場というのは海洋環境においては普通存在せず，紅藻類に特有の適応応答を期待すべきでない．

　Ley & Butler の研究から，比較的強く限られたスペクトルの光の場への色彩適応という一般的原理は，ほぼ同じ速度で励起するように光合成系の組成と特性を調整することのようである．弱い光強度の青および緑色光にさらされた P. cruentum における補色適応は Brody & Emerson（1959）が観察したように，色素の変化に関する限り逆の結果となったので，異なった原理があるに違いない．弱光下では，光化学系間の不均衡よりも励起エネルギー総供給率が光合成における大きな制約になる．薄暗い緑あるいは青色光で育つ藻類にとって最高の戦略は，色素が存在する光を何でも捕捉し，これらをまず光化学系Ⅱ（いずれにせよビリンタンパクはこの光化学系に存在する）に取り込み，吸収したエネルギーの一部を光化学系Ⅰに転送することであろう．

　フィコシアニンに対するフィコエリスリンの比の変化を伴うシアノバクテリアにお

ける色彩適応の事実は,完全な補色の型であり驚くに値しない.含まれる両方の色素はビリンタンパクであり,両方とも励起エネルギーを光化学系IIに与えるので,光化学系間の不均衡の問題は起こらない.ラン藻類 Anacystis nidulans の赤色光（λ＞650 nm）での成長はフィコシアニン含有量をほとんど変化させず,クロロフィル含有量を75%減少させる[440].これは細胞による光化学系IIとバランスする点まで光化学系Iの励起を低下させるための企てと解釈されよう.シアノバクテリア Synechococcus 6301では,フィコシアニン／クロロフィル比は赤色光（主に光化学系Iにあるクロロフィルaによって吸収される）中で増加し,黄色光（光化学系IIに独特なフィコシアニンによって吸収される）中で減少する.Manodori & Melis (1986) は,これらの変化は光化学系の化学量論的調節による2つの光化学系励起平衡の達成を示すものであると解釈した.すなわち,それぞれの光化学系の真のアンテナサイズは見かけ上変化しない.

3) 青色光の効果

海水中の光環境においては,先に見てきたように,青緑が圧倒的であり,深度の増加とともに最終的には青になる.ある植物プランクトン種の光合成器官の発達に,青色光特有の効果があるという証拠がある.Wallen & Geen (1971a, b) は,青色光 ($0.8\ W\ m^{-2}$) 中で成長した海産珪藻 Cyclotella nana の細胞は,同じ強度の白色光で成長した細胞よりも1細胞当たり20%以上のクロロフィルaを含み,70%も高い光飽和光合成速度をもつということを見出した.Jeffrey & Vesk (1977, 1978) は青緑光 ($4\ W\ m^{-2}$) で成育した海産珪藻 Stephanopyxis turris の細胞では,同じ強度の白色光で成育した細胞よりも葉緑体色素（クロロフィルaとc,フコキサンチンとその他のカロチノイド）の細胞内含有量は約2倍であることを明らかにした（図12・9）.1細胞当たりの葉緑体の数とそれぞれの葉緑体に含まれる3つのチラコイド化合物,ラメラの数のいずれも,青緑色光で成育した細胞中で高かった（図12・10）.さらに,青〜緑色光で成育した細胞は白色光で成育した細胞よりも42%高い率で低照度（成育の間同じ放射照度）の青緑色光を光合成に利用できた.Vesk & Jeffrey (1977) は多くの他の海産植

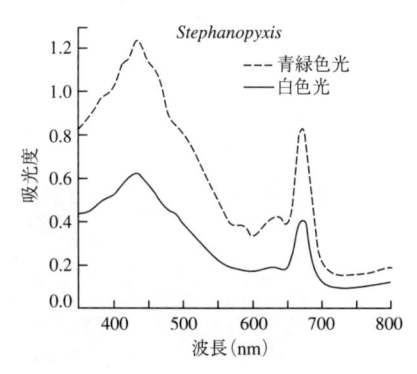

図12・9 白色（—）あるいは青緑光（- - -）（それぞれ $4\ W\ m^{-2}$）で成育した海産珪藻 Stephanopyxis turris 細胞の吸光度スペクトル.（Vesk & Jeffrey (1977), Journal of Phycology, 3, 280-8 より許可転載).細胞は 200,000 cells ml^{-1} の濃度で懸濁.

物プランクトン種についても調査した．白色光で成育した細胞と比べて青緑色光（それぞれ 4 W m^{-2}）で成育した細胞で，色素含有量が大いに増加していること（55～

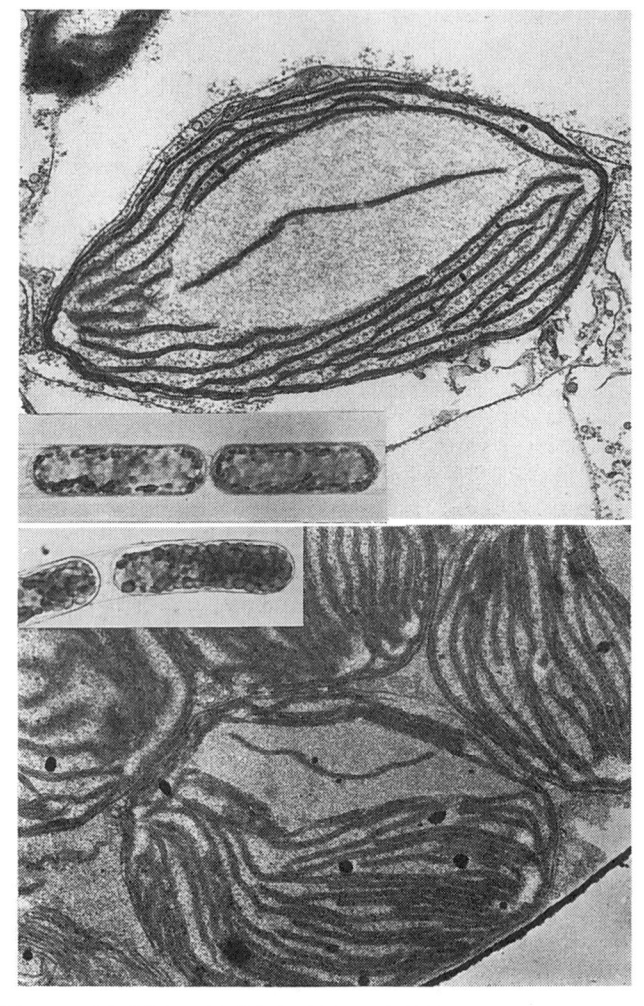

図12・10 白色光あるいは青緑色光で増殖した海産珪藻 *Stephanopyxis turris* の細胞内における葉緑体の数と構造（Jeffrey & Vesk, 1977, *Journal of Phycology*, 13, 271-9）．上図：白色光（4 W m^{-2}）で増殖した細胞の葉緑体の電子顕微鏡写真．挿入図は細胞全体の光学顕微鏡写真．下図：青緑色光（4 W m^{-2}）で増殖した細胞の葉緑体の電子顕微鏡写真．3層チラコイド状のラメラの増加が分かる．挿入図は葉緑体が増えた様子を示す細胞全体の光学顕微鏡写真．

146％）が5種の珪藻類，渦鞭毛藻類の1種，クリプト藻の1種で見られた．珪藻類の2種，渦鞭毛藻類の2種，プリムネシオ藻の1種，黄金色藻植物の1種，緑藻植物の1種において，わずかの増加（17〜39％）が見られた．珪藻類の2種とプリムネシオ藻の1種ではクロロフィルの増加は認められなかった．このように，青緑色光が色素含有量を増加させることは普通であるが，海産植物プランクトンではすべてがそうではない．様々な光合成色素の割合がほとんど違わない場合があり，これら青色光による変化は補色適応の例ではない．いくつかの珪藻類と同様に，渦鞭毛藻類とクリプト藻類で，葉緑体当たりのチラコイド数の増加に伴う色素含有量の増加という現象が得られている．ある珪藻では葉緑体数の増加も見られている[414]．

12・4　個体発生的適応一深度

これまで，水生植物が環境中の光の強度とスペクトルの質の変化に対応して適応することを見てきた．したがって，自然界において水深に応じた適応的変化が起こっても不思議ではない．この節では，深度に応じて水生植物に見られる変化のいくつかを紹介し，どれくらいの光強度まであるいはどのようなスペクトルの変化に対応するのかを見てみよう．

1）多細胞植物における色素組成の深度による変化

Ramus et al. (1976) は2種の緑藻（*Ulva lactuca* と *Codium fragile*）と2種の紅藻（*Chondrus crispus* と *Porphyra umbilicalis*）をアメリカ，マサチューセッツ，ウッズホールの港の1mと10mに7日間吊し，色素組成を測定した．1mと10mの試料を置き換えて，さらに7日間吊して色素分析を行った．4種すべてで，10mに吊したものの光合成色素は1mのものに比べて増加し，クロロフィル *a* では紅藻で約1.4倍，緑藻では2.3と3.4倍であった．*U. lactuca* ではクロロフィル *b* が約5倍に増加し，その結果，*b*/*a* 比は50％増加したが，*C. fragile* では *b*/*a* 比は変わらなかった．紅藻では1mのものに比べて10mでフィコエリスリンがクロロフィルの増加以上に増加し，フィコエリスリン／クロロフィル比は50〜60％増加した．

現場10m深での光の場では黄緑色が卓越し，1mに比べて（光強度のみならず）大きく異なっていた．光強度の低下の影響だけを評価するため，Ramus et al. は潮間帯の日が当たる場所と陰になっている場所から藻類を採取して色素を分析した[739]．陰のものでは10m深のものと同程度に色素は多かった．*U. lactuca* と *P. umbilicalis* ではクロロフィル *a*/*b* 比およびフィコエリスリン／クロロフィル比は日陰で増加が見られたが，深度を変えた時ほどではなかった．Ramus et al. は深度に伴う色素比の大きな変化は光強度が低下したためではなく，光のスペクトル組成の変化によるものであると結論した．

Wheeler (1980a) はジャイアント・ケルプ *Macrocystis pyrifera*（褐藻類）の造胞

体を用いて植え換え実験を行った．12 m 深で成長したものを 1 m 深にもってきたところ，葉状態の単位面積当たりの色素含有量は 10 日で大きく減少し，クロロフィル a で 52%，クロロフィル c で 35%，フコキサンチンで 68% になった．12 m 深にもどすと，18 日後にはもとの色素量に戻った．深い場所への再適応にともなって，クロロフィル a に対するフコキサンチンのモル比は 0.50 から 0.77 に上昇したが，クロロフィル a/c 比は 0.51 から 0.31 に低下した．潮間帯の褐藻 *Ascophyllum nodosum* と *Fucus vesiculosus* を 4 m 深に 7 日間吊したところ，g 質重量当たりのフコキサンチンとクロロフィル a, c の濃度は 1.5〜3 倍増加した[740]．しかしながら，これらの種では，フコキサンチンはクロロフィル a の増加よりも少なく，フコキサンチン／クロロフィル a 比は約 20% 低下した．クロロフィル a/c 比は深度適応においては変化しなかった．

植え換え実験は興味あるが，自然状態で異なる深度に生息している植物種の研究を行うというやり方も生態学的には重要である．アドリア海の 5 m 深で成長した水管のある緑藻 *Halimeda tuna* は g 乾重量当たりのクロロフィル含有量は 2 m 深のものより 50% 多かった[847]．クロロフィル a/b 比は，水深とともに 2.03 から 1.86 とわずかに低下した．スペイン沿岸に生息する底生緑藻 *Udotea petiolata* のクロロフィル含有量は 5 から 20 m の間で 50% 増加し，増加のほとんどは 5 から 10 m の範囲で起こっていた．ただし，a/b 比は深度による変化は見られなかった[694]．

Wiginton & McMillan（1979）はアメリカ，テキサスのヴァージン島沖および沿岸のさまざまな深度で成長したいくつかの海草種について研究した．3 種はそれらが生息する最大深度である 12〜18 m ではクロロフィル含量の変化は見られなかった．42 m まで生息する 4 番目の種 *Halophila decipiens* では，クロロフィル含量は 7〜18 m ではわずかに変化しただけであったが，18〜42 m では 2 倍に増加した．クロロフィル a/b 比は 18 m の 1.72 から 42 m では 1.49 になった．浅場ではあるが陰になるところの同種植物は，42 m のものと同程度のクロロフィル含量および a/b 比を有していた．このことから，色素の変化は水深の増加に伴うスペクトル分布の違いではなく，光強度の違いによるものであると考えられた．デンマークの湖の 2.3 m 深（表面直下の 20% 放射照度）に生息する isoetid 種である *Littorella uniflora* は，0.2 m 深（表面直下の 70% 放射照度）に生息するものに比べて葉の中に 65% くらい多くのクロロフィルを含み（乾重量で），低いクロロフィル a/b 比（3.2 に対して 2.6）であった[849]．

スペイン沿岸域に生息する褐藻 *Dictyota dichotoma* で，Perez-Bermudez, Garcia-Carrascosa, Cornejo & Segura（1981）は，0 から 20 m の間でクロロフィル a と c 含有量が（重量で）17 および 53% 増加し，a/c 比は 2.35 から 1.80 に低下したことを報告した（10 m 深では中間）．一方，フコキサンチン濃度は 0 から 10 m 深で 42% 低下し，10 から 20 m の間でもとの値に戻った．このことに関する機能的重要性につ

いては12・5節で議論する．表層の日陰で成長するものは日なたのものに比べて，クロロフィルa量で35％，クロロフィルc量で63％，フコキサンチンで20％多く含んだ．マサチューセッツ沖0～20 m深に生息する紅藻 Chondrus crispus で，Rhee & Briggs（1977）は真夏のフィコエリスリン／クロロフィル比が10 m深くらいまではだいたい一定であるが，10～13 mで2倍となり，さらに深いところでも同じ値が保たれたことを報告した．

これまで行われてきた研究をまとめると，多くの底生水生種の光合成色素の含有量やそれらの比率は水深に伴って変化しうるということである．

2）単細胞藻類における深度に伴う色素組成の変動

植物プランクトン細胞の多くは混合層内を上下に循環しているので，常に変化する光量を経験し，光の場の変化に対応して色素組成を変化させる時間などない．清澄な着色の少ない水塊中では，光はよく透過し，有光層は混合層より深くなるが，水温躍層下の安定した水塊中では，植物プランクトンは長期間同じ水深にとどまることができ，そこの光条件に適応するという事実が知られている．先に（11・1節），外洋の深部クロロフィル極大から単離した植物プランクトンは表層のものに比べて単位バイオマス当たりのクロロフィル量が約2倍であることを述べた[468]．これは必ずしも1つの種内の適応ではない．深部クロロフィル極大で同種のものの色素含量を増加させたのか，植物プランクトン群集の種組成がそれぞれの深度で異なるのかは分からない．

内陸水では水深に伴って光は急激に減衰するので，混合層の深さが有光層と同じくらいか深い場合が普通であり，植物プランクトンが適応する機会はほとんどない．しかしながら，アメリカ，オレゴンのクレーター湖やカリフォルニアとネバダの間にあるタホ湖などのいくつかの湖では，水は非常に澄んでおり，色もない．したがって，有光層が混合層を上回り，増殖期には深部クロロフィル極大は75～100 m深に発達する[539, 924]．光が深くまで透過しない湖でも，もし安定した水温躍層により循環が浅い層にだけ限られたりすれば，有光層は混合層深度を越える場合もあり得る．フィンランドのLovojärvi湖の場合がそうである．ここでは夏に2.5 m層に躍層ができるが，3.5 m層まで光合成は起こる[442]．高クロロフィル含量のラン藻 Lyngbya limnetica がクロロフィル極大を3.5 mに形成する．

タホ湖では，Tilzer & Goldman（1978）が6月と9月に（とくに後者で）単位バイオマス当たりの植物プランクトン（主に珪藻）クロロフィル濃度が水深とともに増加することを示した．9月には，例えば，0, 50, 105 mのクロロフィルa含量はmg湿重当たりのμgでそれぞれ0.61, 1.8, 3.06であった．珪藻類の一種 Fragilaria vaucheriae がすべての水深で約58％を占めたので，全バイオマス中のクロロフィル含量の増加はこの種の適応を示していると考えてよい．6月にも，他の3種がバイオマスのほとんどを構成し，20 mから50 mの間の種組成がほとんど変わらなかったこ

とから，クロロフィル含量の倍増は種内のクロロフィル含有量が増加したことを示していた．Lovojärvi 湖では，これとは異なり，混合層と躍層のクロロフィル極大において顕著な種組成の変化が見られた．この湖でのクロロフィル極大は，個体発生的な適応ではなく，系統発生的な適応によるものであるとみなせる．同様に，カナダ，オンタリオ湖北西部のきれいな水の湖では[250]，深部クロロフィル極大（4～10 m）は大型のコロニーを形成する黄金色鞭毛藻（種は湖ごとに異なる）一種が占め，多分この特殊なニッチに適応しているものと思われる．

青色光に対する試験管レベルでの海産植物プランクトン種の色素の適応や，タホ湖（光学的には外洋水に類似）でのデータからは，外洋域の深部クロロフィル極大は少なくとも一部は弱い光強度あるいは青色光の卓越により同一種内でおこる色素生産の増加によるものであるかもしれない，という考えも成り立つ．加えて，有光層最下部のニッチを特に好んで色素を集積する種もあるかもしれない．成層した海域での水深に伴う植物プランクトン群集の種組成の研究が，深部クロロフィル極大の形成において系統発生的適応あるいは個体発生的適応のいずれが重要であるかについて，情報を提供するかもしれない．

すべての単細胞藻類が浮遊性であるわけではない．通常，付着性で何かの構造物にくっついているようないくつかの種はプランクトンが経験するような光環境の変化とは無縁であり，それらの生息する水深の光の場に適応する機会を有する．堆積物や岩あるいは大型藻類の表面に付着している，これらの単細胞種の色素や光合成適応についてはほとんど知られていない．ただし，サンゴに共生する渦鞭毛藻（zooxanthellae）についての研究は行われている．サンゴの種によって異なるが，深度とともに zooxanthellae の色素含有量が増加するという一般的な傾向がある．Leletkin, Zvalinskii & Titlyanov (1981) はチモール海において 20 m と 45 m に成長するサンゴ *Pocillopora verrucosa* の zooxanthellae を比較した．20 m のものに比べて 45 m のサンゴでは，細胞当たり 1.5 倍のクロロフィル a, c, β カロチンおよびディアディノキサンチン，2.4倍のペリディニンを含んでいた．光合成単位当たりのクロロフィル分子の数は 20 m に比べて 45 m で 42％多かったが，細胞当たりの光合成単位の数はほぼ同じであった．このように，深度に伴う色素の適応は光合成単位当たりの補助色素の増加によるものであることが分かる[242]．

3) 多細胞藻類の光合成特性の水深による変化

北アメリカの水深 24 m の潮下帯から採取した紅藻 *Ptilota serrata* は約 116 μ einsteins m^{-2} s^{-1} で光飽和したが，6 m から採取したものは 182 μ einsteins m^{-2} s^{-1} で飽和した[600]．非常に低い光強度（7～14 μ einstein m^{-2} s^{-1}）では，両者とも g 乾重量当たり同様の光合成速度を示したが，高い光強度では深い方から得たものの最大光合成速度は浅いものの半分程度であった（図 12・11）．浅い方の植物の炭酸同化システ

ムの活性はより高いようである.

熱帯の紅藻 *Eucheuma striatum* でも同じような適応応答が Glenn & Doty（1981）によって観察されている.彼らはハワイの環礁地帯の浅場から採取したこの藻の葉状体を 1～9.5 m 深に順に置いた.この水深の範囲では,水中光量は 10 倍程度異なった.1ヶ月後,葉状体を回収して光合成の測定を行った.光合成能（g 乾重当たりの光飽和光合成速度）は水深とともに低下し,9.5 m 深のものは 1 m のものの約半分であった.このように,*Eucheuma* は水深が深くなるにつれ,余分な炭酸同化能を放棄するようである.この応答はこの藻にとって有利なはずである.

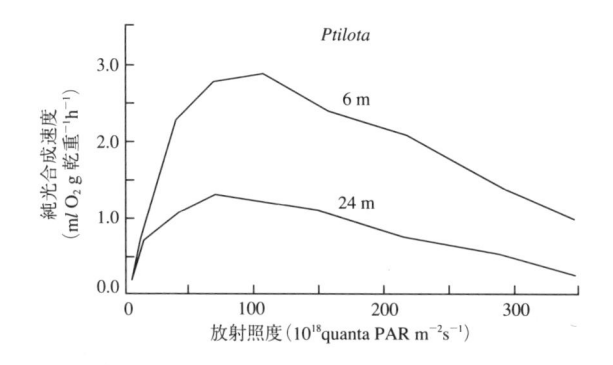

図 12・11　6 m および 24 m 深から採取した潮下帯紅藻 *Ptilota serrata* の放射照度の関数としての光合成（Mathieson & Norall, 1975）.

ジャイアント・ケルプ *Macrocystis pyrifera* の場合には,1 枚の葉状体が 30 m もの深さから生えているので,水柱内での光強度の傾斜は非常に大きい.Wheeler（1980a）は 12 m 深に生えている 12～14 m の幼葉で,基質から 2～4 m の部分の色素含量がそれより上部に比べて約 50% 多いことを見いだした.単位面積当たりの光飽和光合成速度は基質から離れるほど高くなり,10～12 m で最大 1.5～3 倍にであった.このように,単位面積当たりの光合成能は水深が浅くなるにつれて上昇するというのは,浅場では単位面積当たりの光合成速度を支持するだけの光が十分にあるので,適応的応答であると見なせる.

4）植物プランクトンの光合成特性の水深による変化

先に述べたように,植物プランクトンの光合成系の深度に対する適応は,密度躍層のように循環がほとんどなく,細胞を同じ水深に長時間とどまらせることができる場合に期待できるが,その場合も十分な光がなければならない.このような状況は有光層の下部に相当する.どのような基準で本当に植物プランクトンの光合成系が深度適応していると見なすことができるであろうか？　第一に,表層の細胞に比べて,深い

場所から採取した細胞の単位バイオマス当たりの光合成速度が高いことである．深いところの細胞は一般に光捕捉色素の比率を高くしており，多分呼吸量は小さい．第二に，深いところの細胞は飽和光強度では，浅いところの細胞よりも単位細胞バイオマス当たりの光合成速度は小さいはずである．これは生化学的収支の問題として，深いところのものでは弱い光を使うようにカルボキシラーゼだけを多く合成しているからである．

光飽和のパラメータ E_k の低下は，それ自体では，低い光量に対する適応の十分な指標ではない[1008]．なぜなら，$E_k = P_m/\alpha$（10・1 節参照）なので，P（mg クロロフィル当たり）$-E_d$ 曲線の初期勾配により大きく影響して mg クロロフィル当たりの光飽和光合成速度を低下させるいずれの環境要因も E_k を低下させるからである．Yentsch & Lee（1966）は自然と培養の両方の植物プランクトン個体群について報告されたデータを分析して，E_k が P_m と直線関係にあることを示し，植物プランクトンによる光適応の研究においては E_k 値とともに P_m 値を併記することが望ましいと強調した．それにもかかわらず，もし，標準的な条件で測定された場合，ある植物プランクトン群集が他のものよりも低い E_k（あるいは光飽和値）をもっていることが分かった場合には，このことだけでは光捕捉能が高まったと結論することはできないが，炭酸同化速度に対する光捕捉能の比が上昇したと考えることができる．すなわち，色素含有量または余分な炭酸同化能を下げたか，またはその両方であり，それらのすべては弱光適応の形態と見なしうる．一般的に海洋では，一旦水温躍層が形成されると，有光層の下部の植物プランクトンは表層のものに比べて低い E_k 値をもつ[874]．サルガッソー海の海洋面，50 m，100 m 水深（それぞれ表面直下の光量の 100%，10%，1%）から 10 月に採取した植物プランクトンでは，E_k 値は約 600，300，60 であった（図 12・12a）[778]．水温躍層が壊れる冬には，いずれの水深の光条件にも適応することなく循環され，いずれの水深のものも光適応条件は同じになり，夏の表層のものに近くなる（図 12・12b）[778, 874]．図 12・12a の曲線から，有光層下部の植物プランクトンは低い E_k をもつだけでなく，表層のものに比べて強光阻害を受けやすいことが分かる．

Shimura & Ichimura（1973）は有光層下部の植物プランクトンは，表層の植物プランクトンよりも，それらを有光層下部にもっていった場合には高い光合成能を示すことを見つけた．さらに，深層の植物プランクトンは表層のものに比べて，赤色光よりも緑色光で高い光合成能を示した．このことから，有光層下部で成長する植物プランクトンは弱い緑色の光が卓越する環境に適応していると考えられた．同様に，Neori *et al.*（1984）は，温帯域および極域において，植物プランクトンのクロロフィル *a* の吸収および蛍光スペクトルの両方が，深度とともに，440 nm に対して青緑色領域（470～560 nm）で増加することを示した．彼らは，この変化をクロロフィル *a* に対する補助色素の増加によるものであると結論した．

水温によって成層している海域において，躍層の下の細胞は表層のものよりも低い水温環境にいるわけで，前の節（11・3節）で見たように，水温の低下は深部に適応した細胞の生化学的組成の変化とは関係なく，（α を変化させることなく P_m を小さくすることで）E_k を低下させる．にもかかわらず，同じ水温でも，深いものと浅いものの間に，（図12・12の実験に見られるように）光に関連した細胞の変化が明らかに見られる．水温の低下によって深部の植物プランクトンの E_k 値が現場で低下するのは，深部での光強度がいずれの場合も飽和を下回るためであり，生態学的重要性は特にない．

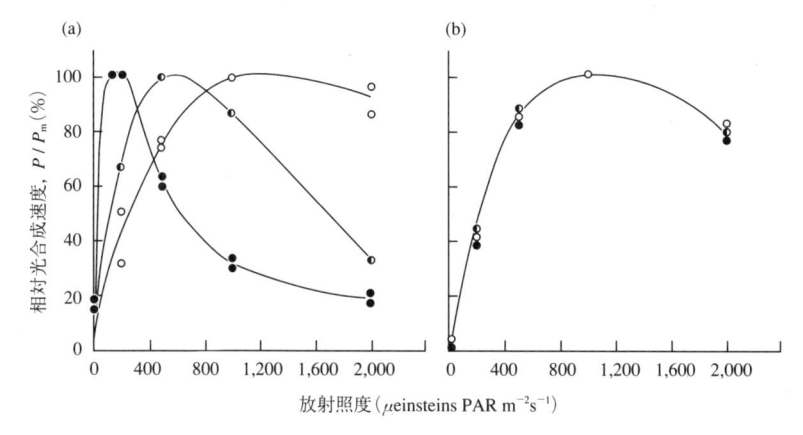

図12・12 海産植物プランクトンの深度適応（Ryther & Menzel, 1959）．これらのサルガッソー海の植物プランクトンに対する P-E_d 曲線は海表面温度で ^{14}C 法で得られた．サンプルは0m（白丸），50m（白黒），100m（黒丸）のもの．(a) 9月，水柱は25～50m付近に水温躍層があり，成層．(b) 11月，150m以深まで等温状態．

海洋の植物プランクトンが深い場所に対してどの程度，真に個体発生的適応（つまり，水柱内での同一種内の生理学的適応）をしているのか，あるいは系統発生的適応（遺伝的に低い光量に適応した特異な種の卓越）をしているのか，ということはよく分からない．しかしながら，Neori et al. (1984) は，彼らが観察した深さに伴う吸収と蛍光の特性の変化は種による適応であると考えている．つまり，種の鉛直分布がスペクトルの変化を説明するとは思えないし，弱い光レベルへ1日間移した植物プランクトン試料でも同様の変化が見られているからである．

海洋のように，清澄な無色の水をたたえ，水温躍層以深まで光が届くタホ湖で，Tilzer & Goldman (1978) は成層の盛期（9月）の深層における植物プランクトン細胞のクロロフィル含量の増加が，光飽和の始まりを示すパラメータ E_k の低下を伴っていたことを報告している．つまり，0, 50, 105 m 深で，それぞれ 80, 50, 15 W (PAR) m^{-2} であった．この湖の植物プランクトンは光合成系の真の深度適応の1つ

目の基準を満足していた．深層の光環境において，細胞は表層のものよりも単位バイオマス当たりの光合成速度は明らかに高かった（図12·13）．しかしながら，それらの単位バイオマス当たりの飽和光合成速度は，浅いところのものと有意に違うものではなく，このことはこの湖の深部の細胞ではカルボキシラーゼ含量を低下させるという弱光適応は行っていないということを示唆していた．

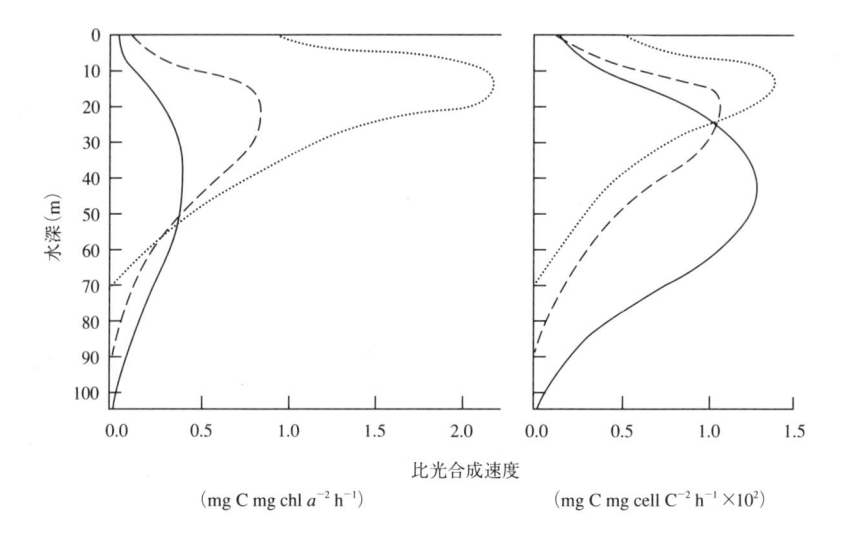

図12·13 タホー湖（ネバダ，USA）における植物プランクトン比光合成速度の深度方向の変化（Tilzer & Goldman, 1978, Ecology, 59, 810-821, 1978, the Ecological Society of America の許可による）．植物プランクトンは表層（点線），50 m（破線），105 m（実線）から得られた．(a) クロロフィル当たり比光合成速度．(b) 炭素で表した細胞バイオマス当たり比光合成速度．深層の細胞による単位クロロフィル当たり光合成速度の極大は，色素含有量が多いことによる．

表層混合層における擾乱が弱いほど，鉛直混合されながらも，植物プランクトン細胞が適応する時間は長くなる．このことは，混合層内でも上部と下部では擾乱が弱くなるにつれて光合成に違いがでてくることを意味している．Lewis et al. (1984) はこのことが本当に起こりうるという事実を示した．Bedford Basin（カナダ，ノバ・スコシア）において，彼らは1ヶ月間に19回，ΔP_m，表面と混合層下部の P_m の差（単位クロロフィル当たり）および乱流運動エネルギー（turbulent kinetic energy；TKE）の逸散率 ε ($m^2 s^{-3}$) を測定した．TKE 逸散率の高いときには ΔP_m はゼロと有意な差はない場合が多かったが，他の場合には ε が小さくなるほど ΔP_m の顕著な増加が見られ，これは光適応が確かに起こっていることを示しているものと考えられた．

5）深さに対する形態遺伝学的適応

弱光に対する造胞体の適応には形態遺伝学的応答が含まれることを先に述べた．つまり，葉は薄くなり面積を増す．Spence, Campbell & Chrystal (1973) はいくつかのスコットランドの湖で，5 種の *Potamogeton* について研究した．彼らは比葉面積（SLA, $cm^2\ mg^{-1}$ 乾重）が水深とともに直線的に増加することを見いだした．その率は種というよりも湖ごとに異なっており（つまり，多分，水型で異なる），着色の強い湖（消散が大きい）で高い率であった．例えば，*P. perfoliatus* の葉状面積はウナガン湖の褐色の水では表層のもので $0.6\ cm^2\ mg^{-1}$ であるのに対して，4 m のものでは $1.3\ cm^2\ mg^{-1}$ に増加したが，比較的着色の少ないクロイソポル湖では表層で $0.7\ cm^2\ mg^{-1}$ であったものが 6 m 深で $1.1\ cm^2\ mg^{-1}$ であった．比葉面積は顕著に異なるスペクトルによって変わったのかもしれないが，それよりも全放射照度（400〜750 nm）の方が SLA を決める上では重要であるように思われる．

Lipkin (1979) は紅海北部に生息する海草 *Halophila stipulacea* の群落において，水面から 30 m の間に葉面積が約 2.5 倍になることを見いだした（図 12・14）．これは

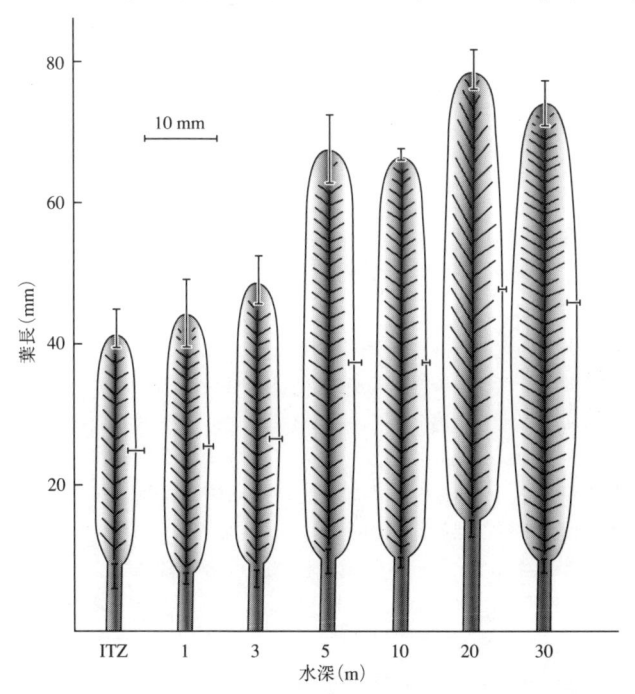

図 12・14　深度の違いによる海草 *Halophila stipulacea* 葉体の長さと面積の変化（シナイ，北部紅海）(Lipkin, 1979, *Aquatic Botany*, 7, 119-128 の許可による)．ITZ＝潮間帯．

最初,光強度による個体発生的適応であると考えられたが,培養実験において,この違いは遺伝的に制御されたものであることが明らかとなり,近い距離のほぼ同じ場所でもエコタイプがあるものと Lipkin は考えた.つまり,適応は固体発生的なものではなく,明らかに系統発生的なものであった.

アドリア海の緑藻 *Halimeda tuna* の葉状体は水深に伴って形態的に変化する.Mariani Colombo *et al.*（1976）は 7～16 m の間で枝葉の面積と節の数が増加することを認めた.総合的な効果としては,光にさらされる光合成面積を増加させることである.

12・5 光合成システムにおける個体発生的適応の重要性

このトピックに関するこれまでの考察から,光環境に対して光合成システムの特性を適応させる能力が広く水生植物にあることは明らかである.このような適応は生態学的にどの程度重要であろうか.

広い意味では,個体発生的適応の重要性は生息域を拡げることにある.水生植物の光合成に対する生息域の適応性は,水深,すなわち特に光学的特性を示す水型や,季節周期のような時間,あるいは植物間の競合の強さなどによって変化する.したがって,光合成器官の個体発生的適応の重要性は,特定の種が利用できる水深と水型の範囲を拡大できるか,彼らが生育できる年間の日数,あるいは他種との競合に成功するかどうか,ということで判断してよいかもしれない.

1) 水深と弱光適応

室内条件で,多くの植物プランクトンが薄暗い光源下,特に薄暗い青緑色の光源下において光吸収能を増大させたり,成層した有光層下部から得られた自然植物プランクトン群集の弱光適応も確認されているので,我々はこれらの深層の弱光環境に対して植物プランクトンの光合成器官の個体発生的適応が本当に生じていると結論してもよいかもしれない.これは系統発生的適応の表れであると解釈してよいかもしれないが,ある種では深所に永久に適応しているかもしれない.海の有光層下部に生育している弱光適応した植物プランクトンは,水柱全体の光合成のわずかな部分を占めるに過ぎない.したがって,それらの弱光適応は,その生態学的地位がどのように満たされるかを我々が理解することと大いに関係あるが,海洋の全一次生産としてはあまり重要ではない,と結論づけてよい.全体に対してわずかな部分ではあるが,深部クロロフィル極大における一次生産はそれほど些細なものではない（例えば図 11・1）.さらに,深部クロロフィル極大付近では動物プランクトンバイオマスの著しい増加の証拠がある.Ortner, Wiebe & Cox（1980）は,ここが特に高い栄養段階活性をもつ層であると考えている.このように全ての食段階を考慮すると,弱光適応した植物プランクトンは,海洋生態学では一次生産で示されるそれらの寄与よりも重要なのかも

しれない.

　一次生産全体に関していえば，その大部分が有光層の上部で起きていることは確かである．Steemann Nielsen（1975）が指摘するように，最も適切な適応形態は，例えば強光阻害に耐えられる能力であり，強い放射強度の表層にいる植物プランクトンである．カロチノイドの役割の1つ，特にそれらの中で光吸収に関与しないキサントフィルの役割は過度の光による障害から植物を守ることである，という証拠がある．例えば，紅藻類のカロチノイドは光合成にほとんど寄与しないが，細胞が強光下で生育する場合には，クロロフィルに対するカロチノイドの比率は増加する[192, 559]．このことは，植物プランクトンによる強光阻害に対する抵抗力の獲得が，保護カロチノイド生成の増加を伴うという推測につながる.

　多細胞の底生藻類と被子植物の場合では，生育中の放射照度の減少が光捕捉能を増加させるという証拠がある一方，おそらく制御された実験条件下で，これらの植物の培養が非常に困難であるということから，植物プランクトン種以上にはあまり明らかにされていない．もっと多くの研究が必要とされているが，特に現場においては，あらゆる深さで生育する幾つかの種について，これまでに得られた情報による，より深層で生育する個体の適応としては，単位バイオマス当たりの色素含有量の増加があげられると結論してよいかもしれない．他の戦略としては，呼吸速度の低下や植物の形態変化による光捕集能の増加があげられよう.

　様々な深さにおける光条件の変化に対処可能な水生植物の適応能力は，光学的水系に見られる光特性の違いにも原理的に対処できるはずである．ある種が広範囲の水系で生育する能力をもつことが，光合成器官の個体発生的適応によるものであるということは，これまで組織的な研究課題ではなかった.

　光環境の変化に対する水生植物の共通した個体発生的応答が細胞の光吸収能を変化させることであるとしたら，そのうちの1つとして色彩適応がどれくらい重要なのであろうか．全スペクトルを通しての絶対吸収量の変化とは対照的に，細胞の吸収スペクトル形状の変化（色素の比率の変化による）はどれだけ重要なのであろう．ビリンタンパクを含まない水生植物，すなわち高等植物や紅藻，クリプト藻，ラン藻以外の藻類では，その場の光の変化に対応して色素の比率を変化させることは比較的少ない．ある緑色植物種（藻類と高等植物）では，弱光適応する際にクロロフィルaとbの比がいくらか上昇する．これにより，他のスペクトル領域と比較して 450～480 nm の波長の吸収が幾分増えるはずである．渦鞭毛藻 *Glenodinum* では，弱い放射照度において生育した場合のペリディニン－クロロフィルaタンパク濃度の増加は，500～550 nm のスペクトル領域の吸収を増加させる原因となっている[724]．これらの比較的わずかな吸収スペクトル形状の変化は，大抵の海域の深層で卓越する青緑色のスペクトル分布に細胞の吸収スペクトルを適合させる効果があり，生態学的に有用な色彩適

応の例とみなすことができる．それにも関わらず，そのような変化の効果は，通常の色素濃度の増加の結果生じる全スペクトル吸収の増加に比べて量的に重要ではない．色彩適応の明快な例を見るには，我々はビリンタンパクを含むラン藻や紅藻などのグループに目を向けなければならない．

異なるスペクトル特性の光に適応して生育した藻類のフィコエリスリンとフィコシアニンレベルの変化は，吸収スペクトルの劇的な変化をもたらす．図12·15で示されるように，フィコシアニンを非常に多く含む細胞は，500～575 nmの領域で強い吸収を示すフィコエリスリンの多い細胞に比べて，600～650 nmの領域で強い吸収を示す．オレンジ～赤色の水中光環境から光を集めるには前者の細胞の方がよりよいことは確かで，後者の細胞では，緑色光からより多くの光量子を得るであろう．オレンジ～赤色の光が卓越する水中の光環境は，海ではほとんどないが，溶存態や粒状態のフミン物質によって強く着色した内陸水には存在する（図6·4d）．緑色の光環境は，もちろん自然水域に普通に存在する．このように，これら2種類の細胞によく適した光環境は水圏生態系にある．しかしながら残念なことに，このタイプの適応が自然界で実際に起こっていることを示す現場データはないようである．

ビリンタンパクとクロロフィルの比は，見てきたように，現場で卓越している光に伴って変化しうる．光強度が低下するにつれ，スペクトル組成が変わらない時でさえ，ビリンタンパクとクロロフィルの比は，ラン藻や紅藻その他で，ある程度まで増加する．この変化は強度のみの変化によって引き起こされうるので，これは単なる強度適応であり，スペクトル組成の変化を必要としないので，真の色彩適応ではないと論じられてきた．一方，室内実験とは異なり，水中環境での光強度の減少は，スペクトル特性の変化に伴い，特に赤色光の除去に見られるように，深さの増加に伴って最も普通に見られることである．それゆえ，進化の過程で，低放射照度と赤色光の全くの欠如が，赤色波長以外のスペクトル領域で吸収するフィコエリスリンのよう

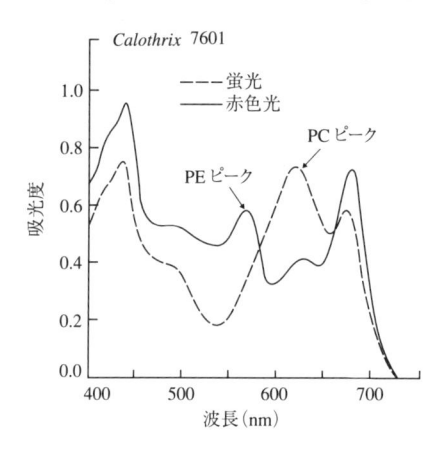

図12·15 異なる光スペクトルを照射して成長したラン藻の吸収スペクトルの違い（Bennett & Bogorad, 1973による）．*Calothrix* 7601（以前は *Fremyella diplosiphon*）を赤色光と蛍光（緑色～黄色を強めた）で生育させ，0.68 mg 乾重ml^{-1}の懸濁液を測定した．赤色光で育てた細胞では高いレベルでフィコエリスリン（PE）とフィコシアニン（PC）が存在することが明らか．

な色素合成を増加させることによる自動的に弱光適応調節機構を発達させたに違いない．植物は必ずしも色彩適応するために色素検知システムをもっていなくともよい．光強度の低下に伴うビリンタンパク／クロロフィル比の増加は，光強度と色彩適応両方の意味をもつとみなしてよいかもしれない．光強度の減少によってそれが引き起こされる一方，同時に弱光環境で通常見られる特定のスペクトルに色彩的により適応する細胞を作る．

　この種の適応が生態学的に重要であるとする情報は今のところほとんどない．深さに伴ってビリンタンパク／クロロフィル比が，増加することを示すわずかな現場調査が，2種の紅藻について行われている（12・4節）．

　紅藻で比較的高い光強度で起こる補足的でない色彩適応，すなわち2つの光システムのバランスのとれた励起を起こさせるように作用する適応は（12・3節），吸収スペクトルの実質的な変化を伴う（図12・8）．この種の適応はまだ現場では説明されていない．このことは比較的浅い場所に生育している藻類でよく見られる．実験室内の研究および理論的な説明に基づく[103, 559, 1012]．深さの増加に伴って水中光の緑色／赤色の比が増加し，フィコエリスリン／クロロフィル比はまず光システムの励起が平等になるように減少し，次に全ての利用可能な光量子に対する獲得要求が最大になるために増加するであろう．このことはまだ紅藻類については明らかにされていないが，褐藻類について類似の現象が既に報告されている．以前指摘したように，スペイン沿岸の *Dictyota dichotoma* でフコキサンチン／クロロフィル比が0～10 mの深さで42％減少し，10～20 mの深さで再びもとの値まで増加した[694]．もし，フコキサンチンが，まずその励起エネルギーを光化学系IIに移動させるならば，深くなるにつれて青緑色が増加し，光化学系Iより光化学系IIの励起を大きくするか，またはフコキサンチン／クロロフィル比の減少がこれを修正するであろう．さらに深いところでもまだ，全ての利用可能な光量子量を獲得することの必要性は益々重要となり，その結果，フコキサンチン含有量は再び増加する．

　植物がより密生している水圏環境では，他の植物との光をめぐる競合や，他の植物の影でも耐えられる能力は非常に重要である．深いところに生息するのではなく，他の植物の影で薄暗くなっているところで見られる植物は，深さに伴う弱光適応と同様の経験をするであろうが，このことに関する水圏生態系の実験的な試みはほとんどなされてこなかった．光競合に耐えられる植物の耐弱光性の例は，前に述べた付着珪藻によって覆われた *Chondrus crispus* のフィコエリスリン含量の増加である[752]．

　弱光適応の特別な例は，北極と南極の海域環境において毎年氷の下で生活している微細藻である．南極の浮氷塊においては，これらの藻類は100 mg chl a m^{-2}の濃度で存在し，毎年氷が覆う海域の拡大縮小域はおよそ1,500万 km^{2}あり，藻類は夏の雪解けの際に水中に放出され，これらのアイスアルジーは極域生態系の生産性に相当な

貢献をしていると思われる [119, 934]. アイスアルジー群集は羽状目珪藻がほとんどを占めており，その光合成は低い放射照度で飽和するという高レベルの弱光適応を示している [160, 686, 763]. この群集では個体発生的弱光適応を示す多少の能力も幾つか見られるが [161, 686], それが示す弱光適応の多くは自然界で系統発生的なもの，すなわち，現存の種は遺伝的に低放射照度に適応しているというものである [160].

2) 季節的適応―底生多細胞藻類

熱帯から極域に向かうにつれ，昼間の放射照度は季節によって周期的に変化するので，植物群集が自らの光合成システムを季節によって変化する光環境に有利に適応させているのではないかと考えてもよい．これは特に年間を通じて生息している多年生底生藻類の場合に当てはまり，それらはどの季節でも最良の光合成ができるに違いない．しかし，放射照度の変化に伴う温度の季節変動が，水生植物の光合成活動に何らかの変化をもたらしている．明反応の速度は影響されないのに対して，呼吸とカルボキシル化の速度の両方が温度とともに増加するので，光の補償点と飽和点は温度とともに上昇する．バルト海の底生藻類種に関する多くの研究で，King & Schramm (1976) は夏や秋と比較して冬に補償点が明らかに下がることを見つけた．彼らの測定は，そのときの現場水温で行われたので，光に対する何らかの適応があったのか，冬の低い温度がもっぱら低い補償点の原因となったのか，ということはわからなかった．ほとんどの種では光飽和点に季節的な変化は見られなかったが，2つのコンブ属の種（褐藻類）では飽和に達するのに必要な放射照度は秋より冬の方が低かった．これらの種の1つ *L. saccharina* では，g乾重量当たりの光飽和光合成速度は両季節でほぼ同じであり，冬の光飽和点の低下が単に低温によるカルボキシル化速度の低下によるものではないことを示唆していた．

カナダのバンクーバー島に生育するジャイアント・ケルプ，*Macrocystis integrifolia* と *Nereocystis luetkeana* で Smith, Wheeler & Srivastava (1984) と Wheeler, Smith & Srivastava (1984) は，葉の単位面積当たりのクロロフィル*a*とフコキサンチンのレベルが冬では高く，春から夏にかけて低下し，秋になると再び上昇して冬のレベルまで達することを見出した．色素の季節変化は明瞭なものであった（2～3倍）．色素レベルの変化が季節的に変化する日射量の変化に適応的に応答した事例であるかもしれないが，実際には水中の硝酸塩濃度と最もよい相関を示した．つまり，おそらくこれらの藻類は単に窒素含有量が多い場合に，光合成を行うための色素を多く作っているに過ぎないのかもしれない．

多くの紅藻類では，クロロフィルに対するフィコエリスリンの比が夏より冬に高いことが示されている [124, 628, 752]. 飽和に達するのに必要な放射照度は，温度の効果とは全く関係なく，冬に低いようであるが，実験的確認が必要である．

米国フロリダの亜熱帯潮間帯に生息する紅藻 *Bostrychia binderi* において，Davis

& Dawes (1981) は，クロロフィル含有量の季節変化は見られなかったが，光飽和光合成速度は晩夏と秋に最も高く，冬が最も低く，夏と秋は冬の 2〜4 倍あったことを報告している．全ての測定は 30℃で行われたので，これはおそらく潜在的カルボキシラーゼ反応の真の季節変化を表しているであろう．

3）季節的適応—植物プランクトン

季節的温度変化は植物プランクトンの場合でも解釈を困難にする．Steemann Nielsen & Hansen (1961) は，デンマーク沿岸域表層の植物プランクトンの光飽和度開始点パラメータ E_k を現場水温で一年を通じて定期的に測定した．それは真冬が最も低く，真夏が最も高くて冬の 3 倍であった．年間を通して E_k，入射光量および水温の変化を比較すると（図 12·16），光飽和パラメータの季節変化の大部分は温度変化に基づいていることがわかる．しかしながら，春の E_k 値は温度だけから期待される値より幾分大きいように思われ，高い放射照度に対する光合成システムの適応によって，この時期の E_k が上昇したのかもしれない．

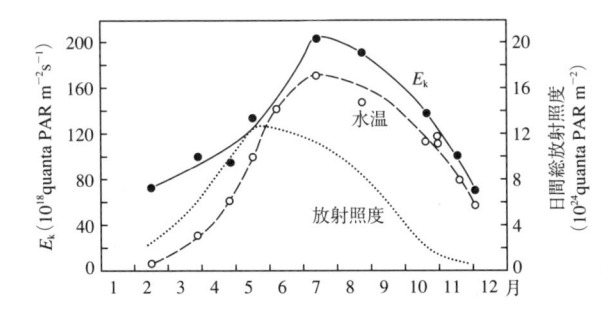

図 12·16 デンマーク沿岸の測点における植物プランクトンの飽和開始パラメータ（E_k），水温，および日間放射照度の季節変動．Steemann Nielsen & Hansen (1961) のデータをプロット．水温（○）と E_k（●）は表層の値．E_k は現場温度で測定された．放射照度は lux から quanta m^{-2} s^{-1} に換算．日間放射照度（点線）は年間を通して平均的な曇りの日のもの．

ノバ・スコシア沿岸域の植物プランクトンの α と P_m^B の値は，Platt & Jassby (1976) によって 2.75 年の間に 5 倍に変化したことがわかった．測定は現場水温で行われた．値は夏と初秋に最も高くなる傾向があったが，他の時期にも小さなピークが時々観察された．統計解析により，潜在光合成能（P_m^B：クロロフィル 1 mg 当たりの光飽和光合成速度）は温度と強い関連性があるが，α（P-E_d 曲線の初期勾配）はそうではないことがわかった．これらの発見は温度に対してよく知られた光化学過程の低い感受性によるものではなく，カルボキシル化の感受性によるものである．

日本の湖沼における植物プランクトンの E_k 値は，夏に最大，冬に最小となり，年

間で3倍違うことがわかった[19]. しかしながら, これらの測定は現場水温で行われたものである.

温度の効果が考慮されたとしても, 個体群の光合成作用における見かけの季節変化が真に種内の個体発生的適応であるのか, 単に生息する種の違いを表しているに過ぎないのか, ということが問題となる. なぜなら, 海[748]でも湖[750]でも, 年間を通じて植物プランクトン群集の分類群組成は常に変化するからである. Durbin, Krawiec & Smayda (1975) の研究は, 一年のほとんどを通じて北東アメリカ沿岸における異なるタイプ (大きさによる違い) の植物プランクトンが, 全バイオマスと一次生産の両方でどれほど相対的に重要であるかを示している (図 12・17). 主に珪藻からなる大きな細胞 (20〜100μm) は冬から春のブルームに, 一方, 主に鞭毛藻からなる小さな細胞 (20μm 以下) は夏季の群集のほとんどを占めた. 同じサイズクラスの中でさえ, 種組成は時間変化を示した. 例えば異なる珪藻種が2月から5月までの期間に, それぞれ3回, 豊度のピークを示した.

カナダ太平洋岸の入り江における植物プランクトン群集の光合成能は, 3〜4月の非常に低い値から急激に何倍も上昇し, 6〜8月にピークに達し, 8月中旬から9月に急激に減少し, 10月に再び低い値まで下がることが Hobson (1981) によって観察された. 測定は現場温度で行われ, いかなる種の P_m^B も温度とともに増加する傾向が見られたが (11・3節), 変動のうちのわずか約17%しか温度変化で説明できなかった. 4月上旬と8〜9月の P_m^B の主な変化は植物プランクトンの分類上の組成変化に対応しており, 光合成能が低下したときには同定不可能な微小鞭毛藻で占められ, 光合成能が上昇した時には珪藻類 (*Chaetoceros, Thalassiosira*) もしくは鞭毛藻類 (*Gymnodinium, Peridinium*) で占められた. Hobson は, 冬に植物プランクトンの主要な構成者となる微小鞭毛藻が短日で低放射照度という条件に遺伝的に適応しているのではないかと考えた.

絶えず植物プランクトン群集の構成種が変化しているという状況は, 海水と同じように淡水においても例外なく当たり前のことであり, 植物プランクトンの光合成特性の見かけ上の季節適応 (温度効果を考慮した上で) は, 多くの場合, 出現する藻類の変化に起因するもので, 個体発生的適応というより系統発生的適応である. もちろん, 多くの沿岸水で年間を通してかなりの量存在する *Skeletonema costatum* のような種については, 室内実験条件ではよく知られているように, 放射照度の変化に適応することは確かであるが, 他の種の存在下でこれを実証することは難しい. さらに複雑な問題は, 地理的に同じ任意の場所に生息する任意の植物プランクトン種でさえ, 季節を通して顕著な遺伝子の不均一性と遺伝子組成の変化が存在しうることである. アメリカ, ロードアイランドのナラガンセット湾から単離された *S. costatum* の個々のクローンのイソ酵素の型および生理学的特性の分析によって, Gallagher (1980,

1982）は，冬季ブルーム個体群はいずれも遺伝的に均一ではなく，夏季ブルームの個体群とは遺伝的に違うことを示すことができた．

高緯度の標高の高い湖で，冬の氷の下という薄暗い場所に生息する植物プランクトンでは，夏場のものより細胞のクロロフィル含量が高く，飽和光強度が低い[443, 449, 926]．そのような事例の一つとして，フィンランドの Pääjärvi 湖で，異なる藻類種が年間

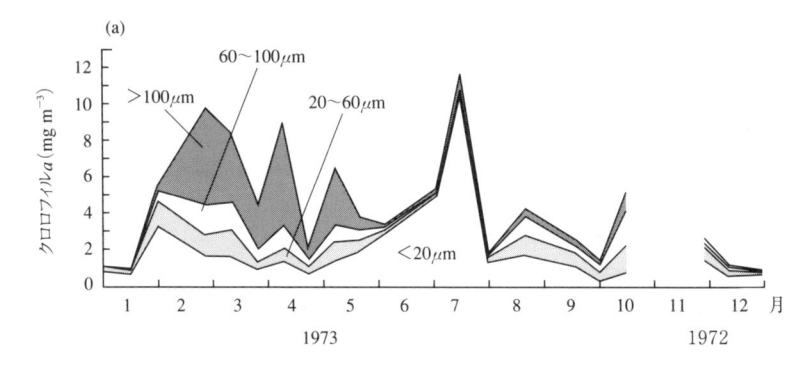

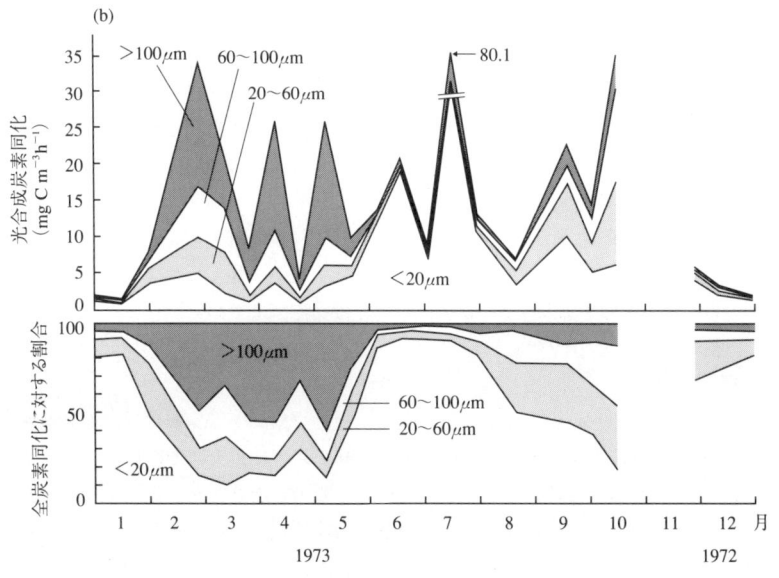

図12・17　北半球温帯沿岸域における植物プランクトンの全バイオマスと全一次生産に対するサイズ別の寄与（Durbin, Krawiec & Smayda, 1975, *Marine Biology*, **32**, 271-287, の許可による）データはナラガンセット湾，ロードアイランド，USA．(a) 異なるサイズ画分のクロロフィル a の積算．(b) 上：異なる植物プランクトンサイズ画分の単位体積当たり光合成炭素の積算グラフ．下：それらの割合．

の異なる時期に優占した[443]. しかしながら，オーストリアアルプスの湖では種組成は年間を通してほとんど変化せず，主に *Gymnodinium uberrimum*[920] という渦鞭毛藻で占められ，Tilzer & Schwarz（1976）は高いクロロフィル含量（2〜3倍）と低E_k値，もしくは氷の下の細胞の存在を実際に種内の適応によるものであるとした.

数日間という比較的短期間での植物プランクトンの光合成適応の証拠は，数多くの現場調査から得られてきた[441, 707, 794]. Platt & Jassby（1976）は，ノバ・スコシア沿岸水における植物プランクトンの$α$の値が，3日前の平均日放射照度と相関があることを見つけた. Neagh湖（北アイルランド）では，Jones（1978）が主要個体群であるラン藻の光飽和開始点パラメータE_kが，その前の5日間の平均日放射照度と正の相関があることを見つけた. すなわち，前の5日間の平均日放射照度が高ければ高いほど，飽和を達成するために，より高い光強度が要求される. E_kの変化はクロロフィル1 mg ($a = P_m/E_k$) 当たりの光飽和速度（P_m）よりも$α$（P-E_k曲線の初期勾配）の変化によるところが大きいということになる. $a = \bar{a}_c \phi_m$ なので，これらの変化はおそらく，より高い光強度で細胞内クロロフィル含量の減少を伴う，単位クロロフィル当たりの比平均吸収係数の増加に帰することができる（12・2節）. 変化が起きた短期間という視点では，それらが個体群の群集構造の変化というよりも，種内での個体発生的適応に対応していると考えた方が正しいのではないかと思われる.

このように，植物プランクトン群集の光合成特性の季節変化は，実際のところ，全体としては種の遷移によるものであり，短い時間スケールでは，それらが個体群の重要な構成種として存続する数週間での個々の種の光合成特性の順応的変化もある.

12・6 光合成系の急速な適応

太陽光放射照度の季節的周期は別として，当然，毎日のPAR強度は極端に変化する. それは太陽高度の規則的な日周変化だけではなく，雲量の変動によっても放射照度は急速に変化する（図2・7）.

1）鞭毛藻の移動

日光に照らされた水柱の中には，ある時間，植物プランクトン個体群の中でもある特定の種が光合成に最適な光強度（強光阻害を起こさずに最大速度を与えるのに十分な量）の深さにいる. この最適な深さは日中の太陽の高度とともに変化する. どの深さにでも最も適した深さに水柱内を移動する能力は藻類にとって非常に有利であることは明らかで，多くのグループがこの能力を有している.

鞭毛を有するものは，紅藻類，褐藻，珪藻類やラン藻以外の全ての藻類に共通している. 鞭毛をもった細胞による鉛直移動は渦鞭毛藻で最も研究されてきた. ある場合には，正午に向けて光が次第に強くなるにつれて表層から下方へと細胞は移動し，そして夕方から夜になると再び上昇する[73, 920]. 移動はある意味で走光性であるが，種

によって正と負があり，移動の方向は水面での光強度によって決まる．例えば，Blasco (1978) はアメリカのバハ・カリフォルニアの沿岸において，海産渦鞭毛藻 *Ceratium furca* が太陽の放射照度が 280 W m^{-2} である朝 7 時に海面へ移動し，900 W m^{-2} の 12 時には海水面から離れることを観察した．

全ての渦鞭毛藻類が規則的に上昇や下降する日周移動を示すわけではなく，移動力を使って，ある一定の深さにとどまっているものもいる．Heaney & Talling (1980) はイギリスの Esthwaite 水域で春と夏の間，*Ceratium hirundinella* は表層を避けるが，鉛直移動はしないことを観察した．この渦鞭毛藻類細胞は表層の約 10％の放射照度である 3～4 m の深度で最高密度を示した．

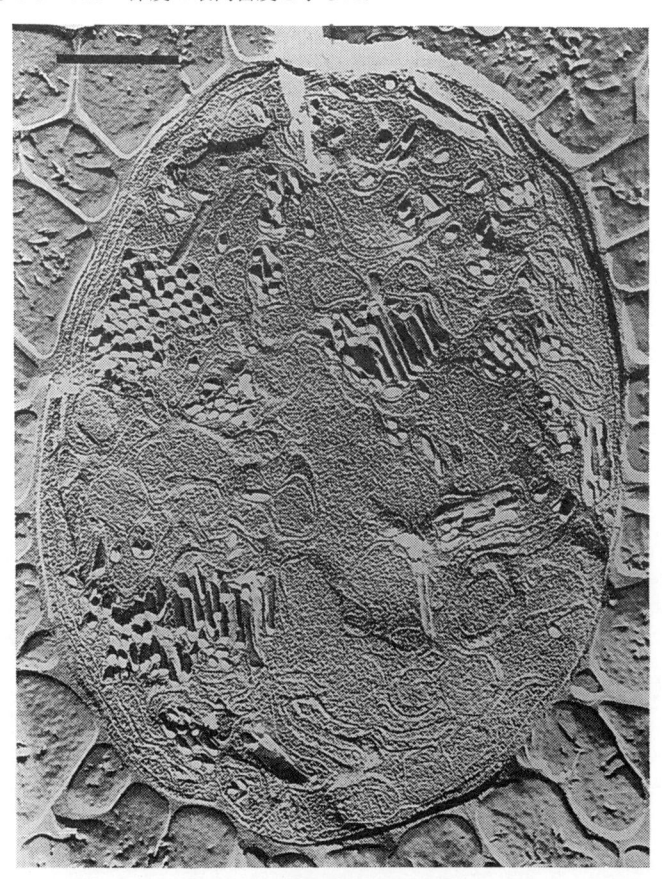

図 12・18 円柱状のガス胞の長軸断面や横断面が見られる *Anabena flos-aquae* の細胞の凍結切片（D. Branton 教授の好意による）．スケールの長さは 1 μm．

渦鞭毛藻の移動パターンは，水中の窒素利用度によっても影響を受ける．Cullen & Horrigan (1981) は 2 m 深の実験水槽を用いて，明期 12 時間，暗期 12 時間の条件下で海産種 *Gymnodinium splendens* の移動に関する研究を行った．水槽中に窒素が存在するとき，細胞は日中表層で，夜間は深層に存在した．それらは夜が明ける前に上方へ，日が沈む前に下方へと向かって泳ぎ出した．水中の窒素が枯渇してくるとバイオマス当たりの光飽和光合成速度が低下し，光合成が飽和する光のレベルに相当する深さに層を形成した．本種の行動パターンはカリフォルニア沿岸の海でも観測されている．夜間 (1:10)，細胞は窒素躍層（窒素濃度が表層水の低い値から深層にかけて高い値になる層）18 m の深さにいた．朝の 10:50 になると，細胞は飽和光合成に十分な光強度で窒素の枯渇した 14 m の深さまで上昇した．この結果から *G. splendens* は夜間は窒素を蓄積できる深さまで下降し，日中は窒素が欠乏しているが光合成速度が最大となる深度まで上昇することが分かる．その行動は，走光性もあるが走化性もあるかもしれない．

湖において，一般的な（どこにでもいるわけではないが）鞭毛藻類の行動様式は日中表層に集まり，夜間に水温躍層の下に移動するというものである．このような行動は，例えばフィンランドの褐色水の湖におけるクリプト藻 *Cryptomonas marssonii* [782] や，モザンビークのカホラバッサ湖で群体を形成する緑藻の *Volvox* などがある [848]．どちらの場合も，適応が明白な点は，夜間に深層で栄養を補給し（一般的に内地の水はリンが制限要因となっている），その後，栄養塩は枯渇しているが光のある表層で光合成を行うことである，と考えられる．

2) ラン藻の鉛直移動

ラン藻は水柱で上昇したり下降するために，細胞中の空胞をガスで満たしたり抜いたりという全く異なった機能をもっている．その構造や生態学的に意味のある総合的な説明が Fogg *et al.* (1973) の本や，Walsby (1975)，Reynolds & Walsby (1975) などの総説でなされている．

ガス胞は直径が約 $0.07\,\mu m$，長さが通常 $0.3 \sim 0.4\,\mu m$，最大が $2\,\mu m$ の円柱状の構造をしている．それは各細胞にたくさんある．それらを仕切っている膜は一種類のタンパク質からできており，分子量は 20.6 kDa である [967]．ガス胞中の混合ガスは周囲の溶液中のものと同じで，同じ分圧である．周囲の細胞質の膨圧がある一定値まで達するとガス胞は崩壊する．新しいガス胞は崩壊した小胞が再び膨張するのではなく，新しく形成される．小さい小胞が初めに形成される場合，まずガス胞の形成はラン藻の浮力を増加し，ラン藻を海面に浮かせる．ガス胞が崩壊すると細胞は沈む．ガス胞と細胞の体積比によって，どれくらい速く上昇したり下降したりするか，または同じ深さに留まるかが決定される．

ガス胞の形成は，薄暗い光，光合成に必要な無機炭素の欠乏，および十分な無機窒

素の量によって増える[259, 506, 684, 973]．このような状況では光合成はかなりゆっくりと進み，利用可能な窒素は糖の蓄積よりもむしろ細胞物質の合成へ向けて空胞膜の形成や光合成産物の生産にまわる．空胞が形成されると細胞は表面へ浮ぶ．光強度と CO_2 の利用が増加すると（大気中 CO_2 の拡散の結果）光合成速度は上昇する．通常見られるように，無機窒素の濃度が表層に向けて減少する場合，光合成は細胞の成長より糖を蓄積し，細胞の膨圧が増加すると，結局，ガス胞は崩壊し始める．この過程がどれくらい進行しているかによって，細胞の上昇がゆっくりになり，結局ある深さへ留まったり，または，窒素濃度が高い深層へ実際に沈むのか，が決まる．このように，ガス胞の浮力コントロールによってラン藻の個体群は特定の好適な深さにとどまることが可能で，このことは Oscillatoria にみられる．これは水中を動く際に大きな抵抗となる小さな直径の繊維であり，浮力の変化にゆっくりと反応するので，通常は数メートルの特定の層に留まっている．一方，大きなコロニーを作る種は水中を急速に沈んだり上昇したりでき，顕著な浮力変化が，1時間程度の短時間で起こるので，1日の状況の変化に素早く応答

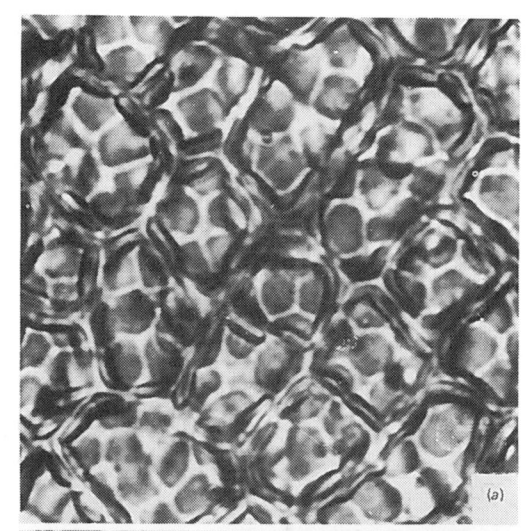

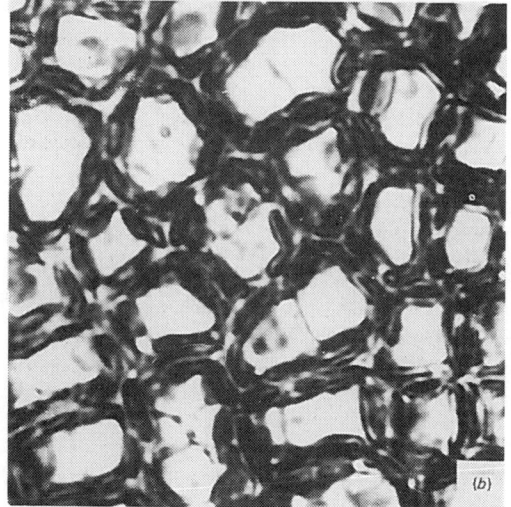

図 12・19 褐藻 Laminaria saccharina の葉緑体の光による移動 (Nultsch & Pfau (1979), Marine Biology, 51, 77-82 による) 葉緑体の配列 (a) 弱い光強度 (1,000 lux) (b) 強い光強度 (10,000 lux)，倍率 4,000 倍．

することができる．*Microcystis* や *Anabaena* のような大きなコロニーを形成する藻類は，穏やかな海況でよく表面に浮かんできて，富栄養化した湖では夏に表面に膜状に分布する．それらはガス胞の崩壊や風の作用で再び分散する．

多くの場合には，ラン藻がもつ浮力コントロールの利点は，光強度が最適な深さに自分自身を置くことができる能力にあるが，*Microcystis* や *Anabaena* のように速く移動できる種では，鞭毛藻のように周期的に温度躍層を通って下降することでリンを取り込み，再び上昇して栄養塩が枯渇した明るい表層で光合成を行うといわれている[285]．南アフリカの富栄養化した Hartbeespoort ダムでは常に過剰の栄養塩があるが，風速や水の擾乱は少なく，*M. aeruginosa* が大きな個体群を形成する．Zohary & Robarts (1989) は，この藻の繁茂は，熱帯の強い太陽光のもとで形成される浅い日混合層のなかに自分自身を維持する強い浮力という能力によるものであるとしている．一方，浮力のない種は密度勾配があっても沈降してなくなる．モデリングによると，*Microcystis* のように正の浮力をもつ藻類は日混合層では非常に有利である[397]．もちろん，強い太陽光を受ける表層に留まることは，植物プランクトンにとってかなり有害である．しかしながら，Hartbeespoort の *Microcystis* は強い光にうまく適応しているようである．つまり細胞中のクロロフィル含量が少なく，高い光合成飽和放射照度（E_k が 1,230 μeinsteins m^{-2}s^{-1}）を有するということである[1022]．

3）付着藻類の移動

浮遊性珪藻は水中を移動することはできないが，沈降や水中の擾乱による受動的な動きをする．しかしながら，珪藻類は粘液性の分泌物によって物質の表面を動くことができる．底質に生息する藻類群集は底生藻類 "epipelon" と呼ばれ，珪藻類がしばしば優占グループとなる[771]．淡水，海水に限らず，底生珪藻は夜明け前に堆積物表層へ移動し始める[126, 772]．午後になると細胞は堆積物中に再びもぐり始め，この移動は暗くなって数時間続く．淡水湖の底生珪藻の場合，750 lux で照らされている限り堆積物の表層から移動することはないが，75 lux かそれ以下の光強度で照らされると下に向かって移動する[348]．日中に明るい表面に向かって移動する理由は明らかである．しかし，暗くなるとなぜ細胞が堆積物中にもぐるのかは明らかではなく，無機栄養塩の利用というのがもっともらしい説明である．

濁ったエスチュアリーでは，上げ潮は光強度の低下をもたらす．水が濁った場所の干潟の珪藻は，日周リズムに加えて潮汐のリズムも示す．イギリス Avon 川のエスチュアリーでは上げ潮の 1～2 時間前に珪藻は堆積物の表面下に隠れる．潮が満ちてくると，岸に沿って泥の表面の緑や褐色の藻類の皮膜は波のように動いて消えていく[773]．対称的に，スコットランドの澄みきった Eden 川のエスチュアリーでは，底生珪藻の動きには正確な日周性が見られる[695]．

日中は表面に現れ，暗くなると堆積物中に移動する日周移動は，珪藻と同様，底

生ユーグレナ藻，他の渦鞭毛藻類やラン藻で見られる．epipelon に関する詳しい説明は"The ecology of algae"という Round（1981）の著作にある．

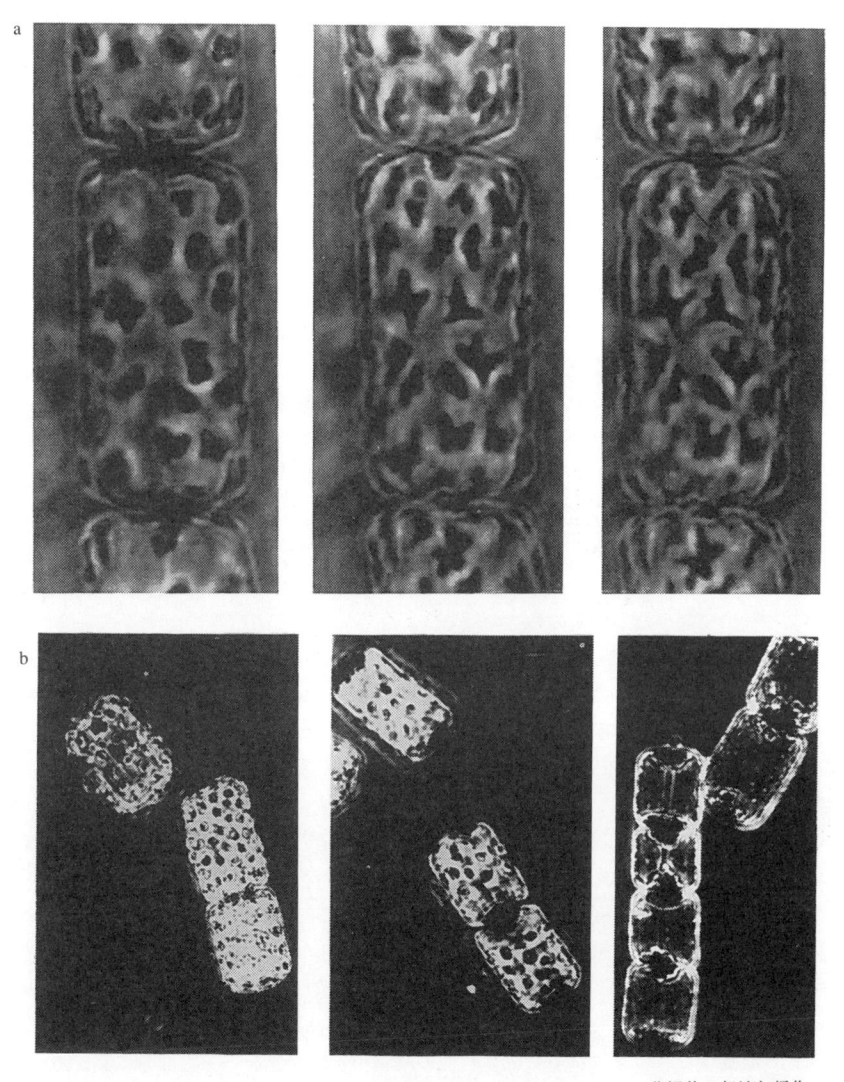

図12・20 強い光強度によって引き起こされた海産珪藻 *Lauderia borealis* の葉緑体の収縮と凝集 (Kiefer (1973), *Marine Biology*, 23, 39-46 より)．この顕微鏡写真は左から右へ光による変化が大きくなっていることを示す．(a) 葉緑体の収縮 (b) 細胞殻の端への葉緑体の移動とその後の凝集．

4）葉緑体の移動

葉緑体による光捕集率は，補助色素だけではなく，細胞内でのそれらの位置や方向に依存し，水生植物ではこれらは光強度によって変化しうる．高等植物における，一般的なパターンは[960]，弱い光強度で葉緑体が光の吸収を最大にするように細胞内を移動することである．入射光に向けて細胞壁に平行にくっついて広がる．強い光強度では（光合成飽和強度），葉緑体は光の吸収が最小となる位置に移動する．これは，おそらく強光阻害を避けるためであろう．葉緑体は直接光にさらされる細胞壁から離れるように移動し，平行に並ぶことにより多くの部分が影になり，典型的には光に面と向かうのではなくヘリに固まったり，他の葉緑体の影になったりもする．スコットランドの湖に生息する被子植物 *Potamogeton crispus* の場合には，0.25 m の深さから採集した葉は細胞の側壁周辺に葉緑体があったが，2.5 m の深さから採集した葉は光に面した表面に葉緑体が分布していた[854]．強い光強度のもとで光の捕集を減らすもう一つの方法は，葉緑体が核の周辺に集まることであり，これは地中海において 0.5 m の層で生育している海草 *Halophila stipulacea* の葉で観察されている[199]．

高等植物の葉緑体の移動を起こす作用スペクトルは約 450 nm の青色域にピークがある．光受容体はフラビンまたはカロチノイドである[359]．その機能は細胞質の流れに関係している．葉緑体は細胞質を通って移動するのではなく，一緒に移動するようである．

Nultsch & Pfau（1979）は，数多くの潮間帯や潮下帯における海産藻類の葉緑体の移動について調べた．褐藻の多くの種では，弱い放射照度では光の面する細胞壁の方へ移動し，強い放射照度では光の方向と平行に側壁に移動する（図 12・9）．ある明瞭な位置から別の位置への移動には 1～2 時間かかる．緑藻や紅藻では，光による葉緑体の移動は観察されなかった．熱帯の浅い暗礁下で成育する緑藻 *Caulerpa racemosa* で，明るい日光のなかで葉緑体が葉から枝へと移動するのを Horstmann（1983）は観察した．

糸状緑藻 *Mougeotia* と *Mesotaenium* では，それぞれの細胞中に平らで長方形の葉緑体が中央に位置し，光の変化に反応する葉緑体の特徴的な移動は壁の周囲を移動するというより葉緑体の縦軸方向に回転することである．葉緑体は中位の光では直面し，強い光では縦になる．Haupt（1973）と共同研究者らは，この移動を制御している光受容体がフィトクロームであることを示した．他の糸状多核細胞藻の *Vaucheria sessilis*（黄緑藻）では，フィラメントに低い強度の青い光を一部に当てると，通常は細胞質流動によって運ばれる葉緑体と他の細胞小器官が光を当てた部分に集まる[74]．このことの光合成における意味はまだ明らかにされていない．

浮遊性のプランクトン藻類の場合，光に対して決まった方向はなく，細胞のある部分への葉緑体の移動が，もし，細胞が 1 つまたは数個の葉緑体を含んでいるとしても，

光捕集率を大きく変えるということはなさそうである．ある場合には，葉緑体は強光において吸光断面を減少させることがある．このことは渦鞭毛藻[893]や珪藻[353, 467]で観察されている．海産円心目珪藻 *Lauderia borealis* は1細胞当たり50個の葉緑体があり，Kiefer (1973) は，強光（244 W m^{-2}）に当てると2分間で葉緑体が凝集することを観察した．30分から60分間，弱い光を当て続けると，周辺に均一に散らばっていた葉緑体が細胞の殻の縁に集まり，2つの等しいサイズの塊を形成する．葉緑体のサイズと位置の変化は，440 nm で細胞懸濁液の吸光度を約40％減少させることになる（散乱は常に見かけの吸収に寄与するのでおそらく過小評価である）．このように凝集と集合の組み合わせにより，この珪藻は明るい光のなかで，エネルギー捕集率をかなり減少させることができる．

5）光合成系のリズム

光合成能の日周リズム（光飽和におけるバイオマス当たりの光合成）は，植物プランクトン（1974年に Sournia によって，最近では1992年に Prézelin によってまとめられている）[195, 346, 726, 458, 588]や，多細胞の底生藻類について述べられてきた[102, 304, 447]．光合成能は日中の前半に最大（しばしば数倍）まで上昇し（午前中の中頃から午後の中頃の間に起こりうる），その後低下し，夜間は低いままである．図12・21はセントローレンス川エスチュアリーにおける1週間の光合成プランクトンの P_m の変化と時間の経過を示したものである[186]．底生藻類や浮遊性藻類のいくつかの種では，この1日の変化は環境要因によって直接コントロールされているのではなく，暗闇でも数サイクル維持される細胞内の正確な概日リズムである．

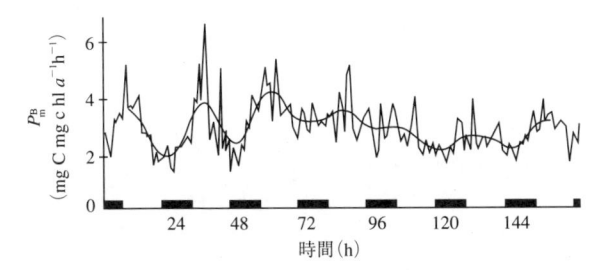

図12・21 カナダのセントローレンス川エスチュアリーにおける7日間にわたる植物プランクトンの光合成能（P_m）の日周リズム (Demers & Legendre (1981), *Marine Biology*, 64, 243-50 より）

培養では，P_m（光合成能）の日周性は，全てではないが海産珪藻，渦鞭毛藻，黄金色藻のいくつかの種で見られる[345]．昼と夜の P_m に違いがない種はそのサイズが非常に小さく急速に分裂するが，大型でゆっくり成長する細胞は変化を示す．この海産鞭毛藻のリズムに関する詳しい研究は，Sweeney とその共同研究者達によって行われ

た．培養した *Glenodinium* と *Ceratium* の細胞当たりの光合成速度は，光飽和状態でも光が制限された状態で測定しても，周期の間に 2～6 倍変動する [725, 727]．速度の変化が光制限の条件下でも起こるという事実から，Prézelin & Sweeney (1977) は，光合成の暗反応よりむしろ明反応の中での変動が一日のリズムの第一の原因であると結論した（カルボキシラーゼの活性がその周期の間変化することはないことが予め示されていた [122]）．その周期の間，細胞のスペクトル吸収や色素量の大きな変化はないが，光合成－光曲線の初期勾配（α）は，光合成能とともに変化する．光合成による量子収量（細胞が吸収した光量子を使う効率）が周期性の中で変化することを意味する．自然植物プランクトン群集についても，Harding et al. (1982a) が南カリフォルニア沿岸において，一日の間に α と P_m が同時に変動（3～9 倍）することを発見した．ここでは珪藻と渦鞭毛藻がそれぞれ優占した群集双方について行われた．クロロフィル含量の変化は非常に小さく，光合成活性（いずれの場合も単位クロロフィル当たりで示した）の変化と相関はなかった．Prézelin & Sweeney は活性のある全光合成単位の割合の周期的変動があることを示した．多細胞の褐藻 *Spatoglossum pacificum* の機能は異なっているようである．この藻の光合成能におけるおよそ 2 倍の日変動は，二酸化炭素固定酵素系の活性変化による [1004]．

光合成能の日周性があるとしても，それが藻類にとって有利なのかどうかは依然としてわからない．多分，毎日，光合成が行われた後，光合成器官のタンパク質は壊されて，アミノ酸は細胞の他の用途に使われるであろう．タンパク質は次の朝，再び合成される．このような光合成の日周変動特性は，実際に行われる一次生産量に影響を与えるであろう．光飽和状態での光合成速度の変化の影響は，少なくとも一部は，太陽の放射照度自体の大まかな変化によってもたらされる．光制限状態の光合成速度もまた日周変化を示すが，これは細胞が一日の初めと終わりに行う一次生産量を減少させることになる．Harding et al. (1982b) は，カリフォルニア沿岸の植物プランクトンの光合成－光曲線のパラメータの日周期の結果として，P_m と α の値が一日中最大を示した場合に比べて，一次生産は 19～39％低下すると計算した．

日積算光合成量の計算では，（太陽光放射照度の日周変化は考慮に入れないが）真昼の P_m と α の値を，その日一日に適用するのが一般的と思われる．この仮定をカリフォルニアの植物プランクトンに適用すると，日積算光合成量は P_m と α の周期性を考慮した計算値より 15～20％小さかった．このくい違いの大きさや範囲は光合成活性最大値のタイミングの変化によって起こる．これが真昼ではないときには，P_m と α の真昼の値は平均値に近づき，それほど大きな誤差ではなくなる．カナダのセントローレンス川エスチュアリーの植物プランクトンについて，Vandevelde et al. (1989) は，日積算光合成量の計算値は一日の光合成パラメータの変動を考慮した場合より 15～43％大きくなることを示した．

Ramus & Rosenberg（1980）は，日光にさらした海水タンクの中で，（E_d が海面直下の70％となるように）5種類の潮間帯の種（緑藻2種，褐藻2種，紅藻1種）の実際の光合成速度を1時間おきに一日中測定した．晴れた日の一般的なパターンは，光合成速度（単位クロロフィル a 当たり）が太陽の放射照度が一日のピークになる前の午前中にピークに達し，もっとも強い太陽放射となる正午にやや減少し，日没に向けて光強度が下がってゼロになる前に一時的な回復を示す．Ramus & Rosenberg はこれらの5種の潮間帯種では，午後に光合成機能が低下することは，晴れた日の一般的な事象に違いないと結論した．光飽和が起こっていない曇りの日には，光合成速度曲線はおよそ太陽の南中する時刻付近でだいたい対称的なものとなり，もっとも光に敏感な種（紅藻 *Gracilaria foliifera*）においては，晴れた日より曇りの日の方が一日の光合成量は多い．この研究で観察された特徴的な日周パターンは，いくつかの独立した過程，特に正午前にピークを示す光合成能の概日リズムや，太陽光強度が一番強くなった時に起こる強光阻害に起因しているようである[102, 447]．

　これまで見てきたように，実験室の条件下では色素含量の日変動は海産渦鞭毛藻には見られなかったが，Yentsch & Scagel（1958）は，珪藻が優占する自然植物プランクトン群集について，そのような変動があることを述べている．彼らは北アメリカの太平洋側沿岸域において，1細胞当たりのクロロフィル含量が午前遅くには50～60％に落ち込んでおり，午後の間はおよそ一定で，夕方には再び上昇するということを発見した．Auclair *et al.*（1982）は半自然状態にあるエスチュアリーの植物プランクトンのクロロフィル含量の変動を研究した．セントローレンス川エスチュアリーの水を1,200 l のタンクに入れ，日光に当てて，水1 l 当たりのクロロフィル含量を45時間測定した．細胞数はほとんど変化を示さなかった．クロロフィル含量はおよそ2倍の変動幅で6時間ごとにピークを示す規則的な上下動を示した．Auclair *et al.* は色素含量の変動を潮の動きに関係づけることができた．タンクの中のリズムがエスチュアリーのものと同じ変動をすると考えると，最大クロロフィル含量を示した時間は流速と擾乱が最大の時間帯であり，循環が強まることで細胞に対する平均照射量が低い期間に相当する．クロロフィル含量が最少の時は水の流れがゆるやかで，水柱が安定し細胞への照射量がより大きくなる．このことは，光強度が低い期間は細胞の光捕集能が高くなることを意味している．このシステムについて注目すべきことは，これが急速に行われることであり，細胞のクロロフィル含量は2～3時間で2倍に増加する．自然における植物プランクトンの色素含量の規則正しい周期的な変化は，我々が考えているより普通のことなのかもしれない．植物プランクトンのパッチ状分布や，その他の複雑な水の動きは，水域全体での変動を明らかにすることを困難にしている．

12・7 高い生産力をもつ水圏の生態系

　高い基礎生産力をあげるためには，水生植物群集は，光エネルギーを高率で収集し，その吸収したエネルギーを光合成によって効率よく利用し，光合成産物を新しい細胞物質へ変換しなければならない．この節では，自然生態系と人工の生態系がそれぞれどのようにして高い生産をあげているかについて述べる．

　水生植物が光の制限を最小限にするような最も効果的な戦略は，活発な光合成ができるように十分浅い水深において何かに付着することである．浮遊生活より底生生活を選ぶことによって，水生植物は光が十分ではない深いところに水の動きで運ばれることのないようにしている．さらに付着性底生植物は，周りの栄養塩だけでなく，水の動き（潮汐，流れ，風が起こす循環）によってより多量の水中栄養塩を利用できる．これに対して，遊泳力のない植物プランクトンは水塊の動きによって運ばれるので，新しく栄養塩の供給を得る機会は少ない．根がある底生植物（海草と淡水の被子植物）は，底質から栄養塩をとることができるので有利である．

　このように，最も生産的な天然の水生植物群集が底生であるということは不思議ではない．海域で一番生産的なシステムはガラモ場と珊瑚礁である．ケルプ，*Laminaria* と *Macrocystis* などの褐藻類は，冷水域の沿岸で濃密な海中林を形成する．Mann & Chapman（1975）によれば，これらの植物の年間純生産速度は 1,000～2,000 g C m^{-2} の範囲である．温帯から亜寒帯の潮間帯の褐藻，*Fucus* や *Ascophyllum* の純生産速度は 500～1,000 g C m^{-2} である．*Thalassia* 属が優占する熱帯沿岸域の藻場の年間純生産速度は 500～1,500 g C m^{-2} であり，*Zostera* が優占する温帯の藻場の年間純生産速度は 100～1,500 g C m^{-2} である．

　珊瑚礁の基礎生産は多細胞の藻と海草，および珊瑚礁の細胞に共生する Zooxanthellae が行っている．珊瑚礁の年間総生産速度は，300～5,000 g C m^{-2} である[554, 650]．

　もし光合成による直接の産物である炭水化物が細胞の成長や分裂に使われる場合には，タンパク質，核酸そして他の細胞の構成物質が作られなければならない．このためには無機栄養塩が必要である．水生植物が直面する問題は，強い太陽光強度が，ある種に好ましい時期には他の全ての植物にとっても好ましく，一次生産が最大になる時期は水中の栄養塩も少なくなる時期であることである．生産性の高い褐藻 *Laminaria* は，最大成長の時期と最大光合成の時期を分けることで，この問題を回避している[448, 572, 591]．この生物は夏に光合成産物マンニトールとラミナランを蓄積するが，あまり成長はしない．冬には光強度は弱いが，水中の栄養塩レベルが高いので，蓄積した炭水化物を使って成長する．

　湾やエスチュアリーでは，底生大型植物が基礎生産のほとんどをまかなっているのが普通である．Mann（1972）によると，カナダ，ノバ・スコシアにある 138 km^2 のセント・マーガレット湾では，植物プランクトンによる生産が 190 g C m^{-2} yr^{-1} であ

るのに対して，藻場（主に褐藻）による生産は603 g C m^{-2} yr^{-1} である．アメリカ，ノース・カロライナのニューポート川のエスチュアリーでは，海草の年間基礎生産量は植物プランクトンのそれの2.5倍と見積られている[912]．

内陸水の沈水性大型植物は海産大型藻類の生産力と同等程度である．温帯域の生産量の範囲が10～500 g C m^{-2} yr^{-1} であるのに対して，熱帯域では1,000 g C m^{-2} yr^{-1} 以上のようである[986]．

底生植物に比べて植物プランクトンの生産性が低いことの一番の要因は，以前に述べたように，鉛直混合の結果として受ける平均放射照度が低いためである．この問題の一つの解決方法は，ラン藻類が示すように（12・6節），それらにとって適切な水深内に浮遊するメカニズムの獲得である．（渦鞭毛藻のように）鞭毛をたえず動かしてエネルギーを消費するのではなく，最も高い植物プランクトン生産を有する水域が，ラン藻類によって占められているという事実がこのことを物語っているかもしれない．このような水域の年間純生産量は，普通300～1,000 g C m^{-2} の範囲であり，2,000 g C m^{-2} の大きな値も報告されている[338]．

循環の問題はまた，水柱が非常に浅い場合には，細胞があまり光から遠いところに運ばれないので，ある程度解消される．このことは，一般的に高収量が目的の排水酸化池や，藻類の大量培養システム[906] のような人工の水圏生態系に対して適用される解決法である．これらでは10～90 cm の深さが通常採用される．このようなシステムでは，栄養塩が充分量存在するので，一次生産速度はPAR あるいはCO$_2$ の供給速度によって制限される．Bannister（1974a, b, 1979）は，細胞の定常成長速度が入射放射照度と細胞の光合成と呼吸の特性によって表すことができることを用いて，無機栄養塩とCO$_2$ が飽和した条件下での植物プランクトンの成長理論を開発した．Goldman（1979a, b）は，屋外の藻類大量培養では，30～40 g 乾重 m^{-2} day^{-1} （5,000～7,000 g C m^{-2} yr^{-1} に相当）以上の生産は起こりそうもないと結論づけた．今まで，このような生産速度はごく短期間（1ヶ月より短い）においてのみ達成されており，長い期間ではだいたい10～20 g C m^{-2} day^{-1} が普通である．このシステムで決定的な制限要因は光合成の光飽和である．藻類が多く集積している場合でも，表層付近の細胞は飽和点より高い放射照度にさらされている．この節の初めにあげた，高い生産性をあげるために必要な3つの要因の中で，これらの細胞は光エネルギーの高い収率を有し，（充分な栄養塩が供給される場合には）光合成産物の新しい細胞物質への速い転換ができる．欠けているのは光合成における吸収エネルギーの効率的な利用である．なぜなら，それらのカルボキシル化システムが励起エネルギーの高い割合での到達を保持しておくことができないからである．最大の太陽光強度に至るまで，放射照度に比例して藻類が光合成速度を増加できないことは，屋外の大量培養で収量を増加することにおいて克服できない障害として残るであろう．突然変異や遺伝子工

学によってカルボキシラーゼを増加させたり，少ない色素量の藻類を開発することは解決にはならない．なぜなら，そのような細胞は深いところの弱い光強度には適応できないからである．すべての入射光を吸収するように藻類の懸濁状態が十分濃密であることは不可欠である．このことは水中内に放射照度の勾配（最大太陽光強度からほぼ暗黒まで）があり，どのタイプの藻類もそれぞれの光強度に適応しているということである．原理的には，上部に最も高放射に適応したタイプ，底部に低放射に適応したタイプを置き，透明な境で分けて薄い層に積み重ねるのがよい．こうすれば収量を増加させることができるはずである．しかし，技術的な問題やコストは相当なものとなるであろう．

文　献

1) Abel, K. M. (1984). Inorganic carbon source for photosynthesis in the seagrass *Thalassia hemprichii* (Ehrenb.) Aschers. *Plant Physiol.*, 76, 776-81.
2) Abiodun, A. A. & Adeniji, H. A. (1978). Movement of water columns in Lake Kainji. *Remote Sens, Env.*, 7, 227-34.
3) Ackleson, S. & Spinrad, R. W. (1988). Size and refractive index of individual marine particulates: a flow cytometric approach. *Appl. Opt.*, 27, 1270-7.
4) Adams, M. S., Guilizzoni, P. & Adams, S. (1978). Relationship of dissolved inorganic carbon to macrophyte photosynthesis in some Italian lakes. *Limnol. Oceanogr.*, 23, 912-19.
5) Aiken, G. R. & Malcolm, R. L. (1987). Molecular weight of aquatic fulvic acids by vapor pressure osmometry. *Gebchim. Cosmochim. Acta*, 51, 2177-84.
6) Aiken, J. (1981). The Undulating Oceanographic Recorder. *J. Plankton Res.*, 3, 551-60.
7) Aiken, J. (1985). The Undulating Oceanographic Recorder Mark 2. In A. Zirino (ed.), *Mapping strategies in chemical oceanography* (pp. 315-32).
8) Aiken, J. & Bellan, I. (1990). Optical oceanography: an assessment of a towed method. In P. J. Herring, A. K. Campbell, M. Whitfield & L. Maddock (eds), *Light and life in the sea* (pp.39-58). Cambridge: Cambridge University Press.
9) Alberte, R. S., Friedman, A. L., Gustafson, D. L., Rudnick, M. S. & Lyman, H. (1981). Light-harvesting systems of brown algae and diatoms. *Biochim. Biophys. Acta*, 635, 304-16.
10) Alberte, R. S., Wood, A. M., Kursar, T. A. & Guillard, R. R. L. (1984). Novel phycoerythrins in marine *Synechococcus* spp. *Plant Physiol.*, 75, 732-9.
11) Allen, E. D. & Spence, D. H. N. (1981). The differential ability of aquatic plants to utilize the inorganic carbon supply in fresh waters. *New Phytol.*, 87, 269-83.
12) Amos, C. L. & Alfoldi, T. T. (1979). The determination of suspended sediment concentration in a macrotidal system using Landsat data. *J. Sedim. Petrol.*, 49, 159-74.
13) Amos, C. L. & Topliss, B. J. (1985). Discrimination of suspended particulate matter in the Bay of Fundy using the Nimbus 7 Coastal Zone Colour Scanner. *Canad. J. Remote Sens.*, 11, 85-92.
14) Andersen, R. A. (1987). Synurophyceae classis nov., a new class of algae. *Amer. J. Bot.*, 74, 337-53.
15) Anderson, G. C. (1969). Subsurface chlorophyll maximum in the Northeast Pacific Ocean. *Limnol. Oceanogr.*, 14, 386-91.
16) Anderson, J. M. & Barrett, J. (1986). Light-harvesting pigment-protein complexes of algae. *Encycl. Plant Physiol. (n.s.)*, 19, 269-85.
17) Antia, N. J. (1977). A critical appraisal of Lewin's Prochlorophyta. *Br. phycol. J.*, 12, 271-6.
18) Arnold, K. E. & Murray, S. N. (1980). Relationships between irradiance and photosynthesis for marine benthic green algae (Chlorophyta) of differing morphologies. *J. Exp. Mar. Biol. Ecol.*, 43, 183-92.

19) Aruga, Y. (1965). Ecological studies of photosynthesis and matter production of phytoplankton. I. Seasonal changes in photosynthesis of natural phytoplankton. *Biol. Mag. (Tokyo)*, 78, 280-8.
20) Arvesen, J. C., Millard, J. P. & Weaver, E. C. (1973). Remote sensing of chlorophyll and temperature in marine and fresh waters. *Astronaut. Acta*, 18, 229-39.
21) Ashley, L. E. & Cobb, C. M. (1958). *J. Opt. Soc. Amer.*, 48, 261-8. Quoted by Hodkinson & Greenleaves (1963).
22) Asmus, R. M. & Asmus, H. (1991). Mussel beds: limiting or promoting phytoplankton? *J. Exp. Mar. Biol. Ecol.*) 148, 215-32.
23) Atlas, D. & Banister, T. T. (1980). Dependence of mean spectral extinction coefficient of phytoplankton on depth, water colour and species. *Limnol. Oceanogr.*, 25, 157-9.
24) Auclair, J. C., Demers, S., Frechette, M., Legendre, L. & Trump, C. L. (1982). High frequency endogenous periodicities of chlorophyll synthesis in estuarine phytoplankton. *Limnol. Oceanogr.*, 27, 348-52.
25) Aughey, W. H. & Baum, F. J. (1954). Angular-dependence light scattering - a high resolution recording instrument for the angular range 0.05-140°. *J. Opt. Soc. Amer*, 44, 833-7.
26) Austin, R. W. (1974a). The remote sensing of spectral radiance from below the ocean surface. In N. G. Jerlov & E. S. Nielsen (eds), *Optical aspects of oceanography* (pp. 317-44). London: Academic Press.
27) Austin, R. W. (1974b). Ocean colour analysis, part 2. *San Diego: Scripps Inst. Oceanogr.*
28) Austin, R. W. (1980). Gulf of Mexico, ocean-colour surface-truth measurements. *Boundary-layer Meteorol.*, 18, 269-85.
29) Austin, R. W. (1981). Remote sensing of the diffuse attenuation coefficient of ocean water. In *Special topics in optical propagation*, 300 (pp. 18-1 to 18-9). Neuilly-sur-Seine: AGARD (NATO).
30) Austin, R. W. & Petzold, T. J. (1977). Considerations in the design and evaluation of oceanographic transmissometers. In J. E. Tyler (ed.), *Light in the sea* (pp. 104-20). Stroudsbury: Dowden Hutchinson Ross.
31) Austin, R. W. & Petzold, T. J. (1981). The determination of the diffuse attenuation coefficient of sea water using the Coastal Zone Colour Scanner. In J. F. R. Gower (ed.), *Oceanography from space* (pp. 239-56). New York.. Plenum.
32) Bader, H. (1970). The hyperbolic distribution of particle sizes. *J. Geophys. Res.*, 75, 2822-30.
33) Badger, M. R. & Andrews, T. J. (1982). Photosynthesis and inorganic carbon usage by the marine cyanobacterium *Synechococcus* sp. *Plant Physiol.*, 70, 517-23.
34) Badger, M. R., Kaplan, A. & Berry, J. A. (1980). Internal inorganic carbon pool of *Chlamydomonas reinhardtii*. *Plant Physiol.*, 66, 407-13.
35) Baker, K. S. & Frouin, R. (1987). Relation between photosynthetically available radiation and total insolation at the ocean surface under clear skies. *Limnol. Oceanogr.*, 32, 1370-7.
36) Baker, K. S. & Smith, R. C. (1979). Quasi-inherent characteristics of the diffuse attenuation coefficient for irradiance. *Soc. Photo-opt. Instrum. Eng.*, 208, 60-3.
37) Balch, W. M., Abbott, M. R. & Eppley, R. W. (1989). Remote sensing of primary production I. A comparison of empirical and semi- analytical algorithms. *Deep-Sea Res.*, 36, 281-95.

38) Balch, W. M., Eppley, R. W. &., Abbott, M. R. (1989). Remote sensing of primary production II. A semi-analytical algorithm based on pigments, temperature and light. *Deep-Sea Res.*, **36**, 1201-17.
39) Balch, W., Evans, E., Brown, J., Feldman, G., McClain, C. & Esaias, W. (1992). The remote sensing of ocean primary productivity: use of a new data compilation to test satellite algorithms. *J. Geophys. Res.*, **97**, 2279-93.
40) Balch, W. M., Holligan, P. M., Ackleson, S. G. &Voss, K. J. (1991). Biological and optical properties of mesoscale coccolithophore blooms in the Gulf of Maine. *Limnol. Oceanogr.*, **36**, 629-43.
41) Bannister, T. T. (1974a). Production equation in terms of chlorophyll concentration, quantum yield, and upper limit to production. *Limnol. Oceanogr.*, **19**, 1-12.
42) Bannister, T. T. (1974b). A general theory of steady state phytoplankton growth in a nutrient-saturated mixed layer. *Limnol. Oceanogr.*, **19**, 13-30.
43) Bannister, T. T. (1979). Quantitative description of steady state, nutrient-saturated algal growth, including adaptation. *Limnol. Oceanogr.*, **24**, 76-96.
44) Bannister, T. T. & Weidemann, A. D. (1984). The maximum quantum yield of phytoplankton photosynthesis *in situ*. *J. Plankton Res.*, **6**, 275-94.
45) Barko, J. W. & Filbin, G. J. (1983). Influences of light and temperature on chlorophyll composition in submersed freshwater macrophytes. *Aquat. Bot.*, **15**, 249-55.
46) Barrett, J. & Anderson, J. M. (1980). The P-700-chlorophyll *a* protein complex and two major light-harvesting complexes of *Acrocarpia paniculata* and other brown seaweeds. *Biochim. Biophys. Acta*, **590**, 309-23.
47) Bauer, D., Brun-Cottan, J. C. & Saliot, A. (1971). Principe d'une mésure directe dams l'eau de mer du coefficient d'absorption de la lumière. *Cah. Oceanogr.*, **23**, 841-58.
48) Bauer, D. & Ivanoff, A. (1970). Spectroirradiance-metre. *Cah. Oceanogr.*, **22**, 477-82.
49) Bauer, D., & Morel, A. (1967). Etude aux petits angles de l'indicatrice de diffusion de la lumière par les eaux de mer. *Ann. Geophys.*, **23**, 109-23.
50) Beardall, J. & Morris, I. (1976). The concept of light intensity adaptation in marine phytoplankton: some experiments with *Phaeodactylum tricornutum*. *Mar. Biol.*, **37**, 3777-87.
51) Beardsley, G. F. (1968). Mueller scattering matrix of sea water. *J. Opt. Soc. Amer.*, **58**, 52-7.
52) Beer, S. & Eshel, A. (1983). Photosynthesis of *Ulva* sp. II. Utilization of CO_2 and HCO_3^- when submerged. *J. Exp. Mar. Biol. Ecol.*, **70**, 99-106.
53) Beer, S., Eshel, A. & Waisel, Y. (1977). Carbon metabolism in seagrasses I. The utilization of exogenous inorganic carbon species in photosynthesis. *J. Exp. Bot.*, **28**, 1180-9.
54) Beer, S., Israel, A., Drechsler, Z. & Cohen, Y. (1990). Evidence for an inorganic carbon concentrating system, and ribulose-1, 5- bisphosphate carboxylase/oxygenase CO_2 kinetics. *Plant Physiol.*, **94**, 1542-6.
55) Beer, S. & Wetzel, R. G. (1982). Photosynthetic carbon fixation pathways in *Zostera marina* and three Florida seagrasses. *Aquat. Bot.*, **13**, 141-6.
56) Belay, A. (1981). An experimental investigation of inhibition of phytoplankton photosynthesis at lake surfaces. *New Phylol.*, **89**, 61-74.
57) Belay, A. & Fogg, G. E. (1978). Photoinhibition of photosynthesis in *Asterionella formosa*

(Bacillariophyceae). *J. Phycol.*, 14, 341-7.
58) Bennett, A. & Bogorad, L. (1973). Complementary chromatic adaptation in a filamentous blue-green alga. *J. Cell Biol.*, 58, 419-35.
59) Berdalet, E. (1992). Effects of turbulence on the marine dinoflagellate *Gymnodinium nelsonii*. *J. Phycol.*, 28, 267-72.
60) Berger, W. H., Smetacek, V. S. & Wefer, G. (eds). (1989). *Productivity of the ocean: present and past*. Chichester: Wiley.
61) Berner, T., Dubinsky, Z., Wyman, K. & Falkowski, P. G. (1989). Photoadaptation and the 'tpackage' effect in *Dunaliella lertiolecla* (Chlorophyceae). *J. Phycol.*, 25, 70-8.
62) Berthold, G. (1882). Uber die Verteilung der Algen im Golf von Neapel nebst einem Verzeichnis der bisher daselbst beobachten Arten. , *Mitt. Zool. Sta Neopol.*, 3, 393-536.
63) Bezrukov, L. a., Budnev, N. M., Galperin, M. D., Dzhilkibayev, Z. M., Lanin, O. Y. & Taraschanskiy, B. A. (1990). Measurement of the light attenuation coefficient of water in Lake Baikal. *Oceanology*, 30, 756-9.
64) Bidigare, R. R., Prézelin, B. B. & Smith, R. C. (1992). Bio-optical models and the problems of scaling. In P. G. Falkowski & A. D. Woodhead (eds), *Primary productivity and biogeochemical cycles in the sea* (pp. 175-212). New York: Plenum.
65) Bidigare, R. R., Smith, R. C., Baker, K. S. & Marra, J. (1987). Oceanic primary production estimates from measurements of spectral irradiance and pigment concentrations. *Global Biogeochemical Cycles*, 1, 171-86.
66) Bienfang, P. K., Szyper, J. P., Okamoto, M. Y. & Noda, E. K. (1984). Temporal and spatial variability of phytoplankton in a subtropical ecosystem. *Limnol. Oceanogr.*, 29, 527-39.
67) Bindloss, M. E. (1974). Primary productivity of phytoplankton in Loch Leven, Kinross. *Proc. Roy. Soc. Edin. (B)*, 74, 157-81.
68) Biospherical Instruments Inc. (San Diego, Calif.). MER 1000, MER 1032, Spectroradiometers.
69) Bird, D. F. & Kalff, J. (1989). Phagotrophic sustenance of a metalimnetic phytoplankton peak. *Limnol. Oceanogr.*, 34, 155-62.
70) Biscaye, P. E. & Eittreim, S. L. (1973). Variations in benthic boundary layer phenomena: nepheloid layer in the North American basin. In R. J. Gibbs (ed.), *Suspended solids in water* (pp. 227-60). New York: Plenum.
71) Bishop, J. K. B. & Rossow, W. B. (1991). Spatial and temporal variability of global surface solar irradiance. *J. Geophys. Res.*, 96, 16839-58.
72) Bjornland, T. & Aguilar-Martinez, M. (1976). Carotenoids in red algae. *Phytochem.*, 15, 291-6.
73) Blasco, D. (1978). Observations on the diel migration of marine dinoflagellates off the Baja California coast. *Mar. Biol.*, 46, 41-7.
74) Blatt, M. R. & Briggs, W. R. (1980). Blue-light-induced cortical fibre reticulation concomitant with chloroplast aggregation in the alga, *Vaucheria sessilis*. *Planta*, 147, 355-62.
75) Boardman, N. K. (1977). Comparative photosynthesis of sun and shade plants. *Ann. Rev. Plant Physiol.*, 28, 355-77.
76) Bochkov. B. F., Kopelevich, O. V. & Kriman, B. A. (1980). A spectrophotometer for investigating the light of sea water in the visible and ultraviolet regions of the spectrum. *Oceanology*, 20, 101-4.

77) Boczar, B. A. & Palmisano, A. C. (1990). Photosynthetic pigments and pigment-proteins in natural populations of Antarctic sea-ice diatoms. *Phycologia*, 29, 470-7.
78) Bogorad, L. (1975). Phycobiliproteins and complementary chromatic adaptation. *Ann. Rev. Plant Physiol.*, 26, 369-401.
79) Boivin, L. P., Davidson, W. F., Storey, R. S., Sinclair, D. & Earle, E. D. (1986). Determination of the attenuation coefficients of visible and ultraviolet radiation in heavy water. *Appl. Opt.*, 25, 877-82.
80) Bold, H. C. & Wynne, M. J. (1978). *Introduction to the algae*. Englewood Cliffs, N. J.: Prentice-Hall.
81) Booth, C. R. (1976). The design and evaluation of a measurement system for photosynthetically active quantum scalar irradiance. *Limnol. Oceanogr.*, 21, 326-36.
82) Boresch, K. (1921). Die komplementäre chromatische Adaptation. *Arch. Protistenkd.*, 44, 1-70.
83) Borgerson, M. J., Bartz, R., Zancveld, J. R. V. & Kitchen, J. C. (1990). A modern spectral transmissometer. *Proc. Soc. Photo-Opt. Instrum. Eng., Ocean Optics X*, 1302, 373-85.
84) Borowitzka, M. A. & Larkum, A. W. D. (1976). Calcification in the green alga *Halimeda*. *J. Exp. Bot.*, 27, 879-93.
85) Borstad, A., Brown, R. M. & Gower, J. F. R. (1980). Airborne remote sensing of sea surface chlorophyll and temperature along the outer British Columbia coast. *Proc. 6th Canadian Symp. Rem. Sens.*, pp. 541-9.
86) Boston, H. L. (1986). A discussion of the adaptations for carbon acquisition in relation to the growth strategy of aquatic isoetids. *Aquat. Bot.*, 26, 259-70.
87) Bowes, G. (1987). Aquatic plant photosynthesis: strategies that enhance carbon gain. In R. M. M. Crawford (ed.), *Plant life in aquatic and amphibious habitats* (pp. 79-98). Oxford: Blackwell.
88) Bowker, D. E. & LeCroy, S. R. (1985). Bright spot analysis of ocean- dump plumes using Landsat MSS. *Int. J. Remote Sens.*, 6, 759-71.
89) Bowling, L. C. (1988). Optical properties, nutrients and phytoplankton of freshwater coastal dune lakes in south-east Queensland. *Aust J. Mar. Freshwater Res.*, 39, 805-15.
90) Bowling, L. C., Steane, M. S. & Tyler, P. A. (1986). The spectral distribution and attenuation of underwater irradiance in Tasmanian inland waters. *Freshwater Biol.*, 16, 313-35.
91) Boynton, W. R., Kemp, W. M. & Keefe, C. W. (1982). A comparative analysis of nutrients and other factors influencing estuarine phytoplankton productivity. In V. S. Kennedy (ed.), *Estuarine comparisons*. New York: Academic.
92) Braarud, T. & Klem, A. (1931). *Hvalradets Skrift*, 1, 1-88. Quoted by Steemann-Nielsen (1974).
93) Brakel, W. H. (1984). Seasonal dynamics of suspended-Sediment plumes from the Tana and Sabaki Rivers, Kenya: analysis of Landsat imagery. *Remote Sens. Environ.*, 16, 165-73.
94) Breen, P. A. & Mann, K. H. (1976). Changing lobster abundance and the destruction of kelp beds by sea urchins. *Mar. Biol.*, 34, 137-42.
95) Bricaud, A. & Morel, A. (1986). Light attenuation and scattering by phytoplanktonic cells: a theoretical model. *Appl. Opt.*, 25, 571-80.

96) Bricaud, A. & Morel, A. (1987). Atmospheric corrections and interpretation of marine radiances in CZCS imagery: use of a reflectance model. *Oceanologica Acla, Proc. Spatial Oceanography Symp. (Brest, Nov.* 1985), pp. 33-50.
97) Bricaud, A., Morel, A. & Prieur, L. (1981). Absorption by dissolved organic matter of the sea (yellow substance) in the UV and visible domains. *Limnol. Oceanogr.*, 26, 43-53.
98) Bricaud, A., Morel, A. & Prieur, L. (1983). Optical efficiency factors of some phytoplankters. *Limnol. Oceanogr.*, 28, 816-32.
99) Bricaud, A. & Stramski, D. (1990). Spectral absorption coefficients of living phytoplankton and nonalgal biogenous matter: a comparison between the Peru upwelling and the Sargasso Sea. *Limnol. Oceanogr.*, 35, 562-82.
100) Bristow, M., Nielsen, D., Bundy, D. & Furtek, R. (1981). Use of water Raman emission to correct airborne laser fluorosensor data for effects of water optical attenuation. *Appl. Opt.*, 20, 2889-906.
101) Bristow, M. P. F., Bundy, D. H., Edmonds, C. M., Ponto, P. E., Frey, B. E. & Small, L. F. (1985). Airborne laser fluorosensor survey of the Columbia and Snake rivers: simultaneous measurements of chlorophyll, dissolved organics and optical attenuation. *Int. J. Remote Sens.*, 6, 1707-34.
102) Britz, S. J. & Briggs, W. R. (1976). Circadian rhythms of chloroplast orientation and photosynthetic capacity in *Ulva. Plant Physiol.*, 58, 22-7.
103) Brody, M. & Emerson, R. (1959). The effect of wavelength and intensity of light on the proportion of pigments in *Porphyridium cruentum. Amer. J. Bot.*, 46, 433-40.
104) Brown, J. & Simpson, J. H. (1990). The radiometric determination of total pigment and seston and its potential use in shelf seas. *Estuar. Coast. Shelf Sci.*, 31, 1-9.
105) Brown, I. S. (1987). Functional organization of chlorophyll *a* and carotenoids in the alga *Nannochloropsis salina. Plant Physiol.*, 83, 434-7.
106) Brown, O, B., Evans, R. H., Brown, J. W., Gordon,. H. R., Smith, R. C. & Baker, K. S. (1985). Phytoplankton blooming off the U.S. East coast: a satellite description. *Science*, 229, 163-7.
107) Brown, T. E. & Richardson, F. L. (1968). The effect of growth environment on the physiology of algae: light intensity. *J. Phycol.*, 4, 38-54.
108) Bruning, K., Lingeman, R. & Ringelberg, J. (1992). Estimating the impact of fungal parasites on phytoplankton populations. *Limnol. Oceanogr.*, 37, 252-60.
109) Bryant, D. A. (1981). The photoregulated expression of multiple phycocyanin genes. *Eur. J. Biochem*, 119, 425-9.
110) Brylinsky, M. (1980). Estimating the productivity of lakes and reservoirs. In E. D. Le Cren & R. H. Love-McConnell (eds), *The functioning of freshwater ecosystems*. Cambridge: Cambridge University Press.
111) Buchwald, M. & Jencks, W. P. (1968). Properties of the crustacyanins and the yellow lobster shell pigments. *Biochemistry*, 7, 844-59.
112) Bukata, R. P. & Bruton, J. E. (1974). ERTS-1 digital classifications of the water regimes comprising Lake Ontario. *Proc. 2nd Canad. Symp. Rem. Sens.*, pp. 627-34.
113) Bukata, R. P., Harris, G. P. & Bruton, J. E. (1974). The detection of suspended solids and chlorophyll *a* utilizing multispectral ERTS- 1 data. *Proc. 2nd Canad. Symp. Rem. Sens.*,

pp. 551-64.
114) Bukata, R. P., Jerome, J. H. & Bruton, J. E. (1988). Particulate concentrations in Lake St Clair as recorded by a shipborne multispectral optical monitoring system. *Remote Sens. Environ.*, 25, 201-29.
115) Bukata, R. P., Jerome, J. H., Bruton, J. E. & Jain, S. C. (1979). Determination of inherent optical properties of Lake Ontario coastal waters. *Appl. Opt.*, 18, 3926-32.
116) Bukata, R. P., Jerome, J. H., Bruton, J. E. & Jain, S. C. (1980). Nonzero subsurface irradiance reflectance at 670 nm from Lake Ontario water masses. *Appl. Opt.*, 19, 2487-8.
117) Bukaveckas, P. A. & Driscoll, C. T. (1991). Effects of whole-lake base addition on the optical properties of three clearwater acidic lakes. *Can. J. Fish. Aquat. Sci.*, 48, 1030-40.
118) Bullerjahn, G. S., Matthijs, H. C. P., Mur, L. R. & Sherman, L. A. (1987). Chlorophyll-protein composition of the thylakoid membrane from *Prochlorothrix hollandica*, a prokaryote containing chlorophyll b. *Eur. J. Biochem.*, 168, 295-300.
119) Bunt, J. S. (1963). Diatoms of Antarctic sea ice as agents of primary production. *Nature*, 199, 1255-8.
120) Burger-Wiersma, T., Veenhuis, M., Korthals, H. J., Van de Wiel, C. C. M. & Mur, L. R. (1986). A new prokaryote containing chlorophylls a and b. *Nature*, 320, 262-4.
121) Burt, W. V. (1958). Selective transmission of light in tropical Pacific waters. *Deep-Sea Res.*, 5, 51-61.
122) Bush, K. J. & Sweeney, B. M. (1972). The activity of ribulose diphosphate carboxylase in extracts of *Gonyaulax polyedra* in the day and night phases of the circadian rhythm of photosynthesis. *Plant Physiol.*, 50, 446-51.
123) Butler, W. L. (1978). Energy distribution in the photochemical apparatus of photosynthesis. *Ann. Rev. Plant Physiol.*, 29, 345-78.
124) Calabrese, G. (1972). Research on red algal pigments. 2. Pigments of *Petroglossum nicaeense* (Duby) Schotter (Rhodophyceae, Gigartinales) and their seasonal variations at different light intensities. *Phycologia*, 11, 141-6.
125) Calabrese, G. & Felicini, G. P. (1973). Research on red algal pigments. 5. The effect of white and green light on the rate of photosynthesis and its relationship to pigment components in *Gracilaria compressa*. *Phycologia*, 12, 195-9.
126) Callame, B. & Debyser, J. (1954). Observations sur les mouvements des diatomées à la surface des sédiments marins de la zone intercotidale. *Vie milieu*, 5, 242-9.
127) Cambridge, M. L., Chiffings, A. W., Britton, C., Moore, L. & McComb, A. J. (1986). The loss of seagrass in Cockburn Sound, Western Australia II. Possible causes of seagrass decline. *Aquat. Bot.*, 24, 269-85.
128) Campbell, E. E. & Bate, G. C. (1987). Factors influencing the magnitude of phytoplankton primary production in a high-energy surf zone. *Estuar. Coast. Shelf Sci.*, 24, 741-50.
129) Campbell, J. W. & Esaias, W. E. (1983). Basis for spectral curvature algorithms in remote sensing of chlorophyll *Appl. Opt.*, 22, 1084-92.
130) Campbell, J. W. & O'Reilly, J. E. (1988). Role of satellites in estimating primary productivity on the northwest Atlantic continental shelf. *Continental Shelf Res.*, 8, 179-204.
131) Carder, K. L., Hawes, S. K., Baker, K. A., Smith, R. C., Steward, R. G. & Mitchell, B. G.

(1991). Reflectance model for quantifying chlorophyll a in the presence of productivity degradation products. *J. Geophys. Res.*, **96**, 20599-611.

132) Carder, K. L., Stewart, R. G., Harvey, G. R. & Ortner, P. B. (1989). Marine humic and fulvic acids: their effects on remote sensing of ocean chlorophyll. *Limnol. Oceanogr.*, **34**, 68-81.

133) Carder, K. L., Tomlinson, R. D. & Beardsley, G. F. (1972). A technique for the estimation of indices of refraction of marine phytoplankton. *Limnol. Oceanogr.*, **17**, 833-9.

134) Caron, L., Dubacq, J. P., Berkaloff, C. & Jupin, H. (1985). Subchloroplast fractions from the brown alga *Fucus serratus*: phosphatidylglycerol contents. *Plant Cell Physiol.*, **26**, 13 1-9.

135) Capon, L., Remy, R. & Berkaloff, C. (1988). Polypeptide composition of light-harvesting complexes from some brown algae and diatoms. *FEBS Lett.*, **229**, 11-15.

136) Carpenter, D. J. & Carpenter, S. M. (1983). Modelling inland water quality using Landsat data. *Remote Sens. Environ.*, **13**, 345-52.

137) Carpenter, E. J. & Romans, K. (1991). Major role of the cyanobacterium *Trichodesmium* nutrients cycling in the North Atlantic Ocean. *Science*, **254**, 1356-8.

138) Carpenter, R. C. (1985). Relationship between primary production and irradiance in coral reef algal communities. *Limnol. Oceanogr.*, **30**, 784-93.

139) Chen, Z., Curran, P. J. & Hanson, J. D. (1992). Derivative reflectance spectroscopy to estimate suspended sediment concentration. *Remote Sens. Environ.*, **40**, 67-77.

140) Chisholm, S. W., Armbrust, E. V. & Olson, R. J. (1986). The individual cell in phytoplankton ecology: cell cycles and applications of flow cytometry. In T. Platt & W. K. W. Li (eds), *Photosynthetic picoplankton* (PP. 343-69). *Can. Bull. Fish Aquat. Sci.* 214.

141) Chisholm, S. W. & Morel, F. M. M. (eds) (1991). What controls phytoplankton production in nutrient-rich areas of the open sea? *Limnol. Oceanogr. (special issue)*, **36** (No. 8).

142) Chisholm, S. W., Olson, R. J., Zettler, E. R., Goericke, R., Waterbury, J. B. & Welschmeyer, N. A. (1988). A novel free-living prochlorophyte abundant in the oceanic euphotic zone. *Nature*, **334**, 340-3.

143) Chow, W. S. (1993). Photoprotection and photoinhibitory damage. In J. Barber (ed.), *Molecular processes of photosynthesis. Adv. Molec, Cell Biol., Vol. 7*, Greenwich, Conn: JAI Press.

144) Chrystal, J. & Larkum, A. W. D. (1987). Pigment-protein complexes and light harvesting in Eustigmatophyte algae. In J. Biggins (ed.), *Progress in photosynthesis research* (pp. 189-92). Dordrecht: Martinus Nijhoff.

145) Chu, Z.-X. & Anderson, J. M. (1985). Isolation and characterization of a siphonaxanthin-chlorophyll a/b protein complex of Photosystem I from a *Codium* species (Siphonales). *Biochim. Biophys. Acta*, **806**, 154-60.

146) Clarke, G. L. (1939). The utilization of solar energy by aquatic organisms. In F. R. Poulton (ed.), *Problems of lake biology* (pp. 27-38). American Association for the Advancement of Science.

147) Clarke, G. L. & Ewing, G. C. (1974). Remote spectroscopy of the sea for biological production studies. In N. G. Jerlov & E. S. Nielsen (eds), *Optical aspects of oceanography* (pp. 389-413). London: Academic Press.

148) Clarke, G. L., Ewing, G. C. & Lorenzen, C. J. (1970). Spectra of backscattered light from the

sea obtained from aircraft as a measure of chlorophyll concentration. *Science*, 167, 1119-21.
149) Clarke, G. L. & James, H. R. (1939). Laboratory analysis of the selective absorption of light by sea water. *J. Opt. Sac. Am.*, 29, 43-55.
150) Clayton, R. K. (1980). *Photosynthesis: physical mechanisms and chemical patterns.* Cambridge: Cambridge University Press.
151) Cleveland, J. S., Perry, M. J., Kiefer, D. A. & Talbot, M. C. (1989). Maximal yield of photosynthesis in the northwestern Sargasso Sea. *J. Mar. Res.*, 47, 869-86.
152) Cloern, J. E. (1987). Turbidity as a control on phytoplankton biomass and productivity in estuaries. *Continental Shelf Res.*, 7, 1367-81.
153) Cloern, J. E. (1991). Tidal stirring and phytoplankton bloom dynamics in an estuary. *J. Mar. Res.*, 49, 203-21.
154) Cloern, J. E., Alpine, A. E., Cole, B. E., Wong, R. L. J., Arthur, J. F. & Ball, M. D. (1983). River discharge controls phytoplankton dynamics in the Northern San Francisco Bay estuary. *Estuar. Coast. Shelf Sci.*, 16, 415-29.
155) Coats, D. W. & Harding, L. W. (1988). Effect of light history on the ultrastructure and physiology of *Prorocentrum mariae-lebouriae* (Dinophyceae). *J. Phycol.*, 24, 67-77.
156) Cole, B. E. & Cloern, J. E. (1984). Significance of biomass and light availability to phytoplankton productivity in San Francisco Bay. *Mar. Ecol. Prog. Ser.*, 17, 15-24.
157) Cole, B. E. & Cloern, J. E. (1987). An empirical model for estimating phytoplankton productivity in estuaries. *Mar. Ecol. Prog. Ser.*, 36, 299-305.
158) Colijn, F., Admiraal, W., Baretta, J. W. & Ruardij, P. (1987). Primary production in a turbid estuary, the Ems-Dollard: field and model studies. *Continental Shelf Res.*, 7, 1405-9.
159) Colman, B. & Gehl, K. A. (1983). Physiological characteristics of photosynthesis in *Porphyridium cruentum*: evidence for bicarbonate transport in a unicellular red alga. *J. Phycol.*, 19, 216-19.
160) Cota, G. F. (1985). Photoadaptation of high Arctic ice algae. *Nature*, 315, 219-22.
161) Cota, G. F. & Sullivan, C. W. (1990). Photoadaptation, growth and production of bottom ice algae in the Antarctic. *J. Phycol.*, 26, 399-411.
162) Cox, C. & Munk, W. (1954). Measurement of the roughness of the sea surface from photographs of the sun's glitter. *J. Opt. Soc. Amer.*, 44, 838-50.
163) Craigie, J. S. (1974). Storage Products. In W. D. P. Stewart (ed.), *Algal physiology and biochemistry* (pp. 206-35). Oxford: Blackwell.
164) Critchley, C. (1981). Studies on the mechanism of photoinhibition in higher plants. *Plant Physiol.*, 67, 1161-5.
165) Critchley, C. (1988). The molecular mechanism of photoinhibition - facts and fiction. *Aust. J. Plant Physiol.*, 15, 27-41.
166) Crossett, R. N., Drew, E. A. & Larkum, A. W. D. (1965). Chromatic adaptation in benthic marine algae. *Nature*, 207, 547-8.
167) Cullen, J. J. (1982). The deep chlorophyll maximum comparing vertical profiles of chlorophyll a. *Can J. Fish. Aquat. Sci.*, 39, 791-803.
168) Cullen, J. J. & Horrigan, S. G. (1981). Effects of nitrate on the diurnal vertical migration, carbon to nitrogen ratio, and the photosynthetic capacity of the dinoflagellate, *Gymnodinium*

splendens. Mar. Biol., **62**, 81-9.
169) Cullen, J. J., Lewis, M. R., Daviss, C. O. & Barber, R. T. (1992). Photosynthetic characteristics and estimated growth rates indicate grazing is the proximate control of primary production in the equatorial Pacific. *J. Geophys. Res.*, **97**, 639-54.
170) Cunningham, F. X. & Schiff, J. A. (1986). Chlorophyll-protein complexes from *Euglena gracilis* and mutants deficient in chlorophyll b. *Plant Physiol.*, **80**, 223-30.
171) Curran, R. J. (1972). Ocean colour determination through a scattering atmosphere. *Appl. Opt.*, **11**, 1857-66.
172) Cushing, D. H. (1988). The flow of energy in marine ecosystems, with special reference to the continental shelf. In H. Postma & J. J. Zijlstra (eds), *Continental Shelves* (pp. 203-30). Amsterdam: Elsevier.
173) Dale, H. M. (1986). Temperature and light: the determining. factors in maximum depth distribution of aquatic macrophytes in Ontario, Canada. *Hydrobiologia*, **133**, 73-7.
174) Davies-Colley, R. J. (1987). Optical properties of the Waikato River, New Zealand. *Mitt. Geol.-Paläont. Inst. Univ. Hamburg, SCOPE/UNEP Sonderbd.*, **64**, 443-60.
175) Davies-Colley, R. J. (1992). Yellow substance in coastal and marine waters round the South Island, New Zealand. *N. Z. J. Mar. Freshwater Res.*, **26**, 311-22.
176) Davies-Colley, R. J., Pridmore, R. D. & Hewitt, J. E. (1986). Optical properties of some freshwater phytoplanktonic algae. *Hydrobiologia*, **133**, 165-78.
177) Davies-Colley, R. J. & Vant, W. N. (1987). Absorption of light by yellow substance in freshwater lakes. *Limnol. Oceanogr.*, **32**, 416-25.
178) Davies-Colley, R. J. & Vant, W. N. (1988). Estimates of optical properties of water from Secchi disk depths. *Water Res. Bull.*, **24**, 1329-35.
179) Davies-Colley, R. I., Vant, W. N. & Latimer, G. J. (1984). Optical characterization of natural waters by PAR measurement under changeable light conditions. *N. Z. J. Mar. Freshwater Res.*, **18**, 455-60.
180) Davies-Colley, R. J., Vant, W. N. & Smith, D. G. (1994). *Colour and clarity of natural waters*. Chichester: Ellis Horwood. (In press.)
181) Davies-Colley, R. J., Vant, W. N. & Wilcock, R. J. (1988). Lake water colour: comparison of direct observations with underwater spectral irradiance. *Water Res. Bull.*, **24**, 11-18.
182) Davis, M. A. & Dawes, C. J. (1981). Seasonal photosynthetic and respiratory responses of the intertidal red alga, *Bostrychia binderi* Harvey (Rhodophyta, Ceramiales) from a mangrove swamp and a salt marsh. *Phycologia*, **20**, 165-73.
183) Day, H. R. & Felbeck, G. J. (1974). Production and analysis of a humic-acid-like exudate from the aquatic fungus *Aureobasidium pullulans. J. Amer. Water Works Ass.*, **66**, 484-8.
184) Degens, E. T., Guillard, R. R. L., Sackett, W. M. & Hellebust, J. A. (1968). Metabolic fractionation of carbon isotopes in marine plankton - I. Temperature and respiration experiments. *Deep, Sea Res.*, **15**, 1-9.
185) Dekker, A. G., Malthus, T. I. & Seyhan, E. (1991). Quantitative modelling of inland water quality for high-resolution MSS systems. *IEEE Trans. Geosci. Remote Sens.*, **29**, 89-95.
186) Demers, S. & Legendre, L. (1981). Mélange vertical et capacité photosynthétique du phytoplancton estuarien (estuaire du Saint Laurent). *Mar. Biol.*, **64**, 243-50.

187) Dera, J. & Gordon, H. R. (1968). Light field fluctuations in the photic zone. *Limnol. Oceanogr.*, 13, 697-9.
188) Desa, E. S. & Desa, B. A. E. (1991). The design of an in-water spectrograph for irradiance measurements in the ocean *NIO (Goa, India)*. *Unpublished*, 25p.
189) Di Toro, D. M. (1978). Optics of turbid estuarine water: approximations and applications. *Water Res.*, 12, 1059-68.
190) Diakoff, S. & Scheibe, J. (1973). Action spectra for chromatic adaptation in *Tolypothrix tenuis*. *Plant Physiol.*, 51, 382-5.
191) Dixon, G. K. & Merrett, M. J. (1988). Bicarbonate utilization by the marine diatom *Phaeodactylum tricornutum* Bohlin. *New Phytol.*, 109, 47-51.
192) Döhler, G., Bürstell, H. & Jilg-Winter, G. (1976). Pigment composition and photosynthetic CO_2 fixation of *Cyanidim caldarium* and *Porphyridium aerugineum*. *Biochem. Physiol. Pflanzen*, 170, 103-10.
193) Dokulil, M. (1979). Optical properties, colour and turbidity. In H. Loffler (ed.), *Neusiedlersee: the limnology of a shallow lake in Central Europe* (pp. 151-67). The Hague: Junk.
194) Doty, M. S., Gilbert, W. J. & Abbott, I. A. (1974). Hawaiian marine algae from seaward of the algal ridge. *Phycologia*, 13, 345-57.
195) Doty, M. S. & Oguri, M. (1957). Evidence for a photosynthetic daily periodicity. *Limnol. Oceanogr.*, 2, 37-40.
196) Dragesund, O. & Gjøsaeter, J. (1988). The Barents Sea. In H. Postma & J. J. Zijlstra (eds), *Continental shelves* (pp. 339-61). Amsterdam: Elsevier.
197) Drechsler, Z. & Beer, S. (1991). Utilization of inorganic carbon by *Ulva lactuca*. *Plant Physiol.*, 97, 1439-44.
198) Drew, E. A. (1978). Factors affecting photosynthesis and its seasonal variation in the seagrasses *Cymodocea nodosa* (Ucria) Aschers., and *Posidonia oceanica* (L.) Delile in the Mediterranean. *J. Exp. Mar. Biol. Ecol.*, 31, 173-94.
199) Drew, E. A. (1979). Physiological aspects of primary production in seagrasses. *Aquat. Bot.*, 7, 139-50.
200) Dring, M. J. (1981). Chromatic adaptation of photosynthesis in benthic marine algae: an examination of its ecological significance using a theoretical model. *Limnol. Oceanogr.*, 26, 271-84.
201) Dring, M. J. (1986). Pigment composition and photosynthetic action spectra of sporophytes of *Lminaria* (Phaeophyta) grown in different light qualities and irradiances. *Br. Phycol. J.*, 21, 199-207.
202) Dring, M. J. (1990). Light harvesting and pigment composition in marine phytoplankton and macroalgae. In P. J. Herring, A. K. Campbell, M. Whitfield & L. Maddock (eds), *Light and life in the sea* (pp. 89-103). Cambridge: Cambridge University Press.
203) Duarte, C. M. (1991). Seagrass depth limits. *Aquat. Bot.*, 40, 363-77.
204) Dubinsky, Z. & Berman, T. (1976). Light utilization efficiencies of phytoplankton in Lake Kinneret (Sea of Galilee). *Limnol. Oceanogr.*, 21, 226-30.
205) Dubinsky, Z. & Berman, T. (1979). Seasonal changes in the spectral composition of

downwelling irradiance in Lake Kinneret (Israel). *Limnol. Oceanogr.*, 24, 652,-63.
206) Dubinsky, Z. & Berman, T. (1981). Light utilization by phytoplankton in Lake Kinneret (Israel). *Limnol. Oceanogr.*, 26, 660-70.
207) Duchrow, R. M. & Everhart, W. H. (1971). Turbidity measurement. *Amer. Ash. Soc. Trans.*, 100, 682-90.
208) Dugdale, R. C. & Goering, J. T. (1967). Uptake of new and regenerated forms of nitrogen in primary productivity *Limnol. Oceanogr.*, 12, 196-206.
209) Dugdale, R. C. & Wilkerson, F. P. (1991). Low specific nitrate uptake rate: a common feature of high-nutrient low-chlorophyll marine ecosystems. *Limnol. Oceanogr.*, 36, 1678-88.
210) Duntley, S. Q. (1963). Light in the sea. *J. Opt. Soc. Amer.*, 53, 214-33.
211) Duntley, S. Q., Wilson, W. H. & Edgerton, C. F. (1974). Ocean colour analysis, part I. In (pp. Ref. 74-10, 41pp). San Diego: Scripps Inst. Oceanogr.
212) Dunton, K. H. & Jodwalis, C. M. (1988). Photosynthetic performance of *Laminaria solidungula* measured *in situ* in the Alaskan High Arctic. *Mar. Biol.*, 98, 277-85.
213) Durbin, E. G., Krawiec, R. W. & Smayda, T. J. (1975). Seasonal studies on the relative importance of different size fractions of phytoplankton in Narragansett Bay (U.S.A.). *Mar. Biol.*, 32, 271-87.
214) Duysens, L. N. M. (1,956). The flattening of the absorption spectrum of suspensions as compared to that of solutions. *Biochim. Biophys. Acta*, 19, 1-12.
215) Dwivedi, R. M. & Narain, A. (1987). Remote sensing of phytoplankton. An attempt from the Landsat Thematic Mapper. *Int. J. Remote Sens.*, 8, 1563-9.
216) Effler, S. W., Brooks, C. M., Perkins, M. G., Meyer, M. & Field, F. D. (1987). Aspects of the underwater light field of eight central New York lakes. *Water Res. Bull.*, 23, 1193-201.
217) Effler, S. W., Roop, R. & Perkins, M. G. (1988). A simple technique for estimating absorption and scattering coefficients. *Water Res. Bull.*, 24, 397-404.
218) Effler, S. W., Wodka, M. C. & Field, S. D. (1984). Scattering and absorption of light in Onondaga Lake. *J. Environ. Eng.*, 110, 1134-45.
219) Egle, K. (1960). Menge und Verhältnis der Pigmente. In W. Ruhland (ed.), *Encyclopaedia of plant physiology* (pp. 444-96). Berlin: Springer-Verlag.
220) Ekstrand, S. (1992). Landsat TM based quantification of chlorophyll a during algae blooms in coastal waters. *Int. J. Remote Sens.*, 13, 1913-26.
221) Elser, J. J. & Kimmel, B. L (1985). Photoinhibition of temperate lake phytoplankton by near-surface irradiance: evidence from vertical profiles and field experiments. *J. Phycol.*, 21, 419-27.
222) Elterman, P. (1970). Integrating cavity spectroscopy. *Appl. Opt.*, 9, 2140-2.
223) Emerson, R. (1958). Yield of photosynthesis from simultaneous illumination with pairs of wavelengths. *Science*, 127, 1059-60.
224) Emerson, R. & Lewis, C. M. (1942). The photosynthetic efficiency of phycocyanin in *Chroococcus* and the problem of carotenoid participation in photosynthesis. *J. gen. Physiol.*, 25, 579-95.
225) Emerson, R. & Lewis, C. M. (1943). The dependence of the quantum yield of *Chlorella* photosynthesis on wave length of light. *Amer. J. Bot.*, 30, 165-78.

226) Engelmann, T. W. (1883). Farbe und Assimilation. *Bot. Zeit.*, 41, 1-13, 17-29.
227) Engelmann, T. W. (1884). Untersuchungen über die quantitativen Beziehungen zwischen Absorption des Lichtes und Assimilation in Pflanzenzellen. *Bot. Zeit.*, 42, 81-93, 97-108.
228) Engelmann, T. W. & Gaidukov, N. I. (1902). Ueber experimentelle Erzeugung zweckmässiger Aenderungen der Färbung pflanzlicher Chromophylle durch farbiges Licht. *Arch. Anal. Physiol. Lpz.: Physiol. Abt*, 333-5. Quoted by Rabinowitch (1945).
229) EOSAT/NASA (1987). *System concept for wide-field-of-view observations of ocean phenomena from space.*
230) Eppley, R. W. (1968). An incubation method for estimating the carbon content of phytoplankton in natural samples. *Limnol. Oceanogr.*, 13, 547-82.
231) Eppley, R. W. & Peterson, B. J. (1979). Particulate organic matter flux and planktonic new production in the ocean. *Nature*, 282, 677-80.
232) Ertel, J. R., Hedges, J. I., Devel, A. H., Richey, J. E. & Ribeiro, M. N. G. (1986). Dissolved humic substances of the Amazon River system. *Limnol. Oceanogr.*, 31, 739-54.
233) Ertel, J. R., Hedges, J. I. & Perdue, E. M. (1984). Lignin signature of aquatic humic substances. *Science*, 223, 485-7.
234) ESA (1992). *Medium resolution imaging spectrometer (MERIS). Draft brochure.* Paris: European Space Agency.
235) Evans, G. T. & Taylor, F. R. J. (1980). Phytoplankton accumulation in Langmuir cells. *Limmol. Oceanogr.*, 25, 840-5.
236) Exton, R. J., Houghton, W. M., Esaias, W., Harriss, R. C., Farmer, F. H. & White, H. H. (1983). Laboratory analysis of techniques for remote sensing of estuarine parameters using laser excitation. *Appl. Opt.*, 22, 54-65.
237) Fahnenstiel, G. L. & Scavia, D. (1987). Dynamics of Lake Michigan phytoplankton: the deep chlorophyll layer. *J. Great Lies Res.*, 13, 285-95. 321
238) Fahnenstiel, G. L., Schelske, C. L. & Moll, R. A. (1984). *In situ* quantum efficiency of Lake Superior phytoplankton. *J. Great Lakes Res.*, 10, 399-406.
239) Falkowski, P. G. (1981). Light-shade adaptation and assimilation numbers. *J. Plankton Res.*, 3, 203-16.
240) Falkowski, P. G. & Dubinsky, Z. (1981). Light-shade adaptation of *Stylophora pistillata*, a hermatypic coral from the Gulf of Eilat. *Nature*, 289, 1724.
241) Falkowski, P. G., Dubinsky, Z. & Wyman, K. (1985). Growth- irradiance relationships in phytoplankton. *Limnol. Ocernogr.*, 30, 311-21.
242) Falkowski, P. G., Jokiel, P. L. & Kinzie, R. A. (1990). Irradiance and corals. In Z. Dubinsky (ed.), *Coral reefs* (pp. 89-107). Amsterdam: Elsevier.
243) Falkowski, P. G. & LaRoche, J. (1991). Acclimation to spectral irradiance in algae. *J. Phycol.*, 27, 8-14.
244) Falkowski, P. G. & Owens, T. G. (1978). Effects of light intensity on photosynthesis and dark respiration in six species of marine phytoplankton. *Mar. Biol.*, 45, 289-95.
245) Falkowski, P. G. & Owens, T. G. (1980). Light-shade adaptation: two strategies in marine phytoplankton. *Plant Physiol.*, 66, 592-5.
246) Falkowski, P. G. & Woodhead, A. D. (eds) (1992). *Primary productivity and biogeochemical*

cycles in the sea. New York: Plenum.
247) Faller, A. J. (1978). Experiments with controlled Langmuir circulations. *Science*, 201, 618-20.
248) Faust, M. A. & Gantt, E. (1973). Effect of light intensity and glycerol on the growth, pigment composition and ultrastructure of *Chroomonas* sp. *J. Phycol.*, 9, 489-95.
249) Fee, E. J. (1969). A numerical model for the estimation of photosynthetic production, integrated over time and depth, in natural waters *Limnol. Oceanogr.*, 14, 906-11.
250) Fee, E. J. (1976). The vertical and seasonal distribution of chlorophyll in lakes of the Experimental Lakes Area, northwestern Ontario: implication for primary production estimates. *Limnol. Oceanogr.*, 21, 767-83.
251) Ferrari, G. M. & Tassan, S. (1991). On the accuracy of determining light absorption by 'yellow substance' through measurements of induced fluorescence. *Limnol. Oceanogr.*, 36, 777-86.
252) Fiedler, P. C. & Laurs, R. M. (1990). Variability of the Columbia River plume observed in visible and infrared satellite imagery. *Int. J. Remote Sens.*, 11, 999-1010.
253) Fischer, J. & Kronfeld, U. (1990). Sun-stimulated fluorescence. 1: Influence of oceanic properties. *Int. J. Remote Sens.*, 11, 2125-47.
254) Fischer, J. & Schlüssel, P. (1990). Sun-stimulated chlorophyll fluorescence. 2: impact of atmospheric properties. *Int. J. Remote Sens.*, 11, 2149-62.
255) Fisher, T., Shurtz-Swirski, R., Gepstein, S. & Dubinsky, Z. (1989). Changes in the levels of ribulose-1, 5-bisphosphate carboxylase/oxygenase (Rubisco) in *Tetraedron minimum* (Chlorophyta) during light and shade adaptation. *Plant Cell Physiol.*, 30, 221-8.
256) Fleischhacker, P. & Senger, H. (1978). Adaptation of the photosynthetic apparatus of *Scenedesmus obliquus* to strong and weak light conditions. *Physiol. Plant*, 43, 43-51.
257) Fogg, G. E. (1991). The phytoplanktonic way of life. *New Phytol.*, 118, 191-232.
258) Fogg, G. E. & Thake, B. (1987). *Algal cultures and phytoplankton ecology.* Madison: University of Wisconsin Press.
259) Fogg, G. E., Stewart, W. D. P., Pay, P. & Walsby, A. E. (1973). *The blue-green algae.* London: Academic Press.
260) Fork, D. C. (1963). Observations of the function of chlorophyll a and accessory pigments in photosynthesis. In *Photosynthesis mechanisms in green plants* (pp. 352-61). Washington: National Academy of Science-National Research Council.
261) Foss, P., Guillard, R. R. L. & Liaaen-Jensen, S. (1984). Prasinoxanthin - a chemosystematic marker for algae. *Phytochem.*, 23, 1629-33.
262) Fox, L. E. (1983). The removal of dissolved humic acid during estuarine mixing. *Estuar. Coast. Shelf Sci.*, 16, 431-40.
263) Foy, R. H. & Gibson, C. E. (1982*a*). Photosynthetic characteristics of planktonic blue-green algae : the response of twenty strains grown under high and low light. *Br. Phycol. J.*, 17, 169-82.
264) Foy, R. H. & Gibson, C. E. (1982*b*). Photosynthetic characteristics of planktonic blue-green algae : changes in photosynthetic capacity and pigmentation of *Oscillatoria redekei* Van Goor under high and low light. *Br. Phycol. J.*, 17, 183-93.

265) French, C. S. (1960). The chlorophylls *in vivo* and *in vitro*. In W. Ruhland (ed.), *Encyclopaedia of Plant Physiology* (pp. 252-97). Berlin: Springer-Verlag.
266) French, C. S., Brown, J. S. & Lawrence, M. C. (1972). Four universal forms of chlorophyll *a*. *Plant Physiol.*, **49**, 421-9.
267) Friedman, A. L. & Alberte, R. S. (1984). A diatom light-harvesting pigment-protein complex. *Plant Physiol.*, **76**, 483-9.
268) Friedman, A. L. & Alberte, R. S. (1986). Biogenesis and light regulation of the major light-harvesting chlorophyll-protein of diatoms. *Plant Physiol.*, **80**, 43-51.
269) Friedman, E., Poole, L., Cherdak, A. & Houghton, W. (1980). Absorption coefficient instrument for turbid natural waters. *Appl. Opt.*, **19**, 1688-93.
270) Fritsch, F. E. (1948). *The structure and reproduction of the algae*. Cambridge: Cambridge University Press.
271) Frost, B. W. (1980). Grazing. In I. Morris (ed.), *The physiological ecology of phytoplankton* (pp. 465-91). Oxford: Blackwell.
272) Fry, E. S. & Kattawar, G. W. (1988). Measurement of the absorption coefficient of ocean water using isotropic illumination. *Proc. Soc. Photo-Opt. Instrum. Eng., Ocean Optics IX*, **925**, 142-8.
273) Fry, E. S., Kattawar, G. W. & Pope, R. M. (1992). Integrating cavity absorption meter. *Appl. Opt.*, **31**, 2055-65.
274) Fujita, Y. & Hattori, A. (1960). Effect of chromatic lights on phycobilin formation in a blue-green alga, *Tolypothrix tenuis*. *Plant Cell Physiol.*, **1**, 293-303.
275) Fujita, Y. & Hattori, A. (1962*a*). Photochemical interconversion between precursors of phycobilin chromoproteids in *Tolypothrix tenuis*. *Plant Cell Physiol.*, **3**, 209-20.
276) Fujita, Y. & Hattori, A. (1962*b*). Changes in composition of cellular material during formation of phycobilin chromoproteids in a blue- green alga, *Tolypothrix tenuis*. *J. Biochem.*, **52**, 3842.
277) Furnas, M. J. & Mitchell, A. W. (1988). Photosynthetic characteristics of Coral Sea picoplankton (< 2 μm Size fraction). *Biol. Oceanogr.*, **5**, 163-82.
278) Gagliardini, D. A., Karszenbaum, H., Legeckis, R. & Klemas, V. (1984). Application of Landsat MSS, NOAA/TIROS AVHRR, and Nimbus CZCS to study the La Plata River and its interaction with the ocean. *Remote Sens. Environ.*, **15**, 21-36.
279) Gaidukov, N. (1902). Ueber den Einfluss farbigen Lichts auf die Faerbung levender Oscillarien. *Abh. Preuss Akad. Wiss. Berlin, No. 5*. Quoted by Bogorad (1975).
280) Gallagher, I. C. (1980). Population genetics of *Skeletonema costatum* (Bacillariophyceae) in Narragansett Bay. *J. Phycol.*, **16**, 464-74.
281) Gallagher, J. C. (1982). Physiological variation and electrophoretic banding patterns of genetically different seasonal populations of *Skeletonema costatum* (Bacillariophyceae). *J. Phycol.*, **18**, 148-62.
282) Gallegos, C. L., Correll, D. L. & Pierce, I. W. (1990). Modelling spectral diffuse attenuation, absorption, and scattering coefficients in a turbid estuary. *Limnol. Oceanogr.*, **35**, 1486-502.
283) Ganf, G. G. (1974). Incident solar irradiance and underwater light penetration as factors controlling the chlorophyll *a* content of a shallow equatorial lake (Lake George, Uganda). *J. Ecol.*, **62**, 593-609.

284) Ganf, G. G. (1975). Photosynthetic production and irradiance-photosynthesis relationships of the phytoplankton from a shallow equatorial lake (Lake George, Uganda). *Oecologia*, 18, 165-83.
285) Ganf, G. G. & Oliver, R. L. (1982). Vertical separation of light and available nutrients as a factor causing replacement of green algae by blue-green algae in the plankton of a stratified lake. *J. Ecol.*, 70, 8294.
286) Ganf, G. G., Oliver, R. L. & Walsby, A. E. (1989). Optical properties of gas-vacuolate cells and colonies of *Microcystis* in relation to light attenuation in a turbid, stratified reservoir (Mount Bold Reservoir, South Australia). *Aust J. Mar. Freshwater Res.*, 40, 595-611.
287) Gantt, E. (1975). Phycobilisomes: light-harvesting pigment complexes. *Bio Science*, 25, 781-8.
288) Gantt, E. (1977). Recent contributions in phycobiliproteins and phycobilisomes. *Photochem. Photobiol.*, 26, 685-9.
289) Gantt, E. (1986). Phycobilisomes. *Encycl. Plant Physiol. (n.s.)*, 19, 260-8.
290) Gates, D. M. (1962). *Energy exchange in the biosphere.* New York.. Harper & Row.
291) Geider, R. J. (1987). Light and temperature dependence of the carbon to chlorophyll a ratio in microalgae and cyanobacteria: implications for physiology and growth of phytoplankton. *New Phytol.*, 106, 1-34.
292) Geider, R. J. & Osborne, B. A. (1987). Light absorption by a marine diatom: experimental observations and theoretical calculations of the package effect in a small *Thalassiosira* species. *Mar. Biol.*, 96, 299-308.
293) Gelin, C. (1975). Nutrients, biomass and primary productivity of nanoplankton in eutrophic Lake Vombsjön, Sweden. *Oikos*, 26, 121-39.
294) Gerard, V. A. (1986). Photosynthetic characteristics of giant kelp (*Macrocystis pyrifera*) determined *in situ*. *Mar. Biol.*, 90, 473-82.
295) Gershun, A. (1936). O fotometrii mutnykk sredin. *Tr. Gos. Okeanogr. Inst.*, 11, 99. Quoted by Jerlov (1976).
297) Gessner, F. (I 937). Untersuchungen uber Assimilation und Atmung submerser Wasserpflanzen. *Jahrb. Wigs. Bot.*, 85, 267-328.
298) Gilmartin, M. (1960). The ecological distribution of the deep water algae of Eniwetok atoll. *Ecology*, 41, 210-21.
299) Gitelson, A. A. & Kondratyev, K. Y. (1991). Optical models of mesotrophic and eutrophic water bodies. *Int. J. Remote Sens.*, 12, 375-85.
300) Glazer, A. N. (1981). Photosynthetic accessory proteins with bilin prosthetic groups. In M. D. Hatch & N. K. Boardman (eds), *The biochemistry of plants* (pp.51-96). New York: Academic Press.
301) Glazer, A. N. (1985). Light harvesting by phycobilisomes. *Ann. Rev. Biophys. Biophys. Chem*, 14, 47-77.
302) Glazer, A. N. & Cohen-Bazire, G. (1975). A comparison of Cryptophytan phycocyanins. *Arch. Mikrobiol.*, 104, 29-32.
303) Glazer, A. N. & Melis, A. (1987). Photochemical reaction centres: structure, organization and function. *Ann. Rev. Plant Physiol.*, 38, 11-45.

304) Glenn, E. P. & Doty, M. S. (1981). Photosynthesis and respiration of the tropical red seaweeds, *Eucheuma striatum* (Tambalang and Elkhorn varieties) and *E. denticulatum. Aquat. Biol.*, 10, 353-64.
305) Glibert, P. M., Dennett, M. R. & Goldman, J. C. (1985). Inorganic carbon uptake by phytoplankton in Vineyard Sound, Massachusetts I. Measurements of the photosynthesis-irradiance response of winter and early-spring assemblages'. *J. Exp. Mar. Biol. Ecol.*, 85, 21-36.
306) Gliwicz, M. Z. (1986). Suspended clay concentration controlled by filter-feeding zooplankton in a tropical reservoir. *Nature*, 323, 330-2.
307) Goedheer, I. C. (1969). Energy transfer from carotenoids to chlorophyll in blue-green, red and green algae and greening bean leaves. *Biochim. Biophys. Acta*, 172, 252-65.
308) Gcericke R. & Repeta, D. J. (1992). The pigments of *Prochlorococcus marinas*: the presence of divinyl chlorophyll a and b in a marine prokaryote. *Limnol. Oceanogr.*, 37, 425-33.
309) Goldman, C. R., Mason, D. T. & Wood, B. J. B. (1963). Light injury and inhibition in Antarctic freshwater plankton. *Limnol. Oceanogr.*, 8, 313-22.
310) Goldman, J. C. (1979a). Outdoor algal mass cultures. I. Applications. *Water Res.*, 13, 1-19.
311) Goldman, J. C. (1979b). Outdoor algal mass cultures. II. Photosynthetic yield limitations. *Water Res.*, 13, 1 19-36.
312) Goldsborough, W. J. & Kemp, W. M. (1988). Light responses of a submersed macrophyte: implications for survival in turbid tidal waters. *Ecology*, 69, 1775-86.
313) Gordon, H. R. (1978). Removal of atmospheric effects from satellite imagery of the oceans. *Appl. Opt.*, 17, 1631-6.
314) Gordon, H. R. (1985). Ship perturbation of irradiance measurements at sea. *Appl. Opt.*, 24, 4172-82.
315) Gordon, H. R. (1989a). Can the Lambert-Beer law be applied to the diffuse attenuation coefficient of ocean water? *Limnol. Oceanogr.*, 34, 1389-409.
316) Gordon, H. R. (1989b). Dependence of the diffuse reflectance of natural waters on the sun angle. *Limnol. Oceanogr.*, 34, 1484-9.
317) Gordon, H. R. (1991). Absorption and scattering estimates from irradiance measurements: Monte Carlo simulations. *Limnol. Oceanogr.*, 36, 769-77.
318) Gordon, H. R. & Brown, O. B. (1973). Irradiance reflectivity of a flat ocean as a function of its optical properties. *Appl. Opt*, 12, 1549-51.
319) Gordon, H. R., Brown, O. B. & Jacobs, M. M. (1975). Computed relationships between the inherent and apparent optical properties of a flat, homogeneous ocean. *Appl. Opt.*, 14, 417-27.
320) Gordon, H. R. & Clark, D. K. (1980). Atmospheric effects in the remote sensing of phytoplankton pigments. *Boundary-layer Meteorol.*, 18, 299-313.
321) Gordon, H. R. & Clark, D. K. (1981). Clear water radiances for atmospheric correction of coastal zone scanner imagery. *Appl. Opt.*, 20, 4175-80.
322) Gordon, H. R., Clark, D. K., Brown, J. W., Brown, O. B., Evans, R. H. & Broenkow, W. W. (1983). Phytoplankton pigment concentrations in the Middle Atlantic Bight: comparison of ship determinations and CZCS estimates. *Appl. Opt.*, 22, 20-36.
323) Gordon, H. R., Clark, D. K., Mueller, I. L. & Hovis, W. A. (1980). Phytoplankton pigments

from the Nimbus-7 Coastal Zone Scanner: comparison with surface measurements. *Science*, 210, 63-6.
324) Gordon, H. R. & Ding, K. (1992). Self-shading of in-water optical instruments. *Limnol. Oceanogr.*, 37, 491-500.
325) Gordon, H. R. & McLuney, W. R. (1975). Estimation of the depth of sunlight penetration in the sea for remote sensing. *Appl. Opt.*, 14, 413-16.
326) Gordon, H. R. & Morel, A. Y. (1983). *Remote assessment of ocean colour for interpretation of satellite visible imagery. A review*. New York: Springer.
327) Gordon, J. I. (1969). San Diego: Scripps Inst. Oceanogr. Ref 67-27. Quoted by Austin (1974a).
328) Gorham, E. (1957). The chemical composition of lake waters in Halifax County, Nova Scotia. *Limnol. Oceanogr.*, 2, 12-21.
329) Gorham, E., Dean, W. E. & Sanger, J. E. (1983). The chemical composition of lakes in the north-central United States. *Limnol. Oceanogr.*, 28, 287-301.
330) Gower, J. F. R. (1980). Observations of fluorescence of *in situ* chlorophyll *a* in Saanich Inlet. *Boundary-layer Meteorol.*, 18, 235-45.
331) Grew, G. W. (1981). *Real-time test of MOCS algorithm during Superflux 1980*. NASA-Publ. CP-2188. 301pp. Quoted by Campbell & Esaias (1983).
331a) Grobbelaar, J. U. (1989). The contribution of phytoplankton productivity in turbid freshwaters to their trophic status. *Hydrobiologia*, 173, 127-33.
332) Guard-Friar, D. & MacColl, R. (1986). Subunit separation (α, α', β) of cryptomonad biliproteins. *Photochem. Photobiol.*, 43, 81-5.
333) Gugliemelli, L. A., Dutton, H. J., Jursinic, P. A. & Siegelman, H. W. (1981). Energy transfer in a light-harvesting carotenoid-chlorophyll *c*-chlorophyll *a*-protein of *Phaeodactylum tricornutum*. *Photochem. Photobiol.*, 33, 903-7.
334) Gurfink, A. M. (1976). Light field in the surface layers of the sea. *Oceanology.*, 15, 295-9.
335) Haardt, H. & Maske, H. (1987). Specific *in vivo* absorption coefficient of chlorophyll a at 675 nm. *Limnol. Oceanogr.*, 32, 608-19.
336) Halldal, P. (1974). Light and photosynthesis of different marine algal groups. In N. G. Jerlov & E. S. Nielsen (eds), *Optical aspects of oceanography* (pp. 345-60). London: Academic Press.
337) Hamilton, M. K., Daviss, C. O., Pilorz, S. H., Rhea, W. J. & Carder, K. L. (1992). Examination of chlorophyll distribution in Lake Tahoe, using the Airborne Visible and Infrared Imaging Spectrometer (AVIRIS). *Proceedings of Third AVIRLS Workshop (in press)*.
338) Hammer, U. T. (1980). Primary production: geographical variations. In E. D. Le Cren & R. H. Lowe-McConnell (eds), *The functioning of freshwater ecosystems* (pp. 235-46). Cambridge: Cambridge University Press.
339) Hanisak, M. D. (1979). Growth patterns of *Codium fragile* ssp. *tomentosoides* in response to temperature, irradiance, salinity and nitrogen source. *Mar. Biol.*, 50, 319-22.
340) Harder, R. (1921). *Jahrb. Wiss. Botan.*, 60, 531. Quoted by Rabinowitch (1971).
341) Harder, R. (1923). Uber die Bedeutung von Lichtintensität und Wellenlänge fur die Assimilation Färbiger Algen. *Z. Bot.*, 15, 305-55.
342) Harding, L. W. & Coats, D. W. (1988). Photosynthetic physiology of *Prorocentrum mariae-lebouriae* (Dinophyceae) during its subpycnocline transport in Chesapeake Bay. *J. Phycol.*,

24, 77-89.
343) Harding, L. W., Itsweire, E. C. & Esaias, W. E. (1992). Determination of phytoplankton chlorophyll concentrations in the Chesapeake Bay with aircraft remote sensing. *Remote Sens. Environ.*, 40, 79-100.
344) Harding, L. W., Meeson, B. W. & Fisher, T. R. (1986). Phytoplankton production in two East coast estuaries: photosynthesis-light functions and patterns of carbon assimilation in Chesapeake and Delaware Bays. *Estuar. Coast. Shelf Sci.*, 23, 773-806.
345) Harding, L. W., Meeson, B. W., Preézelin, B. B. & Sweeney, B. M. (1981). Diel periodicity of photosynthesis in marine phytoplankton. *Mar. Biol.*, 61, 95-105.
346) Harding, L. W., Prézelin, B. B., Sweeney, B. M. & Cox, J. L. (1982a). Diel oscillations of the photosynthesis-irradiance (P-I) relationship in natural assemblages of phytoplankton. *Mar. Biol.*, 67, 167-78.
347) Harding, L. W., Prézelin, B. B., Sweeney, B. M. & Cox, J. L. (1982b). Primary production as influenced by diel periodicity of phytoplankton photosynthesis. *Mar. Biol.*, 67, 179-86.
348) Harper, M. A. (1969). Movement and migration of diatoms on sand grains. *Br. Phycol. J.*, 4, 97-103.
349) Harrington, J. A., Schiebe, F. R. & Nix, J. F. (1992). Remote sensing of Lake Chicot, Arkansas: monitoring suspended sediments, turbidity, and Secchi depth with Landsat data. *Remote Sens. Environ.*, 39, 15-27.
350) Harris, G. P. (1980). The measurement of photosynthesis in natural populations of phytoplankton. In I. Morris (ed.), *The physiological ecology of phytoplankton* (pp. 129-87). Oxford: Blackwell.
351) Harris, G. P. (1986). *Phytoplankton ecology structure, function and fluctuation*. London: Chapman & Hall.
352) Harris, G. P., Heaney, S. I. & Talling, J. F. (1979). Physiological and environmental constraints in the ecology of the planktonic dinoflagellate *Ceratium hirundinella*. *Freshwater Biol.*, 9, 413-28.
353) Harris, G. P. & Piccinin, B. B. (1977). Photosynthesis by natural phytoplankton populations. *Arch. Hydrobiol.*, 80, 405-57.
354) Harrison, P. J., Fulton, J. D., Taylor, F. J. R. & Parsons, T. R. (1983). Review of the biological oceanography of the Strait of Georgia: pelagic environment. *Can. J. Fish. Aquat. Sci.*, 40, 1064-94.
355) Harron, J. W., Hollinger, A. B., Jain, S. C., Kemenade, C. V. & Buxton, R. A. H. (1983). Presentation. *Annual Meeting, Optical Society of America*.
356) Harvey, G. R., Boran, D. A., Chesal, L. A. & Tokar, J. M. (1983). The structure of marine fulvic and humic acids. *Marine Chem.*, 12, 119-32.
357) Harvey, G. R., Boran, D. A., Piotrowicz, S. R. & Weisel, C. P. (1984). Synthesis of marine humic substances from unsaturated lipids. *Nature*, 309, 244-6.
358) Hatcher, B. G., Chapman, A. R. O. & Mann, K. H. (1977). An annual carbon budget for the kelp *Laminaria longicruris*. *Mar. Biol.*, 44, 85-96.
359) Haupt, W. (1973). Role of light in chloroplast movement. *Bio Science*, 23, 289-96.
360) Haxo, F. T. (1985). Photosynthetic action spectrum of the coccolithophorid, *Emiliania huxleyi*

(Haptophyceae): 19' hexanoyloxyfucoxanthin as antenna pigment. *J. Phycol.*, 21, 282-7.
361) Haxo, F. T. & Blinks, L. R. (1950). Photosynthetic action spectra of marine algae. *J. Gen. Physiol.*, 33, 389-422.
362) Haxo, F. T., Kycia, J. H., Somers, G. F., Bennett, A. & Siegelman, H. W. (1976). Peridinin-chlorophyll *a* proteins of the dinoflagellate *Amphidinium carterae* (Plymouth 450). *Plamt Physiol.*, 57, 297-303.
363) Heaney, S. I. & Talling, J. F. (1980). Dynamic aspects of dinoflagellate distribution patterns in a small productive lake. *J. Ecol.*, 68, 75-94.
364) Heckey, R. E. & Fee, E. J. (1981). Primary production and rates of algal growth in Lake Tanganyika. *Limnol. Oceanogr.*, 26, 532-47.
365) Hellström, T. (1991). The effect of resuspension on algal production in a shallow lake. *Hydrobiologia*, 213, 183-90.
366) Hickey, J. R., Alton, B. M., Griffith, F. J., Jacobowitz, H., Pellegrino, P., Maschhoff, R. H., Smith, E. A. & van den Haar, T. H. (1982). Extraterrestrial solar irradiance variability. Two and one-half years of measurement from Nimbus 7. *Solar Energy*, 29, 125-7.
367) Hiller, R. G., Anderson, J. M. & Larkum, A. W. D. (1991). The chlorophyll-protein complexes of algae. In H. Scheer (ed.), *Chlorophylls* (pp.529-47). Boca Raton: CRC Press.
368) Hiller, R. G. & Larkum, A. W. D. (1985). The chlorophyll-protein complexes of *Prochloron* sp. (Prochlorophyta). *Biochim. Biophys. Acta*, 806, 107-15.
369) Hiller, R. G., Larkum, A. W. D. & Wrench, P. W. (1988). Chlorophyll proteins of the prymnesiophyte *Pavlova lutherii* (Droop) comb. nov. : identification of the major light-harvesting complex. *Biochim. Biophys. Acta*, 932, 223-31.
370) Hiller, R. G., Wrench, P. M., Gooley, A. P., Shoebridge, G. & Breton, J. (1993). The major intrinsic light-harvesting protein of *Amphidinium*: characterization and relation to other light-harvesting proteins. *Photochem. Photobiol.*, 57 (in press).
371) Hobson, L. A. (1981). Seasonal variations in maximum photosynthetic rates of phytoplankton in Saanich Inlet, Vancouver Island, British Columbia. *J. Exp. Mar. Biol. Ecol.*, 52, 1-13.
372) Hodkinson, J. R. & Greenleaves, J. I. (1963). Computations of light- scattering and extinction by spheres according to diffraction and geometrical optics and some comparisons with the Mie theory. *J. Opt. Soc. Amer.*, 53, 577-88.
373) Hoge, T. E., Berry, R. E. & Swift, R. N. (1986). Active-passive airborne colour measurement. 1: Instrumentation. *Appl. Opt.*, 25, 39-47.
374) Hoge, F. E. & Swift, R. N. (1981). Airborne simultaneous spectroscopic detection of laser-induced water Raman backscatter and fluorescence from chlorophyll *a* and other naturally occurring pigments. *Appl. Opt.*, 20, 3197-205.
375) Hoge, F. E. & Swift, R. N. (1983). Airborne dual laser excitation and mapping of phytoplankton photopigments in a Gulf Stream warm core ring. *Appl. Opt.*, 22, 2272-81.
376) Hoge, F. E. & Swift, R. N. (1986). Active-passive correlation spectroscopy: a new technique for identifying ocean colour algorithm spectral regions. *Appl. Opt.*, 25, 2571-83.
377) Hoge, F. E., Swift, R. N. & Yungel, J. K. (1986). Active-passive airborne ocean colour measurement. 2: Applications. *Appl. Opt.*, 25, 48-57.
378) Hoge, F. E., Wright, C. W. & Swift, R. N. (1987). Radiance-ratio algorithm wavelengths for

remote oceanic chlorophyll determination. *Appl. Opt.*, 26, 2082-94.
379) Højerslev, N. & Lundgren, B. (1977). Inherent and apparent optical properties of Icelandic waters. 'Bjarni Saemundsson Overflow 73'. *Univ. Copenhagen, Inst. Phys. Oceanogr. Rep.*, 33, 63pp.
380) Højerslev, N. K. (1973). Inherent and apparent optical properties of the western Mediterranean and the Hardangerfjord. *Univ. Copenhagen, Inst. Phys. Oceanogr. Rep.*, 21, 70pp.
381) Højerslev, N. K. (1975). A spectral light absorption meter for measurements in the sea. *Limnol. Oceanogr.*, 20, 1024-34.
382) Højerslev, N. K. (1977). Inherent and apparent optical properties of the North Sea. Fladen Ground experiment - Flex 75. *Univ. Copenhagen, Inst. Phys. Oceanogr. Rep.*, 32, 68pp.
383) Højerslev, N. K. (1979). On the origin of yellow substance in the marine environment. In *17th General Assembly of I.A.P.S.O. (Canberra, 1979)* (pp. Abstracts, 71).
384) Højerslev, N. K. (1981). Assessment of some suggested algorithms on sea colour and surface chlorophyll. In J. F. R. Gower (ed.), *Oceanography from space* (pp.347-53). New York: Plenum.
385) Højcrslev, N. K. (1986). Variability of the sea with special reference to the Secchi disc. *Proc. Soc. Photo-Opt. Instrum. Eng., Ocean Optics VIII*, 637, 294-305.
386) Højerslev, N. K. (1988). Natural occurrences and optical effects of gelbstoff. *Univ. Copenhagen, Inst. Phys. Oceanogr. Rep.*, 50, 30pp.
386a) Højerslev, N. K. & Trabjerg, I. (1990). A new perspective for remote sensing of plankton pigments and water quality. *Univ Copenhagen, Inst. Phys. Oceanogr. Rep.*, 51, 10pp.
387) Holligan, P. M., Aarup, T. & Groom, S. B. (1989). The North Sea: satellite colour atlas. *Continental Shelf Res.*, 9, 667-765.
388) Holligan, P. M., Viollier, M., Harbour, D. S., Camus, P. & Champagne-Philippe, M. (1983). Satellite and ship studies of coccolithophore production along a continental shelf edge. *Nature*, 304, 339-42.
389) Holm-Hansen, O. & Mitchell, B. G. (1991). Spatial and temporal distribution of phytoplankton and primary production in the western Bransfield Strait region. *Deep-Sea Res.*, 38, 961-80.
390) Holmes, R. W. (1970). The Secchi disk in turbid coastal zones. *Limnol. Oceanogr.*, 15, 688-94.
391) Holyer, R. J. (1978). Toward universal multispectral suspended sediment algorithms. *Remote Sens. Environ.*, 7, 323-38.
392) Horstmann, U. (1983). Cultivation of the green alga *Caulerpa racemosa*, in tropical waters and some aspects of its physiological ecology. *Aquaculture*, 32, 361-71.
393) Houghton, W. M., Exton, R. J. & Gregory, R. W. (1983). Field investigation of techniques for remote laser sensing of oceanographic parameters. *Remote Sens. Environ.*, 13, 17-32.
394) Hovis, W. (1978). The Coastal Zone Colour Scanner (CZCS) experiment. In C. R. Madrid (ed.), *The Nimbus 7 users' guide*. Beltsville: Management & Technical Services Co.
395) Hovis, W. A., Clark, D. K., Anderson, F., Austin, R. W., Wilson, W. H., Baker, E. T., Ball, D., Gordon, H. R., Mueller, J. L., El-Sayed, S. Z., Sturm, B., Wrigley, R. C. & Yentsch, C. S. (1980). Nimbus-7 Coastal Zone Colour Scanner. system description and initial imagery. *Science*, 210, 60-3.

396) Hovis, W. A. & Leung, K. C. (1977). Remote sensing of ocean colour. *Opt. Eng.*, **16**, 158-66.
397) Humphries, S. E. & Lyne, V. D. (1988). Cyanophyte blooms: the role of cell buoyancy. *Limnol. Oceanogr.*, **33**, 79-91.
398) Hutchinson, G. E. (1967). *A treatise on limnology, Vol. 2.* New York: Wiley.
399) Hutchinson, G. E. (1975). *A treatise on limnology, Vol. 3.* New York: Wiley-Interscience.
400) Ikusima, I. (1970). Ecological studies on the productivity of aquatic plant communities. *Bot. Mag. (Tokyo)*, **83**, 330-41.
401) Ingram, K. & Hiller, R. G. (1983). Isolation and characterization of a major chlorophyll a/c_2, light-harvesting protein from a *Chroomonas* species (Cryptophyceae). *Biochim. Biophys. Acta*, **772**, 310-19.
402) International Association for the Physical Sciences of the Ocean (1979). *Sun Report (Report of the working group on symbols, units and nomenclature in physical oceanography).* Paris.
403) Iturriaga, R., Mitchell, B. G. & Kiefer, D. A. (1988). Microphotometric analysis of individual particle absorption spectra. *Limnol. Oceanogr.*, **33**, 128-35.
404) Iturriaga, R. & Siegel, D. A. (1989). Microphotometric characterization of phytoplankton and detrital absorption properties in the Sargasso Sea. *Limnol. Oceanogr.*, **34**, 1706-26.
405) Ivanoff, A., Jerlov, N. & Waterman, T. H. (1961). A comparative study of irradiance, beam transmittance and scattering in the sea near Bermuda. *Limnol. Oceanogr.*, **6**, 129-48.
406) Iverson, R. L. & Curl, H. (1973). Action spectrum of photosynthesis for *Skeletonema costatum* obtained with carbon-14. *Physiol. Plant.*, **28**, 498-502.
407) Jamart, B. M., Winter, D. F., Banse, K., Anderson, G. C. & Lam, R. K. (1977). A theoretical study of phytoplankton growth and nutrient distribution in the Pacific Ocean off the northwestern U.S. coast. *Deep-Sea Res.*, **24**, 753-73.
408) James, H. R. & Birge, E. A. (1938). A laboratory study of the absorption of light by lake waters. *Trans. Wisc. Acad. Sci. Arts Lett.*, **31**, 1-154.
409) Jassby, A. T. & Platt, T. (1976). Mathematical formulation of the relationship between photosynthesis and light for phytoplankton. *Limnol. Oceanogr.*, **21**, 540-7.
410) Jaworski, G. H. M., Talling, J. F. & Heaney, S. I. (1981). The influence of carbon dioxide depletion on growth and sinking rate of two planktonic diatoms in culture. *Br. phycol. J.*, **16**, 395-410.
411) Jeffrey, S. W. (1961). Paper chromatographic separation of chlorophylls and carotenoids in marine algae. *Biochem. J.*, **80**, 336-42.
412) Jeffrey, S. W. (1972). Preparation and some properties of crystalline chlorophyll c_1 and c_2 from marine algae. *Biochim. Biophys. Acta*, **279**, 15-33.
413) Jeffrey, S. W. (1976). The occurrence of chlorophyll c_1. and c_2 in algae. *J. Phycol.*, **12**, 349-54.
414) Jeffrey, S. W. (1984). Responses of unicellular marine plants to natural blue-green light environments. In H. Senger (ed.), *Blue light effects in biological systems* (pp. 497-508). Berlin: Springer.
415) Jeffrey, S. W., Sielicki, M. & Haxo, F. T. (1975). Chloroplast pigment patterns in dinoflagellates. *J. Phycol.*, **11**, 374-84.
416) Jeffrey, S. W. & Vesk, M. (1977). Effect of blue-green light on photosynthetic pigments and chloroplast structure in the marine diatom *Stephanopyxis turris*. *J. Phycol.*, **13**, 271-9.

417) Jeffrey, S. W. & Vesk, M. (1978). Chloroplast structural changes induced by white light in the marine diatom *Stephanopyxis turris*. *J. Phycol.*, 14, 238-40.
418) Jeffrey, S. W. & Wright, S. W. (1987). A new spectrally distinct component in preparations of chlorophyll c from the microalga *Emiliania huxleyi* (Prymnesiophyceae). *Biochim. Biophys. Acta*, 894, 180-8.
419) Jerlov, N. G. (1951). Optical studies of ocean water. *Rep. Swedish Deep-Sea Exped.*, 3, 1-59.
420) Jerlov, N. G. (1961). Optical measurements in the eastern North Atlantic. *Medd. Oceanogr. Inst. Goteborg, Ser.* B, 8, 40 pp.
421) Jerlov, N. G. (1974). Significant relationships between optical properties of the sea. In N. G. Jerlov & E. S. Nielsen (eds), *Optical aspects of oceanography* (pp. 77-94). London: Academic Press.
422) Jerlov, N. G. (1976). *Marine Optics*. Amsterdam: Elsevier.
423) Jerlov, N. G. & Nygard, K. (1969). A quanta and energy meter for photosynthetic studies. *Univ. Copenhagen Inst. Phys. Oceanogr. Rep.*, 10, 29pp.
424) Jerlov (Johnson), N. G. & Liljcquist, G. (1938). On the angular distribution of submarine daylight and the total submarine illumination. *Sven. Hydrogr.-Biol. Komm. Skr., Ny Ser. Hydrogr.*, 14, 15 pp. Quoted by Jerlov (1976).
425) Jerome, J. H., Bukata, R. P. & Bruton, J. E. (1983). Spectral attenuation and irradiance in the Laurentian Great Lakes. *J. Great Lakes Res.*, 9, 60-8.
426) Jerome, J. H., Bukata, R. P. & Bruton, J. E. (1988). Utilizing the components of vector irradiance to estimate the scalar irradiance in natural waters. *Appl. Opt.*, 27, 4012-18.
427) Jewson, D. H. (1976). The interactions of components controlling net phytoplankton photosynthesis in a well-mixed lake (Lough Neagh, Northern Ireland). *Freshwater Biol.*, 6, 551-76.
428) Jewson, D. H. (1977). Light penetration in relation to phytoplankton content of the euphotic zone of Lough Neagh, N. Ireland. *Oikos*, 28, 74-83.
429) Jewson, D. H. & Taylor, J. A. (1978). The influence of turbidity on net phytoplankton photosynthesis in some Irish lakes. *Freshwater Biol.*, 8, 573-84.
430) Jitts, H. R. (1963). The simulated *in situ* measurement of oceanic primary production. *Aust. J. Mar. Freshwater Res.*, 14, 139-47.
431) Jitts, H. R., Morel, A. & Saijo, Y. (1976). The relation of oceanic primary production to available photosynthetic irradiance. *Aust. J. Mar. Freshwater Res.*, 27, 441-54.
432) Johnson, R. W. (1978). Mapping of chlorophyll *a* distributions in coastal zones. *Photogramm. Eng. Rem. Sens.*, 44, 617-24.
433) Johnson, R. W. (1980). Remote sensing and spectral analysis of plumes from ocean dumping in the New York Bight Apex. *Remote Sens. Env.*, 9, 197-209.
434) Johnson, R. W. & Harriss, R. C. (1980). Remote sensing for water quality and biological measurements in coastal waters. *Photogramm. Eng. Rem. Sens.*, 46, 77-85.
435) Joint, I. R. (1986). Physiological ecology of picoplankton in various oceanographic provinces. In T. Platt & W. K. W. Li (eds), *Photosynthetic picoplankton* (pp. 287-309).
436) Joint, I. R. & Pomroy, A. J. (1981). Primary production in a turbid estuary. *Estuar. Coast. Shelf Sci.*, 13, 303-16.

437) Jones, D. & Wills, M. S. (1956). The attenuation of light in sea and estuarine waters in relation to the concentration of suspended solid matter. *J. Mar. Biol. Ass. U.K.*, 35, 431-44.
438) Jones, L. W. & Kok, B. (1966). Photoinhibition of chloroplast reactions. *Plant Physiol.*, 41, 1037-43.
439) Jones, L. W. & Myers, J. (1964). Enhancement in the blue-green alga, *Anacystis nidulans*. *Plant Physiol.*, 39, 938-46.
440) Jones, L. W, & Myers, J. (1965). Pigment variations in *Anacystis nidulans* induced by light of selected wavelengths. *J. Phycol.*, 1, 6-13.
441) Jones, R. I. (1978). Adaptations to fluctuating irradiance by natural phytoplankton communities. *Limnol, Oceangor.*, 23, 920-6.
442) Jones, R. I. & Ilmavirta, V. (1978a). A diurnal study of the phytoplankton in the eutrophic lake Lovojärvi, Southern Finland. *Arch. Hydrobiol.*, 83, 494-514.
443) Jones, R. I. & Ilmavirta, V. (1978b). Vertical and seasonal variation of phytoplankton photosynthesis in a brown-water lake with winter ice cover. *Freshwater Biol.*, 8, 561-72.
444) Jones, R. I. & Arvola, L. (1984). Light penetration and some related characteristics in small forest lakes in Southern Finland. *Verh. Internat. Verein. Limnol.*, 22, 811-16.
445) Jørgensen, E. G. (1968). The adaptation of plankton algae. II. Aspects of the temperature adaptation of *Skeletonema costatum*. *Physiol. Plant.*, 21, 423-7.
446) Jupp, B. P. & Spence, D. H. N. (1977). Limitations on macrophytes in a eutrophic lake, Loch Leven. *J. Ecol.*, 65, 175-86, 431-6.
447) Kageyama, A., Yokohama, Y. & Nisizawa, K. (1979). Diurnal rhythms of apparent photosynthesis of a brown alga, *Spatoglossum pacificum*. *Botanica Marina*, 22, 199-201.
448) Kain, J. M. (1979). A view of the genus *Laminaria*. *Oceanogr. Mar. Biol. Ann. Rev.*, 17, 101-61.
449) Kalff, J., Welch, H. E. & Holmgren, S. K. (1972). Pigment cycles in two high-arctic Canadian lakes. *Ver. internal. Verein Limnol.*, 18, 250-6.
450) Kalle, K. (1937). *Annln. Hydrogr. Berl.*, 65, 276-82. Quoted by Kalle (1966).
451) Kalle, K. (1961). What do we know about the 'Gelbstoff'? *Union Geod. Geophys. int. Monogr.*, 10, 59-62. Quoted by Jerlov (1976).
452) Kalle, K. (1966). The problem of the gelbstoff in the sea. *Oceanogr. Mar. Biol. Ann. Rev.*, 4, 91-104.
453) Kamiya, A. & Miyachi, S. (1984). Blue-green and green light adaptations on photosynthetic activity in some algae collected from the sub-surface layer in the western Pacific Ocean. In H. Senger (ed.), *Blue light effects in biological systems* (pp. 517-28). Berlin: Springer.
454) Kan, K. S. & Thornber, J. P. (1976). The light-harvesting chlorophyll a/ b-protein complex of *Chlamydomonas reinhardtii*. *Plant Physiol.*, 57, 47-52.
455) Kana, T. M. & Glibert, P. M. (1987a). Effect of irradiances up to 2000 μ E m^{-2} s^{-1} on marine *Synechococcus* WH7803 - I. Growth, pigmentation and cell composition. *Deep-Sea Res.*, 34, 479-95.
456) Kana, T. M. & Glibert, P. M. (1987b). Effect of irradiances up to 2000 μ E m^{-2} s^{-1} on marine *Synechococcus* WH7803 - II. Photosynthetic responses and mechanisms. *Deep-Sea Res.*, 34, 499-516.

457) Kana, T. M., Glibert, P. M., Goericke, R. & Welschmeyer, N. A. (1988). Zeaxanthin and β-carotene in *Synechococcus* WH7803 respond differently to irradiance. *Limnol. Oceanogr.*, 33, 1623-7.
458) Kana, T. M., Watts, J. L. & Glibert, P. M. (1985). Diel periodicity in the photosynthetic capacity of coastal and offshore phytoplankton assemblages. *Mar. Ecol. Prog. Ser.*, 25, 131-9.
459) Karelin, A. K. & Pelevin, V. N. (1970). The FMPO-64 marine underwater irradiance meter and its application in hydro-optical studies. *Oceanology*, 10, 282-5.
460) Katoh, T. & Ehara, T. (1990). Supramolecular assembly of fucoxanthin-chlorophyll-protein complexes isolated from a brown alga, *Petalonia fascia*. Electron microscope studies. *Plant Cell Physiol.*, 31, 439-47.
461) Keeley, J. E. (1990). Photosynthetic pathways in freshwater aquatic plants. *Trends Ecol. Evol.*, 5, 330-3.
462) Kelly, M. G., Thyssen, N. & Moeslund, B. (1983). Light and the annual variation of oxygen- and carbon-based measurements of productivity in a macrophyte-dominated river. *Limnol. Oceanogr.*, 28, 503-15.
463) Khorram, S. (1981*a*). Use of ocean colour scanner data in water quality mapping. *Photogramm. Eng. Rem. Sens.*, 47, 667-76.
464) Khorram, S. (1981*b*). Water quality mapping from Landsat digital data. *Int. J. Rem. Sens.*, 2, 145-53.
465) Khorram, S., Cheshire, H., Geraci, A. L. & Rosa, G. L. (1991). Water quality mapping of Augusta Bay, Italy from Landsat-TM data. *Int. J. Remote Sens.*, 12, 803-8.
466) Kieber, R. J., Xianling, Z. & Mopper, K. (1990). Formation of carbonyl compounds from UV-induced photodegradation of humic substances in natural waters: fate of riverine carbon in the sea. *Limnol. Oceanogr.*, 35, 1503-15.
467) Kiefer, D. A. (1973). Chlorophyll a and fluorescence in marine centric diatoms: responses of chloroplasts to light and nutrient stress. *Mar. Biol.*, 23, 39-46.
468) Kiefer, D. A., Olson, R. J. & Holm-Hansen, O. (1976). Another lock at the nitrite and chlorophyll maxima in the central North Pacific. *Deep-Sea Res.*, 23, 1199-208.
469) Kiefer, D. A. & SooHoo, J. B. (1982). Spectral absorption by marine particles of coastal waters of Baja California. *Limnol. Oceanogr.*, 27, 492-9.
470) Killiles, S. D., O'Carra, P. & Murphy, R. F. (1980). Structures and apoprotein linkages of phycoerythrobilin and phycocyanobilin. *Biochem. J.*, 187, 311-20.
471) Kim, H., Fraser, R. S., Thompson, L. L. & Bahethi, O. (1980). A design study for an advanced ocean colour scanner system. *Boundary-layer Meteorol.*, 18, 315-27.
472) Kim, H., McClain, C. R. & Hart, W. D. (1979). Chlorophyll gradient map from high-altitude ocean-colour-scanner data. *Appl. Opt.*, 18, 3715-16.
473) Kim, H. H. & Linebaugh, G. (1985). Early evaluation of thematic mapper data for coastal process studies. *Adv. Space Res.*, 5, 21-9.
474) King, R. J. & Schramm, W. (1976). Photosynthetic rates of benthic marine algae in relation to light intensity and seasonal variations. *Mar. Biol.*, 37, 215-22.
475) Kirk, J. T. O. (1975*a*). A theoretical analysis of the contribution of algal cells to the attenuation of light within natural waters. I. General treatment of suspensions of pigmented

cells. *New Phytol.*, 75, 11-20.
476) Kirk, J. T. O. (1975*b*). A theoretical analysis of the contributions of algal cells to the attenuation of light within natural waters. II. Spherical cells. *New Phytol.*, 75, 21-36.
477) Kirk, J. T. O. (1976*a*). A theoretical analysis of the contribution of algal cells to the attenuation of light within natural waters. III. - Cylindrical and spheroidal cells. *New Phytol.*, 77, 341-58.
478) Kirk, J. T. O. (1976*b*). Yellow substance (gelbstoff) and its contribution to the attenuation of photosynthetically active radiation in some inland and coastal southeastern Australian waters. *Aust. J. Mar. Freshwater Res.*, 27, 61-71.
479) Kirk, J. T. O. (1977*a*). Use of a quanta meter to measure attenuation and underwater reflectance of photosynthetically active radiation in some inland and coastal southeastern Australian waters. *Aust. J. Mar. Freshwater Res.*, 28, 9-21.
480) Kirk, J. T. O. (1977*b*). Thermal dissociation of fucoxanthin-protein binding in pigment complexes from chloroplasts of *Hormosira* (Phaeophyta). *Plant Sci. Lett.*, 9, 373-80.
481) Kirk, J. T. O. (1979). Spectral distribution of photosynthetically active radiation in some south-eastern Australian waters. *Aust. J. Mar. Freshwater Res.*, 30, 81-91.
482) Kirk, J. T, O. (1980*a*). Relationship between nephelometric turbidity and scattering coefficients in certain Australian waters. *Aust. J. Mar. Freshwater Res.*, 31, 1-12.
483) Kirk, J. T. O. (1980*b*). Spectral absorption properties of natural waters: contribution of the soluble and particulate fractions to light absorption in some inland waters of southeastern Australia. *Aust. J. Mar. Freshwater Res.*, 31, 287-96.
484) Kirk, J. T. O. (1981*a*). A Monte Carlo study of the nature of the underwater light field in, and the relationships between optical properties of, turbid yellow waters. *Aust. J. Mar. Freshwater Res.*, 32, 517-32.
485) Kirk, J. T. O. (1981*b*). Estimation of the scattering coefficient of natural waters using underwater irradiance measurements. *Aust. J. Mar. Freshwater Res.*, 32, 533-9.
486) Kirk, J. T. O. (1981*c*). *A Monte Carlo procedure for simulating the penetration of light into natural waters.* CSIRO Division of Plant Industry, Technical Paper No. 36, 18 pp.
487) Kirk, J. T. O. (1982). Prediction of optical water quality. In E. M. O'Loughlin & P. Cullen (eds), *Prediction in water quality* (pp. 307-26). Canberra: Australian Academy of Science.
488) Kirk, J. T. O. (1984). Dependence of relationship between inherent and apparent optical properties of water on solar altitude. *Limnol. Oceanogr.*, 29, 350-6.
489) Kirk, J. T. O. (1985). Effect of suspensoids (turbidity) on penetration of solar radiation in aquatic ecosystems. *Hydrobiologia*, 125, 195-208.
490) Kirk, J. T. O. (1986). Optical properties of picoplankton suspensions. In T. Platt & W. K. W. Li (eds), *Photosynthetic picoplankton* (pp. 501-20). *Can. Bull. Fish Aquat. Sci.*, 214.
491) Kirk, J. T. O. (1988). Optical water quality - what does it mean and how should we measure it? *J. Water Pollut. Control Fed.*, 60, 194-7.
492) Kirk, J. T. O. (1989*a*). The upwelling light stream in natural waters. *Limnol. Oceanogr.*, 34, 1410-25.
493) Kirk, J. T. O. (1989*b*). The assessment and prediction of optical water quality. In *13th Fed. Conv. Aust. Water Wastewater Assoc.*, 89/2 (pp. 504-7). Canberra: Institution of Engineers.

494) Kirk, J. T. O. (1991). Volume scattering function, average cosines and the underwater light field. *Limnol. Oceanogr.*, 36, 455-67.
495) Kirk, J. T. O. (1992). Monte Carlo Modelling of the performance of a reflective tube absorption meter. *Appl. Opt.*, 31, 6463-8.
495a) Kirk, J. T. O. Unpublished data.
496) Kirk, J. T. O. & Goodchild, D. J. (1972). Relationship of photosynthetic effectiveness of different kinds of light to chlorophyll content and chloroplast structure in greening wheat and in ivy leaves. *Aust. J. biol. Sci.*, 25, 215-41.
497) Kirk, J. T. O. & Tilney-Bassett, R. A. E. (1978). The plastids (2nd edn). Amsterdam: Elsevier.
498) Kirk, J. T. O. & Tyler, P. A. (1986). The spectral absorption and scattering properties of dissolved and particulate components in relation to the underwater light yield of some tropical Australian freshwaters. *Freshwater Biol.*, 16, 573-83.
499) Kirkman, H. & Reid, D. D. (1979). A study of the seagrass *Posidonia australis* in the carbon budget of an estuary. *Aquat. Bot.*, 7, 173-83.
500) Kishino, M., Booth, C. R. & Okami, N. (1984). Underwater radiant energy absorbed by phytoplankton, detritus, dissolved organic matter, and pure water. *Limnol. Oceanogr.*, 29, 340-9.
501) Kishino, M. & Okami, N. (1984). Instrument for measuring downward and upward spectral irradiances in the sea. *La mer (Bull. Soc. franco-japon. d'oceanogr.)*, 22, 37-40.
502) Kishino, M., Okami, N., Takahashi, M. & Ichimura, S. (1986). Light utilization efficiency and quantum yield of phytoplankton in a thermally stratified sea. *Limnol. Oceanogr.*, 31, 557-66.
503) Kishino, M., Takahashi, M., Okami, N. & Ichimura, S. (1985). Estimation of the spectral absorption coefficients of phytoplankton in the sea. *Bull. Marine Sci.*, 37, 634-42.
504) Klemas, V., Bartlett, D., Philpot, W., Rogers, R. & Reed, L. (1974). Coastal and estuarine studies with FRTS-1 and Skylab. *Remote Sens. Env.*, 3, 153-74.
505) Klemas, V., Borchardt, J. F. & Treasure, W. M. (1973). Suspended sediments observations from ERTS-1. *Remote Sens. Env.*, 2, 205-21.
506) Klemer, A. R., Feuillade, J. & Feuillade, M. (1982). Cyanobacterial blooms: carbon and nitrogen limitations have opposite effects on the buoyancy of *Oscillatoria*. *Science*, 215, 1629-31.
507) Kling, G. W. (1988). Comparative transparency, depth of mixing and stability of stratification in lakes of Cameroon, West Africa. *Limnol. Oceanogr.*, 33, 27-40.
508) Koblents-Mishke, O. I. (1965). Primary production in the *Pacific. Oceanology*, 5, 104-16.
509) Koblents-Mishke, O. I. (1979). Photosynthesis of marine phytoplankton as a function of underwater irradiance. *Soviet Plant Physiol.*, 26, 737-46.
510) Koenings, J. P. & Edmundson, J. A. (1991). Secchi disk and photometer estimates of light regimes in Alaskan lakes: effects of yellow colour and turbidity. *Limnol. Oceanogr.*, 36, 91-105.
511) Koepke, P. (1984). Effective reflectance of oceanic whitecaps. *Appl. Opt.*, 23, 1816-24.
512) Kolber, Z., Wyman, K. D. & Falkowski, P. G. (1990). Natural variation in photosynthetic energy conversion efficiency: a field study in the Gulf of Maine. *Limnol. Oceanogr.*, 35, 72-9.
513) Kondratyev, K. Y. (1954). *Radiant solar energy*. Leningrad. Quoted by Robinson (1966).

514) Kondratyev, K. Y. & Pozdniakov, D. V. (1990). Passive and active optical remote sensing of the inland water phytoplankton. *ISPRS J. Photogramm. Remote Sens.*, 44, 257-94.
515) Kopelevich, O. V. (1982). The 'yellow substance' in the ocean according to optical data. *Oceanology*, 22, 152-6.
516) Kopelevich, O. V. (1984). On the influence of river and eolian suspended matter on the optical propertics of sea water. *Oceanology*, 24, 331-4.
517) Kopelevich, O. V. & Burenkov, V. I. (1971). The nephelometric method for determining the total scattering coefficient of light in sea water. *Izv. Atmos. Oceanic Phys.*, 7, 835-40.
518) Kopelevich, O. V. & Burenkov, V. I. (1977). Relation between the spectral values of the light absorption coefficients of sea water, phytoplanktonic pigments, and the yellow substance. *Oceanology*, 17, 278-82.
519) Kopelevich, O. V. & Mezhericher, E. M. (1979). Improvement of the method of 'inversion' of the spectral values of the luminance coefficient of the sea. *Oceanology*, 19, 621-4.
520) Kowalik, W. S., Marsh, S. E. & Lyon, R. J. P. (1982). A relation between Landsat digital numbers surface reflectance, and the cosine of the solar zenith angle. *Remote Sens. Env.*, 12, 39-35.
521) Kramer, C. J. M. (1979). Degradation by sunlight of dissolved fluorescing substances in the upper layers of the eastern Atlantic Ocean. *Neth J. Sea Res.*, 13, 325-9.
522) Kullenberg, G. (1968). Scattering of light by Sargasso Sea water. *Deep-Sea Res.*, 15, 423-32.
533) Kullenberg, G. (1984). Observations of light scattering functions in two oceanic areas. *Deep-Sea Res.*, 31, 295-316.
534) Kullenberg, G., Lundgren, B., Malmberg, S. A., Nygard, K. & Højerslev, N. K. (1970). Inherent optical properties of the Sargasso Sea. *Univ. Copenhagen Inst. Phys. Oceanogr. Rep.*, 11, 18pp. Quoted by Jerlov (1976).
535) Kuring, N., Lewis, M. R., Platt, T. & O'Reilly, J. E. (1990). Satellite- derived estimates of primary production on the northwest Atlantic continental shelf. *Continental Shelf Res.*, 10, 461-84.
536) Langmuir, I. (1938). Surface motion of water induced by wind. *Science*, 87, 1119-23.
537) Larkum, A. W. D. & Barrett, J. (1983). Light-harvesting processes in algae. *Adv. Botan. Res.*, 10, 3-219.
538) Larkum, A. W. D., Drew, E. A. & Crossett, R. N. (1967). The vertical distribution of attached marine algae in Malta. *J. Ecol.*, 55, 361-71.
539) Larson, D. W. (1972). Temperature, transparency, and phytoplankton productivity in Crater Lake, Oregon. *Limnol. Oceanogr.*, 17, 410-17.
540) Lathrop, R. G. & Lillesand, T. M. (1986). Use of Thematic Mapper data to assess water quality in Green Bay and central Lake Michigan. *Photogramm. Eng. Remote Sens.*, 52, 671-80.
541) Lathrop, R. G. & Lillesand, T. M. (1989). Monitoring water quality and river plume transport in Green Bay, Lake Michigan with SPOT-1 imagery. *Photogramm. Eng. Remote Sens.*, 55, 349-54.
542) Latimer, P. & Rabinowitch, E. (1959). Selective scattering of light by pigments *in vivo*. *Arch. Biochem. Biophys.*, 84, 428-41.
543) Laws, E. A., Tullio, G. R. D., Carder, K. L., Betzer, P. R. & Hawes, S. (1990). Primary

production in the deep blue sea. *Deep-Sea Res.*, 37, 715-30.
544) Le Cren, E. D. & Lowe-McConnell, R. H. (eds). (1980). *The functioning of freshwater ecosystems*. Cambridge: Cambridge University Press.
545) Leletkin, V. A., Zvalinskii, V. I. & Titlyanov, E. A. (1981). Photosynthesis of zooxanthellae in corals of different depths. *Soviet Plant Physiol.*, 27, 863-70.
546) Lester, W. W., Adams, M. S. & Farmer, A. M. (1988). Effects of light and temperature on photosynthesis of the nuisance alga *Cladophora glomerata* (L.) Kutz from Green Bay, Michigan. *New Phytol.*, 109, 53-8.
547) Levavasseur, G., Edwards, G. E., Osmond, C. B. & J. Ramus. (1991). Inorganic carbon limitation of photosynthesis in *Ulva rotundata* (Chlorophyta). *J. Phycol.*, 27, 667-72.
548) Lévêque, C. Quoted in Le Cren & Lowe-McConnell (1980).
549) Levring, T. (1959). Submarine illumination and vertical distribution of algal vegetation. In *Proc. 9th Int. Bot. Congr.* (pp.183-193). Canada: University of Toronto Press.
550) Levring, T. (1966). Submarine light and algal shore zonation. In R. Bainbridge, G. C. Evans & O. Rackham (eds), *Light as an ecological factor* (pp. 305-18). Oxford: Blackwell.
551) Levring, T. (1968). Photosynthesis of some marine algae in clear, tropical oceanic water. *Bot. Mar.*, 11, 72-80.
552) Levy, I. & Gantt, E. (1988). Light acclimation in *Porphyridium purpureum* (Rhodophyta): growth, photosynthesis and phycobilisomes. *J. Phycol.*, 24, 452-8.
553) Lewin, R. A. (1976). Prochlorophyta as a proposed new division of algae. *Nature.*, 261, 697-8.
554) Lewis, J. B. (1977). Processes of organic production on coral reefs. *Biol Rev.*, 52, 305-47.
555) Lewis, M. R., Horne, E. P. W., Cullen, J. J., Oakey, N. S. & Platt, T. (1984). Turbulent motions may control phytoplankton photosynthesis in the upper Ocean. *Nature*, 311, 49-50.
556) Lewis, M. R., Warnock, R. E., Irwin, B. & Platt, T. (1985). Measuring photosynthetic action spectra of natural phytoplankton populations. *J. Phycol.*, 21, 310-15.
557) Lewis, M. R., Warnock, R. E. & Platt, T. (1985). Absorption and photosynthetic action spectra for natural phytoplankton populations: implications for production in the open sea. *Limnol. Oceanogr.*, 30, 794-806.
558) Lewis, W. M. & Canfield, D. (1977). Dissolved organic carbon in some dark Venezuelan waters and a revised equation for spectrophotometric determination of dissolved organic carbon. *Arch. Hydrobiol.*, 79, 441-5.
559) Ley, A. C. & Butler, W. L. (1980). Effects of chromatic adaptation on the photochemical apparatus of photosynthesis in *Porphyridium cruentum*. *Plant Physiol.*, 65, 714-22.
560) Li, W. K. W. (1986). Experimental approaches to field measurements: methods and interpretation. In T. Platt & W. K. W. Li (eds), *Photosynthetic picoplankton* (pp. 251-86). *Can. Bull. Fish Aquat. Sci.*, 214.
561) LI-COR Inc. (Lincoln, Nebraska). LI- 1800 UW Spectroradiometer.
562) Lillesand, T. M., Johnson., W. L., Deuell, R. L., Lindstrom, O. M. & Meisner, D. E. (1983). Use of Landsat data to predict the trophic state of Minnesota lakes. *Photogramm. Eng. Remote Sens.*, 49, 219-29.
563) Lindell, L. T., Steinvall, O., Jonsson, M. & Claeson, T. (1985). Mapping of coastal-water turbidity using LANDSAT imagery. *Int. J. Remote Sens.*, 6, 629-42.

564) Lipkin, Y. (1977). Seagrass vegetation of Sinai and Israel. In C. P. McRoy & C. Helfferich (eds), *Seagrass ecosystems* (pp. 263-93). New York: Marcel Dekker.
565) Lipkin, Y. (1979). Quantitative aspects of seagrass communities particularly of those dominated by *Halophila stipulacea*, in Sinai (northern Red Sea). *Aquat. Bot.*, 7, 119-28.
566) Littler, M. M., Littler, D. S., Blair, S. M. & Norris, J..N. (1985). Deepest known plant life discovered on an uncharted seamount. *Science*, 227, 57-9.
567) Littler, M. M., Littler, D. S., Blair, S. M. & Norris, J. N. (1986). Deep- water plant communities from an uncharted seamount off San Salvador Island, Bahamas: distribution, abundance, and primary productivity. *Deep-.Sea Res.*, 33, 881-92.
568) Lodge, D. M. (1991). Herbivory on freshwater macrophytes. *Aquat. Bot.*, 41, 195-224.
569) Loeblich, L. A. (1982). Photosynthesis and pigments influenced by light intensity and salinity in the halophile *Dunaliella salina* (Chlorophyta). *J. Mar. Biol. Ass. U.K.*, 62, 493-508.
570) Lorenzen, C. J. (1968). Carbon/chlorophyll relationships in an upwelling area. *Limnol. Oceanogr.*, 13, 202-4.
571) Love, R. J. R. & Robinson, G. G. C. (1977). The primary productivity of submerged macrophytes in West Blue Lake, Manitoba. *Can. J. Bot.*, 55, 118-27.
572) Lüning, K. (1971). Seasonal growth of *Laminaria hyperborea* under recorded underwater light conditions near Heligoland. In D. J. Crisp (ed.), *Fourth European Marine Biology Symposium* (pp. 347-61). Cambridge: Cambridge University Press.
573) Lüning, K. (1990). *Seaweeds: their environment, biogeography & ecophysiology*. New York: Wiley.
574) Lüning, K. & Dring, M. J. (1979). Continuous underwater light measurement near Helgoland (North Sea) and its significance for characteristic light limits in the sublittoral region. *Helgoländer Wiss. Meeresunters*, 32, 403-24.
575) Lynch, M. & Shapiro, J. (1981). Predation, enrichment and phytoplankton community structure. *Limnol. Oceanogr.*, 26, 86-102.
576) Maberley, S. C. (1990). Exogenous sources of inorganic carbon for photosynthesis by marine macroalgae. *J. Phycol.*, 26, 439-49.
577) Maberley, S. C. & Spence, D. H. N. (1983). Photosynthetic inorganic carbon use by freshwater plants. *J. Ecol.*, 71, 705-41.
578) Macauley, J. M., Clark, J. R. & Price, W. A. (1988). Seasonal changes in the standing crop and chlorophyll content of *Thalassia testudinum* Banks ex König and its epiphytes in the northern Gulf of Mexico. *Aquat. Bot.*, 31, 277-87.
579) MacColl, R. & Guard-Friar, D. (1983*a*). Phycocyanin 612: a biochemical and photophysical study. *Biochemistry*, 22, 5568-72.
580) MacColl, R. & Guard-Friar, D. (1983*b*). Phycocyanin 645: the chromophore assay of phycocyanin 645 from the cryptomonad *Chroomonas* species. *J. Biol. Chem.*, 258, 14327-9.
581) MacColl, R. & Guard-Friar, D. (1987). *Phycobiliproteins*. Boca Raton: CRC Press.
582) MacColl, R., Guard-Friar, D. & Csatorday, K. (1983). Chromatographic and spectroscopic analysis of phycoerythrin 545 and its subunits. *Arch. Mikrobiol.*, 135,. 194-8.
583) MacFarlane, N. & Robinson, I. S. (1984). Atmospheric correction of Landsat MSS data for a multidate suspended sediment algorithm. *Int. J. Remote Sens.*, 5, 561-76.

584) Madsen, T. V. & Sand-Jensen, K. (1991). Photosynthetic carbon assimilation in aquatic macrophytes. *Aquat. Bot.*, 41, 5-40.
585) Malcolm, R. I. (1990). The uniqueness of humic substances in each of soil, stream and marine environments. *Analyt. Chim. Acta*, 232, 19-30.
586) Malone, T. C. (1977a). Environmental regulation of phytoplankton productivity in the lower Hudson estuary. *Estuar. Coast. Mar. Sci.*, 5, 157-71.
587) Malone, T. C. (1977b). Light-saturated photosynthesis by phytoplankton size fractions in the New York Bight, U.S.A. *Mar. Biol.*, 42, 281-92.
588) Malone, T. C. (1982). Phytoplankton photosynthesis and carbon-specific growth: light-saturated rates in a nutrient-rich environment. *Limnol. Oceanogr.*, 27, 226-35.
589) Malone, T. C. & Neale, P. J. (1981). Parameters of light-dependent photosynthesis for Phytoplankton size fractions in temperate estuarine and coastal environments. *Mar. Biol.*, 61, 289-97.
590) Mann, K. H. (1972). Ecological energetics of the seaweed zone in a marine bay on the Atlantic coast of Canada. II. Productivity of the seaweeds. *Mar. Biol.*, 14, 199-209.
591) Mann, K. H. & Chapman, A. R. O. (1975). Primary production of marine macrophytes. In J. P. Cooper (ed.), *Photosynthesis and productivity in different environments* (pp. 207-23). Cambridge: Cambridge University Press.
592) Manodori, A. & Melis, A. (1986). Cyanobacterial acclimation to Photosystem I or Photosystem II light. *Plant Physiol.*, 82, 185-9.
593) Mariani Colombo, P., Orsenigo, M., Solazzi, A. & Tolomio, C. (1976). Sea depth effects on the algal photosynthetic apparatus. IV. Observations on the photosynthetic apparatus of *Halimeda tuna* (Siphonales) at sea depths between 7 and 16 m. *Mem. Biol. mar. Ocean*, 6, 197-208.
594) Marra, J. (1978). Phytoplankton photosynthetic response to vertical movement in a mixed layer. *Mar. Biol.*, 46, 203-8.
594a) Marshall, B. R. & Smith, R. C. (1990). Raman scattering and in-water ocean optical properties. *Appl. Opt.*, 29, 71-84.
595) Marshall, C. T. & Peters, R. H. (1989). General patterns in the seasonal development of chlorophyll a for temperate lakes. *Limnol. Oceanogr.*, 34, 856-67.
596) Martin, J. H., Gordon, R. M. & Fitzwater, S. E. (1991). The case for iron. *Limnol. Oceanogr.*, 36, 1793-1802.
597) Maske, H. & Haardt, H. (1987). Quantitative in vivo absorption spectra of phytoplankton: detrital absorption and comparison with fluorescence excitation spectra. *Limnol. Oceanogr.*, 32, 620-33.
598) Mathieson, A. C. (1979). Vertical distribution and longevity of subtidal seaweeds in northern New England, U.S.A. *Bot. Mar.*, 30, 511-20.
599) Mathieson, A. C. & Burns, R. L. (1971). Ecological studies of economic red algae. *J. Exp. Mar. Biol. Ecol.*, 7, 197-206.
600) Mathieson, A. C. & Norall, T. L. (1975). Physiological studies of subtidal red algae. *J. Exp. Mar. Biol. Ecol.*, 20, 237-47.
601) Mathis, P. & Paillotin, G. (1981). Primary processes of photosynthesis. In M. D. Hatch & N. K.

Boardman (eds), *The biochemistry of plants* (pp. 97-161). New York: Academic Press.
602) McAllister, H. A., Norton, T. A. & Conway, E. (1967). A preliminary list of sublittoral marine algae from the west of Scotland. *Br. Phycol. Bull.*, 3, 175-84.
603) McKim, H. L., Merry, C. J. & Layman, R. W. (1984). Water quality monitoring using an airborne spectroradiometer. *Photogramm. Eng. Remote Sens.*, 50, 353-60.
604) McLachlan, A. J. & McLachlan, S. M. (1975). The physical environment and bottom fauna of a bog lake. *Arch. Hydrobiol.*, 76, 198-217.
605) McMahon, T. G., Raine, R. C. T., Fast, T., Kies, L. & Patching, J. W. (1992). Phytoplankton biomass, light attenuation and mixing in the Shannon estuary. *J. Mar. Biol. Ass. U.K.*, 72, 709-20.
606) McRoy, C. P. & Helfferich, C. (1980). Applied aspects of seagrasses. In R. C. Phillips & C. P. McRoy (eds), *Handbook of seagrass biology* (pp. 297-343). New York: Garland STPM Press.
607) Medina, E. (1971). Effect of nitrogen supply and light intensity during growth on the photosynthetic capacity and carboxydismutase activity of leaves of *Atriplex patula* spp. *hastata*. *Carnegie Inst. Wash. Yearbook*, 70, 551-9.
608) Megard, R. O., Combs, W. S., Smith, P. D. & Knoll, A. S. (1979). Attenuation of light and daily integral rates of photosynthesis attained by planktonic algae. *Limnol. Oceanogr.*, 24, 1038-50.
609) Melack, J. M. (1979). Photosynthesis and growth of *Spirulina platensis* (Cyanophyta) in an equatorial lake (Lake Simbi, Kenya). *Limnol. Oceanogr.*, 24, 753-60.
610) Melack, J. M. (1981). Photosynthetic activity of phytoplankton in tropical African soda lakes. *Hydrobiologia*, 81, 71-85.
611) Meyers-Schulte, K. J. & Hedges, J. I. (1986). Molecular evidence for a terrestrial component of organic matter dissolved in ocean water. *Nature*, 321, 61-3.
612) Mie, G. (1908). Beiträge zur Optik trüber Medien, speziell kolloidalen Metall-lösungen. *Ann. Phys.*, 25, 377-445.
613) Mishkind, M. & Mauzerall, D. (1980). Kinetic evidence for a common photosynthetic step in diverse seaweeds. *Mar. Biol.*, 58, 39-96.
614) Mitchell, B. G., Brody, E. A., Holm-Hansen, O., McClain,.C. & Bishop, J. (1991). Light limitation of phytoplankton biomass and macronutrient utilization in the Southern Ocean. *Limnol. Oceanogr.*, 36, 1662-77.
615) Mitchell, B. G. & Holm-Hansen, O. (1991*a*). Bio-optical properties of Antarctic Peninsula waters: differentiation from temperate ocean models. *Deep-Sea Res.*, 38, 1009-28.
616) Mitchell, B. G. & Holm-Hansen, O. (1991*b*). Observations and modelling of the Antarctic phytoplankton crop in relation to mixing depth. *Deep-Sea Res.*, 38, 981-1007.
617) Mitchell, B. G. & Kiefer, D. A. (1988). Chlorophyll a specific absorption and fluorescence excitation spectra for light-limited phytoplankton. *Deep-Sea Res.*, 35, 639-63.
618) Mitchelson, E. G., Jacob, N. J. & Simpson, J. H. (1986). Ocean colour algorithms from the Case 2 waters of the Irish Sea in comparison to algorithms from Case 1 waters. *Continental Shelf Res.*, 5, 403-15.
619) Mittenzwey, K.-H., Ullrich, S., Gitelson, A. A. & Kondratiev, K. Y. (1992). Determination of chlorophyll a of inland waters on the basis of spectral reflectance. *Limnol. Oceanogr.*, 37,

147-9.
620) Mizusawa, M., Kageyama, A. & Yokohama, Y. (1978). Physiology of benthic algae in tide pools. *Jap. J. Phycol.*, **26**, 109-14.
621) Mobley, C. D. (1992). The optical properties of water. In *Handbook of optics, Second edition*, ed. M. Bass. New York: McGraw-Hill (in press).
622) Molinier, R. (1960). Etudes des biocénoses marines du Cap Corse. *Vegetatio*, **9**, 121-92, 219-312.
623) Monahan, E. C. & Pybus, M. J. (1978). Colour, ultraviolet absorbance and salinity of the surface waters off the west coast of Ireland. *Nature*, **274**, 782-4.
624) Monteith, J. L. (1973). *Principles of environmental physics*. London: Edward Arnold.
625) Monteith, J. L. & Unsworth, M. H. (1990). *Principles of environmental physics*. London: Edward Arnold.
626) Moon, P. (1940). *J. Franklin Inst.*, **230**, 583. Quoted by Monteith (1973).
627) Moon, P. (1961). *The scientific basis of illuminating engineering*. New York: Dover.
628) Moon, R. E. & Dawes, C. J. (1976). Pigment changes and photosynthetic rates under selected wavelengths in the growing tips of *Euchaema isiforme* (C. Agardh) J. Agardh var *denudatum* Cheney during vegetative growth. *Br. Phycol. J.*, **11**, 165-74.
629) Mopper, K., Xianling, Z., Kieber, R. J., Kieber, D. J., Sikorski, R. J. & Jones, R. D. (1991). Photochemical degradation of dissolved organic carbon and its impact on the oceanic carbon cycle. *Nature*, **353**, 60-2.
630) Morel, A. (1966). Etude expérimentale de la diffusion de la lumière par l'eau, les solutions de chlorure de sodium et l'eau de mer optiquement pures. *J. Chim. Phys.*, **10**, 1359-66.
631) Morel, A. (1973). Diffusion de la lumière par leg eaux de mer. Résultats expérimentaux et approche théorique. In *Optics of the sea* (pp. 3.1-1 to 3.1-76). Neuilly-sur-Seine: NATO.
632) Morel, A. (1974). Optical properties of pure water and pure seawater. In N. G. Jerlov & E. S. Nielsen (eds), *Optical aspects of oceanography* (pp. 1-24). London: Academic Press.
633) Morel, A. (1978). Available, usable and stored radiant energy in relation to marine photosynthesis. *Deep-sea Res.*, **25**, 673-88.
634) Morel, A. (1980). In-water and remote measurement of ocean colour. *Boundary-layer Meteorol.*, **18**, 177-201.
635) Morel, A. (1982). Optical properties and radiant energy in the waters of the Guinea dome and of the Mauritanian upwelling area: relation to primary production. *Rapp. P. V. Reun. Cons int. explor. Mer.*, **180**, 94-107.
636) Morel, A. (1987). Chlorophyll-specific scattering coefficient of phytoplankton. A simplified theoretical approach. *Deep-Sea Res.*, **34**, 1093-105.
637) Morel, A. (1991). Light and marine photosynthesis: a spectral model with geochemical and climatological implications. *Prog. Oceanog.*, **26**, 263-306.
638) Morel, A. & Berthon, J.-F. (1989). Surface pigments, algal biomass profiles, and potential production of the euphotic layer: relationships reinvestigated in view of remote-sensing applications. *Limnol. Oceanogr.*, **34**, 1545-62.
639) Morel, A. & Bricaud, A. (1981). Theoretical results concerning light absorption in a discrete medium, and application to specific absorption of phytoplankton. *Deep-Sea Res.*, **28**, 1375-93.

640) Morel, A. & Bricaud, A. (1986). Inherent optical properties of algal cells including picoplankton: Theoretical and experimental results. In T. Platt & W. K. W. Li (eds), *Photosynthetic picoplankton* (pp. 521-59). *Can. Bull. Fish Aquat. Sci.*, 214.

641) Morel, A. & Gentili, B. (1991). Diffuse reflectance of oceanic waters: its dependence on sun angle as influenced by the molecular scattering contribution. *Appl. Opt.*, 30, 4427-38.

642) Morel, A., Lazzara, L. & Gostan, J. (1987). Growth rate and quantum yield time response for a diatom to changing irradiances (energy and colour). *Limnol. Oceanogr.*, 32, 1066-84.

643) Morel, A. & Prieur, L. (1975). *Analyse spectrale des coefficients d'attenuation diffuse, de reflection diffuse, d'absorption et de retrodiffusion pour diverges régions marines.* Rep. No. 17. Laboratoire d'Oceanographie Physique, Villefranche-sur-Mer. 157pp. Quoted by Jerlov (1976).

644) Morel, A. & Prieur, L. (1977). Analysis of variations in ocean colour. *Limnol. Oceanogr.*, 22, 709-22.

645) Morel, A. & Smith, R. C. (1974). Relation between total quanta and total energy for aquatic photosynthesis. *Limnol. Oceanogr.*, 19, 591-600.

646) Morris, I. & Farrell, K. (1971). Photosynthetic rates, gross patterns of carbon dioxide assimilation and activities of ribulose diphosphate carboxylase in marine algae grown at different temperatures. *Physiol. Plant*, 25, 372-7.

647) Morrow, J. H., Chamberlin, W. S. & Kiefer, D. A. (1989). A two- component description of spectral absorption by marine particles. *Limnol. Oceanogr.*, 34, 1500-9.

648) Munday, J. C. & Alföldi, T. T. (1979). Landsat test of diffuse reflectance models for aquatic suspended solids measurement. *Remote Sens. Env.*, 8, 169-83.

649) Muñoz, J. & Merrett, M. J. (1988). Inorganic carbon uptake by a small- celled strain of *Stichococcus bacillaris*. *Planta*, 175, 460-4.

650) Muscatine, L. (1990). The role of symbiotic algae in carbon and energy flux in reef corals. In Z. Dubinsky (ed.), *Coral Reefs* (p. 75-87). Amsterdam: Elsevier.

651) Myers, J. & Graham, J.-R. (1963). Enhancement in Chlorella. Plant Physiol., 38, 105-16.

652) Myers, J. & Graham, J.-R. (1971). The photosynthetic unit in *Chlorella* measured by repetitive short flashes. *Plant Physiol.*, 48, 282-6.

653) Nakamura, K., Ogawa, T. & Shibata, K. (1976). Chlorophyll and peptide compositions in the two photosystems of marine green algae. *Biochim. Biophys. Acta*, 423, 227-36.

654) Nakayama, N., Itagaki, T. & Okada, M. (1986). Pigment composition of chlorophyll-protein complexes isolated from the green alga *Bryopsis maxima*. *Plant Cell Physiol.*, 27, 311-17.

654a) NASA (1987). *HIRIS Instrument Panel Report.*

655) Neale, P. J. (1987). Algal photoinhibition and photosynthesis in the aquatic environment. In D. J. Kyle, C. B. Osmond & C. J. Arntzen (eds), *Photoinhibition* (pp. 39-65). Amsterdam: Elsevier.

656) Neale, P. J. & Melis, A. (1986). Algal photosynthetic membrane complexes and the photosynthesis-irradiance curve: a comparison of light-adaptation responses in *Chlamydomonas reinhardtii* (Chlorophyta). *J. Phycol.*, 22, 531-8.

657) Nelson, N. B. & Prézelin, B. B. (1990). Chromatic light effects and physiological modelling of absorption properties of *Heterocapsa pygmaea* (= *Glenodinium* sp.). *Mar. Ecol. Prog. Ser.*,

63, 37-46.
658) Neori, A., Holm-Hansen, O., Mitchell, B. G. & Kiefer, D. A. (1984). Photoadaptation in marine phytoplankton. *Plant Physiol.*, 76, 518-24.
659) Neuymin. G. G., Zemlyanya, L. A., Martynov, O. V. & Solov'yev, M. V. (1982). Estimation of the chloropyll concentration from measurements of the colour index in different regions of the ocean. *Oceanology*, 22, 280-3.
660) Neverauskas, V. P. (1988). Response of a *Posidonia* community to prolonged reduction in light. *Aquat. Bot.*, 31, 361-6.
661) Neville, R. A. & Gower, J. F. R. (1977). Passive remote sensing of phytoplankton via chlorophyll *a* fluorescence. *J. Geophys. Res.*, 82, 3487-93.
662) Nolen, S. L., Wilhm, J. & Howick, G. (1985). Factors influencing inorganic turbidity in a great plains reservoir. *Hydrobiologia*, 123, 109-17.
663) Norton, T. A. (1968). Underwater observations on the vertical distribution of algae at St. Mary's, Isles of Scilly. *Br. Phycol. Bull.*, 3, 585-8.
664) Norton, T. A., Hiscock, K. & Kitching, J. A. (1977). The ecology of Lough Ine. XX. The Laminaria forest at Carrigathoma. *J. Ecol.*, 65, 919-41.
665) Norton, T. A., McAllister, H. A., Conway, E. & Irvine, L. M. (1969). The marine algae of the Hebridean island of Colonsay. *Br. Phycol. J.*, 4, 125-36.
666) Novo, E. M. M., Hansom, J. D. & Curran, P. J. (1989). The effect of sediment type on the relationship between reflectance and suspended sediment concentration. *Int. J. Remote Sens.* 10, 1283-9.
667) Nultsch, W. & Pfau, J. (1979). Occurrence and biological role of light- induced chromatophore displacements in seaweeds. *Mar. Biol.*, 51, 77-82.
668) O'Carra, C. & O'h Eocha, C. (1976). Algal biliproteins and phycobilins. In T. W. Goodwin (ed.), *Chemistry and biochemistry of plant pigments* (pp.328-76). London: Academic Press.
669) Oelmüller, R., Coxley, P. B., Federspiel, N., Briggs, W. R. & Grossman, A. R. (1988). Changes in, accumulation and synthesis of transcripts encoding phycobilisome components during acclimation of *Fremyella diplosiphon* to different light qualities. *Plant Physiol.*, 88, 1077-83.
670) Oertel, G. F. & Dunstan, W. M. (1981). Suspended-sediment distribution and certain aspects of phytoplankton production off Georgia, U.S.A. *Marine Geol.*, 40, 171-97.
671) Ogura, N. & Hanya, T. (1966). Nature of ultraviolet absorption of sea water. *Nature*, 212, 758.
672) O'h Eocha, C. (1965). Phycobilins. In T. W. Goodwin (ed.), *Chemistry and biochemistry of plant pigments* (pp.175-96). London: Academic Press.
673) O'h Eocha, C. (1966). Biliproteins. In T. W. Goodwin (ed.), Biochemistry of chloroplasts (pp. 407-21). London: Academic Press.
674) Ohki, K., Gantt, E., Lipschultz, C. A. & Ernst, M. C. (1985). Constant phycobilisome size in chromatically adapted cells of the cyanobacterium *Tolypothrix tenuis*, and variation in *Nostoc* sp. *Plant Physiol.*, 79, 943-8.
675) Oishi, T. (1990). Significant relationship between the backward scattering coefficient of sea water and the scatterance at 120°. *Appl. Opt.*, 29, 4658-65.
676) O'Kelly, C. J. (1982). Chloroplast pigments in selected marine Chaetophoraceae and

Chaetosiphonaceae (Chlorophyta): the occurrence and significance of siphonaxanthin. *Bot. Mar.*, 25, 133-7.

677) Oliver, R. L. (1990). Optical properties of waters in the Murray-Darling basin, South-eastern Australia. *Aust J. Mar. Freshwater Res.*, 41, 581-601.

678) Oltmanns, F. (1892). Uber die Kultur und Lebensbedingungen der Meeresalgen. *Jb. Wiss. Bot.*, 23, 349-440.

679) Ondrusek, M. E., Bidigare, R. R., Sweet, S. T., Defreitas, D. A. & Brooks, J. M. (1991). Distribution of phytoplankton pigments in the North Pacific Ocean in relation to physical and optical variability. *Deep-Sea Res.*, 38, 243-66.

680) Ong, L. J., Glazer, A. N. & Waterbury, J. B. (1984). An unusual phycoerythrin from a marine cyanobacterium. *Science*, 224, 80-3.

681) Ortner, P. B., Wiebe, P. H. & Cox, J. L. (1980). Relationships between oceanic epizooplankton distribution and the seasonal deep chlorophyll maximum in the northwestern Atlantic Ocean. *J. Mar. Res.*, 3, 507-31.

682) Paasche, E. (1964). A tracer study of the inorganic carbon uptake during coccolith formation and photosynthesis in the coccolithophorid *Coccolithus huxleyi*. *Physiol. Plant.*, 3 (suppl.), 1-82.

683) Paerl, H. W., Tucker, J. & Bland, P. T. (1983). Carotenoid enhancement and its role in maintaining blue-green algal (*Microcystis aeruginosa*) surface blooms. *Limnol. Oceanogr.*, 28, 847-57.

684) Paerl, H. W. & Ustach, J. F. (1982). Blue-green algal scums: an explanation for their occurrence during freshwater blooms. *Limnol. Oceanogr.*, 27, 212-17.

685) Palmer, K. F. & Williams, D. (1974). Optical properties of water in the near infrared. *J. Opt. Soc Amer.*, 64, 1107-10.

686) Palmisano, A. C., SooHoo, J. B. & Sullivan, C. W. (1985). Photosynthesis-irradiance relationships in sea ice microalgae from McMurdo Sound, Antarctica. *J. Phycol.*, 21, 341-6.

687) Parson, W. W. (1991). Reaction Centres. In H. Scheer (ed.), *Chlorophylls* (pp. 1153-80). Boca Raton: CRC Press.

688) Patel, B. N. & Merrett, M. J. (1986). Inorganic carbon uptake by the marine diatom *Phaeodactylum tricornutum*. *Planta*, 169, 222-7.

689) Pearse, J. F. & Hines, A. H. (1979). Expansion of a Central California kelp forest following the mass mortality of sea urchins. *Mar. Biol.*, 51, 83-91.

689a) Pegau, W. S. & Zaneveld, J. R. V. (1993). Temperature-dependent absorption of water in the red and near-infrared portions of the spectrum. *Limnol. Oceanogr.*, 38, 188-92.

690) Pelaez, J. & McGowan, J. A. (1986). Phytoplankton pigment patterns in the California Current as determined by satellite. *Limnol. Oceanogr.*, 31, 927-50.

691) Pelevin, V. N. (1978). Estimation of the concentration of suspension and chlorophyll in the sea from the spectrum of outgoing radiation measured from a helicopter. *Oceanology*, 18, 278-82.

692) Pelevin, V. N. & Rutkovskaya, V. A. (1977). On the optical classification of ocean waters from the spectral attenuation of solar radiation. *Oceanology*, 17, 28-32.

693) Pennock, J. R. (1985). Chlorophyll distribution in the Delaware estuary: regulation by light

limitation. *Estuar. Coast. Shelf Sci.*, 21, 711-25.
694) Perez-Bermudez, P., Garcia-Carrascosa, M., Cornejo, M. J. & Segura, J. (1981). Water-depth effects in photosynthetic pigment content of the benthic algae D*ictyota dichotoma* and *Udotea petiolata*. *Aquat. Bot.*, 11, 373-7.
695) Perking, E. J. (1960). The diurnal rhythm of the littoral diatoms of the river Eden estuary, Fife. *J. Ecol.*, 48, 725-8.
696) Perry, M. J. & Porter, S. M. (1989). Determination of the cross-section absorption coefficient of individual phytoplankton cells by analytical flow cytometry. *Limnol. Oceanogr.*, 34, 1727-38.
697) Perry, M. J., Talbot, M. C. & Alberte, R. S. (1981). Photoadaptation in marine phytoplankton: response of the photosynthetic unit: *Mar. Biol.*, 62, 91-101.
698) Peterson, D. H., Perry M. J., Bencala, K. E. & Talbot, M. C. (1987). Phytoplankton productivity in relation to light intensity: a simple equation. *Estuar. Coast. Shelf Sci.*, 24, 813-32.
699) Petzold, T. J. (1972). *Volume scattering function for selected ocean waters* No. Ref. 72-78, 79pp. Scripps Inst. Oceanogr.
700) Phillips, D. M. & Kirk, J. T. O. (1984). Study of the spectral variation of absorption and scattering in some Australian coastal waters. *Aust. J. Mar. Freshwater Res.*, 35, 635-44.
701) Phillips, G. L., Eminson, D. & Moss, B. (1978). A mechanism to account for macrophyte decline in progressively eutrophicated freshwaters. *Aquat. Bot.*, 4, 103-26.
702) Pick, F. R. (1991). The abundance and composition of freshwater picocyanobacteria in relation to light penetration. *Limnol. Oceanogr.*, 36, 1457-62.
703) Plass, G. N. & Kattawar, G. W. (1972). Monte Carlo calculations of radiative transfer in the Earth's atmosphere-ocean system. I. Flux in the atmosphere and ocean. *J. Phys. Oceanogr.*, 2, 139-45.
704) Platt, T. (1969). The concept of energy efficiency in primary production. *Limnol. Oceanogr.*, 14, 653-9.
705) Platt, T. (1986). Primary production of the ocean water column as a function of surface light intensity: algorithms for remote sensing. *Deep-Sea Res.*, 33, 149-63.
706) Platt, T., Gallegos, C. L. & Harrison, W. G. (1980). The relationship between photosynthesis and light for natural assemblages of coastal marine phytoplankton. *J. Mar. Res.*, 38, 687-701.
707) Platt, T. & Jassby, A. D. (1976). The relationship between photosynthesis and light for natural assemblages of coastal marine phytoplankton. *J. Phycol.*, 12, 421-30.
708) Platt, T. & Li, W. K. W. (eds) (1986). Photosynthetic picoplankton. *Can. Bull. Fish. Aquat. Sci.*, 214.
709) Platt, T. & Sathyendranath, S. (1988). Oceanic primary production: estimation by remote sensing at local and regional scales. *Science*, 241, 1613-20.
710) Platt, T., Sathyendranath, S. & Ravindran, P. (1990). Primary production by phytoplankton: analytic solutions for daily rates per unit area of water surface. *Proc. R. Soc. Lond. B*, 241, 101-11.
711) Platt, T., Sathyendranath, S., Ulloa, O., Harrison, W. G., Hoepffner, N. & Goes, J. (1992). Nutrient control of phytoplankton photosynthesis in the western North Atlantic. *Nature*, pp.

229-31.
712) Platt, T. & Subba Rao, D. V. (1975). Primary production of marine microphytes. In J. P. Cooper (ed.), *Photosynthesis and productivity in different environments* (pp. 249-80). Cambridge: Cambridge University Press.
713) Poole, H. H. (1945). The angular distribution of submarine daylight in deep water. *Sci. Proc. R. Dublin Soc.*, **24**, 29-42.
714) Poole, H. H. & Atkins, W. R. G. (1929). Photoelectric measurements of submarine illumination throughout the year. *J. Mar. Biol. Ass. U.K.*, **16**, 297-324.
715) Preisendorfer, R. W. (1957). Exact reflectance under a cardioidal luminance distribution. *Q. J. Roy. Meteorol. Soc.*, **83**, 540. Quoted by Jerlov (1976).
716) Preisendorfer, R. W. (1959). Theoretical proof of the existence of characteristic diffuse light in natural waters. *J. Mar. Res.*, **18**, 1-9.
717) Preisendorfer, R. W. (1961). Application of radiative transfer theory to light measurements in the sea. *Union Geod. Geophys. Inst. Monogr.*, **10**, 11-30.
718) Preisendorfer, R. W. (1976). *Hydrologic optics*. Washington: U.S. Department of Commerce.
719) Preisendorfer, R. W. (1986a). *Eyeball optics of natural waters: Secchi disk science* (Tech. Memo. No. ERL PMEL-67, 90p). NOAA.
720) Preisendorfer, R. W. (1986b). Secchi disk science: visual optics of natural waters. *Limnol. Oceanogr.*, **31**, 909-26.
721) Prézelin, B. B. (1976). The role of peridin-chlorophyll *a* proteins in the photosynthetic light adaptation of the marine dinoflagellate, *Glenodinium* sp. Planta, **130**, 225-33.
722) Prézelin, B. B. (1992). Diel periodicity in phytoplankton productivity. *Hydrobiologia*, **238**, 1-35.
723) Prézelin, B. B., Bidigare, R. R., Matlick, H. A., Putt, M. & Hoven, B. V. (1987). Diurnal patterns of size-fractioned primary productivity across a coastal front. *Mar. Biol.*, **96**, 563-74.
724) Prézelin, B. B., Ley, A. C. & Haxo, F. T. (1976). Effects of growth irradiance on the photosynthetic action spectra of the marine dinoflagellate, *Glenodinium* sp. *Planta*, **130**, 251-6.
725) Prézelin, B. B., Meeson, B. W. & Sweeney, B. M. (1977). Characterization of photosynthetic rhythms in marine dinoflagellates. I. Pigmentation, photosynthetic capacity and respiration. *Plant Physiol.*, **60**, 384-7.
726) Prézelin, B. B., Putt, M. & Glover, H. E. (1986). Diurnal patterns in Photosynthetic capacity and depth-dependent photosynthesis- irradiance relationships in *Synechococcus* spp. and larger phytoplankton in three water masses in the Northwest Atlantic Ocean. *Mar. Biol.*, **91**, 205-17.
727) Prézelin, B. B. & Sweeney, B. M. (1977). Characterization of photosynthetic rhythms in marine dinoflagellates. II. Photosynthesis-irradiance curves and *in vivo* chlorophyll fluorescence. *Plant Physiol.*, **60**, 388-192.
728) Prézelin, B. B., Tilzer, M. M., Schofield, O. & Haese, C. (1991). The control of the production process of phytoplankton by the physical structure of the aquatic environment with special reference to its optical properties. *Aquatic Sciences*, **53**, 136-86.
729) Prieur, L. (1976). *Transfer radiatif dans les eaux de mer*. D. Sc., Univ. Pierre et Marie Curie,

Paris.
730) Prieur, L. & Morel, A. (1971). Etude théorique du régime asymptotique: relations entre caractéristiques optiques et coefficient d'extinction relatif à la pénétration de la lumière du jour. *Cah. Oceanogr.* **23**, 35-47.
731) Prieur, L. & Sathyendranath, S. (1981). An optical classification of coastal and oceanic waters based on the specific spectral absorption curves of phytoplankton pigments, dissolved organic matter, and other particulate materials. *Limnol. Oceanogr.*, **26**, 671-89.
732) Prins, H. B. A. & Elzenga, J. T. M. (1989). Bicarbonate utilization: function and mechanism. *Aquat. Bot.*, **34**, 59-83.
733) Proctor, L. M. & Fuhrman, J. A. (1990). Viral mortality of marine bacteria and cyanobacteria. *Nature*, **343**, 60-2.
734) Quickenden, T. I. & Irvin, J. A. (1980). The ultraviolet absorption spectrum of liquid water. *J. Chem. Phys.*, **72**, 4416-28.
735) Rabinowitch, E. I. (1945). *Photosynthesis, Vol I.* New York: Interscience.
736) Rabinowitch, E. I. (1951). *Photosynthesis, Vol. II.1.* New York: Interscience.
737) Radmer, R. & Kok, B. (1977). Photosynthesis: limited yields, unlimited dreams. *BioScience*, **27**, 599-605.
738) Ramus, J., Beale, S. I. & Mauzerall, D. (1976). Correlation of changes in pigment content with photosynthetic capacity of seaweeds as a function of depth. *Mar. Biol.*, **37**, 231-8.
739) Ramus, J., Beale, S. I., Mauzerall, D. & Howard, K. L. (1977). Changes in photosynthetic pigment concentration in seaweeds as a function of depth. *Mar. Biol.*, **37**, 223-9.
740) Ramus, J., Lemons, F. & Zimmerman, C. (1977). Adaptation of light-harvesting pigments to downwelling light and the consequent photosynthetic performance of the eulittoral rockweeds *Ascophyllum nodosum* and *Fucus vesiculosus*. *Mar. Biol.*, **42**, 293-303.
741) Ramus, J. & Rosenberg, G. (1980). Diurnal photosynthetic performance of seaweeds measured under natural conditions. *Mar. Biol.*, **56**, 21-8.
742) Raps, S., Kycia, J. H., Ledbetter, M. C. & Siegelman, H. W. (1985). Light intensity adaptation and phycobilisome composition of *Microcystis aeruginosa*. *Plant Physiol.*, **79**, 983-7.
743) Raps, S., Wyman, K., Siegelman, H. W. & Falkowski, P. G. (1983). Adaptation of the cyanobacterium *Microcystis aeruginosa* to light intensity. *Plant Physiol.*, **72**, 829-32.
744) Rattray, M. R., Howard-Williams, C. & Brown, J. M. A. (1991). The photosynthetic and growth rate responses of two freshwater angiosperms in lakes of different trophic status: responses to light and dissolved inorganic carbon. *Freshwater Biol.*, **25**, 399-407.
745) Raven, J. A. (1970). Endogenous inorganic carbon sources in plant photosynthesis. *Biol. Rev.*, **45**, 167-221.
746) Raven, J. A., Osborne, B. A. & Johnston, A. M. (1985). Uptake of CO_2 by aquatic vegetation. *Plant Cell Environ.*, **8**, 417-25.
747) Ravisankar, M., Reghunath, A. T., Sathiandanan, K. & Nampoori, V. P. N. (1988). Effect of dissolved NaCl, $MgCl_2$ and Na_2SO_4 in seawater on the optical attenuation in the region from 430 to 630 nm. *Appl. Opt.*, **27**, 3387-94.
748) Raymont, J. E. (1980). *Plankton and productivity in the oceans, vol 1. Phytoplankton* (2nd edn). Oxford: Pergamon.

749) Reiskind, J. B., Seamon, P. T. & Bowes, G. (1988). Alternative methods of photosynthetic carbon assimilation in marine macroalgae. *Plant Physiol.*, **87**, 686-92.
750) Reynolds, C. S. (1984). *The ecology of freshwater phytoplankton*. Cambridge: Cambridge University Press.
751) Reynolds, C. S. & Walsby, A. E. (1975). Water blooms. *Biol. Rev.*, **50**, 437-81.
752) Rhee, C. & Briggs, W. R. (1977). Some responses of *Chondrus crispus* to light. I. Pigmentation changes in the natural habitat. *Bot. Gaz.*, **138**, 123-8.
752a) Richardson, K., Beardall, J. & Raven, J. A. (1983). Adaptation of unicellular algae to irradiance: an analysis of strategies. *New Phytol.*, **93**, 157-91.
753) Riebesell, U., Wolf-Gladrow, D. A. & Smetacek, V. (1993). Carbon dioxide limitation of marine phytoplankton growth rates. *Nature*, **361**, 249-51.
754) Ried, A., Hessenberg, B., Metzler, H. & Ziegler, R. (1977). Distribution of excitation energy amongst Photosystem I and Photosystem II in red algae. *Biochim. Biophys. Acta*, **459**, 175-86.
755) Riegmann, F. & Colijn, F. (1991). Evaluation of measurements and calculation of primary production in the Dogger Bank area (North Sea) in summer 1988. *Mar. Ecol. Prog. Ser*, **69**, 125-32.
756) Riley, G. A. (1942). The relationship of vertical turbulence and spring diatom flowerings. *J. Mar. Res.*, **5**, 67-87.
757) Rimmer, J. C., Collins, M. B. & Pattiaratchi, C. B. (1987). Mapping of water quality in coastal waters using Airborne Thematic Mapper data. *Int. J. Remote Sens.*, **8**, 85-102.
758) Ritchie, J. C. & Cooper, C. M. (1988). Comparison of measured suspended sediment concentrations with suspended sediment concentrations estimated from Landsat MSS data. *Int. J. Remote Sens.*, **9**, 379-87.
759) Ritchie, J. C. & Cooper, C. M. (1991). An algorithm for estimating surface suspended sediment concentrations with Landsat MSS digital data. *Water Res. Bull.*, **27**, 373-9.
760) Ritchie, J. C., Cooper, C. M. & Schiebe, F. R. (1990). The relationship of MSS and TM digital data with suspended sediments, chlorophyll and temperature in Moon Lake, Mississippi. *Remote Sens. Environ.*, **33**, 137-48.
761) Ritchie, J. C., Cooper, C. M. & Yongqing, J. (1987). Using Landsat multispectral scanner data to estimate suspended sediments in Moon Lake, Mississippi. *Remote Sens. Environ.*, **23**, 65-81.
762) Ritchie, J. C., Schiebe, F. R. & McHenry, J. R. (1976). Remote sensing of suspended sediments in surface waters. *Photogramm. Eng. Rem. Sens.*, **42**, 1539-45.
763) Rivkin, R. B. & Putt, M. (1987). Photosynthesis and cell division by Antarctic microalgae: comparison of benthic, planktonic and ice algae. *J. Phycol.*, **23**, 233-9.
764) Robarts, R. D. & Zohary, T. (1984). *Microcystis aeruginosa* and underwater light attenuation in a hypertrophic lake (Hartbeespoort Dam, South Africa). *J. Ecol.*, **72**, 1001-17.
765) Robinson, N. (1966). *Solar radiation*. Amsterdam: Elsevier.
766) Rochon, G. & Langham, E. J. (1974). Teledetection par satellite dans l'evaluation de la qualité de l'eau. *Verh. Int. Verein. Limnol.*, **19**, 189-96.
767) Rodhe, W. (1969). Crystallization of eutrophication concepts in Northern Europe. In *Eutrophication: causes, consequences, correctives* (pp. 50-64). Washington: National

Academy of Science.
768) Roemer, S. C. & Hoagland, K. D. (1979). Seasonal attenuation of quantum irradiance (400-700 nm) in three Nebraska reservoirs. *Hydrobiologia*, 63, 81-92.
769) Roesler, C. S., Perry, M. J. & Carder, K. L. (1989). Modelling *in situ* phytoplankton absorption from total absorption spectra in productive inland marine waters. *Limnol. Oceanogr.*, 34, 1510-23.
770) Rotatore, C. & Colman, B. (1992). Active uptake of CO_2 by the diatom *Navicula pelliculosa*. *J. Exp. Bot.*, 43, 571-6.
771) Round, F. E. (1981). *The ecology of algae*. Cambridge: Cambridge University Press.
772) Round, F. E. & Happey, C. M. (1965). Persistent vertical-migration rhythms in benthic microflora. IV. A diurnal rhythm of the epipelic diatom association in non-tidal flowing water. *Br. Phycol. Bull.*, 2, 465-71.
773) Round, F. E. & Palmer, J. D. (1966). Persistent vertical-migration rhythms in benthic microflora. II. Field and laboratory studies on diatoms from the banks of the River Avon. *J. Mar. Biol. Ass. U. K.*, 46, 191-214.
774) Rouse, L. J. & Coleman, J. M. (1976). Circulation observations in the Louisiana Bight using Landsat imagery. *Remote Sens. Env.*, 5, 55-66.
775) Rowan, K. S. (1989). *Photosynthetic pigments of algae*. Cambridge: Cambridge University Press.
776) Ryther, J. H. (1956). Photosynthesis in the ocean as a function of light intensity. *Limnol. Oceanogr.*, 1, 61-70.
777) Ryther, J. H. (1969). Photosynthesis and fish production in the sea. *Science*, 166, 72-6.
778) Ryther, J. H. & Menzel, D. (1959). Light adaptation by marine phytoplankton. *Limnol. Oceanogr.*, 4, 492-7.
779) Ryther, J. H. & Yentsch, C. S. (1957). The estimation of phytoplankton production in the ocean from chlorophyll and light data. *Limnol. Oceanogr.*, 2, 281-6.
780) Sakamoto, M. (1966). Primary production by phytoplankton community in some Japanese lakes and its dependence on lake depth. *Arch. Hydrobiol.*, 62, 1-28.
781) Sakshaug, E. & Holm-Hansen, O. (1984). Factors governing pelagic production in polar seas. In O. Holm-Hansen, L. Bolis & R. Gilles (eds). *Marine phytoplankton and productivity* (p. 1-18). New York: Springer.
782) Salonen, K., Jones, R. I. & Arvola, L. (1984). Hypolimnetic phosphorus retrieval by diel vertical migrations of lake phytoplankton. *Freshwater Biol.*, 14, 431-8.
783) Salvucci, M. E. & Bowes, G. (1982). Photosynthetic and photorespiratory responses of the aerial and submerged leaves of *Myriophyllum brasiliense*. *Aquat. Bot.*, 13, 147-64.
784) Salvucci, M. E. & Bowes, G. (1983). Two photosynthetic mechanisms mediating the low photorespiratory state in submersed aquatic angiosperms. *Plant Physiol.*, 73, 488-96.
785) Sand-Jensen, K. & Madsen, T. V. (1991). Minimum light requirements of submerged freshwater macrophytes in laboratory growth experiments. *J. Ecol.*, 79, 749-64.
786) San Pietro, A. (1971, 1972, 1980). *Methods in enzymology*. New York: Academic Press.
787) Sasaki, T., Watanabe, S., Oshiba, G., Okami, N. & Kajihara, M. (1962). On the instrument for measuring angular distribution of underwater radiance. *Bull. Jap. Sac. Sci. Fish.*, 28, 489-96.

788) Sathyendranath, S., Gouveia, A. D., Shetye, S. R., Ravindran, P. & Platt, T. (1991). Biological control of surface temperature in the Arabian Sea. *Nature*, 349, 54-6.
789) Sathyendranath, S., Lazzara, L. & Prieur, L. (1987). Variations in the spectral values of specific absorption of phytoplankton. *Limnol. Oceanogr.*, 32, 403-15.
790) Sathyendranath, S., Platt, T., Horne, E. P. W., Harrison, W. G., Ulloa, O., Outerbridge, R. & Hoepffner, N. (1991). Estimation of new production in the ocean by compound remote sensing. *Nature*, 353, 129-33.
791) Sathyendranath, S., Prieur, L. & Morel, A. (1989). A three-component model of ocean colour and its application to remote sensing of phytoplankton pigments in coastal waters. *Int. J. Remote Sens.*, 10, 1373-94.
792) Sauberer, F. (1945). Beiträge zur Kenntnis der optischen Eigenschaften der Kärntner Seen. *Arch. Hydrobiol.*, 41, 259-314.
793) Savastano, K. J., Faller, K. H. & Iverson, R. L. (1984). Estimating vegetation coverage in St. Joseph's Bay, Florida with an airborne multispectral scanner. *Photogramm. Eng. Remote Sens.*, 1984, 1159-70.
794) Savidge, G. (1988). Influence of inter- and intra-daily light-field variability on photosynthesis by coastal phytoplankton. *Mar. Biol.*, 100, 127-33.
795) Schanz, F. (1986). Depth distribution of phytoplankton and associated spectral changes in downward irradiance in Lake Zürich (1980/81). *Hydrobiologia*, 134, 183-92.
796) Scheibe, J. (1972). Photoreversible pigment: occurrence in a blue-green alga. *Science*, 176, 1037-9.
797) Scherz, J. P., van Domelen, J. F., Holtje, K. & Johnson, W. (1974). Lake eutrophication as indicated by ERTS satellite imagery. In *Symposium on remote sensing and photo interpretation*, (pp. 247-58). Canada: International Society for Photogrammetry.
798) Schiebe, F. R., Harrington, J. A. & Ritchie, J. C. (1992). Remote Sensing of suspended sediments: the Lake Chicot, Arkansas project. *Int. J. Remote Sens.*, 13, 1487-509.
799) Schmitz-Peiffer, A., Viehoff, T. & Grassl, H. (1990). Remote sensing of coastal waters by airborne lidar and satellite radiometer. Part 2: Measurements. *Int. J. Remote Sens.*, 11, 2185-204.
800) Schnitzer, M. (1978). Humic substances: chemistry and reactions. In M. Schnitzer & S. U. Khan (eds), *Soil organic matter* (pp. 1-64). Amsterdam: Elsevier.
801) Schofield, O., Prézelin, B. B., Smith, R. C., Stegmann, P. M., Nelson, N. B., Lewis, M. R. & Baker, K. S. (1991). Variability in spectral and nonspectral measurements of photosynthetic light utilization efficiencies. *Mar. Ecol. Prog. Ser.*, 78, 253-71.
802) Schulten, H.-R., Plage, B. & Schnitzer, M. (1991). A chemical structure for humic substances. *Naturwiss.*, 78, 311-12.
803) Scott, B. D. (1978). Phytoplankton distribution and light attenuation in Port Hacking estuary. *Aust. J. Mar. Freshwater Res.*, 29, 31-44.
804) Scribner, E. A. (1985). Unpublished data (personal communication).
805) Sears, J. R. & Cooper, R. A. (1978). Descriptive ecology of offshore, deep-water, benthic algae in the temperate western North Atlantic Ocean. *Mar. Biol.*, 44, 309-14.
806) Senger, H. & Fleischhacker, P. (1978). Adaptation of the photosynthetic apparatus of

Scenedesmus obliquus to strong and weak light conditions. *Physiol. Plant.*, **43**, 35-42.
807) Shepherd, S. A. & Sprigg, R. C. (1976). Substrate sediments and subtidal ecology of Gulf St. Vincent and Investigator Strait. In C. R. Twidale, M. J. Tyler & B. P. Webb (eds), *Natural History of the Adelaide region* (pp. 161-74). Adelaide: Royal Society of South Australia.
808) Shepherd, S. A. & Womersley, H. B. S. (1970). The sublittoral ecology of West Island, South Australia: environmental features and algal ecology. *Trans. R. Soc. South Aust.*, **94**, 105-38.
809) Shepherd, S. A. & Womersley, H. B. S. (1971). Pearson Island Expedition 1969. 7. The subtidal ecology of benthic algae. *Trans R. Soc. South Aust.*, **94**, 155-67.
810) Shepherd, S. A. & Womersley H. B. S. (1976). The subtidal algal and seagrass ecology of St. Francis Island, South Australia. *Trans. R. Soc. South Aust.*, **100**, 177-91.
811) Sherman, K., Grasslein, M., Mountain, D., Busch, D., O'Reilly, J. & Theroux, R. (1988). The continental shelf ecosystem off the northeast coast of the United States. In H. Postma & J. J. Zijlstra (eds), *Continental shelves* (pp. 279-337). Amsterdam: Elsevier.
812) Shibata, K. (1959). Spectrophotometry of translucent biological materials-opal glass transmission method. *Meth. Biochem. Anal.*, **7**, 77-109.
813) Shimura, S. & Fujita, Y. (1975). Changes in the activity of fucoxanthin- excited photosynthesis in the marine diatom *Phaeodactylum tricornutum* grown under different culture conditions. *Mar. Biol.*, **33**, 185-94.
814) Shimura, S. & Ichimura, S. (1973). Selective transmission of light in the ocean waters and its relation to phytoplankton photosynthesis. *J. Oceanogr. Soc. Japan.*, **29**, 257-66. Quoted by Shimura & Fujita (1975).
815) Short, N. M. (1976). *Mission to earth: Landsat views the world*. Washington: NASA.
816) Shulenberger, E. (1978). The deep chlorophyll maximum and mesoscale environmental heterogeneity in the western half of the North Pacific central gyre. *Deep-Sea Res.*, **25**, 1193-208.
817) Sieburth, J. M. & Jensen, A. (1968). Studies on algal substances in the sea. I. Gelbstoff (humic material) in terrestrial and marine waters. *J. Exp. Mar. Biol. Ecol.*, **2**, 174-89.
818) Sieburth, J. M. & Jensen, A. (1969). Studies on algal substances in the sea. II. The formation of gelbstoff (humic material) by exudates of Phaeophyta. *J. Exp. Mar. Biol. Ecol.*, **3**, 279-89.
819) Siegel, D. A. & Dickey, T. D. (1987). On the parameterization of irradiance for open sea photoprocesses. *J. Geophys. Res.*, **92**, 14648-62.
820) Siegel, D. A., Iturriaga, R., Bidigare, R. R., Smith, R. C., Pak, H., Dickcy, T. D., Marra, J. & Baker, K. S. (1990). Meridional variations of the springtime phytoplankton community in the Sargasso Sea. *J. Mar. Res.*, **48**, 379-412.
821) Simenstad, C. A., Estes, J. A. & Kenyon, K. W. (1978). Aleuts, sea otters, and alternative stable-state communities. *Science*, **200**, 403-11.
822) Slater, P. N. (1980). *Remote sensing: optics and optical systems*. Reading: Addison-Wesley.
823) Smith, E. L. (1936). Photosynthesis in relation to light and carbon dioxide. *Proc. Natl. Acad. Sci. Wash.*, **22**, 504-11.
824) Smith, E. L. (1938). Limiting factors in photosynthesis: light and carbon dioxide. *J. Gen. Physiol.*, **22**, 21-35.
825) Smith, F. A. & Walker, N. A. (1980). Photosynthesis by aquatic plants: effects of unstirred

layers in relation to assimilation of CO_2 and HCO_3^- and to carbon isotopic discrimination. *New Phytol.*, **86**, 245-59.

826) Smith, R.C. (1968). The optical characterization of natural waters by means of an 'extinction coefficient'. *Limnol. Oceanogr.*, **13**, 423-9.

827) Smith, R. C. (1969). An underwater spectral irradiance collector. *J. Mar. Res.*, **27**, 341-51.

828) Smith, R. C., Austin, R. W. & Tyler, J. E. (1970). An oceanographic. radiance distribution camera system. *Appl. Opt.*, **9**, 2015-22.

829) Smith, R. C. & Baker, K. S. (1978*a*). The bio-optical state of ocean waters and remote sensing. *Limnol. Oceanogr.*, **23**, 247-59.

830) Smith, R. C. & Baker, K. S. (1978*b*). Optical classification of natural waters. *Limnol. Oceanogr.*, **23**, 260-7.

831) Smith, R. C. & Baker, K. S. (1980). Biologically effective dose transmitted by culture bottles in ^{14}C productivity measurements. *Limnol. Oceanogr.*, **25**, 364-6.

832) Smith, R. C. & Baker, K. S. (1981). Optical properties of the clearest natural waters (200-800 nm). *Appl. Opt.*, **20**, 177-84.

833) Smith, R. C. & Baker, K. S. (1982). Oceanic chlorophyll concentrations as determined by satellite (Nimbus-7 Coastal Zone Colour Scanner). *Mar. Biol.*, **66**, 269-79.

834) Smith, R. C. & Baker, K. S. (1984). The analysis of ocean optical data. *Proc. Soc. Photo-Opt. Instrum. Eng., Ocean Optics VII*, **489**, 119-26.

835) Smith, R. C., Baker, K. S., Holm-Hansen, O. & Olson, R. (1980). Photoinhibition of photosynthesis in natural waters. *Photochem. Photobiol.*, **31**, 585-92.

835a) Smith, R. C., Bidigare, R. R., Prézelin, B. B., Baker, K. S. & Brooks, J. M. (1987). Optical characterization of primary productivity across a coastal front. *Mar. Biol.*, **96**, 575-91.

836) Smith, R. C., Booth, C. R. & Star, J. L. (1984). Oceanographic biooptical profiling system. *Appl. Opt.*, **23**, 2791-7.

837) Smith, R. C. Marra, J., Perry, M. J., Baker, K. S., Swift, E., Buskey, E. & Kiefer, D. A. (1989). Estimation of a photon budget for the upper ocean in the Sargasso Sea. *Limnol. Oceanogr.*, **34**, 1673-93.

838) Smith, R. C., Prézelin, B. B., Baker, K. S., Bidigare, R. R., Boucher, N. P., Coley, T., Karentz, D., MacIntyre, S., Matlick, H. A., Menzies, D., Ondrusek, M., Wan, Z. & Waters, K. J. (1992). Ozone depletion: ultraviolet radiation and phytoplankton biology in Antarctic waters. *Science*, **255**, 952-9.

839) Smith, R. C., Prézelin, B. B., Bidigare, R. R. & Baker, K. S. (1989). Bio-optical modelling of photosynthetic production in coastal waters. *Limnol. Oceanogr.*, **34**, 1524-44.

840) Smith, R. C. & Tyler, J. E. (1967). Optical properties of clear natural water. *J. Opt. Soc. Amer.*, **57**, 289-95.

841) Smith, R. C. & Wilson, W. H. (1981). Ship and satellite bio-optical research in the California Bight. In J. F. R. Gower (ed.) *Oceanography from space* (pp. 281-94). New York: Plenum.

842) Smith, A. G. & Bidwell, R. G. S. (1987). Carbonic anhydrase- dependent inorganic carbon uptake by the red macroalga *Chondrus crispus*. *Plant Physiol.*, **83**, 735-8.

843) Smith, R. G. & Bidwell, R. G. S. (1989). Mechanism of photosynthetic carbon dioxide uptake by the red macroalga, *Chondrus crispus*. *Plant Physiol.*, **89**, 93-9.

844) Smith, R. G., Wheeler, W. N. & Srivastava, L. M. (1983). Seasonal photosynthetic performance of *Macrocystis integrifolia* (Phaeophyceae). *J. Phycol.*, 19, 352-9.
845) Smith, W. O. (1977). The respiration of photosynthetic carbon in eutrophic areas of the ocean. *J. Mar. Res.*, 35, 557-65.
846) Smith, W. O. & Nelson, D. M. (1986). Importance of ice edge phytoplankton production in the Southern Ocean. *Bio Science*, 36, 251-7.
847) Solazzi, A. & Tolomio, C. (1976). Sea depth effects on the algal photosynthetic apparatus. I. Chlorophyll pigments of *Halimeda tuna* Lam. (Chlorophyceae, Siphonales). *Men. Biol. mar. Ocean*, 6, 21-7.
848) Sommer, U. & Gliwicz, Z. M. (1986). Long range vertical migration of *Volvox* in tropical Lake Cahora Bassa (Mozambique). *Limnol. Oceanogr.*, 31, 650-3.
849) Søndergaard, M. & Bonde, G. (1988). Photosynthetic characteristics and pigment content and composition in *Littorella uniflora* (L.) Aschers in a depth gradient. *Aquat. Bot.*, 32, 307-19.
850) Sosik, H. M., Chisholm, S. W. & Olson, R. J. (1989). Chlorophyll fluorescence from single cells: interpretation of flow cytometric signals. *Limnol. Oceanogr.*, 34, 1749-61.
851) Sournia, A. (1974). Circadian periodicities in natural populations of marine phytoplankton. *Adv. Mar. Biol.*, 12, 325-89.
852) Sournia, A. (1976). Primary production of sands in the lagoon of an atoll and the role of Foraminiferan symbionts. *Mar. Biol.*, 37, 29-32.
853) Spalding, M. H. (1989). Photosynthesis and photorespiration in freshwater green algae. *Aquat. Bot.*, 34, 181-209.
854) Spence, D. H. N. (1976). Light and plant response in fresh water. In G. C. Evans, R. Bainbridge & O. Rackham (eds), *Light as an ecological factor* (pp. 93-133). Oxford: Blackwell.
855) Spence, D. H. N., Campbell, R. M. & Chrystal, J. (1971). Spectral intensity in some Scottish freshwater lochs. *Freshwater Biol.*, 1, 321-37.
856) Spence, D. H. N., Campbell, R. M. & Chrystal, J. (1973). Specific leaf areas and zonation of freshwater macrophytes. *J. Ecol.*, 61, 317-28.
857) Spence, D. H. N. & Chrystal, J. (1970). Photosynthesis and zonation of freshwater macrophytes. I. Depth distribution and shade tolerance. II. Adaptability of species of deep and shallow water. *New Phytol.*, 69, 205-15, 217-27.
858) Spencer, J. W. (1971). Fourier series representation of the position of the sun. *Search*, 2, 172.
859) Spilhaus, A. F. (1968). Observations of light scattering in seawater. *Limnol. Oceanogr.*, 13, 418-22.
860) Spillane, M. C. & Doyle, D. M. (1983). Final results for STREX and JASIN photoanalyses with preliminary search for whitecap algorithm. In *Whitecaps and the marine atmosphere, Report 5* (pp. 8-27). Galway, Ireland: University College.
861) Spinrad, R. W. & Brown, J. W. (1986). Relative real refractive index of marine microorganisms: a technique for flow cytometric estimation. *Appl. Opt.*, 25, 1930-4.
862) Spinrad, R. W., Zaneveld, J. R. V. & Pak, H. (1978). Volume scattering function of suspended particulate matter at near-forward angles: a comparison of experimental and theoretical values. *Appl. Opt.*, 17, 1125-30.

863) Spitzer, D. & Wernand, M. R. (1979a). Photon scalar irradiance meter. *Appl. Opt.*, 18, 1698-700.
864) Spitzer, D. & Wernand, M. R. (1979b). Irradiance and absorption spectra measurements in the tropical East Atlantic. In *17th General Assembly of IAPSO (Canberra, 1979)* (pp. Abstracts p. 73). San Diego: International Association for the Physical Sciences of the Ocean.
865) Stabeno, P. J. & Monahan, E. C. (1983). The influence of whitecaps on the albedo of the sea surface. In *Whitecaps and the marine atmosphere, Report 5* (pp. 78-93). Galway, Ireland: University College.
866) Stadelmann, P., Moore, J. E. & Pickett, E. (1974). Primary production in relation to temperature structure, biomass concentration, and light conditions at an inshore and offshore station in Lake Ontario. *J. Fish, Res. Bd Canada*, 31, 1215-32.
867) Staehelin, L. A. (1986). Chloroplast structure and supramolecular organization of photosynthetic membranes. *Encycl. Plant Physiol. (n.s.)*, 19, 1-84.
868) Staehelin, L. A. & Arntzen, C. J. (1986). Photosynthesis III: photosynthetic membranes and light harvesting systems. *Encycl. Plant Physiol. (n.s.)*, 19, 802p.
869) Stauber, J. L. & Jeffrey, S. W. (1988). Photosynthetic pigments in fifty- one species of marine diatoms. *J. Phycol.*, 24, 158-72.
869a) Stavn, R. H. & Weidemann,. A. D. (1988). Optical modelling of clear ocean light fields: Raman scattering effects. *Appl. Opt.*, 27, 4002-11.
870) Steele, J. H. & Baird, I. E. (1965). The chlorophyll a content of particulate organic matter in the northern North Sea. *Limnol. Oceanogr.*, 10, 261-7.
871) Steele, J. H. & Yentsch, C. S. (1960). The vertical distribution of chlorophyll. *J. Mar. Biol. Ass. U.K.*, 39, 217-26.
872) Steemann Nielsen, E. (1952). The use of radioactive carbon (^{14}C) for measuring organic production in the sea. *J. Cons. perm. int. Explor. Mer*, 18, 117-40.
873) Steemann Nielsen, E. (1974). Light and primary production. In N. G. Jerlov & E. S. Nielsen (eds), *Optical aspects of Oceanography* (pp. 361-88). London: Academic Press.
874) Steemann Nielsen, E. (1975). *Marine photosynthesis*. Amsterdam: Elsevier.
875) Steemann Nielsen, E. & Hansen, V. K. (1961). Influence of surface illumination on plankton photosynthesis in Danish waters (56°N) throughout the year. *Physiol. Plant.*, 14, 595-613.
876) Steemann Nielsen, E. & Jørgensen, E. G. (1968). The adaptation of plankton algae. *Physiol Plant.*, 21, 401-13.
877) Sternberg, R. W., Baker, E. T., McManus, D. A., Smith, S. & Morrison, D. R. (1974). An integrating nephelometer for measuring particle concentration in the deep sea. *Deep-Sea Res.*, 21, 887-92.
878) Stokes, A. N. (1975). Proof of a law for calculating absorption of light by cellular suspensions. *Arch. Biochem. Biophys.*, 167, 39-34.
879) Stramski, D. & Morel, A. (1990). Optical properties of photosynthetic picoplankton in different physiological states as affected by growth irradiance. *Deep-Sea Res.*, 37, 245-66.
880) Strong, A. E. (1974). Remote sensing of algal blooms by aircraft and satellite in Lake Erie and Utah Lake. *Remote Sens. Env.*, 3, 99-107.
881) Strong, A. E. (1978). Chemical whitings and chlorophyll distributions in the Great Lakes as

viewed by Landsat. *Remote Sens. Env.*, 7, 61-72.
882) Stross, R., G. & Sokol, R. C. (1989). Runoff and flocculation modify underwater light environment of the Hudson River Estuary. *Estuar. Coast. Shelf Sci.*, 29, 305-16.
883) Stuermer, D. H. & Harvey, G. R. (1978). Structural studies on marine humus. *Mar. Chem.*, 6, 55-70.
884) Stuermer, D. H. & Payne, J. R. (1976). Investigation of seawater and terrestrial humic substances with carbon- 13 and proton nuclear magnetic resonance. *Geochim. Cosmochim. Acta*, 40, 1109-14.
885) Stumpf, R. P. & Pennock, J. R. (1989). Calibration of a general optical equation for remote sensing of suspended sediments in a moderately turbid estuary. *J. Geophys. Res.*, 94, 14363-71.
886) Stumpf, R. P. & Pennock, J. R. (1991). Remote estimation of the diffuse attenuation coefficient in a moderately turbid estuary. *Remote Sens. Environ.*, 38, 183-91.
887) Stumpf, R. P. & Tyler, M. A. (1988). Satellite detection of bloom and pigment distributions in estuaries. *Remote Sens. Environ.*, 24, 385-404.
887a) Sugihara, S., Kishino, M. & Okami, N. (1984). Contribution of Raman scattering to upward irradiance in the sea. *J. Oceanogr. Soc. Jap.*, 40, 397-404.
888) Sukenik, A., Bennett, J. a Falkowski, P. (1987). Light-saturated photosynthesis - limitation by electron transport or carbon fixation? *Biochim. Biophys, Acta*, 891, 205-15.
889) Sukenik, A., Livne, A., Neori, A., Yacobi, Y. Z. & Katcoff, D. (1992). Purification and characterization of a light-harvesting chlorophyll-protein complex from the marine eustigmatophyte *Nannochloropsis* sp. *Plant Cell Physiol.*, 33, 1041-8.
890) Surif, M. B. & Raven, J. A. (1989). Exogenous inorganic carbon sources for photosynthesis in seawater by members of the Fucales and Laminariales (Phaeophyta): ecological and taxonomic implications. *Oecologia*, 78, 97-105.
891) Suttle, C. A., Chan, A. M. & Cottrell, M. T. (1990). Infection of phytoplankton by viruses and reduction of primary productivity. *Nature*, 347, 467-9.
892) Sverdrup, H. U. (1953). On conditions for the vernal blooming of phytoplankton. *J. Cons. int. Explor. Mer*, 18, 287-95.
893) Swift, E. & Taylor, W. R. (1967). Bioluminescence and chloroplast movement in the dinoflagellate *Pyrocystis lunula*. *J. Phycol.*, 3, 77-81.
894) Sydor, M. (1980). Remote sensing of particulate concentrations in water. *Appl. Opt.*, 19, 2794-800.
895) Taguchi, S. (1976). Relationship between photosynthesis and cell size of marine diatoms. *J. Phycol.*, 12, 185-9.
896) Takahashi, M., Ichimura, S., Kishino, M. & Okami, N. (1989). Shade and chromatic adaptation of phytoplankton photosynthesis in a thermally stratified sea. *Mar. Biol.*, 100, 401-9.
897) Talling, J. F. (1957*a*). Photosynthetic characteristics of some freshwater plankton diatoms in relation to underwater radiation. *New Phytol.*, 56, 29-50.
898) Talling, J. F. (1957*b*). The phytoplankton population as a compound photosynthetic system. *New Phytol.*, 56, 133-49.
899) Talling, J. F. (1960). Self-shading effects in natural populations of a planktonic diatom. *Wett.*

Leben, 12, 235-42.

900) Talling, J. F. (1970). Generalized and specialized features of phytoplankton as a form of photosynthetic cover. In *Prediction and measurement of photosynthetic productivity* (pp. 431-45). Wageningen: Pudoc.

901) Talling, J. F. (1971). The underwater light climate as a controlling factor in the production ecology of freshwater phytoplankton. *Mitt. int. Verein. Limnol.*, 19, 214-43.

902) Talling, J. F. (1976). The depletion of carbon dioxide from lake water by phytoplankton. *J. Ecol.*, 64, 79-121.

903) Talling, J. F. (1979). Factor interactions and implications for the prediction of lake metabolism. *Arch. Hydrobiol. Beih. ergebn. Limnol*, 13, 96-109.

904) Talling, J. F., Wood, R. B., Prosser, M. V. & Baxter, R. M. (1973). The upper limit of photosynthetic productivity by phytoplankton: evidence from Ethiopian soda lakes. *Freshwater Biol.*, 3, 53-76.

905) Tam, C. K. N. & Patel, A. C. (1979). Optical absorption coefficients of water. *Nature*, 280, 302-4.

906) Tamiya, H. (1957). Mass culture of algae. *Ann. Rev. Plant Physiol.*, 8, 309-34.

907) Tanada, T. (1951). The photosynthetic efficiency of carotenoid pigments in *Navicula minima*. *Amer. J. Bot.*, 38, 276-83.

908) Tandeau de Marsac, N. (1977). Occurrence and nature of chromatic adaptation in cyanobacteria. *J. Bacterial.*, 130, 82-91.

909) Tassan, S. & Sturm, B. (1986). An algorithm for the retrieval of sediment content in turbid coastal waters from CZCS data. *Int. J. Remote Sens.*, 7, 643-55.

910) Taylor, W. R. (1959). Distribution in depth of marine algae in the Caribbean and adjacent seas. In *Proc. 9th Int. Botan. Congr.* (pp. 193-7). Canada: University of Toronto Press.

911) Taylor, W, R. (1964). Light and photosynthesis in intertidal benthic diatoms. *Helgoländer Wiss. Meeresunters*, 10, 29-37.

912) Thayer, G. W., Wolfe, D. A. & Williams, R. B. (1975). The impact of man on seagrass ecosystems. *Amer. Scientist*, 63, 288-95.

913) Thinh, L.-V. (1983). Effect of irradiance on the physiology and ultrastructure of the marine cryptomonad, *Cryptomonas* strain Lis (Cryptophyceae). *Phycologia*, 22, 7-11.

914) Thom, R. M. & Albright, R. G. (1990). Dynamics of benthic vegetation standing-stock, irradiance and water properties in central Puget Sound. *Mar. Biol.*, 104, 129-41.

915) Thomas, W. H. & Gibson, C. H. (1990). Quantified small-scale turbulence inhibits a red tide dinoflagellate *Gonyaulax polyedra* Stein. *Deep-Sea Res.*, 37, 1583-93.

916) Thornber, J. P. (1986). Biochemical characterization and structure of pigment-proteins of photosynthetic organisms. *Encycl. Plant Physiol. (n.s.)*, 19, 98-142.

917) Thornber, J. P., Morishige, D. T., Anandan, S. & Peter, G. F. (1991). Chlorophyll-Carotenoid proteins of higher plant thylakoids. In H. Scheer (ed.), *Chlorophylls* (pp. 549-85). Boca Raton: CRC Press.

918) Thorne, S. W., Newcomb, E. H. & Osmond, C. B. (1977). Identification of chlorophyll *b* in extracts of prokaryotic algae by fluorescence spectroscopy. *Proc. Natl. Acad. Sci. Wash.*, 74, 575-8.

919) Thurman, E. M. Quoted by Josephson, J. (1982). In Humic substances. *Environ. Sci. Technol.*, 16, 20A-4A.
920) Tilzer, M. M. (1973). Diurnal periodicity in the phytoplankton assemblage of a high mountain lake. *Limnol. Oceanogr.*, 18, 15-30.
921) Tilzer, M. M. (1983). The importance of fractional light absorption by photosynthetic pigments for phytoplankton productivity in Lake Constance. *Limnol. Oceanogr.*, 28, 833-46.
922) Tiller, M. M. (1984). Seasonal and diurnal shifts of photosynthetic quantum yields in the phytoplankton of Lake Constance. *Verh, Internat. Verein. Limnol.*, 22, 958-62.
923) Tiller, M. M. (1987). Prediction of productivity changes in Lake Tahoe at increasing phytoplankton biomass. *Int. Ver. Theor. Angew. Limnol. Verh.*, 20, 407-13. 269
924) Tilzer, M. M. & Goldman, C. R. (1978). Importance of mixing, thermal stratification and light adaptation for phytoplankton productivity in Lake Tahoe (California-Nevada). *Ecology*, 59, 810-21.
925) Tilzer, M. M., Goldman, C. R. & Amezaga, E. D. (1975). The efficiency of photosynthetic light energy utilization by lake phytoplankton. *Verh. int. verein Limnol.*, 19, 800-7.
926) Tilzer, M. M. & Schwarz, K. (1976). Seasonal and vertical patterns of phytoplankton light adaptation in a high mountain lake. *Arch. Hydrobiol.*, 77, 488-504.
927) Timofeeva, V. A. (1971). Optical characteristics of turbid media of the sea-water type. *Izv. atmos. oceanic Phys.*, 7, 863-5.
928) Timofeeva, V. A. (1974). Optics of turbid water. In N. G. Jerlov & E. S. Nielsen (eds), *Optical aspects of oceanography* (pp. 177-2 19). London: Academic Press.
929) Timofeeva, V. A. & Gorobets, F. I. (1967). On the relationship between the attenuation coefficients of collimated and diffuse light fluxes. *Izv. atmos. oceanic Phys.*, 3, 166-9.
930) Titus, J. E. & Adams, M. S. (1979). Coexistence and the comparative light relations of the submersed macrophytes *Myriophyllum spicatum* L. and *Vallisneria americana* Michx. *Oecologia*, 40, 273-86.
931) Topliss, B. J., Amos, C. L. & Hill, P. R. (1990). Algorithms for remote sensing of high concentration, inorganic suspended sediment. *Int. J. Remote Sens.*, 11, 947-66.
932) Townsend, D. W., Keller, M. D., Sieracki, M. Y. & Ackleson, S. G. (1992). Spring phytoplankton blooms in the absence of vertical water column stratification. *Nature*, 360, 59-62.
933) Townsend, D. W. & Spinrad, R. W. (1986). Early spring phytoplankton blooms in the Gulf of Maine. *Continental Shelf Res.*, 6, 515-29.
934) Tranter, D. J. (1982). Interlinking of physical and biological processes in the Antarctic *Ocean. Oceanogr. Mar. Biol. Ann. Rev.*, 20, 11-35.
935) Tsuzuki, M. (1983). Mode of HCO_3^- utilization by the cells of *Chlamydomonas reinhardtii* grown under ordinary air. *Z. Pflanzenphysiol.*, 110, 29-37.
936) Tsuzuki, M. & Miyachi, S. (1990). Transport and fixation of inorganic carbon in photosynthesis of cyanobacteria and green algae. *Bot. Mag.* (Tokyo) *Special Issue*, 2, 43-52.
937) Tyler, J. E. (1960). Radiance distribution as a function of depth in an underwater environment. *Bull. Scripps Inst. Oceanogr.*, 7, 363-411.
938) Tyler, J. E. (1968). The Secchi disc. *Limnol. Oceanogr.*, 13, 1-6.

939) Tyler, J. E. (1975). The *in situ* quantum efficiency of natural phytoplankton populations. *Limnol. Oceanogr.*, 20, 976-80.
940) Tyler, J. E (1978). Optical properties of water. In W. G. Driscoll W. Vaughan (eds), *Handbook of optics* (pp. 15-1 to 15-38). New York: McGraw-Hill.
941) Tyler, J. E. & Richardson, W. H. (1958). Nephelometer for the measurement of volume scattering function *in situ*. *J. Opt. Sot. Amer.*, 48, 354-7.
942) Tyler, J. E. & Smith, R. C. (1967). Spectroradiometric characteristics of natural light under water. *J. Opt. Sac, Amer.*, 57, 595-601.
943) Tyler, J. E. & Smith, R. C. (1970). *Measurements of spectral irradiance underwater*. New York: Gordon & Breach.
944) Vadas, R. L. & Steneck, R. S. (1988). Zonation of deep water benthic algae in the Gulf of Maine. *J. Phycol.*, 24, 338-46.
945) van de Hulst, H. C. (1957). *Light scattering by small particles*. New York: Wiley. 89-90
946) Van, T. K., Haller, W. T. & Bowes, G. (1976). Comparison of the photosynthetic characteristics of three submersed aquatic plants. *Plant Physiol.*, 58, 761-8.
947) Van Wijk, W. R. & Ubing, D. W. S. (1963). In W. R. Van Wijk (ed.), *Physics of plant environment*. Amsterdam: North Holland. Quoted by Monteith (1973).
948) Vandevelde, T., Legendre, L., Demers, S. & Therriault, J. C. (1989). Circadian variations in photosynthetic assimilation and estimation of daily phytoplankton production. *Mar. Biol.*, 100, 525-31.
949) Vant, W. N. (1990). Causes of light attenuation in nine New Zealand estuaries. *Estuar. Coast. Shelf Sci.*, 31, 125-37.
950) Vant, W. N. & Davies-Colley, R. J. (1984). Factors affecting clarity of New Zealand lakes. *N. Z. J. Mar. Freshwater Res.*, 18, 363-77.
951) Vant, W. N. & Davies-Colley, R. J. (1988). Water appearance and recreational use of 10 lakes of the North Island (New Zealand). *Verh. Internat. Verein. Limnol.*, 23, 611-15.
952) Vant, W. N., Davies-Colley, R. J., Clayton, J. S. & Coffey, B. T. (1986). Macrophyte depth limits on North Island (New Zealand) lakes of differing clarity. *Hydrobiologia*, 137, 55-60.
953) Venrick, E. L. (1984). Winter mixing and the vertical stratification of phytoplankton - another look. *Limnol. Oceanogr.*, 29, 636-40.
954) Verdin, J. P. (1985). Monitoring water quality conditions in a large Western reservoir with Landsat imagery. *Photogramm. Eng. Remote Sens.*, 51, 343-53.
955) Vesk, M. & Jeffrey, S. W. (1977). Effect of blue-green light on photosynthetic pigments and chloroplast structure in unicellular marine algae from six classes. *J. Phycol.*, 13, 280-8.
956) Vierling, E. & Alberte, R. S. (1980). Functional organization and plasticity of the photosynthetic unit of the cyanobacterium *Anacystis nidulans*. *Physiol. Plant.*, 50, 93-8.
957) Vincent, W. F., Neale, P. J. & Richerson, P. J. (1984). Photoinhibition: algal responses to bright light during diel stratification and mixing in a tropical alpine lake. *J. Phycol.*, 20, 201-11.
958) Viollier, M., Deschamps, P. Y. & Lecomte, P. (1978). Airborne remote sensing of chlorophyll content under cloudy skies as applied to the tropical waters in the Gulf of Guinea. *Remote Sens. Env.*, 7, 235-48.

959) Viollier, M., Tanré, D. & Deschamps, P. Y. (1980). An algorithm for remote sensing of water colour from space. *Boundary-layer Meteorol.*, **18**, 247-67.
960) Virgin, H. I. (1964). Some effects of light on chloroplasts and plant protoplasm. In A. C. Giese (ed.), *Photophysiology* (pp. 273-303). New York: Academic Press.
961) Visser, S. A. (1984). Seasonal changes in the concentration and colour of humic substances in some aquatic environments. *Freshwater Biol.*, **14**, 79-87.
962) Vollenweider, R. A. (1969) (ed.) *A manual on methods for measuring primary production in aquatic environments*. Oxford: Blackwell.
963) Vollenweider, R. A. (1970). Models for calculating integral photosynthesis and some implications regarding structural properties of the community metabolism of aquatic systems. In *Prediction and measurement of photosynthetic productivity* (pp. 455-72). Wageningen: Pudoc.
964) Voss, K. J. (1989). Electro-optic camera system for measurement of the underwater radiance distribution. *Optical Engineering*, **28**, 241-7.
965) Waaland, J. R., Waaland, S. D. & Bates, G. (1974). Chloroplast structure and pigment composition in the red alga *Griffithsia pacifica*: regulation by light intensity. *J. Phycol.*, **10**, 193-9.
966) Walker, G. A. H., Buchholz, V. L., Camp, D., Isherwood, B., Glaspey, J., Coutts, R., Condal, A. & Gower, J. (1974). A compact multichannel spectrometer for field use. *Rev. sci. Instrum.*, **45**, 1349-52.
967) Walker, J. E. & Walsby, A. E. (1983). Molecular weight of gas-vesicle protein from the planktonic cyanobacterium *Anabaena flos-aquae* and implications for structure of the vesicle. *Biochem J.*, **209**, 809-15.
968) Wallen, D. G. & Geen, G. H. (1971a). Light quality in relation to growth, photosynthetic rates and carbon metabolism in two species of marine plankton algae. *Mar. Biol.*, **10**, 34-43.
969) Wallen, D. G. & Geen, G. H. (1971b). Light quality and concentrations of protein, RNA, DNA and photosynthetic pigments in two species of marine plankton algae. *Mar. Biol.*, **10**, 44-51.
970) Wallentinus, I. (1978). Productivity studies on Baltic macroalgae. *Bot. Mar.*, **21**, 365-80.
971) Walmsley, R. D. & Bruwer, C. A. (1980). Water transparency characteristics of South African impoundments. *J. Limnol. Soc. Sth Afr.*, **6**, 69-76.
972) Walsby, A. E. (1975). Gas vesicles. *Ann. Rev. Plant Physiol.*, **26**, 427-39.
973) Walsby, A. E. & Booker, M. J. (1976). The physiology of water-bloom formation by planktonic blue-green algae. *Br. Phycol. J.*, **11**, 200.
974) Walsh, J. J. (1976). Herbivory as a factor in patterns of nutrient utilization in the sea. *Limnol. Oceanogr.*, **21**, 1-13.
975) Walsh, J. J. (1981). A carbon budget for overfishing off Peru. *Nature*, **290**, 300-4.
976) Waterbury, J. B., Watson, S. W., Valois, F. W. & Franks, D. G. (1986). Biological and ecological characterization of the marine unicellular cyanobacterium *Synechococcus*. In T. Platt & W. K. W. Li (eds), *Photosynthetic picoplankton* (pp. 71-120). *Can. Bull. Fish Aquat. Sci.*, *214*.
977) Waters, K. J., Smith, R. C. & Lewis, M. R. (1990). Avoiding ship-induced light-field perturbation in the determination of oceanic optical properties. *Oceanography*, **3**, 18-21.

978) Webb, W. L., Newton, M. & Starr, D. (1974). Carbon dioxide exchange of *Alnus rubra*: a mathematical model. *Oecologia*,. 17, 281-91.
979) Weeks, A. & Simpson, J. H. (1991). The measurement of suspended particulate concentrations from remotely-sensed data. *Int. J. Remote Sens.*, 12, 725-37.
980) Weidemann, A. D. & Bannister, T. T. (1986). Absorption and scattering coefficients in Irondequoit Bay. *Limnol. Oceanogr.*, 31, 567-83.
981) Weidemann, A. D., Bannister, T. T., Effler, S. W. & Johnson, D. L. (1985). Particulate and optical properties during $CaCO_3$ precipitation in Otisco Lake. *Limnol. Oceanogr.*, 30, 1078-83.
982) Weinberg, S. (1975). Ecologie des Octocoralliaires communs du substrat dur sans la région de Banyuls-sur-Mer. *Bijdr. Dierk*, 45, 50-70.
983) Weller, R. A., Dean, J. P., Marra, J., Price, J. F., Francis, E. A. & Boardman, D. C. (1985). Three-dimensional flow in the upper ocean. *Science*, 227, 1552-6.
984) Welschmeyer, N. A. & Lorenzen, C. J. (1981). Chlorophyll-specific photosynthesis and quantum efficiency at subsaturating light intensities. *J. Phycol*, 17, 283-93.
984a) West, G. S. (1904). *The British freshwater algae*. Cambridge: Cambridge University Press.
985) Westlake, D. F. (1967). Some effects of low-velocity currents on the metabolism of aquatic macrophytes. *J. exp. Bot.*, 18, 187-205.
986) Westlake, D. F. (1980*a*). Photosynthesis: macrophytes. In E. D. Le Cren & R. H. Lowe-McConnell (eds), *The functioning of freshwater ecosystems* (pp. 177-82). Cambridge: Cambridge University Press.
987) Westlake, D. F. (1980*b*). Biomass changes: macrophytes. In E. D. Le Cren & R. H. Lowe-McConnell (eds), *The functioning of freshwater ecosystems* (pp.203-6). Cambridge: Cambridge University Press.
988) Westlake, D. F. (1980*c*). Effects of macrophytes. In E. D. Le Cren & R. H. Lowe-McConnell (eds), *The functioning of freshwater ecosystems* (pp. 161-2). Cambridge: Cambridge University Press.
989) Whatley, J. M. (1977). The fine structure of *Prochloron*. *New Phytol.*, 79, 309-13.
990) Wheeler, J. R. (1976). Fractionation by molecular weight of organic substances in Georgia coastal water. *Limnol. Oceanogr.*, 21, 846-52.
991) Wheeler, W. N. (1980*a*). Pigment content and photosynthetic rate of the fronds of *Macrocystis pyrifera*. *Mar. Biol.*, 56, 97-102.
992) Wheeler, W. N. (1980*b*). Effect of boundary layer transport on the fixation of carbon by the giant kelp *Macrocystis pyrifera*. *Mar. Biol.*, 56, 103-10.
993) Wheeler, W. N., Smith, R. G. & Srivastava, L. M. (1984). Seasonal photosynthetic performance of *Nereocystis luetkeana*. *Can. J. Bot.*, 62, 664-70.
994) Whitlock, C. H., Bartlett, D. S. & Gurganus, E. A. (1982). Sea foam reflectance and influence on optimum wavelength for remote sensing of ocean aerosols. *Geophys. Res. Lett.*, 9, 719-22.
995) Whitney, L. V. (1941). The angular distribution of characteristic diffuse light in natural waters. *J. Mar. Res.*, 4, 122-31.
996) Wiginton, J. R. & McMillan, C. (1979). Chlorophyll composition under controlled light conditions as related to the distribution of seagrasses in Texas and the U.S. Virgin Islands.

Aquat. Bot., 6, 171-84.
997) Wild, A., Ke, B. & Shaw, E. R. (1973). The effect of light intensity during growth of *Sinapis alba* on the electron-transport components. Z. Pflanzenphysiol., 69, 344-50.
998) Wilhelm, C. (1990). The biochemistry and physiology of light- harvesting processes in chlorophyll b- and chlorophyll c-containing algae. Plant Physiol. Biochem., 28, 293-306.
999) Williams, D. F. (1984). Overview of the NERC airborne thematic mapper campaign of September 1982. Int. J. Remote Sens., 5, 631-4.
1000) Williams, R. B. & Murdoch, M. B. (1966). Phytoplankton production and chlorophyll concentration in the Beaufort Channel, North Carolina. Limnol. Oceanogr., 11, 73-82.
1001) Wofar, M. V. M., Corre, P. L. & Birrien, J. L. (1983). Nutrients and primary production in permanently well-mixed temperate coastal waters. Estuar. Coast. Shelf Sci., 17, 431-46.
1002) Wollman, F.-A. (1986). Photosystem I proteins. Encycl. Plant Physiol. (n.s.), 19, 487-95.
1003) Womersley, H. B. S. (1981). Marine ecology and zonation of temperate coasts. In M. N. Clayton & R. J. King (eds), *Marine botany: an Australian perspective* (pp. 211-40). Melbourne: Longman Cheshire.
1004) Yamada, T., Ikawa, T. & Nisizawa, K. (1979). Circadian rhythm of the enzymes participating in the CO_2-photoassimilation of a brown alga, *Spatoglossum pacificum*. Bot. Mar., 22, 203-9.
1005) Yentsch, C. M. and others (1983). Flow cytometry and cell sorting: a technique for analysis and sorting of aquatic particles. Limnol. Oceanogr., 28, 1275-80.
1006) Yentsch, C. S. (1960). The influence of phytoplankton pigments on the colour of sea water. Deep-Sea Res., 7, 1-9.
1007) Yentsch, C. S. (1974). Some aspects of the environmental physiology of marine phytoplankton: a second look. Oceanogr. mar. Biol. Ann. Rev., 12, 41-75.
1008) Yentsch, C. S. & Lee, R. W. (1966). A study of photosynthetic light reactions, and a new interpretation of sun and shade phytoplankton. J. mar. Res., 24, 319-37.
1009) Yentsch, C. S. & Phinney, D. A. (1989). A bridge between ocean optics and microbial ecology. Limnol. Oceanogr., 34, 1694-705.
1010) Yentsch, C. S. & Scagel, R. F. (1958). Diurnal study of phytoplankton pigments. *An in situ* study in East Sound. Washington. J. Mar. Res., 17, 567-83.
1011) Yeoh, H.-H., Badger, M. R. & Watson, L. (1981). Variation in kinetic properties of ribulose- 1, 5-bisphosphate carboxylases among plants. Plot Physiol., 67, 1151-5.
1012) Yocum, C. S. & Blinks, L. R. (1958). Light-induced efficiency and pigment alterations in red algae. J. Gen. Physiol., 41, 1113-17.
1013) Yoder, J. A., Atkinson, L. P., Lee, T. N., Kin, H. H. & McLain, C. R. (1981). Role of Gulf Stream frontal eddies in forming phytoplankton patches on the outer southeastern shelf. Limnol. Oceanogr., 26, 1103-10.
1014) Yokohama, Y. (1973). A comparative study on photosynthesis- temperature relationships and their seasonal changes in marine benthic algae. Int. Rev. Ges. Hydrobiol., 58, 463-72.
1015) Yokohama, Y. (1981). Distribution of the green light-absorbing pigments siphonaxanthin and siphonein in marine green algae. Botanica Marina, 24, 637-40.
1016) Yokohama, Y., Kageyama, A., Ikawa, T. & Shimura, S, (1977). A carotenoid characteristic of Chlorophycean seaweeds living in deep coastal waters. Bot. Mar., 20, 433-6.

1017) Yokohama, Y. & Misonou, T. (1980). Chlorophyll $a:b$ ratios in marine benthic green algae. *Jap. J. Phycol.*, **28**, 219-23.

1018) Yu, M., Glazer, A. N., Spencer, K. G. & West, J. A. (1981). Phycoerythrins of the red alga *Callithamnion*. *Plant Physiol.*, **68**, 482-8.

1019) Zaneveld, J. R. V., Bartz, R. & Kitchen, J. C. (1990). A reflective-tube absorption meter. *Proc. Soc. Photo-Opt. Instrum. Eng., Ocean Optics X*, **1302**, 124-36.

1020) Zibordi, G., Parmiggiani, F. & Albertanza, L. (1990). Application of aircraft multispectral scanner data to algae mapping over the Venice Lagoon. *Remote Sens. Environ.*, **34**, 49-54.

1021) Zijlstra, J. J. (1988). The North Sea ecosystem. In H. Postma & J. J. Zijlstra (eds), *Continental shelves* (pp. 231-77). Amsterdam: Elsevier.

1022) Zohary, T. & Robarts, R. D. (1989). Diurnal mixed layers and the long-term dominance of *Microcystis aeruginosa*. *J. Plankton Res.*, **11**, 25-48.

訳者あとがき

　衛星による地球表面の観測は近年著しく進歩した．例えば，気象予報には気象衛星が使われるのは当たり前になり，ランドサットによる陸上植生の観測も行われている．

　一方，水圏生態学の分野では，海洋表層の植物プランクトンによる光合成生産の見積もりや赤潮監視などに衛星が使われるようになってきた．しかし，水中にはさまざまな粒状物質や溶存物質が含まれるため，光の吸収と散乱のメカニズムが複雑であり，それらが十分に理解できないために，困難を極めている．

　本書は，水中における透過光のふるまいと，水中の植物プランクトンによる光の吸収および光合成生理を基礎から説いたものである．とくに水圏環境学の分野では，生物，物理，化学といった従来の学問分野を越えた学際的な知識を必要とし，それに応える教科書は我が国には非常に少ない．このようなことから，水圏環境分野の教科書が待ち望まれていた．まさに本書は水圏環境学を専攻しようとする学部生・大学院生，あるいは衛星海洋観測手法を水圏環境研究に応用することを目指す大学・研究所等の研究者にとって恰好の教科書である．

　なお、本書は原書を忠実に翻訳したものであるが、索引に関しては翻訳本独自のものを作成した．

山本　民次

日本語索引

あ 行

アイスアルジー　307
アインシュタインースモルチョフスキー理論　62
アボガドロ数　5, 216
アマモ場　234
アミロース　186
アミロペクチン　186
アルゴリズム　138, 140
アロフィコシアニン　177
暗画素補正法　133
暗呼吸　286
暗反応　184, 240, 248
イソ酵素　310
一次生産　23, 34, 257, 261, 267, 323
色指数　125, 150
陰性株　286
ウィーンの法則　18
ウィスクブルーム　124
ウイルス　254
上向きスカラー放射照度　6
上向き放射輝度　89
上向き放射輝度分布　114
上向き放射照度　5, 7, 83, 85, 103
渦鞭毛藻　208, 254
Urbach 則　40
エアロゾル　22
エアロゾル光路輝度　136
エアロゾル散乱　135
栄養塩　23, 252
エスチュアリー　238, 256
f 比　266
エマーソン効果　230
円石藻　232
鉛直移動　312, 313, 314
鉛直循環　212, 233
鉛直消散係数　7, 8, 13, 39, 94, 120

か 行

黄金色藻　238
黄色物質　41, 45, 96, 158
オングストローム指数　136
温度躍層　212, 256

概日リズム　319, 321
海色走査計　127
回折　64
海中林　234, 322
カオリン　78
角構造　114
拡散吸収係数　13, 17
拡散散乱係数　13, 17
拡散透過率　135
角分布　10, 110
可視光線　34
可視スペクトル　20
過剰効果　230
ガス胞　314, 315
画素　125
褐藻　273, 274
CAM 植物　247
カルボキシラーゼ　283
カロチノイド　35, 171, 181, 229, 231, 281
β-カロチン　172, 173, 281
干渉　64
完全放射体　18
キサントフィル　232
基底状態　34, 35
輝度　13
キノン　210
吸光光度計　38
吸光断面　192
吸光度　187, 191
吸光度スペクトル　188
吸光比　187

吸光率　　　8
吸収　　　33, 120
吸収係数　　　8, 10, 17, 35, 36, 66, 187, 197
吸収スペクトル　　　291
吸収断面積　　　65
吸収率　　　9, 187, 194
吸収率スペクトル　　　231
強光阻害　　　204, 209, 210, 212, 318
共鳴　　　35
ギルビン　　　41, 45, 46, 47, 57, 58, 59, 60, 157, 213
屈折　　　31
屈折率　　　3, 31
グラナ　　　165
クリソラミナラン　　　186
クロモフォア　　　178, 179
クロロフィル　　　34, 35, 166, 280
クロロフィル a　　　56, 168
クロロフィル a/b 比　　　295, 296
クロロフィル a/c 比　　　296
クロロフィル b　　　168, 181
クロロフィル c　　　168
クロロフィル蛍光　　　147, 148
経験変数　　　138
蛍光　　　35, 146
蛍光収量　　　35
蛍光放射　　　106
ケイ素　　　252
珪藻　　　208
系統発生的色彩適応　　　270, 278
系統発生的適応　　　301, 310
結合グルカン　　　186
ケルプ床　　　255
検圧法　　　227
原核緑藻　　　275
減衰効率　　　65
減衰率　　　9
コア複合体Ⅰ　　　174
コア複合体Ⅱ　　　175
光化学系Ⅰ　　　183, 230, 282, 292
光化学系Ⅱ　　　183, 230, 282, 292

光学的距離　　　15
光学的深度　　　15
航空機搭載型海洋ライダー　　　148, 155
光合成　　　34, 35, 202
光合成作用スペクトル　　　227
光合成色素　　　166
光合成指数　　　262
光合成収量　　　261
光合成商　　　202
光合成単位　　　183, 282, 284
光合成－光曲線　　　264
光合成容量　　　203
光合成利用可能放射　　　215
光合成利用波長 PAR　　　21
光子　　　1, 33
紅藻　　　273, 274
光束減衰率計　　　66
光電子倍増管　　　36, 67, 69
後方拡散散乱係数　　　14, 72
後方散乱　　　104
後方散乱係数　　　12, 119
後方散乱比　　　79
光量子　　　1
光量子計　　　83, 87
光路輝度　　　133
光路長　　　10, 36, 68
黒体　　　18
個体発生的適応　　　280, 287, 295, 301, 304, 310
固有光学特性　　　8, 17
コロイド　　　74
混合層　　　233, 297
混合層深度　　　235, 236

さ　行

最大日射量　　　29
最大比光合成速度　　　203
最大量子収量　　　221, 223, 265
細胞外炭酸脱水素酵素　　　243
細胞質流動　　　318
殺藻　　　254

作用スペクトル　　210, 226, 231, 291
サングリッタ　　123
散乱　　62, 120
散乱位相関数　　115, 117
散乱係数　　8, 10, 12, 66
散乱相関数　　12, 67
散乱断面積　　65
散乱率　　8, 9
シアノバクテリア　　223
C_4回路　　246
C_4植物　　186
色彩適応　　276, 278, 287, 305
色彩適応理論　　275
下向きスカラー放射照度　　6
下向き放射輝度分布　　114
下向き放射照度　　5, 7, 15, 17, 39, 83, 84, 94, 98, 99
至適温度　　248
シフォナキサンチン　　232, 277, 279
ジャイアント・ケルプ　　299, 308
射出輝度　　135
射出フラックス　　107, 122, 132
弱光適応　　282, 284, 285, 286, 304
集光カロチノイド　　173
集光色素　　172
集光複合体Ⅰ　　174
集光複合体Ⅱ　　175
重炭酸　　242, 244
擾乱　　254
春季ブルーム　　256
純光合成　　255
純光合成量　　203
準固有光学特性　　14
純積分日間光合成量　　263
硝酸塩　　253, 260
硝酸塩躍層　　265
消散係数　　9, 10, 66
植物プランクトン　　54, 60, 79, 141, 154, 213, 309
真核藻類　　290
浸水効果　　82

新生産　　266
深度適応　　299
深部クロロフィル極大　　237, 297, 298, 304
深部植物プランクトン層　　237
水温躍層　　297, 300
スカラー放射照度　　6, 8, 13, 17, 39, 87, 88, 108
スカラー放射照度計　　89
ステファン-ボルツマンの法則　　18
ステラジアン　　5
ストロマ　　161
スネルの法則　　31, 32
スペクトル放射輝度曲線　　150
ゼアキサンチン　　231, 281
青色光　　293
成長速度　　259
赤外線　　33, 34
積分一次生産量　　265
積分球　　37, 51
積分光合成速度　　262
セストン　　51
セッキ深度　　86, 151
セッキ板　　86
摂食　　254
全鉛直消散係数　　198, 239
全拡散散乱係数　　14
漸近放射輝度分布　　110, 111
潜在光合成能　　309
全散乱係数　　12, 72
前方拡散散乱係数　　14
前方散乱　　104
前方散乱係数　　12
走化性　　314
総光合成　　255
総光合成量　　203
走光性　　312
走査型測光器　　124
総日射量　　26
ソレット帯　　169

た 行

大気補正　　*137*
体積効率　　*224*
体積散乱関数　　*8, 10, 12, 16, 67*
太陽傾斜角　　*25*
太陽高度　　*24, 25, 26, 28, 29*
大量培養　　*323*
濁度　　*70*
濁度極大　　*238*
濁度計　　*70*
多糖ラミナラン　　*186*
炭酸湖　　*224*
炭酸脱水素酵素　　*242*
窒素　　*252*
窒素固定　　*252*
窒素躍層　　*314*
チトクローム f　　*184, 284*
潮下帯　　*272, 276*
潮間帯　　*209, 248, 272*
直射日光　　*24, 26*
チラコイド　　*161, 162, 165, 295*
ディアディノキサンチン　　*232*
TKE 逸散率　　*302*
底生珪藻　　*316*
底生植物　　*258, 270, 322*
底生藻類　　*234, 269, 308, 316*
鉄　　*253*
デトライタス　　*53, 57*
天空光　　*20, 21, 23*
天頂角　　*3, 5, 26, 29, 32*
天底角　　*4*
天底放射輝度　　*125*
透過距離　　*16*
トリプトン　　*39, 51, 58, 59, 60, 213*

な 行

ナノプランクトン　　*251*
二酸化炭素固定酵素　　*220*
日放射量　　*26*
日間水面入射光強度　　*264*
日間積分生産量　　*263*
日間光吸収量　　*239*
日射量　　*29*
日長　　*28, 29*
ネットプランクトン　　*251*
年間純生産速度　　*322*
年間純生産量　　*323*
年間総生産速度　　*322*

は 行

バックグラウンド吸収　　*157, 158, 214*
パッケージ効果　　*188, 190, 191, 192, 194, 200*
白色光　　*293*
パラミロン粒　　*186*
反射率　　*29, 31, 71, 103*
反応中心　　*34, 35, 180*
反応中心クロロフィル　　*180, 282*
Beer の法則　　*38, 189*
P-E_d 曲線　　*203, 204, 208, 285*
PEP カルボキシキナーゼ　　*247*
PEP カルボキシラーゼ　　*247*
PAR の比吸収率　　*219*
PSⅠクロロフィル／PSⅡクロロフィル　　*292*
PCR サイクル　　*247*
ビーム・スプリッター　　*125*
比鉛直消散係数　　*214*
光強度　　*35*
光呼吸　　*246*
光散乱光度計　　*69*
光転換　　*289*
光飽和　　*203*
光飽和光合成速度　　*250*
光飽和最大光合成速度　　*265*
光補償点　　*203, 286*
光捕捉色素　　*300*
光リン酸化　　*184*
比吸収係数　　*189, 217*
比吸光度　　*44*
比光合成速度　　*203, 219*
ピコプランクトン　　*223*
比消散係数　　*199*

被覆性紅藻　272, 274, 279
比有効吸収係数　198, 201
標準後方散乱係数　72
標準散乱関数　12
標準的曇天　23
比葉面積　286, 287, 303
ビリンタンパク　35, 163, 175, 179, 180, 288, 306
ビリンタンパク／クロロフィル比　307
ピレノイド　159, 160
フィコウロビリン　178
フィコエリスリン　177, 277, 278, 279, 281, 283, 289, 306
フィコエリスリン／クロロフィル比　290, 291, 295, 297
フィコエリスロビリン　178
フィコエリスン／クロロフィル比　307
フィコシアニン　177, 283, 288
フィコシアニン／クロロフィル比　293
フィコシアニンサブユニット　288
フィコシアニンレベル　306
フィコシアノビリン　178
フィコビリソーム　163
フェレドキシン　184
フォスフォエノールピルビン酸　247
フコキサンチン　173, 232, 281
フコキサンチン／クロロフィルa比　296
フコキサンチン／クロロフィル比　307
腐植酸　42, 45
腐植物質　41, 98, 107
プッシュブルーム　124
部分鉛直消散係数　213
部分消散係数　198, 199
フミン　42
プラストキノン　184, 210
プラストシアニン　184
プランク定数　2
ブリュースターの角　123, 126, 145
ふるい効果　189
フルボ酸　42, 45
Fresnelの式　29

フローサイトメトリー　79
分光光度計　36
分光放射計　126
放射輝度分布　92, 110, 111, 113
平均吸収断面　195, 197
平均余弦　6, 12, 71, 92, 115
ペリディニン　173, 232
変換効率　216, 219, 225
ベンケイソウ型有機酸代謝　247
変則的回折　64
鞭毛藻　312
方位角　3, 5
放射輝度　90, 91
放射輝度計　90, 122
放射輝度反射率　105, 137, 147
放射強度　4
放射照度　5, 13, 16, 17, 21, 26, 81
放射照度計　81, 122
放射照度の反射率
放射照度反射率　7, 90, 104, 108, 137, 139, 143, 218
放射照度比　7
放射伝達理論　15
放射フラックス　4, 18
放射利用効率　225
飽和光合成　207
飽和光量　207
保護カロチノイド　305
補色　287
補色適応　290, 292
補色適応理論　269
補助色素　275
ボトル吊下法　211

ま　行

マイクロ波　33
マノメトリー　227
マルチスペクトルスキャナー　128, 142
ミー散乱　20
ミカエリス―メーメンテンの式　240
見かけの光学特性　13
水ニラ　245

水の光学的タイプ　149
水のタイプ　58
密度変化散乱　62, 77
無機態炭素　242, 244, 245
明反応　182, 240
面積光合成速度　262
面積効率　223
モンテ・カルロ法　91, 106
モンテ・カルロモデル　14

や　行

有効吸収係数　217
有光層　15, 100, 237, 297
有効比吸収係数　215
湧昇域　267
誘導共鳴伝達　181
輸出生産　266
陽性株　286
葉緑体　159, 293, 318
余弦の法則　26

ら　行

ラマン放射　147, 148
ラメラ　165
ラングミュアー・セル　211
ラン藻　314, 315
ランドサット　128, 133, 142, 144, 152, 155
乱流運動エネルギー　302
リグニン　42
立体角　4, 16
リブロース2リン酸　184
リブロース2リン酸カルボキシラーゼ　160, 240
リモート・センシング　23, 122, 151, 264
粒子吸光比　190
粒子散乱　62, 78
粒子平均吸収断面　195
量子収量　219, 220, 221
緑藻　273, 274, 277
リン　252
臨界深度　233, 235, 236, 256
リン酸塩　253
累積散乱　76
励起状態　34
レイリー散乱　20
レイリーの法則　20

英語索引

adaptochrome　*289*
AOL　*148, 155*
ATP　*182, 240*
AVHRR　*129, 141*
b/a　*119*
C：chl a　*280*
CAM　*247*
CZCS　*129, 130, 134, 144, 156, 157*
E_0/E_d　*109*
einstein　*216*
epipelon　*316*
FLIP　*211*
FTU　*71*
g_{440}　*46, 47, 54*
gelbstoff　*45*
humolimnic acid　*45*
isoetid　*296*
LHC I　*174*
LHC II　*175*
MERIS　*131*
MSS　*128, 140*

NADP　*182*
NADPH$_2$　*182, 240*
Nimbus-7　*129, 134*
NTU　*70*
p_{440}　*54, 53*
P_{680}　*174*
P_{700}　*174*
PAR　*22, 41, 59, 83, 84, 98, 99, 198, 215*
PEP　*247*
pH　*258*
PUR　*215*
Q_{10}　*251*
Rubisco　*240, 246*
SeaWiFS　*130*
SLA　*303*
spillover　*230*
SPOT　*35, 129*
Thematic Mapper　*129, 140*
TSS　*139, 140, 151*
Whitings　*153*
zooxanthellae　*298*

訳者紹介

山本民次（やまもと　たみじ）

1955年　名古屋市生.
1978年　広島大学水畜産学部水産学科卒業.
1983年　東北大学大学院農学研究課博士課程修了，農学博士.
現在，広島大学大学院生物圏科学研究科助教授.
主要な著作：

西沢　敏編『生物海洋学－低次食段階論－(改訂版)』(分担執筆)，恒星社厚生閣，1996.

岡市友利・小森星児・中西　弘編『瀬戸内海の生物資源と環境－その将来のために－』(分担執筆)，恒星社厚生閣，1996.

平野敏行編『沿岸の環境圏』(分担執筆)，フジ・テクノシステム，1998.

今林博道・谷口幸三・堀　貫治・田中秀樹編『海と大地の恵みのサイエンス』(分担執筆)，共立出版，2001.

日本海洋学会編『海と環境』(分担執筆)，講談社サイエンティフィック，2001.

水圏の生物生産と光合成
（すいけん　せいぶつせいさん　こうごうせい）

2002年4月5日　初版発行

著　者　John T. O. Kirk（ジョン　カーク）
訳　者　山本民次（やまもと　たみじ）
発行者　佐竹久男

発行所　株式会社　恒星社厚生閣
〒160-0008　東京都新宿区三栄町8
TEL 03-3359-7371　FAX 03-3359-7375
http://www.kouseisha.com/

印刷：興英印刷・製本：風林社塚越製本　(定価はカバーに表示)
printed in Japan, 2002
ISBN4-7699-0962-4　C3045

好評発売中

植物生理生化学入門
植物らしさの由来を探る

佐藤満彦著
A5判/216頁/本体2,800円

動物と植物の違い・植物を植物たらしめている根拠は何か。生物学の基本的で重要な諸点を，多くの図版を配置し分かりやすく解説。生物界の分類法・植物の諸代謝の活用など博物学的内容を含む恰好の教科書。

黒装束の侵入者
―外来付着性二枚貝の最新学

日本付着生物学会編　梶原　武・奥谷喬司監修
A5判/132頁/上製/本体2,300円

異常な繁殖力を有し，奇妙な色をしたイガイは，30年間で我が国沿岸を占有した。イガイの分類法，侵入と定着過程，DNA鑑定による系統解析を奥谷喬司・桑原康裕・植田育男・木村妙子・中井克樹・井上広滋・渡部終五氏が論究。

低酸素適応の生化学
―酸素なき世界で生きぬく生物の戦略

ペーター.W.ホチャチカ　著
橋本周久・阿部宏喜・渡部終五　訳
A5判/196頁/上製/本体2,500円

本書は比較生理学と生理学の広い視野から，酸素なき世界で生きぬく生物の姿を，器官・組織・細胞の適応メカニズムから解明するもので，欠落する分野での研究として，強い刺激を与えるものである。

発光生物

羽根田弥太　著
A5判/320頁/上製函入/本体6,200円

本書は魚類をはじめイカ・エビ・プランクトン・微生物から昆虫・キノコと多岐にわたる発光生物の不思議を研究一途50年の羽根田博士の研究集大成。発光生物の分類・分布・生態・生化学を詳述。

水生線虫クロマドラ目
―形態と検索

野沢洽治・吉川信博　著
B5判/488頁/上製函入/本体12,000円

本書はマングローブ研究の一端として著者らが集積した膨大な資料を整理し，水生自由線虫類220余種の分類検索表と，著者自らトレスする詳細形態図1,700余個は，関係研究者の良き資料となろう。限定出版。

表示定価は消費税を含みません。　　　　　　　　　　　恒星社厚生閣